PHYSIKALISCHE CHEMIE

EIN VORLESUNGSKURS

VON

DR. KLAUS SCHÄFER

o. PROFESSOR FÜR PHYSIKALISCHE CHEMIE
AN DER UNIVERSITÄT HEIDELBERG

ZWEITE VERBESSERTE UND ERWEITERTE AUFLAGE

MIT 81 ABBILDUNGEN

SPRINGER-VERLAG BERLIN HEIDELBERG GMBH

1964

ISBN 978-3-642-87845-9   ISBN 978-3-642-87844-2 (eBook)
DOI 10.1007/978-3-642-87844-2

Titel-Nr. 0888

Vorwort zur zweiten Auflage

Wie schon im Vorwort zur ersten Auflage vermerkt wurde, war der Abschnitt über den Atom- und Molekülbau am Schluß des Buches damals sehr kurz gefaßt worden, um den Gesamtumfang nicht über ein bestimmtes Maß anwachsen zu lassen, ohne das Niveau sonst zu beeinträchtigen. Die Änderungen der Neuauflage betreffen deshalb, abgesehen von einigen kleineren Umstellungen, allein dieses Kapitel, in dem vornehmlich die Entwicklung der Teile der Quantentheorie dargestellt ist, welche der Physikochemiker für Fragen des Aufbaus der Atome und Probleme der Chemischen Bindung benötigt. Es ist auch hier wieder Wert darauf gelegt, die zu einer jeden Formel führenden Überlegungen explizit anzugeben. In diesem Teil ist die Anforderung an die mathematische Kenntnis und Übung des Lesers gelegentlich etwas größer als in den ersten Abschnitten, insofern mehr mit Differentialgleichungen und oft mit Begriffen aus der analytischen Geometrie operiert wird. Aber auch hier kommt der Benutzer mit den Kenntnissen aus, die in den üblichen einführenden Vorlesungen über diese Disziplinen vermittelt werden, weil die Methodik meist an einfachen Beispielen entwickelt werden kann.

Die Darstellung derjenigen Teile der Theorie, welche dem Verständnis grundsätzliche Schwierigkeiten zu bieten pflegen, ist ausführlicher gestaltet, während naturgemäß bei den Anwendungen nur eine Auswahl gebracht werden kann, um den Umfang nicht zu sehr anschwellen zu lassen. Aus diesem Grunde wird der Kenner weitere Bemerkungen über manches Spezialgebiet vermissen; es handelt sich dabei aber meist um Dinge, welche auf der Grundlage des hier Gebotenen leicht dargestellt werden können, ohne daß grundsätzlich neue Vorstellungen entwickelt werden müssen.

Die Wellenmechanik wird hier von der Optik und den Maxwellschen Gleichungen kommend aufgebaut, wobei man zunächst zu einer abgekürzten Diracschen Wellengleichung kommt, welche bei Beschränkung auf nicht-relativistische Geschwindigkeiten zur Schrödinger-Gleichung führt. Es erschien mir wichtig, auch diese Teile der Theorie ebenso wie grundsätzliche Betrachtungen über das Rechnen mit Operatoren in diesen Abschnitt aufzunehmen, da sie in Zukunft für den Naturwissenschaftler an Bedeutung gewinnen können, inbesondere wenn die Theorie der Atomkerne, Elementarteilchen usw. einmal zu einem Abschluß gebracht wird.

In den thermodynamischen Teilen des Buches wurde als Wärmeeinheit noch die Kalorie verwandt, die Zahlenwerte in Joule sind meist in Klammern daneben vermerkt. In einem einführenden Buche, in dem der erste Hauptsatz nicht vorausgesetzt wird, benötigt man wenigstens zuerst für die Wärmemenge eine besondere Maßeinheit, so daß man die Einführung der Kalorie nicht gut vermeiden kann. Es erhebt sich dann die Frage, ob man in einem späteren Teil des Buches die Kalorie generell durch das Joule ersetzen soll. Weil aber in der Literatur trotz der Beschlüsse der Internationalen Kommissionen die Kalorie noch oft Verwendung findet, wurde sie auch in diesem Buche durchgehend (neben dem Joule) benutzt, ja dort, wo es sich um Wärmeangaben von Wasser handelte, wurde der Kalorie eindeutig der Vorzug gegeben.

Eine gewisse Kenntnis der einfachsten physikalischen und chemischen Tatsachen und Gesetze darf in diesem Buche wohl vorausgesetzt werden. So schien es nicht die Aufgabe zu sein, hier etwa den Begriff des Barometerdruckes, der Kraft, des chemischen Elementes, die Existenz des periodischen Systems der Elemente, der Atome, Molekeln usw. näher auseinanderzusetzen.

Für die Herstellung des Manuskripts danke ich Fräulein L. TRAUTMANN. Dem Springer-Verlag gebührt mein besonderer Dank für die hervorragende Aufmachung, in der er das Buch herausgebracht, und den Eifer, mit dem er den Druck betrieben hat.

Heidelberg, im September 1964

Klaus Schäfer

Aus dem Vorwort zur ersten Auflage

Das vorliegende Buch ist aus der einführenden Vorlesung über physikalische Chemie entstanden, die an der Heidelberger Universität im Rahmen der normalen Ausbildung der Chemiker regelmäßig gehalten wird. Weil die guten Lehrbücher auf diesem Gebiet unmittelbar nach dem Krieg nicht und auch später nur in wenigen Exemplaren greifbar waren, wurde den Studenten eine Ausarbeitung der Vorlesung zugänglich gemacht, die sich hinfort in durchaus positiver Weise auf die Qualität der Examina auswirkte. Dies zeigte, daß die Ausarbeitung wohl im wesentlichen den richtigen Weg genommen hatte, und so reifte der Entschluß, sie in Buchform herauszubringen.

Es erschien von vornherein als wünschenswert, den Umfang möglichst nicht über 300 Seiten anwachsen zu lassen, ein Ziel, das bei dem Umfang des Gebietes schwer zu erreichen war, wenn das Niveau nicht über Gebühr sinken sollte. So ergab sich die Notwendigkeit einer stofflichen Beschränkung im wesentlichen auf die makroskopisch-thermodynamischen Eigenschaften der Materie, die möglichst bis zu einem modernen Standpunkt hin zu verfolgen waren, während die atom- bzw. molekular-theoretische Seite des Geschehens mehr zur Erläuterung der makroskopischen materiellen Eigenschaften herangezogen und bei weitem nicht so im einzelnen quantitativ behandelt wird wie die Thermodynamik. Trotz dieser Beschränkung war noch eine konzentrierte Schreibweise erforderlich, um möglichst viele der neueren Gesichtspunkte hervortreten zu lassen. Aus diesem Grunde sei dem Anfänger, der das Buch zur Hand nimmt, empfohlen, seine Aufmerksamkeit besonders den Textstellen zuzuwenden, bei denen oft jedes Wort seine Bedeutung hat.

Es ist Wert darauf gelegt worden, möglichst alle im Buch benötigten Formeln abzuleiten. Als mathematische Voraussetzung wurde dabei eine gewisse Vertrautheit des Lesers mit den Operationen des Differenzierens und Integrierens angenommen. Dabei gehen die benötigten Kenntnisse in der Integralrechnung kaum über das Operieren mit der partiellen Integrationsmethode und derjenigen durch einfache Substitutionen hinaus. Bei der Differentialrechnung muß häufiger von den Regeln für die Differentiation von Funktionen mehrerer Variablen Gebrauch gemacht werden, was sich im Rahmen einer stark thermodynamisch eingestellten Darstellung nicht umgehen läßt.

Bei den thermodynamischen Abschnitten wurde auf eine eingehende Begründung der Prinzipien des zweiten Hauptsatzes, der dem Anfänger die meisten Schwierigkeiten zu bereiten pflegt, besondere Sorgfalt verwendet. Hierbei fand sowohl die Behandlung mit Kreisprozessen als auch die mit den thermodynamischen Funktionen Berücksichtigung.

Die abgeleiteten Formeln sind gewöhnlich so weit entwickelt, daß eine Anwendung auf praktisch oft vorliegende Fälle leicht gemacht ist.

Was die Anlage des gesamten Buches betrifft, so geht es insofern keine neuen Wege, als die durch die Euckensche Schule vorgeschlagene, logisch bedingte Reihenfolge der Zustandsgleichung der Aggregationen und dann des ersten und zweiten Hauptsatzes mit ihren Folgerungen beibehalten wird. Die Abschnitte über die Chemische Kinetik und die Struktur der Materie sind im Hinblick auf die erwünschte Umfangsbeschränkung im Verhältnis zu den übrigen Kapiteln stark gekürzt worden. Hier ergibt sich zuerst die Notwendigkeit eines später vorzunehmenden weiteren Ausbaus.

Heidelberg, im März 1951

Klaus Schäfer

Inhaltsverzeichnis

Einleitung

Die Aufgabe der physikalischen Chemie besteht in erster Linie in einer quantitativen Fassung der allgemeinen chemischen Gesetzmäßigkeiten. Liegt etwa die prinzipielle Kenntnis einer chemischen Reaktion vor, so handelt es sich häufig darum, die günstigsten Bedingungen für den Reaktionsablauf aufzufinden. Große Teile der dahin gehörenden Probleme können rechnerisch exakt gelöst werden, ohne daß noch eine Unzahl von Einzelversuchen dazu erforderlich wäre. Die Bewältigung dieses ganzen Aufgabenkreises geschieht mit den Hilfsmitteln der physikalischen Chemie. Wie hieraus schon hervorgeht, wird dieses Teilgebiet der gesamten Chemie in der Großindustrie besonders dort benötigt, wo es bei der Entwicklung chemischer Herstellungsverfahren um eine Steigerung der Ausbeuten durch Wahl geeigneter Druck- und Temperaturverhältnisse usw. geht.

Wie schon der Name andeutet, handelt es sich um ein zwischen der Physik und der Chemie gelegenes Grenzgebiet. Bei diesem sind die experimentellen Methoden meist physikalisch, während die der Untersuchung zugrunde liegenden Probleme stofflich-chemischer Natur sind. Der wesentliche Unterschied dieser Forschungsrichtung gegenüber der herkömmlichen Chemie besteht also heute, wo Physik und Chemie in ihrer Fragestellung oft ineinander übergehen, in der verschiedenen Methodik.

Wir versuchen als Physikochemiker die Gesetzmäßigkeit eines jeden stofflichen Vorgangs quantitativ zu erfassen, wo sich der Chemiker bereits mit qualitativen Angaben begnügt. Oft ist das gesteckte Ziel mit den verfügbaren Kenntnissen nicht zu erreichen, so daß auf die exakte gesetzmäßige Formulierung vorerst noch verzichtet werden muß. Es bleibt dann eben im Augenblick nur der Ausweg einer empirischen oder nur „halbquantitativen" Beschreibung des Geschehens übrig, aber das endgültige Ziel, die völlige theoretische Beherrschung der Einzelvorgänge, muß dann immer noch als Endergebnis weiterer experimenteller und theoretischer Forschung angestrebt werden.

Die physikalische Chemie, die nach dem Gesagten stark von theoretischen Erwägungen geleitet wird, ist darum oft auch als *theoretische Chemie* bezeichnet worden. Dieser Name täuscht jedoch eine rein theoretische Natur der physikalischen Chemie vor, weshalb diese Bezeichnung hier vermieden werden soll.

Zur Illustration des geschilderten *quantitativen* Vorgehens der physikalischen Chemie genüge ein Beispiel. Der Chemiker weiß, daß Wasserstoff und Chlor miteinander unter Bildung von Chlorwasserstoffgas zu reagieren vermögen. Er spricht daher dem Wasserstoff eine Affinität

zum Chlor zu und umgekehrt. Er weiß auch, daß die entsprechende
Affinität bei der Reaktion von Wasserstoff mit Brom geringer ist und
bei der Reaktion von Wasserstoff mit Jod noch kleiner wird; er schließt
dies aus der Tatsache, daß Jodwasserstoff leichter in Jod und Wasserstoff zerfällt als Bromwasserstoff in Brom und Wasserstoff sowie Chlorwasserstoff in Chlor und Wasserstoff. Der Physikochemiker sieht nun
seine Aufgabe darin, die Affinitäten dieser Reaktionen zahlenmäßig zu
erfassen, was heute, wenn man den Umsatz auf 1 Mol Wasserstoff bezieht und an Reaktionen bei 727 °C (1000 °K) bei Drucken von jeweils
1 atm denkt, durch folgende Gleichungen geschieht:

$$\text{Reaktion:} \quad H_2 + Cl_2 = 2\,HCl \qquad \text{Affinität:} \quad 48,1 \text{ kcal } (201 \text{ kJ})$$
$$H_2 + Br_2 = 2\,HBr \qquad\qquad\qquad 28,5 \text{ kcal } (119 \text{ kJ})$$
$$H_2 + J_2 = 2\,HJ \qquad\qquad\qquad 6,5 \text{ kcal } (27,2 \text{ kJ})$$

Die obige *qualitative* Aussage des Chemikers ist nun ungleich de-
taillierter gefaßt und gestattet direkte Anwendungen, worauf wir später
noch zurückkommen werden. Jetzt sei nur gesagt, daß man formal die
Gleichungen subtrahieren und addieren kann, wobei man durch die entsprechende Operation mit den Affinitätswerten zu neuen Resultaten
kommt, also z. B. durch Subtraktion der ersten beiden Gleichungen zu:

$$\text{Reaktion:} \quad H_2 + Cl_2 - H_2 - Br_2 = 2\,HCl - 2\,HBr$$

oder

$$Cl_2 + 2\,HBr = Br_2 + 2\,HCl$$

$$\text{Affinität:} \quad 48,1 \text{ kcal} - 28,5 \text{ kcal} = 19,6 \text{ kcal } (82 \text{ kJ})$$

Hieraus schließt man, wieweit Chlor aus Bromwasserstoff das Brom
unter Bildung von Chlorwasserstoff freizusetzen vermag.

Der Weg zur Gewinnung dieser und ähnlicher quantitativer Einblicke
in das chemische Geschehen erfordert naturgemäß ein eingehendes
Studium des Verhaltens der einzelnen Stoffe gegenüber äußeren Zu-
standsänderungen (Druckänderung, Temperaturänderung, Volumenänderung, Wärmezufuhr usw.). Es muß bei diesem Studium zuerst sogar
die eigentlich interessierende chemische Reaktion, die das ganze Geschehen zu stark komplizieren würde, außer Betracht gelassen werden.
Erst in einem späteren Zeitpunkt wird es möglich, die energetischen und
materiellen Umsätze bei echten chemischen Reaktionen einzubeziehen.

Als wesentliches Hilfsmittel werden wir die mathematische Formulierung jedes einzelnen Gesetzes benutzen. Einige mathematische Rechenoperationen, insbesondere Differentiationen und Integrationen einfacher
Funktionen und deren Koordinatendarstellung werden oft gebraucht.
Eine gewisse Vertrautheit mit den hierher gehörenden Dingen muß heute
von jedem auf dem Gebiete der physikalischen Chemie Arbeitenden
verlangt werden; im übrigen muß aber vor der — insbesondere bei An-
fängern üblichen — Überschätzung der mathematischen Hilfsmittel ge-
warnt werden.

Obwohl eine große Zahl physikalisch-chemischer Fragen schon hier
erwähnt werden könnte, möge das Gesagte als erste Charakterisierung
des gesamten Aufgabenkreises genügen. Dafür seien zum Schluß unserer
einleitenden Betrachtungen einige Worte zur Geschichte der physikalischen Chemie angefügt:

Wie bei den meisten naturwissenschaftlichen Disziplinen, insbesondere den zwischen zwei großen Gebieten stehenden Grenzgebieten, kann man keine eigentliche Geburtsstunde der physikalischen Chemie angeben. Schon die im 17. Jahrhundert erfolgten Untersuchungen von R. BOYLE und E. MARIOTTE über das Verhalten der Gase kann man als die Vorläufer unseres Faches ansehen, aber erst im Laufe der zweiten Hälfte des vorigen Jahrhunderts, nach der Entdeckung des zweiten Hauptsatzes der Thermodynamik, der Entwicklung der Elektrochemie und der Entdeckung des Gesetzes vom chemischen Gleichgewicht beginnt sich die physikalische Chemie als neues Fachgebiet abzuzeichnen. Die chemischen Forschungen ROBERT BUNSENS lagen schon weitgehend auf dem Gebiet der physikalischen Chemie; W. OSTWALD in Leipzig und sein Schüler W. NERNST in Göttingen errichteten dann die ersten physikalisch-chemischen Institute in Deutschland und gründeten damit vor mehr als einem halben Jahrhundert die physikalische Chemie als selbständige Fachrichtung. Heute gehört die physikalische Chemie zum normalen Ausbildungsgang eines jeden Chemikers.

I. Aggregationen und ihre Zustandsgleichung

Wir werden im Rahmen unserer Darstellung zunächst die thermodynamische Methode zur Beschreibung des Verhaltens der Materie verwenden. Diese Methode hat, wie wir später noch sehen werden, den Vorteil, von speziellen Annahmen über die innere Struktur der Materie (ob atomistisch oder kontinuierlich) unabhängig zu sein. Dieser Vorteil bringt naturgemäß auf der anderen Seite Nachteile mit sich, insbesondere wenn es sich um die *eingehende* Erfassung eines Vorgangs und um seine Veranschaulichung handelt. Es soll darum auch hier zur Illustration des Geschehens, d. h. zu dessen anschaulicher Darstellung, oft von der atomistischen Vorstellung Gebrauch gemacht werden. Es wäre zwar durchaus möglich, soweit es sich um thermodynamische Dinge handelt, den Begriff des Atoms oder der Molekel gänzlich zu vermeiden; weil aber damit unsere Darstellung an Anschaulichkeit verlieren würde und Gefahr liefe, eintönig zu werden, wollen wir diese auch bei den mehr thermodynamischen Abschnitten durch Einfügung atomistischer Betrachtungen möglichst beleben. Wenn wir in den ersten Kapiteln auch nur die Thermodynamik vollständiger rechnerisch durchführen werden, so wollen wir doch in einfacheren Fällen versuchen, die atomistischen Betrachtungen bis zu einem formelmäßigen Endergebnis zu bringen.

Allgemein sei noch vermerkt, daß wir im Rahmen unserer Darstellung die experimentellen Untersuchungen, die zu bestimmten Gesetzen geführt haben, meist nur durch kurze Andeutungen skizzieren, ja oft wird von ihnen ganz abgesehen werden können, insbesondere dann, wenn eine gewisse Vertrautheit mit dem Behandelten schon aus anderen Disziplinen (Physik und Chemie) vorausgesetzt werden darf.

A. Reine Gase

a) Phänomenologische Behandlung

Wir beginnen mit dem thermischen Verhalten der Gase im verdünnten Zustand, weil bei diesen die individuellen, durch die speziellen zwischenmolekularen Kraftwirkungen bedingten Eigenschaften weitgehend zurücktreten. Die Folge davon ist nämlich, daß die Zustandsgleichungen sämtlicher Gase im verdünnten Zustande nahezu übereinstimmen. Gesucht wird als *thermische Zustandsgleichung* eine Beziehung, welche den Zusammenhang zwischen dem Volumen, dem Druck, der Temperatur und der Menge des Gases herstellt. Da aber bei gleichem Druck und gleicher Temperatur das Volumen erfahrungsgemäß der Gasmenge proportional ist, genügt es, das spezifische Volumen $v = v/m$, d. h. das Volumen der Masseneinheit (m = Masse) als Funktion der Temperatur ϑ und des Druckes p anzugeben:

$$v = f(p, \vartheta). \tag{1}$$

§ 1. Boyle-Mariottesches Gesetz. Einfache Anwendungen

Wir vereinfachen diese Aufgabe, indem wir zunächst auch $\vartheta = \text{const}$ setzen und lediglich nach dem Zusammenhang zwischen v und p fragen. Es ergibt sich hierfür die von R. Boyle und E. Mariotte (1664 bzw. 1676) gefundene Beziehung:

$$\left. \begin{aligned} p \cdot v &= \text{const} = p_0 \cdot v_0 \\ p \cdot v &= \text{const} = p_0 \cdot v_0, \end{aligned} \right\} \tag{2}$$

bzw.

wenn auf das Gesamtvolumen bezogen wird.

Bei genaueren Messungen zeigt sich freilich, daß $p \cdot v$ als Funktion des Druckes bei konstanter Temperatur noch geringfügig variiert. Bei einigen Gasen nimmt $p \cdot v$ mit steigendem Druck, sofern ϑ in der Nähe von Zimmertemperatur gelegen ist, noch zu (H_2, He, Ne), bei den meisten anderen Gasen nimmt $p \cdot v$ dagegen mit steigendem Druck ab (Abb. 1). Wir werden später diese Abweichungen auf die Wirkung der zwischenmolekularen Kräfte zurückführen und zeigen, daß sowohl anziehende als auch abstoßende Kräfte vorhanden sind. Die anziehenden Kräfte verursachen das Kleinerwerden von $p \cdot v$, weil eben die Anziehung der Molekeln unter sich zu kleineren Volumina

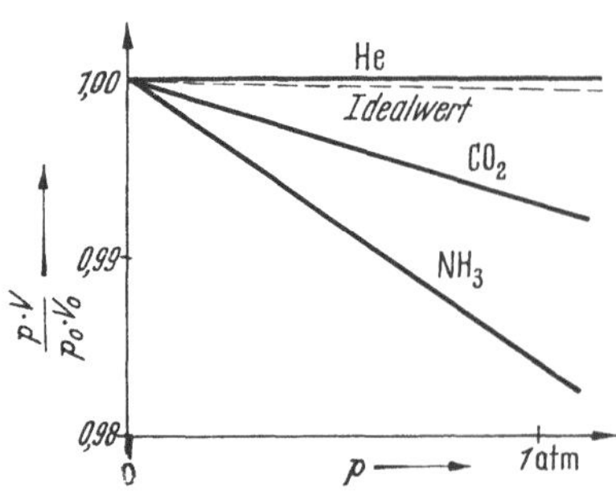

Abb. 1. Reale Gase bei kleinen Drucken

führt, als sie beim Fehlen jeglicher Kraftwirkungen zu beobachten wären. Diese Volumenabweichung vom Idealwert beträgt bei Atmosphärendruck bei den meisten normalen Gasen 1 bis 2 %, während die Abweichungen im Sinne größerer Volumenwerte, die auf die abstoßenden zwischenmolekularen Kraftwirkungen zurückgehen, durchweg sehr gering sind (Größenordnung $^0/_{00}$).

Das in Gl. (2) enthaltene Gesetz kann experimentell zur Messung kleiner Gasdrucke benutzt werden (Manometer nach McLeod), indem man das Gasvolumen in definierter Weise komprimiert (z. B. im Volumenverhältnis $v_1/v_2 = 10^4$) und den sehr viel größeren Druck p_2 (im genannten Beispiel $p_2/p_1 = 10^4$) in normaler Weise abliest und auf p_1 umrechnet. Bei der sog. volumenometrischen Bestimmung von Gasvolumina wird Gl. (2) ebenfalls herangezogen. Die Ermittlung eines Gasvolumens v_x geschieht dabei so, daß das Volumen v_x um ein definiertes und bekanntes Volumen v_b vergrößert wird und der jeweilige Gasdruck p_x bzw. p_{x+b} abgelesen wird. Aus $p_x \cdot v_x = p_{x+b} \cdot (v_x + v_b)$ ergibt sich dann:

$$v_x = \frac{p_{x+b} \cdot v_b}{p_x - p_{x+b}}. \tag{2a}$$

§ 2. Gesetz von Gay-Lussac. Definition der Temperatur

Um jetzt die Temperaturabhängigkeit in Gl (1) zu bekommen, wird der Druck konstant gehalten und der Zusammenhang zwischen spez. Volumen und Temperatur allein untersucht. Geht man von 0 °C aus, so zeigt sich, daß für alle Gase gilt:

$$v_\vartheta = v_0(1 + \alpha\,\vartheta), \tag{3}$$

wo ϑ die Celsiustemperatur und α eine auch als Ausdehnungskoeffizient bezeichnete Konstante ist, welche bei verschiedenen Gasen um so mehr übereinstimmt, je geringer ihr Druck ist, und den Wert 0,003 661 = 1/273,15 besitzt (erstes Gay-Lussacsches Gesetz, 1802). Eine nähere Diskussion dieses Gesetzes zeigt, daß es nichts anderes als eine zweckmäßige Definition der Temperatur und der Temperaturskala darstellt (Gasthermometer). Die Temperatur als ein der Mechanik fremder Begriff kann ja nur durch temperaturabhängige Eigenschaften von vorgegebenen Stoffen gemessen werden. Bekanntlich benutzt man dazu oft die thermische Ausdehnung einer sog. thermometrischen Substanz (z. B. Quecksilber), aber auch andere Eigenschaften finden oft zur Temperaturmessung Verwendung, wie der elektrische Widerstand von Metallen, die Thermospannung, der Dampfdruck von Kondensaten usw.

Problematisch bleibt nur die Einführung eines vernünftigen Temperaturmaßstabs. Durch Wahl von zwei Fixpunkten, wie dem Eispunkt (0 °C) und dem Siedepunkt des Wassers (100 °C), kann man wohl versuchen, durch gleichmäßige Einteilung der Capillare eines Quecksilberthermometers eine Temperaturskala für das Zwischengebiet zu erhalten. Es zeigt sich dann aber, daß dieses Quecksilberthermometer im Mittelgebiet andere Temperaturen anzeigt als z. B. ein Alkoholthermometer, das ebenso hergestellt wurde, bei dem nur an Stelle des Quecksilbers (gefärbter) Alkohol als thermometrische Substanz die Temperaturskala liefert.

Das in Gl. (3) dargestellte, für Gase im verdünnten Zustand gültige Ausdehnungsgesetz zeigt, daß bei Benutzung von Gasen als thermo-

metrische Substanzen übereinstimmende Temperaturskalen erhalten werden, daß somit auf diesem Wege in vernünftiger Weise eine Temperaturskala *definiert* werden kann, die unabhängig davon ist, auf welches
spezielle (verdünnte) Gas man sich gerade bezieht.

Diese Definition ist insofern vernünftig, als die Ausdehnung der
Kondensate wie Quecksilber sicherlich noch irgendwie von den individuellen Kräften zwischen den Atomen der thermometrischen Substanz
abhängig sein wird, während bei den verdünnten Gasen diese Kräfte
nach S. 4 ganz zurücktreten, so daß bei diesen die Ausdehnung nur noch
auf die Temperatur zurückgeht, wobei wir hier von einer schärferen
Fassung des Begriffs der Temperatur noch absehen müssen.

So wird nun durch Gl. (3) die Temperatur (genauer Celsiustemperatur[1]) definiert. Schreibt man Gl. (3) in der Form:

$$\frac{v_\vartheta - v_0}{v_0} = \frac{\mathbf{v}_\vartheta - \mathbf{v}_0}{\mathbf{v}_0} = \frac{\vartheta}{273{,}15} \, , \tag{3a}$$

dann wird die Einführung einer Temperaturskala nahegelegt, die sich von
der Celsiusskala um den additiven Betrag von 273,15 Einheiten unterscheidet; man schreibt dann $T = 273{,}15$ an Stelle von 0 °C und 373,15
an Stelle von 100 °C usw. Diese neue Skala wird aus einem erst später
ersichtlichen Grunde (S. 152) als absolute Temperatur bzw. als Kelvintemperatur (nach Lord KELVIN) bezeichnet. Wir schreiben somit
$(273{,}15 + \vartheta)$ °K an Stelle ϑ °C usw. Mit dieser neuen Temperaturskala
folgt aus Gl. (3a):

$$\frac{v_\vartheta}{v_0} = \frac{\mathbf{v}_\vartheta}{\mathbf{v}_0} = \frac{\mathbf{v}_T}{\mathbf{v}_{273{,}15}} = \frac{v_T}{v_{273{,}15}} = 1 + \frac{\vartheta}{273{,}15} = \frac{273{,}15 + \vartheta}{273{,}15} = \frac{T}{273{,}15} \, . \tag{4}$$

Die Kombination von Gl. (4) mit Gl. (2) führt zu:

$$p_{T,\,p} \cdot v = p_0 \cdot v_{T,\,p_0} = p_0 \cdot v_{273{,}15;\,p_0} \cdot \frac{T}{273{,}15} = p_0 \cdot v_0 \cdot \frac{T}{273{,}15} \tag{5}$$

bzw.

$$p \cdot \mathbf{v} = p_0 \cdot \mathbf{v}_0 \cdot \frac{T}{273{,}15} \quad \text{mit} \quad \mathbf{v}_0 = \mathbf{v}_{273{,}15;\,p_0} \, .$$

Wenn jetzt bei einem vorgegebenen Gase der für dieses Gas gültige
Wert von $p_0 \, \mathbf{v}_0$ bekannt ist (etwa bei $p_0 = 1$ atm), so kann nach Gl. (5)
das spez. Volumen dieses Gases bei jedem Druck und bei jeder Temperatur ermittelt werden. Ebenso gelingt die Bestimmung des Druckes
bei steigendem Volumen und jeder Temperatur; z. B. gilt bei $\mathbf{v} = \mathbf{v}_0$
die Beziehung $p = p_0 \cdot \frac{T}{273{,}15}$. Es zeigt sich aber, daß es zweckmäßig
ist, nicht auf die Gewichtseinheit zu beziehen, sondern bei jedem Gase
von einer individuellen Menge auszugehen; dies bietet den Vorteil, das
in Gl. (5) ausgesprochene Gesetz für alle Gase auch zahlenmäßig auf die
gleiche Form bringen zu können (s. § 4).

---

[1] Daneben gibt es noch die Skalen nach Réaumur und Fahrenheit, die natürlich
begrifflich gegenüber der Celsiusskala keine Neuerung enthalten.

§ 3. Molekelbegriff und Gesetz von Avogadro

Um diese Verallgemeinerung zu erreichen, müssen wir unseren bisherigen Resultaten noch einige chemische Erfahrungen hinzufügen. Zu Beginn des 19. Jahrhunderts war im Anschluß an das Gesetz der konstanten und multiplen Proportionen von DALTON und WOLLASTON die schon voh den alten griechischen Philosophen diskutierte Atomhypothese wissenschaftlich neu begründet worden. Zu diesen experimentellen Grundlagen trat das *Gay-Lussac-Humboldtsche* Gesetz hinzu, das besagt, daß die Gase nur in einfachen Volumenverhältnissen miteinander reagieren. Einige Beispiele mögen dies erläutern:

1 l Wasserstoff unter Normalbedingungen, d. h. bei 1 atm Druck und 0 °C, kann mit 1 l Chlor zu 2 l Chlorwasserstoff jeweils unter Normalbedingungen reagieren. 1 l Stickstoff reagiert mit 3 l Wasserstoff zu 2 l Ammoniakgas. 1 l Sauerstoff reagiert mit 2 l Wasserstoff zu 2 l Wasserdampf; hier muß natürlich durchweg oberhalb 100 °C bei $p = 1$ atm gearbeitet werden, damit der Wasserdampf nicht kondensiert, denn die Reaktionen müssen sämtlich Gasreaktionen sein, nur für diese gilt der angegebene Satz. Bei der Chlorwasserstoffreaktion haben wir vor und nach der Reaktion das gleiche Volumen, nämlich 2 l; bei den anderen Reaktionen nimmt das Volumen ab, beim NH_3 von 4 l auf 2 l und beim Wasserdampf von 3 l auf 2 l.

Die gemeinsame Deutung dieser zunächst unterschiedlichen, aber doch anscheinend einfachen Reaktionsverhältnisse im Rahmen der Atomtheorie geschah durch AVOGADRO (1811), dessen sog. Molekularhypothese ursprünglich starken Widerspruch fand, sich dann aber immer mehr durchsetzte. Die Avogadrosche Molekularhypothese geht insofern über die Atomvorstellung hinaus, als sie behauptet, die kleinsten mechanisch zusammengehörenden Teilchen eines Gases bestünden nicht durchweg aus *einem* Atom, sondern oft aus *mehreren* Atomen. *Von diesen kleinsten Einheiten, den Molekeln, sollten bei gleichen äußeren Bedingungen (gleicher Druck und gleiche Temperatur) immer die gleiche Anzahl in der Volumeneinheit enthalten sein* (sog. *Avogadrosche Hypothese*).

Die Deutung der oben angeführten Reaktionen gewinnt dann folgende Gestalt: Wir führen zunächst die chemischen Symbole ein und bezeichnen mit H ein Atom Wasserstoff und mit H_n eine aus n Atomen Wasserstoff bestehende Wasserstoffmolekel und entsprechend mit Cl und Cl_m bzw. N und N_i oder O und O_j ein Chloratom und eine aus m Atomen Chlor bestehende Chlormolekel usw. Die Chlorwasserstoff-Gasreaktion besagt dann im Rahmen der Avogadroschen Vorstellung, daß eine Zahl Z von H_n-Molekeln und eine gleiche Zahl Z von Cl_m-Molekeln zu einer Zahl $2Z$ von Chlorwasserstoffmolekeln reagiert, weil sich die reagierenden Volumina wie $1 : 1 : 2$ verhalten. Wenn wir den gemeinsamen Faktor Z herauskürzen, schreibt sich die Reaktion

$$H_n + Cl_m = 2\,H_{n/2}\,Cl_{m/2}. \tag{6a}$$

Hierbei wurde natürlich beachtet, daß sich die Zahl der H- und Cl-Atome bei einer Reaktion als Ausdruck des Erfahrungssatzes von der

Konstanz der Massen eines jeden Elementes insgesamt nicht ändern darf. Da es keinen Sinn hat, von halben H- oder Cl-Atomen zu sprechen, so müssen die Zahlen m und n gerade sein, also gleich 2 oder 4 usw. Die Wasserdampf- und die Ammoniakreaktionen schreiben sich jetzt wie folgt:

und
$$2\,H_n + O_j = 2\,H_nO_{j/2} \tag{6b}$$
$$N_i + 3\,H_n = 2\,N_{i/2}H_{3n/2}. \tag{6c}$$

Hieraus entnimmt man, daß i und j ebenfalls geradzahlig sein müssen.

Weil man niemals auf eine Reaktion gestoßen ist, aus der für n, m, i oder j ein Wert > 2 gefolgert werden mußte, hat man frühzeitig die Molekeln der angegebenen elementaren Gase als zweiatomig angesehen, was sich später auch anderweitig bestätigt hat. Wenn man aber erst einmal die zweiatomige Natur dieser Gase kennt, so kann man jederzeit die obigen Reaktionsgleichungen herleiten. Darüber hinaus liefert der Avogadrosche Satz die exakten chemischen Formeln für die Wasserdampfmolekel (H_2O), die Chlorwasserstoffmolekel (HCl) und die Ammoniakmolekel (NH_3); er gestattet also, die chemischen Formeln abzuleiten. Die Gln. (6a) bis (6c), die wir hier als Formeln zur Beschreibung der Reaktion zwischen einzelnen Molekeln ansahen, schreibt man bekanntlich in gleicher Gestalt in der gesamten chemischen Literatur. Man versteht dann jedoch für gewöhnlich unter den Symbolen H_2, O_2 usw. nicht eine einzelne Molekel, sondern eine gewisse Zahl von Einzelmolekeln (nämlich $6{,}02 \cdot 10^{23}$ Molekeln), ein sog. Mol. Dieser Unterschied in der Auffassung der Gln. (6a) bis (6c) ist natürlich lediglich formaler Natur.

§ 4. Das allgemeine ideale Gasgesetz

Nunmehr sind wir in der Lage, das Gasgesetz von Gl. (5) in eine zweckmäßigere Form zu bringen. Wenn wir nämlich nicht das *spezifische* Volumen einführen, sondern *das* Volumen, in dem sich eine bestimmte Zahl von Molekeln befindet, so sind diese Volumina nach Avogadro bei sämtlichen Gasen unter denselben äußeren Bedingungen gleich. Man wählt für dieses Volumen nun aus einem gleich ersichtlichen Grunde ein Volumen von $V_{0\,\mathrm{mol}} = 22414\ \mathrm{cm}^3$ (sog. Molvolumen bei $0\ ^\circ\mathrm{C}$ und $p = 1$ atm). Mit diesem gewinnt die Gl. (5) die Gestalt:

$$p \cdot V_{\mathrm{mol}} = \frac{p_0 \cdot V_{0\,\mathrm{mol}}}{273{,}15}\, T = RT, \tag{7}$$

wenn die Abkürzung $p_0 \cdot \dfrac{V_{0\,\mathrm{mol}}}{273{,}15} = R$ eingeführt wird, wobei R jetzt für *alle* Gase den gleichen Zahlwert besitzt (s. u.).

Wir werden in Zukunft den Index mol weglassen und als *ideales Gasgesetz* schreiben:
$$p \cdot V = RT. \tag{8}$$

Hat man ein Volumen V_n mit mehreren (n) dieser Einheiten von 1 Mol vor sich, so erhält man:

bzw.
$$\left.\begin{aligned} p \cdot V_n &= nRT = \frac{m}{M} \cdot RT \\[4pt] p &= cRT \quad \text{mit} \quad c = \frac{n}{V_n}. \end{aligned}\right\} \tag{8a}$$

Hier bedeutet m die Masse (oder das Gewicht) des in dem Volumen enthaltenen Gases und M die Masse (oder das Gewicht) eines Mols, die als Molmasse (oder Molekulargewicht) bezeichnet wird, insofern sie ja der Masse oder dem Gewicht einer Einzelmolekel des betreffenden Gases proportional ist. Die Definition des Mols bzw. des Molvolumens von etwa 22,4 l unter Normalbedingungen ist nun so abgepaßt, daß eben diese Masse eines Mols des zweiatomigen Sauerstoffs ziemlich genau $2 \cdot 16{,}000$ g $= 32{,}000$ g beträgt und mithin das Molgewicht des zweiatomigen Wasserstoffs auf etwa 2 g und seine Atommasse (Atomgewicht) auf etwa 1 g kommt.[1] Ein Mol enthält nach dem eben erwähnten Avogadroschen Satz eine feste Zahl von Molekeln (nämlich $N_L = 6{,}02 \cdot 10^{23}$). Zur zahlenmäßigen Auswertung benötigt man noch den Wert der sog. allgemeinen Gaskonstante R; hierfür ergibt sich aus Gl. (8) mit $p_0 = 1$, $V = 22414$ cm³ und $T = 273{,}15$ °K der Wert:

$$\text{oder} \quad \left. \begin{aligned} R &= \frac{1 \cdot 22414}{273{,}15} = 82{,}06 \text{ cm}^3 \cdot \text{atm/grad mol} \\ R &= 0{,}08206 \text{ l atm/grad mol.} \end{aligned} \right\} \tag{9}$$

Wichtig ist auch eine Kenntnis der Gaskonstanten in abs. Einheiten. Da in diesen $p_0 = 1$ atm mit $1{,}013 \cdot 10^6$ dyn/cm² anzusetzen ist (man beachte: 1 kg Kraft $\approx 10^6$ dyn und 1 atm $\approx 1{,}03$ kg/cm²!), erhält man den Wert:

$$R = 8{,}314 \cdot 10^7 \text{ erg/grad mol.}$$
$$= 8{,}314 \text{ Joule/grad mol,}$$

während man mit $p_0 = 760$ Torr ($= $ mm Hg) den Wert $R = 760 \cdot 82{,}06$ $= 62366$ Torr $\cdot$ cm³/grad mol findet. Außer diesen Zahlenwerten wird noch häufig der Wert der Gaskonstante in cal benötigt, $R = 1{,}9865$ cal/grad mol, worauf jetzt noch nicht näher eingegangen werden soll.

§ 5. Anwendungen des allgemeinen Gasgesetzes
Bestimmung des Molekulargewichtes

Das allgemeine Gasgesetz in der Form:

$$p \cdot V_n = \frac{m}{M} \cdot RT \tag{8a}$$

bildet die Grundlage für die einfachsten Molekulargewichtsbestimmungen, indem man von den vier Variablen p, V_n, T und m der Gl. (8a) zwei bis drei vorgibt und die restlichen eins bis zwei Variablen sich einstellen läßt und gemäß Gl. (8a) die Molmasse oder das Molgewicht M berechnet. Die einzelnen Varianten dieser Meßmethodik gehören ins Praktikum, wir wollen uns deshalb auf die einfachste beschränken.

---

[1] Wegen der Zusammensetzung des natürlichen Sauerstoffs aus verschiedenen Isotopenkomponenten wird die Atommasse neuerdings nicht mehr auf O $= 16{,}0000$, sondern auf das Kohlenstoffisotop ^{12}C $= 12{,}0000$ bezogen. Die Differenz der beiden Atommassen- bzw. Atomgewichtsskalen ist meist vernachlässigbar.

Bei der Molmassenbestimmung von Dämpfen, z. B. nach A. DUMAS (1827), benutzt man einen etwa 150 cm³ fassenden Glaskolben mit einem engen Capillaransatz. Man wägt diesen zunächst im leeren Zustand und füllt ihn mit einigen Kubikzentimetern der zu untersuchenden Substanz (Flüssigkeit). Darauf bringt man den Kolben in ein Temperaturbad der Temperatur T, die einige Grade (mindestens 15 bis 20°) über der normalen Siedetemperatur der Flüssigkeit liegt (Abb. 2). Die Flüssigkeit verdampft jetzt beim jeweiligen Barometerdruck, verdrängt die noch im Kolben befindliche Luft und strömt aus der Capillare so lange heraus, bis der Kolben gänzlich vom Dampf bei der Temperatur T und dem jeweiligen Barometerdruck angefüllt ist. Nunmehr schmilzt man die Glascapillare zu und wägt den Kolben wieder. Die Differenz der Wägungen liefert unter Berücksichtigung des Luftauftriebs die im Kolben enthaltene Gasmenge m, Temperatur und

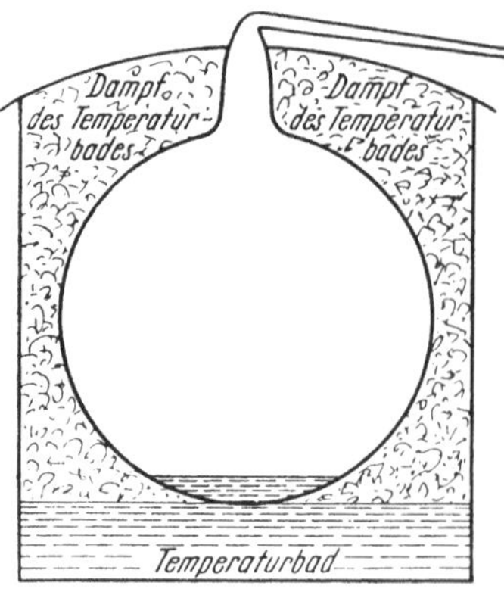

Abb. 2. Molekulargewichtsbestimmung nach DUMAS

Barometerstand können als bekannt angesehen werden. Das Kolbenvolumen V_n kann leicht mit Wasser ausgewogen werden, so daß sämtliche Größen der Gl. (8a) zur numerischen Berechnung der Molmasse M bekannt sind.

Das in dieser Weise oder nach anderen Bestimmungsmethoden aus Gl. (8a) erhaltene Molekulargewicht M ist zahlenmäßig nicht exakt identisch mit dem theoretischen Molekulargewicht, das man durch Addition der Atomgewichte erhält. Es liegt dies daran, daß unser Gesetz (8a) ein idealisiertes Grenzgesetz ist, das deshalb als das *ideale* Gasgesetz bezeichnet wird, welches nur in der Grenze bei kleinen Drucken genau gilt, wo der Einfluß der zwischenmolekularen Kräfte ganz zurücktritt (vgl. Abb. 1). Bei $p = 1$ atm beträgt aber die durch diese Kräfte bedingte Abweichung etwa 2%, so daß auch das nach Gl. (8a) berechnete M um einen derartigen Betrag vom theoretischen M-Wert abweicht.

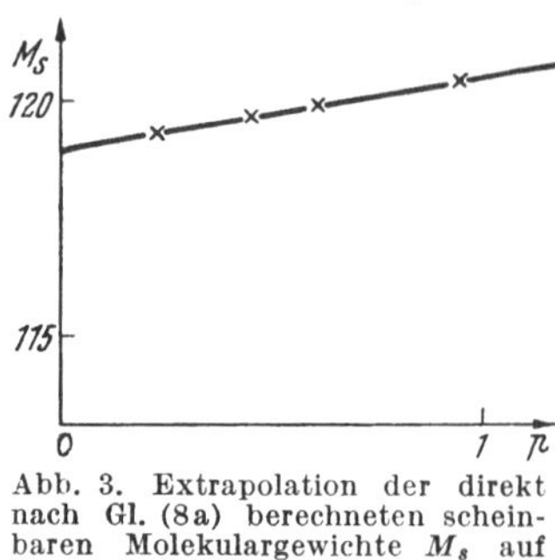

Abb. 3. Extrapolation der direkt nach Gl. (8a) berechneten scheinbaren Molekulargewichte M_s auf wahre Molekulargewichte

Da die anziehenden Kräfte im Druckgebiet von einer Atmosphäre stärker ins Gewicht fallen als die abstoßenden, ist das reale Gasvolumen kleiner als bei einem idealen Gas, das keine zwischenmolekularen Kräfte aufweist und bei allen Drucken genau der Gl. (8a) genügt. Infolgedessen berechnet man aus Gl. (8a) im allgemeinen zu große Molekulargewichte. Wünscht man den theoretischen Wert des Molekulargewichtes zu erhalten, so muß man unter entsprechender Abänderung der experimentellen Anordnung bei verschiedenen Drucken Molekulargewichtsbestimmungen vornehmen. Die dann nach Gl. (8a) ermittelten Molekulargewichte zeigen einen Gang mit dem Druck. Es müssen deshalb die zuerst erhaltenen „scheinbaren" Molekulargewichte auf den Druck Null extrapoliert werden, um das richtige Molgewicht zu bekommen. Da M gewöhnlich — wenigstens bei nicht zu hohen Drucken — linear mit p variiert, ist diese Extrapolation leicht durchführbar (Abb. 3). Wesentlich ist natürlich, daß die Gase bei Druckvariation nicht echt dissoziieren oder polymerisieren; in diesen Fällen hätte man selbstverständlich wesentliche Änderungen an dem bei $p = 1$ gefundenen M-Wert vorzunehmen.

b) Kinetische Theorie

§ 6. Kinetische Ableitung des Gasgesetzes

Nach der phänomenologischen Darstellung der bei reinen Gasen vorliegenden Gesetze müssen wir jetzt versuchen, diese auch theoretisch zu verstehen. Hierfür existiert zunächst nur der klassische molekularkinetische Standpunkt, der auf folgenden drei Grundannahmen beruht:

I. Die Materie besteht aus kleinen, unter sich gleichen Teilchen, den Molekeln.

II. Diese Teilchen befinden sich in lebhafter Bewegung (Temperaturbewegung).

III. Die Teilchen sollen sich nach den klassisch-mechanischen Gesetzen bewegen; insbesondere gelten für sie der Impuls- und Energiesatz der Mechanik.

Von diesen drei Grundannahmen sind die ersten beiden heute weitgehend belegt. Die erste dadurch, daß es etwa 20 mehr oder weniger verschiedene Methoden zur Bestimmung der Molekelgröße und Molekelanzahl gibt, die übereinstimmende Werte liefern, was nicht sein könnte, wenn dieser Annahme nicht ein wesentlicher Wahrheitsgehalt zukäme. Die zweite Annahme darf schon durch die Beobachtung der Brownschen Molekularbewegung weitgehend als bewiesen angesehen werden. Die dritte Annahme läßt sich natürlich am wenigsten direkt prüfen, da man mit Einzelmolekeln nicht wie mit Billardkugeln experimentieren kann. Weil aber zunächst keine andere Möglichkeit vorhanden ist, muß die dritte Annahme gemacht werden, um überhaupt zu irgendwelchen konkreten Aussagen zu kommen. Wenn später Widersprüche zwischen diesen Aussagen und der Erfahrung auftreten, so werden wir dies in erster Linie auf ein Versagen der dritten Annahme zurückführen.

Eine Folgerung, welche man unter wesentlicher Benutzung der dritten Annahme aus den Grundvorstellungen der molekular-kinetischen Theorie herleitet, und die auch weitgehend experimentell bestätigt wird, ist der sog. klassische Gleichverteilungssatz der Energie der hier ohne Beweis angegeben sei. Dieser besagt, daß auf jeden (quadratischen) Freiheitsgrad der Energie jeder Molekel im thermischen Gleichgewicht durchschnittlich die gleiche Energie entfällt. Ein solcher quadratischer Freiheitsgrad ist z. B. der x- oder y- oder z-Term der kinetischen Energie, weil diese Energie durch den in drei Gliedern quadratischen Ausdruck beschrieben wird $\frac{1}{2}m\,(v_x^2 + v_y^2 + v_z^2)$. Gelegentliche Abweichungen von diesem Gleichverteilungssatz, auf die wir später stoßen, müssen wir also nach dem eben Gesagten auf ein Versagen der dritten Grundannahme zurückführen.

Das Gasgesetz in der Form der Gl. (2) erhalten wir kinetisch im Anschluß an eine auf DAN. BERNOULLI zurückgehende Überlegung durch Berechnung des Impulses, der von den Einzelmolekeln beim Zusammenstoß mit den Wänden des Gefäßes, in welchem das Gas eingeschlossen ist, auf diese Wände übertragen wird. Zur Vereinfachung nehmen wir einmal an, daß die Molekeln sich sämtlich nur parallel zur x-, y- oder z-Achse in einem Volumen bewegen können, das von Wänden begrenzt werde, die ihrerseits senkrecht zur x-, y- und z-Achse stehen. Innerhalb der kleinen Zeit dt werden dann, sofern wir den Molekeln eine konstante Geschwindigkeit w zuschreiben, nur solche Molekeln mit der Fläche F einer Seitenwand zusammenstoßen können, die sich im Abstand $w\,dt$ von dieser Fläche befinden und sich auf die Wand zu bewegen. Es ist dies der sechste Teil der in dem angegebenen Volumen $w \cdot dt \cdot F$ enthaltenen Molekeln, da nur dieser sich auf die Wand zu bewegt, denn zwei Drittel bewegen sich parallel zu den anderen Koordinatenrichtungen, und von dem restlichen Drittel bewegt sich nur die Hälfte auf die Wand zu, die andere Hälfte aber von ihr fort. Demnach stoßen also in der Zeit dt, wenn sich ^1N-Molekeln in der Volumeneinheit befinden, $^1N/6 \cdot w \cdot 1 \cdot dt$ Molekeln gegen die Fläche*einheit* der Wand. Jede Molekel überträgt dort wegen der Impulsumkehr, welche die Molekeln an der Wand erfahren, den Impuls $2\overline{m} \cdot w$. Der in der kurzen Zeit dt auf die Flächeneinheit der Wand übertragene Gesamtimpuls beträgt demnach:

$$dP = \frac{^1N}{6} \cdot w\,2\overline{m}\,w \cdot 1 \cdot dt \qquad (10)$$

(wobei $\overline{m}$ hier die Masse einer einzelnen Molekel darstellt). Da nun nach den Newtonschen Grundaxiomen der Mechanik $dP/dt = K$ (Kraft) ist, folgt für die dauernd vom Gase auf die Fläche*einheit* ausgeübte Kraft, d. h. nach Definition für den Druck p:

$$\left.\begin{aligned} p &= \tfrac{1}{3}\,^1N \cdot \overline{m} \cdot w^2, \\ p &= \tfrac{1}{3}\varrho\,w^2 \quad (\varrho = \text{Massendichte}). \end{aligned}\right\} \qquad (11)$$

Es ist hier beachtet, daß $^1N\,\overline{m}$ die gesamte in der Volumeneinheit enthaltene Masse mit der makroskopischen Dichte ϱ identisch ist. Wenn wir weiter $\varrho = 1/\mathrm{v}$ (v = spez. Volumen) $= m/v$ berücksichtigen, so erhalten wir direkt das Gasgesetz in der Form $p \cdot v = $ const, d. i. die isotherme Zustandsgleichung. Die Temperaturabhängigkeit der Konstanten auf der rechten Seite erhalten wir durch unsere kinetisch-mechanische Überlegung nicht und können sie so auch nicht anderweitig berechnen, da die Temperatur ein der Mechanik fremder Begriff ist. Es bleibt darum im Anschluß an unsere Überlegungen zum ersten

Gay-Lussacschen Gesetz auch gar nichts anderes übrig, als das Gasgesetz zur Definition der Temperatur heranzuziehen. Der Vergleich:

$$p = \frac{m}{v} \frac{RT}{M} = \varrho \frac{RT}{M} = \frac{1}{3} \varrho w^2 \tag{12}$$

führt dann zu:

$$w = \sqrt{\frac{3RT}{M}} \,. \tag{12a}$$

Die Molekulargeschwindigkeit kann mithin als Funktion der Temperatur und der Molmasse M berechnet werden.

Bei unseren oben angestellten kinetischen Überlegungen war mit gewissen Vereinfachungen operiert worden (konstanter Betrag der Molekulargeschwindigkeit und Richtung der Geschwindigkeit parallel zur x-, y- und z-Achse); wenn man diese Vereinfachungen fortläßt, so ergeben sich nach etwas umständlicheren Integrationen dieselben Formeln wie oben. Darin ist dann w eine in bestimmter Weise (nämlich quadratisch) gemittelte Geschwindigkeit. Um diese Mittelung anzudeuten, werden wir in Zukunft meist $\overline{\overline{w}}$ (oder genauer $\sqrt{\overline{w^2}}$ wegen der quadratischen Mittelung) an Stelle von w schreiben.

Zur Auswertung der Gl. (12a) haben wir R in abs. Einheiten einzusetzen, um $\overline{\overline{w}}$ in abs. Einheiten zu erhalten (cm/sec). Wir finden so, wenn schließlich noch cm/sec auf m/sec umgerechnet wird:

$$\overline{\overline{w}} = \sqrt{\frac{3 \cdot 8{,}315 \cdot 10^7 \cdot T}{M}} \ \text{cm/sec} = 158{,}0 \sqrt{\frac{T}{M}} \ \text{m/sec}. \tag{12b}$$

Bei $T = 300\ °\text{K}$ und $M = 30$ (Größenordnung der Molmasse von N_2 und O_2) erhält man Geschwindigkeitswerte von etwa 500 m/sec. Die folgende Tabelle enthält die Werte der gemittelten Molekulargeschwindigkeit bei 0 °C in m/sec für die einfachsten Gase.

Tabelle 1. *Molekulargeschwindigkeiten der einfachsten Gase bei 0 °C*

Gas	He	H_2	N_2	O_2	Cl_2	Br_2	CO_2	H_2O	C_3H_8
$\overline{\overline{w}}$ (m/sec)	1305	1838	494	462	310	206	394	615	394

§ 7. Die Maxwellsche Geschwindigkeitsverteilung

Es ist bemerkenswert, daß man die oben angedeutete Verteilung der Molekulargeschwindigkeiten um den Mittelwert $\overline{\overline{w}}$ schon ohne spezielle physikalische Vorstellungen gewinnen kann, wenn man nur annimmt, daß diese Verteilung eine rein statistisch-zufällige ist.

Zu ihrer Herleitung betrachten wir zunächst ein Gas, dessen Molekeln sich nur in zwei Dimensionen (x-, y-Ebene) bewegen können, die Erweiterung auf die dritte Dimension bereitet dann später keine Schwierigkeit mehr. Wir können die dann vorliegende, etwa experimentell ermittelte Geschwindigkeitsverteilung in der Papierebene dadurch verdeutlichen, daß wir für jede Molekel in einem x-, y-Koordinatensystem einen Punkt eintragen, dessen x-Koordinate mit der x-Komponente seiner Geschwindigkeit übereinstimmt, und entsprechend für die y-Komponente.

Die so erhaltene Menge von Punkten (s. Abb. 4) sollte nun eine statistische Verteilung aufweisen. Wenn wir dann wissen sollen, wieviel Molekeln oder Punkte unserer Menge zwischen den Koordinaten x und $x + \Delta x$ gelegen sind, so müssen wir die Punkte abzählen, die in den zur y-Achse parallelen Streifen mit den x-Koordinaten x und $x + \Delta x$ fallen (vgl. Abb. 4). Das Ergebnis solcher Abzählungen wird, wenn der Streifen nicht zu breit ist, eine zu Δx proportionale Zahl liefern, die im übrigen noch von der Wahl der Koordinate x abhängt. Wenn wir von prozentual geringen Schwankungen absehen, kann man diesen Proportionalitätsfaktor als stetige Funktion von x ansehen, so daß also

$$f(x) \cdot \Delta x \qquad (13)$$

die Zahl der Punkte unserer Punktmenge im Streifen zwischen x und $x + \Delta x$ darstellt. Dieselbe Überlegung kann man bezüglich eines Streifens parallel zur x-Achse anstellen, wobei eine Funktion $g(y) \cdot \Delta y$ die Zahl der Punkte in diesem Streifen darstellt. Da aber wegen der Isotropie des Raumes bzw. unserer $(x$-$y)$-Ebene keine Achse vor der anderen ausgezeichnet ist, muß f die gleiche Funktion wie g sein, d. h., wenn f etwa die Funktion $1/(1 + x^2)$ wäre, so müßte g analog $1/(1 + y^2)$ lauten.

Für die Funktion f und g muß gelten

$$\int\limits_{-\infty}^{+\infty} f(x)\,dx = \int\limits_{-\infty}^{+\infty} g(y)\,dy = N, \qquad (14)$$

Abb. 4. Zur Ableitung der Maxwellschen Geschwindigkeitsverteilung

wo N die Gesamtzahl der Punkte unserer Punktmenge ist, denn die Integration kommt einer Aufsummierung der Punkte in den einzelnen Streifen gleich, die natürlich die Gesamtzahl N aller Punkte liefern muß. Die Größen $\dfrac{1}{N} f(x)\,\Delta x$ bzw. $\dfrac{1}{N} g(y)\Delta y$ geben demnach die *Wahrscheinlichkeit* an, den eine Molekel repräsentierenden Punkt in einem Streifen der Breite Δx bzw. Δy anzutreffen, denn diese Größen sind jetzt, wie es bei einer Wahrscheinlichkeitsgröße sein muß, auf die Gesamtwahrscheinlichkeit 1 normiert, den Punkt *irgendwo* in unserer Ebene anzutreffen.

Die Wahrscheinlichkeit, den die Geschwindigkeit einer bestimmten Molekel repräsentierenden Punkt in einem Felde der Größe $\Delta x \cdot \Delta y$ unserer Ebene zu finden, also etwa zwischen den Koordinaten x und $x + \Delta x$ einerseits sowie zwischen y und $y + \Delta y$ andererseits, ergibt sich nach dem Produktsatz der Wahrscheinlichkeitsrechnung für das gleichzeitige Auftreten zweier unabhängiger Ereignisse zu

$$\frac{1}{N} f(x)\,\Delta x \cdot \frac{1}{N} g(y)\,\Delta y = \frac{1}{N^2} f(x)\,f(y)\,\Delta x \cdot \Delta y. \qquad (15)$$

Die unabhängigen Ereignisse, die hierzu gleichzeitig auftreten müssen, sind nämlich die, daß der die Molekel repräsentierende Punkt sowohl in dem x-Streifen der Breite Δx als auch gleichzeitig in dem y-Streifen der Breite Δy enthalten ist. Es ist natürlich erlaubt, neue Koordinaten $x'\,y'$ in der Ebene so zu legen, daß etwa die x'-Achse durch das genannte Feld hindurchgeht; die neuen Koordinaten des Feldes lauten dann $x' = \sqrt{x^2 + y^2}$, $y' = 0$. Wegen der Isotropie des Raumes bzw. unserer Ebene muß die Wahrscheinlichkeit für das Antreffen des unsere Molekel repräsentierenden Punktes in dem Felde der Größe $\Delta x\,\Delta y$ mit der gleichen

Funktion f wie oben durch

$$\frac{1}{N^2}\, f(x') \cdot f(0)\, \varDelta x\, \varDelta y = \frac{1}{N^2}\, f\big(\sqrt{x^2 + y^2}\,\big) \cdot f(0) \cdot \varDelta x\, \varDelta y \qquad (16)$$

wiedergegeben werden. Durch Vergleich mit Gl. (15) folgt sofort

$$f(x) \cdot f(y) = f(0) \cdot f\big(\sqrt{x^2 + y^2}\,\big). \qquad (17)$$

Für den Fall einer dreidimensionalen, räumlichen Verteilung bekäme man an Stelle von Gl. (17) durch die gleiche Überlegung

$$f(x) \cdot f(y) \cdot f(z) = f(0) \cdot f(0) \cdot f\big(\sqrt{x^2 + y^2 + z^2}\,\big). \qquad (17\,\mathrm{a})$$

Wenn wir hier beiderseits den Logarithmus naturalis bilden und nach x differenzieren, wobei wir annehmen, daß die Funktion f Differentiationen gestattet, liefert Gl. (17 a)

$$\frac{f'(x)}{f(x)} = \frac{x}{\sqrt{x^2 + y^2 + z^2}}\, \frac{f'\big(\sqrt{x^2 + y^2 + z^2}\,\big)}{f\big(\sqrt{x^2 + y^2 + z^2}\,\big)} \qquad (18)$$

bzw.

$$\frac{1}{x} \cdot \frac{f'(x)}{f(x)} = \frac{1}{\sqrt{x^2 + y^2 + z^2}}\, \frac{f'\big(\sqrt{x^2 + y^2 + z^2}\,\big)}{f\big(\sqrt{x^2 + y^2 + z^2}\,\big)}. \qquad (18\,\mathrm{a})$$

Hier steht beide Male vor f'/f das jeweilige Argument der Funktion f im Nenner, woraus man schließen muß, daß

$$\frac{1}{x} \cdot \frac{f'(x)}{f(x)} = \mathrm{const} \qquad (18\,\mathrm{b})$$

gilt, weil man ja bei beliebigem x die Zahlwerte von y und z so wählen kann, daß $\sqrt{x^2 + y^2 + z^2}$ einen festen Wert a erhält, womit eben die Konstante in Gl. (18 b) die Bedeutung $\dfrac{1}{a} \cdot \dfrac{f'(a)}{f(a)}$ erhält. Nennen wir diese Konstante in Gl. (18 b) gleich -2α, so erhalten wir durch Integration mit einer neuen Integrationskonstanten b

$$\left. \begin{aligned} \ln f(x) &= -\int 2\alpha\, x\, dx = -\alpha\, x^2 + b, \\ f(x) &= e^b \cdot e^{-\alpha x^2} = \mathrm{Const}\, e^{-\alpha x^2}. \end{aligned} \right\} \qquad (19)$$

Man bestätigt leicht, daß diese Funktion den Funktionalgleichungen (17 a) und (17) genügt.

Darüber hinaus sehen wir, daß α positiv sein muß, damit die Wahrscheinlichkeit, einen Punkt mit sehr großer x-Koordinate (extremer Geschwindigkeit) anzutreffen, mit wachsendem x nach Null geht, was bei negativem α nicht zutreffen würde. Aus Gl. (14) folgt für die Konstante in Gl. (19) der Wert $\mathrm{Const} = N\sqrt{\dfrac{\alpha}{\pi}}$, denn nur dann gilt

$$N\sqrt{\frac{\alpha}{\pi}} \cdot \int\limits_{-\infty}^{+\infty} e^{-\alpha x^2}\, dx = N\sqrt{\frac{\alpha}{\pi}}\, \sqrt{\frac{\pi}{\alpha}} = N. \qquad (14\,\mathrm{a})$$

Aus Gl. (12) und (12a) folgt nun $\overline{w^2} = 3RT/M$, so daß man $\overline{w_x^2} = RT/M$ setzen kann, weil nach dem Pythagoras $\overline{w^2} = \overline{w_x^2} + \overline{w_y^2} + \overline{w_z^2}$ gesetzt werden darf und wegen der Isotropie des Raumes $\overline{w_x^2} = \overline{w_y^2} = \overline{w_z^2}$ gilt. Der Strich über w usw. bedeutet dabei in üblicher Weise eine Mittelung. Dem Wert $\overline{w_x^2}$ entspricht im Bilde unserer

Punktmenge der quadratische Mittelwert von x, der sich aus Gl. (19) ergibt zu:

$$N \,\overline{x^2} = \mathrm{Const} \int\limits_{-\infty}^{+\infty} x^2 \, e^{-\alpha x^2} dx = N \sqrt{\frac{\alpha}{\pi}} \int\limits_{-\infty}^{+\infty} x^2 \, e^{-\alpha x^2} dx$$

$$= N \, \frac{1}{\alpha \sqrt{\pi}} \int\limits_{-\infty}^{+\infty} u^2 \, e^{-u^2} du = \frac{N}{2\alpha}, \quad \text{also zu} \quad \overline{x^2} = \frac{1}{2\alpha} = \frac{RT}{M} \, (= \overline{w_x^2}). \qquad (20)$$

Mit $\alpha = M/2RT$ nimmt Gl. (19) endgültig die Gestalt an:

$$f(x) = N \sqrt{\frac{M}{2\pi RT}} \cdot e^{-\frac{M x^2}{2RT}}. \qquad (21)$$

Ersetzt man hier x durch w_x, indem man zu den Molekulargeschwindigkeiten übergeht, so gewinnt man in

$$f(w_x) = N \sqrt{\frac{M}{2\pi RT}} \, e^{-\frac{M w_x^2}{2RT}} \qquad (21\,\mathrm{a})$$

die Verteilungsfunktion der x-Komponente der Molekulargeschwindigkeit. Gl. (21 a) stellt das sog. Maxwellsche *Geschwindigkeits-Verteilungsgesetz* dar. Das Gesetz besagt also, daß von N insgesamt vorhandenen Molekeln der Molmasse M bei der Temperatur T

$$N \sqrt{\frac{M}{2\pi RT}} \, e^{-\frac{M w_x^2}{2RT}} \, \Delta w_x \qquad (21\,\mathrm{b})$$

eine x-Komponente der Geschwindigkeit zwischen w_x und $w_x + \Delta w_x$ aufweisen. Die Verteilungsfunktion Gl. (21 a) ist in Abb. 5 veranschaulicht.

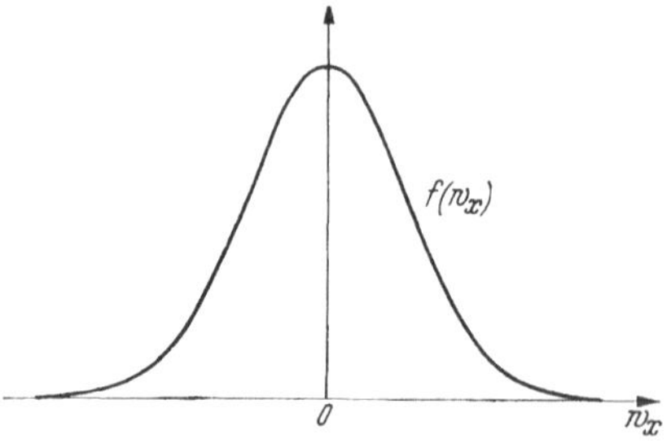

Meist wünscht man freilich die Zahl der Molekeln zu kennen, die eine Gesamtgeschwindigkeit zwischen w und $w + \Delta w$ besitzen. Diese Fragestellung läuft im Bilde der Abb. 4 auf die Ermittlung der Zahl der Punkte in dem Kreisring zwischen den Radien $w = r = \sqrt{x^2 + y^2}$ und $w + \Delta w = r + \Delta r$ hinaus. Da nun die Wahrscheinlichkeit, einen Punkt in einem Felde der Größe $\Delta x \Delta y$ anzutreffen, das diesem Ring angehört, überall gleich ist, weil diese Felder alle den gleichen Abstand vom Ursprung haben (Isotropie der Ebene bzw. des Raumes), so gilt für die Wahrscheinlichkeit, in diesem Ring einen Punkt anzutreffen:

$$\frac{1}{N} f(0) \cdot \frac{1}{N} f(\sqrt{x^2 + y^2}) \cdot 2\pi r \, \Delta r = \left(\frac{M}{2\pi RT}\right)^{\frac{2}{2}} 2\pi r \, e^{-\frac{M r^2}{2RT}} \Delta r, \qquad (22)$$

Abb. 5. Die Geschwindigkeitsverteilung in einer Dimension

wenn man beachtet, daß $2\pi r \, \Delta r$ die Fläche dieses Kreisrings ist. Im dreidimensionalen Fall erhält man ganz entsprechend, weil es sich hier um eine differentielle Kugelschale vom Volumen $4\pi r^2 \, \Delta r$ an Stelle des Kreisrings handelt, die Wahrscheinlichkeit

$$\frac{1}{N} \cdot f(0) \cdot \frac{1}{N} \cdot f(0) \cdot \frac{1}{N} \cdot f(\sqrt{x^2 + y^2 + z^2}) \cdot 4\pi r^2 \, \Delta r$$

$$= \left(\frac{M}{2\pi RT}\right)^{\frac{3}{2}} \cdot 4\pi r^2 \, e^{-\frac{M r^2}{2RT}} \Delta r. \qquad (22\,\mathrm{a})$$

Bei der Übertragung auf unsere Geschwindigkeiten ($r = w$) erhalten wir als Maxwellsches Geschwindigkeitsverteilungsgesetz, wenn wir gleich von der Wahrscheinlichkeit zur Zahl der Molekeln unserer Gesamtheit übergehen, die bei der Temperatur T, der Molmasse M und der Gesamtzahl N eine Gesamtgeschwindigkeit zwischen w und $w + \Delta w$ besitzen:

$$Z(w)\,\Delta w = N \left(\frac{M}{2\pi R T}\right)^{\frac{3}{2}} \cdot 4\pi\, w^2\, e^{-\frac{M w^2}{2 R T}}\, \Delta w. \tag{23}$$

Diese Verteilungsfunktion wird durch Abb. 6 wiedergegeben, wobei man erkennt, daß jetzt im Gegensatz zu Abb. 5 nur relativ wenige Molekeln die Geschwindigkeit Null haben. Nach großen Geschwindigkeiten fällt $Z(w)$ exponentiell ab, dazwischen erreicht $Z(w)$ ein Maximum, welches bei der Geschwindigkeit

$$w_{\mathrm{max}} = \sqrt{\frac{2 R T}{M}} \tag{23a}$$

erreicht wird, wovon man sich durch Nullsetzen der Ableitung von Gl. (23) nach w leicht überzeugen kann. Diese Geschwindigkeit w_{max}, welche

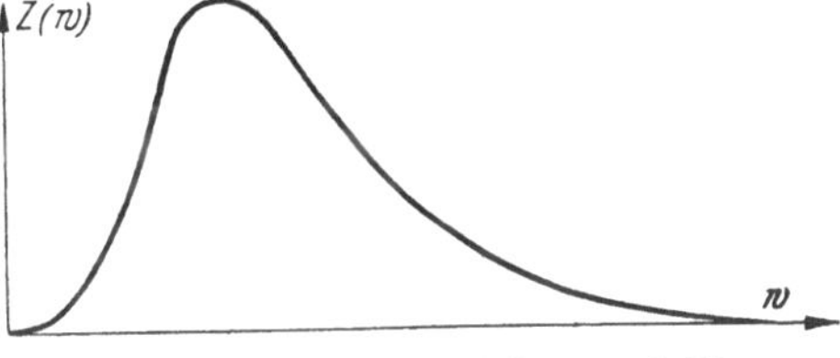
Abb. 6. Geschwindigkeitsverteilung nach MAXWELL in drei Dimensionen

die meisten Molekeln der Gesamtheit besitzen, ist zwar der Größenordnung nach, nicht aber *genau* gleich der gemittelten (quadratisch gemittelten) Geschwindigkeit von Gl. (12). Diese erhält man aus Gl. (23) wieder durch eine Integration

$$N \overline{w^2} = \int\limits_{0}^{+\infty} Z(w) \cdot w^2\, dw, \tag{24}$$

deren Ausführung natürlich wieder auf $\overline{w^2} = \dfrac{3 R T}{M}$ führt. Daneben muß man oft noch eine linear gemittelte Molekulargeschwindigkeit unterscheiden, die sich aus

$$N \overline{w} = \int\limits_{0}^{+\infty} w\, Z(w)\, dw = N\, 4\pi \left(\frac{M}{2\pi R T}\right)^{\frac{3}{2}} \int\limits_{0}^{+\infty} w^3\, e^{-\frac{M w^2}{2 R T}}\, dw$$

$$= N\, 4 \left(\frac{2 R T}{\pi M}\right)^{\frac{1}{2}} \int\limits_{0}^{+\infty} x^3\, e^{-x^2}\, dx = N \cdot \left(\frac{8 R T}{\pi M}\right)^{\frac{1}{2}}$$

zu

$$\overline{w} = \sqrt{\frac{8 R T}{\pi M}} \tag{25}$$

ergibt.

In Analogie zu Gl (12b) erhält man numerisch

$$w_{\mathrm{max}} = 128{,}9 \sqrt{\frac{T}{M}}\ \mathrm{m/sec}, \quad \overline{w} = 145{,}6 \sqrt{\frac{T}{M}}\ \mathrm{m/sec}. \tag{25a}$$

Der Umstand, daß bei quadratischer Mittelung die Molekulargeschwindigkeit etwas größer ausfällt als bei linearer Mittelung, liegt offenbar daran, daß beim quadratischen Mitteln die höheren Geschwindigkeiten etwas stärker ins Gewicht fallen.

Selbstverständlich kann man die Geschwindigkeitsverteilung in drei Dimensionen entsprechend Gl. (21a) ausdrücken, indem man danach fragt, wie viele Molekeln Geschwindigkeitskomponenten zwischen w_x und $w_x + \Delta w_x$, zwischen w_y und $w_y + \Delta w_y$, zwischen w_z und $w_z + \Delta w_z$ aufweisen. Man erhält dafür nach Gl. (21a) und (17a) die Zahl:

$$Z(w_x, w_y, w_z)\, \Delta w_x \cdot \Delta w_y \cdot \Delta w_z$$
$$= N \left(\frac{M}{2\pi RT}\right)^{\frac{3}{2}} e^{-\frac{M}{2RT}(w_x^2 + w_y^2 + w_z^2)} \Delta w_x\, \Delta w_y\, \Delta w_z. \quad (26)$$

Gl. (23) faßt gewissermaßen alle die Geschwindigkeitszustände von Gl. (26) zusammen, bei denen die Komponenten so liegen, daß die Gesamtgeschwindigkeit zwischen w und $w + dw$ fällt.

§ 8. Transporterscheinungen in Gasen

Mit den oben angestellten molekular-kinetischen Überlegungen haben wir das Gasgesetz zwar molekular-kinetisch gedeutet und eine mechanische Veranschaulichung der Temperatur gefunden, nach der die Temperatur proportional zum Quadrat der mittleren Geschwindigkeit ist, aber es ergeben sich zunächst erstaunlich hohe Werte der Molekulargeschwindigkeit, die mit der primitiven Erfahrung in Widerspruch zu stehen scheinen, denn die Diffusion eines Gases in ein anderes vollzieht sich recht langsam (Eindringtiefe etwa 1 mm/sec). Es zeigt sich aber, daß wegen der großen Zahl der Molekeln in der Volumeneinheit unter Normalbedingung eine einzelne Molekel durchschnittlich nur etwa 10^{-5} cm weit fliegt und dann mit einer anderen Molekel zusammenstößt. Man nennt diese Flugstrecke darum die *mittlere freie Weglänge*. Die Einzelmolekel führt mithin eine komplizierte Zickzackbewegung aus, die es verhindert, daß die Molekeln etwa ihrer Molekulargeschwindigkeit entsprechend in ein anderes Gas eindringen.

Nur bei extrem geringen Drucken (etwa 10^{-3} Torr) kann man die Molekeln auf ihrer Bahn über größere Strecken experimentell verfolgen und ihre Geschwindigkeit mit den bei Geschoßgeschwindigkeiten üblichen Methoden messen; denn die Größenordnung der Geschwindigkeit ist bei Geschossen ja die gleiche wie bei Molekeln. STERN (1920) fand auf diese Weise die Molekulargeschwindigkeit des Silbers in Übereinstimmung mit der eben abgeleiteten Formel (12b). Genauere Messungen von ELDRIGDE (1927) zeigten sogar, daß die Streuung der Molekulargeschwindigkeit um ihren Mittelwert der Maxwellschen Geschwindigkeitsverteilung entsprach, so daß die kinetische Theorie in ihrer bisherigen Entwicklung weitgehend experimentell gestützt ist.

Es bleibt jetzt noch die Aufgabe, die relativ langsame Diffusion und nach Möglichkeit alle mit der mittleren freien Weglänge zusammenhängenden Erscheinungen, die sog. Transportphänomene, quantitativ ein wenig genauer zu fassen. Besonders einfach gewinnt man eine Beziehung für die Größe der Selbstdiffusion, mit der die Molekeln desselben Gases ineinander diffundieren. Die Diffusionsgeschwindigkeit wird nämlich in jedem Falle — d.h. bei gleichartigen wie verschiedenen ineinander diffundierenden Stoffen — durch den Diffusionskoeffizienten D gemessen. Dieser wird definiert durch die Gleichung

$$\dot{n} = -D \cdot F \frac{\partial c}{\partial x},$$

welche ausdrückt, daß die in der Zeiteinheit durch einen Querschnitt hindurch diffundierende Menge eines Stoffes (gemessen in Mol/Zeiteinheit $\dot{n} \equiv dn/dt$) der Größe F dieses Querschnittes und dem Konzentrationsgefälle $-\dfrac{\partial c}{\partial x} = -\dfrac{\partial (n/v)}{\partial x}$ $\left(\text{wegen } \dfrac{n}{v} = c \equiv \text{Konzentration}\right)$ des diffundierenden Stoffes (Gases) proportional ist. Der Proportionalitätsfaktor ist die Diffusionskonstante bzw. der Diffusionskoeffizient D.

Es leuchtet ein, daß der Diffusionskoeffizient um so größer sein wird, je größer die oben erwähnte mittlere freie Weglänge Λ und je größer die mittlere Molekulargeschwindigkeit $\overline{w}$ ist. Da weiter die Bewegungsrichtung der einzelnen diffundierenden Molekel nicht mit der Richtung des Diffusionsgefälles übereinzustimmen braucht, diese Bewegungsrichtungen sich vielmehr gleichmäßig über die drei Raumrichtungen verteilen, wird man für den Diffusionskoeffizienten eine Beziehung:

$$D = \tfrac{1}{3} \Lambda \, \overline{w} \tag{28}$$

erwarten. Gl. (28) beschreibt wenigstens in erster Näherung das Verhalten der Gase bei der Diffusion (speziell bei der sog. Selbstdiffusion) im Einklang mit einer etwas eingehenderen, aber noch verhältnismäßig einfachen kinetischen Theorie der Transporterscheinungen in Gasen. Wünscht man genauere kinetische Formeln für die Diffusion zu erhalten, so benötigt man bereits einen erheblichen theoretischen Aufwand, weshalb wir hier von diesen Details absehen wollen.

Obwohl wir hier sogar auf eine nähere Diskussion der *elementaren* Theorie der Transportphänomene verzichten, können wir doch relativ leicht den Zusammenhang zwischen den verschiedenen Transporterscheinungen, der Diffusion, der Wärmeleitung und der inneren Reibung darlegen. Der Wärmetransport von **Warm** nach Kalt in einem Gase wird ganz ähnlich wie in Gl. (27) zur Definition einer Wärmeleitfähigkeitskonstanten λ benutzt, indem der Wärmetransport $\dot{Q}$ in der Zeiteinheit durch eine Fläche der Größe dieser Fläche und dem Temperaturgefälle $-\partial T/\partial x$ proportional gesetzt wird:

$$\dot{Q} = -\lambda F \frac{\partial T}{\partial x}. \tag{29}$$

Wir denken uns jetzt in einem Gase einen Wärmetransport zwischen einer warmen und einer kalten Wand so vollzogen, daß wir die Molekeln, die zuletzt mit der warmen Wand zusammenstießen, als „warme Molekeln" und entsprechend, die zuletzt mit der kalten Wand zusammenstießen, als „kalte Molekeln" durch das Gas diffundieren lassen. Diese „kalten" bzw. „warmen" Molekeln sollen sich ohne Temperatur bzw. Energieaustausch durch das Gas bewegen, um dann bei der Berührung mit der warmen bzw. kalten Wand in *einem* Akt ihre Temperaturdifferenz auszugleichen.

Dem Temperaturgefälle $-\partial T/\partial x$ entspricht dann ein Konzentrationsgefälle $-\partial c/\partial x$ der warmen Molekeln und ein gleich großer Konzen-
trationsanstieg der kalten Molekeln. Bei konstantem $\partial T/\partial x$ ist auch
$\partial c/\partial x$ konstant und wird bei einem Abstand der verschieden temperierten
Wände vom Betrag l den Wert

$$\frac{\partial c}{\partial x} = \frac{\varDelta c}{l} = \frac{o - c}{l} = -\frac{c}{l} \tag{30}$$

besitzen, wenn mit c die Konzentration des gesamten Gases bezeichnet
wird, weil ja die Konzentration der „warmen Molekeln" anteilmäßig
von 100% an der warmen Wand auf 0% an der kalten Wand absinkt.

Der Strom von diffundierenden „warmen Molekeln", der je Zeiteinheit an der kalten Wand ankommt und dort durch Abgabe seiner
überschüssigen Wärme in „kalte Molekeln" verwandelt wird, läßt sich
nach Gl. (27) nunmehr ausdrücken durch:

$$\dot{n} = +DF\frac{c}{l}. \tag{31}$$

Unter Vorwegnahme des aus der Physik bekannten Begriffs der Molwärme C_v (= spez. Wärme mal Molmasse) eines Gases wird jetzt die
an die kalte Wand von diesen Molekeln in der Zeiteinheit übertragene
Wärme

$$\dot{Q} = DF \cdot \frac{c}{l} \cdot C_v \cdot \varDelta T = -D \cdot F \cdot c \cdot C_v \cdot \frac{\partial T}{\partial x}, \tag{32}$$

weil $C_v \cdot \varDelta T$ die in einem Mol enthaltene überschüssige Energie ist,
sofern $\varDelta T$ den Temperaturunterschied zwischen warmer und kalter
Wand bezeichnet; außerdem ist entsprechend Gl. (30) in Gl. 32) für
$\varDelta T/l = -\partial T/\partial x$ eingesetzt worden. Der Vergleich mit Gl. (29) zeigt,
daß

$$\left.\begin{aligned}
\lambda &= D \cdot c \cdot C_v = D \cdot C_v \cdot \frac{\varrho}{M} \quad \text{wegen} \quad c = \frac{\varrho}{M} \\
\lambda &= \frac{1}{3} \varLambda \, \overline{w} \cdot C_v \cdot \frac{{}^1\!N \, \overline{m}}{M} = \frac{1}{3} \cdot {}^1\!N \cdot \varLambda \cdot \overline{w} \, \frac{C_v}{N_L}
\end{aligned}\right\} \tag{33}$$

oder

$({}^1\!N = $ Zahl der Molekeln in der Volumeneinheit; $\varrho = $ Massendichte$)$,

wenn $M/\overline{m}$, die Zahl der Teilchen je Mol, die nach Avogadro für alle
Gase gleich ist (vgl. S. 7), mit N_L bezeichnet wird.

In derselben Weise gelingt es, den Koeffizienten der inneren Reibung
zu ermitteln. Bewegt man durch ein Gas eine ebene Fläche mit einer
Geschwindigkeit w, erteilt also der Gasmasse, die unmittelbar an diese
Fläche grenzt, eine gleich große Geschwindigkeit, so wird in einem gewissen seitlichen Abstande von dieser bewegten Fläche ein Geschwindig-
keitsgefälle $-\partial w/\partial x$ beobachtet, welches dort im Gase ruhende Körper
in Bewegung zu setzen strebt, das also auf diese einen Impuls P überträgt. Die Größe dieses je Sekunde auf einen Körper mit der Fläche F
(senkrecht zur Richtung des Geschwindigkeitsgefälles) übertragenen

Impulses beträgt:

$$\text{Kraft} = \dot{P} = -\eta F \frac{\partial w}{\partial x}. \tag{34}$$

Man bezeichnet hier den Proportionalitätsfaktor η als Viscositätskonstante des Gases.

Indem wir jetzt wieder zwischen „Impulsmolekeln" und „impulsfreien Molekeln" unterscheiden, können wir für die Konzentration dieser Molekeln entsprechend Gl. (30) ansetzen:

$$\frac{\partial c}{\partial x} = -\frac{c}{l}, \tag{35}$$

wenn l den Abstand der beiden ebenen Oberflächen bedeutet. Die Zahl der Mole von „Impulsmolekeln", die jetzt an die ursprünglich ruhende Fläche „diffundiert", ist analog zu Gl. (31)

$$\dot{n} = +D \cdot F \frac{c}{l}. \tag{36}$$

Je Mol wird jetzt der Impuls $M \cdot \varDelta w$ übertragen, so daß analog Gl. (32)

$$\dot{P} = +D \cdot F \cdot \frac{c}{l} \cdot M \cdot \varDelta w = -D \cdot F \cdot c \cdot M \frac{\partial w}{\partial x} \tag{37}$$

erhalten wird. Der Vergleich mit Gl. (34) ergibt schließlich:

$$\left.\begin{aligned} \eta &= D \cdot c \cdot M = D \cdot \varrho, \\ \eta &= \frac{1}{3} \varLambda \overline{w} \,{}^1N \frac{M}{N_L} = \frac{\lambda M}{C_v}. \end{aligned}\right\} \tag{38}$$

Die Zusammenhänge, die man hiernach zwischen λ, η und D nach Gl. (38) erhält, konnten größenordnungsmäßig experimentell bestätigt werden. Wenn sich dabei auch Abweichungen von den einfachen Werten $D\varrho/\eta = 1$ usw. ergeben, so halten sich diese durchaus in dem Rahmen, den man bei einer derart einfachen Modellvorstellung zu erwarten hat.

Mit Hilfe der gemessenen Werte von η, λ und D findet man aus Gl. (38) bzw. Gl. (28) die schon oben angedeutete Größenordnung von 10^{-5} cm für $\varLambda$ bei einfachen Gasen unter Normalbedingungen.

Man kann natürlich auch versuchen, den Wert von $\varLambda$ aus den Größenverhältnissen der Molekeln abzuleiten. Zu diesem Zweck denken wir uns eine Molekel gegen eine Schicht ruhender Molekeln anfliegen und berechnen die Wahrscheinlichkeit eines Zusammenstoßes der heranfliegenden Molekel mit einer in der Schicht befindlichen Molekel. Dabei können wir uns die heranfliegende Molekel als punktförmig denken, wenn wir dann nur den Radius der kugelförmig gedachten Schichtmolekeln um den der heranfliegenden Molekel vergrößern. Sofern dann der heranfliegende „Punkt" eine dieser vergrößerten Kugeln trifft, muß auch ein Zusammenstoß zwischen den richtig dimensionierten Stoßpartnern stattfinden.

Wenn wir nun die Kugeln in der Schicht auf die Frontfläche der Schicht projizieren, so erhalten wir als Projektionsfiguren der Kugeln kleine Kreise vom Radius σ (= der Summe der Radien der Stoßpartner, also bei gleichen Partnern gleich dem Durchmesser der Molekeln). Sind nun ^1N Molekeln in der Volumeneinheit enthalten, so erhält man bei einer Schichtdicke $\varDelta x$ auf der Flächeneinheit der Frontfläche einen Flächeninhalt der Kreise von $^1N \cdot \mathrm{r} \cdot \varDelta x \cdot \pi \cdot \sigma^2$. Diese Zahl gibt dann gleichzeitig den Bruchteil der durch Kreise besetzten Frontfläche an und damit auch die geometrische Wahrscheinlichkeit, daß eine heranfliegende Molekel in der Schicht $\varDelta x$ zum Stoß gelangt. Wir müssen uns den Sachverhalt dabei so denken, daß von einer großen Zahl N heranfliegender Molekeln der Bruchteil $^1N \cdot \pi \cdot \sigma^2 \cdot \varDelta x$ in der Schicht zum Stoß kommt. Somit können wir für die Zahl N der heranfliegenden Teilchen, die noch *nicht* zum Stoß gekommen sind, wenn sie in der x-Richtung durch ruhende Gasmolekeln fliegen, die Differentialgleichung aufstellen

$$\frac{dN(x)}{dx} = -{}^1N\,\pi\,\sigma^2 N(x), \tag{39}$$

die ja nichts anderes besagt, als daß der Bruchteil $^1N\,\pi\,\sigma^2$ durch Stoß ausscheidet. Für $N(x)$ ergibt sich durch Integration:

$$N(x) = N_0 \cdot e^{-\alpha x} \tag{39a}$$

mit $\alpha = {}^1N\,\pi\,\sigma^2$ und der Teilchenzahl N_0 bei $x = 0$.

In der Tiefe x, d. h. zwischen x und $x + dx$, gelangen also nach Gl. (39) und (39a) gerade $\alpha \cdot N(x) = \alpha \cdot N_0 \cdot e^{-\alpha x}$ der heranfliegenden Teilchen zum Stoß; diese Teilchen haben also die freie Weglänge x. Die mittlere freie Weglänge ergibt sich nun durch den schon bei den Gln. (24) und (25) benutzten Mittelungsprozeß, indem wir die Zahl der Molekeln $\alpha \cdot N(x)$, welche die freie Weglänge x aufweisen, mit x multiplizieren, über alle x summieren (d. h. hier integrieren) und durch die Gesamtzahl N_0 teilen:

$$\bar{x} = \frac{1}{N_0}\int\limits_0^\infty x \cdot \alpha \cdot N_0\, e^{-\alpha x}\, dx = \frac{1}{\alpha}\int\limits_0^\infty y \cdot e^{-y}\, dy = \frac{1}{\alpha} = \frac{1}{{}^1N\,\pi\,\sigma^2}. \tag{40}$$

Damit wäre für den Fall, daß nur die heranfliegende Molekel sich bewegt, die mittlere freie Weglänge bestimmt. Wir müssen aber der Bewegung der gestoßenen Molekel noch Rechnung tragen. Dies kann ganz einfach durch eine Ermittlung der mittleren Relativgeschwindigkeit beim Stoß geschehen. Die Relativgeschwindigkeit ergibt sich ja einfach durch Subtraktion der Geschwindigkeitsvektoren von stoßender und gestoßener Molekel. Für den Betrag derselben gilt also

$$w_{\mathrm{rel}}^2 = |\mathfrak{w}_1 - \mathfrak{w}_2|^2 = |\mathfrak{w}_1|^2 + |\mathfrak{w}_2|^2 - 2\,\mathfrak{w}_1\,\mathfrak{w}_2 \cos\vartheta, \tag{41}$$

wo ϑ den Winkel zwischen den Geschwindigkeitsvektoren bedeutet. Die Mittelung bringt jetzt das Glied mit $\cos\vartheta$ zum Verschwinden, da $\cos\vartheta$

mit gleicher Wahrscheinlichkeit positiv wie negativ sein kann, womit

$$\sqrt{\overline{w_{\text{rel}}^2}} = \sqrt{\overline{w_1^2} + \overline{w_2^2}} = \sqrt{\frac{3RT}{M_1} + \frac{3RT}{M_2}} = \sqrt{\frac{3RT}{M_1}} \sqrt{1 + \frac{M_1}{M_2}} \quad (42)$$

erhalten wird. Bei gleichen Molekeln ist also die so gemittelte Relativgeschwindigkeit um den Faktor $\sqrt{2}$ größer als in dem obigen Fall ruhender gestoßener Molekeln. Diese Vergrößerung der relativen Molekulargeschwindigkeit bringt es mit sich, daß die Zeit bis zum Zusammenstoß der stoßenden Molekel mit der gestoßenen um den Faktor $\sqrt{2}$ bzw. $\sqrt{1 + \frac{M_1}{M_2}}$ verkürzt wird. Damit wird aber auch der Weg, den die stoßende Molekel allein bis zum Stoß mit der anderen Molekel für einen außenstehenden Beobachter zurücklegt, um eben diesen Faktor verkürzt. Für die mittlere freie Weglänge ist dann unter Beachtung dieses Umstandes an Stelle von Gl. (40) in reinen Gasen zu setzen:

$$\Lambda = \frac{1}{\sqrt{2} \; {}^1N \pi \sigma^2}. \quad (43)$$

Dieser Wert pflegt als mittlere freie Weglänge nach MAXWELL bezeichnet zu werden.

Man wird nun einwenden können, daß die eben vorgenommene Mittelung über die Relativgeschwindigkeit, die ja in quadratischer Weise geschah, auch ein wenig anders hätte durchgeführt werden können. Dieser Einwand ist durchaus berechtigt; jedoch ergeben sich bei andersartiger Mittelung nur wenig von Gl. (43) abweichende Werte. In der Literatur wird meist der in Gl. (43) wiedergegebene Wert diskutiert; man findet daneben manchmal noch einen von TAIT durch eine etwas andere Mittelung gefundenen Wert, der um 4 bis 5% kleiner ist als der Maxwellsche. Wir wollen jedoch auf diese Feinheiten hier nicht näher eingehen.

Beim Einsetzen von Gl. (43) in (38) erkennt man, daß weder η noch λ (wohl aber D) von der Teilchendichte ${}^1N$ abhängt, weil diese sich bei der in Gl. (38) geforderten Multiplikation von ${}^1N$ mit Λ heraushebt. Damit werden η und λ vom Druck unabhängig, eine Tatsache, deren experimentelle Bestätigung immer als wesentliche Stütze der kinetischen Theorie der Gase angesehen wurde.

Die Messung von D, λ und η gestattet schließlich, weil alle anderen Größen (${}^1N/N_L = 1/V_{\text{mol}}$) in Gl. (38) bekannt sind, die Berechnung von Λ, also nach Gl. (43) die von ${}^1N \cdot \sigma^2$. Da weiter ${}^1N \cdot \sigma^3$ leicht aus dem Volumen eines kondensierten Gases bestimmt oder doch zumindest abgeschätzt werden kann, hat man zwei Bestimmungsstücke zur Berechnung von ${}^1N$ und σ, d. h. zur Berechnung von Zahl und Größe der Molekeln. Diese Methode war historisch die erste, welche zu einer Festlegung der Loschmidtschen *Zahl*[1] N_L, der nach AVOGADRO kon-

---

[1] Nach dem Wiener Physiker LOSCHMIDT, der die Zahl der Gasteilchen in makroskopischen Volumina zuerst ermittelt hat.

stanten Molekelzahl im Mol eines Gases, führte und zur geometrischen Größe der Einzelmolekeln. Es ergaben sich Werte von $6{,}024 \cdot 10^{23}$ Molekeln/Mol für N_L und solche von etwa $3 \cdot 10^{-8}$ cm für den Durchmesser einfacher Molekeln. Umgekehrt kann man mit Hilfe von Gl. (38) bei Kenntnis der Molekelgröße η, λ und D absolut berechnen, wobei sich in Anbetracht des Umstandes, daß die Theorie noch relativ einfach ist, lediglich Näherungswerte ergeben.

Für spätere Zwecke merken wir hier gleich die Zahl der Stöße an, die in der Volumeneinheit und Zeiteinheit in einem reinen Gase stattfinden. Die ^1N Molekeln der Volumeneinheit legen zusammen in der Zeiteinheit einen Weg von $^1N\,\overline{w}$ zurück. Weil nun jeder Zusammenstoß zwei freie Weglängen begrenzt, erhält man die Zahl Z der insgesamt stattfindenden Zusammenstöße aus

$$2\,Z\,\Lambda = {}^1N\,\overline{w} \tag{44}$$

unter Beachtung von Gl. (43) und (25) zu

$$Z = \frac{{}^1N^2\,\pi\,\sigma^2\,\overline{w}}{\sqrt{2}} = 2\,{}^1N^2\,\sigma^2\,\sqrt{\frac{\pi\,R\,T}{M}}\;. \tag{45}$$

Für die Zahl $^{(1)}Z$ der Zusammenstöße, die *eine* Molekel in der Zeiteinheit erleidet, ergibt sich aus $\overline{w} = {}^{(1)}Z \cdot \Lambda$ direkt

$$^{(1)}Z = \sqrt{2}\;{}^1N\,\pi\,\sigma^2\,\overline{w} = 4\,{}^1N\,\sigma^2\,\sqrt{\frac{\pi\,R\,T}{M}}\;. \tag{46}$$

Mit $\sigma \approx 3 \cdot 10^{-8}$ cm erhält man bei normal schweren Molekeln und bei Atmosphärendruck und Zimmertemperatur für $^{(1)}Z$ Werte von 10^9 bis 10^{10} Zusammenstößen je Sekunde. Für Z ergeben sich dementsprechend Werte der Größenordnung 10^{29} je Sekunde und Kubikzentimeter.

Weiterhin ist für manche Zwecke die Bemerkung nützlich, daß beim Anfliegen einer Molekel der Sorte 1 in eine Schicht der Dicke Δx, in der sich je Volumeneinheit $^1N_1$-Molekeln der Sorte 1, $^1N_2$-Molekeln der Sorte 2 usw. befinden (Gasmischung), sich für den α-Wert der Gl. (39a) die Größe ergibt

$$\overline{\alpha} = {}^1N_1\,\pi\,\sigma_{11}^2 + {}^1N_2\,\pi\,\sigma_{12}^2 + \cdots \quad \text{mit} \quad \sigma_{11} = 2r_1,$$

$$\sigma_{12} = r_1 + r_2 \quad \text{usw.}$$

Berücksichtigt man jetzt gleich den Einfluß der Mitbewegung der Molekeln in der Schicht, so wäre unter Beachtung von Gl. (42) zu schreiben

$$\overline{\alpha}_{\text{rel}} = {}^1N_1\,\pi\,\sigma_{11}^2\,\sqrt{2} + {}^1N_2\,\pi\,\sigma_{12}^2\,\sqrt{1 + \frac{M_1}{M_2}} + \cdots.$$

Die gleiche Überlegung, die von Gl. (39) zu (40) führte, liefert jetzt für die mittlere freie Weglänge der Molekeln der Sorte 1 in der Mischung den Wert:

$$\Lambda_1 = \frac{1}{\overline{\alpha_{\mathrm{rel}}}} = \frac{1}{\pi\,{}^1N_1\,\sigma_{11}^2\,\sqrt{2} + \pi\,{}^1N_2\,\sigma_{12}^2\,\sqrt{1 + \dfrac{M_1}{M_2}} + \cdots}. \qquad (43\,\mathrm{a})$$

Erst später können wir von diesen Überlegungen Gebrauch machen.

§ 9. Kinetischer Beweis des Avogadroschen Satzes

Der Gleichverteilungssatz der Energie, der oben zwar nur erwähnt wurde, aber nicht mechanisch abgeleitet worden ist, da seine exakte theoretische Begründung zuviel Raum beanspruchen würde, gestattet einen direkten Beweis des Avogadroschen Satzes von der Konstanz der Molekelzahl. Wenn wir eine Mischung zweier Gase haben, so setzen sich auch zwischen den verschiedenen Gassorten die kinetischen Energien der Einzelpartikeln nach dem Gleichverteilungssatz ins Gleichgewicht (für die kinetische Energie ist der Gleichverteilungssatz auch nach der modernen quantenmechanischen Theorie bei normalen Temperaturen zutreffend). Der gleiche Zustand der Molekulargeschwindigkeiten stellt sich ein, wenn man die beiden Gase getrennt, aber bei derselben Temperatur aufbewahrt. Wenn nun beide die gleiche Temperatur besitzen und demnach jede Molekel die gleiche mittlere kinetische Energie, so gilt einerseits nach Definition der kinetischen Energie:

$$\text{und wegen Gl. (11)} \qquad \left.\begin{aligned} \tfrac{1}{2}\,\overline{m_A\,w_A^2} &= \tfrac{1}{2}\,\overline{m_B\,w_B^2} \\[4pt] p = \tfrac{1}{3}\,{}^1N_A \cdot \overline{m_A\,w_A^2} &= \tfrac{1}{3}\,{}^1N_B\,\overline{m_B\,w_B^2}. \end{aligned}\right\} \qquad (47)$$

Hier kennzeichnen die Indices A und B die beiden Komponenten der Mischung. Aus den beiden Gl. (47) entnimmt man sofort ${}^1N_A = {}^1N_B$; was mit dem Inhalt des Avogadroschen Satzes identisch ist.

B. Gasmischungen

§ 10. Das verallgemeinerte Gasgesetz

Das ideale Gasgesetz in der Form:

$$p \cdot v = nRT \qquad (8\,\mathrm{a})$$

läßt sich direkt auf Gasmischungen übertragen, da ja nach dem Avogadroschen Satz die Individualität des Gases die Zahl der Molekeln in der Volumeneinheit nicht beeinflußt; wir brauchen mithin in Gl. (8a) statt n nur die Gesamtzahl aller Mole $(n_1 + n_2 + n_3 \cdots)$ einzusetzen. Indem wir dann noch $n_i = m_i/M_i$ beachten, wo m_i die gegebene Masse und M_i die Molmasse der Komponente i der Gasmischung ist, erhalten wir:

$$\begin{aligned} p \cdot v &= (n_1 + n_2 + n_3 + \cdots)\,RT = \left(\frac{m_1}{M_1} + \frac{m_2}{M_2} + \frac{m_3}{M_3} + \cdots\right) RT \\[6pt] &= \frac{m_1 + m_2 + m_3 + \cdots}{M}\,RT. \end{aligned} \qquad (48)$$

Dabei ist noch die mittlere Molmasse $\overline{M}$ der Mischung eingeführt; für diese ergibt sich aus Gl. (48) die Beziehung:

$$\overline{M} = \frac{\dfrac{m_1}{M_1} \cdot M_1 + \dfrac{m_2}{M_2} \cdot M_2 + \cdots}{n_1 + n_2 + n_3 + \cdots}$$

$$= \frac{n_1}{n_1 + n_2 + n_3 +} \cdot M_1 + \frac{n_2}{n_1 + n_2 + n_3 + \cdots} \cdot M_2 + \cdots. \qquad (48\,\mathrm{a})$$

Man bezeichnet die hier auftretenden Brüche $\dfrac{n_i}{\sum n_i}$ als Molenbrüche x_i. Mit diesen gelingt also eine einfache Darstellung der mittleren Molmasse $\overline{M}$, mit der dann das allgemeine Gasgesetz bei Gasmischungen seine normale Gestalt behält. Für die Molenbrüche gilt generell $\sum x_i = 1$, was man an Hand ihrer Definition leicht bestätigt.

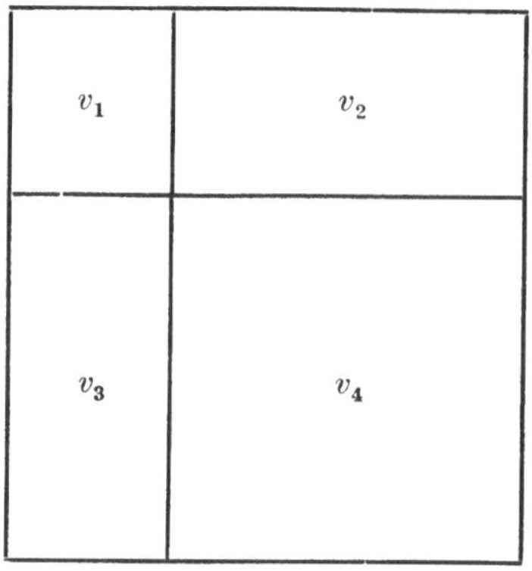

Das in den Gln. (48) und (48a) enthaltene Gesetz besagt, daß im Verlauf des folgenden Versuchs keine Druckänderung eintritt. Dieser Versuch ist gleichzeitig eine Bestätigung unseres Gasgesetzes (48) für Gasmischungen. In einem größeren Gefäß (Abb. 7) sind Trennwände enthalten, so daß verschiedene, nicht notwendig gleich große Kammern entstehen, in denen jeweils verschiedene Gase eingeschlossen seien; hierbei sei der Gasdruck überall gleich p_a. Denkt man sich jetzt die unendlich dünnen Wände fortgenommen (im praktischen Versuch kann dies durch Öffnen von Hähnen geschehen), so werden die Gase ineinander diffundieren und einzeln das ganze Volumen einnehmen. Der Gesamtdruck bleibt aber erfahrungsgemäß der gleiche wie vorher. Die Anwendung der Gl. (48) gestattet, dies in folgender Weise rechnerisch darzustellen.

Abb. 7. Zur Demonstration des Verhaltens von Gasmischungen

Im Anfangszustand gilt:

$$v_1 = n_1 \frac{RT}{p_a}, \qquad v_2 = n_2 \frac{RT}{p_a} \quad \text{usw.} \quad v_j = \frac{RT}{p_a} n_j;$$

die Addition dieser Einzelbeziehungen liefert

$$v_1 + v_2 + \cdots v_j = \frac{RT}{p_a} \cdot (n_1 + n_2 + \cdots n_j).$$

Im Endzustand gilt nach Gl. (48):

$$p_e = \frac{(n_1 + n_2 + \cdots n_j)\,RT}{v_1 + v_2 + \cdots v_j},$$

weil die Summe der Einzelvolumina das Gesamtvolumen v im Endzustand darstellt. Zusammen mit der letzten Gleichung des Anfangszustandes gilt $p_e = p_a$, der Druck ändert sich also nicht. Umgekehrt ist dieses Resultat als Ergebnis des in Abb. 7 dargestellten Experiments ein Beweis für die Richtigkeit der Verallgemeinerung, die durch Gl. (48) ausgesprochen ist.

§ 11. Daltonsche Partialdrucke

Den Einzelgasen kann man nach der Durchmischung noch ein Partialvolumen zuschreiben, das wegen $p_a = p_e$ mit dem jeweiligen oben angegebenen Volumen v_1, v_2 usw. identisch ist; für v_i kann man dabei wegen der Definition der Molenbrüche auch schreiben $v_i = x_i\, v_{\text{gesamt}}$.

Zweckmäßiger ist es aber, den Einzelgasen nach der Vermischung Partialdrucke p_i zuzuschreiben, welche die Einzelgase haben würden, wenn sie allein im Gesamtvolumen eingeschlossen wären. Wegen $v_i : v_{\text{gesamt}} = x_i : 1 = n_i : \sum n_i$ ergibt sich darum aus:

$$\left. \begin{aligned} p_a &= n_i\, \frac{R\,T}{v_i} \\[2mm] p_i &= \frac{n_i R\,T}{v_{\text{gesamt}}} = n_i\, \frac{R\,T}{v_i} \cdot \frac{v_i}{v_{\text{gesamt}}} = p_a \cdot x_i. \end{aligned} \right\} \tag{48 b}$$

sofort

Die Summe der Partialdrucke ist dann wegen $\sum x_i = 1$ gleich dem Ausgangs- bzw. Enddruck: $p_1 + p_2 + \cdots p_j = p_a = p_e$. Der Begriff des Partialdrucks, der von DALTON in der Theorie der Gasmischungen eingeführt wurde, ist schon insofern vernünftiger als der des Partialvolumens, weil der geringere Druck einer Einzelkomponente unserer kinetischen Vorstellung vom Zustandekommen des Druckes durch die Stöße der Molekeln gegen die Flächeneinheit der Wand entspricht. Da in der Mischung beim Gesamtdruck p weniger Molekeln der Sorte i in der Zeiteinheit gegen die Flächeneinheit der Wände stoßen als beim reinen Gase vom Gesamtdruck p, ist die Tatsache des kleineren Partialdrucks $p_i = x_i\, p\,(< p)$ verständlich.

Dazu kommt, daß der Partialdruck an semipermeablen Wänden direkt gemessen werden kann, ihm also eine reale Bedeutung zukommt. Hat man nämlich auf der einen Seite einer semipermeablen Wand eine Gasmischung (von der eben eine Komponente durch die Wand hindurchzudringen vermag, die andere oder die anderen aber nicht), während auf der anderen Seite sich nur *die* Komponente befindet, welche durch die Wand hindurchdringen kann, dann gehen so viele Molekeln dieser Sorte durch die semipermeable Wand hindurch, bis sich der Partialdruck der durchlässigen Komponente auf der Mischungsseite mit dem Gesamtdruck dieser Komponente auf der anderen Seite ausgeglichen hat:

$$p_{i,\,\text{Mischg}} = p_{\text{rein}} .$$

Es lassen sich sehr viele Ausführungsformen dieses Versuchs angeben, wenn man über geeignete semipermeable Wände verfügt. Eine solche ist z. B. eine rotglühende Platinwand, die für Wasserstoff durchlässig ist, für Sauerstoff aber nicht. Auf die Wiedergabe experimenteller Einzelheiten sei jedoch hier verzichtet.

C. Verdünnte Lösungen

§ 12. Das Phänomen des osmotischen Druckes

An dieser Stelle können wir zweckmäßig eine Eigenschaft verdünnter Lösungen behandeln. Verdünnte Lösungen verhalten sich nämlich in mancher Beziehung ähnlich einfach wie ideale Gase. Es liegt dies daran, daß die individuellen Kraftwirkungen der gelösten Teilchen im verdünnten Zustande ebenfalls völlig in den Hintergrund treten. Jetzt sei nur kurz der osmotische Druck von Lösungen behandelt, der *formal* durch eine ähnliche Gesetzmäßigkeit wiedergegeben wird wie der Druck eines idealen Gases von gegebener Konzentration.

Unter dem osmotischen Druck versteht man rein experimentell die Tatsache, daß beiderseits einer für die gelösten Teilchen undurchlässigen, für das Lösungsmittel aber durchlässigen Wand (semipermeable Wand) die Lösung und das reine Lösungsmittel nur im Gleichgewicht stehen, wenn die Lösung unter einen höheren Druck gebracht wird als das reine Lösungsmittel.

Man demonstriert diesen Effekt nach PFEFFER (1887), indem man ein mit einer Lösung gefülltes Gefäß auf einer Seite mit einer halbdurchlässigen Wand (tierische Membran) verschließt und dieses Gefäß in ein mit dem reinen Lösungsmittel gefülltes zweites Gefäß eintauchen läßt (Abb. 8). Es dringt dann von außen her Lösungsmittel durch die semipermeable Wand ins Innere der Lösung ein, bis der Druck auf der Lösungsseite einen Grenzwert erreicht hat, der an einem Manometer (Steigrohr) als hydrostatischer Druck bequem abgelesen werden kann. Diesen Überdruck bezeichnet man als den osmotischen Druck der Lösung. Rein phänomenologisch gilt für die Größe π des osmotischen Druckes die im Anschluß an die Versuche des Botanikers PFEFFER von VAN'T HOFF abgeleitete Beziehung:

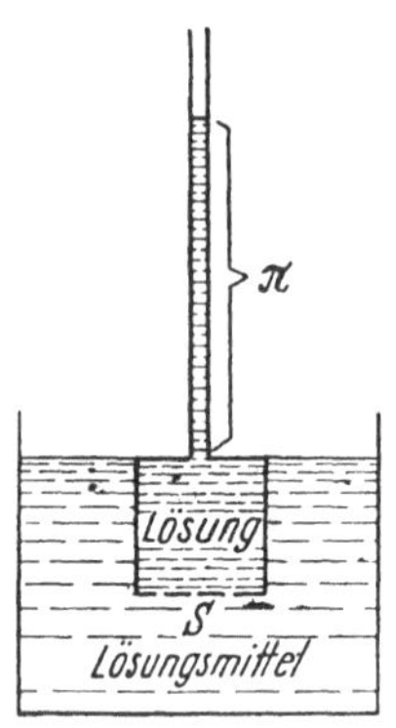

Abb. 8
Osmotische Zelle.
S semipermeable Wand

$$\pi = \frac{n}{v} \cdot RT = cRT, \tag{49}$$

wo $c = n/v$ die Konzentration des gelösten Stoffes in Mol je Raumeinheit der Gesamtlösung bedeutet. R ist die Gaskonstante. Der osmotische Druck wird also *formal* durch das ideale Gasgesetz wiedergegeben.

Es sei hier gleich bemerkt, daß bereits in 1/10 molaren Lösungen merkliche Abweichungen vom Grenzgesetz Gl. (49), das wiederum nur in der Grenze für $c \rightarrow 0$ exakt gilt, auftreten. Dies ist nicht verwunderlich, da bei diesen Konzentrationen die Dichte der gelösten Teilchen bei normaler Temperatur entsprechend einem osmotischen Druck von etwa 2 atm ungefähr ebenso groß ist wie die Dichte der Gasmolekeln bei 2 atm Druck, wo man nach Abb. 1 ebenfalls mit Abweichungen vom idealen Gasgesetz in der Größe einiger Prozente rechnen muß.

Erfahrungsgemäß erfaßt man den tatsächlichen osmotischen Druck besser, wenn man bei wäßrigen Lösungen in Gl. (49) für die Volumkonzentration c die Gewichtskonzentration einführt. In sehr verdünnten Lösungen bedingt dies keinen Unterschied, aber mit steigender Konzentration tritt eine Differenz zwischen diesen Konzentrationsdefinitionen auf, die nahezu ebenso groß ist wie der Unterschied des realen osmotischen Druckes und des aus Gl. (49) folgenden *idealen* osmotischen Druckes.

§ 13. Kinetische Deutung des osmotischen Druckes

Wenn wir wie beim Gasgesetz eine kinetische Deutung des osmotischen Druckes versuchen, so ergibt sich folgende Möglichkeit:

Wäre die Wand zwischen Lösung und Lösungsmittel auch für die gelösten Partikeln durchlässig, so würden infolge des Konzentrationsunterschiedes der gelösten Teilchen beiderseits der Wand die gelösten Molekeln auf die Seite des Lösungsmittels hinüberdiffundieren; dieser Diffusionsvorgang wird jedoch durch die Semipermeabilität der Wand blockiert. Aber auch das Lösungsmittel zeigt auf beiden Seiten der Wand den gleichen Konzentrationsunterschied, so daß dieses gleichfalls zu diffundieren bestrebt ist; dieser Diffusionsprozeß wird durch die Wand nicht verhindert. Es diffundiert nun so viel Lösungsmittel in die osmotische Zelle ein, bis der Überdruck in der Zelle so angestiegen ist, daß durch diesen hydrostatischen Überdruck in der Zeiteinheit ebensoviel Lösungsmittel aus der Zelle herausgepreßt wird wie in der Zeiteinheit durch Diffusion in die Zelle eindringt.

Die quantitative Verfolgung dieses Vorgangs führt genau zu Gl. (49). Zu diesem Zweck bestimmen wir zunächst nach dem Diffusionsgesetz die Zahl der Mole des Lösungsmittels, die durch eine Pore der semipermeablen Wand vom Querschnitt F in der Zeiteinheit in Richtung des Konzentrationsgefälles hindurchdiffundieren. Hierfür ergibt sich nach Gl. (27), wenn mit l die Länge der Pore bezeichnet wird (die Semipermeabilität denken wir uns durch Poren erzeugt, die wohl Lösungsmittelmolekeln, aber keine gelösten Teilchen mehr hindurchgehen lassen):

$$\dot{n}_{\mathrm{Diff}} = -DF \frac{\partial c}{\partial x} = DF \frac{c}{l}. \tag{50}$$

Zum anderen ist die Geschwindigkeit w der Lösungsmittelmolekeln, mit welcher der hydrostatische Überdruck diese durch die Poren zurücktreibt, $w = K/R_w$; hier ist K die auf die einzelne Lösungsmittelmolekel wirkende Kraft und R_w ihr Reibungswiderstand. Für K gilt nun, weil der Druckabfall längs der Pore von der Länge l erfolgt:

$$K = \frac{\pi}{l \, {}^1N} = \frac{\pi V_L}{l \cdot N_L}, \tag{51}$$

denn $\partial p/\partial x = \pi/l$ ist nach der Hydromechanik die auf den Einheitswürfel (Kantenlänge 1) entfallende treibende Druckkraft, so daß bei ${}^1N$ Lösungsmolekeln in der Volumeneinheit der ${}^1N$-te Teil dieser Kraft im Durchschnitt auf die Einzelpartikel des Lösungsmittels wirkt. Schließlich gibt die Erweiterung mit dem Volumen V_L des Lösungsmittels im Nenner an Stelle ^1N die Loschmidtsche Zahl N_L. Mithin ist die Zahl der Mole des Lösungsmittels, die in der Zeiteinheit durch die Pore infolge des hydrostatischen Druckes hindurchwandert:

$$\dot{n}_{\mathrm{Hydr}} = \frac{F \cdot w}{V_L} = \frac{F \cdot K}{R_w \cdot V_L} = \frac{F \cdot \pi}{l \cdot N_L \cdot R_w}, \tag{52}$$

weil $F \cdot w \cdot dt$ das vom Lösungsmittel beim Durchdrücken durch die Pore in der Zeit dt überstrichene Volumen ist.

Beachtet man nun die später zu beweisende Tatsache, daß der Diffusionskoeffizient D mit der Reibungskraft R_w gemäß:

$$D = \frac{RT}{N_L R_w} = \frac{kT}{R_w}$$

zusammenhängt[1], so führt die Gleichsetzung von $\dot{n}_{\mathrm{Hydr}}$ und $\dot{n}_{\mathrm{Diff}}$ im Gleichgewicht nach Gl. (50) und (52) zu:

$$\frac{D F c}{l} = \frac{RT}{N_L R_w} \cdot \frac{F c}{l} = \frac{F \pi}{l \cdot N_L R_w}$$

bzw. zu

$$c \cdot RT = \pi. \tag{53}$$

Damit ist das Gesetz Gl. (49) für den osmotischen Druck verdünnter Lösungen kinetisch bewiesen.

Es sei besonders darauf hingewiesen, daß unsere Überlegungen nur für verdünnte Lösungen gelten, da nur in diesem Falle die Konzentrationsdifferenz der Lösungsmittelmolekeln an den beiden Seiten der semipermeablen Wand (bis auf das Vorzeichen) die gleiche ist wie diejenige der gelösten Molekeln und nur in diesem Falle in Gl. (51) einfach mit dem Wert ^1N, d. h. der Zahl der Molekeln des *reinen* Lösungsmittels in der Volumeneinheit, gerechnet werden kann. Da sich in unserer Ableitung die geometrische Größe der „Pore" im Endergebnis heraushebt, spielt offenbar die Geometrie der Pore und überhaupt die Struktur unseres Modells der semipermeablen Wand keine entscheidende Rolle.

Zudem wird aus unserer kinetischen Überlegung klar, warum die Lösung noch zusätzlich Lösungsmittel entgegen dem hydrostatischen Druck (nämlich durch Diffusion) anfnimmt. Die formale Ähnlichkeit des osmotischen Gesetzes [Gl. (49)] mit dem idealen Gasgesetz [Gl. (8a)] hat es mit sich gebracht, daß der osmotische Druck von Lösungen vielfach mit dem thermischen Druck der gelösten Partikel gegen die semipermeable Wand in Zusammenhang gebracht wurde. Diese Vorstellung hat jedoch Mängel, die insbesondere das Verständnis für das *Hereinströmen* des Lösungsmittels gegen diesen thermischen Druck erschweren.

---

[1] Die hier auftretende, auf eine Molekel bezogene Gaskonstante $\dfrac{R}{N_L} = k$ wird als *Boltzmannsche Konstante* bezeichnet.

§ 14. Barometrische Höhenformel und die Größe des Diffusionskoeffizienten in Gasen

Oben war für den Diffusionskoeffizienten D in Gasen die Relation $D = \dfrac{kT}{R_w}$ benutzt worden, die wir jetzt auf dem Wege über die hypsometrische Verteilung gewinnen wollen. Man versteht hierunter die Dichteverteilung eines Gases, die sich im Schwerefeld einstellt. Ein bekanntes Beispiel hierfür ist die Druck- bzw. Dichteverteilung in der Erdatmosphäre, die ja nach oben hin abnimmt. In diesem Fall können wir für die Änderung des Druckes mit zunehmender Höhe setzen:

$$\Delta p = -\varrho \cdot g\, \Delta h = -g\, \frac{M}{V}\, \Delta h \qquad (g = \text{Erdbeschleunigung}), \qquad (54)$$

denn der Druck am Boden einer kleinen Schicht von 1 cm² Querschnitt und der Höhe Δh ist um das Gewicht der darin enthaltenen Gasmenge größer als an der oberen Begrenzung der Schicht. Drückt man noch das Molvolumen V durch das ideale Gasgesetz aus, so erhält man aus Gl. (54) eine leicht zu integrierende Differentialgleichung:

$$\frac{dp}{dh} = -g \cdot \frac{M\,p}{R\,T} \quad \text{oder} \quad \frac{d\ln p}{dh} = -\frac{M\,g}{R\,T}$$

integriert:

$$\ln p = -\frac{M\,g\,h}{R\,T} + \text{const.}$$

So resultiert schließlich:

$$p(h) = \text{Const}\, e^{-\frac{M\,g\,h}{R\,T}} = p_0 \cdot e^{-\frac{M\,g\,h}{R\,T}}, \qquad (55)$$

wenn noch die physikalische Bedeutung der Konstanten vor dem e-Faktor als Druck in der Höhe $h = 0$ beachtet wird. An Stelle von Gl. (55) kann unter Einführung der dem Druck jeweils proportionalen Molekelzahl je Raumeinheit $^1N(h)$ geschrieben werden:

$$^1N(h) = {}^1N_0 \cdot e^{-\frac{M\,g\,h}{R\,T}} = {}^1N_0 \cdot e^{-\frac{E_H}{R\,T}}; \qquad (55\,\text{a})$$

hier bedeutet E_H die Hubenergie, welche man zur Hebung eines Mols von der Höhe 0 bis zur Höhe h benötigt. Die Gl. (55a) mit der Einführung der Energie E_H besitzt eine sehr allgemeine Gültigkeit als Verteilungsgesetz der Partikel über Zustände differierender Energie und ist als *Boltzmannscher e-Satz* bekannt. Das Maxwellsche Geschwindigkeitsgesetz Gl. (21a) läßt sich Gl. (55a) unterordnen, wenn man an Stelle von E_H die kinetische Energie $\frac{1}{2} M w^2$ in Gl. (55a) einsetzt.

Nunmehr betrachten wir die Höhenschichtung als Diffusionsproblem, indem wir uns vorstellen, daß die Luftmolekeln in Richtung des Konzentrationsgefälles nach oben hin diffundieren und durch die Schwerkraft nach unten gezogen werden und deshalb wieder nach unten absinken. Gleichgewicht wird erreicht, wenn die Dichteverteilung derart ist, daß die Zahl der nach unten absinkenden Teilchen gerade durch die Zahl der nach oben diffundierenden kompensiert wird. Nach Gl. (27)

gilt für die durch die Flächeneinheit je Zeiteinheit nach oben diffundierenden Mole:

$$\dot{n}_D = -D \cdot 1 \cdot \frac{\partial c}{\partial h}. \tag{56}$$

Die Zahl der je Zeiteinheit und Flächeneinheit nach unten durch das Schwerefeld absinkenden Mole ist, weil die treibende Kraft auf die Molekel jetzt durch $\overline{m} \cdot g$ gegeben ist:

$$\dot{n}_s = \frac{w \cdot 1}{V_{\mathrm{mol}}} = \frac{\overline{m} \cdot g \cdot 1}{V_{\mathrm{mol}} R_w} = \frac{\overline{m} g c \cdot 1}{R_w} = \frac{M g c \cdot 1}{N_L R_w}, \tag{57}$$

wenn beachtet wird, daß die in der Volumeneinheit enthaltene Zahl von Molen, die Konzentration c, mit dem Kehrwert des Molvolumens identisch ist. Die Gleichsetzung von $\dot{n}_s$ und $\dot{n}_D$ liefert die Differentialgleichung

$$\frac{\partial c}{\partial h} = - \frac{M g c}{N_L R_w D} \quad \text{oder} \quad \frac{\partial \ln c}{\partial h} = - \frac{M g}{N_L R_w D}$$

integriert:

$$\ln c = - \frac{M g h}{N_L R_w D} + \text{const.}$$

Analog zu Gl. (55) ergibt sich:

$$c(h) = c_0 \cdot e^{-\frac{M g h}{N_L R_w D}} \quad \text{oder} \quad {}^1N(h) = {}^1N_0 \cdot e^{-\frac{M g h}{N_L R_w D}}. \tag{58}$$

Da Gl. (58) mit (55a) identisch sein muß, folgt durch Vergleich sofort die schon bei den Gln. (52) und (53) gebrauchte Beziehung:

$$D = \frac{R T}{N_L R_w} = \frac{k T}{R_w},$$

die somit allgemein bewiesen ist, weil der Boltzmannsche e-Satz Allgemeingültigkeit besitzt.

Nahe verwandt mit der hypsometrischen Schichtung ist die Sedimentationsschichtung von unter dem Mikroskop gerade noch sichtbaren Teilchen (Kolloidteilchen), die in einer Flüssigkeit suspendiert sind. Ganz entsprechend zu Gl. (55a) und zum *Boltzmannschen e-Satz* erhält man bei vorgegebener Temperatur für die Dichteverteilung dieser Teilchen:

$$^1N(h) = {}^1N_0 \cdot e^{-\frac{M g}{R T}\left(1 - \frac{\varrho_1}{\varrho_2}\right) h}, \tag{55b}$$

wo ϱ_1 und ϱ_2 die Dichten des Lösungsmittels und der gelösten kolloiden Partikeln sind (Abb. 9). Wegen des Auftriebs, den die gelösten Partikeln erfahren, ist die Korrektur um den die Dichte enthaltenden Faktor zur Ermittlung der Hubarbeit erforderlich.

Man kann nun durch Beobachtung mit dem Mikroskop feststellen, wie viele Sedimentationsteilchen (Kolloidteilchen) im Gesichtsfelde des Mikroskops in der Höhe 0 und in der Höhe h im Durchschnitt sichtbar sind. Damit erhält man das Verhältnis $^1N(h) : {}^1N_0$ und somit nach Gl. (55b) den Exponenten der e-Funktion. Da in dieser die Dichten, die Höhe h sowie R und T als bekannt angesehen werden können, läßt sich die einzige Unbekannte M (Molmasse) direkt ermitteln, womit man dann leicht die Konzentration der Kolloidteilchen in jeder Höhe in Mol/l angeben kann. Die Masse der Einzelteilchen läßt sich bei kugelförmigen Teilchen durch Ausmessung des Radius r mit dem Mikroskop gemäß $\overline{m} = \varrho_2 \dfrac{4\pi}{3}\, r^3$ berechnen, woraus dann die Loschmidtsche Zahl $N_L = M/\overline{m}$ entnommen werden kann.

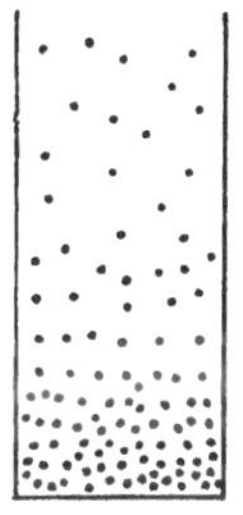

Abb. 9
Sedimentationsgleichgewicht

Versuche von PERRIN (1910) haben an kolloiden Gummigutteilchen der Dichte 1,21 gezeigt, daß bei Zimmertemperatur die Zahl der Kolloidteilchen in wäßriger Sedimentation bei Höhensteigerung von 0,0030 cm auf die Hälfte abnahm, woraus man nach Gl. (55 b) eine Molmasse von etwa $3,28 \cdot 10^{10}$ erhält. Die Einzelteilchen besaßen bei einem Radius von $2,12 \cdot 10^{-5}$ cm eine Masse von $4,81 \cdot 10^{-14}$ g, woraus $N_L = 6,8 \cdot 10^{23}$ folgte. Die Schwierigkeit der Versuche liegt zur Hauptsache in der Erzeugung möglichst gleich großer Teilchen konstanter Molmasse. Die spätere Wiederholung der Versuche durch WESTGREN (1915) ergab $N_L = 6,05 \cdot 10^{23}$, also nahezu den heute als zutreffend angesehenen Wert ($6,024 \cdot 10^{23}$ Molekeln/mol).

In etwas abgeänderter Form kann man das besprochene Sedimentationsgleichgewicht zur Messung von Molmassen der Größenordnung 10^4 benutzen (Molmasse von Eiweißkörpern). Man läßt dann nicht im Schwerefeld sedimentieren, vielmehr vergrößert man künstlich die Beschleunigung g in Gl. (55 b), indem man die Lösung in schnelle Umdrehungen (Ultrazentrifuge) versetzt, wobei dann an Stelle der Erdbeschleunigung die Zentrifugalbeschleunigung des umlaufenden Gefäßes einzusetzen ist. Die Konzentrationsänderung wird bei dieser Anordnung dann mit Hilfe der Absorption von Ultraviolettlicht gemessen, das vom Lösungsmittel (Wasser) durchgelassen, von den Eiweißmolekeln aber in charakteristischer Weise absorbiert wird.

§ 15. Schwankungserscheinungen

Zum Schlusse unserer Ausführungen über die Kolloidteilchen in Lösungen sei noch darauf hingewiesen, daß bei der Beobachtung der Einzelteilchen im Gesichtsfelde des Mikroskops die sog. Schwankungserscheinungen leicht zu demonstrieren sind. Wenn nämlich die Zahl der im Gesichtsfeld zu sehenden Einzelteilchen relativ gering ist, so hat man bald eine größere, bald eine kleinere Zahl von Teilchen im Blickfelde. Allgemein gilt, daß die durchschnittliche Schwankung ΔN um die mittlere Zahl N von der Größenordnung $\sqrt{N}$ ist; dies trifft in gleicher Weise für Kolloide wie für molekulare Teilchen zu. Es ist nur *meist* so, daß bei molekularen Teilchen, die man natürlich nicht im Mikroskop zu sehen vermag, die Zahl N der in einem maßgebenden Volumen enthaltenen Partikeln so groß ist, daß eine Schwankung der Größe $\sqrt{N}$ prozentual gar nicht mehr nennenswert ins Gewicht fällt, denn die relative

Schwankung $\dfrac{\Delta N}{N} \approx \dfrac{1}{\sqrt{N}}$ verschwindet ja mit wachsendem N. Bei einigen optischen Anordnungen dahingegen, bei denen es auf die Molekeln in relativ kleinen Bezirken von der Größe des Kubus der Lichtwellenlänge ankommt, kann man die Schwankungserscheinungen auch bei molekularen Teilchen sichtbar machen (z. B. die Opalescenzerscheinungen).

Was hier bezüglich der Teilchenzahl gilt, kann in entsprechender Weise für andere Größen ausgesprochen werden. So ist im thermischen Gleichgewicht die mittlere Energie der Molekeln in einem kleinen Bezirk ebenfalls Schwankungen unterworfen. Diese Energieschwankungen ΔE sind, verglichen mit der Durchschnittsenergie E, um so größer, je weniger Teilchen der Bereich enthält. Auch hier gilt wieder, daß $\Delta E/E$ von der Größe $1/\sqrt{N}$ ist. Im übertragenen Sinne kann man auch die Brownsche Bewegung als eine Schwankungserscheinung ansehen, nämlich als Schwankung der Impulsübertragung der unsichtbaren molekularen Nachbarteilchen auf eine sichtbare kolloidale Partikel derart, daß zufällig der insgesamt übertragene Impuls nicht verschwindet, sondern einen Überschuß in einer gewissen Raumrichtung aufweist.

D. Reale Gase und der Übergang zur Flüssigkeit

a) Phänomenologische Behandlung

§ 16. $p \cdot V$-Isothermen bei hohem Druck

Um die charakteristischen Abweichungen der realen Gase vom idealen Gasgesetz kennenzulernen, untersucht man zweckmäßig das Produkt $p \cdot V$ als Funktion des Druckes bei konstanter Temperatur. Nach BOYLE-MARIOTTE sollte das Produkt $p \cdot V$ konstant sein; wie aber schon in Abb. 1 gezeigt wurde, ist dies bei genauer Betrachtung nicht mehr der Fall. Bei sehr hohen Drucken zeigt das Produkt $p \cdot V$ bedeutende Abweichungen von der Konstanz, wovon Abb. 10 eine Anschauung vermitteln mag.

Die $(p \cdot V)$-Isothermen in Abb. 10, die als typisch angesehen werden dürfen, zeigen bei mäßiger Temperatur zunächst ein Absinken, um nach Durchlaufen eines Minimums schließlich annähernd linear anzusteigen. Bei sehr hohen Temperaturen nehmen die $(p \cdot V)$-Werte bereits von $p = 0$ an dauernd zu. Dazwischen existiert eine Temperatur, bei der die $(p \cdot V)$-Isotherme zuerst parallel zur Druckachse verläuft, um dann erst anzusteigen. Weil hier das Boyle-Mariottesche Gesetz bis zu relativ hohen Drucken mit guter Annäherung erfüllt ist, pflegt man diese so ausgezeichnete Temperatur als Boyle-Temperatur zu bezeichnen. Der Zahlenwert der Boyle-Temperatur ist naturgemäß von der stofflichen Natur des gerade betrachteten Gases abhängig.

Die isotherme Kompressibilität, d. i. die relative Volumenverminderung bei vorgegebener Drucksteigerung, ist nach Abb. 10 unterhalb der Boyle-Temperatur zunächst größer als beim idealen Gas, um dann bei höheren Drucken schließlich wieder abzunehmen und unter den beim idealen Gase vorliegenden Wert zu sinken. Formelmäßig ist die Kompressibilität χ nämlich durch $-\dfrac{1}{V}\,(\partial V/\partial p)_T$ gegeben, so daß bei Gültigkeit des idealen Gasgesetzes $\chi = 1/p$. Schreiben wir jetzt an Stelle der einfachen Beziehung für die Kompressibilität:

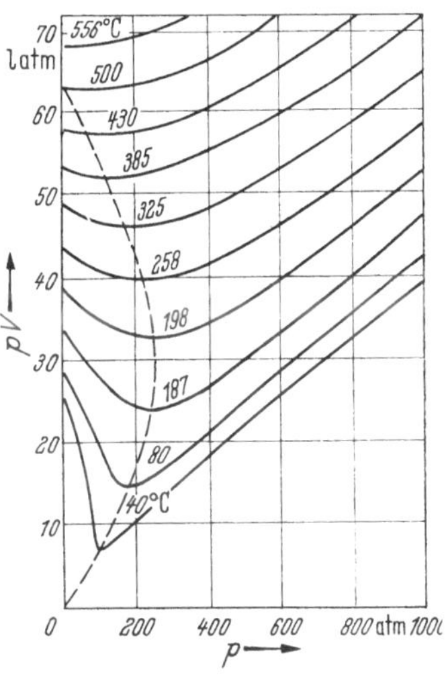

Abb. 10. $(p\,V - p)$-Diagramm eines einfachen realen Gases (Kohlendioxyd)

$$\chi = -\frac{1}{p\,V}\cdot p\left(\frac{\partial V}{\partial p}\right)_T$$

$$= \frac{1}{p\,V}\left[V - V - p\left(\frac{\partial V}{\partial p}\right)_T\right]$$

$$= \frac{1}{p\,V}\left[V - \frac{\partial(p\,V)_T}{\partial p}\right]$$

$$= \frac{1}{p} - \frac{1}{p\,V}\frac{\partial(p\,V)_T}{\partial p}$$

$$= \chi_{\mathrm{id}} - \frac{1}{p\,V}\frac{\partial(p\,V)_T}{\partial p},\qquad (59)$$

dann erkennen wir, daß die Kompressibilität gerade im Minimum der $(p\cdot V)$-Kurve mit der Kompressibilität des idealen Gases übereinstimmt.

§ 17. Übergang zur van der Waalsschen Zustandsgleichung

Der allgemeine Verlauf der $(p\cdot V)$-Isothermen wird plausibel, wenn wir annehmen, daß zwischen den Gasmolekeln anziehende und abstoßende Kräfte wirken. Die Annahme zweier verschiedener Kräfte (Einflüsse) ist wesentlich, um das Minimum der $(p\cdot V)$-Kurven zu erklären, der Einfluß der einen Art von Kräften ist weitgehend für den Kurvenverlauf *vor* dem Minimum maßgebend, während die andere Kraftart für den Kurvenverlauf *hinter* dem Minimum ausschlaggebend ist. Im Minimum kompensieren sich die Wirkungen der verschiedenen Krafteinflüsse. In prinzipiell ähnlicher Weise müssen übrigens die meisten Extrema physikalischer Kurvenverläufe gedeutet werden.

Die anziehenden Kräfte sind — wie schon im Anschluß an Abb. 1 angedeutet wurde — für das Abnehmen der $(p\cdot V)$-Werte bei kleinen und mäßigen Drucken verantwortlich, denn die zwischenmolekulare Anziehung läßt die Molekeln näher zusammenrücken, was zu kleineren Volumina und zu kleineren $(p\cdot V)$-Werten führt. Da die Anziehungseffekte somit bei kleinen Drucken überwiegen, wo die Molekeln im Durchschnitt noch relativ weit voneinander entfernt sind, werden die anziehenden Kräfte zwischen zwei Molekeln auf weitere Entfernung wirken als die abstoßenden, deren Wirkung im Sinne größerer $(p \cdot V)$-Werte erst bei höheren Drucken, also bei größeren Dichten, in Erscheinung tritt, wo die Molekeln durchschnittlich näher zusammengerückt sind. Die abstoßenden Kräfte verhindern in der Hauptsache, daß zwei Molekeln sich gegenseitig durchdringen. Die Wirkung dieser Kräfte kann deshalb summarisch dadurch beschrieben werden, daß bei hohen Drucken das Gasvolumen nahezu konstant bleibt, wenn die Gasmolekeln eben so dicht gepackt sind, daß sie sich dauernd berühren, ohne aber noch näher zusammenrücken zu können. Somit nimmt $p \cdot V$ bei hohen Drucken annähernd linear mit p zu, wie auch deutlich aus Abb. 10 hervorgeht.

Eine quantitative Erfassung des Verhaltens der realen Gase, die auf Überlegungen von J. D. VAN DER WAALS (1873) zurückgeht, knüpft an die eben entwickelten Vorstellungen an. Im wesentlichen hält man dabei an der Form des idealen Gasgesetzes $p \cdot V = RT$ fest, an der man entsprechend den beiden verschiedenen Kräften zwei Korrekturen anbringt. Zunächst führt man an Stelle des Volumens V das freie Volumen $V_{\text{frei}} = V - b$ ein, das sich um den konstanten Restbetrag b von V unterscheidet, auf den das Volumen V bei extremen Drucken höchstens komprimiert werden kann. Ähnlich korrigiert man den Druck um eine Zusatzgröße Π, die jedoch noch als von der Dichte abhängig angesehen wird. Denn in der zusätzlichen Druckgröße Π findet die Wirkung der zwischenmolekularen Anziehungskräfte ihren Ausdruck; diese Kräfte fallen aber bei größerer Dichte stärker ins Gewicht, weshalb Π noch als von der Dichte bzw. dem Molvolumen abhängig angesehen werden muß. Mithin kommt man schließlich zu folgender Zustandsgleichung für das reale Gas, wenn man die rechte Seite der idealen Gasgleichung ungeändert übernimmt:

$$(p + \Pi) \cdot (V - b) = R \cdot T. \tag{60}$$

Für Π als Funktion des Volumens kann man ganz allgemein eine Reihenentwicklung der Gestalt ansetzen:

$$\Pi = \frac{c}{V} + \frac{a}{V^2} + \frac{d}{V^3} \cdots. \tag{60a}$$

Diese Reihe, in der c, a, d usw. geeignete Konstante sind, schreitet nur nach negativen Potenzen von V fort, weil Π in der Grenze für große V-Werte verschwinden muß, denn dann muß Gl. (60) in das ideale Gasgesetz übergehen. Wegen dieser letzten Bedingung muß aber auch der Entwicklungskoeffizient c der Reihe Gl. (60a) verschwinden, denn bei $c \neq 0$ erhält man beim Einsetzen in Gl. (60) in der Grenze für kleine Drucke und große Volumina $p \cdot V + c = RT$. Damit erhielte man im idealen Grenzzustand nicht genau das ideale Gasgesetz, was aber erforderlich ist, weil im verdünnten Gaszustand bei konstantem Druck die Volumina sämtlicher Gase sich bei Variation der Temperatur *erfahrungsgemäß* in gleicher Weise ändern, ein Gesetz, das bei individuell verschiedenen c-Werten nicht mehr erhalten werden könnte. Mithin muß c verschwinden. Vernachlässigen wir der Einfachheit halber in der Reihe

Gl. (60a) die höheren Glieder mit d/V^3 usw., so erhalten wir schließlich aus Gl. (60) als erste Näherung die van der Waalssche Gleichung:

$$\left(p + \frac{a}{V^2}\right)(V - b) = R \cdot T. \tag{61}$$

Die von Gas zu Gas veränderlichen Konstanten a und b sind hier positiv; b ist es als Restvolumen, und a muß positiv sein, damit der $(p \cdot V)$-Wert überhaupt einmal kleiner sein kann, als er nach dem idealen Gasgesetz zu erwarten ist, was im Hinblick auf die Minima in Abb. 10 verlangt werden muß. Wir erhalten so in Gl. (61) die Zustandsgleichung von VAN DER WAALS für das reale Gas.

Es sei gleich vorweg bemerkt, daß die van der Waalssche Zustandsgleichung zwar qualitativ einen Überblick über das Verhalten der realen Gase bis in das Gebiet der Flüssigkeiten gestattet, daß jedoch die quantitativen Resultate der Gleichung oft zu wünschen übriglassen. Dies ist im Hinblick auf die Tatsache, daß die Gl. (61) nur zwei individuelle Konstanten, nämlich die Größen a und b, enthält, nicht weiter verwunderlich. Man kann eben die anziehenden Kräfte nicht durch *eine* Konstante a und die abstoßenden durch *eine* weitere Konstante b befriedigend darstellen. Es ist selbstverständlich möglich, a und b so zu wählen, daß in einem bestimmten Druck- und Temperaturbereich das Verhalten eines gerade beobachteten Gases mit hoher Annäherung dargestellt wird. In anderen Bereichen stimmt dann die mit denselben Werten a und b für dieses Gas geschriebene Zustandsgleichung wesentlich schlechter. Man ist deshalb dazu übergegangen, neue Zustandsgleichungen aufzustellen, die das Verhalten der Gase wesentlich genauer beschreiben als die van der Waalssche Gleichung; diese enthalten aber auch mehr individuelle Konstanten. Die Folge davon ist, daß die analytische Handhabung dieser genaueren Zustandsgleichungen merklich umständlicher ist als die der van der Waalsschen Gleichung. Deshalb und wegen der Tatsache, daß die Gl. (61) bereits alle *prinzipiellen* Eigenschaften der realen Gase erkennen läßt, ist die van der Waalssche Zustandsgleichung immer noch die schulmäßige Darstellung des realen Gases, auf die wir uns im folgenden auch beschränken werden.

§ 18. Andere Formen der Zustandsgleichung realer Gase

Zunächst erweitern wir Gl. (61) für n Mole des Gases. Gehen wir also vom Volumen v aus, in dem n Mole enthalten sind, so wird das Molvolumen V offenbar durch v/n gegeben. Durch Einsetzen in die obige, für ein Mol gültige Gl. (61) erhält man somit:

$$\left(p + \frac{a\,n^2}{v^2}\right)\left(\frac{v}{n} - b\right) = R \cdot T \quad \text{oder} \quad \left(p + \frac{a\,n^2}{v^2}\right)(v - n\,b) = nRT. \tag{61a}$$

Schließlich besitzt noch diejenige Form der van der Waalsschen Gleichung eine besondere Bedeutung, die man für mäßige Drucke erhält.

Aus Gl. (61) entsteht durch Ausklammern von $p \cdot V$

$$p\,V\left(1 + \frac{a}{p \cdot V^2}\right)\left(1 - \frac{b}{V}\right) = RT$$

oder

$$p \cdot V = RT\left(1 - \frac{a}{p\,V^2}\right)\left(1 + \frac{b}{V}\right)$$

$$= RT\left(1 + \left(b - \frac{a}{RT}\right)\frac{1}{V}\right) = RT + \left(b - \frac{a}{RT}\right)p. \qquad (62)$$

Hierbei ist beachtet, daß b/V und $a/p\,V^2$ kleine Zahlen x sind, so daß $\frac{1}{1+x} \approx 1 - x$ gesetzt werden kann. Außerdem ist in den Korrektionsgliedern $p \cdot V = R \cdot T$ gesetzt, und es sind die Glieder, in denen p^2 als Faktor auftreten würde, vernachlässigt. Gl. (62) ist eine Zustandsgleichung, die für mäßige Drucke mit Vorteil Anwendung findet; man pflegt diese dann meist in der Form zu schreiben:

$$p \cdot V = R \cdot T + B(T) \cdot p \quad \text{oder} \quad p \cdot v = nRT + nB(T)\,p, \qquad (62\,\text{a})$$

wenn sie auf n Mole angewandt wird. Es bedeutet hier $B(T)$ eine Funktion der Temperatur, die im Falle der van der Waalsschen Gleichung die Gestalt $B(T) = b - \dfrac{a}{RT}$ besitzt. Im Hinblick auf eine allgemeinere Anwendung der Gl. (62a) und auf den provisorischen Charakter der van der Waalsschen Gleichung ist es aber zweckmäßig, für $B(T)$ auch andere Temperaturfunktionen zuzulassen. Man bezeichnet $B(T)$ als den zweiten Virialkoeffizienten des Gases. Er ist, wie man durch Differentiation der Gl. (62a) feststellt, mit dem Differentialquotienten von $p \cdot V$ nach p identisch, den man bei kleinen Drucken erhält, denn nur bei diesen ist die Gl. (62a) gültig. Dieser Differentialquotient wird außerdem durch die Anfangsneigung der $(p \cdot V)$-Isothermen der Abb. 10 wiedergegeben. $B(T)$ verschwindet also bei der Boyle-Temperatur, hat darunter negative Werte und darüber positive. Experimentell erweist sich $B(T)$ als eine Funktion von T, die nach CALLENDAR mit einer Konstanten a' die Darstellung

$$B(T) = b - \frac{a'}{RT^x} \qquad (63)$$

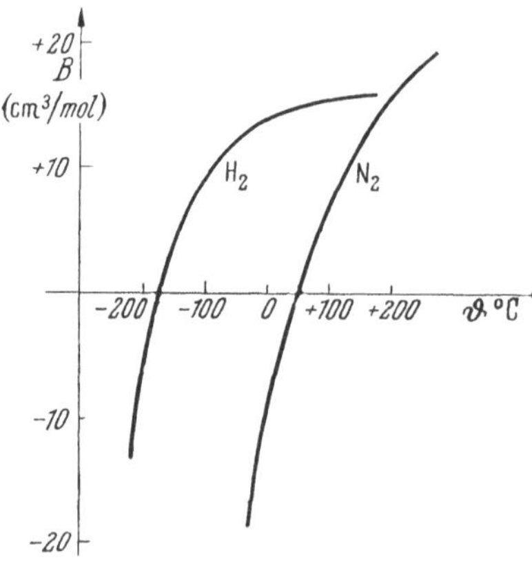

Abb. 11. Temperaturverlauf des zweiten Virialkoeffizienten von H_2 und N_2

gestattet, wobei x merklich oberhalb des van der Waalsschen Wertes 1 gelegen ist. Bei Argon, Stickstoff, Sauerstoff gilt annähernd $x = 1{,}5$; bei Wasserstoff findet man Übereinstimmung mit dem Experiment, wenn $x = 4/3$ gesetzt wird. Der Verlauf von B mit der Temperatur wird etwa durch Kurven der in Abb. 11 wiedergegebenen Art dargestellt.

§ 19. Der kritische Punkt

Um nun den Verlauf des Druckes als Funktion des Volumens nach Gl. (61) näher zu studieren, bilden wir einmal bei konstanter Temperatur den Differentialquotienten des Druckes nach dem Volumen. Aus der nach p aufgelösten van der Waalsschen Gleichung

$$p = \frac{RT}{V-b} - \frac{a}{V^2}$$

folgt sofort

$$\left(\frac{\partial p}{\partial V}\right)_T = -\frac{RT}{(V-b)^2} + \frac{2a}{V^3}.\tag{64}$$

Bei hohen Temperaturen wird hier das erste Glied wegen $V \geqq b$ dem Betrage nach immer überwiegen, so daß $(\partial p/\partial V)_T$ negative Werte behält. Anders ist dies aber bei niedrigen Temperaturen. Solange V nur wenig größer als b ist, wird zwar auch hier das negative Glied überwiegen, so daß der Differentialquotient negativ ist, aber bei wachsendem V nimmt hier, wenn T nur klein genug ist, das erste Glied dem Betrage nach schließlich so kleine Werte an, daß das zweite Glied den Ausschlag gibt und der Differentialquotient positiv wird. Schließlich, wenn V sehr groß geworden ist, überwiegt wieder der Einfluß des ersten Gliedes, so daß $\partial p/\partial V$ abermals negativ wird.

Die Isothermen, die den Zusammenhang zwischen Druck und Volumen darstellen, werden also bei hohen Temperaturen durchweg fallende Tendenz besitzen, bei tiefen Temperaturen nehmen sie zunächst ab, um dann wieder an-

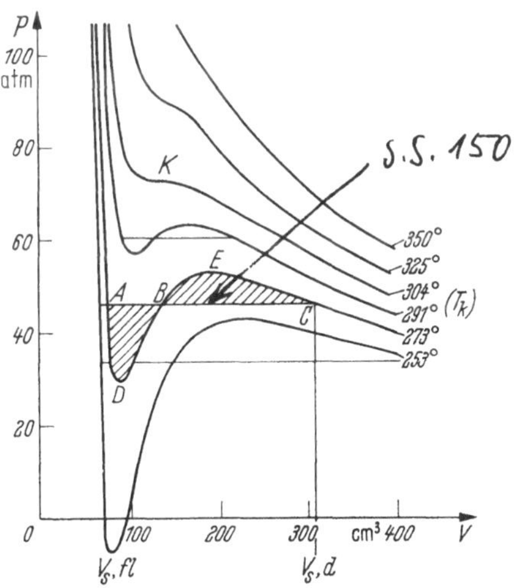

Abb. 12. Isothermen eines einfachen realen Gases nach der van der Waalsschen Gleichung (Kohlendioxyd)

zusteigen und erst bei erheblich größeren Volumina wieder abzunehmen. Die Isothermen werden also bei niedriger Temperatur zunächst ein Minimum und dann ein Maximum durchlaufen, bei hohen Temperaturen fallen sie dauernd ab. Dazwischen gibt es eine Temperatur, bei der Minimum und Maximum zusammenfallen und die Isotherme einen horizontalen Wendepunkt besitzt. Dieses Verhalten, das die Druckisothermen der van der Waalsschen Gleichung aufweisen (Abb. 12), ist auch für das tatsächliche Verhalten realer Gase in gewissem Sinne typisch.

Es soll nun diejenige Temperatur ermittelt werden, unterhalb derer die Minima und Maxima der Druckisothermen auftreten, oberhalb derer aber $(\partial p/\partial V)_T$ durchweg negativ ist. Nach Gl. (64) müssen an jedem Minimum oder Maximum die beiden Terme dieser Gleichung einander dem Betrage nach gleich sein. Da dann auch die Kehrwerte dieser Beträge einander gleich sein müssen, gilt an diesen Extremalstellen:

$$\frac{(V-b)^2}{RT} = \frac{V^3}{2a}. \tag{65}$$

Zeichnet man sich nun als Funktion des Volumens zwei Kurven auf, von denen die eine die linke Seite dieser Gleichung darstellt, die andere aber die rechte Seite (Abb. 13), so beobachtet man, daß diese beiden Kurven entsprechend der Tatsache der Existenz zweier Extrema der Druckisothermen, sofern T klein genug ist, zwei Schnittpunkte bei V-Werten oberhalb $V = b$ besitzen. Dort sind die beiden Terme der Gl. (64) einander dem Betrage nach gleich, und $(\partial p/\partial V)_T$ verschwindet für diese Volumenwerte. Diese beiden Schnittpunkte rücken nun immer mehr zusammen, je höher die Temperatur wird. Schließlich fallen die beiden Schnittpunkte zusammen, aus dem Schneiden der Kurven ist dann eine Berührung (vgl. Abb. 13) geworden. Es müssen dann auch die Differentialquotienten der beiden Kurven an der Berührungs-

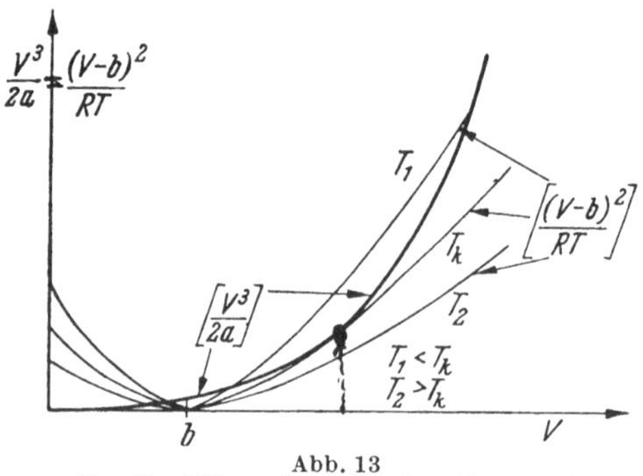

Abb. 13
Zur Ermittlung der kritischen Temperatur

stelle miteinander übereinstimmen. Bei weiterem Ansteigen der Temperatur findet kein Schneiden oder Berühren mehr oberhalb $V = b$ statt. Differenzieren wir also die beiden Seiten der Gl. (65) nach V, so erhalten wir als Bedingung für die Berührung:

$$\frac{2(V-b)}{RT} = \frac{3V^2}{2a}. \tag{65a}$$

Diejenige Temperatur T_k, bei der beide Gln. (65) und (65a) bei einem bestimmten Volumen V_k erfüllt werden, ist dann die „kritische" Temperatur, welche die beiden oben bezeichneten Temperaturgebiete des realen Gases voneinander trennt. Wir erhalten hierfür zunächst, indem wir die linken und rechten Seiten der Gln. (65) und (65a) durcheinander dividieren und $V = V_k$ setzen:

$$\frac{(V_k - b)}{2} = \frac{V_k}{3} \quad \text{bzw.} \quad V_k = 3b. \tag{66}$$

Einsetzen in eine der Gln. (65) oder (65a) liefert sofort die „kritische" Temperatur:

$$RT_k = \frac{8a}{27b}. \tag{66a}$$

Das Einsetzen dieser beiden Zahlwerte, der sog. „kritischen Temperatur" und des „kritischen Volumens" in die ursprüngliche van der Waalssche

Gleichung liefert nunmehr auch den Druck in diesem Zustandspunkt, den „kritischen Druck".

$$p_k = \frac{a}{27\,b^2}.$$ (66 b)

Der Zustandspunkt selbst heißt „kritischer Punkt".

Aus den drei Gleichungen für die kritischen Größen leitet man leicht durch Auflösung nach a und b die Beziehungen ab:

$$b = \frac{V_k}{3}; \quad a = 3\,p_k\,V_k^2 \quad \text{und} \quad \frac{R\,T_k}{p_k\,V_k} = \frac{8}{3} \equiv K_k.$$ (67)

Hier wird der Zahlwert der Größe $\dfrac{p_k\,V_k}{R\,T_k}$ als *kritischer Koeffizient* bezeichnet. Bei Gültigkeit des idealen Gasgesetzes bis zu diesem kritischen Punkt würde der kritische Koeffizient offenbar den Wert 1 besitzen. Die Größe des kritischen Koeffizienten mißt also gewissermaßen die Abweichung vom idealen Gasgesetz am kritischen Punkt.

Wir können jetzt auch die kritischen Größen p_k, V_k und T_k direkt an Stelle der Konstanten a, b und R in die van der Waalssche Gleichung einführen und erhalten so aus Gl. (61):

$$\left(p + \frac{3\,p_k\,V_k^2}{V^2}\right)\left(V - \frac{V_k}{3}\right) = R\,T_k\,\frac{T}{T_k}$$ (68)

oder nach Division durch $p_k\,V_k$:

$$\left(\frac{p}{p_k} + \frac{3\,V_k^2}{V^2}\right)\left(\frac{V}{V_k} - \frac{1}{3}\right) = \frac{8\,T}{3\,T_k}.$$ (68 a)

Wenn man den Druck nicht in normalen Einheiten, sondern in Vielfachen des kritischen Druckes mißt, und ebenso mit dem Volumen und der Temperatur verfährt, d. h., wenn man, wie man sagt, an Stelle der normalen Einheiten die reduzierten Werte des Druckes, der Temperatur und des Volumens einführt, so erhält man mit der Bezeichnung $p' = p/p_k$, $t' = T/T_k$ und $v' = V/V_k$ die *reduzierte van der Waalssche Zustandsgleichung*:

$$\left(p' + \frac{3}{v'^2}\right)(3\,v' - 1) = 8\,t'.$$ (69)

Das heißt also, man erhält bei Einführung individueller Einheiten des Druckes, der Temperatur und des Volumens — denn eine Atmosphäre Druck hat im reduzierten Maßsystem z. B. für Wasserstoff einen anderen Wert als für Sauerstoff usw. — eine *universelle* Zustandsgleichung, aus der scheinbar jede individuelle Konstante verschwunden ist. Tatsächlich stecken die individuellen Eigenschaften des gerade betrachteten Gases in den reduzierten Einheiten. Es ist diese Umformung der van der Waalsschen Gleichung in die reduzierte Form deshalb möglich, weil diese Gleichung nur drei Konstanten enthält, R, a und b, die durch die drei kritischen Daten vollen Ersatz finden können.

Wie schon oben betont wurde, kann man nicht erwarten, daß überhaupt sämtliche Gase durch *eine* Zustandsgleichung dargestellt werden können, die außer R nur noch zwei individuelle Konstanten enthält.

Infolgedessen wird man bei Einführung reduzierter Drucke usw. keine von jeglichen Parametern freie reduzierte Zustandsgleichung erwarten können. Wenn dies nämlich doch der Fall wäre, dann würde man für alle Gase im Prinzip die gleiche Zustandsgleichung erhalten, insofern nämlich die Isothermen bei Einführung reduzierter Maßeinheiten miteinander zur Deckung gebracht würden.

Damit man durchweg bei sämtlichen Gasen korrespondierende Zustände — die nicht notwendig der Gl. (69) gehorchen müssen, da ja auch außer der van der Waalsschen Gleichung andere Gleichungsformen mit nur zwei weiteren Konstanten außer R denkbar sind — erhält, damit, wie man sagt, das sog. „Theorem der übereinstimmenden Zustände" gilt, muß man nach den Ausführungen der S. 36/37 verlangen, daß die zwischenmolekularen Kraftwirkungen zwischen den Einzelmolekeln der verschiedenen Gase weitgehend ähnlich sind. Es müßte dies bedeuten, daß die Kraftwirkungen in ihrer Größe selbst miteinander zur Deckung gebracht werden könnten, wenn man den Übergang von einem Gase zum anderen lediglich durch eine konstante Maßstabsänderung des Abstandes und eine konstante Maßstabsänderung der Absolutgröße der Kräfte erreichte. Es würde so die zwischenmolekulare Kraft durch zwei Konstanten, nämlich die beiden genannten Maßgrößen, beschrieben werden können, womit dann die thermische Zustandsgleichung ebenfalls nur zwei individuelle Konstanten enthalten würde.

Dies letztere gilt übrigens nur, solange man im Rahmen der klassisch-mechanischen Vorstellung bleibt. Die Quantentheorie lehrt, daß selbst bei gleichen zwischenmolekularen Kraftwirkungen Unterschiede der thermischen Zustandsgleichung auftreten können, die von der durch verschiedene Massen bedingten unterschiedlichen Quantelung der Energiezustände herrühren können. Das ist z. B. der Grund dafür, daß chemisch gleiche Gase verschiedenen Molgewichts, das sind die Isotope, in ihrem thermischen Verhalten voneinander abweichen können. Dies trifft besonders deutlich beim leichten und schweren Wasserstoff zu.

Die folgende Abb. 14 soll das Verhalten der zwischenmolekularen Kräfte näher erörtern. Es ist die übliche Darstellung gewählt, bei der nicht die Kräfte selbst, sondern deren Potential E_p gegen den zwischenmolekularen Abstand r aufgetragen ist. Das Potential E_p hängt dabei definitionsgemäß mit den Kräften K durch die Beziehung:

$$- \frac{\partial E_p(r)}{\partial r} = K(r) \qquad (70)$$

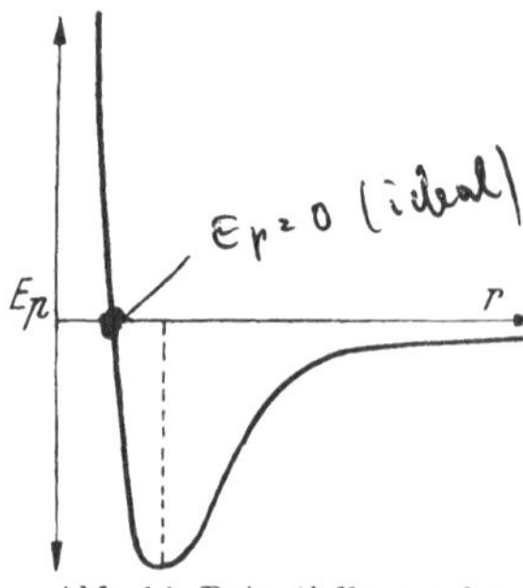

Abb. 14. Potentialkurve der zwischenmolekularen Kräfte

zusammen, so daß also $E_p(r)$ die Arbeit angibt, die benötigt wird, um zwei Molekeln vom Unendlichen herkommend auf den Abstand r einander zu nähern. Weil nun im größeren Abstand anziehende Kräfte zwischen den Molekeln herrschen, ist die Arbeit zunächst negativ, da die Molekularkräfte selbst die Arbeit zur Heranführung leisten, so daß also nach außen Energie vom Molekularsystem abgegeben wird. Wenn der Abstand aber so weit verringert wird, daß die Abstoßungskräfte bereits in Erscheinung treten, muß man von außen dem System zur weiteren Abstandsverringerung Energie zuführen, was eine Zunahme der $E_p(r)$-Werte mit noch weiter sinkendem Abstand zur Folge hat.

Können nun die beiden Potentialkurven, welche die zwischenmolekularen Kraftwirkungen zwischen zwei Molekeln des einen Gases und eines anderen Gases beschreiben, durch eine Ähnlichkeitstransformation zur Deckung gebracht werden, so müssen auch die Zustandsgleichungen dem Theorem der übereinstimmenden Zustände genügen, d. h. identisch werden, wenn man die reduzierten Drucke, Volumina und Temperaturen einführt. Das Zur-Deckung-Bringen der Potentialkurven bedeutet, daß die Potentialkurven sich vollkommen an sämtlichen Punkten decken, wenn man einmal den r-Maßstab so ändert, daß die Minima der Kurven auf denselben r-Punkt fallen, und zum anderen den Energiemaßstab so ändert, daß die Potentialminima die gleiche Tiefe besitzen. Das Zur-Deckung-Bringen verlangt auch hier die spezielle Wahl bzw. Transformation zweier individueller Konstanten, nämlich von r_{min} und $E_{p\,\mathrm{min}}$; bei der van der Waalsschen Gleichung sind es die individuellen Konstanten a und b.

Es ist klar, daß man eine so weitgehende Ähnlichkeit der Potentialkurven nicht bei sämtlichen Gasen verlangen kann; man wird vielmehr mit mehr oder weniger großen individuellen Abweichungen in der Gestalt der Potentialkurven rechnen müssen, so daß man höchstens bei gewissen Klassen von chemisch ähnlichen Stoffen praktisch übereinstimmende (korrespondierende) Zustände erhält. Die einzelnen Klassen werden größere Abweichungen gegeneinander aufweisen.

Ein Maß dafür, wieweit einzelne Gase als miteinander korrespondierend angesehen werden dürfen, ist die Größe des kritischen Koeffizienten K_k. Bei korrespondierenden Stoffen muß dieser den gleichen Wert besitzen. Er braucht selbstverständlich nicht den van der Waalsschen Wert 8/3 aufzuweisen, da dieser ja von der speziellen Form der van der Waalsschen Gleichung herrührt.

Die folgende Zusammenstellung zeigt die Werte des kritischen Koeffizienten für einige einfache Gase. Aus dieser Zusammenstellung entnehmen wir, daß der kritische Koeffizient durchweg merklich größer als der van der Waalsche Wert 8/3 ist, daß er nämlich bei normalen Stoffen zwischen 3,5 und 4,0 liegt und bei assoziierenden Stoffen wesentlich größer ist.

Tabelle 2. *Werte des kritischen Koeffizienten einfacher Gase*

Gas	He	H_2	N_2	Ar	CO_2	SO_2	$(C_2H_5)_2O$	H_2O	C_6H_{14}
K_k	3,13	3,03	3,4	3,43	3,49	3,60	3,77	4,46	3,83

Von einer generellen Gültigkeit des Theorems der übereinstimmenden Zustände kann also gar nicht die Rede sein; immerhin kann man z. B. N_2, CO_2 und Ar in eine Gruppe oder Klasse zusammenfassen, innerhalb derer man von korrespondierenden Zuständen mit guter Annäherung sprechen kann.

§ 20. Messung der kritischen Größen

Soeben haben wir die Zahlwerte des kritischen Koeffizienten erwähnt, die natürlich nur über eine Messung der einzelnen kritischen Daten erhalten werden können. Es besteht darum noch die Aufgabe, über das experimentelle Verhalten der Gase in der Nähe des kritischen Punktes zu berichten.

Zunächst erkennen wir, daß die Materie bei $T < T_k$ in dem Gebiet, in dem $(\partial p/\partial V)_T < 0$ und $V < V_k$ gilt, sehr wenig komprimierbar ist, da gemäß Abb. 12 dort der Druck bei kleiner Verringerung des Volumens außerordentlich stark anwächst. Das Gebiet zwischen dem Minimum und dem Maximum der Druckisotherme ist nicht durch eine homogen verteilte Materie realisierbar, denn in diesem Gebiet würde ja mit steigendem Druck das Volumen zunehmen, während die Materie bekanntlich immer mit einer Volumenverminderung bei Drucksteigerung reagiert. Die Natur weicht diesem *instabilen Zwischengebiet* dadurch aus, daß ein Teil der Materie eine hohe Dichte behält, die bei der in Abb. 12 hervorgehobenen Isotherme dem Punkt A entspricht, während der Rest eine geringe, dem Punkt C entsprechende Dichte annimmt.

Bei vorgegebenem Druck ($< p_k$) setzt sich also ein komprimierter Bestandteil mit einem solchen geringerer Dichte ins Gleichgewicht, sofern die Temperatur niedriger als die kritische Temperatur ist. Der komprimierte Teil, der sich unter Bildung einer Grenzschicht gegen den restlichen Teil absetzt, ist das zur Flüssigkeit kondensierte Gas, während der andere Teil der mit der Flüssigkeit im Gleichgewicht befindliche Dampf ist. Das Gleichgewicht bei einer vorgegebenen Isotherme, d. h. der Gleichgewichtsdruck, stellt sich dabei so ein, daß der Inhalt der Fläche $ADBA$ mit dem der Fläche $BECB$ übereinstimmt. Es sei diese Gleichgewichtsbedingung hier nur kurz erwähnt; ihre eingehende. Begründung kann erst später nach der Besprechung des zweiten Hauptsatzes der Thermodynamik gegeben werden (S. 150).

Die Trennung der Gase in Flüssigkeit und Dampf kann offenbar erst unterhalb der kritischen Temperatur erfolgen. Die Messung des kritischen Druckes erfolgt deshalb i. allg. so, daß das betreffende Gas in einem durchsichtigen Rohr (Glascapillare), das in ein von T_u bis T_0 reichendes und T_k enthaltendes *Temperaturgefälle* gebracht ist ($T_0 > T_k > T_u$), gegenüber Druckänderungen untersucht wird, indem man von hohen Drucken ausgehend den Druck allmählich erniedrigt. Derjenige Druck, unterhalb dessen in dem Rohr erstmalig ein Flüssigkeitsmeniscus auftritt, ist der kritische Druck p_k. Ähnlich erfolgt bei Einhaltung des Druckes p_k in dem Rohr durch allmähliche Abkühlung des *gleichmäßig temperierten* Rohres und Beobachten des erstmaligen Auftretens eines Flüssigkeitsmeniscus die Ermittlung der kritischen Temperatur T_k.

Dagegen ist die direkte Messung des kritischen Volumens mit Ungenauigkeiten behaftet, weil die kritische $(p-V)$-Isotherme am kritischen Punkt horizontal verläuft, ihr Schnitt mit $p = p_k$ also nicht genügend scharf definiert ist. Man pflegt deshalb so vorzugehen, daß man die Temperatur T gegen die Dichte ϱ der flüssigen und dampfförmigen Phase aufträgt, die bei der gerade betrachteten Temperatur miteinander im Gleichgewicht stehen. Die einzelnen Punkte $\varrho_{\mathrm{fl.}}$ und

ϱ_D bilden bei dieser Auftragung die Bogen einer parabelförmigen Kurve, die am kritischen Punkt zusammenstoßen (Abb. 15).

Erfahrungsgemäß bilden die Mittelpunkte zwischen zwei koexistierenden $\varrho_{\mathrm{fl.}}$- und ϱ_D-Werten eine steile Gerade, welche die Horizontale $T = T_k$ im kritischen Punkt (hier kritische Dichte) schneidet, eine Eigenschaft, die man zur Bestimmung von V_k mit Vorteil verwenden kann (*Cailletet-Mathiassche Regel*).

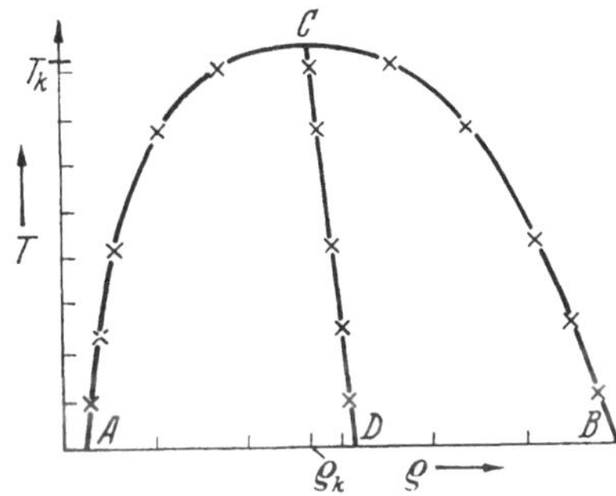

Abb. 15. Graphische Darstellung des Verfahrens von CAILLETET-MATHIAS zur Bestimmung des kritischen Volumens (Dichte)

Für die Volumina der Flüssigkeit im Gleichgewicht mit ihrem Dampf gilt dabei nach SASLAWSKY bei einer großen Zahl organischer Flüssigkeiten:

$$\frac{V_k}{V_T} = \frac{\varrho_T}{\varrho_k} = 1 + 2{,}73 \sqrt{1 - 0{,}95 \frac{T}{T_k}} . \tag{71}$$

Speziell am Siedepunkt, für dessen Kelvintemperatur T_s nach GULDBERG etwa $T_s/T_k = 0{,}67$ gilt, erhält man daraus $\varrho_s/\varrho_k = 2{,}65;$ am Schmelzpunkt T_e ergibt sich mit dem Durchschnittswert $T_e/T_k = 0{,}44$ für $\varrho_e/\varrho_k = 3{,}09$.

Bei Flüssigkeiten selbst kann man oft von der Zustandsgleichung von TAMMANN Gebrauch machen:

$$(p + \Pi)(V - V_\infty) = C \cdot T, \tag{72}$$

die sich leicht durch geringe Abänderung aus der van der Waalsschen Zustandsgleichung ergibt, wenn man beachtet, daß das Volumen der Flüssigkeiten sich nur wenig mit dem äußeren Druck ändert. Für Π, V_∞ und C sind geeignete (individuelle, von Flüssigkeit zu Flüssigkeit variierende) Zahlwerte einzusetzen. Durch geringfügige Abänderung der Form der Gl. (72) gelangt man zu einer Reihe anderer Zustandsgleichungen für Flüssigkeiten, die hier im einzelnen nicht aufgezählt werden sollen.

b) Kinetische Theorie

§ 21. Deutung der van der Waalsschen Konstanten *b*

Es bleibt noch übrig, die Konstanten der van der Waalsschen Gleichung, die wir oben qualitativ als für die Größe der anziehenden (Konstante *a*) und abstoßenden Kräfte (Konstante *b*) maßgebend gefunden hatten, eingehender kinetisch zu interpretieren.

Zunächst sahen wir, daß die Konstante *b* im wesentlichen das Eigenvolumen der als inkompressibel gedachten Molekeln berücksichtigt, insofern ja nach der van der Waalsschen Gleichung das Volumen bei steigendem Druck nicht unter den Wert b abzusinken vermag. Es sollte nun $V - b$ das sog. freie Volumen des Gases darstellen. Zur Erfassung desselben wollen wir uns nun überlegen, welches Volumen für die Einzelmolekel „verboten" ist. Zu diesem Zweck untersuchen wir den Zusammenstoß zweier Molekeln. Bei diesem können wir uns die eine Molekel wieder (S. 21/22) auf einen Punkt, den Schwerpunkt, zusammengeschrumpft denken, während die andere Molekel auf den doppelten Radius (Durchmesser σ) aufgebläht sei. Der Raum, der für den genannten Schwerpunkt beim Stoß mit einer anderen Molekel unerreichbar ist, beträgt dann, wenn wir mit kugelförmigen Teilchen rechnen, $\frac{4\pi}{3}\,\sigma^3 = \frac{8 \cdot 4 \cdot \pi}{3}\,r^3 = 8\,V_{\text{molek.}}$, wenn $\sigma = 2r$ beachtet wird, wo r der Radius einer Einzelmolekel ist, und $V_{\text{molek.}}$ das Eigenvolumen einer Einzelmolekel darstellt. Wenn nun das Volumen $8 \cdot V_{\text{molek.}}$ beim gegenseitigen Zusammenstoß zweier Teilchen verboten ist, so entfällt davon im Mittel auf jede einzelne der beiden Molekeln der Betrag $4 \cdot V_{\text{molek.}}$. Umgerechnet auf ein ganzes Mol resultiert damit als verbotenes Volumen das vierfache Eigenvolumen sämtlicher Molekeln, das jetzt mit der van der Waalsschen Konstanten b (sog. Kovolumen), identifiziert werden muß. Mithin haben wir die Beziehung:

$$b = \frac{2\pi}{3}\,N_L \cdot \sigma^3 \tag{73}$$

zwischen der makroskopischen Größe b, der Loschmidtschen Zahl N_L und dem Molekulardurchmesser σ.

Mit Gl. (73) ist eine zweite Beziehung zwischen σ, N_L und einer makroskopisch zugänglichen Größe gewonnen, die zusammen mit Gl. (43) die molekularen Größen σ und N_L zu berechnen gestattet.

§ 22. Die Anziehungskräfte und die van der Waalssche Konstante a

Die Einwirkung der zwischenmolekularen Anziehungskräfte läßt sich zunächst an Hand der van der Waalsschen Zustandsgleichung formal durch eine Erniedrigung des äußeren Druckes beschreiben, insofern bei gegebenem äußerem Druck bereits ein derartiges Volumen erreicht wird, wie es beim Fehlen des a-Gliedes erst bei einem um etwa a/V^2 höheren Druck erreicht werden könnte. Denken wir nun an das Zustandekommen des Gasdrucks gegen die Wände durch die Impulsübertragung der Molekeln an die Wand beim Zusammenstoß (vgl. S. 12), so sehen wir, daß eine aus dem Innern des Gases gegen die Wand anfliegende Molekel durch die von hinten ziehenden übrigen Molekeln gebremst wird, was eine Verringerung der Impulsübertragung auf die Wand zur Folge hat. Diese Verkleinerung wird dem Betrage nach um so größer sein, je größer die Dichte des Gases ist, weil dann mehr Molekeln ihre bremsende Wirkung auf die gerade gegen die Wand stoßende Molekel ausüben können. Rechnen wir damit, daß für diesen Effekt praktisch nur die in einer bestimmten Wirkungssphäre um die stoßende Molekel enthaltenen Molekeln in Betracht kommen, so ist der genannte, auf den Impuls jeder gegen die

Wand stoßenden Molekel wirksame Effekt der Gasdichte bzw. dem reziproken Molvolumen proportional. Da zum andern die Zahl der in der Zeiteinheit gegen die Wand anfliegenden Molekeln ebenfalls der Dichte oder dem reziproken Molvolumen proportional ist, findet man für den *gesamten* Verkleinerungseffekt eine zu $1/V^2$ proportionale Größe, wie sie von der van der Waalsschen Gleichung angegeben wird.

Die Größe des Proportionalitätsfaktors hängt naturgemäß mit der Stärke der zwischenmolekularen Kraftwirkungen zusammen. Wie hier nur kurz angegeben sei, wird der Zusammenhang zwischen der potentiellen Energie $E_p(r)$ zweier Molekeln (vgl. Abb. 14) und dem gesamten zweiten Virialkoeffizienten durch die Beziehung

$$B(T) = 2\pi N_L \int_0^\infty \left(1 - e^{-\frac{E_p(r)}{kT}}\right) r^2 \, dr \tag{74}$$

gegeben, mit der man die Temperaturabhängigkeit des zweiten Virialkoeffizienten gut darzustellen vermag.

Die Gl. (74) rührt im wesentlichen von dem Boltzmannschen e-Satz her, denn die Zahl der Molekeln, die man in einer Umgebung zwischen r und $r + dr$ einer herausgegriffenen Molekel (Zentralmolekel) antrifft, ist danach proportional dem Volumen $4\pi r^2 \, dr$ und dem e-Faktor[1] $e^{-E_p(r)/kT}$. Man kann infolgedessen auch sagen, daß die Zahl der Molekeln in der gesamten Umgebung einer vorgegebenen Molekel um einen Betrag größer ist als im Falle eines durchweg idealen Gases ($E_p = 0$), der dem Integral

$$4\pi \int_0^\infty \left(e^{-\frac{E_p(r)}{kT}} - 1\right) r^2 \, dr \tag{74a}$$

proportional ist, weil ja bei $E_p = 0$ die oben genannte Zahl nur dem Volumen $4\pi r^2 \, dr$ proportional ist. Eine andere Fassung desselben Sachverhaltes ist die, daß das Molvolumen des realen Gases um einen dem Integral Gl. (74a) proportionalen Betrag geringer ist als im Idealfalle, weil dann offenbar in einem gegebenen Volumen ebenfalls eine entsprechend größere Zahl von Molekeln enthalten ist.

Da nun nach Gl. (62a) das Volumen eines realen Gases gemäß

$$p \cdot V_{\text{ideal}} = RT \quad \text{bzw.} \quad p(V_{\text{real}} - B) = RT, \tag{62b}$$

in der Form

$$V_{\text{real}} = V_{\text{ideal}} + B$$

(B gewöhnlich negativ, vgl. Abb. 11) geschrieben werden kann, folgt, daß B dem negativen Wert des Integrals Gl. (74a) proportional ist. Der Proportionalitätsfaktor ist — je Mol gerechnet — gleich $N_L/2$, wobei der Faktor $1/2$ auftritt, weil jede Molekel einmal als Zentralmolekel und einmal als Nachbarmolekel zu rechnen ist.

Für den einfachen Fall, daß wir für $0 < r < \sigma$ setzen: $E_p(r) = \infty$, d. h., daß wir dort unendlich hohe Abstoßungskräfte annehmen, und für $r > \sigma$ mit dem einfachen Ansatz $E_p = -\dfrac{c}{r^n}$ rechnen, können wir

---

[1] Da $E_p(r)$ hier die auf einzelne Molekeln (nicht auf ein Mol) bezogene potentielle Energie ist, muß im e-Faktor des Boltzmannschen Satzes kT an Stelle RT gesetzt werden.

bei hohen Temperaturen, bei denen $\dfrac{c}{r^n} \ll kT$ ist, die e-Potenz in Gl. (74) in eine Reihe entwickeln und nach dem linearen Glied abbrechen. Wir erhalten so aus Gl. (74):

$$B(T) = 2\pi N_L \int_0^{\sigma} (1 - 0)\, r^2\, dr + 2\pi N_L \int_{\sigma}^{\infty} \left(1 + \frac{E_p(r)}{kT} - 1\right) r^2\, dr$$

$$= \frac{2\pi}{3} N_L \sigma^3 - \frac{2\pi N_L c\, \sigma^3}{kT(n-3)\sigma^n} = \frac{2\pi}{3} N_L \sigma^3 \left[1 + \frac{3 E_p(\sigma)}{(n-3)\, kT}\right]. \tag{75}$$

Wir erhalten so mit $n = 6$, dem gewöhnlich angenommenen Wert, für das van der Waalssche a durch Vergleich mit Gl. (62) bzw. Gl. (63)

$$a = \frac{2\pi N_L \sigma^3}{3} \cdot \frac{N_L \cdot c}{\sigma^6} = -\frac{2\pi}{3} N_L \sigma^3 \cdot N_L \cdot E_p(\sigma), \tag{76}$$

oder wegen Gl. (73) $\dfrac{a}{b} = -N_L \cdot E_p(\sigma)$. Das erste Glied in Gl. (75) ist, wie man sieht, wieder mit dem van der Waalsschen b identisch.

§ 23. Kinetische Deutung des Verlaufs der van der Waalsschen Isothermen

Der Verlauf der $(p-V)$-Isothermen unterhalb der kritischen Temperatur mit einem Minimum und einem Maximum, der ja in dem Gebiet zwischen Minimum und Maximum wegen des negativen Vorzeichens der Kompressibilität überhaupt nicht realisierbar ist — wohl aber bis zum Minimum oder Maximum von der Seite der Flüssigkeit bzw. der Seite des Dampfes her als überhitzte Flüssigkeit oder unterkühlter Dampf —, hat insofern doch eine vernünftige Bedeutung, als er tatsächlich zu beobachten *wäre*, sofern der Dampf oder die Flüssigkeit nicht kondensieren oder verdampfen *würde*. Bei wachsendem Volumen wird nämlich zunächst der Druck einer stark komprimierten Materie abnehmen, von einem gewissen Volumen ab ist es aber denkbar, daß die den äußeren Druck verringernden zwischenmolekularen anziehenden Kraftwirkungen doch so stark abnehmen, daß trotz weiterer Vergrößerung des Volumens die Impulsübertragung an die Wand vorübergehend zunimmt, also der Druck ansteigt. Schließlich bei sehr großen Volumina, wo die zwischenmolekularen Kräfte ohnehin keine Rolle mehr spielen, erhält man wieder den normalen Abfall des Druckes mit wachsendem Volumen. Diese Druckvariation wird vornehmlich bei niedrigen Temperaturen beobachtbar sein, denn bei diesen ist die zwischenmolekulare Kraftwirkung relativ groß gegen die eigentliche thermische Bewegung.

Diese gesamte Überlegung, die also, wie wir auf Grund der Diskussion zur van der Waalsschen Gleichung wissen, nur unterhalb der kritischen Temperatur zutreffend ist, bleibt natürlich an die Voraussetzung geknüpft, daß die Materie *homogen* im Volumen verteilt ist. Tatsächlich bekommt man den bekannten Zerfall in zwei Phasen derart, daß ein Teil der Molekeln sich eng zusammenlagert, während für den Rest dadurch genügend Raum gewonnen wird, um als Dampf existieren zu können. Dieser Dampf hat dann trotz seiner geringen Dichte den gleichen Druck, den das wesentlich dichtere Kondensat besitzt, weil im Kondensat das Wirken der anziehenden zwischenmolekularen Kräfte den Druck desselben nach außen stark herabsetzt. Man kann sich leicht davon überzeugen, daß im Gebiet zwischen Minimum und Maximum der $(p-V)$-Isotherme die homogen gedachte Gasmaterie gegen kleine lokale Dichteschwankungen instabil ist, so daß dort in jedem Falle die Aufspaltung in zwei Phasen eintritt.

E. Der kondensierte Zustand der Materie, insbesondere Festkörper

a) Phänomenologische Behandlung

§ 24. Der ideale Festkörper. Kompressibilität und Ausdehnung

Die Behandlung der Zustandsgleichung fester Körper ist in vieler Hinsicht einfacher als die von Flüssigkeiten, weil für die festen Körper ebenfalls ein idealisierter Grenzzustand existiert, nämlich der total geordnete Zustand des Kristalls, während die Flüssigkeit weder ideal geordnet noch ideal ungeordnet ist wie das Gas. Derartige Zwischenzustände sind der systematischen Behandlung immer schwerer zugänglich als die Grenzzustände.

Es empfiehlt sich, zur näheren Charakterisierung der Festkörper nur solche Stoffe als eigentliche Festkörper zu bezeichnen, die echte Kristalle bilden, deren Atome bzw. Molekeln also feste Raumgitter bilden (Abb. 16). Der normale Sprachgebrauch bezeichnet freilich auch nicht in bestimmten Gittern kristallisierende Stoffe, sog. amorphe Stoffe, zu denen z. B. das Glas gehört, als Festkörper. Wir wollen uns hier aber dem im wesentlichen auf TAMMANN zurückgehenden Gebrauch anschließen, indem wir nur die Kristalle als eigentliche Festkörper bezeichnen, wenn auch die amorphen Stoffe oft ähnliche Eigenschaften wie die Kristalle zeigen.

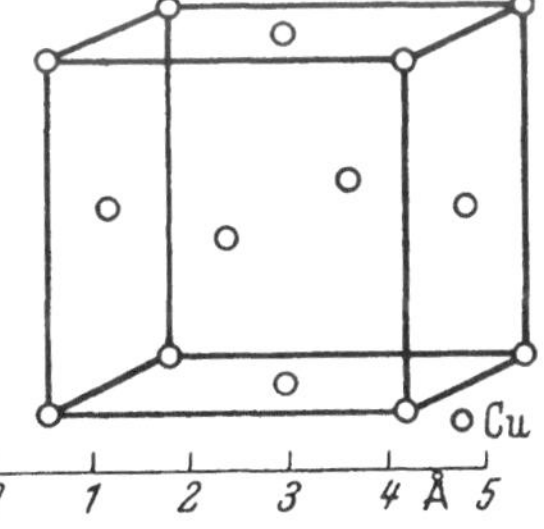

Abb. 16. Beispiel eines Kristallgitters. Flächenzentriertes Gitter des Cu

Der ideale Festkörper, der oben schon erwähnt wurde, ist nur in der Nähe des abs. Nullpunktes der Temperatur realisierbar, insofern nämlich mit steigender Temperatur die Ordnung des Gitters allmählich verlorengeht, womit bereits eine gewisse Annäherung an den reichlich ungeordneten Flüssigkeitszustand erreicht wird. Charakteristisch für den kristallisierten Festkörper ist dabei nun, daß der Übergang in den wesentlich ungeordneten Zustand bei vorgegebenem äußerem Druck bei einer scharf definierten Temperatur stattfindet (Schmelzpunkt), während die amorphen Stoffe keinen derart scharfen Umwandlungspunkt aufweisen, weil diese eben niemals ein geordnetes Gitter besaßen. Die amorphen Körper zeigen einen allmählichen Übergang über einen sehr zähen Zwischenzustand bis zu dem einer leicht beweglichen Flüssigkeit (z. B. das Erweichungsgebiet der Gläser, das sich über ein erhebliches Temperaturgebiet erstreckt).

Untersucht man nun ähnlich wie bei den Gasen unter Konstanthaltung der Temperatur die Änderung des Volumens der Festkörper mit dem Druck, so interessiert hier, weil ohnehin praktisch keine großen Volumenänderungen auftreten, der Kompressibilitätskoeffizient χ des Festkörpers

$$\chi = -\frac{1}{V}\left(\frac{\partial V}{\partial p}\right)_T. \tag{77}$$

Es zeigt sich nun einerseits, daß der Kompressibilitätskoeffizient mit steigendem Druck abnimmt, was eben bedeutet, daß die Molekeln sich um so weniger komprimieren lassen, je mehr sie bereits zusammengedrückt sind. Zum andern ist die Kompressibilität jedenfalls bei mäßigen Temperaturen, d. h. im Gebiet des idealen Festkörpers, von der Temperatur weitgehend unabhängig. Der Zahlwert der Kompressibilität liegt in der Größenordnung von 10^{-6} atm^{-1}. Im einzelnen sind die Werte der Kompressibilität naturgemäß von Stoff zu Stoff stark veränderlich, da in ihnen direkt die individuellen zwischenmolekularen Kräfte enthalten sind. Beim idealen Gas ist der Kompressibilitätskoeffizient stets $\chi = 1/p$, also bei normalen Verhältnissen von der Größe 1 atm^{-1}.

Läßt man nun den Druck konstant und variiert die Temperatur, so gelangt man zum Ausdehnungskoeffizienten der Festkörper[1]:

$$\alpha = \frac{1}{V}\left(\frac{\partial V}{\partial T}\right)_p. \tag{78}$$

Die Werte der Ausdehnungskoeffizienten, die für verschiedene Materialien unterschiedlich ausfallen, weil auch hier wieder die individuellen Kraftwirkungen zwischen den Einzelmolekeln eingehen, liegen bei Zimmertemperatur in der Größenordnung von 10^{-5} grad^{-1}, sie sind also etwa 100 mal kleiner als der Ausdehnungskoeffizient der idealen Gase ($\alpha = 1/273{,}15$ bei 0 °C). Der angegebene Ausdehnungskoeffizient bezieht sich auf das Volumen (kubischer Ausdehnungskoeffizient); man kann aber die thermische Ausdehnung ebensogut auf die Länge statt auf das Volumen beziehen. Es ist dann der lineare Ausdehnungskoeffizient durch

$$\alpha_l = \frac{1}{l}\left(\frac{\partial l}{\partial T}\right)_p \tag{78a}$$

zu definieren. Dabei ist dann wegen $V = \text{const} \cdot l^3$ der kubische Ausdehnungskoeffizient 3 mal so groß wie der lineare. Dies gilt jedoch allgemeiner nur für den Durchschnitt der linearen Ausdehnungen in den verschiedenen Richtungen, denn bei Kristallen mit nicht genügend symmetrischen Gitterstrukturen erhält man in den verschiedenen Raumrichtungen zu den Hauptachsen des Gitters unterschiedliche Ausdehnungen; ja es gibt sogar Fälle, in denen in einer Richtung der Ausdehnungskoeffizient so stark negativ ist, daß er sogar im Durchschnitt ebenfalls negativ ausfällt (Silicium, Zinkblende bei tiefen Temperaturen).

Die Ausdehnungskoeffizienten selbst hängen noch von der Temperatur ab, sie verschwinden am abs. Nullpunkt der Temperatur und nehmen zunächst nur langsam mit steigender Temperatur zu, derart, daß die Gesamtausdehnung des Festkörpers (speziell bei Metallen) zwischen $T = 0$ und dem Schmelzpunkt etwa 6 bis 7 % beträgt (Regel von GRÜN-

---

[1] Man definiert α gemäß Gl. (78) oft mit einem Standardvolumen V_0 im Nenner an Stelle des Momentanvolumens V. Solange man mit mäßigen Drucken arbeitet, ist der Unterschied meist belanglos, obwohl man bei genauen Zahlangaben für α natürlich auf die genaue Definition achten muß. Analoges gilt für die Definitionen in Gl. (77) und (78a).

EISEN 1910). In der Nähe des abs. Nullpunktes ist demnach das Volumen des Festkörpers nahezu unabhängig von der Temperatur. Es kann diese Eigenschaft ebenso wie die Temperaturunabhängigkeit der Kompressibilität als Charakteristikum des idealen Festkörpers angesehen werden. Die annähernd konstante Gesamtausdehnung der Metalle zwischen dem abs. Nullpunkt und der Schmelztemperatur T_e, die letzten Endes ein Ausdruck für das Theorem der übereinstimmenden Zustände ist, wobei der Schmelzpunkt als korrespondierende Temperatur fungiert, bringt es mit sich, daß der Ausdehnungskoeffizient um so kleiner ist, je höher die Schmelztemperatur des betreffenden Metalls ist. Der *durchschnittliche* Ausdehnungskoeffizient im Gebiet des festen Zustandes, der ungefähr für den bei Zimmertemperatur beobachtbaren Wert als maßgebend angesehen werden kann, beträgt nach der angegebenen Gesamtausdehnung von 6 bis 7 %

$$\bar{\alpha} \approx 0{,}065/T_e. \tag{79}$$

Man erhält somit für Blei wegen dessen niedriger Schmelztemperatur einen merklich höheren Wert des Ausdehnungskoeffizienten als etwa für Eisen, Platin und Wolfram. Betreffs der Temperaturabhängigkeit der thermischen Ausdehnung sei bereits hier kurz bemerkt, daß der Ausdehnungskoeffizient und die spezifische Wärme der Festkörper einander proportional sind.

§ 25. Das Nullpunktsvolumen der Festkörper

Mit den Erörterungen über den Ausdehnungskoeffizienten und die Kompressibilität der Festkörper ist die phänomenologische Behandlung der thermischen Zustandsgleichung bei diesen im wesentlichen abgeschlossen, da sehr große Volumenänderungen durch Anwendung außerordentlich hoher Drucke praktisch weniger interessieren. An sich wäre noch das formelastische Verhalten der Festkörper von Interesse. Weil die hierher gehörenden Erscheinungen, wie die verschiedenen Dehnungen in den diversen Raumrichtungen des Kristalls, aber ein recht kompliziertes Bild liefern, soll von einer näheren Besprechung dieser Eigenschaften jetzt abgesehen werden.

Wir müssen uns aber noch kurz mit der Frage beschäftigen, wie das Gesamtvolumen — etwa bei $T = 0$ — von der Natur des Stoffes abhängt. Beim idealen Gas erhielten wir, unabhängig von der Natur des Stoffes, das gleiche Molvolumen von 22,4 l bei 0 °C und Atmosphärendruck, während wir jetzt natürlich ein Nullpunkts-Molvolumen erhalten, das allein durch die individuelle Natur der den Festkörper bildenden Molekeln bedingt ist.

Zunächst kann man die Abhängigkeit des Atomvolumens (Volumen je g-Atom) der *Elemente* von ihrer Stellung im periodischen System untersuchen; man erhält dann ebenfalls periodisch veränderliche Atomvolumina, die bei den Alkalien und den Edelgasen relativ hohe Werte besitzen und bei den Schwermetallen sowie den Elementen der Kohlenstoffgruppe extrem niedrige Werte aufweisen.

Bei einer großen Anzahl organischer Verbindungen läßt sich deren Nullpunkts-Molvolumen aus gewissen Anteilen, die man den einzelnen, die Molekeln aufbauenden Atomen zuschreibt, additiv zusammensetzen. Dabei hat man etwa folgende Zahlwerte für die Atomvolumina der Einzelatome in organischen Molekeln zu verwenden:

Tabelle 3. *Volumeninkremente für Atome in organischen Molekeln* (cm^3/mol)

Atom- bzw. Bindungsart	$C_{aliph.}$	$C_{aromat.}$	H	O=	—O—	C=	C≡	CH_2— in Ketten
Atomvolumen bzw. Bindungsinkrement	3,4	5,4	5,8	10,9	3,6	6	12	13,7

Dabei sind für Doppelbindungen, Dreifachbindungen usw. besondere Inkremente zu veranschlagen. So erhält man z. B. für den Äthylalkohol C_2H_5OH den Wert $V_0 = 2 \cdot 3,4 + 6 \cdot 5,8 + 1 \cdot 3,6 = 45,2 \, cm^3$/mol, während experimentell das nur wenig davon abweichende Molvolumen von $44,7 \, cm^3$ gefunden wird.

Für die anorganischen Kristalle am abs. Nullpunkt läßt sich zwar ebenfalls ein ähnliches Schema für die Volumina der einzelnen Ionen angeben, die den Kristall aufbauen, jedoch ist man oftmals gezwungen, dabei für einzelne Ionen mit dem Volumen Null zu rechnen, weil kleine Ionen sich leicht in die Zwischenräume zwischen den größeren einlagern können, also keinen zusätzlichen Raum beanspruchen. Ob dies freilich im Einzelfall zutrifft oder nicht, hängt dabei noch von dem Größenverhältnis der Kationen und Anionen ab. Ebenso kann eine Änderung der Wertigkeitsstufe eines Ions dessen Raumanspruch stark ändern. Diese Umstände bringen es mit sich, daß bei anorganischen Kristallen das Gesetz der einfachen Addition der Atom- oder Ionenvolumina zum Molvolumen des Kristalls längst nicht so weitgehend wie bei den organischen Stoffen erfüllt ist, was letzten Endes daran liegt, daß die anorganischen Verbindungen im Kristall keine derart definierten Molekeln bilden wie die organischen Verbindungen. Es sei darum an dieser Stelle auf die Angabe einzelner Werte für spezielle Ionenvolumina verzichtet.

b) Kinetische Theorie
§ 26. Thermische Ausdehnung der Festkörper

Wenn wir versuchen, die wesentlichen thermischen Eigenschaften der Festkörper zu verstehen, so müssen wir von dem bereits in Abb. 14 wiedergegebenen Potentialverlauf der zwischenmolekularen Kräfte ausgehen, da ja bei den Festkörpern diese Kräfte im Gegensatz zu den Gasen den hauptsächlichen Einfluß auf ihr Verhalten ausmachen. Dabei ist noch zu beachten, daß in Abb. 14 der Potentialverlauf für die Wechselwirkungskräfte *zweier* Molekeln als Funktion des Abstandes angegeben ist, jetzt aber eine Molekel gleichzeitig unter dem Einfluß der Wechselwirkungskräfte mit einer ganzen Nachbarschaft aus *vielen* anderen Molekeln steht. Prinzipiell ändert dieser Umstand jedoch an dem allgemeinen Verlauf des Gesamtpotentials der Wechselwirkungskräfte nichts gegenüber der in Abb. 14 gezeigten Kurve. Die Potentialkurve ist jetzt vielmehr nur so zu verstehen, daß sie die Arbeit bedeutet, die von den äußeren Kräften im Durchschnitt je Molekel geleistet werden muß, um den Abstand der Nachbarmolekeln von unendlich großem Abstand auf den Abstand r zu verringern. Die Potentialkurve hat im *Durchschnitt für eine Molekel* im Festkörper jetzt etwa die 5- bis 8fache Tiefe gegenüber derjenigen für Gase, da eben eine Molekel gleichzeitig mit 10 bis 16 unmittelbaren Nachbarn und Übernachbarn in Wechselwirkung tritt. Bei diesen letzten Zahlen ist berücksichtigt, daß immer zwei Molekeln durch ein molekulares Wechselwirkungspotential verbunden sind, so daß die Wechselwirkung einer Molekel mit ihrer Umgebung nur mit $N_L/2$ zu multiplizieren ist, um die Gesamtwechselwirkung eines *Mols* zu erhalten, bzw. mit $^1/_2$, um die Durchschnittswechselwirkung *einer* Molekel zu bekommen.

Wir haben uns nun nach der klassischen Theorie vorzustellen, daß die Einzelmolekeln bei $T = 0$ in dem gegenseitigen Abstand voneinander, der dem Minimum der Potentialmulde entspricht, ruhen. Mit steigender Temperatur beginnen die Molekeln mit zunehmender Amplitude um ihre Gleichgewichtslage (Potentialminimum) Schwingungen auszuführen. Solange nun die Potentialmulde in der Umgebung des Minimums noch als Parabel angesehen werden kann, d. h., soweit die Amplitude der genannten Schwingungen noch so gering ist, daß die Molekeln dauernd in dem parabelförmigen Teil der Potentialmulde verbleiben, wird der durchschnittliche Abstand zwischen den Nachbarmolekeln der gleiche sein wie bei $T = 0$; es werden zwar einige Molekeln größere Abstände aufweisen, dafür andere aber kleinere, so daß im Mittel eben keine Abstandsvergrößerungen und damit auch keine Ausdehnung des ganzen Festkörpers zustande kommt. Bei höheren Temperaturen, bei denen die thermische Energie des Kristalls schon so groß ist, daß die Molekeln mit weiteren Amplituden schwingen, so daß sie bereits in die Gebiete der Potentialkurve hineingelangen, die nicht mehr als parabelförmig angesehen werden können, wird der Schwingungsmittelpunkt allmählich nach größeren r-Werten hin verschoben, d. h., der durchschnittliche Abstand zwischen den Nachbarmolekeln wird größer, der Festkörper dehnt sich merklich aus. Damit haben wir die Erklärung für die Tatsache, daß der Ausdehnungskoeffizient bei tiefen Temperaturen klein ist und bei $T = 0$ verschwindet, während er nach hohen Temperaturen zu merklich anwächst.

Weiterhin erscheint es nach unserer eben entwickelten Vorstellung durchaus plausibel, daß die Größe der Ausdehnung mit dem Energieinhalt zusammenhängt, oder der thermische Ausdehnungskoeffizient zur spezifischen Wärme proportional ist, mit dieser also den gleichen Temperaturverlauf aufweist. Die genaue theoretische und quantitative Deutung dieses Zusammenhangs kann hier jedoch nicht gegeben werden. Es sei lediglich vermerkt, daß bei nicht zu hohen Temperaturen für die dimensionslose Konstante

$$\gamma \equiv \frac{\alpha V}{\chi C_v}, \tag{80}$$

wo C_v die sog. Molwärme ist, ein temperaturunabhängiger Wert erhalten wird, der bei den meisten Metallen zwischen 1 und 2 gelegen ist (sog. Grüneisensche Konstante). Daß sich die Metalle bis zum Schmelzpunkt sämtlich um etwa 6 bis 7%, von $T = 0$ an gerechnet, ausdehnen, liegt, wie oben schon angedeutet wurde, daran, daß sie ungefähr die gleiche Form der Potentialkurve aufweisen, und daß der Punkt auf der Potentialkurve, den die Metallatome bei ihren Schwingungen am Schmelzpunkt erreichen, relativ zum Potentialminimum bei allen Metallen etwa die gleiche Lage besitzt.

§ 27. Kompressibilität und Schwingungsfrequenz der Atome bzw. Molekeln der Festkörper

Die Kompressibilität der Festkörper ergibt sich aus der Größe der Direktionskraft, die bestrebt ist, die Molekeln bei einer Verzerrung aus der Gleichgewichtslage wieder in diese zurückzutreiben. Diese Kraft wird durch die Krümmung der Potentialkurve (Abb. 14) im Potentialminimum dargestellt, denn die Potentialkurve selbst gibt ja die Arbeit an, die zur Heranführung der Molekeln aus unendlicher Entfernung bis zum Abstand r erforderlich ist. Im einzelnen gestaltet sich die Überlegung wie folgt:

Der negative Differentialquotient von E_p stellt die Kraft dar, welche die Molekeln in ihre Ruhelage zurücktreibt. Wenn man die zurücktreibende Kraft in der Nähe des Minimums auf die Form $K = -D(r - r_{gl.})$ bringt, wo $r_{gl.}$ den Gleichgewichtsabstand im Potentialminimum bedeutet und D die eben erwähnte Direktionskraft ist, so erhält man D durch abermalige Differentiation nach r und Umkehrung des Vorzeichens, so daß also insgesamt eine zweimalige Differentiation der Potentialkurve nach r die Konstante D liefert.

Es ist nun die Arbeit, die bei der Kompression eines Kristalls von verschwindenden Drucken bis zum Druck p bei tiefen Temperaturen geleistet wird, durch das Integral

$$A = -\int p \cdot dV = \chi_0 V_0 \int_0^p p \cdot dp = \frac{1}{2} \chi_0 V_0 p^2$$

$$= \frac{1}{2} \frac{V_0}{\chi_0} \left(\frac{\Delta V}{V_0}\right)^2 = \frac{9 V_0}{2 \chi_0} \left(\frac{r - r_{gl.}}{r_{gl.}}\right)^2 \qquad (81)$$

gegeben. Hierbei kann $N_L \cdot r^3 = \beta \cdot V \left(\text{also } 3 \frac{\Delta r}{r} = \frac{\Delta V}{V}\right)$ gesetzt werden, wo β von der Größenordnung 1 ist und im Einzelfalle von der Gitterstruktur des Kristalls abhängt. Zum anderen gilt für diese Arbeit

$$E_{pot.} = A = \tfrac{1}{2} N_L D (r - r_{gl.})^2. \qquad (81\,a)$$

Der Vergleich der beiden letzten Gleichungen liefert:

$$D = \frac{1}{N_L} \frac{9 V_0}{\chi_0 \cdot r_{gl.}^2} = \frac{9 V_0^{\frac{1}{3}} N_L^{-\frac{1}{3}}}{\beta^{\frac{2}{3}} \chi_0}. \qquad (82)$$

Speziell bei kubisch flächenzentrierten Gittern gilt:

$$\frac{d^2 E_p}{d r^2} = D = \frac{9}{2^{\frac{1}{3}}} \cdot \frac{N_L^{-\frac{1}{3}} V_0^{\frac{1}{3}}}{\chi_0}, \qquad (82\,\mathrm{a})$$

weil hier, wie beiläufig erwähnt sei, $\beta = \sqrt{2}$ gesetzt werden muß. In den Gln. (81) bis (82a) ist V_0 das Volumen bei $T = 0$ und χ_0 die Kompressibilität am abs. Nullpunkt der Temperatur. Damit ist einerseits das Volumen bei $T = 0$ aus $r_{\mathrm{gl.}}$, dem Minimum der Potentialkurve, und zum andern die Kompressibilität bei $T = 0$ berechenbar, sofern die zwischenmolekularen Kräfte, d. h. das Bild der Potentialkurve, bekannt ist. Maßgebend für die Kompressibilität bei höheren Temperaturen ist jetzt die Direktionskraft in der Entfernung des Schwingungsmittelpunktes. Da dieser nun nach den Überlegungen in § 26 seine Lage bei tiefen Temperaturen zunächst praktisch nicht ändert, ist die Kompressibilität bei tiefen Temperaturen in erster Näherung von der Temperatur unabhängig. Erst bei höheren Temperaturen beginnt die Kompressibilität merklich zuzunehmen. Weil nämlich bei größeren Abständen die zwischenmolekularen Kraftwirkungen kleiner werden und damit für eine Volumenänderung geringere äußere Kraftwirkungen (Drucke) erforderlich werden, ist der Festkörper dann leichter komprimierbar, was formal durch größere χ-Werte beschrieben wird. Die folgende Zusammenstellung, welche die Abhängigkeit der Kompressibilität von der Temperatur beim Kupfer wiedergibt, läßt die Größenordnung der beobachtbaren Effekte erkennen.

Tabelle 4. *Temperaturabhängigkeit der Kompressibilität des Kupfers*

$T\,^\circ\mathrm{K}$	0°	83°	291°	405°	438°
$\chi \cdot 10^6\ (\mathrm{atm}^{-1})$	0,71	0,718	0,773	0,815	0,828

Die Gl. (82) gestattet sogleich die Frequenz abzuschätzen, mit der die Gittermolekeln um ihre Gleichgewichtslage schwingen. Wir benötigen dazu lediglich noch die klassische Pendelgleichung für die Frequenz eines schwingenden Oszillators $v = \frac{1}{2\pi} \sqrt{\frac{D'}{m}}$, wo D' die Direktionskraft und m die schwingende Masse darstellt. Wir haben hier die Direktionskraft mit D' bezeichnet, weil die hier zu verwendende Größe nicht genau mit der obigen Größe D identisch ist, die nur dann Bedeutung hat, wenn sämtliche Gitterabstände im gleichen Sinne geändert werden, während es jetzt auf eine Direktionskraft ankommt, bei der einige Gitterabstände vergrößert, andere aber verkleinert werden. Die Größenordnung von D und D' ist natürlich die gleiche. Wenn wir, wie es häufig geschieht, für gewisse *normale* Kristalltypen $D' = \frac{2}{3}D$ setzen — auf eine nähere Begründung, die auch noch den Unterschied zwischen reduzierter Masse und Gesamtmasse berücksichtigen muß, sei hier verzichtet —, so resultiert mit $m = M/N_L$ und $V_0 = M/\varrho_0$ ($M = $ Molmasse, ϱ_0 = Dichte bei $T = 0$) schließlich für ν die Gleichung:

$$\nu = \frac{1}{2\pi} \sqrt{\frac{6}{2^{\frac{1}{3}}} \cdot \frac{N_L^{\frac{1}{3}}}{\varrho_0^{\frac{1}{6}} M^{\frac{1}{3}} \chi_0^{\frac{1}{2}}}} = \frac{3{,}03 \cdot 10^7}{\varrho_0^{\frac{1}{6}} M^{\frac{1}{3}} \chi_0^{\frac{1}{2}}}, \tag{83}$$

wobei wir uns auf ein kubisch flächenzentriertes Gitter beschränkten $(\beta = \sqrt{2})$. Diese auf E. MADELUNG und A. EINSTEIN zurückgehende Gleichung liefert mit $\chi_0 \approx 10^{\,0}$ rez. Atm. oder 10^{-12} abs. Einheiten die Größenordnung von 10^{13} Schwingungen je Sekunde. An einer späteren Stelle werden wir von diesem Resultat Gebrauch machen. Es sei nur noch besonders darauf hingewiesen, daß der numerische Zahlwert im Zähler von Gl. (83) vom Gittertyp abhängt und gelegentlich wegen der Variation von β durch etwas andere Werte ersetzt werden muß, die man übrigens zweckmäßig durch eine passende Eichung festlegen kann, worauf später noch eingegangen werden muß.

§ 28. Der Schmelzprozeß und der Übergang zur Flüssigkeit

Zum Schlusse der kinetischen Betrachtungen wollen wir uns kurz mit dem Übergang vom festen zum flüssigen Zustande befassen (Schmelzprozeß), der dem Übergang Flüssigkeit—Dampf, der oben bei der van der Waalsschen Theorie seine Behandlung fand, in gewisser Weise analog ist. Der ideale Festkörper besitzt die in der Abb. 17a schematisierte

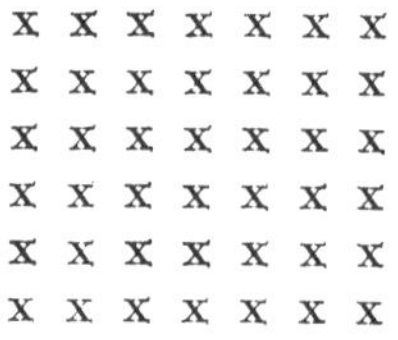

<pre>
X X X X X X X   X X X X X X X

X X X X X X X   X   X X X X X

X X X X X X X   X X X X X X X
                                              X
X X X X X X X   X X X X X X X
                                     X
X X X X X X X   X X X X   X X

X X X X X X X   X X X X X X X
</pre>

Abb. 17a. Ideale Fernordnung des idealen   Abb. 17b. Gestörte Fernordnung
        Festkörpers

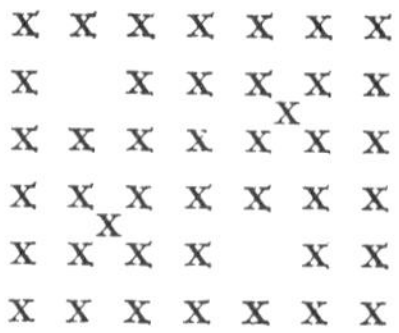

ideale Fernordnung. Mit steigender Temperatur wächst aber die Zahl der Fehlstellen im Gitter (Abb. 17b), d. h., einige Molekelschwerpunkte wandern von ihren normalen Gitterplätzen ab und setzen sich an den Rand des Kristalls oder wandern auf zwischen den eigentlichen Gitterplätzen gelegene „Zwischengitterplätze", wobei sie an ihrer ursprünglichen Stelle eine Leerstelle frei lassen. Damit wird naturgemäß die Platzbeanspruchung im fehlgeordneten Kristall eine größere sein als im ideal geordneten Kristall.

Wenn wir nun bei vorgegebenem T eine $(p-V)$-Isotherme des Festkörpers untersuchen, so ist naturgemäß noch zu beachten, daß mit steigendem Volumen die Fehlordnung auch ohne Temperaturzunahme größer werden wird. Eine qualitative (und auch quantitative) Erfassung der Isothermen gelingt am einfachsten, wenn wir zunächst einmal die Gestalt der Isothermen betrachten, die bei künstlicher Aufrechterhaltung der totalen Gitterordnung erhalten würde. Man bekäme dann offenbar das in Abb. 18a wiedergegebene Bild einer Isotherme, die eigentlich nur die Abnahme der zwischenmolekularen Kräfte mit steigendem Abstand zwischen den Nachbarmolekeln widerspiegelt. Der Druck verschwindet bei einem bestimmten Volumen, an dem die geordneten Gitterteilchen ihren zur jeweiligen Temperatur gehörenden Gleichgewichtsabstand einnehmen. Um kleinere Volumina zu erhalten, muß in stets steigendem Maße der äußere Druck erhöht werden, während zur Erzielung größerer Volumina ein Zug (negativer Druck) auf den Kristall ausgeübt werden muß.

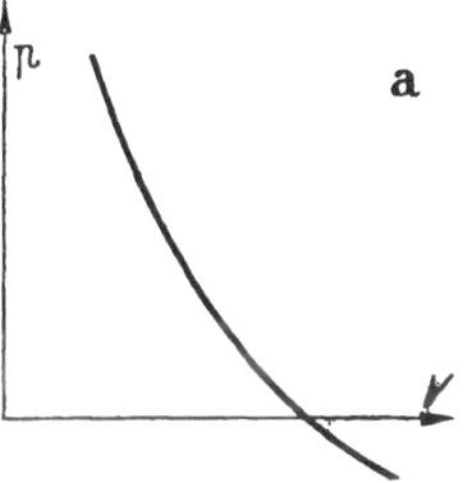

Abb. 18a
$(p - V)$-Isotherme des Festkörpers bei Beibehaltung der Ordnung

Wegen der Zunahme des Fehlordnungsgrades mit steigendem Volumen bei gleicher Temperatur und der mit steigender Fehlordnung verbundenen höheren Raumbeanspruchung müssen wir dem in Abb. 18a gezeigten Druck noch einen zusätzlichen *Desorientierungsdruck* überlagern, dessen Verlauf mit wachsendem Volumen in Abb. 18b gezeigt ist. Der Desorientierungsdruck ist bei kleinem Volumen noch gering, obwohl der durch *eine einzelne* fehlgeordnete Molekel bewirkte zusätzliche Druck bei kleinem Gesamtvolumen beträchtlicher als bei großem Gesamtvolumen ist, denn es sind bei kleinem Molvolumen noch viel zu wenige Partikeln fehlgeordnet. Mit weiter wachsendem Volumen steigt der Fehlordnungsgrad und der Desorientierungsdruck stark an, bis schließlich etwa 50% der Teilchen fehlgeordnet sind und der Rest auf den alten Gitterplätzen verblieben ist. Eine weitere Steigerung des Fehlordnungsgrades ist nun nicht mehr möglich, da beim Abwandern sämtlicher Molekeln auf Zwischengitterplätze gleichfalls wieder eine Ordnung erzielt wird. Wenn einmal dieser maximal mögliche Fehlordnungsgrad erreicht ist, so nimmt bei weiterwachsendem

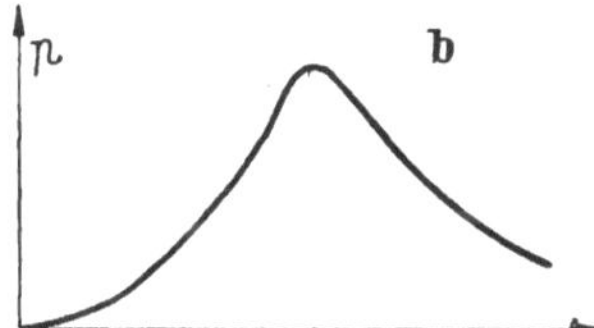

Abb. 18b
Desorientierungsanteil der $(p - V)$-Isotherme des Festkörpers

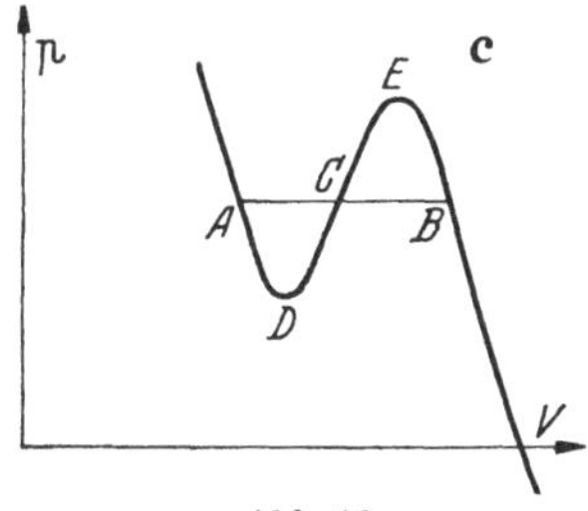

Abb. 18c
Aus Abb. 18a und b resultierende $(p - V)$-Isotherme des Festkörpers

Volumen der Desorientierungsdruck wieder ab, weil mit zunehmendem Molekularabstand die zwischenmolekularen Kraftwirkungen geringer werden. Schließlich sinkt bei sehr großem Volumen, bei dem man sich den Verhältnissen im Gaszustande nähert, in dem gleichfalls totale Unordnung herrscht, der Desorientierungsdruck auf den Wert Null ab.

Die tatsächliche Isotherme des kondensierten Körpers wird nun durch Überlagerung der in Abb. 18a und 18b gezeigten Isothermen erhalten, womit man dann zu der in Abb. 18c dargestellten Form der $(p - V)$-Isothermen gelangt. Diese Form ist im großen ganzen die gleiche wie die der van der Waalsschen Isothermen unterhalb der kritischen Temperatur. Aus dem gleichen Grunde wie dort ist das Mittelstück der Isothermen, auf dem die Kompressibilität negativ sein würde, nicht realisierbar, und es setzt sich ein Kondensat mit kleinem Volumen und hohem Ordnungsgrad (Punkt A der Abb. 18c) mit einem solchen größeren Volumens und totaler Unordnung ins Gleichgewicht (Punkt B der Abb. 18c). Der Gleichgewichtsdruck ist wieder so bestimmt, daß die Fläche $ADCA$ ebensogroß ist wie die Fläche $CEBC$. Das weitgehend geordnete Kondensat ist dabei der Festkörper oder Kristall, das fehlgeordnete Kondensat die Flüssigkeit. Wenn jetzt die Temperatur noch so gewählt ist, daß der Gleichgewichtsdruck gleich einer Atmosphäre wird, so haben wir den normalen Schmelzpunkt und den normalen, bei konstanter Temperatur erfolgenden Schmelzprozeß vor uns.

Aus unserer Überlegung erklärt sich weiterhin die Verschiebung des Schmelzpunktes mit variierendem Druck. Da diese Erscheinung aber später noch eingehender besprochen wird, sei jetzt von einer weiteren Erörterung derselben abgesehen. Es genügt, die Existenz eines scharfen Schmelzpunktes und das Vorkommen zweier kondensierter Phasen, der Kristall- und Flüssigkeitsphase, atomistisch erklärt zu haben.

Es sei kurz erwähnt, daß auch eine Reihe anderer Phasenumwandlungen vom Standpunkt des Übergangs Ordnung $\rightleftarrows$ Unordnung verstanden werden können.

II. Energieinhalt der Materie

A. Allgemeines zum Äquivalenzprinzip und ersten Hauptsatz

§ 29. Wärmezustand und Wärmemenge

1. Im Rahmen der Betrachtungen des vorigen Kapitels wurde dauernd von höheren und tieferen Temperaturen gesprochen, wir müssen daher jetzt noch die zur Temperaturänderung erforderlichen Wärmeumsätze näher kennenlernen.

Es zeigt sich, daß zur Änderung des durch die Temperatur gemessenen *Wärmezustandes* bei verschiedenen Körpern recht unterschiedliche *Wärmemengen* benötigt werden. Dabei mag noch, bevor wir eine genauere Definition der Wärmemenge vornehmen, die besondere experimentell fundierte Tatsache hervorgehoben werden, daß verschiedene Körper, die ursprünglich Temperaturunterschiede aufweisen, wenn sie in *wärmeleitende* Verbindung gebracht werden, so lange Wärme miteinander austauschen, bis sie sämtlich die gleiche Temperatur angenommen haben (gelegentlich als nullter Hauptsatz der Thermodynamik bezeichnet).

Den eben genannten Wärmeaustauschprozeß stellt man sich, wie die Ausdrucksweise schon erkennen läßt, so vor, daß der oder die wärmeren Körper an die kälteren ein zunächst nicht näher zu erfassendes *Etwas* abgeben, das als Wärmemenge bezeichnet wird. Die kälteren Körper sollen dabei insgesamt die gleiche Wärmemenge aufnehmen, welche die wärmeren Körper abgegeben haben. Die Wärmemenge wird dabei als unzerstörbar angesehen, für sie wird also ein Erhaltungsgesetz angenommen, das sich jedoch ausdrücklich auf calorische Austauschversuche der eben beschriebenen Art beschränkt. Der Wahrheitsgehalt dieses calorischen Erhaltungssatzes wird dadurch bestätigt, daß man bei seiner Anwendung nie auf Widersprüche gestoßen ist.

Es bilden Temperatur und Wärmemenge ebenso wie Druck und Volumen Beispiele für Intensitäts- und Quantitätsgrößen der Physik. Ein Körper, dessen Temperatur einen gegebenen Wert hat, besitzt unabhängig von seiner Größe eine bestimmte Intensität eines Zustandes, nämlich des Wärmezustandes, während zu seiner Erwärmung offensichtlich je nach seiner Größe mehr oder weniger große Wärmemengen erforderlich sind. Deshalb bezeichnet man die Wärmemenge als Quantitätsgröße, die Temperatur als Intensitätsgröße.

Die Verhältnisse bei dem calorischen Austauschprozeß sind vergleichbar mit denen, die man beim Druck- bzw. Höhenausgleich in kommunizierenden Röhren beobachtet. Läßt man eine Flüssigkeit in einem engen und einem weiten Rohr in Ausgleich treten, so strömt eine gewisse Flüssigkeitsmenge aus dem einen Rohr heraus, die gleiche Menge strömt in das andere hinein. Der Ausgleich ist dann beendet, wenn sich in beiden Röhren die gleiche Flüssigkeitshöhe eingestellt hat, was der gleichen Temperatur beim calorischen Versuch entspricht. Der Höhenabnahme in einem Rohr entspricht die Höhenzunahme im anderen Rohr, die durch die nämliche Flüssigkeitsmenge bewirkt wird. Der Querschnitt der verschiedenen Rohre ist dabei maßgebend für das Fassungsvermögen oder die Kapazität der Rohre je Zentimeter Höhenanstieg oder Abnahme des Flüssigkeitsmeniscus.

Bei dem entsprechenden calorischen Experiment bringt man zwei auf verschiedener Temperatur befindliche Stoffe miteinander in wärmeausgleichende Verbindung, wobei sich eine Temperaturerhöhung ΔT_1 des ursprünglich kälteren und eine Temperaturerniedrigung ΔT_2 des ursprünglich wärmeren Körpers ergibt, woraus man schließt, daß sich die durchschnittlichen *Wärmekapazitäten* der Körper 1 und 2 verhalten wie

$$\Delta T_2 / \Delta T_1 .$$

Handelt es sich um relativ kleine Temperaturänderungen bei dem Experiment, so hat man in diesem Verhältnis der durchschnittlichen Wärmekapazitäten sogleich das Verhältnis der Wärmekapazitäten der beiden Stoffe bei der jeweiligen Mitteltemperatur vor sich Es bietet also die auf dem genannten Erhaltungssatz basierende calorische Methode die Möglichkeit, Wärmekapazitäten verschiedener Körper relativ aufeinander zu beziehen Die genaue experimentelle Durchführung der Versuche geschieht mit Hilfe eines sog. Mischungscalorimeters, in dem normalerweise Wasser als Bezugssubstanz gewählt wird und dessen technische Ausführung im wesentlichen auf eine Verminderung der äußeren Wärmeverluste abzielt, worauf hier nicht besonders eingegangen werden soll.

Weil nun die calorischen Experimente zeigen, daß die Wärmekapazität eines Körpers seiner Masse proportional ist, erscheint es zweckmäßig, die Wärmekapazität eines Stoffes auf die Masseneinheit zu beziehen; sie wird dann als *spezifische Wärme* bezeichnet. Indem man die spezifische Wärme des Wassers als Bezugskörper willkürlich als 1 cal/grad · gramm bezeichnet, erhält man gleichzeitig eine genaue Skala der spezifischen Wärmen und eine Einheit der Wärmemenge, die Calorie; es ist dies diejenige Wärmemenge, die zur Erwärmung eines Gramms Wassers um 1 °C benötigt wird. Weil aber genaue Versuche zeigen, daß die spezifische Wärme des Wassers noch von der Temperatur abhängig ist, muß man zur genaueren Definition noch hinzufügen, daß das Wasser von 14,5 auf 15,5 °C erwärmt werden soll. Diese Definition liegt der sog. 15°-Calorie zugrunde. Den 1000fachen Betrag dieser Grammcalorie pflegt man als Kilocalorie (kcal) oder große Calorie zu bezeichnen.

Für viele physikalisch-chemische Untersuchungen ist die auf 1 Mol oder auf 1 Grammatom bezogene Wärmekapazität von größerer Bedeutung als die spezifische Wärme. Mit dieser *Molwärme* oder *Atomwärme*, die sich durch Multiplikation der spezifischen Wärme mit der Mol- bzw. Atommasse ergibt, werden wir später meist rechnen.

Formelmäßig haben wir zwischen der Wärmemenge Q, die ein Körper im Laufe seiner Erwärmung aufnimmt, und seiner Wärmekapazität C den Zusammenhang

$$C = dQ/dT. \tag{1}$$

Bezieht man hier Q auf 1 Mol Substanz, so erhält man durch diese Differentiation nach T sofort die Molwärme, denn nach ihrer Definition ist sie diejenige Wärmemenge, die man zur Erwärmung eines Mols je Grad Temperaturerhöhung benötigt, also gleich $\Delta Q/\Delta T$, was in der Grenze für kleine ΔT zum Differentialquotienten nach der Temperatur führt. Der Differentialquotient selbst stellt die wahre Molwärme bei der gerade betrachteten Temperatur dar, während der Differenzenquotient $\Delta Q/\Delta T$ bei größerem ΔT die sog. mittlere Molwärme zwischen den das Intervall ΔT begrenzenden Temperaturen angibt.

§ 30. Reaktionswärmen

Eine Wärmezufuhr muß sich nicht unbedingt in einer Erhöhung der Temperatur äußern, sie kann in vielen Fällen bei konstanter Temperatur eine stoffliche Veränderung bewirken, etwa derart, daß eine gewisse Menge ursprünglich vorhandenen Eises aufschmilzt, oder daß eine Wassermenge verdampft. Diejenige Wärmemenge, die hier zum Schmelzen oder Verdampfen eines Mols bei gleichbleibender Temperatur zugeführt werden muß, nennt man die molare Schmelz- oder Verdampfungswärme des betreffenden Stoffes. Da sie nicht so offensichtlich in

Erscheinung tritt, wird eine derartige Wärme auch als *latente* Wärme bezeichnet.

Ganz ähnlich ist es beim Ablauf einer normalen chemischen Reaktion. Betrachten wir etwa die Bildung von Ammoniakgas aus den Elementen Stickstoff und Wasserstoff, so wird bei Bildung eines Mols Ammoniak bei konstanter Temperatur eine Wärmemenge von etwa $9\frac{1}{2}$ kcal nach außen abgegeben, die als *Wärmetönung* der Reaktion $\frac{3}{2}H_2 + \frac{1}{2}N_2 = NH_3$ bezeichnet wird.

Um die Ähnlichkeit dieser beiden Fälle deutlicher zu machen, kann man z. B. die Verdampfung bzw. Kondensation ebenfalls als Reaktion schreiben:

$$(H_2O)_{\text{Dampf}} \to (H_2O)_{\text{fl.}} .$$

Bei dieser Richtung des Prozesses wird die vorhin erwähnte Verdampfungswärme gleichfalls nach außen als sog. Kondensationswärme abgegeben; sie stellt die Wärmetönung dieser Reaktion dar.

Vom calorischen und überhaupt thermodynamischen Standpunkt stellt die Verdampfung bzw. Kondensation ebenso eine Reaktion dar wie ein im gewöhnlichen Sinne als chemische Reaktion bezeichneter Vorgang. Diese prinzipielle Analogie oder Gleichheit der Vorgänge kann man sich nicht früh genug verdeutlichen. Die Beachtung dieser Tatsache erleichtert das Verständnis für viele physiko-chemische Einzelheiten. Für die Wärmetönung W gilt generell die Beziehung:

$$W = -\frac{dQ}{dn}, \tag{2}$$

wo n die Zahl der gebildeten Mole des Endproduktes (Ammoniakgas, flüssiges Wasser usw.) bezeichnet und Q die dem reagierenden System insgesamt zugeführte Wärmemenge ist.

§ 31. Äquivalenz von Arbeit und Wärme

Es gibt neben diesen stofflichen Umsetzungen auch Arbeitsumsätze, die bei Wärmezufuhr zu beobachten sind. So erhält man z. B. bei Wärmezufuhr oft nur eine Ausdehnung eines Gases ohne Temperaturänderung. Unterbleibt die Wärmezufuhr, so beobachtet man bei der Ausdehnung eine Abkühlung des Gases. Bei einer Kompression des Gases ist der Vorgang umgekehrt; ohne Wärmeaustausch mit der Umgebung erwärmt es sich beim Komprimieren, oder man muß, um das Gas isotherm zu halten, eine entsprechende Wärmemenge nach außen abführen. Die bei der Kompression abgeleitete Wärme ist dabei gleich der bei der entsprechenden Dilatation zuzuführenden Wärmemenge.

Die Arbeitsumsätze, die bei diesen Prozessen auftreten, lassen sich leicht durch die dabei auftretenden Volumenänderungen ausdrücken. Da Arbeit = Kraft · Weg und Druck = Kraft/Fläche, gilt bei differentieller Ausdehnung für die von dem System geleistete Arbeit:

$$\text{gel. Arbeit} = K \cdot ds = \frac{K}{F} \cdot F \cdot ds = p \cdot dV, \tag{2a}$$

denn $F \cdot ds$ ist das von dem System bei der Ausdehnung überstrichene differentielle Volumen dV.

Das oben beschriebene Verhalten zusammen mit dem Umstand, daß überhaupt immer dort, wo Arbeit geleistet wird, ein entsprechender Wärmeeffekt auftritt, legte die Vermutung nahe, daß Arbeit und Wärme sich ineinander umwandeln lassen, d.h. daß beide Größen miteinander äquivalent sind. Zahlreiche Experimente haben nun gezeigt, daß tatsächlich eine *Äquivalenz* vorliegt, insofern immer die gleiche Wärmemenge zur Erzeugung derselben Arbeit verbraucht wird. Die Versuche, die zuerst von J.P. JOULE (1843) präziser ausgeführt wurden, nachdem das Äquivalenzprinzip von R.MAYER (1842) — wenn auch nicht in sehr klarer Form — ausgesprochen worden war, liefern den (heute gültigen) Äquivalenzwert:

$$1 \text{ cal} = 4{,}1854 \cdot 10^7 \text{ erg } (= 4{,}1854 \text{ J [absolute Joule]}). \qquad (3)$$

Es galt natürlich zu zeigen, daß diese Äquivalenz nicht nur bei Wärmeeffekten zutrifft, die sich in einer Temperaturänderung zeigen, sondern ebenso bei Effekten, die bei chemischen oder sonstigen Wärmetönungen in Erscheinung treten. Anstatt hier nun eine Unzahl von einzelnen Experimenten anzustellen, welche die Äquivalenz der verschiedenen „Wärmen" mit der gleichen Arbeit dartun sollen, genügt es offenbar, sich auf die fehlgeschlagenen Versuche zu beziehen, ein sog. „Perpetuum mobile" (erster Art) zu konstruieren. Man versteht darunter einen Apparat, der Arbeit zu leisten vermag, ohne daß diesem von außen Wärme, Brennstoff od. dgl. zugeführt werden muß. Auf die Konstruktion eines derartigen Apparates hat man in früheren Jahrhunderten viele Mühe verwandt. Der genannte Fehlschlag kann demnach eigentlich nur darin bestehen, daß ein allgemeines Naturgesetz die Konstruktion eines solchen Apparates verbietet.

Das Naturgesetz selbst muß mit dem erwähnten Äquivalenzgesetz wesentlich zur Deckung kommen. Es ist nun zweckmäßig, diese Äquivalenz nicht nur auf die von Wärme und Arbeit zu beschränken, sondern die Äquivalenz wesentlich zu verallgemeinern; deshalb spricht man besser von einem allgemeinen Energieerhaltungssatz. Dies bedeutet, daß man die Energie E selbst als unzerstörbar ansieht, daß sie jedoch in verschiedenen Formen in Erscheinung treten kann, wie z. B. in Gestalt der Wärme, der Energie eines elektrischen oder magnetischen Feldes, der chemischen Energie, der Lichtenergie, der mechanischen Energie usw. Diese Formen sind zwar ineinander umwandelbar nach bestimmten Äquivalenzbeträgen, aber es kann niemals eine Energieart erzeugt oder vernichtet werden, ohne daß eine oder mehrere andere Energieformen in insgesamt äquivalenter Menge aufgebraucht oder erzeugt werden. Der Energiesatz besagt also, daß die Summe der Änderungen der Einzelenergien in einem nach außen abgeschlossenen System verschwindet,

$$\sum \Delta E_1 + \Delta E_2 + \cdots + \Delta E_n = 0, \qquad (4)$$

oder andernfalls — bei einem nicht abgeschlossenen System — daß die gesamte Energieänderung des Systems gleich der Energiezufuhr ΔE von außen plus der von außen am System geleisteten Arbeit $\varDelta A$ ist (sofern man diese Arbeitsleistung gesondert aufführt):

$$\varDelta E_1 + \varDelta E_2 + \cdots + \varDelta E_n = \varDelta E + \varDelta A. \tag{4a}$$

Bei den physikalisch-chemisch interessierenden Systemen pflegt man die thermischen Energien, die sich aus der chemischen Energie (Wärmetönung), den Verdampfungswärmen und Umwandlungswärmen (bei Phasenumwandlungen) sowie der normalen Wärmebewegung zusammensetzen, in *eine* Größe, die sog. *innere Energie U* zusammenzufassen. Dann erhält Gl. (4a) folgende Gestalt, wenn man bei der von außen zugeleiteten Energie in erster Linie an zugeleitete Wärme $\varDelta Q$ denkt:

$$\varDelta U - \varDelta A = \varDelta Q. \tag{4b}$$

Hier pflegt man oft an Stelle der von außen zugeführten Arbeit $\varDelta A$ mit der Arbeit $\varDelta A$ zu rechnen, die das System selbst leistet $(= -\varDelta A)$ und nach außen abgibt; dann erhalten wir als Fassung des Energiesatzes

$$\varDelta U + \varDelta A = \varDelta Q. \tag{4c}$$

§ 32. Die innere Energie und der erste Hauptsatz der Thermodynamik

Die innere Energie U in Gl. (4b) ist eine bloße Funktion der Zustandsgrößen $(T, V$ usw.$)$, die den Zustand des gerade betrachteten Systems kennzeichnen, wie aus folgender Betrachtung hervorgeht:

Wir denken uns den Zustand des Systems auf irgendeinem Weg vom Ausgangszustand ausgehend in einen Endzustand geändert, wobei eventuell Arbeit nach außen geleistet und Wärme nach außen abgegeben wird; anschließend bringen wir unser System von dem erwähnten Endzustand auf irgendeinem anderen Wege (der also andere Zwischenzustände als der erste durchläuft) in den Anfangszustand zurück. Hierbei muß nun die insgesamt durch Wärmezufuhr und Arbeitsleistung von außen dem System zugeleitete Energie dessen innere Energie wieder auf den ursprünglichen Wert bringen. Andernfalls könnte man mit Hilfe dieses sog. Kreisprozesses des Systems ein Perpetuum mobile konstruieren, insofern nämlich, weil ohne Änderung des Zustandes unseres Systems im Außenraum irgendwelche energetischen Wirkungen (Erwärmung, Arbeitsleistung) übriggeblieben sind, die nicht auf Kosten eines im System enthaltenen Betriebsstoffs erzielt wurden.[1] Weil aber die Verwirklichung eines Perpetuum mobile unmöglich ist, so muß beim Durchlaufen eines beliebigen Kreisprozesses die innere Energie eines Systems in ihrem Anfangszustand wieder angekommen sein. Die Summe der einzelnen Änderungen der inneren Energie des Systems muß also bei dem gesamten Kreisprozeß verschwinden:

$$\sum \varDelta U = 0. \tag{5}$$

---

[1] Ist die energetische Wirkung im Außenraum negativ (negative Arbeitsleistung usw.), so braucht man den Kreisprozeß nur im umgekehrten Sinne ablaufen zu lassen, um positive Wirkungen zu erzielen. Im Falle der Irreversibilität (s. S. 139f.) der ersten Änderung muß man zum Außenraum noch gewisse Vorkehrungen (Maschinen) dazurechnen, welche eine Umkehr möglich machen (s. S. 145).

Es besagt diese Beziehung, daß die innere Energie unabhängig davon ist, auf welchem Wege das System in einen gegebenen Zustand gelangt ist, es ist also U eine Funktion der jeweiligen, den Zustand des Systems beschreibenden Variablen. Später werden wir noch sehen, daß es i. allg. *zweckmäßig* ist, U als Funktion des Volumens, der Temperatur usw., aber nicht als Funktion des Druckes, der Temperatur usw. zu betrachten, obwohl natürlich, da p, V und T durch die thermische Zustandsgleichung zusammenhängen, ebensogut an Stelle von V der Druck als Zustandsvariable genommen werden könnte.

Der durch Gl. (5) ausgedrückte Sachverhalt, der ja experimentell direkt auf der Unmöglichkeit der Konstruktion eines Perpetuum mobile (erster Art) beruht, wird als spezielle Formulierung des *ersten Hauptsatzes der Thermodynamik* bezeichnet. Meist benutzt man den ersten Hauptsatz in Form der Gl. (4c), wobei eben U als Funktion der Zustandsvariablen anzusehen ist. Es sei gleich hier bemerkt, daß die Arbeit und die Wärmezufuhr einzeln bei einem Kreisprozeß nicht verschwinden müssen, es gilt vielmehr i. allg.:

$$\sum \Delta Q \neq 0 \quad \text{und} \quad \sum \Delta A \neq 0. \tag{6}$$

Nur die Differenz der beiden Größen ΔQ und ΔA, eben die Größe ΔU, verschwindet stets beim Aufsummieren über den gesamten Kreisprozeß. Daß die Arbeitsleistung $\sum \Delta A$ beim Kreisprozeß nicht verschwindet, erkennt man schon daran, daß alle Arbeit leistenden Maschinen periodisch funktionierende Maschinen sind, bei denen die Maschine einen Kreisprozeß durchläuft, insgesamt also Arbeit leistet (Benzinmotor, Dampfmaschine usw.). Später werden wir uns im Rahmen der Betrachtungen zum zweiten Hauptsatz der Thermodynamik mit der Gl. (6) eingehender befassen müssen, um zu sehen, wie groß im Einzelfalle $\sum \Delta Q$ beim Kreisprozeß ist usw.

Aus Gl. (6) entnehmen wir, daß Wärme und Arbeitsleistung nicht unabhängig vom Wege sind, auf dem der Kreisprozeß durchlaufen wird oder auf dem man das System von einem Zustand in einen anderen überführt. Mithin ist die Wärme und die Arbeit keine Funktion der Zustandsvariablen wie die innere Energie. Aus diesem Grunde pflegt man die Gl. (4c) meist in der Form zu schreiben:

$$dU + \delta A = \delta Q, \tag{7}$$

um durch die verschiedene Schreibweise der Differentiale anzudeuten, daß δA und δQ im Gegensatz zu dU keine vollständigen Differentiale sind.

Man kann bei der inneren Energie nach den Grundregeln der Differentialrechnung für Funktionen mehrerer Variablen schreiben:

$$dU = \left(\frac{\partial U}{\partial T}\right) dT + \left(\frac{\partial U}{\partial V}\right) dV + \cdots, \tag{8}$$

wo die Punkte die Anteile des totalen Differentials andeuten, die von den Änderungen der übrigen Zustandsvariablen herrühren.

§ 33. Umrechnungsfaktoren

Bei der praktischen Anwendung der Gl. (7) muß man natürlich
darauf achten, daß man sämtliche darin auftretenden Energiegrößen
in gleichen Einheiten mißt. So wird z. B. die Arbeit im Gegensatz zur
inneren Energie und Wärmezufuhr zunächst gewöhnlich nicht in Calorien
gemessen, womit vor der Anwendung der Gl. (7) noch eine Umrechnung
auf Calorien erforderlich wird. Wenn es sich bei der Arbeit z. B. um eine
Ausdehnungsarbeit handelt, wird diese gemäß Gl. (2a) gewöhnlich in
Literatmosphären oder $cm^3 \cdot atm$ gemessen. Die Umrechnung auf
Calorien erfolgt dadurch, daß man den Druck anstatt in Atmosphären in
abs. Einheiten ausdrückt, also nach S. 9 setzt $1\ atm = 1{,}013 \cdot 10^6\ dyn/cm^2$,
womit $1\ cm^3 \cdot atm = 1{,}013 \cdot 10^6\ erg$ und nach Gl. (3)

$$1\ cm^3 \cdot atm = \frac{1}{1000}\, l \cdot atm = 0{,}0242\ cal \tag{9}$$

erhalten wird. Oft wird auch die Umrechnung elektrischer Arbeiten in
Calorien benötigt, was über die Gleichung

$$1\ \text{Joule} = 1\ \text{Wattsekunde} = 1\ \text{Volt} \cdot \text{Amperesekunde}$$

$$= 10^7\ erg = 0{,}239\ cal \tag{9a}$$

geschieht. Mit Hilfe dieser Umrechnungsfaktoren aus dem mechanischen
und elektrischen Maßsystem ins calorische kann dann Gl. (7) beliebig
Anwendung finden.

Da die Calorie eine entbehrliche Einheit ist, nachdem sich die Äquivalenz der in Calorien gemessenen Wärmeenergie mit anderen Energien
herausgestellt hat, wurde international beschlossen, zukünftig die Wärmeenergie in Joule und nicht mehr in cal anzugeben. Weil der Beschluß
noch nicht überall durchgeführt worden ist, soll in diesem Buche die cal
(neben dem Joule) noch Verwendung finden.

B. Die innere Energie und Enthalpie
homogener Systeme als Zustandsfunktionen

§ 34. Innere Energie und Molwärme bei konstantem Volumen

Die nächste Aufgabe ist es, die innere Energie einfacher Stoffe als
Funktion der Zustandsgrößen (Temperatur, Volumen usw.) explizit
auszudrücken. Dies geschieht nun wieder dadurch, daß man vorerst
nur eine Variable ändert und die anderen konstant hält. Wir beginnen
mit der Abhängigkeit der inneren Energie von der Temperatur. Denken
wir uns einen homogenen Stoff, ein Gas oder einen kondensierten Körper,
bei konstantem Volumen erwärmt, so wird dieser nach außen keine
Arbeit zu leisten vermögen, da für ihn die einzige Arbeitsmöglichkeit
in einer Ausdehnungsarbeit $p \cdot dV$ bestehen würde, welche jetzt aber
verschwindet, solange V konstant gehalten wird, also $dV = 0$ ist. Die

Gln. (7) und (8) führen somit zu der Beziehung:

$$dU = \left(\frac{\partial U}{\partial T}\right)_V dT = \delta Q \,. \tag{10}$$

Damit gewinnen wir die Erkenntnis, daß der Differentialquotient der inneren Energie nach der Temperatur mit dem Quotienten aus der dem Stoff zugeführten Wärmemenge δQ und der dabei erzielten Temperaturerhöhung dT, also nach der Definition aus Gl. (1) mit der Wärmekapazität des betreffenden Körpers, übereinstimmt. Beziehen wir die innere Energie auf ein Mol Gesamtmenge, dann erhalten wir aus Gl. (10)

$$\left(\frac{\partial U}{\partial T}\right)_V = C_v \,. \tag{11}$$

Dabei deutet der Index v an der Molwärme C an, daß es sich dabei um die unter Konstanterhaltung des Volumens gemessene Wärmekapazität handelt. Es gibt nämlich noch andere Möglichkeiten, Molwärmen zu messen bzw. zu definieren, so daß eine Unterscheidung notwendig ist. Kennt man die Molwärme bei gegebenem Volumen, so erfordert die Ermittlung der inneren Energie lediglich eine Integration

$$U(T, V) = U(T_0, V) + \int\limits_{T_0}^{T} C_v(T, V)\, dT \,. \tag{11a}$$

Der Wert der inneren Energie bei einer Bezugstemperatur T_0 (etwa dem abs. Nullpunkt der Temperatur) und dem vorgegebenen Volumen kann dabei noch so lange willkürlich festgesetzt werden (etwa gleich Null angenommen werden), wie man keine irgendwie gearteten Reaktionen in Betracht zieht und das Volumen nicht ändert.

Wenn wir nun auch noch den zweiten in Gl. (8) auftretenden Differentialquotienten kennen würden, wäre bei homogenen reinen Stoffen die Frage nach der Gestalt der inneren Energie als Funktion der beiden allein dann zur Beschreibung in Betracht kommenden Zustandsgrößen V und T gelöst. Da nämlich dU ein vollständiges Differential ist, kann in Erweiterung von Gl. (11a)

$$U(T, V) = U(T_0, V_0) + \int\limits_{T_0}^{T} C_v(T, V_0)\, dT + \int\limits_{V_0}^{V} \left(\frac{\partial U}{\partial V}\right)_T dV \tag{12}$$

gesetzt werden. Weil eben dU ein vollständiges Differential ist, kommt man unabhängig davon, welchen Weg man einschlägt, um vom Zustandspunkt T_0, V_0 zu dem Punkt T, V zu gelangen, immer zum gleichen $U(T, V)$-Wert. Hier wurde der Weg gewählt, bei dem das Volumen vorerst konstant gehalten wird, um zunächst die verlangte Temperatur zu erreichen und dann durch bloße Änderung von V bei nunmehr konstanter Temperatur zu dem gewünschten Endzustand zu gelangen. Bei unvollständigen Differentialen muß, worauf hier besonders hingewiesen sei, der tatsächlich eingeschlagene Weg berücksichtigt werden, da dann das Endergebnis von der Reihenfolge und Art der einzelnen Teiländerungen, die vom Ausgangszustand in den Endzustand führen, abhängt.

Während die experimentelle Ermittlung der Molwärmen mit Hilfe calorimetrischer Meßmethoden nach S. 59 und 60 prinzipiell gelöst ist, steht jetzt die Frage nach der Bestimmung des Differentialquotienten $(\partial U/\partial V)_T$ noch offen. Um hierfür einen Anhalt zu gewinnen, gehen wir von Gl. (7) und (8) mit $\delta A = 0$ und $\delta Q = 0$ aus:

$$\left(\frac{\partial U}{\partial T}\right)\, dT + \left(\frac{\partial U}{\partial V}\right)_T dV = 0. \tag{13}$$

Läßt man sich den Körper ohne äußere Arbeitsleistung und ohne äußeren Wärmeaustausch — wie man sagt adiabatisch — ausdehnen, so erhält man i. allg. eine Temperaturänderung dT von der Größe:

$$dT = -\left(\frac{\partial U}{\partial V}\right)_T \frac{dV}{C_v}, \tag{14}$$

so daß man bei Kenntnis von C_v durch Messung der Temperaturänderung auf den Wert von $(\partial U/\partial V)_T$ schließen kann. In praxi kann man diesen Versuch jedoch nur bei einem Gas durchführen, indem man dieses in ein Gefäß einschließt (Abb. 19), das mit einem zweiten, evakuierten Gefäß durch einen Hahn H od. dgl. ver-

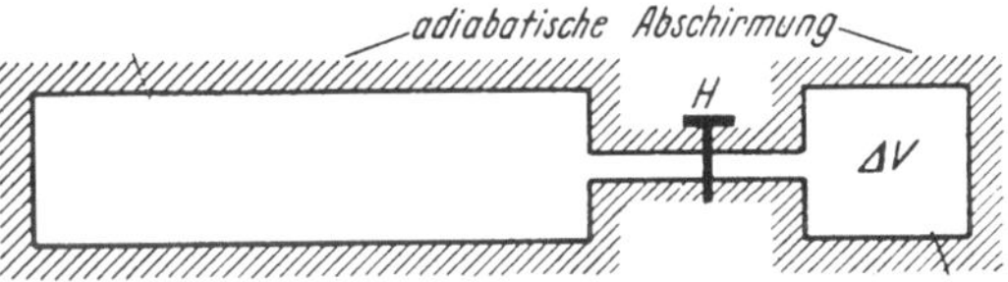

Abb. 19. Zum Prinzip des Jouleschen Versuchs

bunden ist. Beim Öffnen des Hahnes expandiert das Gas aus dem Volumen V des ersten Gefäßes in das Vakuum des zweiten Gefäßes, also ohne äußere Arbeitsleistung. Dieser Vorgang bewirkt nun die durch Gl. (14) angegebene Temperaturänderung (-erniedrigung).

Man sieht leicht ein, daß ein entsprechender Versuch mit festen oder flüssigen Stoffen nicht in dieser Weise durchführbar ist. Aber auch bei Gasen ist dieser Effekt des zuerst von JOULE angegebenen Versuchs so gering, daß die direkte experimentelle Bestimmung von $(\partial U/\partial V)_T$ recht fehlerhaft wird. Es gelingt aber zu zeigen, daß bei idealen Gasen — bzw. im ideal verdünnten Grenzzustand befindlichen Gasen — der Differentialquotient $(\partial U/\partial V)_T$ verschwindet:

$$\lim_{V \to \infty} \left(\frac{\partial U}{\partial V}\right)_T = 0. \tag{15}$$

Dies ist das sog. zweite Gay-Lussacsche Gesetz. Man pflegt es indirekt experimentell zu belegen, worauf wir später noch eingehen werden (S. 73).

Glücklicherweise ist man jedoch nicht auf die direkten oder indirekten *Messungen* von $(\partial U/\partial V)_T$ bei realen Gasen und kondensierten Körpern angewiesen, es gibt vielmehr einen Zusammenhang zwischen der Volumenabhängigkeit der inneren Energie und der thermischen Zustandsgleichung, welchen wir später noch genauer mit Hilfe des zweiten Hauptsatzes der Thermodynamik ableiten werden.

Er lautet:

$$T\left(\frac{\partial p}{\partial T}\right)_V - p = \left(\frac{\partial U}{\partial V}\right)_T. \tag{16}$$

Benutzen wir im Falle eines Gases oder einer Flüssigkeit die van der Waalssche Zustandsgleichung, dann erhalten wir sofort aus Gl. (16):

$$\left(\frac{\partial U}{\partial V}\right)_T = \frac{a}{V^2} \quad (= a\, p^2/R^2 T^2 \text{ bei kleinen Drucken}), \tag{16a}$$

also den von den zwischenmolekularen Kräften herrührenden Druckanteil der van der Waalsschen Gleichung, weshalb man $(\partial U/\partial V)_T$ wohl auch als den inneren Druck bezeichnet. Benutzt man bei Gasen als Zustandsgleichung die unter Verwendung des zweiten Virialkoeffizienten angeschriebene, so resultiert wegen $p = RT/(V - B)$ jetzt:

und

$$\left.\begin{aligned} T\left(\frac{\partial p}{\partial T}\right)_V &= \frac{RT}{V - B} + \frac{RT^2}{(V - B)^2} \cdot \frac{dB}{dT} \\[2mm] \left(\frac{\partial U}{\partial V}\right)_T &= \frac{RT^2}{(V - B)^2} \frac{dB}{dT} = \frac{p^2}{R} \cdot \frac{dB}{dT}. \end{aligned}\right\} \tag{17}$$

Bei den eigentlich kondensierten Körpern (Festkörpern) ist die direkte Auswertung der Gl. (16) nicht leicht möglich, da man bei diesen den Differentialquotienten $(\partial p/\partial T)_V$ wegen der experimentellen Schwierigkeit, das Volumen bei einer Änderung der Temperatur konstant zu halten, nicht bequem messen kann. Man geht auch hier indirekt vor, indem man $(\partial p/\partial T)$ durch die thermische Ausdehnung und Kompressibilität ausdrückt. Da sich das Volumen eindeutig als Funktion von Temperatur und Druck anschreiben läßt, erhalten wir für die Änderung des Volumens nach den Prinzipien der Differentialrechnung für Funktionen mehrerer Variabler

$$dV = \left(\frac{\partial V}{\partial T}\right)_p dT + \left(\frac{\partial V}{\partial p}\right)_T dp. \tag{18}$$

Wird nun das Volumen konstant gehalten, so entnimmt man mit $dV = 0$ aus Gl. (18):

$$\left(\frac{\partial p}{\partial T}\right)_V = - \frac{(\partial V/\partial T)_p}{(\partial V/\partial p)_T}. \tag{18a}$$

Drücken wir hier $(\partial V/\partial T)_p$ und $(\partial V/\partial p)_T$ durch den Ausdehnungskoeffizienten $\alpha = 1/V(\partial V/\partial T)$ und den Kompressibilitätskoeffizienten $\chi = -1/V(\partial V/\partial p)_T$ aus, so kommt:

$$\left(\frac{\partial p}{\partial T}\right)_V = \frac{\alpha}{\chi} \quad \text{und} \quad \left(\frac{\partial U}{\partial V}\right)_T = \frac{\alpha \cdot T}{\chi} - p. \tag{19}$$

Die Gl. (12) nimmt nun bei realen Gasen nach Gl. (17), wenn wir für $C_v(T, V_0)$ den Wert wählen, den die Molwärme im ideal verdünnten

Zustand ($V_0 = \infty$) besitzt, die Gestalt an:

$$
\left.
\begin{aligned}
U(T, V) &= U_0 + \int\limits_{T_0}^{T} C_{v,\,\text{id.}}\, dT + \int\limits_{\infty}^{V} \frac{R\,T^2}{(V-B)^2}\, \frac{dB}{dT}\, dV, \\[2mm]
&= U_0 + \int\limits_{T_0}^{T} C_{v,\,\text{id.}}\, dT - \frac{R\,T^2}{V-B}\, \frac{dB}{dT}, \\[2mm]
&= U_0 + \int\limits_{T_0}^{T} C_{v,\,\text{id.}}\, dT - p \cdot T\, \frac{dB}{dT}\,.
\end{aligned}
\right\}
\tag{20}
$$

Gl. (11) führt nun von Gl. (20) durch Differentiation nach T bei konstantem V [deshalb nicht die dritte Gl. (20) benutzen!] zur Molwärme C_v eines Gases im realen Gasgebiet:

$$
\begin{aligned}
C_{v,\,\text{real}} &= C_{v,\,\text{id.}} - 2\, \frac{R\,T}{V-B}\, \frac{dB}{dT} - \frac{R\,T^2}{V-B}\, \frac{d^2 B}{d\,T^2} \\[2mm]
&= C_{v,\,\text{id.}} - \left(2\, \frac{dB}{dT} + T\, \frac{d^2 B}{d\,T^2} \right) \cdot p,
\end{aligned}
\tag{21}
$$

wenn nur die in p linearen Glieder berücksichtigt werden. Benutzt **man** hier für den zweiten Virialkoeffizienten die Callendarsche Formel, so erhält man wegen $B = b - a'/R\,T^x$ oder $B = b[1 - (T_B/T)^x]$ ($T_B =$ Boyle-Temperatur):

$$
C_{v,\,\text{real}} = C_{v,\,\text{id.}} + \frac{x\,(x-1)\,a'}{R\,T^{x+1}} \cdot p = C_{v,\,\text{id.}} + \frac{x\,(x-1)\,b}{T} \left(\frac{T_B}{T} \right)^x \cdot p.
\tag{22}
$$

Wenn die thermische Zustandsgleichung bekannt ist, läßt sich mithin $(\partial U/\partial V)_T$ berechnen, womit dann auch die innere Energie als bekannt angesehen werden kann.

Bei der numerischen Auswertung dieser Gleichungen ist darauf zu achten, daß bei Umrechnung auf Calorien der Umrechnungsfaktor von Gl. (9) berücksichtigt werden muß, da $b \cdot p$ in $l \cdot \text{atm}$ oder $cm^3 \cdot \text{atm}$ herauskommt. Die Benutzung der van der Waalsschen Zustandsgleichung, d. h. die Verwendung des Exponenten $x = 1$, liefert nach Gl. (22) keine Differenz zwischen $C_{v,\,\text{real}}$ und $C_{v,\,\text{id.}}$. Dieses Ergebnis zeigt besonders deutlich die Unzulänglichkeit der van der Waalsschen Zustandsgleichung, denn tatsächlich sind die Molwärmen C_v im ideal verdünnten Zustand merklich verschieden von denen im realen Zustand bei höherem Druck (vgl. S. 81, Abb. 20a und b).

§ 35. Molwärme bei konstantem Druck

Wenn wir eine Temperaturänderung bei konstantem Druck ins Auge fassen, so folgt aus Gl. (7) und (8), sofern die äußere Arbeitsleistung lediglich in Volumenarbeit $p\,dV$ besteht:

$$
\left(\frac{\partial U}{\partial T} \right)_V dT + \left[\left(\frac{\partial U}{\partial V} \right)_T + p \right] dV = \delta Q\,.
\tag{23}
$$

Indem wir für dV den Ausdruck $(\partial V/\partial T)_p\, dT$ einsetzen, erhalten wir für den Quotienten $\delta Q/dT$ unter Beachtung von Gl. (16) und (11)

$$C_v + \left[\left(\frac{\partial U}{\partial V}\right)_T + p\right]\left(\frac{\partial V}{\partial T}\right)_p = C_v + T\left(\frac{\partial p}{\partial T}\right)_V \cdot \left(\frac{\partial V}{\partial T}\right)_p = (\delta Q/dT)_p \equiv C_p,$$

$$\tag{23a}$$

denn der Quotient der zugeführten Wärme durch die erzielte Temperaturänderung des Systems ist nach Definition dessen Wärmekapazität bzw. Molwärme, wenn wir uns auf ein Mol Substanz beziehen. Weil es sich hier um die bei konstantem Druck zu beobachtende Molwärme handelt, haben wir den Index p an das Formelzeichen für die Molwärme gesetzt. Im Falle eines realen Gases können wir mit Hilfe des Virialkoeffizienten schreiben:

$$\left(\frac{\partial V}{\partial T}\right)_p = \frac{R}{p} + \frac{dB}{dT}, \tag{24}$$

womit wir unter Benutzung von Gl. (17) für die Differenz von C_p und C_v erhalten:

$$C_p - C_v = \left[\left(\frac{\partial U}{\partial V}\right)_T + p\right]\left(\frac{\partial V}{\partial T}\right)_p = R + 2p\frac{dB}{dT}, \tag{25}$$

wenn wir das zu p^2 proportionale Glied vernachlässigen. Unter Verwendung der Callendarschen Gleichung ergibt sich:

$$C_p - C_v = R + \frac{2a'x}{RT^{x+1}} \cdot p = R + \frac{2xb}{T}\left(\frac{T_B}{T}\right)^x \cdot p. \tag{25a}$$

Bei der numerischen Anwendung dieser Beziehung ist wieder die in Gl. (9) enthaltene Umrechnung zu beachten.

Wegen $(\partial V/\partial T)_p = \alpha \cdot V$ erhalten wir aus Gl. (25) und (19) auch:

$$C_p - C_v = \frac{\alpha^2 T V}{\chi}. \tag{25b}$$

In dieser Form wird die Beziehung für die Differenz der Molwärmen bei festen und flüssigen Stoffen meist verwendet; bei der numerischen Auswertung ist wieder Gl. (9) zu beachten. Gl. (25b) gilt natürlich allgemein. Bei Beschränkung auf ideale Gase resultiert sofort aus Gl. (25a):

$$(C_p - C_v)_{\text{id.}} = R = 1{,}987 \text{ cal/grad mol} \ (8{,}314 \text{ J/grad mol}). \tag{26}$$

Bei festen und flüssigen Stoffen ergeben sich nach Gl. (25b) für die Differenz $(C_p - C_v)$ Werte in der Größenordnung von 0,1 bis 0,4 cal/grad mol ($\frac{1}{2}$ bis 2 J/grad mol). Bei Gasen erhalten wir durch Addition von $C_{v,\text{real}} - C_{v,\text{id.}}$ und $C_{p,\text{real}} - C_{v,\text{real}}$ aus Gl. (21) und (25)

$$C_{p,\text{real}} - C_{v,\text{id.}} = R - T\frac{d^2B}{dT^2} \cdot p$$

und

$$C_{p,\text{real}} - C_{p,\text{id.}} = -T\frac{d^2B}{dT^2} \cdot p, \tag{27}$$

wenn noch Gl. (26) beachtet wird. In Analogie zu Gl. (22) und (25a) ergibt sich jetzt:

$$C_{p,\,\text{real}} - C_{p,\,\text{id.}} = \frac{x\,(x+1)\,a'}{R\,T^{x+1}} \cdot p = \frac{x\,(x+1)\,b}{T}\left(\frac{T_B}{T}\right)^{x} \cdot p. \qquad (27\,\text{a})$$

Als Ergebnis unserer Überlegungen erhalten wir mithin für reale Gase:

$$C_{v,\,\text{real}} - C_{v,\,\text{id.}} = -\left[\left(2\,\frac{dB}{dT}\right) + T\,\frac{d^2B}{dT}\right]\cdot p = \frac{x\,(x-1)\,a'}{R\,T^{x+1}} \cdot p$$

$$= -\frac{x\,(x-1)\,b}{T}\left(\frac{T_B}{T}\right)^{x} \cdot p,$$

$$C_{p,\,\text{real}} - C_{p,\,\text{id.}} = -T\,\frac{d^2B}{dT^2}\,p = \frac{x\,(x+1)\,a'}{R\,T^{x+1}} \cdot p = \frac{x\,(x+1)\,b}{T}\left(\frac{T_B}{T}\right)^{x} \cdot p,$$

$$C_{p,\,\text{real}} - C_{v,\,\text{real}} = R + 2\,\frac{dB}{dT} \cdot p = R + \frac{2\,a'\,x}{R\,T^{x+1}} \cdot p = R + \frac{2\,x\,b}{T}\left(\frac{T_B}{T}\right)^{x} \cdot p.$$

§ 36. Die Enthalpie als Funktion von Temperatur und Druck

Es empfiehlt sich bei physikalisch-chemischen Prozessen, in denen bei konstantem Druck (z. B. bei Atmosphärendruck) eine Ausdehnungsarbeit geleistet wird, diese Energieleistung gleich mit der inneren Energie in *eine* neue Funktion zusammenzufassen. Es geschieht dies durch die Funktion $H = U + p \cdot V$, die ebenso wie U eine Funktion der Zustandsvariablen ist, weil $p \cdot V$ eine Zustandsfunktion darstellt, deren Differential also wieder ein vollständiges Differential ist. Für diese als *Enthalpie* bezeichnete Zustandsgröße gilt demnach in Analogie zu Gl. (5) als Ausdruck des ersten Hauptsatzes der Thermodynamik:

$$\Sigma\,\Delta H = 0. \qquad (28)$$

An Stelle der Gl. (7) schreiben wir unter Benutzung der Enthalpie

$$dH - V\,dp \,\{\!+ \delta A'\}= \delta Q, \qquad (29)$$

denn aus der Definition von H folgt:

$$dH = dU + p\,dV + V\,dp \quad \text{oder} \quad dU + p\,dV = dH - V\,dp.$$

Der Strich bei δA bedeutet, daß von der geleisteten Arbeit nur die Anteile hier einzusetzen sind, die nicht zur Volumenarbeit gehören; wenn also nur Volumenarbeit geleistet wird, so kann $\delta A'$ in Gl. (29) fortgelassen werden.

Die Enthalpie H betrachten wir zweckmäßig als Funktion von Temperatur und Druck, ähnlich, wie wir oben U als Funktion von Temperatur und Volumen angesehen haben. Wir schreiben demnach jetzt ausführlich:

$$\left(\frac{\partial H}{\partial T}\right)_{p} dT + \left(\frac{\partial H}{\partial p}\right)_{T} dp - V\,dp = \delta Q, \qquad (29\,\text{a})$$

sofern nur Volumenarbeit geleistet wird. Führen wir dem System nun bei konstantem Druck ($dp = 0$) Wärme zu, so entsteht aus Gl. (29a) unter Berücksichtigung der Definition von C_p in Gl. (23a):

$$\left(\frac{\partial H}{\partial T}\right)_p = \left(\frac{\delta Q}{\partial T}\right)_p = \left(\frac{\partial Q}{\partial T}\right)_p = C_p. \tag{30}$$

Damit haben wir den einen Differentialquotienten der Enthalpie erhalten. Dieses einfache Resultat rührt ebenso wie das durch Gl. (11) ausgedrückte daher, daß wir bei U bzw. H geeignete Variable eingeführt haben, nämlich V und T bei U bzw. p und T bei H.

Es bleibt vorerst noch die Bestimmung des anderen Differentialquotienten $(\partial H/\partial p)_T$. Experimentell läßt sich dieser wieder nur bei Gasen relativ einfach messen, während bei kondensierten Stoffen im wesentlichen nur die thermodynamische Berechnung über die Zustandsgleichung übrigbleibt, die wir aus der Definition von H mit Hilfe der Gl. (16) sofort vornehmen können:

$$\left(\frac{\partial H}{\partial p}\right)_T = \left(\frac{\partial(U+pV)}{\partial p}\right)_T = \left(\frac{\partial U}{\partial p}\right)_T + V + p\left(\frac{\partial V}{\partial p}\right)_T,$$

$$\left(\frac{\partial H}{\partial p}\right)_T = \left(\frac{\partial U}{\partial V}\right)_T \cdot \left(\frac{\partial V}{\partial p}\right)_T + V + p\left(\frac{\partial V}{\partial p}\right)_T = T\left(\frac{\partial p}{\partial T}\right)_V \left(\frac{\partial V}{\partial p}\right)_T + V$$

$$= -T\left(\frac{\partial V}{\partial T}\right)_p + V, \tag{31}$$

wenn noch Gl. (18a) berücksichtigt wird. Damit erhalten wir also bei Anwendung von Gl. (31) auf ein reales Gas unter Benutzung der Virialzustandsgleichung:

$$\left(\frac{\partial H}{\partial p}\right)_T = -\frac{RT}{p} - T\left(\frac{\partial B}{\partial T}\right) + \frac{RT}{p} + B = B - T\frac{\partial B}{\partial T}. \tag{31a}$$

Unter Verwendung der Callendarschen Gleichung für $B(T)$ erhalten wir jetzt:

$$\left(\frac{\partial H}{\partial p}\right)_T = b - \frac{(x+1)a'}{RT^x} = b\left[1 - (x+1)\left(\frac{T_B}{T}\right)^x\right]. \tag{32}$$

Wir sehen, daß selbst im ideal verdünnten Zustand $(\partial H/\partial p)$ nicht verschwindet, wenn nicht die Temperatur so groß ist, daß zufällig $b = (x+1)\,a/RT^x$ gilt. Für Temperaturen, unterhalb der sich aus

$$RT_i^x = (x+1)\,a'/b \quad \text{oder} \quad T_i/T_B = (1+x)^{1/x} \tag{33}$$

ergebenden, als *Inversionstemperatur* bezeichneten Temperatur T_i, ist $(\partial H/\partial p)_T$ negativ, während $(\partial H/\partial p)_T$ für die oberhalb der Inversionstemperatur gelegenen Temperaturen positiv ist. Bei $T = T_i$ gilt natürlich $(\partial H/\partial p)_T = 0$.

Daß im Gegensatz zu dem oben betrachteten Differentialquotienten $(\partial U/\partial V)_T$ der jetzt vorliegende Quotient nicht verschwindet, obwohl sich das Gas im ideal verdünnten Zustand befindet, liegt daran, daß mit $\partial U/\partial V$ der Unterschied der inneren Energie bei einer festen Volumenzunahme des Gases gemessen wird, der im verdünnten Zustande eine nur verschwindende Druckänderung entspricht. Dagegen mißt $\partial H/\partial p$ den Enthalpieunterschied bei Volumenvergrößerungen, die um so größer sind, je verdünnter das Gas ist, weil eine feste Druckänderung bei kleinem Druck eine erheblichere Volumenänderung des Gases mit sich bringt als bei hohem Druck.

Wenn man experimentell beobachtet, daß bei Gasen im verdünnten Zustand $(\partial H/\partial p)_T$ einen festen Wert besitzt, so kann man leicht daraus schließen, daß $(\partial U/\partial V)_T$ im ideal verdünnten Zustand verschwinden muß (zweites Gesetz von GAY-LUSSAC), denn es gilt nach der Definition von H:

$$\left(\frac{\partial H}{\partial p}\right)_T = \left(\frac{\partial U}{\partial p}\right)_T + B = \left(\frac{\partial U}{\partial V}\right)_T \left(\frac{\partial V}{\partial p}\right)_T + B \qquad (34)$$

also:

$$\left(\frac{\partial U}{\partial V}\right)_T = \left[\left(\frac{\partial H}{\partial p}\right)_T - B\right] \Big/ \left(\frac{\partial V}{\partial p}\right)_T = -\left[\left(\frac{\partial H}{\partial p}\right)_T - B\right] \cdot \frac{p^2}{RT},$$

wenn $B = d(pV)/dp$ beachtet und $\partial V/\partial p$ nach dem idealen Gasgesetz eingesetzt wird. Man sieht jetzt, daß bei festen Werten von $\partial H/\partial p$ und B die Größe $(\partial U/\partial V)_T$ in der Grenze bei kleinen Drucken verschwinden muß, was sich experimentell nur auf diesem Umwege sicher beweisen läßt.

Bei festen und flüssigen Stoffen ergibt die Gl. (31) mit Einführung des Ausdennungskoeffizienten:

$$\left(\frac{\partial H}{\partial p}\right)_T = -T \alpha V + V. \qquad (35)$$

Der Wert von $(\partial H/\partial p)_T$ ist hiernach von der Größenordnung des Volumens. Er ist positiv, aber größenordnungsmäßig geringer als beim Gase unter der Inversionstemperatur; deshalb kann das Glied $(\partial H/\partial p)\,dp$ in Gl. (29a) bei Festkörpern und Flüssigkeiten, wenn nicht mit außerordentlich hohen Druckänderungen gearbeitet wird, meist vernachlässigt werden.

In Analogie zu Gl. (12) und (20) gilt jetzt für die Enthalpie als Funktion von Temperatur und Druck:

$$H(T, p) = H(T_0, p_0) + \int_{T_0}^{T} C_{p_0}\, dT + \int_{p_0}^{p} \left(\frac{\partial H}{\partial p}\right)_T dp, \qquad (36)$$

wenn wir die Molwärme C_p beim Druck p_0 mit C_{p_0} bezeichnen. Setzen wir bei Gasen speziell $p_0 = 0$, so entsteht:

$$H(T, p) = H(T_0, 0) + \int_{T_0}^{T} C_{p,\text{id.}}\, dT + \left(B - T\frac{dB}{dT}\right) p. \qquad (36a)$$

Hierbei ist der Wert von C_p beim Druck Null wieder mit $C_{p,\text{id.}}$ bezeichnet worden, und für $(\partial H/\partial p)$ wurde Gl. (31a) berücksichtigt. Nach Gl. (30) erhält man durch Differentiation von Gl. (36a) nach T die Molwärme des realen Gases beim Druck p:

$$C_{p,\text{real}} = C_{p,\text{id.}} - T\frac{d^2 B}{dT^2} \cdot p \qquad (37)$$

in völliger Übereinstimmung mit dem in Gl. (27) erhaltenen Resultat.

Ebenso kann man über die Gl. (29a), also unter Benutzung der Enthalpie, den Ausdruck für die Differenz der Wärmekapazitäten C_p und C_v herleiten. Weil das Arbeiten mit der Enthalpie in praxi wichtiger ist als das Arbeiten mit der inneren Energie, denn die meisten physikalisch-chemischen Vorgänge und Reaktionen finden bei konstantem Druck (Atmosphärendruck), aber nicht bei konstantem Volumen statt, so mag hier kurz gezeigt werden, wie auf diesem Wege das Resultat erhalten wird. Die Wärmezufuhr bei konstantem Volumen kann nach Gl. (29a) geschrieben werden:

$$C_p \, dT + \left[\left(\frac{\partial H}{\partial p}\right)_T - V\right]\left(\frac{\partial p}{\partial T}\right)_V dT = (\delta Q)_V. \tag{38}$$

Die Division durch dT führt jetzt auf der rechten Seite nach Definition zur Molwärme C_v, woraus mit Hilfe von Gl. (31)

$$C_p - C_v = -\left[\left(\frac{\partial H}{\partial p}\right)_T - V\right]\left(\frac{\partial p}{\partial T}\right)_V = T\left(\frac{\partial V}{\partial T}\right)_p\left(\frac{\partial p}{\partial T}\right)_V \tag{38a}$$

entsteht, identisch mit Gl. (23a).

§ 37. Joule-Thomson-Effekt

Prinzipiell ähnlich wie den inneren Druck $(\partial U/\partial V)_T$ kann man das in Analogie dazu als inneres Volumen bezeichnete Volumen $(\partial H/\partial p)_T$ bei Gasen experimentell durch einen Entspannungsversuch ermitteln, indem man das Gas bei hohem Druck auf der einen Seite einer Drossel eintreten und bei erniedrigtem Druck auf der anderen Seite austreten läßt. Hierbei pflegt sich die Temperatur des Gases zu ändern, wenn der ganze Prozeß ohne äußere Wärmezufuhr vorgenommen wird. Die energetische Bilanz des Prozesses gewinnt folgendes Aussehen: Auf der Hochdruckseite der Drossel wird je Mol Gas beim Hineinpressen des Gases in die Drossel von außen die Arbeit $p_1 \cdot V_{1,\,\text{gas}}$ geleistet, während das Gas selbst die innere Energie U_1 besitzt. Auf der Niederdruckseite leistet das Gas die Arbeit $p_2 \cdot V_{2,\,\text{gas}}$ und besitzt die innere Energie U_2. Hiermit gewinnt die Gl. (7) wegen $\delta Q = 0$ und $\delta A = p_2 V_2 - p_1 V_1$ die Gestalt:

oder

$$\left.\begin{aligned} U_2 - U_1 + p_2 V_2 - p_1 V_1 &= 0 \\ H_2 \equiv U_2 + p_2 V_2 = U_1 + p_1 V_1 &\equiv H_1. \end{aligned}\right\} \tag{39}$$

Die Enthalpie des Gases ändert sich also bei dem Versuch nicht, so daß mithin

$$dH = \left(\frac{\partial H}{\partial T}\right)_p dT + \left(\frac{\partial H}{\partial p}\right)_T dp = 0 \tag{39a}$$

gesetzt werden kann, woraus mit $(\partial H/\partial T)_p = C_p$ folgt:

$$\begin{aligned} \frac{dT}{dp} &= \frac{-\,(\partial H/\partial p)_T}{C_p} = \frac{T\,(\partial V/\partial T)_p - V}{C_p} = \frac{T \cdot dB/dT - B}{C_p} \\ &= \frac{-\,b\,(1 - (x+1)\,(T_R/T)^x)}{C_p} = \frac{-\,b\,(1 - (T_i/T)^x)}{C_p}. \end{aligned} \tag{40}$$

Unterhalb der Inversionstemperatur T_i ist dT/dp positiv, am Inversionspunkt wechselt dT/dp dann sein Vorzeichen. Es besagt dies, daß bei einer Entspannung das Gas auf der Niederdruckseite, sofern $T < T_i$, wegen $dp < 0$ eine tiefere Temperatur besitzt als das Gas auf der Hochdruckseite; oberhalb der Inversionstemperatur ist es umgekehrt. Diesen bei der Entspannung auftretenden Temperatureffekt bezeichnet man nach seinen Entdeckern als den *Joule-Thomson Effekt*, er besitzt in der Praxis der Abkühlung und Verflüssigung der Gase, also in der gesamten Kältetechnik, eine erhebliche Bedeutung.

Für die experimentelle Bestimmung von $(\partial H/\partial p)_T$ ist es günstiger, durch Erwärmung auf der Niederdruckseite den Abkühlungseffekt zu kompensieren, anstatt eine direkte Ermittlung des Joule-Thomson-Koeffizienten dT/dp vorzunehmen. Für diese Wärmezufuhr, die man als *isothermen Drosseleffekt* bezeichnet, gilt Gl. (39a) mit dem Unterschied, daß auf der rechten Seite die dem Gas je Mol (hinter der Drossel) zugeführte Wärmemenge steht. Man hat wegen $dT = 0$

$$\left(\frac{\partial H}{\partial p}\right)_T dp = \delta Q = \frac{dq}{dt} : \frac{dn}{dt} \tag{41}$$

zu schreiben, d. h., wir ersetzen dabei die je Mol zugeführte Wärme durch die je Zeiteinheit zugeführte Wärme dq/dt (elektrische Heizung), und dividieren durch die je Zeiteinheit durch die Drossel durchgepreßte Zahl von Molen des Gases, denn dieses sind die bei kontinuierlichem Arbeiten (dauerndes Durchströmen) direkt der Messung zugänglichen Größen. Bei der Anwendung von Gl. (41) ist darauf zu achten, daß dp bei der Entspannung negativ zu rechnen ist. Wenn der Effekt das andere Vorzeichen besitzt, ist der Versuch technisch nicht in entsprechender Weise durchführbar, weil es schwierig ist, auf der Niederdruckseite in gut meßbarer Weise Wärme abzuleiten, um die Temperatur konstant zu halten. Die Verwendung eines Calorimeters auf der Niederdruckseite ist dann unvermeidbar, was die technische Durchführung gegenüber einer elektrischen Heizung beim positiven Vorzeichen von dT/dp kompliziert.

Aus Gl. (40) bzw. (33) entnehmen wir, daß die Inversionstemperatur in der Nähe des doppelten Wertes der Boyle-Temperatur zu suchen ist (bei $x = 1$ gilt genau $T_i = 2T_B$), was auch experimentell befriedigend bestätigt werden konnte, soweit diese Temperaturen einigermaßen einwandfrei zu messen waren. Je tiefer die Temperatur unter der Inversionstemperatur liegt, desto größer ist der Joule-Thomson-Abkühlungseffekt. Auch dies ist für die Technik der Verflüssigung der Gase von Bedeutung, insofern der Joule-Thomson-Effekt zweckmäßig durch eine Vorkühlung der Gase vergrößert werden kann, wodurch dann die kritische Temperatur rascher unterschritten und das Gas schließlich verflüssigt werden kann. Für die technische Durchführung der Lindeschen Luftverflüssigung, die auf dem Joule-Thomson-Effekt beruht, ist daher eine Vorkühlung zur Vergrößerung der Ausbeute wesentlich.

§ 38. Deutung des Verhaltens der Gase beim Joule-Thomson-Effekt

Eine qualitative Erklärung für das Zustandekommen des Joule-Thomson-Effektes entnehmen wir aus dem $pV - p$-Diagramm der Abb. 10, S. 35. Bei tiefen Temperaturen (unterhalb der Boyle-Temperatur) ist die vor der Drossel (hoher Druck) von außen geleistete Arbeit $(p \cdot V)_1$ nach Abb. 10 geringer als die vom Gase geleistete Arbeit $(p \cdot V)_2$ hinter der Drossel, solange der Druck nicht zu hoch gewählt wird; er muß dazu bei differentieller Entspannung geringer sein als der zum Minimum (Abb. 10) gehörende Druck. Es leistet mithin das Gas nach außen bei niedrigen Temperaturen und nicht zu hohen Drucken insgesamt eine positive Arbeit, die aus dem Vorrat an innerer Energie, d. h. auf Kosten der Wärme des Gases, gedeckt werden muß. Hinzu kommt noch, daß bei Volumenvergrößerung auch ohne Arbeitsleistung nach außen die innere Energie bei mäßigen Drucken sogar bei sämtlichen Temperaturen zunimmt, was ebenfalls zu Lasten der Wärmeenergie geht, soweit dem System keine Wärme zugeführt wird. Weil hinter der Drossel eine Volumenvergrößerung infolge der Druckabnahme zu verzeichnen ist, haben wir also *zwei* Anteile, von denen der *Arbeitsanteil* nur bei *tiefen* Temperaturen im Sinne einer Abkühlung wirkt, während der *Volumenanteil immer* im Sinne einer Abkühlung des Gases wirkt. Bei hohen Temperaturen (oberhalb der Boyle-Temperatur) wechselt aber der Arbeitsanteil sein Vorzeichen; er würde für sich *allein* eine Erwärmung bewirken, zunächst aber wird er noch durch den Volumenanteil überkompensiert, so daß insgesamt immer noch eine Abkühlung des Gases resultiert. Weil nun der Volumenanteil dem Betrag nach immer geringer wird, je weiter die Temperatur ansteigt [vgl. Gl. (16a)], während der Arbeitsanteil nach Überschreitung der Boyle-Temperatur dem *Betrag* nach ständig zunimmt, erreicht man schließlich eine über der Boyle-Temperatur gelegene Temperatur, bei welcher der Arbeitsanteil für den Temperatureffekt ausschlaggebend wird und das Vorzeichen des gesamten Joule-Thomson-Effektes sich umkehrt.

Unsere Betrachtung zeigt aber, daß man auch unterhalb der Boyle-Temperatur und daher auch unterhalb der Inversionstemperatur bei derart hohen Drucken arbeiten kann, daß der Arbeitsanteil allein bereits eine Erwärmung liefert, die bei genügender Größe den Volumenanteil überkompensiert und zu einer Erwärmung führt. Dazu kommt, daß auch der Volumenanteil bei sehr hohen Drucken sein Vorzeichen ändert, weil dann die Abstoßungskräfte mehr ins Gewicht fallen als die Anziehungskräfte (vgl. Abb. 14 auf S. 42).

So erhält man bei genügend hohen Drucken, sogar bei Temperaturen unterhalb T_B, Erwärmungen statt Abkühlungen beim Joule-Thomson-Effekt. Diese Tatsache hat für die Verflüssigungstechnik insofern Bedeutung, als bei mäßigen Drucken der Abkühlungseffekt nach Gl. (40) dem Druckabfall direkt proportional ist, so daß es sich lohnt, den Druck vor der Drossel höher zu wählen, um einen größeren Druckabfall und damit stärkere Abkühlungen zu erzielen. Jedoch kehrt der Effekt bei zu hoher Drucksteigerung vor der Drossel sein Vorzeichen um, weshalb es unzweckmäßig ist, den Druck vor der Drossel über ein gewisses Maß hinaus bei der Verflüssigungstechnik zu steigern. Jedes Gas besitzt infolgedessen ein günstigstes Druckgebiet, bei dem die Energieausbeute der Verflüssigung unter Zuhilfenahme des Joule-Thomson-Effektes besonders hoch liegt, worauf in der Praxis immer zu achten ist.

C. Die Molwärme

§ 39. Direkte Meßmethoden

Nach der Erledigung, welche die Frage nach den Größen $(\partial U/\partial V)_T$ und $(\partial H/\partial p)_T$ durch die thermodynamischen Beziehungen Gl. (16) und (31) gefunden hat, wollen wir uns noch mit den Molwärmen und ihrer genauen Größe befassen. Ihre calorimetrische Ermittlung bei Festkörpern und Flüssigkeiten macht prinzipiell nach den Ausführungen im Abschnitt A keine Schwierigkeiten mehr. Lediglich bei Gasen taucht die eine Komplikation auf, daß wegen deren geringer Wärmekapazität — je Kubikzentimeter bei Normalbedingungen etwa 10^{-3} bis 10^{-4} cal/grad — zu große Calorimeter benötigt werden, um meßbare Effekte zu erzielen.

Man geht deshalb bei der Ermittlung von C_p von Gasen nach REGNAULT so vor, daß man ein in definierter Weise vorgewärmtes Gas durch ein kälteres Calorimeter strömen läßt, wobei es seine Temperatur mit der des Calorimeters völlig ausgleicht. Aus der je Zeiteinheit an das Calorimeter abgegebenen Wärme, die man aus dem zeitlichen Anstieg der Temperatur des Calorimeters und dessen Wärmekapazität entnimmt, und der in der Zeiteinheit durchströmenden Menge des Gases in Molen, erhält man direkt die je Mol Gas an das Calorimeter abgegebene Wärmemenge δQ, deren Division durch den Temperaturunterschied zwischen Calorimetertemperatur und Vorwärmtemperatur direkt zur Molwärme C_p des Gases führt. Man erhält C_p, weil bei der Abkühlung des Gases beim Durchströmen offensichtlich der Druck des Gases konstant bleibt.

Die direkte Messung von C_v ist wegen der geringen Wärmekapazität der Gase schlecht möglich, weshalb C_v eben aus C_p mit Hilfe der Gl. (25) bzw. (25a) für die Differenz $C_p - C_v$ indirekt über die Zustandsgleichung berechnet wird.

Bei Festkörpern und Flüssigkeiten kann C_v in der Regel auch nur über die Differenz $C_p - C_v$ unter Benutzung der Gl. (25b) indirekt aus C_p berechnet werden, weil bei der Erwärmung von kondensierten Stoffen das Volumen praktisch nicht gut konstant gehalten werden kann.

Außer der beschriebenen direkten calorimetrischen Ermittlung der Molwärme der Gase gibt es noch einige indirekte Bestimmungsmethoden, die auf der Untersuchung der sog. adiabatischen Zustandsgleichung der Gase beruhen und denen wir uns jetzt zuwenden wollen.

§ 40. Adiabatische Zustandsänderungen und indirekte Meßmethoden der Molwärme

Läßt man ein Gas sich rasch ausdehnen, so daß in der kurzen Ausdehnungszeit dem Gas keine Wärme zu- oder abgeführt werden kann (adiabatischer Prozeß), so gilt nach Gl. (23) bzw. (29a) wegen $\delta Q = 0$:

$$\text{bzw.} \quad \begin{aligned} \left(\frac{\partial U}{\partial T}\right)_V dT + \left[\left(\frac{\partial U}{\partial V}\right)_T + p\right] dV &= 0 \\[2ex] \left(\frac{\partial H}{\partial T}\right)_p dT + \left[\left(\frac{\partial H}{\partial p}\right)_T - V\right] dp &= 0, \end{aligned} \qquad (42)$$

daraus nach Gl. (16) und (31):

$$\frac{C_v}{T}\, dT + \left(\frac{\partial p}{\partial T}\right)_V dV = 0 \quad \text{bzw.} \quad \frac{C_p\, dT}{T} - \left(\frac{\partial V}{\partial T}\right)_p dp = 0. \quad (42\,\mathrm{a})$$

Bei Gültigkeit des idealen Gasgesetzes erhalten wir dann

$$\left(\frac{dT}{dV}\right)_{\mathrm{ad.}} = -\frac{T}{C_v}\left(\frac{\partial p}{\partial T}\right)_V = -\frac{p}{C_v} \quad \text{bzw.} \quad \left(\frac{dT}{dp}\right)_{\mathrm{ad.}} = \frac{T}{C_p}\left(\frac{\partial V}{\partial T}\right)_p = \frac{V}{C_p}.$$
$$(43)$$

Die direkte Integration der Gl. (42a) liefert, wenn man C_v und C_p als unabhängig von der Temperatur ansieht, bei Gültigkeit des idealen Gasgesetzes:

$$C_v \ln T + R \ln V = \text{const} \quad \text{bzw.} \quad C_p \ln T - R \ln p = \text{Const}, \quad (44)$$

woraus

$$\ln(T\, V^{R/C_v}) = \frac{\text{const}}{C} \quad \text{bzw.} \quad \ln(T\, p^{-R/C_p}) = \frac{\text{Const}}{C_p} \qquad (44\,\mathrm{a})$$

folgt, Gleichungen, die man bei Beachtung von $R/C_v = (C_p - C_v)/C_v = C_p/C_v - 1$ und $R/C_p = 1 - C_v/C_p$ auf die Form bringen kann:

$$T \cdot V^{\varkappa-1} = \text{konst} \quad \text{bzw.} \quad T \cdot p^{\frac{1}{\varkappa}-1} = \text{Konst}, \qquad (44\,\mathrm{b})$$

wenn zur Abkürzung $\varkappa = C_p/C_v$ eingeführt wird. Ersetzt man in diesen Gleichungen die Variable T durch p und V, so erhält man weiter:

$$p \cdot V^{\varkappa} = \text{Const*} \quad \text{(Poissonsche Gleichung).} \qquad (44\,\mathrm{c})$$

Die Gln. (44) und (44c) bezeichnet man als *adiabatische* Zustandsgleichungen im Gegensatz zur *isothermen* Zustandsgleichung $p \cdot V = \text{const}$ und $T = \text{const}$, die man aus Gl. (44b) und (44c) nur bei $\varkappa = 1$ erhält, ein Zahlwert, den man jedoch nur bei unendlich hoher Wärmekapazität des Gases für das Verhältnis der Molwärmen C_p und C_v des Gases finden würde.

Bei Benutzung der Virialzustandsgleichung erhält man aus Gl. (42a)

$$\left(\frac{dT}{dV}\right)_{\mathrm{ad.}} = -\frac{p}{C_{v,\,\mathrm{real}}} \cdot \left(1 + \frac{p}{R}\frac{dB}{dT}\right)$$

bzw.

$$\left(\frac{dT}{dp}\right)_{\text{ad.}} = \frac{RT}{C_{p,\text{real}} \cdot p}\left(1 + \frac{p}{R}\frac{dB}{dT}\right) = \frac{V}{C_{p.\text{real}}}\left[1 - \frac{1}{V}\left(B - T\frac{dB}{dT}\right)\right] \quad (43\,\text{a})$$

oder

$$\left(\frac{dT}{dV}\right)_{\text{ad.}} = -\frac{p}{C_{v,\text{real}}}\left[1 + \frac{b\,\varkappa}{V}\left(\frac{T_B}{T}\right)^x\right]$$

bzw.

$$\left(\frac{dT}{dp}\right)_{\text{ad.}} = \frac{V}{C_{p,\text{real}}}\left[1 - \frac{b}{V}\cdot\left(1 - (1+x)\left(\frac{T_B}{T}\right)^x\right)\right], \quad (43\,\text{b})$$

wenn die Callendarsche Gleichung für den zweiten Virialkoeffizienten benutzt wird.

Die experimentelle Bestimmung von C_p oder C_v nach Gl. (43) oder (43a) bzw. (43b) kann jetzt dadurch vorgenommen werden, daß man bei adiabatischer Entspannung des Gases die dabei auftretende Temperaturänderung mißt (Methode von LUMMER PRINGSHEIM). Eine andere Ausführungsform ist die von CLÉMENT und DÉSORMES angegebene. Bei dieser läßt man durch rasches Offnen eines Hahnes ein Gas aus einem ursprünglich mit einen kleinen Überdruck dp des Gases angefüllten Ballon ausströmen. Sofort nach dem Druckausgleich wird der Hahn geschlossen, worauf sich das Gas in dem Ballon, das sich bei der Expansion etwas abgekühlt hatte, wieder auf seine ursprüngliche Temperatur erwärmen kann. Diese Erwärmung bei konstantem Volumen ist natürlich mit einem kleinen Anstieg des Druckes verbunden. Der erste adiabatische Temperatursturz bei der Expansion beträgt nach Gl. (43) bzw. (43a)

$$(dT)_{\text{ad.}} = \frac{V}{C_p}(dp)_{\text{ad.}} \quad \text{bzw.} \quad (dT_{\text{ad.}}) = \frac{V}{C_{p.\text{real}}}\left[1 - \frac{1}{V}\left(B - T\frac{dB}{dT}\right)\right]dp_{\text{ad.}} \cdot$$
$$(45)$$

Bei der anschließenden Erwärmung bei geschlossenem Hahn, d. h. bei konstantem Volumen, erhalten wir für den Zusammenhang zwischen Temperatur und Druckanstieg aus der Zustandsgleichung des Gases:

$$(dT) = \frac{T}{p}\cdot dp \quad \text{bzw. beim realen Gas } (dT) = \frac{T}{p}\left(1 - \frac{T\,dB}{V\,dT}\right)dp. \quad (45\,\text{a})$$

Die Gleichsetzung der Beträge von $(dT)_{\text{ad}}$ und (dT) führt zu:

$$\frac{p\cdot V}{T\,C_p} = \frac{|(dp)|}{|(dp)_{\text{ad.}}|}$$

bzw.

$$\frac{p\cdot V}{T\,C_{p,\text{real}}}\left(1 - \frac{B}{V} + \frac{T\,dB}{V\,dT}\right)\left(1 + \frac{T\,dB}{V\,dT}\right) = \frac{|dp|}{|(dp)_{\text{ad.}}|},$$
$$(46)$$

also

$$\frac{R}{C_p} = \frac{C_p - C_v}{C_p} = \frac{|dp|}{|(dp)_{\text{ad.}}|}$$

bzw.

$$\frac{RT + Bp - Bp + 2T\cdot\frac{dB}{dT}\cdot p}{T\,C_{p,\text{real}}} = \frac{R + 2p\frac{dB}{dT}}{C_{p.\text{real}}} = \left(\frac{C_p - C_v}{C_p}\right)_{\text{real}} = \frac{|dp|}{|dp_{\text{ad.}}|},$$

wenn wir Glieder der Ordnung $B\,\dfrac{dB}{dT}$ usw. vernachlässigen und Gl. (25) berücksichtigen.

Wir erhalten also in beiden Fällen, d. h. fürs ideale und reale Gas:

$$\frac{C_p - C_v}{C_p} = 1 - \frac{1}{\varkappa} = \frac{|dp|}{|(dp)_{\mathrm{ad.}}|}\,, \quad \text{woraus} \quad \varkappa = \frac{|dp|_{\mathrm{ad.}}}{|dp|_{\mathrm{ad.}} - dp} \qquad (47)$$

folgt. Da hier die Einzelgrößen auf der rechten Seite von Gl. (47) direkt gemessen werden können, erhält man aus dem Clément-Désormesschen Versuch das Verhältnis der Molwärmen, woraus man mit Hilfe von $C_p - C_v = R + 2p \cdot dB/dT$ sofort die Einzelwerte der Molwärmen C_p und C_v errechnet.

Die anderen indirekten Methoden zur Bestimmung der Molwärme der Gase haben gleichfalls primär die Ermittlung von $\varkappa$ zum Ziel, woraus dann C_p und C_v einzeln berechenbar sind. So gilt z. B. für die Schallgeschwindigkeit W in einem Gase, weil es sich bei den Schallwellen um adiabatische Kompressionen und Dilatationen handelt:

$$W^2 = \left(\frac{dp}{d\varrho}\right)_{\mathrm{ad.}}, \qquad (48)$$

wo ϱ die Massendichte ist. Wegen $V = M/\varrho$ ergibt sich unter Berücksichtigung der beiden Gln. (43a), wenn wieder nach dem in p linearen Gliede abgebrochen wird:

$$W^2 = -\frac{V^2}{M}\left(\frac{dp}{dV}\right)_{\mathrm{ad.}} = -\frac{V^2}{M}\left(\frac{dT}{dV}\right)_{\mathrm{ad.}}\Big/\left(\frac{dT}{dp}\right)_{\mathrm{ad.}} = \frac{\varkappa(RT + 2Bp)}{M}\,. \qquad (48a)$$

Mithin kann man aus der Schallgeschwindigkeit auf das Verhältnis der Molwärmen schließen. Auf weitere experimentelle Einzelheiten dieser Methode soll hier nicht näher eingegangen werden.

Auch bei kondensierten Stoffen kann man das Verhältnis der Molwärmen aus der *adiabatischen Kompressibilität* entnehmen. Man versteht hierunter den Wert von $-1/V \cdot (\partial V/\partial p)$, den man erhält, wenn so rasch komprimiert wird, daß die durch Kompression bedingte Temperaturerhöhung nicht durch Wärmeleitung wieder ausgeglichen wird. Aus den beiden Gln. (42a) findet man

$$\chi_{\mathrm{ad.}} = -\frac{1}{V}\left(\frac{dV}{dp}\right)_{\mathrm{ad.}} = -\frac{1}{V}\left(\frac{dT}{dp}\right)_{\mathrm{ad.}} : \left(\frac{dT}{dV}\right)_{\mathrm{ad.}}$$

$$= \frac{1}{V}\frac{C_v}{C_p}\frac{(\partial V/\partial T)_p}{(\partial p/\partial T)_v} = -\frac{C_v}{C_p}\frac{1}{V}\left(\frac{\partial V}{\partial p}\right)_T = \frac{1}{\varkappa}\chi\,, \qquad (49)$$

wenn Gl. (18a) und die Definition der gewöhnlichen (isothermen) Kompressibilität beachtet werden. Man hat also:

$$\varkappa \equiv \frac{C_p}{C_v} = \frac{(\chi)_{\mathrm{isotherm.}}}{(\chi)_{\mathrm{adiab.t.}}}\,. \qquad (49a)$$

Auch hier mögen die Einzelheiten der experimentellen Durchführung dieser Methode übergangen werden.

§ 41. Ergebnisse, Zahlwerte von Molwärmen

Zum Schlusse dieses Abschnittes mögen noch einige der erhaltenen Zahlwerte der Molwärmen von gasförmigen und kondensierten Stoffen angegeben werden. Zunächst zeigen die Abb. 20 und 20a den Verlauf

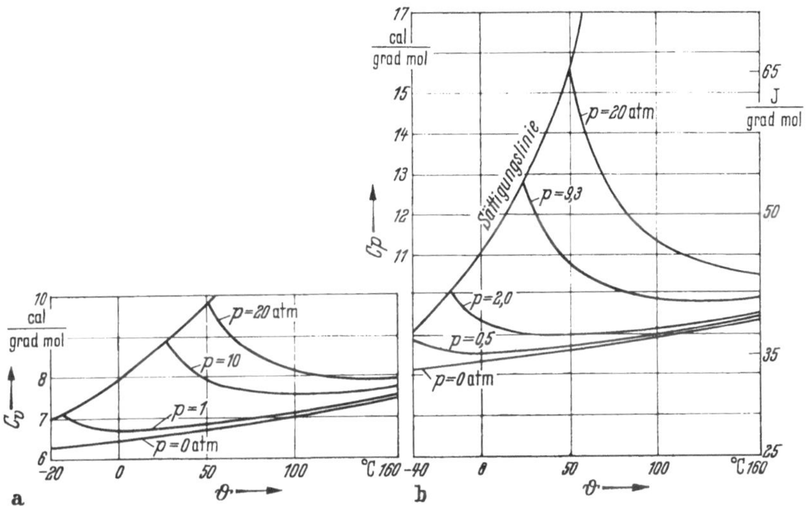

Abb. 20 a u. b. a) Verhalten von C_v eines einfachen realen Gases (NH_3) bei verschiedenen Drucken. b) Verhalten von C_p eines einfachen realen Gases (NH_3) bei verschiedenen Drucken

der Molwärme C_v und C_p von gasförmigem Ammoniak bei verschiedenen Dichten bzw. Drucken als Funktion der Temperatur. Man erkennt deutlich die relativ starke Änderung der Molwärme dieses realen Gases mit dem Druck. Diese Abbildungen stellen eine Illustration der thermodynamischen Beziehungen Gl. (21) und (27) dar.

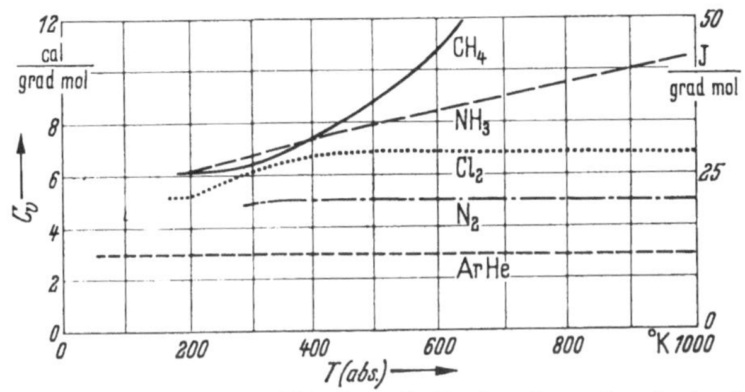

Abb. 21. Temperaturverlauf der Molwärme C_v idealer ein- und mehratomiger Gase

Die Abb. 21 demonstriert die nun noch allein interessierenden Werte von $C_{v,\,\text{id.}}$ für eine Reihe von Gasen in Abhängigkeit von T [$C_{p,\,\text{id.}}$ ist um R größer als $C_{v,\,\text{id.}}$, und die Größen $C_{v,\,\text{real}}$ und $C_{p,\,\text{real}}$ können über die thermische Zustandsgleichung aus $C_{v,\,\text{id.}}$ bzw. $C_{p,\,\text{id.}}$ mit Hilfe Gl. (21) und (27) berechnet werden]. Man ersieht aus Abb. 21, daß die einatomigen Gase unabhängig von T sämtlich den gleichen $C_{v,\,\text{id.}}$-Wert (je Mol) aufweisen, während die zweiatomigen langsam mit der Temperatur zunehmende Molwärmen besitzen und die mehratomigen Gase noch stärker mit T ansteigende Wärmekapazitäten aufweisen. Es fällt auf, daß die Molwärmen dieser Gase bei tiefen Temperaturen sämtlich Grenzwerte von 5 bzw. 6 cal/grad mol ($\approx$ 21 bzw. 25 J/grad mol) erkennen lassen, ein Umstand, den wir später noch im Rahmen einer kinetisch-molekulartheoretischen Vorstellung erklären werden. Überhaupt ist die Deutung des Verlaufs der Molwärme der wesentliche Gegenstand der kinetischen Theorie der zum gegenwärtigen Kapitel gehörenden Teile unserer Darlegungen, da ja die meisten anderen Erscheinungen direkt mit der thermischen Zustandsgleichung zusammenhängen.

Die Abb. 22 zeigt den Temperaturverlauf der Mol- bzw. Atomwärme C_p einer Anzahl von einfachen Festkörpern (meist Metalle). Die Molwärmen verschwinden sämtlich bei $T = 0$, steigen dann in charakteristischer Weise nach höheren Werten an, um sich schließlich bei hohen Temperaturen einem Grenzwert anzunähern, der bei den meisten Metallen nach einer von DULONG und PETIT aufgestellten Regel in der Größe von 6,2 bis 6,4 cal/grad mol (26 bis 27 J/grad mol) gelegen ist.

Eine eingehende Analyse dieses Sachverhaltes verschieben wir auf den kinetischen Abschnitt § 55f.

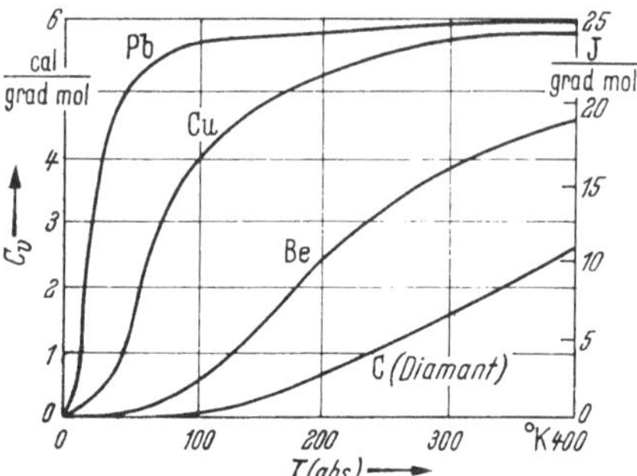

Abb. 22. Temperaturverlauf der Molwärme C_v, einfacher Festkörper

Der Anstieg der Molwärme fester Körper bei tiefen Temperaturen erfolgt übrigens etwa proportional zum Anstieg des Ausdehnungskoeffizienten α, denn nach Gl. (I, 80) ist der Ausdruck

$$\gamma \equiv \frac{\alpha \cdot V}{\chi \cdot C_v} \qquad (\text{I, 80})$$

eine Stoffkonstante, die unabhängig von der Temperatur ist und zudem bei fast allen Körpern ähnliche Zahlwerte aufweist. Weil weiter χ bei tiefen Temperaturen (s. S. 55) nahezu unabhängig von T ist und V sich ebenfalls nur wenig mit T verändert, ist α annähernd proportional zu C_v. In dem Gebiet, in dem sich C_v bereits merklich von C_p unterscheidet, setzt man auf Grund empirischer Erfahrungen übrigens besser α proportional C_p an, indem man dadurch gewissermaßen in Gl. (I, 80) der geringen Temperaturabhängigkeit von χ und V in erster Näherung Rechnung trägt. Da für C_p meist genauere und zahlreichere Messungen vorliegen als für α, pflegt man in der Praxis die Gl. (25b) für die Differenz $C_p - C_v$ bei Festkörpern mit $\alpha \sim C_p$ auf die Form zu bringen:

$$C_p - C_v = \text{Const} \cdot T\, C_p^2 , \qquad (50)$$

indem man die von T unabhängigen oder doch nahezu unabhängigen Größen in einer Stoffkonstante zusammenfaßt, die nur noch von der individuellen Natur des gerade betrachteten Festkörpers abhängt und für die oft $0,021/T_e$ gesetzt werden kann (T_e = Schmelztemperatur), wenn die Wärmekapazitäten in cal/grad mol gemessen werden. Gl. (50) wird oft mit Vorteil verwandt, nachdem man empirisch den exakten Zahlwert der Konstanten ermittelt hat.

Entsprechend der Stellung der Flüssigkeiten zwischen den weitgehend geordneten Kristallen und den total ungeordneten Gasen läßt sich das Verhalten der Molwärme der Flüssigkeiten nicht so einfach kennzeichnen. Generell kann man wohl sagen, daß die aus einfachen Molekeln aufgebauten Flüssigkeiten bei tiefen Temperaturen deutlich die Annäherung des Verhaltens ihrer Molwärmen an dasjenige der Festkörper erkennen lassen. Die Tendenz der Flüssigkeiten, bei höheren Temperaturen sich dem Verhalten der Gase anzunähern, ist zwar vorhanden, jedoch meist nur wenig ausgeprägt. Einige Flüssigkeiten weisen sogar Minima der Molwärme als Funktion der Temperatur auf (Hg und H_2O).

Für viele Zwecke kann man sich als Faustregel merken, daß die Molwärme der Flüssigkeiten bei gegebener Temperatur um etwa 10 cal/grad mol (40 bis 50 J/grad mol) größer ist als die Molwärme des gleichen dampf- oder gasförmigen Stoffes. Da die Flüssigkeit ja schließlich auch als ein sehr stark reales Gas angesehen werden darf, und reale Gase durchweg nach Gl. (21) bzw. (27) höhere Molwärmen haben als die zugehörigen idealen Gase (verdünnter Zustand), ist das erwähnte Verhalten der Flüssigkeiten durchaus plausibel, wenn wir auch an dieser Stelle die angegebene Größe der Differenz von etwa 10 cal grad mol ($\approx$ 40 J/grad mol) zwischen der Molwärme der Flüssigkeit und der des Gases nicht begründen können.

D. Absolutwerte der inneren Energie und Enthalpie. Wärmetönungen

§ 42. Zusammenhang zwischen Enthalpie bzw. innerer Energie und Wärmetönung bei chemischen Reaktionen

Wir müssen uns noch mit der zweckmäßigen Festsetzung der Werte $U(T_0, V_0) \equiv U_0$ und $H(T_0, p_0) \equiv H_0$ in den Gln. (12) und (36) bzw. (20) und (36a) befassen. Es handelt sich hierbei — wie gesagt — um eine Zweckmäßigkeit, denn es interessieren ja nur Änderungen der Energien, die z. B. bei Reaktionen auftreten, aber keine Absolutwerte derselben, so daß es ähnlich wie bei der potentiellen mechanischen Energie gar nicht auf die Lage des Nullpunktes ankommt.

Solange keine stofflichen Änderungen in Betracht gezogen zu werden brauchen, wie sie bei irgendwelchen Reaktionen auftreten, kann $U_0 = H_0 = 0$ gesetzt werden. Bei Reaktionen, seien sie nun chemischer Natur, wie die Bildung neuer Verbindungen, oder physikalischer Natur, wie die Verdampfung oder das Schmelzen, muß man H_0 und U_0 in jedem

Falle gesondert festlegen; die allgemeine Definition $U_0 = H_0 = 0$ ist dann unzweckmäßig. Der Weg, der hier einzuschlagen ist, wird durch die Grundgleichung des ersten Hauptsatzes

$$\delta Q = dU + p\,dV + \delta A' = dH - V\,dp + \delta A' \tag{51}$$

festgelegt.

Betrachten wir zunächst eine Diffusions-Vermischungsreaktion in Gasen der Art, wie sie in dem zu Abb. 7 (S. 26) gehörenden Versuch beschrieben worden war, so beobachtet man bei der isothermen Vermischung keine Reaktionswärme (Wärmetönung), wenn es sich bei der Vermischung um ideale Gase handelt, was hier angenommen sei. Da bei diesem Versuch keine Arbeit nach außen abgegeben wird, denn dp und dV sind ja insgesamt Null, ist die Änderung der inneren Energie oder der Enthalpie bei dem Versuch, wegen $\delta Q = 0$, $p\,dV = 0$ und $\delta A' = 0$, gleich Null. Es ist also die Summe der U_0-Werte oder der H_0-Werte der Gase vor der Vermischung in den einzelnen Kästen gleich dem U_0- bzw. H_0-Wert der Gesamtmischung hinterher. Bezeichnen wir die U_0-Werte vor der Vermischung für je ein Mol eines reinen Gases mit U_{0i}, so gilt also für die molare innere Energie U_0 der Mischung:

$$\left.\begin{aligned} n_1 \cdot U_{01} + n_2 \cdot U_{02} + \cdots + n_j U_{0j} &= (n_1 + n_2 + \cdots n_j)\,U_0\,(\text{Mischung}) \\ \text{oder} \qquad\qquad x_1 U_{01} + x_2 U_{02} + \cdots + x_j U_{0j} &= U_0\,(\text{Mischung}), \end{aligned}\right\} \tag{52}$$

und entsprechend für die Enthalpie:

$$\left.\begin{aligned} n_1 H_{01} + n_2 H_{02} + \cdots + n_j H_{0j} &= (n_1 + n_2 + \cdots + n_j)\,H_0\,(\text{Mischung}) \\ \text{oder} \qquad\qquad x_1 H_{01} + x_2 H_{02} + \cdots + x_j H_{0j} &= H_0\,(\text{Mischung}). \end{aligned}\right\} \tag{53}$$

Diese Gleichungen zeigen, wie man die innere Energie und Enthalpie einer Mischung idealer Gase anzusetzen hat.

Wir gehen nun zu dem Fall über, daß zwischen den Gasen eine Reaktion möglich ist. Es handle sich z. B. um die isotherme Bildung von CO_2 und H_2 aus CO und H_2O (Dampf), also um die Wassergasreaktion:

$$CO + H_2O = CO_2 + H_2. \tag{54}$$

Wir haben demnach vor der Reaktion die gesamte innere Energie $U_{0,CO} + U_{0,H_2O}$, nach der Reaktion $U_{0,CO_2} + U_{0,H_2}$ und entsprechende Werte für die Enthalpie, wenn wir gemäß der stöchiometrischen Umsetzung bei der Reaktion mit je einem Mol des einzelnen Gases rechnen und die Drucke der Gase so gering sind, daß die Gültigkeit der idealen Gesetze angenommen werden kann. Lassen wir nun die Reaktion der vermischten Gase bei konstantem Volumen ablaufen, so wird man bei Benutzung der ersten Teilgleichung von Gl. (51) $p\,dV$ und $\delta A'$ gleich Null setzen können, so daß $\delta Q = dU$ übrigbleibt. Da nun δQ die dem System zugeführte Wärme, also die negative Wärmetönung (W_v) bei dem Umsatz von einem Mol CO ist, gilt

$$-W_{v,0} = \delta Q = dU_0 = U_{0,CO_2} + U_{0,H_2} - U_{0,CO} - U_{0,H_2O} = \Delta U_0, \tag{55}$$

sofern die Reaktion bei $T = T_0$ abläuft, der Temperatur, bei der U_0 bestimmt werden soll. Es wurde hierbei zum Unterschied gegen eine spätere Begriffsbildung die Wärmetönung W_v mit dem Index v versehen, um anzudeuten, daß bei dieser Reaktion das Volumen konstant gehalten wurde. Die Wärmetönung W_v bzw. $W_{v,0}$ der Reaktion ist der Messung zugänglich, und somit kann man für die angegebene Differenz der Energie einen festen Zahlwert angeben. Es kann mithin eine Aussage darüber gemacht werden, wie groß der Unterschied der inneren Energie der Mischung: 1 Mol CO_2 + 1 Mol H_2 gegen diejenige der Mischung: 1 Mol CO + 1 Mol H_2O ist.

In entsprechender Weise kann man die Reaktion auch bei konstantem Druck ablaufen lassen. In unserem speziellen Beispiel läuft dies freilich auf dasselbe hinaus, weil bei der Reaktion 2 Mole Gas verschwinden (1 Mol H_2O und 1 Mol CO) und dafür wieder 2 Mole Gas neu entstehen (1 Mol CO_2 und 1 Mol H_2), die nach dem Avogadroschen Satz bei gleichem Druck und gleicher Temperatur das gleiche Volumen einnehmen. Wir erhalten dann bei Verwendung der zweiten Teilgleichung Gl. (51) wegen $dp = 0$ und $\delta A' = 0$ analog zu Gl. (55):

$$-W_{p,0} = H_{0,CO_2} + H_{0,H_2} - H_{0,CO} - H_{0,H_2O} \equiv \Delta H_0, \qquad (55\,a)$$

wo jetzt der Index p andeutet, daß es sich um die Wärmetönung der Reaktion handelt, die bei Konstanthaltung des Druckes zu beobachten ist, die in diesem Falle nach dem eben bemerkten freilich mit $W_{v,0}$ identisch ist. Die in den Gln. (55) und (55 a) eingeführten Abkürzungen ΔU_0 bzw. ΔH_0 bedeuten bei der Reaktion (54) die Änderung der inneren Energie bzw. der Enthalpie, d. h. entsprechend der Definition des mathematischen Zeichens Δ in der Differentialrechnung die Differenz der jeweiligen Energien nach der Reaktion minus derjenigen vor der Reaktion. Man kann infolgedessen für die inneren Energien bzw. Enthalpien der Reaktionspartner einer Reaktion

$$\alpha \cdot A + \beta \cdot B = \gamma \cdot C + \delta D \qquad (56)$$

schreiben:

$$\left.\begin{aligned}
&& \alpha U_A + \beta U_B &= \gamma U_C + \delta U_D - \Delta U \\
\text{oder} && \alpha U_A + \beta U_B &= \gamma U_C + \delta U_D + W_v \\
\text{bzw.} && \alpha H_A + \beta H_B &= \gamma H_C + \delta H_D - \Delta H \\
\text{oder} && \alpha H_A + \beta H_B &= \gamma H_C + \delta H_D + W_p.
\end{aligned}\right\} \qquad (57)$$

Wir haben hier den Index Null weggelassen, weil es offensichtlich gleichgültig ist, welchen Wert T_0 man für die Reaktion angibt, so daß die Gln. (56) und (57) bei sämtlichen Temperaturen richtig sind.

§ 43. Atomare Bildungswärme, Heßscher Satz

Für manche theoretischen Zwecke empfiehlt es sich nun, als Energienullpunkt den der ruhenden gasförmigen Atome anzusehen. Solange man keine Umwandlungen der Elemente (Kernreaktionen) in Betracht zieht, ist diese Definition eines Nullpunktes der Energiezählung jedenfalls statthaft. Hiermit gestaltet sich die Energiefestsetzung der einzelnen U_0-Werte unserer Wassergasreaktion wie folgt[1]:

$$U_0(\mathrm{H}) + U_0(\mathrm{H}) = U_0(\mathrm{H_2}) - \varDelta U_0 \big(= +W_{D_0}(\mathrm{H_2})\big). \qquad (58)$$

Hier ist $W_{D_0}(\mathrm{H_2})$ die bei der Bildung eines Mols Wasserstoff bei $T = 0$ aus den Atomen frei werdende Wärmetönung (sog. Dissoziationswärme). Da nach Definition $U_0(\mathrm{H})$ am abs. Nullpunkt der Temperatur gleich Null gesetzt wird, gilt $U_0(\mathrm{H_2}) = -W_{D_0}$. Damit ist über Gl. (20) die innere Energie des Wasserstoffs $\mathrm{H_2}$ bei Kenntnis seiner Molwärme bei allen Temperaturen bestimmbar. Ähnlich gilt:

$$\left.\begin{aligned}
U_0(\mathrm{O}) + U_0(\mathrm{O}) &= U_0(\mathrm{O_2}) - \varDelta U_0\big(= +W_{D_0}(\mathrm{O_2})\big)\\
U_0(\mathrm{H_2}) + \tfrac{1}{2}\,U_0(\mathrm{O_2}) &= U_0(\mathrm{H_2O}) - \varDelta U_0\big(= +W_{v_0}(\mathrm{H_2O})\big).
\end{aligned}\right\} \qquad (59)$$

und

Hier bedeutet $W_{D_0}(\mathrm{O_2})$ die Dissoziationswärme eines Mols Sauerstoff am abs. Nullpunkt in die Atome und $W_{v_0}(\mathrm{H_2O})$ die Verbrennungswärme eines Mols Wasserstoff zu Wasserdampf bei konstantem Volumen und bei $T = 0$. Die Gln. (59) gelten natürlich auch bei jeder anderen Temperatur, sofern dann auch die Wärmetönungen W_v bei dieser Temperatur eingesetzt werden. Indem wir die Hälfte der oberen Gl. (59) zur unteren addieren, entsteht:

$$U_0(\mathrm{H_2}) + U_0(\mathrm{O}) + \frac{1}{2}\,U_0(\mathrm{O_2})$$
$$= \frac{1}{2}\,U_0(\mathrm{O_2}) + U_0(\mathrm{H_2O}) + \frac{W_{D_0}(\mathrm{O_2})}{2} + W_{v_0}(\mathrm{H_2O}). \qquad (60)$$

Somit folgt wegen $U_0(\mathrm{O}) = 0$ und $U_0(\mathrm{H_2}) = -W_{D_0}(\mathrm{H_2})$:

$$U_0(\mathrm{H_2O}) = -W_{D_0}(\mathrm{H_2}) - \tfrac{1}{2} W_{D_0}(\mathrm{O_2}) - W_{v_0}(\mathrm{H_2O}) \qquad (60\,\mathrm{a})$$

in entsprechender Weise folgt aus:

$$\left.\begin{aligned}
U_0(\mathrm{CO}) + \tfrac{1}{2}\,U_0(\mathrm{O_2}) &= U_0(\mathrm{CO_2}) - \varDelta U_0\big(= +W_{v_0}(\mathrm{CO_2})\big)\\
U_0(\mathrm{O}) + U_0(\mathrm{O}) &= U_0(\mathrm{O_2})\ \ - \varDelta U_0\big(= +W_{D_0}(\mathrm{O_2})\big)
\end{aligned}\right\} \qquad (61)$$

und

bei Addition der mit $\tfrac{1}{2}$ multiplizierten unteren Gleichung zur oberen:

$$U_0(\mathrm{CO_2}) = U_0(\mathrm{CO}) - W_{v_0}(\mathrm{CO_2}) - \tfrac{1}{2} W_{D_0}(\mathrm{O_2}). \qquad (61\,\mathrm{a})$$

Es fehlt dann noch die Energiebilanz

$$U_0(\mathrm{O}) + U_0(\mathrm{C}) = U_0(\mathrm{CO}) - \varDelta U_0 \big(= +W_{D_0}(\mathrm{CO})\big) \qquad (62)$$

der Dissoziation des Kohlenoxyds in atomaren Sauerstoff und gasförmigen Kohlenstoff, die direkt spektroskopisch ermittelt werden kann (worauf hier nicht näher eingegangen werden soll), um $U_0(\mathrm{CO})$

---

[1] Die in den folgenden Gleichungen in Klammern angegebenen Wärmetönungen W_v beziehen sich nur auf den Wert von $\varDelta U$ (mit Vorzeichen).

$$= -W_{D_0}(\text{CO}) \text{ zu bekommen, womit man aus Gl. (61 a) auch}$$

$$U_0(\text{CO}_2) = -W_{D_0}(\text{CO}) - W_{v_0}(\text{CO}_2) - \tfrac{1}{2} W_{D_0}(\text{O}_2) \qquad (61\,\text{b})$$

als innere Energie des gasförmigen Kohlendioxyds erhält. Es wären damit die U_0-Werte sämtlicher Reaktionspartner der Gl. (54) bestimmt.

Analog kann man die Enthalpiewerte ermitteln, man hat dann nur die jeweiligen Wärmetönungen einzusetzen, die beobachtet werden, wenn die genannten Reaktionen bei konstantem Druck anstatt bei konstantem Volumen ablaufen, was freilich bei $T = 0$ keinen zahlenmäßigen Unterschied ausmacht. Man pflegt die negativen Werte der inneren Energien und Enthalpien der Verbindungen am abs. Nullpunkt als deren *atomare Bildungswärme* bei $T = 0$ zu bezeichnen, insofern diese Wärmetönungen direkt beobachtet würden, wenn man die Molekeln aus den gasförmigen atomaren Elementen, für die ja $U_0 = H_0 = 0$ gesetzt ist, aufbaut (bildet).

Man erkennt an Hand der soeben durchgeführten thermochemischen Berechnungen, daß es nicht erforderlich ist, die inneren Energien oder Enthalpien explizit anzuschreiben; es genügt vielmehr im wesentlichen, nur die Indices anzugeben, um den Vorgang zu charakterisieren. Es bleiben dann nur noch die stöchiometrischen Umsatzgleichungen der Reaktionen mit den Wärmetönungen übrig. Ein Beispiel mag dies erläutern. Wir schreiben einfach

$$\left.\begin{aligned}
\text{O} + \text{C}_{\text{gas}} &= \text{CO}_{\text{gas}} & +W_{D_0}(\text{CO}) \\
\text{C}_{\text{gas}} &= \text{C}_{\text{fest}} & +L_{S_0}(\text{C}) \\
\text{O} + \text{O} &= \text{O}_2 & +W_{D_0}(\text{O}_2),
\end{aligned}\right\} \qquad (63)$$

wobei $L_{S_0}(\text{C})$ die für die Reaktion $\text{C}_{\text{gas}} \to \text{C}_{\text{fest}}$ maßgebende Wärmetönung, nämlich die Verdampfungs- oder Sublimationswärme des Kohlenstoffs ist. Indem wir nun formal algebraisch die Hälfte der untersten Gleichung zur zweiten Gleichung addieren und davon die erste subtrahieren, erhalten wir:

$$\left.\begin{aligned}
0 &= \text{C}_{\text{fest}} + \tfrac{1}{2}\text{O}_2 - \text{CO}_{\text{gas}} & +L_{S_0}(\text{C}) + \tfrac{1}{2} W_{D_0}(\text{O}_2) - W_{D_0}(\text{CO}) \\
\text{oder}& \\
\text{CO}_{\text{gas}} &= \text{C}_{\text{fest}} + \tfrac{1}{2}\text{O}_2 & +L_{S_0}(\text{C}) + \tfrac{1}{2} W_{D_0}(\text{O}_2) - W_{D_0}(\text{CO}),
\end{aligned}\right\} \qquad (63\,\text{a})$$

[wobei in der oberen der beiden Gln. (63a) 0 nicht Oxygenium, sondern *Null* bedeutet!].

Man erhält also in $-L_{S_0}(\text{C}) - \tfrac{1}{2} W_{D_0}(\text{O}_2) + W_{D_0}(\text{CO})$ die Wärmetönung der Verbrennung von festem Kohlenstoff mit Sauerstoff zu gasförmigem CO.

Das Verfahren der Addition und Subtraktion der stöchiometrischen Einzelgleichungen und der entsprechenden Wärmetönungen zur Bestimmung der Wärmetönung neuer Reaktionsgleichungen, die unter Umständen der Messung nicht direkt zugänglich sind, war bereits vor der Aufstellung des ersten Hauptsatzes empirisch bekannt geworden (sog. Heßscher Satz von den konstanten Wärmesummen, 1840).

Die obenerwähnte atomare Bildungswärme der einzelnen Verbindungen erhält man experimentell übrigens relativ leicht über die Beziehung:

atomare Bildungswärme der Verbindung
$$\left.\begin{array}{l} + \text{ Verbrennungswärme der Verbindung} \\ = \text{ Verbrennungswärme der Atome.} \end{array}\right\} \quad (64)$$

Die Gl. (64) ergibt sich direkt aus der Tatsache, daß die energetische Umsetzung unabhängig davon ist, ob man die Verbrennung der atomaren Stoffe unmittelbar vornimmt oder auf dem Wege über die gerade betrachtete Verbindung.

§ 44. Zusammensetzung der atomaren Bildungswärme aus Bindungsinkrementen

Es wäre wesentlich, eine Beziehung zu kennen, die es gestattet, die atomare Bildungswärme aus der Struktur der Verbindung herzuleiten, denn dann könnte man z. B. die Wärmetönungen der Reaktionen aus den atomaren Bildungswärmen entnehmen. So ist etwa bei der Reaktion

$$\alpha A + \beta B = \gamma C + \delta D + W_v \qquad (65)$$

die Wärmetönung gleich der negativen Differenz der inneren Energien [oder Enthalpien]. Bei $T = 0$ gilt mithin, wenn man noch beachtet, daß die negative innere Energie gleich der atomaren Bildungswärme W_{B_0} gesetzt werden kann [vgl. dazu Gl. (58) und (59)]:

$$W_{v_0} = -\gamma U_0(C) - \delta U_0(D) + \alpha U_0(A) + \beta U_0(B) = \gamma W_{B_0}(C) +$$
$$+ \delta W_{B_0}(D) - \alpha W_{B_0}(A) - \beta W_{B_0}(B). \quad (65a)$$

Nun ergibt sich ganz analog, wie bei dem Nullpunktsvolumen (S. 52) organischer Molekeln, daß die atomare Bildungswärme sich bei organischen Stoffen oft mit guter Näherung additiv aus gewissen Inkrementen für die einzelnen Atome und Bindungsarten in der Molekel zusammensetzen läßt. Bei anorganischen Stoffen ist das Verfahren wieder komplizierter. Bei den organischen Stoffen ergeben die immer wiederkehrenden Bindungen jedesmal etwa die gleichen Energiebeträge zur Gesamtenergie. Man muß jedoch damit rechnen, daß die einfache Addition der Bindungsinkremente gelegentlich zu beträchtlichen Abweichungen gegen den experimentellen Wert führt, wenn außer den Bindungen der unmittelbaren Nachbaratome der Molekel auch die entfernteren (Übernachbarn) noch nennenswerte Einwirkungen ausüben. Die folgende Zusammenstellung enthält die häufigsten der in organischen Molekeln auftretenden Bindungstypen mit ihren Beiträgen zur atomaren Bildungswärme am abs. Nullpunkt.

Für die atomare Bildungswärme des gasförmigen Äthans und Äthylens z. B. erhält man hiermit $1 \cdot 79 + 6 \cdot 98{,}6 = 670{,}6$ kcal bzw. $1 \cdot 140 + 4 \cdot 98{,}6 = 534{,}4$ kcal. Wenn man außerdem beachtet, daß die Bildungswärme des molekularen Wasserstoffs $103{,}2$ kcal beträgt (gleich der Dissoziationsenergie des H_2), so bekommt man als Wärmetönung der Hydrierung des Äthylens je Mol Umsatz

$$C_2H_4 + H_2 = C_2H_6 + W_{v_0} \tag{66}$$

nach Gl. (65a) den Wert $W_{v_0} = 670{,}6 - 103{,}2 - 534{,}4 = 33{,}0$ kcal, während experimentell in guter Übereinstimmung damit 32,7 kcal (≈ 137 kJ) gefunden wurden.

Tabelle 5. *Atomare Bildungswärme organischer Molekeln*

Bindungsart	C—H aliph.	C—H arom.	C—C aliph.	C—C arom.	C=C	C≡C	C—O	C=O
Bindungsenergie								
in kcal	98,6	103	79	115	140	191	77	181
in kJ	412,6	431	330	481	586	799	322	757

Um mit den genannten Zahlen auch Wärmetönungen von Reaktionen angeben zu können, an denen feste oder flüssige Stoffe beteiligt sind, müssen wir noch entsprechende Abschätzungen über die Verdampfungswärmen, Schmelzwärmen und Sublimationswärmen machen können. Zunächst gilt nun wieder nach dem Heßschen Satz bzw. dem ersten Hauptsatz, daß die Sublimationswärme $L_{subl.}$ gleich der Summe aus der Verdampfungswärme L und der Schmelzwärme L_e ist, was sich sofort aus den Gleichungen:

$$\left. \begin{aligned} (X)_{Gas} &= (X)_{fl.} + L_v \\ (X)_{fl.} &= (X)_{fest} + L_e \end{aligned} \right\} \tag{67}$$

durch Addition ergibt:

$$(X)_{Gas} = (X)_{fest} + L_e + L_v (= L_{subl.}).$$

Weiter zeigt sich, daß die Verdampfungswärme am Siedepunkt der Siedetemperatur T_s etwa proportional ist:

$$\frac{L_s}{T_s} = \text{const} (\approx 21 \text{ cal/grad mol}) (\approx 88 \text{ J/grad mol}) \tag{68}$$

(Regel von PICTET und TROUTON).

Für den Schmelzpunkt T_e einatomiger Stoffe gilt eine ähnliche Faustregel:

$$\frac{L_e}{T_e} \approx 2 - 3 \text{ cal/grad mol} \approx 10 \text{ J/grad mol}) \text{ (Regel von RICHARDS);} \tag{68a}$$

diese ist freilich weniger genau als die Regel für die etwa 10 mal so große Verdampfungswärme. Die Regeln stellen naturgemäß Formen des Theorems der übereinstimmenden Zustände dar (s. S. 42). Es ist somit auch verständlich, daß die Regel für den Schmelzpunkt weniger genau gelten kann als die für den Siedepunkt, weil entsprechend der molekularen Deutung des Schmelzpunktes durch den Desorientierungsdruck (S. 57) die individuellen Eigenschaften der Stoffe beim Schmelzen viel stärker ins Gewicht fallen als beim Siedepunkt; denn der Desorientierungsdruck ist seinem ganzen Zustandekommen nach relativ empfindlich gegenüber der geometrischen Gestalt der gerade betrachteten Molekeln. Dementsprechend liegt bei größeren Molekeln L_e/T_e um ein vielfaches höher als nach Gl. (68a). Die Verdampfungswärme ist jedoch nur dann merklich größer als nach Gl. (68), wenn der betreffende Stoff die Eigenschaft hat, im flüssigen Zustand zu assoziieren (Wasser, Essigsäure usw.). Diese Überschreitungen des Normalwertes halten sich aber in bescheidenen Grenzen $\left(\text{bei Wasser z. B. } \dfrac{L_e}{T_e} = 26{,}1 \text{ cal/grad mol}\right.$ (109 J/grad mol)$\Big)$ gegenüber den Überschreitungen der Werte der Gl. (68a) von mehreren hundert Prozent bei größeren Molekeln.

Die in Tab. 5 angegebenen Zahlwerte hängen noch von dem Wert ab, den die Sublimationswärme des Kohlenstoffs besitzt, weil z. B. die direkte Ermittlung der Bildungswärme des Methans aus gasförmigem Kohlenstoff und Wasserstoff nicht möglich ist und eine indirekte Bestimmung gemäß Gl. (64) wieder die Kenntnis der Verbrennungswärme des gasförmigen Kohlenstoffs verlangt. Die *direkt meßbare* Verbrennungswärme des festen Kohlenstoffs unterscheidet sich von der des gasförmigen Kohlenstoffs (einatomig) offenbar um die schwer zugängliche Sublimationswärme des festen Kohlenstoffs in den (einatomigen) Dampf. Aus diesem Grunde benutzt man in der *praktischen* Thermodynamik die Elemente in ihrem normalen Aggregatzustand bei Zimmertemperatur (25 °C) als Energie- bzw. Enthalpienullpunkte (fester Kohlenstoff, flüssiges Quecksilber, zweiatomiger gasförmiger Wasserstoff usw.). Für Fragen der *Bindungstheorie* besitzen natürlich die in Tab. 5 angegebenen Werte die ausschlaggebende Bedeutung. Die Zahlen der Tabelle sind mit der Sublimationswärme $L_{\text{subl.}} = 169{,}9$ kcal/g-Atom (≈ 711 kJ/g-Atom) des Kohlenstoffs (β-Graphit) berechnet.

§ 45. Differenz der Wärmetönungen W_p und W_v bei Gasreaktionen

Zwischen den Wärmetönungen W_v und W_p besteht ein einfacher Zusammenhang, der sich sofort aus der Grundgleichung (51) ergibt. Läßt man die Reaktion bei konstantem Druck ablaufen, so daß als äußere Arbeitsleistung nur die Volumenarbeit $p\,dV$ in Erscheinung tritt, dann gilt:

$$-W_p = \delta Q = dU + p\,dV = \left\{ \left(\frac{\partial U}{\partial n}\right)_{T,V} + \frac{\partial}{\partial n}\left[\left(\frac{\partial U}{\partial V}\right)_T dV + p\,dV\right] \right\} \cdot \Delta n$$

$$\text{mit } \Delta n = 1, \tag{69}$$

wenn die Differentiation nach n jeweils die Änderung beim Umsatz um ein Mol einer bestimmten Komponente der Reaktion bedeutet und schließlich $\Delta n = 1$ gesetzt wird. Da nun $(\partial U/\partial n)_{T,V}$ mit der negativen Wärmetönung bei konstantem Volumen identisch ist, folgt aus Gl. (69) unter Beachtung von Gl. (16):

$$W_p - W_v = -\frac{\partial}{\partial n}\left[\left(\frac{\partial U}{\partial V}\right)_T dV + p\,dV\right]_p = -T\frac{\partial}{\partial n}\left[\left(\frac{\partial p}{\partial T}\right)_V dV\right].$$

Speziell bei idealen Gasen, bei denen $(\partial U/\partial V)_T = 0$ gilt, ergibt sich

$$W_p - W_v = -p \cdot \left(\frac{\partial V}{\partial n}\right). \tag{70}$$

Im Zusammenhang mit der stöchiometrischen Umsatzgleichung ergibt sich folgende Betrachtung:

Schreiben wir die Umsatzgleichung

$$\alpha A + \beta B = 1 \cdot C + \delta D, \tag{56a}$$

indem wir in Gl. (56) $\gamma = 1$ setzen, also auf ein Mol dieses bei der Reaktion entstehenden Gases beziehen, so ist das Volumen des Gases in jedem Moment der Reaktion nach dem Gasgesetz:

$$V = (n_A - \alpha\,n_\gamma)\frac{RT}{p} + (n_B - \beta\,n_\gamma)\frac{RT}{p} + n_\gamma\frac{RT}{p} + \delta n_\gamma\frac{RT}{p}, \tag{71}$$

wenn ursprünglich von n_A und n_B Molen der Gase A und B ausgegangen wurde. Die Bildung des Differentialquotienten nach n — in unserem Falle n_γ — liefert:

$$-\left(\frac{\partial V}{\partial n_\gamma}\right)_{T,\,p} = \frac{RT}{p}(\alpha + \beta - 1 - \delta) \equiv -\frac{RT}{p}\Delta n \tag{71a}$$

[hier $\Delta n =$ Differenz der Molzahlen der stöchiometrischen Umsatzgleichung der Reaktion, nicht identisch mit Δn in Gl. (69)].

Mithin ergibt sich aus Gl. (70):

$$W_p - W_v = (\alpha + \beta - 1 - \delta) \cdot RT = -RT\Delta n. \tag{71b}$$

Da wir hier auf *ein* Mol der entstehenden Komponente C bezogen haben, muß natürlich auch W_p und W_v auf diese Menge bezogen werden. Wenn man dies nicht tun will, sondern auf mehrere Mole des entstehenden Stoffes C bezieht, so vergrößert sich im entsprechenden Verhältnis W_p, W_v und $W_p - W_v$, womit man dann

$$W_p - W_v = (\alpha + \beta - \gamma - \delta)\,RT = -RT\Delta n \tag{71c}$$

erhält. Zum Beispiel ergibt sich bei der Reaktion

$$1 \cdot N_2 + 3\,H_2 = 2\,NH_3 + W_p \ \text{(bzw. } W_v\text{)}, \tag{72}$$

$$W_p - W_v = -(2 - 1 - 3)\,RT = 2\,RT, \tag{72a}$$

wenn alle Energieumsätze auf die Bildung von 2 Molen Ammoniak bezogen werden. Wir sehen jetzt auch, daß am abs. Nullpunkt der Unterschied zwischen W_p und W_v bei Gasreaktionen verschwindet, womit dann auch nach S. 84/85 der Unterschied zwischen innerer Energie und Enthalpie bei $T = 0$ verschwindet, was sich übrigens auch auf die entsprechenden Größen im kondensierten Zustand überträgt.

§ 46. Temperaturabhängigkeit der Wärmetönungen

Aus den Gln. (57) entnimmt man übrigens direkt den Temperaturkoeffizienten der Wärmetönungen W_p und W_v von Reaktionen. Wegen $W_v = -\Delta U$ und $W_p = -\Delta H$ ergibt sich sofort durch Differentiation bei konstantem Volumen bzw. konstantem Druck unter Beachtung von $(\partial U/\partial T)_V = C_v$ und $(\partial H/\partial T)_p = C_p$:

bzw.

$$\left.\begin{aligned} \frac{dW_v}{dT} &= -\Delta C_v \\[2ex] \frac{dW_p}{dT} &= -\Delta C_p \end{aligned}\right\} \quad \text{(Kirchhoffscher Satz)}. \quad (73)$$

Im Falle unserer eben betrachteten Ammoniakreaktion gilt also für die Abhängigkeit der Wärmetönungen von der Temperatur:

bzw.

$$\left.\begin{aligned} \frac{dW_v}{dT} &= -\,[2\,C_v(\mathrm{NH_3}) - 1\,C_v(\mathrm{N_2}) - 3\,C_v(\mathrm{H_2})] \\[2ex] \frac{dW_p}{dT} &= -\,[2\,C_p(\mathrm{NH_3}) - 1\,C_p(\mathrm{N_2}) - 3\,C_p(\mathrm{H_2})]. \end{aligned}\right\} \quad (73\,\mathrm{a})$$

Da z. B. $C_p(\mathrm{NH_3})$ bei Zimmertemperatur 8,8 cal/grad mol beträgt, $C_p(\mathrm{N_2}) = 7,0$ cal/grad mol und $C_p(\mathrm{H_2}) = 6,9$ cal/grad mol, so folgt nach Gl. (73a) $(dW_p/dT) = +10,1$ cal/grad mol, d. h., die Wärmetönung der Ammoniakbildung nimmt mit steigender Temperatur um etwa 10 cal je Grad zu; da sie bei Zimmertemperatur $W_p = 21,8$ kcal ($\approx 91,5$ kJ) [für die Bildung von 2 Mol $\mathrm{NH_3}$ nach Gl. (72)] beträgt, so wird sie demnach bei 100° Temperatursteigerung um etwa 1000 cal ($\approx 4,2$ kJ) größer sein, also 22,8 kcal ($\approx 95,7$ kJ) betragen.

In entsprechender Weise ergibt sich für die Verdampfungswärme L aus der Reaktionsgleichung:

$$\left.\begin{aligned} (X)_{\mathrm{Dampf}} &= (X)_{\mathrm{Kond.}} + L\,(= -\Delta H) \\[1ex] \frac{dL}{dT} = -\Delta C_p &= -C_{p,\,\mathrm{Kond.}} + C_{p,\,\mathrm{Dampf}} = C_{p,\,\mathrm{Dampf}} - C_{p,\,\mathrm{Kond.}} \\[1ex] &\text{(Kirchhoffscher Satz).} \end{aligned}\right\} \quad (74)$$

Wir haben hier eine Reaktion bei konstantem Druck, nicht aber bei konstantem Volumen vor uns, denn die Verdampfung findet ja bei konstantem Druck — nämlich dem jeweiligen Dampfdruck — statt; deshalb tritt in Gl. (74) ΔH bzw. ΔC_p und nicht ΔU bzw. ΔC_v auf. Man kann freilich die Verdampfung auch ins Vakuum hinein, also ohne äußere Arbeitsleistung, erfolgen lassen, man spricht dann von der inneren Verdampfungswärme L_i, die gewissermaßen eine Wärmetönung W_v der Verdampfung (bzw. Kondensation) darstellt. Nach Gl. (71b) gilt dann für die Differenz:

$$L - L_i = RT, \quad (75)$$

weil das Kondensat ein im Verhältnis zum Gas verschwindendes Volumen besitzt und somit bei der Umsatzgleichung (74) ein Mol Gas auf der linken Seite verschwindet.

Speziell bei der Wasserverdampfung gilt wegen $C_{p(\mathrm{H_2O})_{\mathrm{Damp}}} = 8$ cal/grad mol und $C_{p(\mathrm{H_2O})_{\mathrm{fl.}}} = 18$ cal/grad mol:

$$\frac{dL}{dT} = -10 \text{ cal/grad mol.} \quad (75\,\mathrm{a})$$

Es nimmt also die molare Verdampfungswärme je Grad um 10 cal ab.
Bei 0 °C beträgt sie 10700 cal/mol, während sie bei 100 °C um 100 · 10
= 1000 cal/mol kleiner ist und mithin nur noch 9700 cal/mol beträgt.

Die Verdampfungswärme der Flüssigkeiten nimmt mit steigender
Temperatur offenbar immer ab, da sie ja am kritischen Punkt, wo kein
Unterschied mehr zwischen Flüssigkeit und Dampf besteht, verschwinden
muß. Die folgende Abb. 23 gibt den typischen Verlauf der Verdampfungswärme in der Nähe des kritischen Punktes wieder. Bei den meisten einfachen Flüssigkeiten besitzt dL/dT eine
ähnliche Größe wie oben beim Wasser,
man kann also weitgehend mit einer
Abnahme der Verdampfungswärme um
10 cal/grad mol rechnen (40—50 J/mol).

Unsere obige Überlegung, die für
die normale Verdampfungswärme zur
Gl. (74) führte, ist an sich nicht ganz
korrekt, obwohl Gl. (74) praktisch meist
zum richtigen Resultat führt. Dies liegt
daran, daß die Verdampfungswärme L
gewöhnlich beim jeweiligen Dampfdruck p_s der betreffenden Flüssigkeit
gemessen wird, und daß der Dampfdruck sich mit der Temperatur ändert.

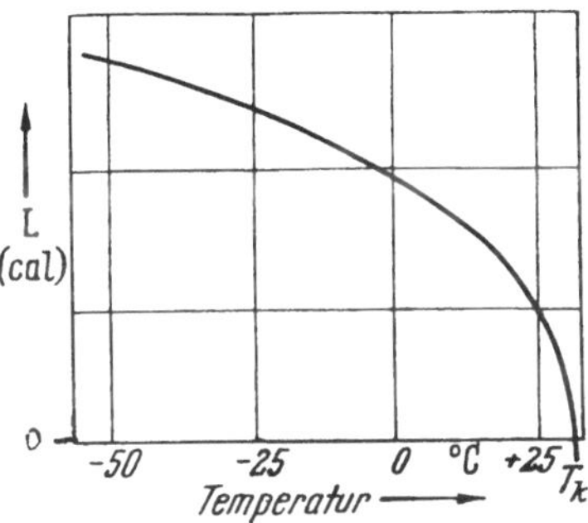

Abb. 23. Typischer Temperaturverlauf
der Verdampfungswärme in der Nähe
der kritischen Temperatur

Deshalb ist es nicht korrekt, die Differentiation von H nach der
Temperatur bei konstantem Druck vorzunehmen, man muß diese
geringe Druckänderung bei genauer Betrachtung berücksichtigen. Wir
haben also zu setzen:

$$L = -\Delta H = H_{\text{Dampf}} - H_{\text{Kond.}} \tag{75b}$$

$$\frac{dL}{dT} = \left(\frac{\partial H_{\text{Dampf}}}{\partial T}\right)_p + \left(\frac{\partial H_{\text{Dampf}}}{\partial p}\right)_T \frac{dp_s}{dT} - \left(\frac{\partial H_{\text{Kond.}}}{\partial T}\right)_p - \left(\frac{\partial H_{\text{Kond.}}}{\partial p}\right)_T \frac{dp_s}{dT}$$

$$\frac{dL}{dT} = C_{p,\text{Dampf}} - C_{p,\text{Kond.}} +$$
$$+ \left[V - T\left(\frac{\partial V}{\partial T}\right)\right]_{\text{Dampf}} \frac{dp_s}{dT} - \left[V - T\left(\frac{\partial V}{\partial T}\right)\right]_{\text{Kond.}} \frac{dp_s}{dT}. \tag{76}$$

Die beiden Korrektionsglieder, insbesondere das zweite, die kondensierte
Phase betreffende Glied, fallen, solange der Dampfdruck nicht groß ist,
kaum ins Gewicht. Ja, das zweite Glied kann sogar fortgelassen werden,
wenn man unter „$C_{p,\text{Kond.}}$" die im jeweiligen Sättigungszustande gemessene Molwärme versteht, also die Wärmekapazität, die man erhält,
wenn man während der Temperaturerhöhung bei der Messung der Molwärme auch den Druck gemäß der Dampfdruckänderung variieren läßt.
Vielfach werden nämlich gerade diese Molwärmen bei kondensierten
Stoffen direkt experimentell ermittelt, so daß man also diesen „experimentellen C_p-Wert" direkt in Gl. (76) einsetzen kann und dann das
Glied mit $[V - T\,\partial V/\partial T]_{\text{Kond.}}$ fortlassen darf. Die direkt experimentell
gemessenen C_p-Werte von Kondensaten müssen nämlich noch meist auf

die eigentlichen C_p-Werte ($p = $ const) umgerechnet werden, was gemäß

$$C_p = C_{p,\,\text{sätt.}} - \left[V - T \left(\frac{\partial V}{\partial T} \right)_p \right]_{\text{Kond.}} \frac{dp_s}{dT} \tag{77}$$

zu erfolgen hat. Da aber diese Korrektur bei Angabe der experimentellen C_p-Werte oft fortgelassen wird, ist es richtig, bei Benutzung dieser experimentellen Molwärmenwerte das letzte Glied in Gl. (76) ebenfalls fortzulassen.

§ 47. Lösungs- und Verdünnungswärmen

Zum Schlusse unserer Ausführungen über die Wärmetönungen mögen noch die Lösungs- und Verdünnungswärmen aufgeführt werden. Es sind dies die Wärmetönungen folgender Reaktionen:

$$(X) + (LM)_{\text{rein}} = (X)_{\text{gel. in } LM} + {}^iW_L \text{ (Lösung)}, \tag{78}$$

wo LM das Lösungsmittel ist. Diese integrale Lösungswärme hängt naturgemäß noch von der Konzentration ab, die bei der Lösung erreicht wird. Die Lösungswärme bezieht man gewöhnlich auf ein Mol des zu lösenden Stoffes X. Man bezeichnet die Lösungswärme, die man bei einer unendlich verdünnten Lösung erhält, also in sehr viel reinem Lösungsmittel löst, als erste Lösungswärme oder als integrale Lösungswärme bis zu unendlicher Verdünnung. Löst man ein Mol X in sehr viel Lösungsmittel, das schon den Stoff X in der Konzentration c erhält, so spricht man bei der dann erhaltenen Wärmetönung ${}^dW_L$

$$(X)_{\text{Subst.}} + (LM)_{\text{Konz.}\,c} = (X)_{\text{gel. in } LM \text{ der Konz.}\,c} + {}^dW_L \tag{78a}$$

dieser Reaktion von der (konzentrationsabhängigen) differentiellen Lösungswärme.

Ganz entsprechend bezeichnet man die Wärmetönung der Reaktion

$$(LM)_{\text{Konz.}\,c} + 1 \cdot (LM)_{\text{rein}} = (LM) + {}^dW_D \tag{79}$$

als differentielle Verdünnungswärme (ebenfalls konzentrationsabhängig), wenn die Konzentration der Lösung sich bei dem Prozeß praktisch nicht ändert; dabei sei noch bemerkt, daß (LM) eine beliebige Menge Lösungsmittel, $1 \cdot (LM)$ aber ein Mol Lösungsmittel bedeuten soll. Geht man von so viel Lösung aus, das gerade ein Mol X gelöst enthält, und setzt so viel Lösungsmittel zu, daß man eine unendlich verdünnte Lösung erhält, so nennt man die dabei auftretende Verdünnungswärme

$$LM_{\substack{\text{Konz.}\,c \\ 1\,\text{Mol}\,X\,\text{gel.}}} + (LM)_{\text{rein}} = (LM)_{c \to 0} + {}^iW_D \tag{79a}$$

die integrale Verdünnungswärme. Die Existenz einer — von der Anfangskonzentration abhängigen — integralen Verdünnungswärme schließt natürlich die Tatsache mit ein, daß die differentielle Verdünnungswärme in unendlicher Verdünnung verschwindet, denn die integrale Verdünnungswärme entsteht durch Integration aus der diffe rentiellen Verdünnungswärme, ein Prozeß, der ja nur dann bis ins Unendliche ausdehnbar ist, wenn der Integrand ^dW_D zumindest gegen Null strebt. Der Energiesatz bzw. der Heßsche Satz liefert hier, daß

$$W_{L,\infty} = {}^iW_L + {}^iW_D \tag{80}$$

sein muß, wenn mit $W_{L,\infty}$ die erste Lösungswärme bezeichnet wird, denn man erhält ja den gleichen verdünnten Zustand, wenn man zuerst 1 Mol in Lösungsmittel bis zur Konzentration c löst (Wärmeumsatz ^iW_L) und dann mit viel Lösungsmittel bis zur unendlichen Verdünnung verdünnt (Wärmeumsatz ^iW_D), oder wenn man die Lösung des einen Mols gleich bis in unendliche Verdünnung vornimmt (Wärmeumsatz $W_{L,\infty}$). In ähnlicher Weise findet man, daß

$$^iW_L = {}^dW_L + n'\,{}^dW_D, \tag{80a}$$

wo n' die Zahl der Mole Lösungsmittel ist, die auf 1 Mol gelöste Substanz entfällt, denn um eine Lösung der gegebenen Konzentration herzustellen, kann man an Stelle der direkten Herstellung (Wärmeumsatz ^iW_L) auch in einer großen Menge Lösung der Konzentration c zunächst 1 Mol Substanz zusätzlich lösen und dann n' Mole Lösungsmittel hinzufügen, wobei die Wärmeumsätze ^dW_L und $n'\,{}^dW_D$ beobachtet werden. Schließlich trennt man die Menge neu hergestellter Lösung von der ursprünglichen durch einfaches Abgießen, was keine Wärmeumsätze mehr bedingt.

Die integrale Lösungswärme hat als Funktion von n' meist die Form

$$^iW_L = \frac{A \cdot n'}{n' + B}, \tag{81}$$

woraus sich durch Differentiation nach n' sofort die differentielle Verdünnungswärme und aus Gl. (80a) die differentielle Lösungswärme ergibt. Aus Gl. (80) folgt dann auch ^iW_D, da $W_{L,\infty}$ mit ^iW_L bei $n' = \infty$, d. h. mit A identisch ist.

E. Oberflächenenergien

§ 48. Oberflächenspannung. Meßmethoden

Wir haben die innere Energie und Enthalpie in den vorigen Abschnitten lediglich als Funktion der *Quantität* des gerade vorliegenden Stoffes angesehen. Zum Beispiel sollte die Menge von 2 Mol Kupfer die doppelte Enthalpie besitzen wie diejenige von 1 Mol Kupfer, sofern die Intensitätsgrößen Temperatur und Druck die gleichen sind usw. Dies stimmt jedoch nur so weit, als die Größe der Oberfläche nicht nennenswert ins Gewicht fällt, solange also die Zahl der Atome oder Molekeln an der Oberfläche unseres Stoffes klein gegen die Zahl der im Innern befindlichen Partikeln ist. Diese Bedingung ist meist erfüllt; jedoch spielen bei sehr fein verteilter Materie die Oberflächeneffekte eine mit steigender Größe der Oberfläche der Materie zunehmende Rolle.

Es ist aber sehr schwierig, diese dann ins Gewicht fallende Oberflächenenergie einigermaßen zuverlässig zu messen. Dagegen ist es — wenigstens bei Flüssigkeiten — leichter, die Arbeit zu bestimmen, die mit der Schaffung neuer Oberfläche verknüpft ist. Es ist wohl verständlich, daß die Erzeugung neuer Oberfläche sich nicht allein in einer Änderung der inneren Energie oder der Enthalpie äußert, daß damit vielmehr zwangsläufig die Aufwendung einer gewissen Arbeit verknüpft ist. Die Verhältnisse liegen hier ähnlich wie bei der Volumenänderung eines Gases. Beim Gase war zur isothermen Volumenvergrößerung u. a. die Zufuhr einer gewissen Energie notwendig, um die potentielle Energie der Anziehungskräfte zu überwinden. Jetzt ist der gleiche Grund für die Energiezufuhr maßgebend, denn an der Oberfläche ist eine Molekel von einer geringeren Zahl von Nachbarmolekeln umgeben als im Innern der Flüssigkeit, so daß bei der Schaffung neuer Oberfläche Molekeln aus der Anziehungssphäre anderer Molekeln herausgerissen werden

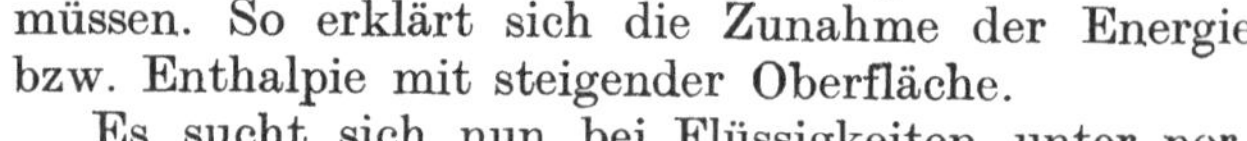

müssen. So erklärt sich die Zunahme der Energie bzw. Enthalpie mit steigender Oberfläche.

Es sucht sich nun bei Flüssigkeiten unter normalen Bedingungen jeweils die kleinstmögliche Oberfläche einzustellen. Durch Arbeitsleistung kann eine Vergrößerung der Oberfläche erzwungen werden. Man bezeichnet die Arbeit, die zur Erzeugung der Flächeneinheit neuer Oberfläche erforderlich ist, als Oberflächenspannung σ, deren Messung direkt im Anschluß an diese Definition geschieht.

Abb. 24. Zur experimentellen Ermittlung der Oberflächenspannung

Eine Methode zur Bestimmung des Zahlwertes von σ beruht deshalb auf der Ermittlung des Gewichtes von abreißenden Tropfen. Wenn diese im Augenblick des Abreißens an einem kreisförmigen Querschnitt des Radius r hängen, so wird bei einer Abreißbewegung des Tropfens (s. Abb. 24) die Oberfläche des Tropfens um $2\pi r \cdot dh$ vergrößert, d. h., es wird die Arbeit $\sigma \cdot 2\pi r\, dh$ geleistet. Da diese Arbeit durch das Gewicht des Tropfens bei Verlagerung seines Schwerpunktes um dh geleistet wird, gilt als Gleichgewichtsbedingung im Moment des Abreißens, weil $m\, g\, dh$ (mit $m = $ Tröpfchenmasse) diese Arbeit ist:

$$\sigma \cdot 2\pi \cdot r\, dh = m \cdot g \cdot dh, \tag{82}$$

woraus

$$\sigma = \frac{m \cdot g}{2\pi r} \tag{82a}$$

folgt. Ähnlich kann aus der Steighöhe von Flüssigkeiten in engen Capillaren, sofern die Capillaren vollständig benetzt werden, σ gemäß

$$\sigma = \frac{\varrho\, r\, g\, h}{2} \tag{83}$$

berechnet werden, wo ϱ die Massendichte, r der Radius der Capillare und h die Steighöhe der Flüssigkeit in der Capillare bedeutet. Wir wollen hierauf und auf die große Zahl anderer Methoden zur Ermittlung von σ jetzt nicht näher eingehen.

§ 49. Größe und Temperaturabhängigkeit der Oberflächenspannung
(Eötvössche Regel)

Die Größenordnung der Oberflächenspannung liegt normalerweise zwischen 20 und einigen hundert erg/cm² oder dyn/cm (Wasser etwa 70 dyn/cm). Mit steigender Temperatur nimmt die Oberflächenspannung ab, um am kritischen Punkte zu verschwinden. Man pflegt die Oberflächenarbeit zweckmäßig auf eine Fläche zu beziehen, welche jeweils die gleiche Zahl von Atomen oder Molekeln enthält, und nicht auf 1 cm², also z. B. auf die Fläche $V^{\frac{2}{3}}$ (V = Molvolumen der Flüssigkeit), die $N_L^{\frac{2}{3}}$ Molekeln enthält. Darum bezeichnet man

$$\sigma \cdot V^{\frac{2}{3}} \equiv \sigma_M \tag{84}$$

als die molare Oberflächenspannung. Multipliziert man diese noch mit $N_L^{\frac{1}{3}}$, so erhält man die Arbeit, die zur Heranbringung eines Mols Flüssigkeit in die Oberfläche erforderlich ist. Für σ_M gilt erfahrungsgemäß als Funktion der Temperatur:

$$\sigma_M = k_\sigma(T_k' - T), \tag{85}$$

wo T_k' eine Temperatur ist, die um wenige Grade (4 bis 6°) unterhalb der kritischen Temperatur liegt. Der gradlinige Zusammenhang zwischen σ_M und T gilt bis in unmittelbare Nähe der kritischen Temperatur, erst unmittelbar unterhalb T_k biegt die ($\sigma_M - T$)-Kurve um und mündet horizontal bei $T = T_k$ in den Wert $\sigma_M = 0$ ein (s. Abb. 25).

Gl. (85) enthält auf der linken Seite eine für die betrachtete Flüssigkeit charakteristische Energiegröße. Wenn wir diese durch eine andere, für die gleiche Flüssigkeit charakteristische Energiegröße $p_k \cdot V_k$ oder $R T_k$ dividieren, so dürfen wir annehmen, daß

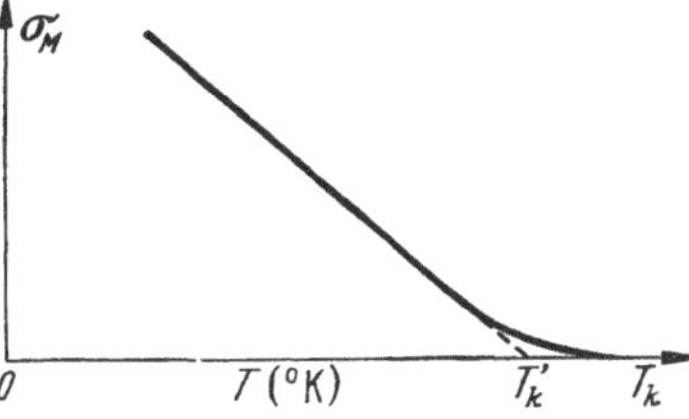

Abb. 25. Typischer Temperaturverlauf der molaren Oberflächenspannung am kritischen Punkt

wir entsprechend dem Theorem der übereinstimmenden Zustände eine dimensionslose reduzierte Zustandsgleichung für die Oberflächenenergie erhalten, die wir wegen $T_k'/T_k \approx 1$ auf die Form

$$\frac{\sigma_M}{R T_k} = \frac{k_\sigma}{R}\left(1 - \frac{T}{T_k}\right) = \frac{k_\sigma}{R}(1 - t') \tag{86}$$

bringen können, wenn wir die reduzierte Temperatur $t' = T/T_k$ einführen. Demnach muß man erwarten, daß k_σ/R, also auch k_σ, eine universelle Konstante ist, die nicht mehr von der Natur der jeweils untersuchten Flüssigkeit abhängt, soweit das Theorem der korrespondierenden Zustände als zutreffend angesehen werden kann. Nach einer von Eötvös aufgestellten Regel gilt nun tatsächlich für alle normalen Stoffe annähernd: $k_\sigma = 2{,}1$ erg/grad.

§ 50. Thermodynamische Zusammenhänge

Die Oberflächenspannung ist ihrer Dimension (Kraft/Weg) nach einem (negativen) Druck in zwei Dimensionen in Parallele zu setzen. Nun galt bei Gasen:

$$\left(\frac{\partial U}{\partial V}\right)_T = T\left(\frac{\partial p}{\partial T}\right)_V - p \qquad \text{[s. Gl. (16), S. 68],}$$

so daß wir nach den obigen Ausführungen, nach denen $(\partial U/\partial V)_T$ bei Gasen mit $(\partial U/\partial O)_T$ bei Flüssigkeiten ebenfalls in Parallele zu setzen ist, erwarten sollten, daß jetzt, wenn p mit $-\sigma$ korrespondieren soll:

$$-\left(\frac{\partial U}{\partial O}\right)_T = T\left(\frac{\partial \sigma}{\partial T}\right)_V - \sigma \tag{87}$$

gelten sollte, eine Vermutung, die sich auch bestätigt, wie wir hier freilich noch nicht genauer darzulegen vermögen. Indem man auf der rechten Seite von Gl. (87) einfach $\sigma = k_\sigma/V^{\frac{2}{3}} \cdot (T'_k - T)$ setzt, erhält man bei Vernachlässigung der thermischen Ausdehnung von V:

$$V^{\frac{2}{3}}\left(\frac{\partial U}{\partial O}\right)_T = k_\sigma\, T'_k \approx k_\sigma\, T_k. \tag{87a}$$

Um ein Mol an die Oberfläche zu bringen, benötigt man also den Energiebetrag:

$$N_L^{\frac{1}{3}} \cdot V^{\frac{2}{3}}\left(\frac{\partial U}{\partial O}\right)_T = N_L^{\frac{1}{3}}\, k_\sigma \cdot T_k. \tag{87b}$$

Diese Energie kann man zweckmäßig mit der inneren Verdampfungswärme

$$L_i = L - RT = \int\limits_{V_{\text{fl.}}}^{\infty} \left(\frac{\partial U}{\partial V}\right)_T dV \tag{87c}$$

vergleichen; für diese gilt wegen $T_s/T_k \approx \frac{2}{3}$ und $L_i/T_s = L/T_s - R \approx\\ = 21 - 2 = 19$ cal/grad mol

$$L_i = 19 \cdot \tfrac{2}{3} \cdot T_k,$$

so daß für das Verhältnis unserer Energien

$$\frac{N_L^{\frac{1}{3}}\, V^{\frac{2}{3}}\, (\partial U/\partial O)_T}{L_i} = \frac{N_L^{\frac{1}{3}}\, k_\sigma}{19 \cdot \frac{2}{3} \cdot 4{,}19 \cdot 10^7} \approx \frac{1}{3} \tag{88}$$

erhalten wird, wenn noch die Umrechnung von den bei der Zahlangabe für k_σ benutzten erg auf cal Beachtung findet, weil L_i in cal/mol ausgedrückt ist. Es ist plausibel, daß die Verdampfungsenergie größer, zum anderen aber von der gleichen Größenordnung wie die Oberflächenenergie ist, weil ja die Verdampfung darin besteht, daß man eine Molekel zunächst in die Oberfläche bringt und von dort in den Dampfraum, so daß die Oberflächenenergie kleiner als die Verdampfungsenergie sein muß. Da aber in der Oberfläche bereits ein beträchtlicher Teil der Bindungen zu den Nachbarmolekeln gegenüber dem Zustand im Innern der Flüssigkeit gelöst ist, sind L_i und Oberflächenenergie von gleicher Größenordnung.

Nach Gl. (87a) wäre die Oberflächenenergie unabhängig von der Temperatur, sie wäre der jeweiligen kritischen Temperatur lediglich proportional. Weil nun am kritischen Punkt $(\partial U/\partial O)_T$ ebenso wie L_i verschwinden muß, kann die strenge Linearität der Gl. (85) nicht bis zum kritischen Punkte gelten, denn sonst wäre ja Gl. (87a) auch bei $T = T_k$ richtig, d. h., es gälte dort $\left(\dfrac{\partial U}{\partial O}\right)_T \neq O$. Das Verschwinden von $\left(\dfrac{\partial U}{\partial O}\right)_T$ bei $T = T_k$ ist letzten Endes der Grund für das Umbiegen der $(\sigma_M - T)$-Kurve unmittelbar vor T_k, wodurch eben gemäß Gl. (87) auch $(\partial U/\partial O)_T$ bei $T = T_k$ verschwindet, wenn wegen des Umbiegens $\dfrac{\partial \sigma}{\partial T}$ und σ am kritischen Punkt verschwinden.

Zum Schlusse sei noch bemerkt, daß die als Parachor bezeichnete, aus der Oberflächenspannung abgeleitete Größe

$$P_{ch} = \frac{M\,\sigma^{\frac{1}{4}}}{\varrho_{\text{fl.}} - \varrho_{\text{gas}}} \tag{89}$$

(M = Molmasse, ϱ = Massendichte) bei organischen Molekeln innerhalb gewisser Grenzen ebenso wie das Molvolumen und die Bildungswärme (atomare BW) aus Einzelinkrementen zusammengesetzt werden kann, die für C, H und eine unpolare Doppelbindung die Werte 4,8; 17,1 und 23,2 besitzen, so daß z. B. bei Propylen C_3H_6 der Wert $3 \cdot 4,8 + 6 \cdot 17,1 + 23,2$ (für unpolare Doppelbindung) $= 140,2$ für den Parachor P_{ch} erhalten wird, während in guter Übereinstimmung damit $P_{ch} = 139,9$ gefunden wurde. Parachor und Zustandsgleichung der Flüssigkeit stehen übrigens in enger Beziehung zueinander, worauf hier jedoch nicht näher eingegangen werden soll.

F. Kinetische Theorie der Molwärme

a) Gase

§ 51. Molwärme einatomiger idealer Gase

Im wesentlichen gilt es noch, die Molwärmen ihrer Größe nach vom atomistischen und kinetischen Standpunkt aus zu verstehen, dann kann man nämlich nach Gl. (12) die innere Energie eines Gases durch Integration ermitteln, denn die mit U_0 (bei $T = 0$ und unendlicher Verdünnung) bis auf das Vorzeichen identische atomare Bildungswärme können wir nach der Tab. 5 auf S. 89 oder einer ähnlichen Zusammenstellung abschätzen. Im übrigen erfordert die Bestimmung der Größe $(\partial U/\partial V)_T$ und deren Integration gemäß Gl. (16) lediglich die Kenntnis der thermischen Zustandsgleichung, ein Fragenkreis, der durch das Kapitel I als erledigt betrachtet werden kann. Ganz entsprechend verhält es sich mit der Enthalpie, die man übrigens auch gemäß ihrer Definition $H = U + pV$ mit Hilfe der thermischen Zustandsgleichung aus der inneren Energie gewinnen kann.

Wir beginnen mit den Gasen und hier wiederum mit den einatomigen idealen Gasen. Im übrigen genügt es, sich auf das ideale Gas zu beschränken, weil die Molwärme des realen Gases aus der des idealen Gases bei Kenntnis der thermischen Zustandsgleichung über die Gln. (21) und (26) sowie (27) bestimmt werden kann. Die thermische Energie eines einatomigen idealen Gases besteht nach unserer früher entwickelten atomistisch-kinetischen Grundvorstellung (S. 11/12) aus der kinetischen Energie $\frac{1}{2} m \overline{w}^2$ sämtlicher Einzelmolekeln, da Rotationsbewegungen und sonstige anderweitige Energieformen (z. B. potentielle Energie) hier nicht in Betracht kommen. Die kinetische Energie eines ganzen Mols beläuft sich nun auf:

$$E_{\text{kin.}} = \tfrac{1}{2} N_L \, m \, \overline{w}^2 = \tfrac{1}{2} M \, \overline{w}^2 = \tfrac{3}{2} R T = \tfrac{3}{2} N_L \, k T , \qquad (90)$$

wenn wir beachten, daß jetzt die *quadratisch* gemittelte Molekulargeschwindigkeit $\overline{w}^2$ eingeführt werden muß, die nach Gl. (I, 12 a) auf die Temperatur zurückgeführt werden kann. Indem wir nun $E_{\text{kin.}}$ mit der gesamten thermischen Energie, also der inneren Energie des einatomigen idealen Gases, identifizieren, erhalten wir unter Beachtung von Gl. (11)

$$U = \frac{3}{2} R T \quad \text{und} \quad C_v = \left(\frac{\partial U}{\partial T} \right)_V = \frac{3}{2} R . \qquad (90\,\text{a})$$

Somit sollte wegen $R = 1,9865$ cal/grad mol die Molwärme einatomiger Gase im ideal verdünnten Zustand 2,98 cal/grad mol betragen, ein Wert, der nach Abb. 21, S. 81, bei diesen erfahrungsgemäß auch bei allen Temperaturen gefunden wird. [Wegen $R/2 \approx 1$ cal/grad mol wird im gegenwärtigen Abschnitt der cal gegenüber dem Joule der Vorzug gegeben.]

Wir können das erhaltene Ergebnis auch derart formulieren, daß die mittlere Energie bei der Temperatur T für jeden einzelnen quadratischen Freiheitsgrad (x-, y- oder z-Term der kinetischen Energie) nach dem klassischen Gleichverteilungssatz der Energie $\frac{1}{2} k T$ beträgt, sofern man auf eine Molekel bezieht, denn in Gl. (90) ist auf drei Freiheitsgrade und N_L Molekeln bezogen. In dieser Form ist das erhaltene Ergebnis auch leicht auf mehratomige Gase übertragbar.

§ 52. Molwärme zweiatomiger idealer Gase

Wir werden einer zweiatomigen Molekel nach dem Gleichverteilungssatz die Energie $f \cdot \frac{1}{2} k T$ zuschreiben, wenn f die Zahl der quadratischen Freiheitsgrade der Molekel ist. Mithin wird die innere Energie je Mol:

$$U = \frac{f}{2} R T \quad \text{und} \quad C_v = \left(\frac{\partial U}{\partial T} \right)_V = \frac{f}{2} \cdot R . \qquad (91)$$

Es bleibt mithin nur noch die Bestimmung der Zahl f. Jedes der beiden Atome besitzt drei Bewegungsfreiheitsgrade in den drei Richtungen des

Raumes, so daß wir insgesamt mit $2 \cdot 3 = 6$ Freiheitsgraden rechnen müssen. Betrachtet man die tatsächlichen Bewegungen der Molekel, so ist unter diesen Bewegungen auch die Schwingung der beiden Atome der Molekel gegeneinander enthalten, bei welcher sich der gegenseitige Abstand der beiden Atome periodisch mit der Zeit ändert. Wir wollen zunächst einmal von dieser Schwingung absehen und uns vorstellen, daß die Einzelatome in der Molekel ihren gegenseitigen Abstand dauernd beibehalten, daß also die Schwingungsbewegung eingefroren sei (sog. Hantelmodell der zweiatomigen Molekel). Es bleiben dann noch die Translationsbewegungen der ganzen Molekel (des Schwerpunktes) und ihre Rotation um den Schwerpunkt. Da der Schwerpunkt sich wieder in den drei Raumrichtungen bewegen kann, so bleiben von den fünf Freiheitsgraden, die nach Abzug des Schwingungsfreiheitsgrades noch vorhanden sind, zwei Freiheitsgrade für die Rotation um den Schwerpunkt übrig. Die Energie dieser Rotationsbewegung wird formelmäßig durch

$$E_{\text{rot.}} = \tfrac{1}{2} I \left(\omega_x^2 + \omega_y^2 \right) \tag{92}$$

wiedergegeben, wenn I das Trägheitsmoment der Molekel und ω_x und ω_y die Winkelgeschwindigkeiten um die beiden senkrecht zueinander und senkrecht auf der Molekelachse stehenden Rotationsachsen sind. Eine Rotation um die Molekellängsachse entfällt bei zweiatomigen (und auch bei gestreckten) Molekeln, weil das Trägheitsmoment um diese Achse verschwindet oder doch zu klein ist im Verhältnis zu den sonst auftretenden Trägheitsmomenten. Wir haben also mit der Translationsbewegung zusammen fünf quadratische Freiheitsgrade, so daß nach Gl. (91) mit $f = 5$ für die Molwärme des idealen (hochverdünnten) zweiatomigen Gases

$$C_v = \tfrac{5}{2} \cdot R = 4{,}97 \ \text{cal/grad mol} \tag{91a}$$

unabhängig von der Temperatur erhalten wird. Bei tiefen Temperaturen stimmt dieses Resultat mit dem experimentellen Befund überein, insofern dieser Grenzwert dort erreicht wird und C_v dann nicht mehr mit der Temperatur variiert, woraus man schließen muß, daß die innermolekulare Schwingung dann tatsächlich eingefroren ist.

Der Befund, daß mit steigender Temperatur die Molwärme zweiatomiger Gase, wenn erst einmal höhere Temperaturen erreicht werden, langsam zunimmt, zeigt aber, daß die innermolekulare Schwingung nicht durchweg „eingefroren" bleibt, sondern allmählich „auftaut". Dieses allmähliche „Auftauen" des Schwingungsfreiheitsgrades widerspricht eigentlich dem klassischen Gleichverteilungssatz der Energie, denn entweder ist ein Freiheitsgrad vorhanden oder nicht; und damit ist es nach dem klassischen Gleichverteilungssatz nicht denkbar, daß ein einzelner Freiheitsgrad nur teilweise angeregt ist. Wir wollen aber das Problem der nur teilweise angeregten innermolekularen Schwingungen hier nicht weiter verfolgen, sondern noch zurückstellen, bis die Verhältnisse bei mehratomigen Molekeln besprochen sind, denen wir uns nun zuwenden.

§ 53. Molwärme mehratomiger Molekeln

Die Abzählung der Freiheitsgrade bei mehratomigen Molekeln erfolgt prinzipiell in der gleichen Weise wie oben. Es sind drei Freiheitsgrade der Translation des Schwerpunktes der Molekel vorhanden, wozu jetzt i. allg. drei Freiheitsgrade der Rotation um den Schwerpunkt hinzukommen, weil bei *gewinkelten* Molekeln auch die Rotation um die dritte Raumachse möglich wird und so ein weiterer quadratischer Freiheitsgrad entsteht. Die Anwendung von Gl. (91) ergibt dann, wenn wir von den Schwingungen der Atome in der Molekel vorerst wieder absehen, mit $f = 6$ Freiheitsgraden:

$$C_v = \tfrac{6}{2}R = 5{,}96 \text{ cal/grad mol.} \tag{93}$$

Im Falle *gestreckter* mehratomiger Molekeln entfällt wieder die Rotation um die Molekelachse, so daß ebenso wie in Gl. (91 a) für diesen Fall

$$C_{v\,(\text{gestr.})} = \tfrac{5}{2}R = 4{,}97 \text{ cal/grad mol} \tag{93a}$$

erhalten wird. Die Werte der Gl. (93) und (93 a) stimmen mit denjenigen überein, die man in der Grenze bei tiefen Temperaturen beobachtet, wenn also die innermolekularen Schwingungen ,,eingefroren'' sind.

Die mehratomigen Molekeln besitzen nun bei n Atomen in der Molekel insgesamt $3 \cdot n$ Freiheitsgrade, weil auf jedes Atom drei Freiheitsgrade entfallen. Wenn man nun sechs bzw. fünf Freiheitsgrade (je nachdem, ob die Molekel gewinkelt oder gestreckt ist) für die Translations- und Rotationsbewegungen davon abzieht, so bleiben also $3n - 6$ bzw. $3n - 5$ Freiheitsgrade als Schwingungsfreiheitsgrade übrig. Mithin hat eine dreiatomige ($n = 3$) gestreckte Molekel bereits vier Schwingungsfreiheitsgrade, so daß man bei höherer Temperatur bereits einen starken Anstieg der Molwärme mit zunehmender Temperatur erwarten wird, wenn man für jeden Schwingungsfreiheitsgrad etwa den gleichen Temperaturanstieg veranschlagt. Dem entspricht der experimentelle Befund, daß der Temperaturkoeffizient der Molwärme der Gase im allgemeinen um so größer ist, je mehr Atome die untersuchte Molekel besitzt.

Indem wir im Augenblick wieder von den hierher rührenden Komplikationen absehen, stellen wir vorerst in der folgenden Tabelle die Grenzwerte der Molwärmen C_v und C_p im ideal verdünnten Gaszustand zusammen, die man bei ein-, zwei- und mehratomigen Molekeln in denjenigen Temperaturgebieten beobachtet, in denen die Schwingungsenergie sämtlicher Schwingungsfreiheitsgrade praktisch noch nicht angeregt ist bzw. zahlenmäßig noch nicht ins Gewicht fällt. Es ergibt sich dabei C_p aus C_v gemäß Gl. (26), S. 70, $C_p - C_v = R$.

In der vorletzten Reihe der Tabelle sind die für die adiabatische Zustandsgleichung maßgebenden $\varkappa \equiv C_p/C_v$-Werte angegeben.

Die letzte Zeile enthält die Angabe über die Zahl der verschiedenen innermolekularen Schwingungen der Molekel.

Tabelle 6. *Grenzwerte der Molwärme der Gase bei tiefen Temperaturen und im verdünnten Zustand*

Zahl der Atome in der Molekel	Einatomige Molekeln	Zweiatomige Molekeln	Mehratomige Molekeln	
			gewinkelt	gestreckt
C_v (ideal) in cal/grad mol . . .	$\frac{3}{2}R = 2{,}98$	$\frac{5}{2}R = 4{,}97$	$\frac{6}{2}R = 5{,}96$	$\frac{5}{2}R = 4{,}97$
C_p (ideal) in cal/grad mol . . .	$\frac{5}{2}R = 4{,}97$	$\frac{7}{2}R = 6{,}95$	$\frac{8}{2}R = 7{,}95$	$\frac{7}{2}R = 6{,}95$
$\varkappa = C_p/C_v$	$\frac{5}{3} = 1{,}67$	$\frac{7}{5} = 1{,}40$	$\frac{4}{3} = 1{,}33$	$\frac{7}{5} = 1{,}40$
Zahl der Schwingungsfreiheitsgrade . . .	0	1	$3n-6$	$3n-5$

§ 54. Schwingungsanteil der Molwärme

Wir wollen uns nun eingehend mit dem Schwingungsanteil der Molwärme befassen. Wie schon oben angedeutet wurde, stehen die diesbezüglich gesammelten experimentellen Erfahrungen im Widerspruch zum klassischen Gleichverteilungssatz. Es soll aber zunächst dargelegt werden, welche Aussage der klassische Gleichverteilungssatz über die Schwingungsenergie gestattet. Jeder innermolekulare Schwingungsfreiheitsgrad enthält im Unterschied zu den Freiheitsgraden der Translations- und Rotationsbewegung *zwei* quadratische Freiheitsgrade, nämlich einen Freiheitsgrad der kinetischen Energie und einen solchen der potentiellen Energie, die in der Schwingungsbewegung enthalten sind. Beide Freiheitsgrade sind quadratische Freiheitsgrade; für die kinetische Energie $\frac{1}{2}m\,\overline{w}^2$ ist dies von früher her bekannt, bei der potentiellen Energie ist der quadratische Zusammenhang zwischen ihr und der Verzerrung x aus der Gleichgewichtslage gegeben, wenn die rücktreibende Kraft, welche die verzerrten Atome in ihre Ruhelage zurückzuführen bestrebt ist, der Verzerrung x proportional ist. Mit Hilfe der auf S. 42 gegebenen Beziehung $-\partial E_p/\partial x = K(x)$, wo jetzt x anstatt r geschrieben ist, erhält man mit $K(x) = -Dx$ nämlich durch Integration:

$$E_p(x) = \tfrac{1}{2}Dx^2, \tag{94}$$

wenn $E_p(0) = 0$ gesetzt wird. D wird als Hookesche Kraftkonstante der Verzerrung bezeichnet. Die Gesamtenergie der Schwingung wird also durch die Summe zweier quadratischer Terme dargestellt:

$$E_p = \tfrac{1}{2}m \cdot w_x^2 + \tfrac{1}{2}Dx^2. \tag{94a}$$

Hier ist m übrigens nicht mit der ganzen Masse der Molekel identisch, sondern ist die bei der Schwingung mitschwingende Masse, die auch als reduzierte Masse bezeichnet wird (vgl. S. 55). Der rein quadratische Ansatz gilt natürlich nur so lange, wie die lineare Beziehung zwischen K und x als zutreffend angesehen werden kann, was wiederum nur bei kleiner Elongation x mit einiger Sicherheit vorausgesetzt werden darf.

Wegen des Vorhandenseins der beiden quadratischen Terme der Schwingung müssen wir also nach dem klassischen Gleichverteilungssatz der Energie für jeden Term die Energie $\frac{1}{2}kT$ in Ansatz bringen, die oben für jeden quadratischen Term der kinetischen oder der rotatorischen

Energie einzusetzen war. Demzufolge haben wir als Schwingungsenergie je Molekel $\frac{1}{2}kT + \frac{1}{2}kT = kT$ anzusetzen, also für den Schwingungsfreiheitsgrad je Mol

und

$$U_s = N_L\,kT = RT$$

$$\left(\frac{\partial U_s}{\partial T}\right)_V = R = 1{,}987 \text{ cal/grad mol.} \tag{95}$$

Nach der klassischen Theorie ist für jeden Schwingungsfreiheitsgrad mit diesem Beitrag zu rechnen, so daß also bei einer gestreckten dreiatomigen Molekel, die $3n - 5 = 4$ Schwingungsfreiheitsgrade besitzt, mit $4R = 7{,}95$ cal/grad mol für die Schwingungen zu rechnen ist, also eine gesamte Molwärme $C_v = 4{,}97 + 7{,}95 = 12{,}92$ cal/grad mol resultiert. Dieser Wert sollte wenigstens bei hohen Temperaturen angenommen werden, wo die Schwingungen voll angeregt sind. Meist liegt diese Temperatur jedoch so hoch, daß die Molekel bereits dissoziiert.

Klassisch kann man eigentlich nur zwischen den beiden Fällen unterscheiden, daß eine Molekel überhaupt nicht schwingt oder eben Schwingungen ausführt. In dem einen Fall erhält man als Molwärme $f/2 \cdot R$, im andern $(f/2 + f_s)\,R$, wenn f die Zahl der Translations- und Rotationsfreiheitsgrade und f_s die der Schwingungsfreiheitsgrade bedeutet. Einen allmählichen Übergang erhält man nicht. Wir müssen also mit einer wesentlichen Korrektur der Grundprinzipien der kinetischen Theorie (S. 11/12) rechnen, aus denen der klassische Gleichverteilungssatz mathematisch abgeleitet worden war.

Wie schon damals angedeutet wurde, werden wir am ehesten noch von dem Grundprinzip abgehen, daß die molekularen Teilchen den klassisch-mechanischen Bewegungsgesetzen genügen sollen, eine Annahme, die ohnehin nicht direkt geprüft werden konnte. Wir kommen aber jetzt zu Folgerungen aus den damaligen Prinzipien, die mit dem Experiment nicht mehr im Einklang stehen, so daß eine Korrektur der Grundvorstellungen notwendig wird. Die über die klassische Theorie hinausgehende Korrektur beruht nun auf der Grundannahme der Planckschen Quantentheorie, daß nämlich die Energie von einem atomaren oder molekularen Gebilde nur in Gestalt fester Energiequanten ΔE von endlicher Größe aufgenommen oder abgegeben werden kann. Speziell bei schwingungsfähigen Gebilden sollen diese Quanten der Frequenz des Gebildes (Oszillators) proportional sein; die Energieänderung bzw. das Energiequant ΔE wird also in Abhängigkeit von der Frequenz $\nu = \frac{1}{2\pi}\sqrt{\dfrac{D}{m}}$ geschrieben:

$$\Delta E = h\,\nu, \tag{96}$$

wo der Proportionalitätsfaktor h, der in der Literatur als Plancksche Konstante bezeichnet wird, den Wert $h = 6{,}62 \cdot 10^{-27}$ erg $\cdot$ sec besitzt.

Wir verstehen jetzt, warum bei tiefen Temperaturen die Schwingungsenergie noch nicht angeregt ist, denn bei diesen Temperaturen genügt die mittlere Energie, die in der Translation und Rotation der Molekeln steckt und von der Größenordnung kT je Molekel ist, *nicht*, um die Schwingung anzuregen, weil der Molekel ja mindestens die Energie $h \cdot v$ zur Anregung durch die anderen Energiefreiheitsgrade angeboten werden muß, was eben bei tiefer Temperatur nicht oder nur sehr selten der Fall ist. Wenn kT mit hv vergleichbar ist, wird die Schwingung merklich angeregt sein, um bei $kT \gg hv$ volle Anregung im klassischen Sinne zu zeigen. Die Stärke der Anregung einer Schwingung und damit ihr Beitrag zur Molwärme wird — wie wir vermuten dürfen — von dem Verhältnis hv/kT abhängen, sie wird also durch die Höhe der Frequenz v der gerade betrachteten Schwingung individuell beeinflußt.

Der Boltzmannsche e-Satz (S. 31) gestattet jetzt sogar, anzugeben, wie viele Molekeln in einer Gasmasse — etwa einem Mol — im Grundzustand der Schwingung (Energie $0 \cdot hv$), wie viele im ersten angeregten Zustand (Energie $1 \cdot hv$), wie viele im zweiten angeregten Zustand (Energie $2 \cdot hv$) usw. enthalten sind. Ihre Zahl beträgt danach:

$$N_0 = a \cdot e^{-0\,hv/kT}, \qquad N_1 = a \cdot e^{-hv/kT}, \qquad N_2 = a \cdot e^{-2hv/kT} \quad \text{usw.,} \quad (97)$$

wo a ein geeigneter Proportionalitätsfaktor ist, der dafür sorgt, daß die Summe aller N_i gleich der Gesamtzahl N_L der Molekeln in einem Mol des Gases ist; also

$$\left.\begin{aligned}
\frac{N_0}{N_L} &= \frac{e^{-0\,hv/kT}}{e^{-0\,hv/kT} + e^{-hv/kT} + e^{-2hv/kT} + \cdots}, \\[1ex]
\frac{N_1}{N_L} &= \frac{e^{-hv/kT}}{e^{-0\,hv/kT} + e^{-hv/kT} + e^{-2hv/kT} + \cdots}, \\[1ex]
\frac{N_2}{N_L} &= \frac{e^{-2\,hv/kT}}{e^{-0\,hv/kT} + e^{-hv/kT} + e^{-2hv/kT} + \cdots}
\end{aligned}\right\} \quad (98)$$

usw.

Wenn wir jetzt die in der Schwingung aller Molekeln enthaltene Energie berechnen wollen, so müssen wir die Summe bilden:

d. h.

$$\left.\begin{aligned}
U &= N_0 \cdot 0\,hv + N_1\,hv + N_2 \cdot 2\,hv + \cdots, \\[1ex]
\frac{U}{N_L} &= \frac{0\,hv \cdot e^{-0\,hv/kT} + hv \cdot e^{-hv/kT} + 2\,hv \cdot e^{-2\,hv/kT} + \cdots}{e^{-0\,hv/kT} + e^{-hv/kT} + e^{-2\,hv/kT} + \cdots}.
\end{aligned}\right\} \quad (99)$$

Man stellt nun direkt fest, daß der Zähler Z des letzten Bruches gleich dem mit kT^2 multiplizierten Differentialquotienten des Nenners Ne nach der Temperatur ist. Der Nenner Ne ist nun seinerseits eine unendliche geometrische Reihe mit dem Quotienten

$$q = e^{-hv/kT},$$

deren Summe nach der Formel $S = 1/(1 - q)$ für die geometrische Reihe:

$$Ne = \frac{1}{1 - e^{-hv/kT}}$$

beträgt, so daß der Zähler durch

$$Z = kT^2 \frac{d}{dT} Ne = \frac{hv\,e^{-hv/kT}}{(1 - e^{-hv/kT})^2} \tag{100}$$

gegeben wird. Daraus folgt:

$$\frac{U_s}{N_L} = \frac{Z}{N e} = \frac{h\,\nu \cdot e^{-h\nu/kT}}{1 - e^{-h\nu/kT}} = \frac{h\,\nu}{e^{h\nu/kT} - 1} = kT\,\frac{h\,\nu/kT}{e^{h\nu/kT} - 1}. \qquad (100\,\text{a})$$

Bei Einführung der Abkürzung $\Theta = h\,\nu/k$ erhalten wir:

$$U_s = \frac{R\,\Theta}{e^{\Theta/T} - 1} \quad \text{und} \quad C_s = \left(\frac{\partial U_s}{\partial T}\right)_V = R\left(\frac{\Theta}{T}\right)^2 \frac{e^{\Theta/T}}{(e^{\Theta/T} - 1)^2}. \qquad (101)$$

Hieraus entnimmt man sofort, daß bei hoher Temperatur $C_s \to R$, also gegen den klassischen Grenzwert strebt, während bei tiefer Temperatur C_s etwa wie $x^2\,e^{-x}$ mit wachsendem $x\,(= \Theta/T)$ gegen Null strebt. Im übrigen hängt C_s in der Tat nur von $\Theta/T = h\,\nu/kT$ ab und nimmt mit wachsender Temperatur stetig von 0 bis R zu, wie es in Abb. 26 gezeigt ist, in der C_s nach Gl. (101) gegen T/Θ aufgetragen ist.

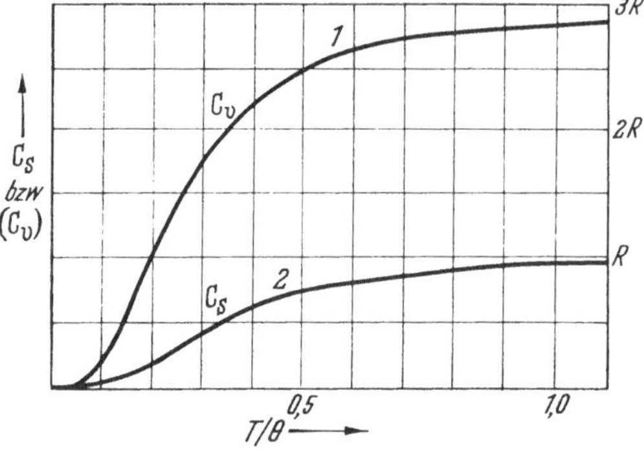

Abb. 26. C_s nach PLANCK-EINSTEIN und C_v nach DEBYE als Funktion von Θ/T bzw. T/Θ

Man kann nun z. B. bei zweiatomigen Molekeln, die nur einen Schwingungsfreiheitsgrad besitzen, aus dem gemessenen Wert der Molwärme C_v durch Subtraktion des auf Translation und Rotation entfallenden Anteils von 4,97 cal/grad mol den Schwingungsanteil C_s bei der gegebenen Temperatur entnehmen, woraus man nach Gl. (101) den zugehörigen Θ/T-Wert gewinnt, der dann durch Multiplikation mit T die sog. charakteristische Temperatur Θ der Schwingung ergibt. Bei Kenntnis der charakteristischen Temperatur Θ kann man dann mit Hilfe der Gl. (101) die Schwingungswärme C_s und die gesamte Molwärme C_v im ideal verdünnten Zustand bei jeder Temperatur berechnen. So findet man z. B. beim Cl_2 bei $T = 243\ °K$ eine Molwärme C_v von 5,81 cal/grad mol, woraus man $C_s = 0,84$ cal/grad entnimmt, ein Wert, der nach Gl. (101) zu $\Theta/T = 3,35$ und $\Theta = 814°K$ führt. Man erhält dann z. B. bei $T = 451,7\ °K$ den Wert $\Theta/T = 1,802$ und nach Gl. (101) die Schwingungswärme $C_s = 1,53$ cal/grad mol und mithin $C_v = 6,50$ cal/grad mol, was mit dem Experiment ($C_v = 6,51$ cal/grad mol) gut übereinstimmt. Ähnlich kann man bei jeder anderen Temperatur C_v berechnen und erhält jedesmal eine befriedigende Übereinstimmung mit der Erfahrung, was die Zuverlässigkeit unserer theoretischen Grundlagen (Quantentheorie) weitgehend stützt.

Aus dem Θ-Wert erhält man durch Multiplikation mit der universellen Konstanten k/h die Frequenz ν der innermolekularen Schwingung, speziell im Falle des Chlors folgt aus $\Theta = 814°$ die Frequenz $\nu = 814 \cdot 1,38 \cdot 10^{-16}/6,62 \cdot 10^{-27} = 1,70 \cdot 10^{13}$ sec^{-1}. Weiterhin kann man die innermolekularen Frequenzen direkt aus dem Raman-Spektrum und dem Ultrarotspektrum entnehmen, weil die Molekeln bei Abgabe oder Aufnahme der Quantenenergie $h \cdot \nu$ entweder in charakteristischer Weise Licht absorbieren (Ultrarotspektren) oder die Frequenz von eingestrahltem Licht bei der Wiederausstrahlung in entsprechender Weise ändern (Raman-Spektrum). Zum Beispiel schließt man aus dem Raman-Spektrum des Cl_2 auf eine innermolekulare Schwingung des Cl_2 von $1{,}695 \cdot 10^{13}$ sec^{-1} in Übereinstimmung mit dem eben durch Rechnung erhaltenen Wert, was die innere Geschlossenheit der Theorie beweist.

Bei mehratomigen Molekeln sucht man, allgemein aus dem Ultrarot- und Raman-Spektrum die Frequenzen der verschiedenen innermolekularen Schwingungen abzuleiten, um daraus auf die Θ-Werte und Molwärmen zu schließen. Beim Beispiel des CO_2 gewinnt das Verfahren etwa folgendes Aussehen:

Aus den genannten Spektren ergeben sich Frequenzen und Θ-Werte folgender Größe: $\Theta_1 = \Theta_2 = 954\ °K$, $\Theta_3 = 1920\ °K$ und $\Theta_4 = 3360\ °K$. Die zugehörigen Schwingungsbewegungen haben die in Abb. 27 wiedergegebene Gestalt. Die Pfeile bedeuten dabei die Verzerrung aus der Gleichgewichtslage, die Zeichen $+$ und $-$ Verzerrungen nach oben und unten aus der Papierebene. Die beiden Schwingungen 1 und 2, welche die gleiche Frequenz besitzen, bezeichnet man als miteinander entartet. Die Berechnung der Molwärme dieser gestreckten dreiatomigen Molekel bei $T = 293\ °K$ gestaltet sich wie folgt:

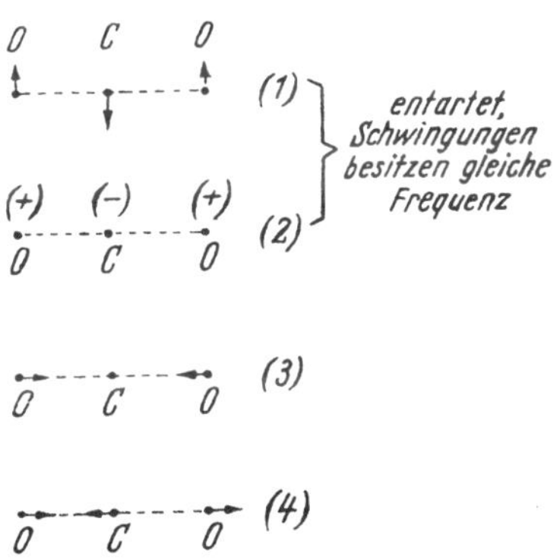

Abb. 27. Normalschwingungen der CO_2-Molekel. ($+$) Bewegung nach oben, ($-$) Bewegung nach unten

$$(1) \quad \Theta_1 = 954°; \quad \frac{\Theta_1}{T} = 3{,}255; \quad C_{s\,1} = 0{,}88 \text{ cal/grad mol}$$

$$(2) \quad \Theta_2 = 954°; \quad \frac{\Theta_2}{T} = 3{,}255; \quad C_{s\,2} = 0{,}88 \text{ cal/grad mol}$$

$$(3) \quad \Theta_3 = 1920; \quad \frac{\Theta_3}{T} = 6{,}55; \quad C_{s\,3} = 0{,}12 \text{ cal/grad mol}$$

$$(4) \quad \Theta_4 = 3360; \quad \frac{\Theta_4}{T} = 11{,}46; \quad C_{s\,4} = 0{,}00 \text{ cal/grad mol}$$

$$C_{\text{Trans.}+\text{Rot.}} = 4{,}97 \text{ cal/grad mol}$$

Durch Addition $\qquad C_v^{-}(293\ °K) = 6{,}85$ cal/grad mol

In guter Übereinstimmung mit $C_v(293°)_{\text{exper.}} = 6{,}89$ cal/grad mol

Analog hat man in sämtlichen anderen Fällen vorzugehen. Bei größeren Molekeln ist oftmals die genaue Größe der einzelnen Schwingungsfrequenzen nicht bekannt, sie muß dann abgeschätzt werden. Wie dies im einzelnen zu geschehen hat, soll hier nicht näher ausgeführt werden.

b) Feste Körper

§ 55. Schwingungsspektrum und Debyesche Theorie

Die Molwärme eines einheitlichen Kristalls (z. B. eines Metalls) kann man prinzipiell in der gleichen Weise ermitteln wie oben diejenige von mehratomigen Molekeln. Wir können nämlich einen ganzen Kristall als eine Riesenmolekel ansehen, die eine Unzahl innermolekularer Schwingungen besitzt, so daß wir lediglich die Aufgabe zu lösen haben, die Wärmeanteile aller dieser Schwingungen zusammenzuzählen. Zwar hat ein solcher Kristall auch als Ganzes eine Translations- und Rotationswärme, doch fällt diese praktisch nicht ins Gewicht, denn der ganze Kristall als *eine* (gewinkelte) Molekel besitzt nur die Translations- und Rotationswärme $3k = 6/N_L$ cal/grad mol, die neben der Schwingungswärme von meist mehreren cal/grad mol völlig vernachlässigt werden kann.

Bei N_L Atomen im ganzen Kristall haben wir nach unserer früheren Abzählung (Tab. 6, S. 103) insgesamt $3N_L - 6 \approx 3N_L$ Schwingungsfreiheitsgrade. Die Größe dieser Zahl zeigt, daß es praktisch unmöglich ist, die Schwingungswärmen — oder Energieanteile dieser Schwingungen — exakt aufzu*summieren*. Wir müssen diese Summation darum durch eine geeignete Integration ersetzen. Die Frequenzen der Eigenschwingungen werden nun zwischen sehr langsamen ($\nu = 0$) und relativ schnellen Schwingungen $\nu = \nu_g$ liegen und sich irgendwie derart verteilen, daß zwischen ν und $\nu + d\nu$ insgesamt $f(\nu)\,d\nu$ Schwingungen enthalten sind. Die Zahl *aller* Schwingungen wird dann durch

$$\int_0^{\nu_g} f(\nu)\,d\nu = 3N_L \qquad (102)$$

gegeben. Der Anteil einer Einzelschwingung zur Energie des Kristalls ist nach Gl. (100a) mit

$$h\,\nu/(e^{h\nu/kT} - 1)$$

anzusetzen, so daß also von den zwischen ν und $\nu + d\nu$ gelegenen Schwingungen der Beitrag

$$\frac{f(\nu)\,h\,\nu\,d\nu}{e^{h\nu/kT} - 1} \qquad (102\,\mathrm{a})$$

zur Energie des Kristalls geliefert wird. Die gesamte innere Energie des Kristalls ergibt sich nun durch Integration über alle Frequenzen zu:

$$U(T) = \int_0^{\nu_g} \frac{f(\nu)\,h\,\nu\,d\nu}{e^{h\nu/kT} - 1}. \qquad (102\,\mathrm{b})$$

Es bleibt jetzt noch die Aufgabe, die Verteilungsfunktion $f(\nu)$ zu ermitteln. Dies Problem ist von DEBYE (1912) gelöst worden, worauf hier nicht in allen Einzelheiten eingegangen werden soll. Einige Plausibilitätsbetrachtungen mögen genügen. Bei einem eindimensionalen Körper (schwingende Saite) ist die Verteilung der Schwingungen bekanntlich so, daß auf jedes Intervall vorgegebener Größe die gleiche Zahl von Schwingungen entfällt, d. h. Grundton, erster Oberton, zweiter Oberton usw. liegen äquidistant auseinander. Die Zahl der auf ein Intervall der Breite $d\nu$ entfallenden Schwingungen ist dann mit einem von ν unabhängigen Proportionalitätsfaktor der Intervallbreite $d\nu$ proportional. In diesem Falle ist $f(\nu)$ eine Konstante. Bei einem zweidimensionalen Körper (schwingende Membrane) ist $f(\nu)$ offenbar um so größer, je kleiner die Wellenlänge der elastischen Wellen, d. h. je größer die Frequenz ist, weil man dann um so mehr Möglichkeiten hat, stationäre Wellen gegebener Wellenlänge in verschiedenen Richtungen über die Membran laufen zu lassen. Es zeigt sich, daß $f(\nu)$ dann proportional mit ν ansteigt. Im Falle des dreidimensionalen Festkörpers wächst die Zahl der Möglichkeiten, stationäre elastische Wellen (Schallwellen) mit festen Frequenzen durch den Körper hindurchlaufen zu lassen, noch stärker mit steigendem ν an, nämlich proportional zu ν^2. Dies ist das erwähnte Debyesche Ergebnis. Mit $f(\nu) = a \cdot \nu^2$, wo a ein geeigneter Proportionalitätsfaktor ist, erhält man aus Gl. (102)

$$\frac{1}{3}\, a \cdot \nu_g^3 = 3\,N_L \quad \text{oder} \quad \nu_g = \left(\frac{9\,N_L}{a}\right)^{\frac{1}{3}}. \tag{103}$$

Aus Gl. (102 b) ergibt sich dann

$$U(T) = \int\limits_0^{\nu_g} \frac{a\,h\,\nu^3\,d\nu}{e^{h\nu/kT}-1} = kT\left(\frac{kT}{h}\right)^3 \cdot a \int\limits_0^{h\nu_g/kT} \frac{\left(\frac{h\nu}{kT}\right)^3 d\left(\frac{h\nu}{kT}\right)}{e^{h\nu/kT}-1}, \tag{104}$$

sofern $h\nu/kT$ als neue Variable eingeführt wird. Wenn wir hier die Abkürzung $\Theta_g = h\nu_g/k$ gebrauchen, erhalten wir unter Beachtung von Gl. (103):

$$U(T) = 3\,kT\left(\frac{T}{\Theta_g}\right)^3 \cdot \frac{1}{3}\,a \cdot \nu_g^3 \int\limits_0^{\Theta_g/T} \frac{x^3\,dx}{e^x-1} = 3\,RT\left(\frac{T}{\Theta_g}\right)^3 \cdot 3 \int\limits_0^{\Theta_g/T} \frac{x^3 \cdot dx}{e^x-1}, \tag{104a}$$

wo noch $h\nu/kT = x$ unter dem Integral als Abkürzung eingesetzt ist. Wenn man nun die Debyesche Funktion $D(\xi)$ durch das Integral

$$D(\xi) = \frac{3}{\xi^3} \cdot \int\limits_0^{\xi} \frac{x^3\,dx}{e^x-1} \tag{105}$$

definiert, das nicht mehr elementar auswertbar ist, so erhält man

$$U(T) = 3\,RT \cdot D(\Theta_g/T), \tag{106}$$

und durch Differentiation nach T die Molwärme:

$$C_v = 3\,R\left[4\,D\left(\frac{\Theta_g}{T}\right) - 3\,\frac{\Theta_g/T}{e^{\Theta/T}-1}\right], \tag{106a}$$

wenn

$$\frac{d}{d\xi}\,D(\xi) = -\frac{3}{\xi}\,D(\xi) + \frac{3}{e^{\xi}-1}$$

beachtet wird.

Wir betrachten jetzt die Grenzfälle $T \gg \Theta_g$ und $T \ll \Theta_g$. Im ersten Falle, also bei relativ hohen Temperaturen, ist $\Theta_g/T \equiv \xi$ in Gl. (105) relativ klein, es kann dann im Nenner $e^x - 1 \approx x$ gesetzt werden, so daß sich das Integral zu $\int_0^\xi x^2\, dx = \xi^3/3$ ergibt, was dann zu $D(0) = 1$ führt. Ebenso ergibt sich

$$\lim_{\Theta_g/T \to 0} \frac{\Theta_g/T}{e^{\Theta_g/T} - 1} = 1,$$

so daß bei hohen Temperaturen $U(T) = 3RT$ und $C_v = 3R = 5{,}96\ \mathrm{cal/grad\ mol}$ (24,95 J/grad mol) resultiert. Bei tiefen Temperaturen ist das Integral in Gl. (105) bis zur Grenze „unendlich" zu erstrecken und liefert einen konstanten Grenzwert, dessen Betrag, wie hier beiläufig erwähnt sei, $\pi^4/15 = 6{,}494$ ist. Es wird mithin $D(\Theta_g/T) = 19{,}5 \cdot T^3/\Theta_g^3$ und die Molwärme, sofern nur Θ_g/T genügend groß ist, weil dann $\dfrac{\Theta_g/T}{e^{\Theta_g/T} - 1}$ verschwindend klein gegen $D(\Theta_g/T)$ wird:

$$C_v = 12\,R \cdot D = 233{,}8\,R \cdot \left(\frac{T}{\Theta_g}\right)^3$$

$$= 464{,}4 \left(\frac{T}{\Theta_g}\right)^3 \mathrm{cal/grad\ mol}\left(= 1944 \left(\frac{T}{\Theta_g}\right)^3 \mathrm{J/grad\ mol}\right). \quad (107)$$

Man erhält also bei tiefen Temperaturen im Einklang mit dem Experiment eine zu T^3 proportionale bei $T = 0$ verschwindende Molwärme, während bei hohen Temperaturen der Grenzwert des Dulong-Petitschen Gesetzes erreicht wird. Zwar ist der Grenzwert dieses Gesetzes 6,2 bis 6,4 cal/grad mol an Stelle von 5,96 cal/grad mol; die Differenz erklärt sich aber daher, daß $C_p - C_v$ in diesem Temperaturgebiet bereits 0,2 bis 0,4 cal/grad mol beträgt und experimentell immer C_p und nicht C_v gemessen wird.

Im Zwischengebiet $\Theta_g/T \approx 1$ muß man die Debyesche Funktion der Gl. (105) mühsam numerisch auswerten, was wir hier übergehen. C_v ist nach Gl. (106a) eine Funktion von Θ_g/T oder T/Θ_g, deren Verlauf die Abb. 26, S. 106, wiedergibt, in der C_v gegen T/Θ_g aufgetragen ist. Die Übereinstimmung mit experimentellen Werten ist i. allg. befriedigend. Eine völlige Übereinstimmung ist so nicht zu erzielen, weil $f(\nu)$ in Wirklichkeit einen etwas komplizierteren als den oben angenommenen quadratisch mit ν ansteigenden Verlauf besitzt, der von Fall zu Fall sogar individuelle Unterschiede aufweist.

§ 56. Die Grenzfrequenz

Die Bestimmung des Wertes Θ_g kann natürlich einmal direkt aus den gemessenen Werten der Molwärmen über Gl. (106a) erfolgen, indem man prinzipiell ebenso vorgeht wie bei der Bestimmung des Θ-Wertes des Cl_2 aus dem C_v-Wert des Chlorgases.

Wir finden aber Θ_g auch direkt aus den elastischen Eigenschaften des Festkörpers. Die Grenzfrequenz ν_g gehört offensichtlich zu denjenigen elastischen Wellen (Schallwellen) des Festkörpers, welche die kürzest denkbare Wellenlänge aufweisen. Diese Wellenlänge ist von der Größenordnung des Abstandes $r_{\text{gl.}}$ benachbarter Atome des Festkörpers. Setzen wir $\lambda_g/2 = r_{\text{gl.}}$, so erhalten wir unter Berücksichtigung von $N_L\, r_{\text{gl.}}^3 = \beta V$ (s. S. 54):

$$\frac{\lambda_g}{2} = \sqrt[3]{\frac{\beta V}{N_L}} \quad \text{und} \quad W \equiv \nu_g \cdot \lambda_g = \nu_g \sqrt[3]{\frac{8\beta V}{N_L}}, \tag{108}$$

wenn noch die Schallgeschwindigkeit W eingeführt wird; aus der letzten Beziehung erhalten wir sofort

$$\Theta_g = \frac{h\,\nu_g}{k} = \frac{h}{k} \cdot W \sqrt[3]{\frac{N_L}{8\beta V}}\,. \tag{108a}$$

Die genaue Durchführung der Debyeschen Theorie liefert an Stelle von Gl. (108a)

$$\Theta_g = \frac{h \cdot \overline{W}}{k} \sqrt[3]{\frac{3 N_L}{4\pi V}}\,. \tag{108b}$$

Hierbei bedeutet $\overline{W}$ eine gemittelte Schallgeschwindigkeit, die sich gemäß

$$\frac{3}{\overline{W}^3} = \frac{2}{W_t^3} + \frac{1}{W_l^3} \tag{109}$$

aus den Schallgeschwindigkeiten W_t und W_l für die elastischen Translationswellen und Longitudinalwellen ergibt. Da β in Gl. (108a) von der Größenordnung 1 ist, sind die Formeln (108a) und (108b) numerisch nicht nennenswert voneinander verschieden. Unsere einfache Vorstellung $\lambda_g/2 = r_{\text{gl.}}$ führt also bereits zu brauchbaren Resultaten. Weil man die Schallgeschwindigkeiten W_t und W_l auch aus den elastischen Konstanten des Materials herleiten kann, nennt man Gl. (108b) die Ermittlung von Θ_g aus den elastischen Konstanten nach DEBYE.

Zum anderen ist ν_g mit der Frequenz identisch, die wir im Anschluß an die Madelung-Einsteinsche Überlegung auf S. 56 hergeleitet haben, so daß

$$\Theta_g = \frac{h}{k} \cdot \frac{3{,}03 \cdot 10^7}{\varrho_0^{\frac{1}{6}} M^{\frac{1}{3}} \chi_0^{\frac{1}{2}}} = \frac{1{,}453 \cdot 10^{-3}}{\varrho_0^{\frac{1}{6}} M^{\frac{1}{3}} \chi_0^{\frac{1}{2}}} \tag{110}$$

erhalten wird. Auch Gl. (110) stellt eine Berechnung der charakteristischen Grenztemperatur Θ_g aus den elastischen Daten dar.

Eine dritte Methode ist diejenige der Ermittlung von Θ_g aus dem Schmelzpunkt nach der Lindemannschen Schmelzpunktvorstellung. Diese beruht darauf, daß die Festkörper am Schmelzpunkt eine bestimmte Amplitude ihrer Schwingungen zeigen, bei der die Nachbaratome direkt aufeinanderprallen. Sind die Elongationen der Molekeln aus ihren Gleichgewichtslagen dabei so gering, daß man für die potentielle Energie noch einen harmonischen Ansatz [vgl. Gl. (94)] machen kann, so gilt am Schmelzpunkt

$$E_{\text{pot.}} = \tfrac{1}{2}D x^2 = 2\pi^2\,\nu_g^2\,m\,x^2, \tag{111}$$

wenn x die genannte Amplitude der Schwingungen ist und die Direktionskraft D gemäß der Pendelformel

$$\nu_g = \frac{1}{2\pi} \sqrt{\frac{D}{m}}$$

durch die Frequenz ν_g ersetzt wird. Wenn wir nun die Amplitude x mit einem festen Bruchteil von $V^{\frac{1}{3}}$ ansetzen (Theorem der übereinstimmenden Zustände), so erhalten wir, indem wir noch $E_{\text{pot.}}$ am Schmelzpunkt mit $3kT_e$ gleichsetzen, weil am Schmelzpunkt das Dulong-Petitsche Grenzgesetz bereits gilt:

$$3kT_e = \text{const} \cdot m\,V^{\frac{2}{3}}\,\nu_g^2, \tag{112}$$

also

$$\nu_g = \text{Const}\,\sqrt{\frac{T_e}{MV^{\frac{2}{3}}}},$$

wenn noch m durch die Molmasse M ersetzt wird.

Hieraus folgt direkt:

$$\Theta_g = \frac{h}{k} \cdot \text{Const}\,\sqrt{\frac{T_e}{M \cdot V^{\frac{2}{3}}}}. \tag{113}$$

Der Faktor vor der Wurzel wird am besten empirisch bestimmt, er besitzt bei den meisten Metallen den Wert 134, wenn V in cm³ und T_e in °K gemessen wird; hiermit erhält man schließlich die Lindemannsche Schmelzpunktformel:

$$\Theta_g = 134\,\sqrt{\frac{T_e}{M \cdot V^{\frac{2}{3}}}}, \tag{114}$$

zu deren Auswertung man nur die Mol- oder Atommassen, die Schmelztemperatur und das Mol- oder Atomvolumen zu kennen braucht.

Die folgende tabellarische Zusammenstellung zeigt die mit den verschiedenen Formeln [Gl. (108b), (110) und (114)] erhaltenen Θ_g-Werte im Vergleich zu denen, die man aus der Molwärme direkt entnimmt, und denen, die man in einigen Fällen auch hier aus dem Ultrarot- und Raman-Spektrum herleiten kann. Wie man sieht, treten gelegentlich stärkere Abweichungen auf; im großen ganzen erhält man aber befriedigende Resultate.

Tabelle 7. *Θ_g-Werte einfacher fester Stoffe*

Stoff	Aus elastischen Daten nach Gl.		Aus dem Schmelzpunkt nach Gl. (114)	Aus C-Messungen nach Gl. (106a)	Aus dem Ultrarot- und Raman-Spektrum
	(108b)	(110)			
Pb	83 °K	126 °K	87° K	88 °K	—
Pt	228	253	208	225	—
Cu	329	295	322	315	—
Ni	410	362	387	375	—
C (reg.)	—	1430	1600	1860	1980 °K
KCl	230	165	271	218	230

Die charakteristische Temperatur Θ_g ist eine Stoffkonstante, die jedoch noch von dem Volumen des Festkörpers abhängt, insofern nämlich die für die Gitterschwingungen maßgebenden rücktreibenden Kräfte von dem gegenseitigen Abstand benachbarter Atome abhängen.

Man kann nun zeigen, daß die thermische Ausdehnung und die Kompressibilität mit der dimensionslosen Größe $\dfrac{V \cdot d\Theta_g}{\Theta_g \cdot dV}$ zusammenhängt. Die Debyesche Theorie des festen Körpers, die wir hier nicht in allen Details wiedergeben wollen, liefert:

$$\frac{\alpha \cdot V}{\chi \cdot C_v} = - \frac{V\, d\Theta_g}{\Theta_g\, dV} \equiv \gamma, \tag{115}$$

womit der Anschluß an die Grüneisensche Theorie erreicht ist (S. 53). Soweit das Theorem der übereinstimmenden Zustände gilt, kann γ als unabhängig von der Natur des gerade betrachteten Stoffes angesehen werden. Da χ praktisch temperaturunabhängig ist und nach Gl. (I, 82a) bei Kenntnis der zwischenmolekularen Kräfte berechnet werden kann, ist es möglich, mit Hilfe von Gl. (115) die thermische Ausdehnung aus C_v über Gl. (106a) direkt zu gewinnen. Damit ist die kinetische Theorie des festen Zustandes in großen Zügen dargelegt.

Die Flüssigkeiten sind aus den mehrfach erwähnten Gründen einer kinetischen Behandlung nicht so leicht zugänglich; wir haben oben (S. 83) bereits angedeutet, daß die Molwärme einfacher Flüssigkeiten sich dem Wert im Kristall in unmittelbarer Nähe des Schmelzpunktes weitgehend annähert, um bei steigender Temperatur dem Verhalten des Gases nahezukommen. Immerhin gilt generell, daß die calorischen Eigenschaften der Flüssigkeiten denen des Kristalls näher stehen als denen des idealen Gases.

III. Chemische und thermodynamische Gleichgewichte

A. Dampfdruck- und Schmelzgleichgewichte reiner Stoffe vom phänomenologischen Standpunkt

§ 57. Allgemeine Gesichtspunkte

Wir wenden uns im vorliegenden Kapitel der Betrachtung der eigentlichen Reaktionen und Gleichgewichtszustände zu, indem wir mit dem einfachsten Falle, den Gleichgewichten zwischen den verschiedenen Phasen ein und desselben chemisch reinen Stoffes beginnen. Zuerst sollen einige allgemeine Gesichtspunkte vorausgeschickt werden. Bekanntlich verlaufen die Reaktionen bis zu einem Gleichgewichtszustand, der sich dadurch auszeichnet, daß makroskopisch gesehen keine weitere Reaktion erfolgt, daß also phänomenologisch ein Stillstand eintritt.

Man darf aber nicht aus einem Reaktionsstillstand schließen, daß ein Gleichgewichtszustand vorliegt. So beobachtet man in einer Knallgasmischung bei Zimmertemperatur makroskopisch keine Reaktion, was aber nicht daher rührt, daß die Knallgasmischung einem Gleichgewicht entspricht; hier verhindert vielmehr eine Reaktionshemmung, daß sich das wahre Gleichgewicht einstellt. Bei einem echten Gleichgewicht findet nämlich, mikroskopisch gesehen, immer noch Reaktion statt, lediglich liegt ein Umsatz in beiden Richtungen vor, einmal im Sinne der Bildung des Endproduktes und zweitens im Sinne der Zersetzung desselben und der Rückbildung der Ausgangsprodukte derart, daß die Umsätze sich gegenseitig kompensieren, so daß eben makroskopisch ein Reaktionsstillstand vorgetäuscht wird.

Man muß sich nun bei der experimentellen Untersuchung vergewissern, daß ein echtes Gleichgewicht und kein Stillstand der Reaktion durch starke Reaktionshemmung vorliegt. Es geschieht dies am einfachsten durch eine kleine Störung des Gleichgewichtes, indem man die äußeren Bedingungen, Druck, Temperatur usw., variiert. Das Gleichgewicht muß auf die Störung durch eine Änderung der Zusammensetzung od. dgl. reagieren, während beim Vorliegen einer Reaktionshemmung nichts außer der Änderung von Druck, Temperatur und Volumen feststellbar ist. Ein weiteres Charakteristikum des durch eine Hemmung bedingten Reaktionsstillstandes ist in vielen Fällen die Labilität des Zustandes gegenüber kleinen Eingriffen, man denke etwa an die Zündung eines Knallgasgemisches durch einen Funken.

Die Messung des Gleichgewichtes hat prinzipiell so zu erfolgen, daß die zur Messung erforderlichen Manipulationen das Gleichgewicht nicht nennenswert stören bzw. verändern. Wie dies im Einzelfall geschehen kann, wird später an Hand spezieller Beispiele noch näher erörtert werden.

§ 58. Das einfache Dampfdruckgleichgewicht

Der einfachste Fall eines Mehrphasengleichgewichtes ist der des Dampfdrucks über einer Flüssigkeit oder einem Festkörper, wobei Dampf und Kondensat aus den gleichen Molekeln bestehen. Das Zustandekommen eines Gleichgewichtes ergibt sich nach unserer obigen Überlegung über den Reaktionsverlauf in zwei Richtungen daher, daß in der Zeiteinheit aus dem Kondensat heraus ebensoviel Molekeln austreten (in den Dampf- bzw. Gasraum), wie sich aus diesem auf dem Kondensat niederschlagen. Das Gleichgewicht der Reaktion, die sich nach S. 92 [Gl. (II, 74)] als

$$(X)_{\text{Dampf}} = (X)_{\text{Kond.}} + L \tag{1}$$

schreiben läßt, wird durch den Dampfdruck, also den Druck der Molekeln in der Dampfphase eindeutig beschrieben. Die Nachprüfung der tatsächlichen Gleichgewichtseinstellung kann hier dadurch geschehen, daß man etwa isotherm das Volumen der Gasphase rasch vergrößert, wobei zunächst der Druck im Gasraum sinkt, anschließend aber wieder auf den Wert vor dieser Expansion ansteigt, weil aus der kondensierten

Phase gerade so viel nachverdampft, daß der frühere Druck im Gasraum wieder erreicht wird, sofern nur die Temperatur die gleiche bleibt. Diese Prüfung zeigt immer, daß der Druck im Gasraum nicht etwa durch einen Reaktionsstillstand vorgetäuscht wird. Die Messung des Dampfdrucks selbst kann dann durch den direkten Anschluß eines Manometers an ein die zu untersuchende kondensierte Phase enthaltendes Gefäß geschehen. Der am Manometer ablesbare Druck erweist sich als eine eindeutige Funktion der Temperatur. Das Gleichgewicht wird durch Angabe dieser Funktion bei allen Temperaturen angegeben.

$$p_{\text{Dampf}} = f(T) \equiv p(T). \tag{1a}$$

Selbstverständlich kann an Stelle des Dampfdrucks auch die Konzentration c im Dampfraum als Funktion von T zur Kennzeichnung des Gleichgewichtes angegeben werden. Bei mäßigen Drucken kann mithin

$$p_{\text{Dampf}} = c \cdot RT(1 + Bc) = p(T) \tag{1b}$$

unter Verwendung der Konzentration c und des zweiten Virialkoeffizienten B geschrieben werden.

Bei der experimentellen Durchführung in der oben angedeuteten Art (es gibt daneben noch viele andere Ausführungsformen, auf die jetzt nicht eingegangen werden soll) muß darauf geachtet werden, daß die flüssige Phase nicht wärmer ist als die Rohrwandung des Manometers und der Verbindungsleitungen zum Manometer, andernfalls pflegt sich der aus den wärmeren Teilen herkommende Dampf in den kälteren Teilen als Kondensat niederzuschlagen. Man sieht daraus schon, daß der Zustand, der den kleineren Dampfdruck besitzt, der stabilere ist, weil eben von der Seite des höheren Dampfdrucks so viel nach der des niedrigeren hin verdampft, bis nur noch diese letztere Seite vorhanden ist. Wir werden später von dieser allgemeinen Gesetzmäßigkeit manchmal Gebrauch machen.

Die Messungen haben als Zusammenhang zwischen Dampfdruck und Temperatur die Formel:

$$\log p_s = -\frac{A}{T} + B \tag{2}$$

ergeben, wo A und B Konstanten sind und jetzt an Stelle von p_{Dampf} einfach p_s geschrieben ist, um die Sättigung des Dampfes über dem Kondensat anzudeuten. Gl. (2), die in ähnlicher Form zuerst von AUGUST angegeben wurde, wird in der Literatur als Augustsche Dampfdruckformel bezeichnet. Wir werden diese Formel später thermodynamisch ableiten können, wobei sich ergibt, daß die Konstante A der Verdampfungswärme bzw. der Wärmetönung L der betrachteten Reaktion Gl. (1) proportional ist. Es gilt nämlich $A = L/2{,}303\,R$ bzw. wenn L und R in Calorien (oder Joule) gemessen werden:

$$A = \frac{L(\text{cal})}{4{,}574}\,(\text{grad}) = \frac{L(\text{J})}{19{,}14}\,(\text{grad}). \tag{2a}$$

Wird p in Atmosphären gemessen, so ist am normalen Siedepunkt $p_s = 1$, also $\log p_s = 0$, womit aus Gl. (2) resultiert:

$$\log p_s = -A\left(\frac{1}{T} - \frac{1}{T_s}\right) = -\frac{A}{T_s}\left(\frac{T_s}{T} - 1\right). \qquad (2\,\mathrm{b})$$

Aus Gl. (2) folgt bei Anwendung auf den kritischen Punkt als Punkt der Dampfdruckkurve (diese Anwendung überschreitet das eigentliche Gültigkeitsgebiet der Gleichung):

$$\log p_k = -\frac{A}{T_k} + B \qquad (3)$$

und durch Subtraktion von Gl. (2):

$$\log \frac{p_s}{p_k} = -A\left(\frac{1}{T} - \frac{1}{T_k}\right) = -\frac{A}{T_k}\left(\frac{T_k}{T} - 1\right) \qquad (3\,\mathrm{a})$$

oder

$$\log p_s' = -\frac{A}{T_k}\left(\frac{1}{t'} - 1\right), \qquad (3\,\mathrm{b})$$

wenn noch der reduzierte Druck p_s' und die reduzierte Temperatur t' eingeführt werden. Gl. (3 b) kann als reduzierte Zustandsgleichung der Dampfdruckkurve bezeichnet werden. Da nach den Ausführungen zur van der Waalsschen Gleichung ebenfalls mit einer übereinstimmenden Form dieser Zustandsgleichung gerechnet werden kann, sofern das sog. Theorem der korrespondierenden Zustände wenigstens annähernd zutrifft, sollte für A/T_k ein universell gültiger Wert in Gl. (3 b) eingeführt werden dürfen. Nach Gl. (2) und (2a) gilt nun[1]:

$$\frac{A}{T_k} = \frac{L(\mathrm{cal})}{4{,}574\,T_k} = \frac{L}{4{,}574 \cdot T_s}\,\frac{T_s}{T_k} = \frac{21}{4{,}574}\,\frac{T_s}{T_k} = \frac{21}{4{,}574} \cdot 0{,}67 = 3{,}0,$$

wenn die Pictet-Troutonsche Konstante nach Gl. (II, 68) eingesetzt und beachtet wird, daß T_s/T_k nach GULDBERG (S. 45) etwa den Wert 2/3 besitzt. Die so aus Gl. (3 b) folgende Dampfdruckbeziehung

$$\log p_s' = -3{,}0\left(\frac{1}{t'} - 1\right) \qquad (3\,\mathrm{c})$$

ist bei vielen normalen Stoffen mit brauchbarer Annäherung erfüllt. Aus Gl. (2b) entnimmt man in derselben Weise mit $A/T_s = L/4{,}574\,T_s = 21/4{,}574 = 4{,}60$

$$\log p_s = -4{,}60\left(\frac{T_s}{T} - 1\right), \qquad (3\,\mathrm{d})$$

eine Beziehung, die mit Nutzen Verwendung finden kann und die außerdem zeigt, daß der Dampfdruck eine (fast) universelle Funktion von T/T_s ist (*Ramsay-Youngsche Regel*). Die Gl. (3 d) kann natürlich wieder auf die Form der Gl. (2) gebracht werden:

$$\log p_s = -\frac{L(\mathrm{cal})}{4{,}574 \cdot T} + 4{,}60, \qquad (3\,\mathrm{e})$$

---

[1] Bei Verwendung von J an Stelle von cal ist wieder 19,14 an Stelle von 4,574 zu setzen.

wo wir für B und A jetzt einerseits einen bestimmten Wert und zum anderen die Verdampfungswärme eingeführt haben. Diese letzte Gleichung gestattet, aus der Messung eines zu *einer* gegebenen Temperatur gehörenden Dampfdrucks die ganze Dampfdruckkurve zu ermitteln, ebenso wie Gl. (3 d) dies bei Kenntnis des Siedepunktes ermöglicht. Da der Siedepunkt ein spezieller Punkt der Dampfdruckkurve ist, so stellt Gl. (3 d) einen Spezialfall von Gl. (3 e) dar. Alle diese Formeln haben, worauf hier noch einmal verwiesen sei, das Theorem der korrespondierenden Zustände zur Voraussetzung. Allgemeingültiger ist die Augustsche Formel Gl. (2), bei der man natürlich die beiden Konstanten A und B bzw. L und B aus zwei Dampfdruckmessungen bzw. einer Dampfdruckmessung und einer Bestimmung der Verdampfungswärme zuerst festlegen muß.

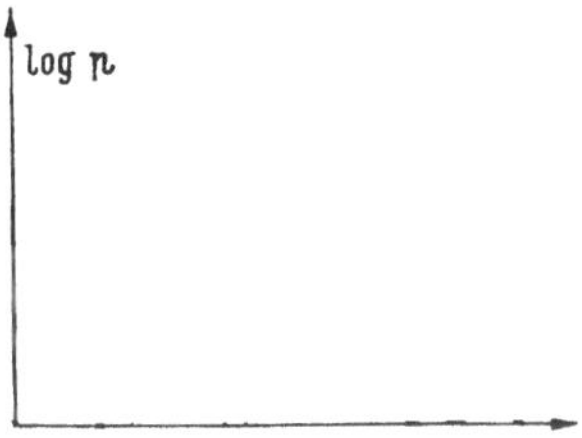

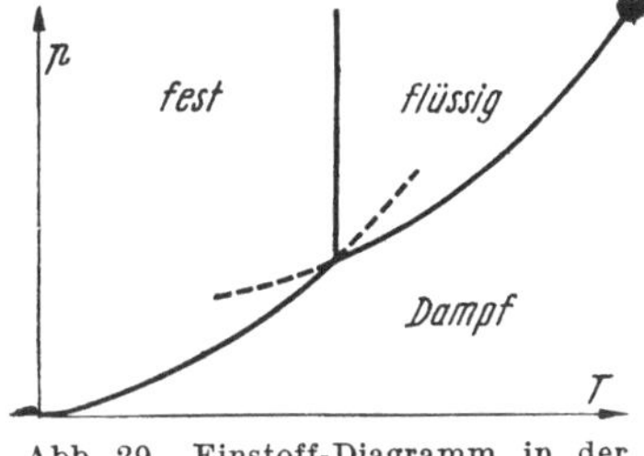

Abb. 28. $(\log p - 1/T)$-Diagramm einer Dampfdruckkurve

Es ist vielfach gebräuchlich, den Zusammenhang zwischen p_s und T in einem $(\log p_s - 1/T)$-Diagramm wiederzugeben. In diesem erhält man als Dampfdruckkurve nach Gl. (2) eine Gerade, deren Neigung mit der negativen Konstanten A identisch ist, also der Verdampfungswärme proportional ist (Abb. 28).

§ 59. Gleichgewicht zwischen drei Phasen, Tripelpunkte

Wir können nun für die Reaktionen:

$$\text{und} \qquad \left. \begin{array}{l} (X)_{\text{Dampf}} = (X)_{\text{fest}} + L_{\text{subl.}} \\[1em] (X)_{\text{Dampf}} = (X)_{\text{fl.}} + L \end{array} \right\} \qquad (4)$$

zwei Dampfdruckkurven konstruieren, die im $\log p_s - 1/T$-Diagramm durch zwei Gerade repräsentiert werden, von denen die der Sublimation entsprechende Gerade die stärkere Neigung besitzt, weil $L_{\text{subl.}} = L + L_e$, also um die Schmelzwärme L_e größer als die Verdampfungswärme ist. Die Geraden sind also nicht parallel und besitzen einen Schnittpunkt. Gehen wir nun im gewöhnlichen $p_s - T$-Diagramm von diesem Schnittpunkt aus, so erhalten wir in der Umgebung des Schnittpunktes das in Abb. 29 gezeigte Bild, in dem die beiden unteren Linien Begrenzungskurven des Dampfgebietes gegen die verschiedenen Kondensate sind, nämlich die Sublimations- bzw. Dampfdruckkurve.

Abb. 29. Einstoff-Diagramm in der Umgebung des Tripelpunktes

Der Schnittpunkt der beiden Dampfdrucklinien stellt den Gleichgewichtszustand zwischen Dampf, Flüssigkeit und Festkörper dar. Bei tieferen Temperaturen als der Schnittpunktstemperatur ist nämlich der Dampfdruck des Festkörpers kleiner als der Dampfdruck, den die verlängerte Dampfdrucklinie der Flüssigkeit hier ergeben würde. Der Zustand mit dem kleineren Dampfdruck ist aber nach S. 115 der stabilere, so daß hier nur Gleichgewicht zwischen Festkörper und Dampf herrscht; oberhalb des Schnittpunktes ist es umgekehrt. Darum ist nur am Schnittpunkt Gleichgewicht zwischen Flüssigkeit, Festkörper und Dampf, also zwischen drei Phasen vorhanden. Dieser Punkt wird als Tripelpunkt bezeichnet, seine Temperatur ist mit der normalen Schmelztemperatur in praxi meist identisch. Genaugenommen besteht freilich zwischen dem Tripelpunkt und dem Schmelzpunkt ein Unterschied, denn der Schmelzpunkt ist derjenige Punkt, bei dem Flüssigkeit und Festkörper bei einer Atmosphäre äußeren Druckes miteinander im Gleichgewicht stehen. Gewöhnlich untersucht man den Schmelzvorgang beim normalen Außendruck, nur in besonders gelagerten Fällen bestimmt man das Gleichgewicht Festkörper—Flüssigkeit in Abwesenheit jeder äußeren Luftatmosphäre, also nur bei Anwesenheit des eigenen Dampfes, wobei man eben den Tripelpunkt erhält.

Neuerdings gilt der Tripelpunkt des Wassers als Fixpunkt der Kelvin-Temperaturskala (abs. Temperatur); durch *Definition* wurde $T_{\text{trip.}}(\text{H}_2\text{O}) = 273{,}16\ °\text{K}$ gesetzt. Der *Eispunkt* des Wassers liegt dann ziemlich genau bei $273{,}15\ °\text{K}$. Dabei soll noch darauf hingewiesen werden, daß der *Eispunkt*, der als Markierung des Nullpunktes der Celsius-Temperaturskala dient, nicht der Schmelzpunkt von *reinem* Wasser unter 1 atm Druck ist, sondern der Schmelzpunkt von bei 1 atm Druck *luftgesättigtem* Wasser unter 1 atm Druck. Wegen der Gefrierpunktserniedrigung bei Lösungen (s. S. 191f.) liegt der *Eispunkt* schon um $\approx 0{,}0024\ °\text{C}$ niedriger als der Schmelzpunkt von reinem Wasser (ohne gelöste Luft) bei 1 atm Druck, der seinerseits wieder $\approx 0{,}0076\ °\text{C}$ niedriger liegt als der Tripelpunkt des reinen Wassers, womit dann die Kelvin-Temperatur des Eispunktes von sehr genau $273{,}15\ °\text{K}$ erhalten wird.

Die Celsius-Skala ist so definiert, daß zwischen *Eispunkt* und *Siedepunkt* des Wassers genau 100 °C liegen; bei der Kelvin-Skala braucht dies nach der neuen Definition nicht mehr exakt zuzutreffen, obwohl natürlich auch dort nach unserer heutigen Kenntnis ziemlich genau 100 °K zwischen diesen beiden Punkten liegen.

Mit steigendem Druck verschiebt sich nun das Gleichgewicht zwischen Festkörper und Flüssigkeit i. allg. nach höheren Temperaturen. In einigen Fällen (z. B. bei Wasser) erfolgt diese Verschiebung freilich nach tieferen Temperaturen; jedoch ist diese Temperaturänderung mit dem Druck in jedem Falle dem Betrage nach so gering, daß der Tripelpunkt und der Schmelzpunkt bei einer Atmosphäre Druck eine so geringe Temperaturdifferenz gegeneinander aufweisen, daß von dieser meist gänzlich abgesehen werden kann. Aus diesem Grunde verläuft die sog. Schmelzdruckkurve in Abb. 29 praktisch senkrecht nach oben.

Der generelle Verlauf der den Festzustand vom flüssigen Zustand in dem Diagramm (Abb. 29) trennenden Schmelzdruckkurve ist übrigens ein spezielles Beispiel des sog. Le Chatelier-Braunschen Prinzips, welches aussagt, daß ein Gleichgewicht immer in Richtung des kleinsten Zwanges auszuweichen pflegt. In unserem Falle heißt das, daß sich bei Erhöhung des Druckes diejenige Phase als stabiler erweist, welche das kleinere Volumen besitzt; normalerweise ist dies die feste Phase (Molvolumen fest $<$ Molvolumen flüssig), was bedeutet, daß die Flüssigkeit sich bei einer Temperatur oberhalb der normalen Schmelztemperatur beim Druckgeben verfestigt. Dies besagt aber, daß die Schmelzdruckkurve im Bilde der Abb. 29 nach rechts oben verläuft. Beim Wasser liegt völlig im Einklang mit dem oben genannten Le Chatelier-Braunschen Prinzip der umgekehrte Fall vor; hier verläuft die Schmelzdruckkurve nach links oben, weil das Molvolumen des Eises größer ist als das des flüssigen Wassers. Wir werden dieses Prinzip noch später thermodynamisch begründen.

Prinzipiell ähnliche Verhältnisse wie hier längs der Schmelzdruckkurve beobachtet man beim Übergang zwischen verschiedenen festen Modifikationen; so verschiebt sich auch der Gleichgewichtspunkt (Umwandlungspunkt) von rhombischem und monoklinem Schwefel mit steigendem Druck nach höheren Temperaturen, da die normalerweise bei tiefen Temperaturen stabilere rhombische Modifikation das kleinere Molvolumen gegenüber der monoklinen Modifikation besitzt. Das Gleichgewicht zwischen dem monoklinen und dem flüssigen Schwefel

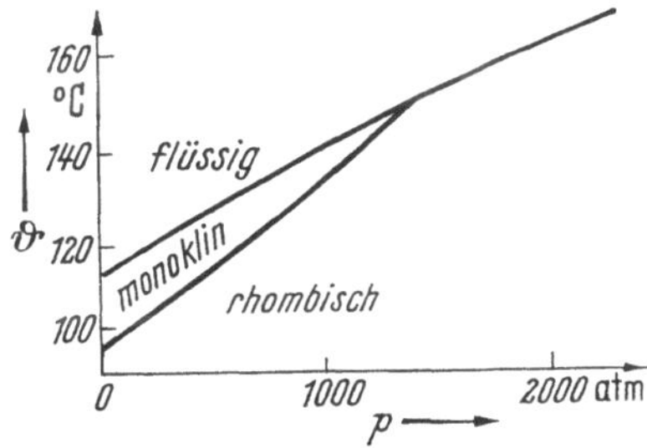

Abb. 30. Tripelpunkt der allotropen Formen des Schwefels

(Schmelzdruckkurve) verschiebt sich mit steigendem Druck ebenfalls zu höheren Temperaturen und Drucken derart, daß die Gleichgewichtskurven zwischen rhombischem und monoklinem Schwefel einerseits und zwischen monoklinem und flüssigem Schwefel andererseits sich bei einem Druck von etwa 1450 atm und einer Temperatur von 153 °C schneiden (Abb. 30). Oberhalb dieses Druckes geht der rhombische Schwefel direkt in den flüssigen Schwefel über, ohne die Zwischenstufe des monoklinen Schwefels zu durchlaufen.

B. Homogene chemische Gleichgewichte

§ 60. Das Massenwirkungsgesetz

Nach der phänomenologischen Behandlung der Gleichgewichte zwischen verschiedenen Phasen *einheitlicher* Stoffe wenden wir uns jetzt den *chemischen* Gleichgewichten in homogener Phase zu, indem wir mit den Gasgleichgewichten beginnen. Zunächst ist festzustellen, daß eine jede homogene chemische Reaktion nicht vollständig abläuft, etwa in dem Sinne, daß sich bei *gegebener Temperatur* aus vorgelegten Mengen CO und H_2O-Dampf vollständig CO_2- und H_2-Gas bildet im Sinne der

Wassergasreaktion:

$$CO + H_2O = CO_2 + H_2, \tag{5}$$

es resultiert vielmehr ein Gleichgewichtszustand, bei dem sämtliche Gaspartner in endlicher Konzentration vorliegen. Diese Konzentrationen stehen in einem derartigen gegenseitigen Verhältnis, daß bei dieser Temperatur:

$$\frac{[CO] \cdot [H_2O]}{[CO_2] \cdot [H_2]} = const \tag{6}$$

gilt, wenn das Symbol $[X]$ die Konzentration des gerade betrachteten Stoffes X — etwa in Mol/l gemessen — bezeichnet. Der Wert der Konstanten auf der rechten Seite von Gl. (6) hängt i. allg. noch von der Temperatur ab.

Es sei gleich an dieser Stelle bemerkt, daß das in Gl. (6) ausgesprochene *Massenwirkungsgesetz* von GULDBERG und WAAGE in dieser *Form* nur gilt, solange die Komponenten der Reaktion noch dem idealen Gasgesetz genügen. Wenn dies nicht mehr zutrifft, so gilt zwar noch das Massenwirkungsgesetz, das besagt, daß die Konzentration der n-ten Komponente durch diejenigen der anderen $n-1$ Komponenten der Reaktionsgleichung bestimmt ist, jedoch ist die Form der funktionalen Abhängigkeit der Konzentrationen voneinander nicht mehr die einfache, durch Gl. (6) ausgedrückte. Man hält zwar auch dann gewöhnlich an der Gl. (6) *formal* fest, es bedeutet dann aber $[X]$ nicht mehr die Konzentration der Komponente X, sondern die sog. Aktivität dieser Komponente in der Mischung. Es kann hier aber noch nicht näher erläutert werden, welcher Zusammenhang zwischen der Aktivität in der Mischung und der Konzentration allgemein besteht.

Führt man in Gl. (6) an Stelle der Konzentration die Partialdrucke der Mischungskomponenten ein, so erhält man mit Benutzung des idealen Gasgesetzes $p_x = [X]\,RT$ sofort

$$\frac{p_{CO}/RT \cdot p_{H_2O}/RT}{p_{CO_2}/RT \cdot p_{H_2}/RT} = \frac{p_{CO} \cdot p_{H_2O}}{p_{CO_2} \cdot p_{H_2}} = const \tag{6a}$$

mit demselben Wert der Konstanten auf der rechten Seite wie in Gl. (6). Daß sich die verschiedenen Faktoren RT im Zähler und Nenner auf der linken Seite von Gl. (6a) gerade gegenseitig wegheben, liegt offenbar daran, daß die Reaktionsgleichung (5) ohne Änderung der Molzahl verläuft. Wir haben auf der linken Seite der Gl. (5) vor der Reaktion ebenso viele Mole (insgesamt zwei, ein Mol CO und ein Mol H_2O) wie auf der rechten Seite nach der Reaktion.

Dies Bild ändert sich, wenn wir eine Reaktion mit Änderung der Molzahl ins Auge fassen. Nehmen wir an Stelle von Gl. (5) die Reaktion:

$$N_2 + 3\,H_2 = 2\,NH_3, \tag{7}$$

bei der vier Mole vor der Reaktion in zwei Mole nach der Reaktion übergehen, dann entspricht der Gl. (6) jetzt:

$$\frac{[N_2] \cdot [H_2][H_2][H_2]}{[NH_3] \cdot [NH_3]} = \frac{[N_2][H_2]^3}{[NH_3]^2} - Const. \tag{8}$$

Führen wir die Gasdrucke ein, so erhalten wir:

$$\frac{\dfrac{p_{N_2}}{RT} \cdot \dfrac{p_{H_2}^3}{(RT)^3}}{\dfrac{p_{NH_3}^2}{(RT)^2}} = \text{Const} \quad \text{oder} \quad \frac{p_{N_2} \cdot p_{H_2}^3}{p_{NH_3}^2} = \text{Const} \cdot (RT)^2 = \text{konst.} \tag{8a}$$

Wir bekommen also wieder das gleiche Gesetz, lediglich die Konstante auf der rechten Seite hat einen anderen Zahlwert. Weil nämlich T vorgeben sein sollte, so ist RT in unserer Gleichung ebenfalls als konstante Zahl anzusehen. Man pflegt, je nachdem man das Massenwirkungsgesetz mit Konzentrationen [Gl. (6) bzw. (8)] schreibt oder mit Partialdrucken [Gl. (6a) bzw. (8a)], die auf der rechten Seite auftretenden Konstanten als Gleichgewichtskonstanten K_c bzw. K_p zu bezeichnen, wobei diese „Konstanten" allerdings noch Funktionen der Temperatur sind, die über die Beziehung

$$K_p = K_c \cdot (RT)^{-\Delta n} \qquad K_p (RT)^{\Delta n} = K_c \tag{9}$$

zusammenhängen, in der Δn die Differenz der Molzahlen nach der Reaktion und vor der Reaktion bedeutet. Man verifiziert Gl. (9) sofort an unseren beiden speziellen Beispielen.

§ 61. Einführung der Ausbeute und des Dissoziationsgrades in das Massenwirkungsgesetz

Das in Gl. (6) bzw. (8) ausgesprochene Massenwirkungsgesetz kann durch Einführung von anderen Größen, wie dem Gesamtdruck oder dem Dissoziationsgrad, noch auf verschiedene Formen gebracht werden. Bei einem stöchiometrischen N_2-H_2-Gemisch nach Gl. (7), bei dem also drei Mole Wasserstoff auf ein Mol Stickstoff entfallen, erhält man mit dem Gesamtdruck p

$$p = p_{N_2} + p_{H_2} + p_{NH_3} = \tfrac{1}{4}(1 - x)\,p + \tfrac{3}{4}(1 - x)\,p + x\,p, \tag{10}$$

wenn x den Molenbruch Ammoniak im Gasgemisch bedeutet. Beim Einsetzen in Gl. (8a) ergibt sich:

$$\frac{\tfrac{27}{256}(1 - x)^4 \cdot p^2}{x^2} = \text{konst} = K_p. \tag{11}$$

Man erkennt hieraus, daß ein hoher Druck automatisch größere x-Werte, d. h. größere Ausbeuten an Ammoniak im Gleichgewicht zur Folge hat. Diese Ausbeute wäre übrigens bei tieferer Temperatur günstiger als bei hoher Temperatur, da die Konstante auf der rechten Seite von Gl. (11) mit sinkender Temperatur kleiner wird, was bei gleichem Druck nach Gl. (11) eine höhere Ausbeute bedingt. Jedoch wird bei niedrigerer Temperatur die Reaktionsgeschwindigkeit so weit herabgesetzt, daß es in der Praxis nicht lohnt, die Temperatur so niedrig anzusetzen. Im wesentlichen steckt in der Gl. (11) die Theorie der Ammoniakdarstellung aus den Elementen (*Haber-Bosch-Verfahren*), d. h. ein Arbeiten bei möglichst hohem Druck, um den Umsatz möglichst hoch zu halten, und so niedriger Temperatur, daß die Geschwindigkeit des Reaktionsablaufs nicht zu gering wird.

Die Einführung des Dissoziationsgrades gestaltet sich bei der Ammoniakreaktion wie folgt: Man denkt sich ursprünglich alle Stickstoff- und Wasserstoffatome zu Ammoniak vom Druck p_0 vereinigt; wenn dann der Bruchteil α des Ammoniaks dissoziiert, so erhält man für diesen dissoziierten Anteil insgesamt den Partialdruck $2\alpha \cdot p_0$, weil ja aus zwei dissoziierenden Ammoniakmolekeln im ganzen vier, also doppelt soviel Molekeln Dissoziationsprodukt entstehen. Die zurückbleibenden Ammoniakmolekeln weisen den Druck $(1 - \alpha)\, p_0$ auf, während der Gesamtdruck auf $p = 2\alpha\, p_0 + (1 - \alpha)\, p_0 = (1 + \alpha)\, p_0$ steigt. Das Massenwirkungsgesetz (M.W.G.) liefert dann mit $p_{N_2} = \frac{1}{4}\, 2\alpha\, p_0 = \frac{1}{2}\, \alpha\, p_0$ und $p_{H_2} = \frac{3}{4} \cdot 2\alpha\, p_0 = \frac{3}{2}\, \alpha\, p_0$:

$$\frac{\frac{1}{2}\,\alpha \cdot (\frac{3}{2})^3\, \alpha^3 \cdot p_0^4}{(1 - \alpha)^2\, p_0^2} = \frac{27}{16}\, \frac{\alpha^4}{(1 - \alpha)^2}\, p_0^2 = \frac{27}{16}\, \frac{\alpha^4}{(1 - \alpha^2)^2}\, p^2 = K_p. \qquad (12)$$

Ähnliche Beziehungen erhält man in anderen Fällen für den Zusammenhang zwischen *Gleichgewichtskonstante* K_p und Dissoziationsgrad α, z.B. im Falle der Dissoziation einer zweiatomigen Molekel X_2 in die Atome:

$$\frac{4\,\alpha^2}{1 - \alpha^2}\, p = K_p, \qquad (12\,\mathrm{a})$$

während bei der Dissoziation von XY in die verschiedenen Atome X und Y

$$\frac{\alpha^2}{1 - \alpha^2}\, p = K_p \qquad (12\,\mathrm{b})$$

resultiert.[1] In allen diesen Fällen gilt $\alpha^2\, p = \mathrm{const}$ bzw. α proportional $1/\sqrt{p}$, sofern α noch nicht zu groß ist, weil dann $1 - \alpha^2 \approx 1$ gesetzt werden kann.

§ 62. Einfache Methoden zur Messung des Gleichgewichts

Die Messung aller dieser Gasgleichgewichte kann dadurch geschehen, daß man in einem Reaktionsraum bei höherer Temperatur, eventuell unter Verwendung eines Katalysators, das Gleichgewicht einstellt und das Gleichgewichtsgasgemisch zum Schluß rasch aus dem Reaktionsraum austreten läßt, wobei es gleichzeitig so schnell auf eine tiefere Temperatur abgekühlt wird, bei der die Reaktion schon „unendlich" langsam verläuft, daß dadurch das Hochtemperaturgleichgewicht eingefroren wird und mit einer üblichen Meßmethode auf die einzelnen Gaskomponenten hin analysiert werden kann. Da man bei dieser Methode die reagierenden Gase durch die eigentliche Reaktionszone durchströmen läßt, pflegt man das beschriebene Meßverfahren als „*Durchströmungsmethode*" zu bezeichnen.

---

[1] Der Faktor 4 in Gl. (12a) rührt daher, daß bei der Dissoziation von X_2 in $2X$ der Partialdruck $p_x = 2\alpha\, p_0$, während bei der Dissoziation von XY in $X + Y$ gilt: $p_x = \alpha\, p_0$ und $p_y = \alpha\, p_0$, so daß beim Einsetzen ins M.W.G. nur im ersten Falle der Faktor $(2\alpha\, p_0)^2 = 4\alpha^2\, p_0^2$ auftritt.

Bei den Dissoziationsgleichgewichten kann man oft den Dissoziationsgrad α ziemlich direkt beobachten. Nehmen wir z. B. den Fall der Dissoziation von N_2O_4 in zwei Móle NO_2, so kann man von einer gegebenen Menge im festen Volumen ausgehend den jeweiligen Druck als Funktion der Temperatur bestimmen. Da nun bei Temperaturen über 200 °C bereits alles Gas praktisch dissoziiert ist, erhält man dann entsprechend dem Gasgesetz den Zusammenhang $p = \text{const} \cdot T$.

Nach unseren obigen Überlegungen ist dieser Druck $p = (1 + \alpha)\,p_0$ $= 2\,p_0$, weil über 200 °C $\alpha = 1$ gesetzt werden darf. Hier ist p_0 der Druck, den man beobachten würde, wenn das Gas überhaupt nicht dissoziierte. Weil wir oberhalb von 200 °C den linearen Zusammenhang $p = p_1 = \text{const} \cdot T$ beobachtet haben, können wir die theoretische p_0-Gerade $p_0 = \frac{1}{2}\,\text{const} \cdot T$ in das Diagramm einzeichnen. Bei den Temperaturen wesentlich unterhalb 200 °C, bei denen das Gas nicht vollkommen dissoziiert ist, beobachtet man p-Werte, die nicht das Doppelte der theoretischen p_0-Werte sind. Wegen $p = (1 + \alpha)\,p_0$ kann man nun aber direkt aus dem Verhältnis des gemessenen p zu dem theoretischen

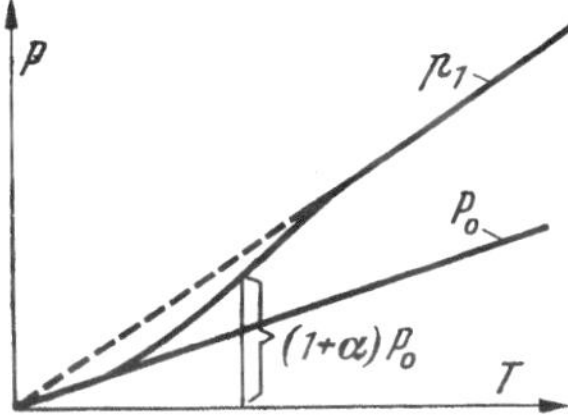

Abb. 31. Zur Bestimmung des Dissoziationsgrades eines Gases oder Dampfes

p_0 auf den Dissoziationsgrad α schließen (s. Abb. 31). An der eingezeichneten Stelle in Abb. 31 hat man demnach einen Dissoziationsgrad von etwa $\alpha = 0,7$. Unter Verwendung von Gl. (12a) kann man dann die jeder Temperatur zugehörige Gleichgewichtskonstante K_p angeben.

§ 63. Temperaturabhängigkeit der Konstanten des M. W. G. Allgemeine Formulierung des M. W. G.

Betreffs der Temperaturabhängigkeit der Gleichgewichtskonstanten K_p sei jetzt ohne nähere Begründung vermerkt, daß hierfür formal eine ähnliche Beziehung gilt wie oben beim Dampfdruck, nämlich:

$$\log K_p = -\frac{A}{T} + B, \tag{13}$$

wo A und B wieder geeignete Konstanten sind. Auch jetzt hat die Konstante A wieder eine einfache thermochemische Bedeutung; sie hängt mit der Wärmetönung W_p der Reaktion gemäß

$$A = \frac{W_p}{2,303 \cdot R} \tag{13a}$$

zusammen, wo 2,303 der Umrechnungsfaktor zwischen dem natürlichen und dem dekadischen Logarithmus ist.

Man schreibt an Stelle von Gl. (13) darum oft, indem man nach T differenziert:

$$\frac{d\ln K_p}{dT} = \frac{W_p}{R T^2} . \tag{13b}$$

Hieraus entnimmt man sofort, daß gemäß Gl. (9):

$$\frac{\partial \ln K_c}{\partial T} = \frac{\partial \ln K_p}{\partial T} + \Delta n \frac{\partial \ln (RT)}{\partial T} = + \frac{W_p}{RT^2} + \frac{\Delta n\, RT}{RT^2}$$

$$= \frac{W_p + \Delta n\, RT}{RT^2} = \frac{W_v}{RT^2} \tag{14}$$

gilt, wenn noch Gl. (II, 71b) beachtet wird.

Wir können die Ergebnisse der Gln. (13) und (14) auf beliebige Reaktionen erweitern, und es ist vielleicht wichtig, dieses Gesetz von größter Allgemeinheit hier explizit zu formulieren, da es sehr oft mit Nutzen verwandt werden kann, wofür wir im folgenden einige Beispiele aufführen werden.

Es sei also irgendeine Reaktion gegeben

$$\alpha A + \beta B = \gamma C + \delta D + \text{Wärmetönung.} \tag{15}$$

Es ist hierbei gleichgültig, ob es sich um eine echte chemische Reaktion handelt oder um eine thermodynamische Umsetzung in Gestalt einer Phasenumwandlung oder dergleichen. Es bildet sich dann bei gegebener Temperatur ein Gleichgewicht, bei dem sich die Konzentration oder der Druck des n-ten Mischungsbestandteils aus denjenigen der übrigen n — 1-Bestandteile gemäß

$$\frac{p_A^{\alpha} \cdot p_B^{\beta}}{p_C^{\gamma} \cdot p_D^{\delta}} = K_p(T) \tag{16}$$

ergibt. Genau gilt diese Beziehung jedoch nur, solange die Partialdrucke p_A usw. so gering sind, daß für die Zustandsgleichung der Mischungspartner das ideale Gasgesetz als gültig angesehen werden kann; andernfalls hat man unter formaler Beibehaltung der Gl. (16) unter p_A usw. die Fugazitäten (bzw. Aktivitäten) der betreffenden Bestandteile zu verstehen, wobei hier die Frage offenbleiben soll, wie man die Fugazitäten (bzw. Aktivitäten) aus den Partialdrucken ermittelt. Für die noch von der Temperatur abhängige Konstante K_p gilt

$$\frac{d \ln K_p}{dT} = \frac{W_p}{RT^2} = - \frac{\Delta H}{RT^2} \tag{17}$$

(wobei hier W_p bzw. ΔH wieder eine Temperaturfunktion sein kann).

Es können selbstverständlich auch an Stelle der Partialdrucke die Konzentrationen in Gl. (16) eingeführt werden, womit man

$$\frac{[A]^{\alpha} \cdot [B]^{\beta}}{[C]^{\gamma} \cdot [D]^{\delta}} = K_c(T) = K_p \cdot (RT)^{\Delta n} \tag{16a}$$

erhält, wobei

$$\frac{d \ln K_c}{dT} = \frac{W_v}{RT^2} = - \frac{\Delta U}{RT^2} \tag{17a}$$

gilt.

§ 64. Anwendungen des allgemeinen M.W.G.

Wir haben diese allgemeinen Sätze besonders hervorgehoben, weil sie ganz entsprechend auch bei Reaktionen in flüssiger und fester Phase gelten sowie bei heterogenen Reaktionen. Folgende Beispiele mögen dies erhärten.

Bei der Neutralisation einer Base mit einer Säure spielt sich folgende Reaktion ab, gleichgültig, um welche Säure oder Base es sich handelt:

$$H^{\cdot} + OH' = H_2O + W_N,\qquad(18)$$

wo W_N die Neutralisationswärme ist.

Für diese Ionengleichung ergibt sich aus Gl. (15) und (16a):

$$\frac{[H^{\cdot}]\cdot[OH']}{[H_2O]} = K_c.\qquad(18a)$$

Da hier die Konzentration des Wassers bei der Reaktion nicht nennenswert verändert wird — man arbeitet ja meist in verdünnter wäßriger Lösung —, kann man $[H_2O] = 55,5\ mol/l$ als konstanten Betrag mit in die Konstante K_c einbeziehen, wodurch

$$[H^{\cdot}]\cdot[OH'] = K_{H_2O}\qquad(18b)$$

mit einer neuen Konstanten entsteht. Weil $[H_2O]$ von der Temperatur praktisch unabhängig ist, gilt entsprechend Gl. (17a):

$$\frac{d\ln K_c}{dT} = \frac{d\ln K_{H_2O}}{dT} = \frac{W_N}{RT^2}.\qquad(19)$$

Ebenso gilt für die Ionendissoziation der Essigsäure in Lösung:

$$H^{\cdot} + CH_3COO' = CH_3COOH + W_D,\qquad(20)$$

$$\frac{[H^{\cdot}]\cdot[CH_3COO']}{[CH_3COOH]} = K_{Säure}\qquad(21)$$

und

$$\frac{d\ln K_{Säure}}{dT} = \frac{W_D}{RT^2}.\qquad(22)$$

Es sei hier schon darauf hingewiesen, wie unsere Beziehungen bei heterogenen Reaktionen anzuwenden sind, obwohl wir uns jetzt noch nicht allgemein mit heterogenen Reaktionen befassen. Wir wählen die Verdampfung bzw. die Kondensation und die Ausfällung eines festen Stoffes aus einer Lösung. Die Reaktionsgleichungen sind:

$$(X)_{Dampf} = (X)_{fl.} + L \text{ (Verdampfungswärme)}$$
und
$$(Y)_{gel.} = (Y)_{fest,\,ausgef.} + W_f \text{ (Fällungswärme)}.\qquad(23)$$

Die Gleichgewichtsbeziehung schreibt sich:

$$\frac{[X]_{Dampf}}{[X]_{fl.}} = K^* \quad \text{bzw.} \quad \frac{[Y]_{gel.}}{[Y]_{fest}} = K.\qquad(24)$$

Weil $[X]_{fl.}$ und $[Y]_{fest}$ ihrerseits wieder als unabhängig von der Temperatur angesehen werden können, gilt

$$[X]_{Dampf} = const \quad \text{oder} \quad [p]_{Dampf} = const^*$$
bzw.
$$[Y]_{gel.} = Const.\qquad(24a)$$

Als Temperaturabhängigkeit der Konstanten bzw. des Dampfdrucks und der Konzentration des Gelösten folgt aus Gl. (17)

$$\frac{d\ln p_{\text{Dampf}}}{dT} = \frac{L}{RT^2} \quad \text{und} \quad \frac{d\ln [Y]_{\text{gel.}}}{dT} = \frac{W_f}{RT^2}. \tag{25}$$

Die erste Gl. (25) ergibt durch Integration sofort Gl. (2) mit der in Gl. (2a) angegebenen Bedeutung der Konstanten A. Die zweite Gleichung bezieht sich auf die sog. Sättigungskonzentration von Lösungen, die mit $c_{\text{Sätt.}}$ an Stelle von $[Y]_{\text{gel.}}$ meist in der Form angegeben wird:

$$\frac{d\ln c_{\text{Sätt.}}}{dT} = - \frac{^dW_L}{RT^2}, \tag{25a}$$

wo ^dW_L die differentielle Lösungswärme bezeichnet, d. i. die Wärmetönung, die beim Auflösen des Festkörpers unter Sättigungsbedingungen beobachtet wird, und die eben bis auf das Vorzeichen mit der Fällungswärme identisch ist.

§ 65. Kombination mehrerer Gleichgewichte

Zum Schlusse der Betrachtungen über die homogenen Gasgleichgewichte sei noch auf die Kombination verschiedener Gleichgewichte hingewiesen. Wir haben bereits oben (s. S. 86/87) gesehen, daß man die Wärmetönungen einer chemischen Reaktionsgleichung aus den Wärmetönungen mehrerer Teilgleichungen durch Addition, Subtraktion usw. ableiten kann, dasselbe ist auch mit den Gleichgewichtskonstanten K_p bzw. K_c der Fall. Beide Tatsachen hängen, wie wir unten sehen werden, direkt miteinander zusammen. Nehmen wir folgende Reaktionen:

$$
\begin{aligned}
\text{CO} + \tfrac{1}{2}\text{O}_2 &= \text{CO}_2 + W_{p_{\text{CO}_2}} \\
\text{H}_2 + \tfrac{1}{2}\text{O}_2 &= \text{H}_2\text{O} + W_{p_{\text{H}_2\text{O}}} \\
\hline
\text{CO} - \text{H}_2 &= \text{CO}_2 - \text{H}_2\text{O} + W_{p_{\text{CO}_2}} - W_{p_{\text{H}_2\text{O}}}
\end{aligned}
$$

oder

$$\text{CO} + \text{H}_2\text{O} = \text{H}_2 + \text{CO}_2 + W_{p_{\text{CO}_2}} - W_{p_{\text{H}_2\text{O}}}(= W_{p_{\text{Wassergas}}}), \tag{26}$$

aus denen sich in der angegebenen Weise mit Hilfe des Heßschen Satzes die Wärmetönung des Wassergasgleichgewichtes ergibt. Für das Gleichgewicht der ersten beiden Reaktionen gilt:

$$\frac{p_{\text{CO}} \cdot p_{\text{O}_2}^{\frac{1}{2}}}{p_{\text{CO}_2}} = K_{p_{(\text{CO}_2)}} \quad \text{und} \quad \frac{p_{\text{H}_2} \cdot p_{\text{O}_2}^{\frac{1}{2}}}{p_{\text{H}_2\text{O}}} = K_{p_{(\text{H}_2\text{O})}}. \tag{27}$$

Wenn nun die Gase CO, CO_2, H_2, O_2 und H_2O im gleichen Gefäß anwesend sind, in dem sich also beide Gleichgewichte einstellen müssen, so ist in beiden Gleichgewichtsbeziehungen der gleiche O_2-Partialdruck, nämlich der im Gefäß herrschende Partialdruck einzusetzen. Dividieren wir darum zur Elimination von p_{O_2} die beiden Gln. (27) durcheinander, so entsteht:

$$\frac{p_{\text{CO}} \cdot p_{\text{H}_2\text{O}}}{p_{\text{CO}_2} \cdot p_{\text{H}_2}} = K_{p_{(\text{Wassergas})}} = \frac{K_{p_{(\text{CO}_2)}}}{K_{p_{(\text{H}_2\text{O})}}}. \tag{28}$$

Wir können so die Gleichgewichtskonstante des Wassergasgleichgewichtes aus den Konstanten des CO_2- und H_2O-Gleichgewichtes durch Division berechnen, weil ja die hier auftretenden Drucke *alle* im Gleichgewicht miteinander stehen. Betreffs der Temperaturabhängigkeit gilt gemäß Gl. (28) und (17):

$$\frac{W_{p\,\text{(Wassergas)}}}{RT^2} = \frac{d\ln K_{p\,\text{(Wassergas)}}}{dT} = \frac{d\ln K_{p\,(CO_2)}}{dT} - \frac{d\ln K_{p\,(H_2O)}}{dT}$$

$$= \frac{W_{p\,(CO_2)}}{RT^2} - \frac{W_{p\,(H_2O)}}{RT^2} = \frac{W_{p\,\text{(Wassergas)}}}{RT^2}\,; \tag{29}$$

wir sehen so, wie die Subtraktion der stöchiometrischen Gleichungen bei Anwendung des Heßschen Satzes der Division der K_p-Werte völlig entspricht. Die Division der K_p-Werte enthält eigentlich mehr als die Subtraktion der stöchiometrischen Reaktionsgleichungen, denn für die K_p-Werte gilt nach Gl. (13) und (13a):

$$\ln K_p = -\frac{W_p}{RT} + C, \tag{30}$$

so daß die Division der K_p-Werte besagt, daß durch Subtraktion der Glieder mit $1/RT$ und ebenso durch Subtraktion der konstanten Glieder C zweier Teilgleichungen genau die entsprechenden Glieder der resultierenden dritten Gleichung erhalten werden, während der Heßsche Satz gewissermaßen nur von den ersten mit $1/RT$ proportionalen Gliedern handelt, nämlich von den Wärmetönungen.

Auch für die Praxis besitzt die Kombination mehrerer Gleichgewichte eine besondere Bedeutung. So ist z. B. im obigen Falle das Wassergasgleichgewicht gut untersucht; es ist einer direkten Messung leicht zugänglich, da es ziemlich in der Mitte liegt und deshalb sämtliche Konzentrationen oder Partialdrucke gut meßbar sind. Mithin ergibt sich aus Gl. (28) die Konstante $K_{p(CO_2)}$ einfach durch Multiplikation der Konstanten des Wassergasgleichgewichtes und des Wassergleichgewichtes. Eine direkte Messung des CO_2-Gleichgewichtes ist weniger einfach, weil bei den leicht zugänglichen Temperaturen der Dissoziationsgrad des Kohlendioxyds noch sehr gering ist. Die bei 1400 °K gemessenen Zahlen sind hier folgende:

$$K_{p(H_2O)} = 4{,}58 \cdot 10^{-7}\,\text{atm}^{\frac{1}{2}}, \qquad K_{p\,\text{(Wassergas)}} = 2{,}21$$

und

$$K_{p(CO_2)} = 1{,}01 \cdot 10^{-6}\,\text{atm}^{\frac{1}{2}},$$

das Produkt der beiden ersten Konstanten liefert in völliger Übereinstimmung damit für das CO_2-Gleichgewicht

$$K_{p(CO_2)} = 1{,}01 \cdot 10^{-6}\,\text{atm}^{\frac{1}{2}}.$$

Selbstverständlich gelten die analogen Beziehungen für die Konstante K_c, also $K_{c(CO_2)} = K_{c(H_2O)} \cdot K_{c\,\text{(Wassergas)}}$ usw.

C. Heterogene Gleichgewichte

§ 66. Einfache heterogene Gleichgewichte und ihre Kombination

Wenn einer (oder mehrere) der an der Reaktion beteiligten Stoffe in mehreren Phasen vorliegt, wie dies im einfachsten Fall schon beim Dampfdruckgleichgewicht der Fall ist, so spricht man von *heterogenen Reaktionen bzw. heterogenen Gleichgewichten*. Die Reaktion

$$2CO = C + CO_2, \tag{31}$$

die sog. Boudouardsche Reaktion, ist eine solche bei allen normalen Temperaturen heterogene Reaktion, weil der an der Reaktion beteiligte Kohlenstoff in fester Form vorzuliegen pflegt, während die beiden anderen Reaktionspartner gasförmig sind. Wir haben dann im Prinzip wieder die Kombination von zwei Gleichgewichten vor uns, nämlich die des Dampfdruckgleichgewichtes mit dem Gleichgewicht der Reaktion im Dampfraum. Im Dampfraum gilt:

$$\frac{p_{CO}^2}{p_C \cdot p_{CO_2}} = K_{p_1}. \tag{32}$$

Wenn aber die Temperatur einmal gegeben ist, so ist bei Anwesenheit von festem Kohlenstoff der Dampfdruck des Kohlenstoffs p_C bestimmt, weshalb wir diesen mit in die Konstante K_{p_1} hineinnehmen können so entsteht:

$$\frac{p_{CO}^2}{p_{CO_2}} = K_{p_1} \cdot p_C = K_{\text{het.(BOUDOUARD)}}. \tag{32a}$$

Das Gleichgewicht wird also durch die Temperatur und einen Partialdruck (von CO_2 oder CO) festgelegt. Man spricht deshalb in diesem Falle auch von einem divarianten Gleichgewicht. In der Gleichgewichtsbeziehung (32a) fällt hier wie auch bei allen anderen heterogenen Reaktionen die Komponente (bzw. Komponenten), die in mehreren Phasen vorkommt, heraus.

Es ist auch jetzt wie in homogener Phase möglich, mehrere Gleichgewichte miteinander zu kombinieren. So liefert die Reaktion:

$$C + O_2 = CO_2 \tag{33}$$

bei Anwesenheit von festem Kohlenstoff die Gleichgewichtsbeziehung:

$$\frac{p_C \cdot p_{O_2}}{p_{CO_2}} = K_{p_2} \quad \text{oder} \quad \frac{p_{O_2}}{p_{CO_2}} = \frac{K_{p_2}}{p_C} = K_{\text{het.(CO_2)}}. \tag{34}$$

Die Multiplikation der beiden Gln. (32a) und (34) liefert das Gasgleichgewicht:

$$\frac{p_{CO}^2 \cdot p_{O_2}}{p_{CO_2}^2} = K_{\text{het.(BOUDOUARD)}} \cdot K_{\text{het.(CO_2)}} = K_{p_3} \tag{35}$$

für die homogene Reaktion:

$$2CO + O_2 = 2CO_2. \tag{35a}$$

Dieser Multiplikation entspricht wieder die Tatsache, daß die Summe der Wärmetönungen der Boudouardschen Reaktion und der Verbrennung des festen Kohlenstoffs zu CO_2 nach dem Heßschen Satz mit der Wärmetönung der Gl. (35a) übereinstimmt (vgl. S. 127).

§ 67. Messung von Metalldampfdrucken über heterogene Gleichgewichte

Ein anderes Beispiel für heterogene Reaktionen liefert gleichzeitig eine Methode zur Messung der Sauerstoffdampfdrucke von Metalloxyden. Wir nehmen hierzu die Reaktion:

$$Fe + H_2O = FeO + H_2. \tag{36}$$

Läuft diese Reaktion bei einigen Hundert Grad Celsius (aber oberhalb 570 °C) ab, so sind Fe und FeO fest, so daß wir aus der Beziehung

$$\left.\begin{aligned} \frac{[Fe] \cdot [H_2O]}{[FeO] \cdot [H_2]} &= \text{const,} \\[2ex] \frac{[H_2O]}{[H_2]} &= \frac{p_{H_2O}}{p_{H_2}} = K_{\text{het.}} \end{aligned}\right\} \tag{37}$$

erhalten, wenn wir die Konzentrationen von Fe und FeO mit in die Konstante des Massenwirkungsgesetzes einbeziehen. Die Reaktion ist wieder divariant. Das Gleichgewicht der Gl. (37) ist der Messung leicht zugänglich, da p_{H_2O} und p_{H_2} von gleicher Größe sind ($K_{\text{het.}} = 0,68$ bei 900 °C).

Kombiniert man Gl. (36) mit der Wasserdampfdissoziation, so kommt durch Addition

$$\left.\begin{aligned} Fe + H_2O &= FeO + H_2 \\ \underline{H_2 + \tfrac{1}{2}O_2 = H_2O} \\ Fe + \tfrac{1}{2}O_2 = FeO \end{aligned}\right\} \tag{38}$$

Für die Gleichgewichtskonstanten bedeutet dies:

$$\frac{p_{H_2O}}{p_{H_2}} \cdot \frac{p_{H_2} \cdot p_{O_2}^{\frac{1}{2}}}{p_{H_2O}} = p_{O_2}^{\frac{1}{2}} = K_{\text{het.}} \cdot K_{p_{(H_2O)}}, \tag{38a}$$

wo p_{O_2} der Sauerstoffdruck des sich in Sauerstoff und Eisen nach der letzten Teilgleichung von (38) zersetzenden FeO ist. Weil die in Gl. (27) auftretende Konstante $K_{p_{(H_2O)}}$ gut bekannt ist, läßt sich aus $K_{\text{het.}}$ nach Gl. (38a) der sog. Sauerstoffpartialdruck des FeO leicht ermitteln.

Praktisch besitzt die Bestimmung der Sauerstoffpartialdrucke bei Metallen deswegen eine Bedeutung, weil man aus der Größe des Partialdrucks entscheiden kann, ob man das reine Metall durch Erhitzen des Oxids auf nicht zu hohe Temperaturen erhalten kann. So erlangt HgO bereits bei 400 °C einen O_2-Dampfdruck von etwa 200 mm, den Sauerstoffdruck in der äußeren Atmosphäre, während dies beim FeO erst bei über 3000 °C der Fall ist, so daß bei Quecksilber die Gewinnung von Hg-Dampf aus HgO durch Zersetzung durchgeführt werden könnte, während dies beim Eisen auf erhebliche praktische Schwierigkeiten stößt.

Bei tiefen Temperaturen ($< 570\ °C$) verläuft, wie hier beiläufig erwähnt sei, nicht die Reaktion der Gl. (36), sondern die Reaktion $3\,Fe + 4\,H_2O = Fe_3O_4 + 4\,H_2$, es bildet sich dann also nicht FeO, sondern Fe_3O_4. Für diese Reaktion gilt übrigens ebenfalls

$$\frac{p_{H_2O}}{p_{H_2}} = \text{const},$$

jedoch hat hier die heterogene Gleichgewichtskonstante eine andere Temperaturabhängigkeit, woraus man schon ersehen kann, daß unterhalb und oberhalb von $570\ °C$ verschiedene Reaktionen ablaufen.

§ 68. Temperaturabhängigkeit heterogener Reaktionen. Messung von heterogenen Gleichgewichten

Die Temperaturabhängigkeit der Konstanten $K_{het.}$ wird in allen Fällen wieder durch eine Gleichung

$$\log K_{het.} = -\frac{W_{het.}\,(cal)}{4{,}574\,T} + C \tag{39}$$

beschrieben, was man jetzt direkt beweisen kann, da ja $K_{het.}$ aus anderen Gleichgewichtskonstanten zusammengesetzt ist, deren Temperaturabhängigkeit bekannt ist. So ist z. B. oben in Gl. (32a) beim Boudouardschen Gleichgewicht $K_{het.} = K_{p\,1} \cdot p_c$, wo p_c der Sublimationsdruck des Kohlenstoffs ist. Es gilt nun:

und

und mithin

$$\left.\begin{aligned}
\log K_{p\,1} &= -\frac{W_{p\,1}}{4{,}574\,T} + C_1 \\[1em]
\log p_c &= -\frac{L_{subl.}}{4{,}574\,T} + C_2 \\[0.5em]
\hline
\log K_{het.} &= -\frac{W_{p\,1} + L_{subl.}}{4{,}574\,T} + C_1 + C_2.
\end{aligned}\right\} \tag{40}$$

Nach dem Heßschen Satz ist aber $W_{p\,1} + L_{subl.} = W_{het.}$, wo $W_{p\,1}$ die Wärmetönung der Reaktion (31) im Gasraum, $L_{subl.}$ die Sublimationswärme des Kohlenstoffs und $W_{het.}$ die Wärmetönung der Boudouardschen Reaktion ist, bei der nicht Kohlenstoffdampf, sondern fester Kohlenstoff aus dem Kohlenoxid entsteht. Mit $C = C_1 + C_2$ erhält man dann sofort Gl. (39). Ebenso zeigt man, daß Gl. (39) auch für beliebige andere heterogene Reaktionen gültig ist.

Wenn die Temperaturabhängigkeit der Konstanten $K_{het.}$ in Gl. (37) einen anderen Wert der Wärmetönung $W_{het.}$ liefert, sofern die Temperatur von $570\ °C$ unterschritten wird, so entnimmt man daraus schon, daß nicht mehr die Reaktion Gl. (36) vorliegt. Wie dann die neue heterogene Reaktion zu formulieren ist, erfordert in diesem Falle selbstverständlich eine neue Untersuchung des sich bildenden Festkörpers. Besteht dieser nachweislich aus Fe_3O_4, so läßt sich die neue Reaktion in dem oben angegebenen Sinne ausdrücken.

Bei der experimentellen Messung heterogener Gleichgewichte hat man noch mehr als bei den homogenen Gleichgewichten darauf zu achten, daß sich das Gleichgewicht auch wirklich einstellt. So empfiehlt es sich, die Einstellung des Gleichgewichtes von beiden Seiten vorzunehmen, also z. B. beim Gleichgewicht der Gl. (36) einmal den H_2O-Druck zu Beginn des Versuchs merklich größer als im Gleichgewicht zu wählen, das andere Mal wesentlich kleiner; es muß sich im Endzustand immer der gleiche Quotient p_{H_2O}/p_{H_2} ergeben. Dabei ist es zweckmäßig, die an der Reaktion beteiligten Festkörper möglichst stark zu unterteilen, um deren wirksame Oberfläche zu vergrößern. Ebenso wählt man den Gasraum so klein wie möglich.

Die Reaktion im Festkörper schreitet naturgemäß von der Oberfläche nach dem Innern fort; je weiter sie ins Innere eindringen muß, desto länger dauert die Einstellung des Gleichgewichtszustandes. Große Oberfläche und kleiner Gasraum haben zur Folge, daß zur Gleichgewichtseinstellung nur eine geringe Eindringtiefe ins Innere der Festkörper benötigt wird, daß also die Zeit bis zur Einstellung des Gleichgewichtes kurz wird.

Weiterhin ist es vorteilhaft, wenn die Drucke im Gasraum bei der Messung nicht zu gering gewählt werden, denn es ergeben sich oft zwischen den Gasräumen in dem Pulver des zerkleinerten Festkörpers und dem eigentlichen Gasaußenraum kleine Druck- bzw. Partialdruckunterschiede, die sich langsam ausgleichen, prozentual bei hohen Gesamtdrucken aber weniger ins Gewicht fallen. Wieweit man diese Bedingungen sämtlich erfüllen kann, hängt selbstverständlich stark von der Natur der gerade vorliegenden heterogenen Reaktion ab.

§ 69. Verteilungsgleichgewichte, Nernstsches Verteilungsgesetz, Henrysches Absorptionsgesetz und Adsorption

Im übertragenen Sinne kann man auch das Verteilungsgleichgewicht zwischen zwei Phasen zu den heterogenen Reaktionen rechnen. Hierzu hat man also die Reaktion:

$$(X)_{\text{gel. in Phase I}} = (X)_{\text{gel. in Phase II}} + W_u \qquad (41)$$

zu betrachten, so daß sich nach dem Massenwirkungsgesetz

$$\frac{[X]_I}{[X]_{II}} = K \qquad (41\,a)$$

und für die Konstante die Temperaturabhängigkeit

$$\frac{d\ln K}{dT} = \frac{W_u}{R\,T^2}$$

bzw.

$$K = K_o \cdot e^{-W_u/RT} \qquad (41\,b)$$

mit der Wärmetönung W_u ergibt, die bei der Überführung eines Mols aus der Phase I in die Phase II beobachtet wird. Dieser einfache *Nernst-*

sche Verteilungssatz, der etwa bei der Verteilung von Jod zwischen Wasserphase und Tetrachlorkohlenstoffphase bestätigt wird, erleidet *scheinbar* eine Ausnahme, wenn die Molekeln in den verschiedenen Phasen nicht im gleichen Molekularzustand sind. Betrachtet man z. B. die Verteilung von Essigsäure zwischen Wasser- und Benzolphase, so muß man berücksichtigen, daß die Essigsäuremolekeln in Benzol weitgehend zu Doppelmolekeln assoziieren. Das Verteilungsgesetz in der obigen einfachen Form darf dann nur auf die Einfachmolekeln in beiden Phasen bezogen werden. Die Gesamtmengen der Essigsäure stehen dann in einem komplizierteren Verhältnis zueinander als nach Gl. (41 a). Relativ einfach wird das Verteilungsgesetz jedoch in dem Grenzfall, daß in der einen Phase fast *nur* Doppelmolekeln, in der anderen aber fast *nur* Einfachmolekeln vorhanden sind. Die Zahl der Einfachmolekeln in der Phase I mit fast nur Doppelmolekeln ist dann proportional der Quadratwurzel aus der Gesamtmenge in dieser Phase (nach dem Massenwirkungsgesetz), so daß dann

$$\frac{\sqrt{[X]_{\mathrm{I}}}}{[X]_{\mathrm{II}}} = \text{const} \tag{41 c}$$

gilt. Auf die komplizierteren Fälle, die an sich auch noch ohne großen rechnerischen Aufwand zu behandeln sind, wollen wir jetzt nicht näher eingehen.

Wenn eine Phase gasförmig ist, so kann natürlich der Gasdruck in dieser Phase eingeführt werden, womit dann

$$\frac{p_{\mathrm{I}}}{[X]_{\mathrm{II}}} = \text{Const} \tag{42}$$

erhalten wird (*Henrysches Absorptionsgesetz*).

Hier läßt sich sogar die *Adsorption* einordnen. Unter der Adsorption von Gasen oder gelösten Stoffen an Oberflächen versteht man die An-

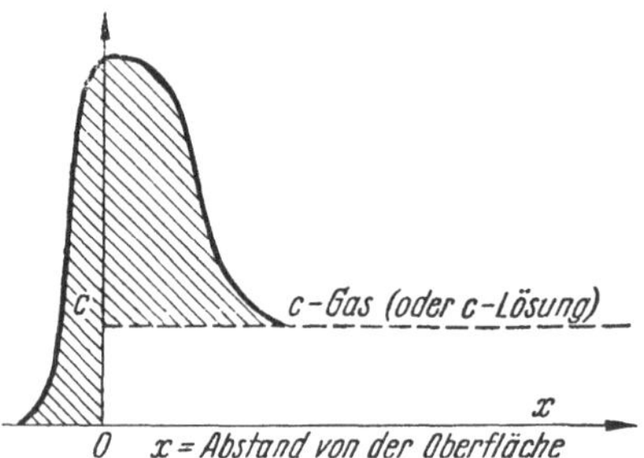

Abb. 32. Konzentrationsverlauf in der Nähe von adsorbierenden Oberflächen

reicherung der Gas- oder Lösungsmolekeln über die im Gasraum oder in der Lösung vorhandene normale Konzentration hinaus (vgl. Abb. 32). Diesen Überschuß je Flächeneinheit des Adsorbens nennt man die Oberflächenkonzentration $\mathfrak{c}$ der Adsorption. Die Gleichgewichtsbeziehung für die Reaktion

$$X_{\mathrm{gas}} = X_{\mathrm{ads.}} + W_{\mathrm{ads.}} \tag{43}$$

liefert nach dem Massenwirkungsgesetz:

$$\frac{[X]_{\mathrm{gas}}}{\mathfrak{c}} = \text{const} \quad \text{bzw.} \quad \frac{p}{\mathfrak{c}} = K \quad \text{oder} \quad \mathfrak{c} = \frac{p}{K}, \tag{43a}$$

wobei entsprechend Gl. (41 b) $K = K_o \cdot e^{W_{\mathrm{ads}}/RT}$ gesetzt werden kann. Bei höheren Drucken tritt eine Sättigung ein, insofern die adsorbierten Teilchen auf der Oberfläche des Adsorbens eine monomolekulare Schicht bilden, über die hinaus zunächst keine weitere Adsorption mehr eintritt. Nach LANGMUIR gilt dann für die gesamte Isotherme, die auch die nicht der Gl. (43a) genügenden Teile umfaßt[1]:

$$\mathfrak{c} = \frac{\mathfrak{c}_\infty \cdot p}{p + b} = \frac{\mathfrak{c}_\infty \cdot p}{p + b_0 \cdot e^{-W_{\mathrm{ads.}}/RT}}\,, \tag{44}$$

womit bei kleinen Drucken der Anschluß an die vorige Formel erreicht wird. Da nach S. 24 der Durchmesser normaler Molekeln etwa $3 \cdot 10^{-8}$ cm beträgt, ihr Flächenbedarf also

$$(3 \cdot 10^{-8})^2 \ \mathrm{cm}^2 \approx 10^{-15} \ \mathrm{cm}^2,$$

entspricht $\mathfrak{c}_\infty$ einer Bedeckung von größenordnungsmäßig 10^{15} Molekeln/cm² oder 10^{-9} mol/cm².

Bei der Adsorption aus Lösungen gilt ganz entsprechend:

$$\mathfrak{c} = \frac{\mathfrak{c}_\infty \cdot c}{b + c} \tag{44a}$$

mit der Konzentration c des zu adsorbierenden Stoffes in der Lösung

Neben der Langmuirschen Isotherme werden in der Praxis noch andere Isothermen der Form $\mathfrak{c} = a \cdot p^{1/b}$ diskutiert (*Freundlichsche Isotherme*). Auf diese Einzelheiten soll hier nicht näher eingegangen werden.

D. Das Gibbssche Phasengesetz

§ 70. Einfache Ableitung des Phasengesetzes

Bei den heterogenen Reaktionen begegnete uns der Begriff des divarianten Gleichgewichtes; ebenso gibt es trivariante, univariante und nonvariante Gleichgewichte, bei denen man drei Größen, eine oder gar keine beliebig wählen kann, nach deren Wahl jedoch die übrigen an dem Gleichgewicht beteiligten Größen festliegen. Man sagt auch, daß bei einem trivarianten Gleichgewicht drei Freiheitsgrade vorhanden sind, bei einem divarianten zwei usw.

Oben sahen wir beim Beispiel der Boudouardschen Reaktion schon, daß aus der für das homogene Gleichgewicht gültigen Gl. (32) ein Bestimmungsstück, nämlich p_c, verschwindet, wenn neben dem dampfförmigen Kohlenstoff auch fester Kohlenstoff in das System mit eingreift. Da Gl. (32a) auf der linken Seite ein Bestimmungsstück weniger enthält als Gl. (32), ergibt sich für das heterogene Gleichgewicht ein Freiheitsgrad weniger als für das ursprüngliche homogene Gleichgewicht. Man kann den Sachverhalt auch dadurch erklären, daß zu der Gleichgewichtsbedingung Gl. (32) wegen der Anwesenheit einer neuen Phase, nämlich derjenigen des festen Kohlenstoffs, eine neue Gleichung hinzutritt, nämlich die Dampfdruckgleichung des Kohlenstoffs. Diese weitere *ein-*

---

[1] Das M.W.G. in der in Gl. (43a) benutzten Gestalt gilt ja nach S. 120 u. 121 nur für geringe Konzentrationen.

schränkende Bedingungsgleichung hat dann zwangsläufig die Erniedrigung der Freiheitsgrade um eine Einheit zur Folge.

Die eben in einem Spezialfall angeführte Schlußweise läßt sich offenbar immer dann anwenden, wenn aus einem Reaktionsgleichgewicht ein Bestandteil ausfällt bzw. in einer neuen Phase vorkommt. Man kann diesen Sachverhalt bei Übertragung auf das Entstehen mehrerer neuer Phasen auch so ausdrücken, daß die Zahl F der Freiheitsgrade des vorliegenden Systems, vermehrt um die Zahl Ph der Phasen, eine für das betreffende System charakteristische Konstante ist:

$$F + Ph = \mathrm{const}_{(\text{System})}. \tag{45}$$

Die Gl. (45) gilt auch dann, wenn die neue Phase bzw. Phasen nicht nur einen, sondern mehrere Bestandteile des reagierenden Systems enthalten, wenn also die neue Phase z. B. eine Lösung mehrerer chemischer Stoffe ineinander ist, die in der neuen Phase miteinander reagieren. Gl. (45) gilt dann noch, obwohl auch neue Größen, nämlich die Einzelkonzentrationen dieser chemischen Stoffe, in der neuen Phase hinzukommen. Für die Konzentration *eines* Stoffes in den verschiedenen Phasen gelten Beziehungen der Verteilung (etwa gemäß dem Nernstschen Verteilungsgesetz), die die Gleichgewichtsbedingungen in den beiden Phasen automatisch berücksichtigen. Außerdem ist aber noch die Einschränkung zu machen, daß die Molenbrüche in der neuen Phase zusammen den Wert 1 ergeben müssen, so daß damit an neuen Bedingungsgleichungen eine mehr vorkommt, als neue Größen (Konzentrationen) durch die neue Phase auftreten. Somit können wir den obigen Schluß beibehalten, der zur Gl. (45) führte.

Die Konstante auf der rechten Seite von Gl. (45) bestimmen wir für ein gegebenes System dadurch, daß wir uns sämtliche festen und flüssigen Phasen verdampft denken und nun abzählen, wieviel Partialdrucke von chemischen Bestandteilen wir frei wählen dürfen, ebenso wie wir dies schon oben bei der Gl. (32a) getan haben. Es zeigt sich dann, daß diese Zahl bei festgehaltener Temperatur gleich der Zahl der verschiedenen chemischen Bestandteile ist, vermindert um die Zahl der Reaktionsgleichungen, welche für die zwischen diesen Bestandteilen im Gasraum ablaufenden Reaktionen aufzustellen sind. Diese Zahl von Partialdrucken, vermehrt um eine Einheit (wegen der Möglichkeit, die Temperatur des ganzen Gasgemisches willkürlich zu wählen), ergibt die Zahl der Freiheitsgrade F. Man nennt die bei gegebener Temperatur so erhaltene Zahl von frei wählbaren Partialdrucken auch die Zahl der Komponenten Ko, womit im Gasraum $Ko + 1 = F$ resultiert. Weil wir hier nur eine Phase, die Gasphase, haben, wird die Konstante auf der rechten Seite von Gl. (45) gleich $F + 1 = Ko + 2$, womit wir schließlich das *Gibbssche Phasengesetz* erhalten:

$$F + Ph = Ko + 2. \tag{45a}$$

Es handelt sich bei Gl. (45a) um ein *strenges Gesetz*, sofern die Phasen und chemischen Bestandteile tatsächlich im *Gleichgewicht* miteinander stehen.[1] Da das Gibbssche Phasengesetz in der Literatur ursprünglich und noch vielfach bis jetzt als Phasen*regel* bezeichnet wird, man unter einer Regel aber nur eine annähernd gültige Gesetzmäßigkeit versteht, sei darauf besonders hingewiesen.

§ 71. Anwendungen des Phasengesetzes

Einige Beispiele mögen die Anwendung dieses Phasengesetzes erläutern und auf verschiedene Komplikationen hinweisen, die dabei aufzutreten pflegen. Meist macht die Abzählung der Komponenten gewisse Schwierigkeiten, jedoch haben wir oben schon sämtliche Gesichtspunkte zusammengestellt, die hierfür maßgebend sind. Gehen wir von einem chemischen Stoff aus, der nicht mehr weiter reagiert, also etwa von einem Element, so kann dieser z. B. in einer Phase existieren. Dann haben wir *eine* Komponente, da die Zahl der Reaktionsgleichungen Null ist, mithin Komponentenzahl und Zahl der chemischen Bestandteile einander gleich sind. Die rechte Seite von Gl. (45a) hat den Wert $1 + 2 = 3$, d. h., beim Vorliegen einer Phase ($Ph = 1$) gibt es zwei Freiheitsgrade ($F = 2$), etwa den Druck und die Temperatur, das Molvolumen ist dann eindeutig bestimmt. Bei zwei Phasen gibt es nur einen Freiheitsgrad. Wir kennen diesen Sachverhalt z. B. von der Dampfdruckkurve, wo zwei Phasen, flüssige und dampfförmige Phase, vorlagen und das Gleichgewicht durch Vorgabe der Temperatur als einzigem Freiheitsgrad bestimmt war. Wünscht man drei Phasen, so hat man gar *keinen* Freiheitsgrad mehr. Dies ist offenbar die Maximalzahl der bei einem Einstoffsystem möglichen Phasen. Dieser Zustand wird am Tripelpunkt erreicht, wo dampfförmige, flüssige und feste Phase miteinander im Gleichgewicht stehen. Temperatur und Druck am Tripelpunkt liegen fest und können nicht mehr willkürlich gewählt werden.

Auch wenn es bei dem gerade betrachteten Stoff mehr Phasen als drei gibt, man denke an den Schwefel, der ja in zwei festen Phasen existieren kann, der rhombischen und der monoklinen Phase, so können doch nur drei von diesen Phasen miteinander im Gleichgewicht stehen. Selbstverständlich kann man zu dem im Gleichgewicht befindlichen System aus Schwefeldampf, flüssigem Schwefel und festem monoklinem Schwefel noch ein Stück rhombischen Schwefels hinzufügen, so daß man vier Phasen vor sich hat; diese befinden sich aber nicht miteinander im *Gleichgewicht*, ebenso wie ein Stück Eis, das man in warmes Wasser wirft, sich mit diesem nicht im Gleichgewicht befindet. Das Gleichgewicht ist vielmehr erst dann erreicht, wenn sich der rhombische

---

[1] Die Form des Phasengesetzes (45a) mit der 2 auf der rechten Seite trifft jedoch nur zu, wenn wie oben an Temperatur und Druck bzw. Partialdrucke als einzige Variablen gedacht wird. Wenn wir den Zustand des Systems außerdem auch durch ein angelegtes elektrisches Feld oder ein magnetisches Feld oder sogar durch beide Felder beschreiben, so ergibt sich entsprechend der eben gegebenen Ableitung eine 3 oder sogar eine 4 auf der rechten Seite von Gl. (45a). Da aber in den meisten Fällen derartige weitere Variablen außer Druck und Temperatur für chemische Systeme von untergeordneter Bedeutung sind, ist Gl. (45a) mit der 2 auf der rechten Seite die für die Chemie maßgebende Form des Phasengesetzes.

Schwefel etwa in monoklinen umgewandelt hat oder in dem anderen Beispiel das Eis geschmolzen ist; dann erst liegt der für das Gibbssche Phasengesetz maßgebende *Gleichgewichtszustand* vor. Die Nichtbeachtung dieser Forderung in weniger übersichtlichen Fällen hat gelegentlich dazu geführt, das Gibbssche Gesetz nicht als generell gültig anzusehen.

Bei einem aus zwei Bestandteilen zusammengesetzten System, bei dem sich die Bestandteile nur mischen, jedoch keine neue chemische Verbindung bilden, ist die Zahl der Komponenten $Ko = 2$, also die rechte Seite von Gl. (45a) gleich 4, so daß bei einer Phase ($Ph = 1$) drei Freiheitsgrade vorhanden sind. Nehmen wir als Beispiel eine Lösung von Kochsalz in Wasser (vgl. Abb. 33), so können wir, wenn nur die flüssige Phase vorliegen soll, den Druck, die Temperatur und die Konzentration in dieser Phase beliebig wählen, womit die drei Freiheitsgrade erschöpft sind. Die Dichte der Lösung ist dann eindeutig bestimmt. Nehmen wir als zweite Phase noch die Dampfphase hinzu, so wird dadurch der Druck festgelegt, wenn die Konzentration und die Temperatur gegeben sind, denn diese Lösung besitzt natürlich einen definierten Dampfdruck. Es sind dann im Einklang mit dem Phasengesetz nur noch zwei Freiheitsgrade vorhanden.

Wenn jetzt auch noch eine feste Phase vorliegen soll, so ist der Gefrierpunkt durch die gegebene Konzentration fixiert, womit gleichfalls der Dampfdruck bestimmt ist und mithin nur die

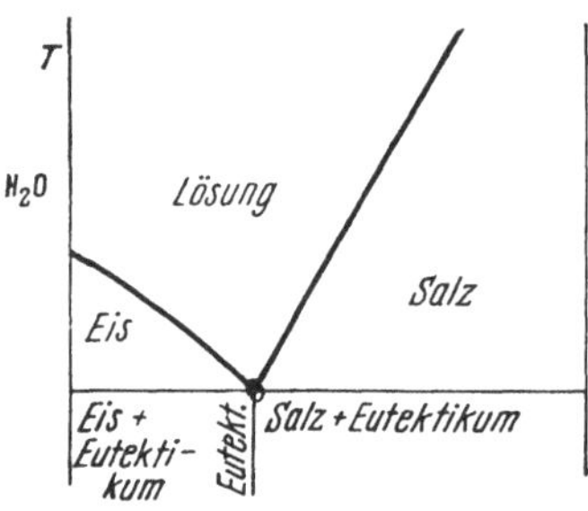

Abb. 33. Quadrupelpunkt und Schmelzdiagramm eines binären Gemisches. Abszisse = Konzentration

Konzentration als einziger Freiheitsgrad übrigbleibt. In diesem Fall friert i. allg. nur eine der Komponenten aus, bei hoher Konzentration das Kochsalz und bei geringer Kochsalzkonzentration das Wasser. Es gibt nun eine bestimmte Konzentration, bei der das Salz *und* das Wasser aus der Lösung ausfrieren, man erhält dann natürlich zwei feste Phasen, die Salzphase und die Eisphase, mit der Lösung und dem Dampf zusammen also vier Phasen, so daß nach Gl. (45a) kein Freiheitsgrad mehr übrigbleibt. An diesem sog. Quadrupelpunkt ist das System nonvariant, es hat jetzt keinen Freiheitsgrad mehr, weil auch die Konzentration nicht mehr willkürlich gewählt werden darf. Gewöhnlich fallen an dem Quadrupelpunkt die beiden festen Phasen in Gestalt eines Gemenges sehr feiner kleiner Kristalle aus, die fast den Eindruck einer einheitlichen Phase machen, sich jedoch bei mikroskopischer Betrachtung als ein feinkristallines Gemenge zweier reiner Phasen erweisen; man nennt diese „Doppelphase" ein Eutektikum. Das Eutektikum ist im Sinne des Phasengesetzes immer als ein Gemenge von *zwei* Phasen anzusehen.

Nehmen wir als weiteres Beispiel die Bestandteile des Wassers H_2 und O_2, so haben wir mit dem Wasser zusammen insgesamt drei chemische Stoffe, zwischen denen aber die Reaktionsgleichung der Wasserbildung abläuft, so daß wegen der einen dadurch gegebenen Bedingungsgleichung das System aus $3 - 1 = 2$ Komponenten besteht. Wir erhalten ein im Gasraum ($Ph = 1$) trivariantes System; es können z. B. zwei Partialdrucke und die Temperatur willkürlich gegeben werden. Bei Temperaturerniedrigung kondensiert sich der Wasserdampf, und es kann dann nur ein Partialdruck von H_2 *oder* O_2 *und* die Temperatur vorgegeben werden, was nach Gl. (45a) dem Fall $Ph = 2$ entspricht (zwei Freiheitsgrade). Wünscht man drei Phasen zu haben, etwa Eis, Wasser und Dampfphase, so sind Temperatur (Tripelpunkt) und Wasserdampfdruck von vornherein definiert; es kann dann nur der Partialdruck von H_2 oder O_2 noch willkürlich gewählt werden, das System ist univariant geworden. Praktisch haben diese Fälle untergeordnete Bedeutung, da sich das Wasserdampfgleichgewicht bei so niedrigen Temperaturen nur in Gegenwart von guten Katalysatoren einstellt. An einen Quadrupelpunkt käme man erst, wenn man Eis und festen und flüssigen Sauerstoff, also drei kondensierte Phasen neben der Gasphase hätte, womit das Gleichgewicht, wenn es sich über Katalysatoren bei diesen tiefen Temperaturen noch einstellen würde, nonvariant geworden wäre.

Es ist wichtig zu bemerken, daß man bei der Wasserdampfreaktion nur *eine* Komponente hat, wenn man ursprünglich von reinem Wasser ausgegangen ist. Wir haben in diesem Falle zwar ebenfalls drei chemische Bestandteile im System, nämlich H_2, O_2 und H_2O, jedoch sind hier zwei einschränkende Gleichungen zu berücksichtigen; die erste ist wie oben die Reaktionsgleichung der Wasserbildung bzw. Dissoziation, die zweite besteht in der Bedingung, daß die Gesamtzahl der H-Atome des Systems zu derjenigen der O-Atome sich verhält wie $2:1$, weil eben dieses Verhältnis im Wasser schon vorgelegen hat. Wegen dieser zwei Nebenbedingungen haben wir jetzt $3 - 2 = 1$ Komponente im System; wir erhalten also wie bei jedem einfachen Einstoffsystem, in dem keine Reaktion mehr abläuft, im Höchstfalle drei Phasen. Im übrigen sei hervorgehoben, daß man selbstverständlich auch in dem Fall, daß durch irgendeinen sinnreichen Mechanismus die Mengen Wasserstoff und Sauerstoff in der reagierenden Phase des Systems in einem definierten Verhältnis gehalten werden, welches natürlich ein anderes als das obige sein kann, zwei Nebenbedingungen und mithin nur *eine* Komponente hat. Die Methode, vom reinen Wasser auszugehen, ist nur eine besonders einfache Methode, dieses Verhältnis fest vorzugeben.

Etwas anders liegen die Verhältnisse bei der Dissoziation des Calciumcarbonats in CaO und CO_2. In der Dampfphase, in der eine Vereinigung zu $CaCO_3$ mit anschließender Kondensation einsetzen könnte, sind CO_2 und CaO in recht verschiedener Konzentration vorhanden, so daß zum Massenwirkungsgesetz keine derartige Zusatzbedingung wie

$$[\text{CaO}] = [\text{CO}_2]$$

od. dgl. in der reagierenden Phase hinzutritt. Man erhält mithin $3 - 1 = 2$ Komponenten und hat bei drei Phasen (festes CaO, festes $CaCO_3$ und Gasphase) noch einen Freiheitsgrad, nämlich die Temperatur. Bei Wasser war oben daran gedacht, daß im Gasraum, wo die Reaktion vor sich geht, Wasserstoff und Sauerstoff stets im Verhältnis $2:1$ standen, womit eine weitere Bedingungsgleichung beachtet werden mußte. Wir würden beim Beispiel des Wassers eine Annäherung an die Verhältnisse beim Calciumcarbonat haben, d. h. ebenfalls zwei Komponenten, wenn wir die an sich geringe, aber verschiedene Löslichkeit von H_2 und O_2 in Wasser berücksichtigten. Diese Löslichkeiten stehen nicht im Verhältnis $2:1$, so daß man in geringem Grade das Verhältnis des Wasserstoffs zum Sauerstoff in der reagierenden Gasphase dadurch beeinflussen kann, daß man die flüssige Phase im Verhältnis zum Dampfraum größer oder kleiner wählt. Die Variabilität ist in diesem Fall natürlich wesentlich geringer als beim $CaCO_3$, so daß man in praxi davon ganz absehen darf.

Das Gibbssche Phasengesetz gestattet in einer Reihe von Fällen über den mehr oder weniger totalen Ablauf von Reaktionen zu entscheiden. Bei einem sog. reziproken Salzpaar, wie z. B. dem folgenden Paar, das sich entsprechend der Reaktion:

$$KCl + NaNO_3 = NaCl + KNO_3$$

ineinander umzuwandeln vermag, besagt das Phasengesetz, wenn sich das Gleichgewicht der Festkörper über den Dampfraum einstellt, daß bei einem Freiheitsgrad (Temperatur) vier Phasen möglich sind, weil $4 - 1 = 3$ Komponenten vorliegen. Da nun die Reaktion über die Dampfphase ablaufen sollte, kann man im Gleichgewicht neben der Dampfphase nur drei feste Phasen haben, d. h., daß die Reaktion Gl. (46) vollkommen von einer Seite zur anderen ablaufen muß, so daß wenigstens eine feste Phase aus dem Gemisch völlig verschwindet.

Nur wenn die Temperatur auf einem bestimmten Wert gehalten wird, ist die Möglichkeit des gleichzeitigen Auftretens von vier festen Phasen gegeben. Unterhalb dieser Temperatur reagiert das System in der einen Richtung und oberhalb in der anderen Richtung vollständig ab. Die erwähnte Gleichgewichtstemperatur wird als Umwandlungstemperatur bezeichnet und hat im obigen Falle den Wert 32 °C, unterhalb deren die Reaktion von links nach rechts abläuft. Hierbei läßt man die eigentliche Reaktion freilich nicht über den Dampfraum laufen, sondern über die wäßrige Lösung der Salze. Da in Lösung die Salze in Ionenform vorliegen, stellt sich hier das Gleichgewicht sehr rasch ein. Die Lösungsphase vertritt hier die Dampfphase bei unserer obigen Überlegung zum Phasengesetz. Im Endresultat bleibt alles ungeändert, jedoch hätten wir bei der Einbeziehung der Lösungsphase noch einen neuen Bestandteil, nämlich das Wasser, mit berücksichtigen müssen. Da dies offenbar für das Phasengesetz in dem Beispiel eine untergeordnete Rolle spielt, haben wir es vorgezogen, die Ergebnisse des Phasengesetzes über die Reaktion im Gasraum herzuleiten.

Nachdem wir durch unsere Beispiele den Begriff der Zahl der Komponenten eines Systems im Sinne des Phasengesetzes genauer erörtert haben, muß jetzt noch ein Wort über die Zahl der Phasen gesagt werden. Wir haben schon gesehen, daß ein Eutektikum als *zwei* Phasen anzusehen ist, ebenso ist es mit zwei nicht mischbaren Flüssigkeiten; während eine homogene Mischung zweier Flüssigkeiten ebenso wie ein echter Mischkristall als *eine* Phase angesehen werden muß. Die Gasphase ist nur eine Phase, da im Gasraum die Mischung vollständig ist. Bei nicht mischbaren Flüssigkeiten kann nun ähnlich wie bei den Eutektika eine Vermengung in Form kleiner Tröpfchen (Emulsion) vorliegen, so daß vom experimentellen Standpunkt die Entscheidung der Frage, ob man es mit einer oder mit mehreren flüssigen Phasen zu tun hat, gar nicht leicht ist. Auf jeden Fall hat man bei der praktischen Anwendung des Phasengesetzes der genauen Bestimmung der Zahl der *verschiedenen* Phasen erhöhte Aufmerksamkeit zu schenken.

E. Zweiter Hauptsatz und die Thermodynamik der Gleichgewichte

§ 72. Reversible und irreversible Reaktionen

Die Gleichgewichte wurden oben vom rein empirischen Standpunkt aus eingeführt, insofern nämlich ohne speziellen Beweis das Massenwirkungsgesetz für Gasreaktionen einfach hingeschrieben worden war. Auch das Gesetz über die Temperaturabhängigkeit der Gleichgewichtskonstanten war ohne Beweis angegeben worden. Wenn es sich jetzt um eine exakte physikalische Begründung dieser Gesetze handelt, so müssen wir diejenigen Gesetze heranziehen, die etwas über die Richtung aussagen, in der Änderungen in der Natur erfolgen; denn es gilt bei der Festlegung des Gleichgewichtes ja denjenigen Zustand zu erfassen, von dem aus weder in der einen noch in der anderen Richtung unter den gegebenen Bedingungen eine Reaktion ablaufen kann. Während nun der früher behandelte erste Hauptsatz der Thermodynamik lediglich die energetischen Umsätze bei irgendwelchen Reaktionen in Beziehung zueinander setzt, gibt der sog. zweite Hauptsatz an, in welcher Richtung eine hypothetische Änderung in der Natur *nicht* stattfinden kann. Diese negative Aussage genügt nun, um Aussagen über das Gleichgewicht zu machen, von dem aus ja in keiner der beiden Richtungen eine Reaktion abzulaufen vermag.

Bevor wir uns mit dem eigentlichen Inhalt des zweiten Hauptsatzes der Thermodynamik vertraut machen, wollen wir uns mit der Frage der allgemeinen Natur von Reaktionsänderungen befassen, mit denen wir es in der Folge dauernd zu tun haben werden. Wir unterscheiden bei den in der Natur auftretenden Reaktionen zwischen *reversiblen* und *irreversiblen* Reaktionen. Man versteht darunter solche Reaktionen, die sich auf demselben Wege, auf dem sie ursprünglich abgelaufen waren, wieder rückgängig machen lassen (reversible Reaktionen), bzw. solche, bei denen diese Umkehrung auf demselben Wege nicht möglich ist (irreversible Reaktionen). Diese letzteren lassen sich zwar auch oft rückgängig machen, aber man muß dazu einen anderen Weg einschlagen. Wie hier beiläufig bemerkt werden möge, ist es im irreversiblen Fall erforderlich, dem System, das in seinen Ausgangszustand gebracht werden soll, eine mehr oder weniger große Arbeitsleistung von außen zuzuführen.

Den Begriff der reversiblen und irreversiblen Reaktionen erläutern wir am besten an einigen einfachen Beispielen. Eine irreversible Reaktion ist z. B. die Vermischung zweier Gase oder Kondensate durch Diffusion, denn diese Vermischung erfolgt ganz ohne unser Zutun (spontan). Die Trennung der fertigen Mischung in die ursprünglichen Reinkomponenten erfolgt nicht von selbst, es ist vielmehr eine wichtige Arbeitsaufgabe des Chemikers, solche Trennungen durchzuführen. Wir sehen an diesem Beispiel bereits, daß die Umkehrung eines irreversiblen Prozesses (auf einem anderen Wege) den Aufwand von äußerer Arbeit erfordert. Die Wärmeleitung von der wärmeren nach der kälteren Seite erfolgt ebenfalls irreversibel. Wir werden später noch sehen, durch welchen Prozeß man die Wärme wieder von Kalt nach Warm zurücktransportieren kann. Das Ausströmen eines Gases aus einem Behälter höheren Druckes in ein Vakuum ist wiederum irreversibel. Dieser Vorgang, der ohne Leistung von Arbeit erfolgt, lag dem Jouleschen Versuch (S. 67) zugrunde; zur Umkehrung des Prozesses muß man das expandierte Gas komprimieren, was offenbar wieder Zufuhr von äußerer Arbeit erfordert. Ganz allgemein sind die Erscheinungen, die mit heftig ablaufenden Reaktionen (Explosionen) verbunden sind, irreversibler Natur, was wohl nicht näher erläutert zu werden braucht; denn niemand wird versuchen, die Zerstörungen, die eine Explosion angerichtet hat, durch eine zweite Explosion od. dgl. rückgängig zu machen.

Man kann den Sachverhalt auch so ausdrücken, daß der durch eine irreversible Reaktion erreichte Zustand eben *stabiler oder wahrscheinlicher* sei als der Ausgangszustand, weshalb das System in den instabilen oder unwahrscheinlichen Anfangszustand nicht spontan zurückkehren will. Von diesem Standpunkt haben wir prinzipiell auch das Gleichgewicht zu betrachten, denn das chemische Gleichgewicht stellt einen wahrscheinlicheren oder stabileren Zustand dar als die Nachbarzustände, die mit den äußeren Bedingungen des Systems vereinbar sind. Wenn wir demnach ein geeignetes Maß für die Wahrscheinlichkeit oder die Stabilität eines Systems besaßen, so könnten wir die Frage nach dem Gleichgewicht sofort lösen, indem wir denjenigen Zustand des Systems aufsuchten, dem der größte Wert unseres Stabilitätsmaßes unter den Bedingungen, die dem System auferlegt sind, entspricht.

Bei reversiblen Vorgängen haben wir es nach dem oben Gesagten mit einer Hintereinanderreihung von gleich wahrscheinlichen Zuständen zu tun, die nacheinander bei der Reaktion durchlaufen werden. Wenn wir einen Begriff aus der gewöhnlichen Mechanik verwenden dürfen, so liegt bei einer reversiblen Reaktion ein indifferentes Gleichgewicht vor; ein beliebig kleiner Zwang in der einen oder anderen Richtung genügt, um die Reaktion in der gewünschten Richtung ablaufen zu lassen. Da die Wahrscheinlichkeit jedes Zwischenzustandes bei der gesamten reversiblen Reaktion gleichbleibt, hat diese an jeder Stelle gewissermaßen ein Extremum, so daß man auch sagen kann, daß die reversible Reaktion aus der Hintereinanderschaltung einer kontinuierlichen Reihe von Gleichgewichten besteht. Diese Fassung des Begriffs der reversiblen Vorgänge wurde zum ersten Male von M. PLANCK gegeben.

Ein einfaches Beispiel eines reversiblen Vorgangs ist die Expansion eines Gases in einem Zylinder mit einem beweglichen Kolben, auf den von außen eine derartige Kraft wirkt, daß diese dem inneren Gasdruck gerade das Gleichgewicht hält. Wählt man den äußeren Druck ein wenig kleiner als den jeweiligen Gasdruck, so expandiert das Gas; wählt man ihn ein wenig größer, so wird das Gas komprimiert. Im ersten Falle leistet das Gas nach außen eine gewisse Arbeit, während im zweiten Falle die äußeren Kräfte am Gase die *gleiche* Arbeit leisten. Wir erkennen hier schon, daß die reversible Reaktion eigentlich ein idealisierter Grenzprozeß ist, dem man sich in der Praxis nur mehr oder weniger vollständig annähern kann, denn für den tatsächlichen Reaktionsablauf in der einen oder in der anderen Richtung ist es ja erforderlich, daß man sich von dem strengen Gleichgewicht ein wenig entfernt. Je geringer diese Entfernung ist, desto mehr nähert man sich dem idealen reversiblen Prozeß, der in der Grenze unendlich langsam abläuft und somit einen Gegensatz bildet zu den oben erwähnten rasch verlaufenden irreversiblen Explosionen. Jede in der Praxis mit endlicher Geschwindigkeit ablaufende Reaktion birgt daher bis zu einem gewissen Grad ein irreversibles Moment in sich.

§ 73. Perpetuum mobile zweiter Art

Die Grundlage unserer weiteren Betrachtungen ist der schon erwähnte zweite Hauptsatz der Thermodynamik, der ganz ähnlich wie der erste Hauptsatz die Unmöglichkeit der Konstruktion einer an sich sehr nützlichen Maschine behauptet, nämlich die Unmöglichkeit der Konstruktion eines Perpetuum mobile zweiter Art. Unter einem Perpetuum mobile zweiter Art versteht man eine *periodisch* arbeitende Maschine, die nichts anderes bewirkt als die Umwandlung von Wärme in mechanische oder sonstige Arbeit. Eine solche Maschine wäre offensichtlich sehr praktisch, insofern sie z. B. durch Ausnutzung der im Weltmeer enthaltenen Wärmeenergie die Schiffsschrauben eines Dampfers zu treiben vermöchte, so daß das Schiff ohne Mitnahme von Treibstoff fahren könnte. Leider ist, wie die Summe unserer Erfahrung lehrt, die in den Mißerfolgen vieler derartiger Konstruktionsversuche besteht, die Herstellung einer derartig praktischen Maschine nicht möglich. Man kann wohl mechanische Arbeit restlos in Wärme verwandeln, jedoch nicht umgekehrt Wärme restlos in mechanische Arbeit mit Hilfe einer periodisch wirkenden Maschine, bzw. nicht so, daß keine dauernde Veränderung sonst in der Natur zurückbleibt.

Dieser letzte Zusatz ist wesentlich, denn man kann sehr wohl Wärme restlos in mechanische Arbeit verwandeln, wie dies z. B. bei der isothermen Ausdehnung eines idealen Gases geschieht. Zu diesem Zweck setzt man das Gas in einem Zylinder mit beweglichem Kolben in ein Temperaturbad. Bei der Expansion des Gases, bei der jetzt die Temperatur ungeändert bleibt, muß nach dem zweiten Gay-Lussacschen Gesetz [Gl. (II, 15)] auch die innere Energie des Gases die gleiche bleiben, so daß die bei der Bewegung des Kolbens zu leistende Arbeit auf Kosten der Wärme geschieht, die dem Gas im Zylinder von dem Temperaturbad zugeleitet wird; denn in der Formulierung der Gl. (II, 23) des ersten Hauptsatzes gilt jetzt wegen $\Delta U = 0$ die Beziehung $\Delta Q = p\,\Delta V$, wo ΔQ die vom Bad an den Zylinder abgeführte Wärme und $p\,\Delta V$ dessen Arbeitsleistung ist. Nach diesem Prozeß der restlosen Umwandlung von Wärme ΔQ in Arbeit $p\,\Delta V$ ist aber die Maschine, d. h. der Zylinder und Kolben, nicht mehr in ihrem Anfangszustand; es ist also eine dauernde sonstige Veränderung in der Natur übriggeblieben, die Maschine hat insgesamt nicht periodisch gearbeitet. Sie kann also nicht viel nützen, weil eben ihr Effekt sich bei *einem* Arbeitsgang erschöpft hat. Man muß die Maschine, damit sie periodisch arbeiten kann, in einem zweiten Arbeitsgang wieder in ihren Ausgangszustand zurückbringen, was durch Aufwendung einer äußeren Arbeit durch Kompression des Gases geschehen kann. Dieser offenbar reversible Vorgang erfordert jetzt die gleiche Arbeitsleistung *von* außen, welche die Maschine zuerst *nach* außen geleistet hatte. Bei einer vollen *Periode* dieser Maschinerie ist also nichts gewonnen, es ist im Endeffekt keine Arbeit von ihr geleistet worden, und der Wärmeinhalt des Temperaturbades ist genau der gleiche wie zu Anfang, weil beim zweiten Arbeitsgang der Maschine dem Bad die ursprünglich entzogene Wärmemenge wieder zugeführt wurde. Diese Maschine stellt also kein Perpetuum mobile zweiter Art dar.

§ 74. Der Carnotsche Kreisprozeß

Die angestellten Betrachtungen legen es nahe, einmal zu untersuchen, welchen mechanischen Energiegewinn man durch geeignete Manipulationen bzw. mit geeigneten Maschinen, speziell periodisch arbeitenden, überhaupt unter Aufwendung einer gegebenen Wärmemenge erzielen kann. Hier interessiert in erster Linie der sog. thermische Nutzeffekt, d.i. das Verhältnis der gewonnenen Arbeit zu der Warme, die man dazu einem gewissen Wärmereservoir entnehmen muß. Damit der Energiesatz gewahrt bleibt, muß man den Rest an Wärme, wenn der Nutzeffekt nicht 100 % beträgt, irgendwie ableiten, und zwar, wie wir nachher noch sehen werden, auf ein Wärmereservoir von tieferer Temperatur.

Wir werden uns darum mit Kreisprozessen befassen, denn dies sind periodische Vorgänge, die mit periodisch wirkenden Maschinen zu realisieren sind, und werden deren Nutzeffekt bestimmen. So kommen wir auf die Fragen zurück, die schon im Zusammenhang mit Gl. (II, 6) angeschnitten worden waren. Der Einfachheit halber werden wir eine derartige Maschine dadurch arbeiten lassen, daß wir ein *ideales* Gas in ihr einer Reihe von Dilatationen und Kompressionen unterwerfen, wobei Arbeitsbeträge umgesetzt werden. Sofern diese bei der ganzen Periode eine endliche Arbeitsleistung ergeben, können wir diese mechanische Arbeitsleistung mit den Wärmeumsätzen vergleichen, um den Nutzeffekt zu bestimmen.

Wenn wir wie oben mit einem Zylinder mit beweglichem Kolben arbeiten wollen, so müssen wir diese Apparatur zumindest bei *verschiedenen* Temperaturen einzelne Arbeitstakte ausführen lassen, denn beim isothermen Arbeiten wird nach Durchlaufen einer vollen Periode, wie wir oben schon gesehen hatten, im Endeffekt keine Arbeit geleistet. Die nunmehr *einfachsten* Verhältnisse erhalten wir offenbar dann, wenn wir den ganzen Kreisprozeß im wesentlichen bei zwei festen, aber verschiedenen Temperaturen durchführen. Das plötzliche Überspringen von der einen zu der anderen Temperatur geschieht am einfachsten mit Hilfe einer adiabatischen Dilatation oder Kompression, bei der sich das Gas automatisch von einer höheren Temperatur auf eine niedrigere abkühlt oder umgekehrt erwärmt.

Man kommt somit in einem $(p-V)$-Diagramm ganz zwanglos auf folgenden Kreisprozeß, der erstmalig genauer von CARNOT untersucht wurde und darum als Carnotscher Kreisprozeß bezeichnet wird. Er besteht nach Maßgabe der Abb. 34 aus einer isothermen Ausdehnung des Gases längs der Isothermen der Temperatur T_1 vom Volumen v_1 bis zum Volumen v_2, dann erfolgt eine weitere adiabatische Dilatation bis zum Volumen v_3, wobei eine Abkühlung des Gases von T_1 auf T_2 eintritt. Danach kommt eine isotherme Kompression bei der Temperatur T_2 von v_3 bis v_4, wobei v_4 so gewählt ist, daß bei anschließender adiabatischer Kompression auf das Volumen v_1 gerade wieder die Temperatur T_1 erreicht wird.

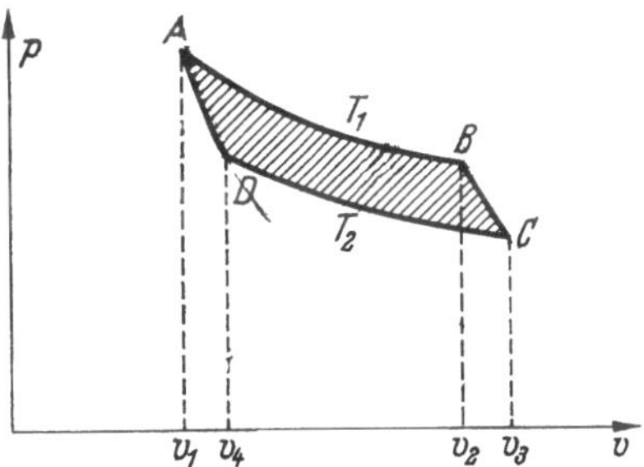

Abb. 34
Zur Ableitung des thermischen Wirkungsgrades beim Carnotschen Kreisprozeß

Dies ist nach Gl. (II, 44 b) der Fall, wenn $v_1 : v_4 = v_2 : v_3$, denn auf der Adiabate BC ebenso wie auf der Adiabate AD gilt nach der genannten Gleichung:

bzw.

$$\left.\begin{array}{l} T_1 \cdot v_2^{\varkappa-1} = T_2 \cdot v_3^{\varkappa-1} \\[2mm] T_1\, v_1^{\varkappa-1} = T_2\, v_4^{\varkappa-1}, \end{array}\right\} \tag{47}$$

woraus

$$\left(\frac{v_2}{v_3}\right)^{\varkappa-1} = \frac{T_2}{T_1} = \left(\frac{v_1}{v_4}\right)^{\varkappa-1}$$

und mithin

$$\frac{v_2}{v_3} = \frac{v_1}{v_4} \quad \text{oder} \quad v_1 : v_2 = v_4 : v_3 \tag{48}$$

folgt.

Die experimentelle Durchführung des ganzen Carnotschen Prozesses hat man sich dabei so vorzustellen, daß man den Zylinder zuerst in das Temperaturbad T_1 bringt, in dem man die Ausdehnung von A nach B erfolgen läßt. Wie bei dem auf S. 141/42 beschriebenen Prozeß ist hier die Arbeitsleistung des Gases gleich der dem Gase vom Temperaturbad bei der Ausdehnung zugeleiteten Wärme Q_1

$$Q_1 = \int_A^B p\, dv = n\, R\, T_1 \int_A^B \frac{dv}{v} = n\, R\, T_1 \ln\frac{v_2}{v_1}. \tag{49a}$$

Hier bedeutet n die Zahl der Mole des Gases im Zylinder. Die Arbeitsleistung bei diesem ersten Arbeitsschritt entspricht in unserem Diagramm der Fläche $A\,B\,v_2 \cdot v_1$. Hierauf denkt man sich den Zylinder aus dem Bad T_1 herausgenommen, adiabatisch expandiert und im Endzustand der Temperatur T_2 in das Temperaturbad T_2 gebracht. Wir wollen uns hierbei die Wände des Zylinders aus einem Material denken, das so dünn und von solch geringer Wärmekapazität ist, daß diese Wände nicht durch einfache Wärmeleitung zusätzlich irreversibel Wärme von T_1 nach T_2 transportieren.

Die Arbeitsleistung $\int p\,dv$ längs der Adiabate von B nach C, die der Fläche $B\,C\,v_3\,v_2$ entspricht, berechnet man aus Gl. (II, 7), die hier mit $dQ = 0$ (Adiabate) und $dU = C_v\,dT$ (ideales Gas, $\partial U/\partial V = 0$) die Gestalt

$$-n \int_{T_1}^{T_2} C_v\,dT = \int_B^C dA = n\,C_v(T_1 - T_2) \qquad (49\,\text{b})$$

annimmt, wenn wir für die letzte Beziehung noch C_v als temperaturunabhängig ansehen, eine Bedingung, die aber, wie gleich deutlich wird, nicht wesentlich ist. Bei der nun anschließenden Kompression des idealen Gases im Zylinder bei der Temperatur T_2 wird von außen eine der Fläche $C\,D\,v_4\,v_3$ entsprechende Arbeit geleistet, bei der umgekehrt wie beim ersten Schritt dem Bade T_2 Wärme zugeführt wird. Die vom System geleistete Arbeit, die negativ ist, beträgt hierbei in Analogie zu Gl. (49 a)

$$Q_2 = \int_C^D p\,dv = n\,R\,T_2 \int_C^D \frac{dv}{v} = n\,R\,T_2 \ln \frac{v_4}{v_3} = n\,R\,T_2 \ln \frac{v_1}{v_2} = -\,n\,R\,T_2 \ln \frac{v_2}{v_1},$$
$$(49\,\text{c})$$

wenn noch Gl. (48) Berücksichtigung findet. Beim letzten Schritt von D nach A, wobei der Zylinder umgekehrt wie beim Schritt von B nach C in das ursprüngliche Temperaturbad zurückgebracht wird, muß ebenfalls von den äußeren Kräften eine der Fläche $D\,A\,v_1\,v_4$ entsprechende Arbeit geleistet werden, die sich als vom System geleistete (negative) Arbeit entsprechend Gl. (49 b) schreibt:

$$-n \int_{T_2}^{T_1} C_v\,dT = \int_D^A dA = n\,C_v(T_2 - T_1). \qquad (49\,\text{d})$$

Die insgesamt von dem System bei dem Kreisprozeß, der übrigens so geführt wurde, daß jeder Schritt umkehrbar (reversibel) ist, geleistete Arbeit ergibt sich durch Addition der vier Gln. (49), die teils positive, teils negative Beträge darstellen. Geometrisch wird die resultierende Arbeit durch das schraffierte „Parallelogramm" $ABCD$ unseres Diagramms dargestellt. Die Addition der Gln. (49) zeigt, daß die Gln. (49 b) und (49 d) sich gegenseitig aufheben, wozu übrigens, wie jetzt klar wird, nicht erforderlich ist, daß C_v unabhängig von T ist. Es genügt vielmehr, wenn C_v

nicht vom Volumen abhängt, was bei idealen Gasen wegen $(\partial U/\partial V)_T = 0$ sicher zutrifft. Die verbleibende Addition von Gl. (49a) und (49c) ergibt schließlich:

$$A = n\,R\,(T_1 - T_2)\ln\frac{v_2}{v_1} = \frac{T_1 - T_2}{T_1}\cdot n\,R\,T_1 \ln\frac{v_2}{v_1} = \frac{T_1 - T_2}{T_1}\cdot Q_1. \qquad (49\,\mathrm{e})$$

Hiermit haben wir den Nutzeffekt η unseres Kreisprozesses zu

$$\eta \equiv A/Q_1 = (T_1 - T_2)/T_1 \qquad (50)$$

gefunden. Weil nach Gl. (49a) und (49c) $Q_1 : Q_2 = -T_1 : T_2$, kann man hierfür auch schreiben:

$$A = \frac{T_2 - T_1}{T_2}\cdot Q_2 = \frac{T_1 - T_2}{T_1}\cdot Q_1. \qquad (50\,\mathrm{a})$$

Als Ergebnis unserer ganzen Berechnung halten wir fest, daß bei dem angegebenen reversiblen Kreisprozeß, der mit einem idealen Gas als Arbeitsstoff operiert, ein Wärmebetrag Q_1 dem wärmeren Bade von der Temperatur T_1 entzogen wurde, von dem der Bruchteil $|Q_2| = \dfrac{T_2}{T_1}\cdot Q_1$ dem kälteren Bade von der Temperatur T_2 zugeführt wurde, während der Differenzbetrag $Q_1 - |Q_2| = \dfrac{T_1 - T_2}{T_1}\cdot Q_1$ in mechanische Arbeit verwandelt wurde.

Wir haben hier übrigens einen Kreisprozeß aufgezeigt, der in *reversibler* Weise Wärme von einem Reservoir höherer Temperatur zu einem solchen tieferer Temperatur überführt, wobei gleichzeitig eine gewisse Arbeit nach außen geleistet wird. So ergibt sich jetzt die Möglichkeit, freilich unter Arbeitsleistung von außen, durch Umkehrung des obigen Kreisprozesses Wärme von kalt nach warm zu transportieren, worauf wir schon früher hingewiesen hatten. Es sei nur kurz erwähnt, daß man technisch diese Möglichkeit des Wärmetransportes von kalt nach warm bereits zur Heizung von Räumen in der kälteren Jahreszeit benutzt hat (sog. Wärmepumpe, angewandt z. B. im Rathaus von Zürich).

§ 75. Allgemeingültigkeit der Gleichung für den thermischen Nutzeffekt

Die Gl. (50a), die oben nur für ein ideales Gas als Arbeitsstoff abgeleitet worden war, gilt nun allgemein. Dies soll heißen, daß bei *reversibler* Übertragung von Wärme von warm nach kalt die gewonnene Arbeit A zu der dem wärmeren Reservoir der Temperatur T_1 entzogenen Wärmemenge Q_1 in dem durch Gl. (50a) angegebenen Verhältnis steht, auch wenn nicht mit einem idealen Gas als Arbeitsträger der Maschinerie operiert wird. Dies ist formelmäßig der wesentliche Inhalt des sog. zweiten Hauptsatzes der Thermodynamik.

Der Beweis der Allgemeingültigkeit von Gl. (50a) stützt sich einmal darauf, daß der Carnotsche Prozeß reversibel ist, und zum anderen darauf, daß sich auf Grund der Reversibilität sofort ein Perpetuum mobile zweiter Art konstruieren ließe (s. u.), wenn beim *reversiblen* Arbeiten mit einem anderen Arbeitsstoff als einem idealen Gase ein von Gl. (50a) abweichender Nutzeffekt erhalten werden könnte. Wegen der Unmöglichkeit, ein Perpetuum mobile zweiter Art zu konstruieren, muß also dieser abweichende Nutzeffekt unmöglich sein und Gl. (50a) in jedem Falle zutreffen. Im einzelnen gestaltet sich dieser Nachweis wie folgt:

Nehmen wir einmal an, daß die bei einem Carnotschen Prozeß gewonnene Arbeit im Falle des Operierens mit einem anderen Stoff als einem idealen Gase größer sei als nach Gl. (50a), dann kombinieren wir eine Carnot-Maschine mit diesem Stoff als Arbeitsstoff mit einer zweiten Carnot-Maschine, die ein ideales Gas als Arbeitsstoff enthält; dabei lassen wir die erste Maschinerie die Arbeit A leisten, wozu sie dem wärmeren Reservoir die Wärme Q_1 entzieht. Hierbei wird dem kälteren Reservoir die Wärme $Q_1 - A$ zugeführt. Nachdem so die erste Carnot-Maschine im Anfangszustand angekommen ist, führen wir mit der zweiten Carnot-Maschine (ideales Gas), die wir im umgekehrten Sinne laufen lassen, die Wärme $Q_1 - A$ wieder vom kalten Reservoir zum warmen zurück, wozu jetzt nach Voraussetzung ein kleinerer Arbeitsaufwand als A benötigt wird. Die Differenz dieser beiden Arbeitsbeträge ist dann, nachdem nun beide Carnot-Maschinen im Anfangszustand angekommen sind, also die aus beiden Teilmaschinen bestehende Gesamtmaschinerie eine volle Periode durchlaufen hat, insgesamt auf Kosten von Wärme geleistet worden, die dem wärmeren Reservoir im Endeffekt entzogen wurde, d. h. beim zweiten Teilprozeß nicht mehr als Wärme zurückgeführt wurde. Damit aber hätten wir in dieser Gesamtmaschinerie ein Perpetuum mobile zweiter Art vor uns, was nicht sein kann.

Die von der Carnot-Maschine mit dem vom idealen Gas verschiedenen Arbeitsstoff geleistete mechanische Arbeit kann aber bei *reversiblem* Arbeiten auch nicht kleiner sein als Gl. (50a) entspricht, denn sonst ließen wir unsere beiden Maschinen eben in umgekehrter Reihenfolge arbeiten und hätten so wieder ein Perpetuum mobile zweiter Art vor uns. Also muß A immer durch Gl. (50a) gegeben sein. Bei dieser Schlußweise wird die reversible Natur unserer Vorgänge entscheidend benutzt. Wenn die Wärme Q_1 von warm nach kalt unter Arbeitsleistung übertragen wird, so kann bei *irreversiblem* Arbeiten der Nutzeffekt wohl kleiner sein als nach Gl. (50a), weil dann die eben benutzte Schlußweise wegen der Irreversibilität nicht zum Ziele führt. Man kann dann die Maschine nur in *der* Richtung periodisch ablaufen lassen, daß im Endeffekt Arbeit in Wärme verwandelt wird, was ja unserer Erfahrung nicht widerspricht.

Wir halten darum fest, daß

$$A_{\text{Kreisp. rev.}} = Q_1 \frac{(T_1 - T_2)}{T_1} = Q_2 \frac{(T_2 - T_1)}{T_2} \quad \text{und} \quad A_{\text{Kreisp. irrev.}} \leqq A_{\text{Kreisp. rev.}} \cdot$$

$$(51)$$

Man nennt deshalb die reversible Arbeit auch oft die *maximale Arbeit*, weil in der Praxis immer irreversible Momente bei einer Reaktion vorhanden sind, so daß der als „ideal" anzusehende reversible Arbeitswert in praxi stets mehr oder weniger stark unterschritten wird.

§ 76. Spezielle Formulierungen des zweiten Hauptsatzes

Zwei wichtige spezielle Formulierungen des Gesetzes in Gl. (51) wollen wir hier noch besonders hervorheben. Die erste bezieht sich auf den Fall $T_1 = T_2$; es ist dann $A_{rev.} = 0$, d. h. also, daß bei einem isothermen Kreisprozeß die reversible Arbeit verschwindet. Anders ausgedrückt: Um isotherm von einem Zustand I in einen Zustand II zu gelangen, möge es zwei verschiedene Wege 1 und 2 geben; dann ist die reversible Arbeit, die auf dem Wege 1 geleistet wird bzw. zu leisten ist, genau gleich derjenigen auf dem Wege 2, denn nur dann erhält man beim Durchlaufen des einen Weges hin nach dem Zustand II und des anderen Weges zurück nach Zustand I, also auf dem gesamten geschlossenen Wege des Kreisprozesses, den Wert Null der reversiblen Arbeit. Diese Überlegung ist der früheren, welche die Unabhängigkeit der Änderung der inneren Energie vom Wege darlegte, vollkommen analog. Man nennt den eben gefundenen Satz auch das *Prinzip der reversiblen isothermen Arbeit*. Er wird in der Thermodynamik häufig zur Ableitung spezieller Zusammenhänge benutzt.

Die zweite Folgerung bezieht sich auf die reversible Arbeit, die man bei einer Reaktion der Art erhält, wie sie etwa in unserem Carnotschen Prozeß zwischen A und B bzw. C und D durchlaufen wird. Wenn wir nämlich bedenken, daß wegen der Allgemeingültigkeit der Gl. (51) sich auch sonst irgend welche chemischen Reaktionen in unserer Maschinerie abspielen können, die bei einem Übergang von einem Anfangszustand A in einen Endzustand B die reversible Arbeit $A_{rev.}$ zu leisten vermögen, so wird diese Arbeit von der Temperatur derart abhängen, daß beim Hin- und Zurückarbeiten bei verschiedenen Temperaturen — wie beim Carnot-Prozeß — die Arbeit $A_{\text{Kreisp. rev.}} = \varDelta A_{rev.}$ geleistet wird, die um so näher bei $\dfrac{d A_{rev.}}{d T} \varDelta T$ gelegen ist, je kleiner der Temperaturunterschied $T_1 - T_2$ ist. Dieser letzte Zusatz ist schon aus dem Grunde nötig, weil beim Carnot-Prozeß BC und DA Adiabaten darstellen. Wenn wir nämlich jetzt eine allgemeine Arbeit ins Auge fassen, die bei einer Reaktion geleistet wird und deren Temperaturabhängigkeit betrachten, so kann es sein, daß die Endpunkte BC usw. dieser Reaktionen bei verschiedenen Temperaturen nicht auf einer Adiabate liegen, was einen Fehler bedingen könnte. Sofern aber das „Parallelogramm" $ABCD$ genügend schmal ist, macht dieser kleine, am Rande unserer Flächen gelegene Fehler prozentual nicht viel aus, ja in der Grenze $\varDelta T \to 0$ verschwindet er gänzlich. Somit entnehmen wir in diesem Fall aus Gl. (51) mit differentiellem $T_1 - T_2$:

$$\frac{d A_{rev.}}{d T}\, d T = \frac{Q_1}{T_1} \cdot d T \quad \text{oder} \quad T \cdot \frac{d A_{rev.}}{d T} = Q = A_{rev.} + \varDelta U . \bigg/ \quad (52)$$

Hier haben wir die dem System aus dem Wärmebad zugeführte Wärme Q_1 nach dem ersten Hauptsatz zerlegt in die von dem System geleistete Arbeit und die Änderung seiner inneren Energie. Die Unterscheidung zwischen T_1 und T_2 haben wir wegen $T_1 \to T_2$ in der zweiten Gleichung aufgegeben, ebenso konnten wir dort den Index an Q fortlassen. Es sei noch einmal besonders hervorgehoben, daß $A_{\text{rev.}}$ hier die beim Hinwege (z. B. von A nach B in Abb. 34) geleistete Arbeit des Systems bedeutet. Wenn wir ferner nach Gl. (II, 55) bei einer Reaktion $+\Delta U = -W_v$ beachten, so erhalten wir aus Gl. (52):

$$T \cdot \frac{dA_{\text{rev.}}}{dT} = A_{\text{rev.}} - W_v .\qquad (52\,\text{a})$$

(Gibbs-Helmholtzsche Gleichung)

§ 77. Einfache Anwendungen der Grundgleichungen des zweiten Hauptsatzes

Wir wollen jetzt einige einfache Anwendungen der zuletzt gefundenen Gleichungen machen. Zunächst sei der thermodynamische Beweis der Gl. (II, 16) nachgetragen. Hierzu betrachten wir ein Mol eines einfachen Stoffes, dessen Reaktion in einer isothermen Ausdehnung von differentieller, aber bekannter Größe ΔV bestehen möge; die Ausdehnung erfolge daher von einem definierten Anfangsvolumen V_a zum Endvolumen $V_a + \Delta V$. Die reversible Arbeit bei dieser festen differentiellen Volumenausdehnung ΔV beträgt $p\,\Delta V$, wenn p der Druck ist, unter dem sich die differentielle Ausdehnung vollzieht. Die Änderung der inneren Energie beträgt

$$\Delta U = \left(\frac{\partial U}{\partial V}\right)_T \Delta V ,$$

da die Temperatur ja konstant bleiben sollte. Aus Gl. (52) erhält man mithin unter Benutzung von $A_{\text{rev.}} = p\,\Delta V$ und (wegen der Konstanz von V_a und ΔV) $dA_{\text{rev.}}/dT = \left(\frac{\partial p}{\partial T}\right)_V \Delta V$:

$$T \left(\frac{\partial p}{\partial T}\right)_V \Delta V = p\,\Delta V + \left(\frac{\partial U}{\partial V}\right)_T \Delta V ,\qquad (53)$$

woraus sich durch Division mit ΔV direkt Gl. (II, 16) ergibt:

$$T \left(\frac{\partial p}{\partial T}\right)_V - p = \left(\frac{\partial U}{\partial V}\right)_T .\qquad (\text{II, 16})$$

Hieraus kann direkt durch Umrechnung (s. S. 72) Gl. (II, 31)

$$V - T \left(\frac{\partial V}{\partial T}\right)_p = \left(\frac{\partial H}{\partial p}\right)_T \qquad (\text{II, 31})$$

abgeleitet werden.

Als eine weitere Reaktion, die ebenfalls keine Reaktion im eigentlichen chemischen Sinne bedeutet, betrachten wir die Verdampfung einer Flüssigkeit. Die reversible isotherme Verdampfungsarbeit ist wieder $p\,\Delta V$, wo jetzt p den Dampfdruck und ΔV die als temperaturunabhängig angesehene Volumenänderung $V_{\text{Dampf}} - V_{\text{fl.}}$ bedeutet. Beim Einsetzen in Gl. (52) gelangen wir zu

$$T \left(\frac{dp}{dT}\right) (V_D - V_{\text{fl.}}) = Q = L;\qquad (54)$$

(Clausius-Clapeyronsche Gleichung)

da der Dampfdruck p nur von T abhängt, kann in Gl. (54) an Stelle der partiellen Differentiale dp/dT geschrieben werden. Im Carnotschen Diagramm erhielte man hier als Parallelogramm $ABCD$ ein horizontales Parallelogramm mit einer zur V-Achse parallelen Längsseite, dessen Inhalt man sofort zu

$$\frac{dp}{dT} \cdot \Delta T \cdot (V_D - V_{\text{fl.}}) \tag{55}$$

errechnet, woraus Gl. (51) für den Carnotschen Kreisprozeß nach Division durch $\Delta T = (T_1 - T_2)$ sofort Gl. (54) liefert, in der noch entsprechend der Bedeutung von Q als der beim Verdampfungsvorgang zugeführten Wärme die Verdampfungswärme L eingesetzt worden ist.

Da nun meist $V_{\text{fl.}}$ neben V_D vernachlässigt werden kann, folgt aus Gl. (54), wenn noch für V_D das ideale Gasgesetz Verwendung findet was bei kleinen Dampfdrucken sicher statthaft ist:

$$\frac{dp}{dT} = \frac{L \cdot p}{R\,T^2} \quad \text{oder} \quad \frac{1}{p} \cdot \frac{dp}{dT} = \frac{d\ln p}{dT} = \frac{L}{R\,T^2}, \tag{54a}$$

woraus man durch Integration die früher in Gl. (2) angegebene Dampfdruckbeziehung

$$\ln p = -\frac{L}{R\,T} + \text{const} \quad \text{bzw.} \quad \log p = -\frac{L(\text{cal})}{4{,}574\,T} + C \tag{54b}$$

erhält, die nunmehr thermodynamisch begründet ist. Wir sehen, daß thermodynamisch nur die Temperaturabhängigkeit des Dampfdruckgleichgewichtes herauskommt, während über die Lage des Gleichgewichtes bei einer vorgegebenen Temperatur gar nichts mit Sicherheit ausgesagt werden kann, weil die Integrationskonstante in Gl. (54b) noch vollkommen unbestimmt ist. Die Integration von Gl. (54a) ist unter der Voraussetzung durchgeführt, daß die Verdampfungswärme konstant sei, was jedoch nicht genau zutrifft. Wir werden später noch einmal auf diesen Fall wie auch auf die Natur der Integrationskonstanten zurückkommen.

Zur Vervollständigung der obigen Resultate sei bemerkt, daß sich für die Sublimation und das Schmelzgleichgewicht analog zu Gl. (54) ergibt:

$$T \frac{dp}{dT} (V_D - V_{\text{fest}}) = L_{\text{subl.}} \quad \text{bzw.} \quad T \frac{dp}{dT} (V_{\text{fl.}} - V_{\text{fest}}) = L_e. \tag{56}$$

$$(L_e \equiv \text{Schmelzwärme})$$

Hier kann man in der ersten Gleichung wieder i. allg. V_{fest} neben V_D vernachlässigen und für V_D das ideale Gasgesetz benutzen, womit man in Analogie zu Gl. (54b)

$$\ln p = -\frac{L_{\text{subl.}}}{R\,T} + \text{Const} \tag{56a}$$

erhält. Jedoch kann man in der zweiten Gl. (56) keine derartige Vereinfachung vornehmen, man muß diese vielmehr direkt als Ausdruck der Variation des Schmelzdrucks p mit der Temperatur oder umgekehrt der Schmelztemperatur mit dem Druck ansehen. Wir erkennen aus

Gl. (56), daß das Vorzeichen von $V_{fl.} - V_{fest}$ maßgebend für die Richtung der Temperaturänderung mit steigendem Druck ist. Beim Wasser, wo dieses Vorzeichen umgekehrt wie bei den meisten anderen Substanzen ist, verschiebt sich die Schmelztemperatur nach Gl. (56) zu tieferen Temperaturen mit steigendem Druck $(dp/dT < 0)$. Somit stellt Gl. (56) nichts anderes dar als eine spezielle, quantitative Fassung des oben S. 118/19 bereits erwähnten Prinzips von BRAUN-LE CHATELIER.

Von dem Satz der reversiblen isothermen Arbeit wollen wir an dieser Stelle nur eine kurze Anwendung machen, indem wir die schon früher angeführte Tatsache beweisen, daß das Gleichgewicht zwischen Flüssigkeit und Dampf im Bilde der van der Waalsschen Isothermen (Abb. 12) bei demjenigen Druck liegt, der die Isotherme so aufteilt, daß die schraffierten Flächen in Abb. 12 einander gleich sind. Lassen wir also eine Reaktion von dem Punkte A nach C einmal auf dem Wege über die S-förmige unterkritische Isotherme ablaufen, das andere Mal direkt über die Verdampfung beim konstanten Gleichgewichtsdruck p_s, so ist die reversible Arbeit auf den beiden Wegen:

$$\left. \begin{aligned} A_{\mathrm{I}} = \curvearrowleft \int_A^C p\, dV = \int_A^D \cdots + \int_D^B \cdots + \int_B^E \cdots + \int_E^C \\[2mm] \int_A^C p_s\, dV = p_s(V_C - V_A) = A_{\mathrm{II}}. \end{aligned} \right\} \tag{57}$$

bzw.

Hier bedeutet der Kurvenbogen vor dem oberen Integral, daß über den Kurvenweg der Isotherme zu integrieren ist, der weiter rechts durch die einzelnen Teile AD, DB usw. angedeutet wird. Weil nun unter Gleichgewichtsbedingungen (reversible Verdampfung!) $A_{\mathrm{I}} = A_{\mathrm{II}}$ ist, sieht man direkt, daß die durch die Integration dargestellten Flächeninhalte $V_{s,fl.}$, A, D, B, E, C, $V_{s,d}$, $V_{s,fl.}$ und $V_{s,fl.}$, A, C, $V_{s,d}$, $V_{s,fl.}$ (Rechteck) nur dann gleich groß sind, wenn die Fläche $ADBA$ dem Betrage nach mit der Fläche $BECB$ inhaltsgleich ist.

§ 78. Eine neue Ableitung des zweiten Hauptsatzes. Die thermodynamische Temperaturskala

Wir haben oben das Resultat des Carnotschen Kreisprozesses erhalten, indem wir ein ideales Gas als Arbeitsstoff verwandten. Weil die Zustandsgleichung des idealen Gases so einfach ist, konnten wir die Durchrechnung ohne große Mühe vornehmen. Es ist wichtig, zu zeigen, daß man das an den Gln. (49) bis (52) ausgedrückte Resultat weitgehend auch ohne Bezugnahme auf eine bestimmte Zustandsgleichung erhalten kann.

Es sei also wieder die Aufgabe gestellt, den thermischen Nutzeffekt η zu berechnen, der bei der reversiblen Entnahme von Wärme aus einem Wärmereservoir erhalten wird, wenn man gleichzeitig einen Teil dieser Wärme einem Reservoir von tieferer Temperatur zuführt. Ohne eine spezielle Zustandsgleichung zu benutzen, können wir sagen, daß dieser

Nutzeffekt eine generelle Funktion der beiden Temperaturen der Wärme-
bäder sein muß (andernfalls läßt sich leicht wieder zeigen, daß dann die
Konstruktion eines Perpetuum mobile zweiter Art möglich wäre). Ebenso
muß natürlich das Verhältnis der Wärmemengen, die wir oben mit Q_1
und Q_2 bezeichnet hatten, eine Funktion dieser Temperaturen sein; wir
setzen also für deren Beträge.

$$\frac{|Q_1|}{|Q_2|} = f(T_1, T_2). \tag{58}$$

Nunmehr denken wir uns zwischen dem Bad der Temperatur T_2 und
einem noch kälteren Bade von der Temperatur T_3 einen weiteren
reversiblen Carnot-Prozeß ausgeführt, für den dann wieder gilt:

$$\frac{|Q_2^*|}{|Q_3^*|} = f(T_2, T_3). \tag{58a}$$

Hier ist in Gl. (58a) Q_2^* geschrieben, weil im allgemeinen $|Q_2^*|$ nicht mit
$|Q_2|$ gleich zu sein braucht. Die Funktion f auf der rechten Seite von
Gl. (58a) ist analytisch die gleiche wie in Gl. (58). Wenn wir nun speziell
$|Q_2| = |Q_2^*|$ wählen, also mit dem zweiten Carnot-Prozeß den Wärme-
betrag $|Q_2|$ wieder aus dem Bade von der Temperatur T_2 herausholen,
um durch Übertragung des dieser Wärme korrespondierenden Betrags $|Q_3|$
auf das Bad der Temperatur T_3 wieder einen Arbeitsbetrag nach außen
abgeben zu können, dann gilt:

$$\frac{|Q_1|}{|Q_3|} = \frac{|Q_1|}{|Q_2|} \cdot \frac{|Q_2|}{|Q_3|} = f(T_1, T_2) \cdot f(T_2, T_3). \tag{59}$$

Wenn wir nun direkt mit Hilfe einer Carnot-Maschine die Wärme Q_1
dem Bade mit der Temperatur T_1 entnehmen und ohne Zwischenschaltung des Bades der Temperatur T_2 Wärme auf das Bad der Temperatur
T_3 übertragen, um dabei reversibel Arbeit zu gewinnen, so muß der
jetzt auf das Bad der Temperatur T_3 zu übertragende Betrag $|Q_3^{**}|$
mit $|Q_3|$ übereinstimmen, den man oben bei Zwischenschaltung des
zweiten Temperaturbades erhalten hatte. Andernfalls hätte man ja zwei
Maschinerien, die im Endeffekt dem Bad T_1 die Wärme Q_1 entziehen
und *reversibel arbeitend* verschiedene Arbeitsbeträge, nämlich $|Q_1| - |Q_3^{**}|$
bzw. $|Q_1| - |Q_3|$ leisten, wobei die überschüssige Wärme einem Tempe-
raturbad T_3 zugeführt wird. Entsprechend der Überlegung von S. 146
können wir wieder einsehen, daß man dann durch Kopplung dieser
Maschinen ein Perpetuum mobile zweiter Art erhalten würde, was nicht
sein kann. Somit ist $|Q_3| = |Q_3^{**}|$. Zum anderen gilt natürlich analog
den beiden Gln. (58) und (58a) bei der direkten Carnot-Übertragung:

$$\frac{|Q_1|}{|Q_3|} = f(T_1, T_3), \tag{58b}$$

so daß man aus dem Vergleich mit Gl. (59) erhält:

$$f(T_1, T_3) = f(T_1, T_2) \cdot f(T_2, T_3). \tag{60}$$

Aus dieser Gleichung, der die Funktion f genügt (Funktional-
gleichung), läßt sich eine wichtige Eigenschaft von f ableiten:

Durch Einführung der Funktion $\ln f(T_1, T_2) \equiv g(T_1, T_2)$ erhält man zunächst aus Gl. (60)

$$g(T_1, T_3) = g(T_1, T_2) + g(T_2, T_3). \tag{60a}$$

Unter der Voraussetzung, daß wir hier differenzieren dürfen, ergibt sich bei Differentiation nach T_1

$$\frac{\partial g}{\partial T_1}(T_1, T_3) = \frac{\partial g}{\partial T_1}(T_1, T_2), \tag{60b}$$

woraus man entnimmt, daß $\partial g/\partial T_1$ nicht mehr vom zweiten Argument abhängt, da der Wert dieses Arguments — ob T_2 oder T_3, wo beide Temperaturen beliebig sind — auf den Wert von $\partial g/\partial T_1$ nach Gl. (60b) keinen Einfluß mehr hat. Durch Integration erhält man mithin $g(T_1, T_2) = G(T_1) + H(T_2)$, wo G und H Funktionen nur *eines* Argumentes sind. Gl. (60a) nimmt dann die Gestalt an:

$$G(T_1) + H(T_3) = G(T_1) + H(T_2) + G(T_2) + H(T_3), \tag{60c}$$

woraus man erkennt, daß allgemein $G(T) = -H(T)$ gilt, weil T_2 eine beliebig gewählte Temperatur war. Wenn man nun noch den Zusammenhang zwischen f und g beachtet, ergibt sich schließlich:

$$f(T_1, T_2) = e^{G(T_1) - G(T_2)} = \frac{e^{G(T_1)}}{e^{G(T_2)}}, \tag{60d}$$

so daß man schließlich mit der Abkürzung $e^{G(T)} \equiv \varphi(T)$ die folgende Eigenschaft von f erhält:

$$f(T_1, T_2) = \varphi(T_1)/\varphi(T_2). \tag{61}$$

Man sieht leicht ein, daß durch Gl. (61) sämtliche der obigen Bedingungen erfüllt werden. Der thermische Nutzeffekt wird nun nach seiner Definition durch

$$\frac{A_{\text{Kreisp. rev.}}}{|Q_1|} \equiv \frac{|Q_1| - |Q_2|}{|Q_1|} = \frac{\varphi(T_1) - \varphi(T_2)}{\varphi(T_1)} \tag{62}$$

gegeben, wenn die Gln. (58) und (61) berücksichtigt werden.

Es ist nun im Anschluß an einen Vorschlag Lord KELVINS üblich, diese Funktion $\varphi(T)$, die ja eine reine Temperaturfunktion und zudem wegen $e^G = \varphi$ positiv und wegen Gl. (62) monoton ist (weil $A_{\text{Kreisp. rev.}}/|Q_1| > 0$ bei $T_1 > T_2$), als die eigentliche *absolute* Temperatur zu bezeichnen, weil so die Definition einer Temperaturskala gelingt, die unabhängig von jeder thermometrischen Substanz erfolgen kann. Wenn auch diese Definition wegen ihrer Abstraktheit recht umständlich ist, so hat sie doch nicht die Nachteile der Definitionen, die auf Thermometersubstanzen Bezug nehmen (s. S. 5f). Da sich nun herausstellt, daß diese so definierte Temperatur mit der idealen Gastemperatur zusammenfällt, hat man eine einfache Methode, um die absoluten Temperaturen zu messen. In Zweifelsfällen hat man aber immer auf Gl. (62) oder eine gleichwertige zurückzugreifen, um die Temperatur absolut, d. h. losgelöst von jeder Thermometersubstanz, zu definieren.

Wenn wir somit an Stelle von Gl. (62) schreiben:

$$\frac{A_{\text{Kreisp. rev.}}}{Q_1} = \frac{T_{1,\text{abs.}} - T_{2,\text{abs.}}}{T_{1,\text{abs.}}}, \tag{62a}$$

dann erkennen wir, daß formal die gleichen mathematischen Schlüsse, die oben von Gl. (51) zu der Gibbs-Helmholtzschen Gl. (52) bzw. (52a) und von dort zu Gl. (II, 16) führten, jetzt

$$\left(\frac{\partial U}{\partial V}\right)_{T_{\text{abs.}}} = T_{\text{abs.}} \cdot \left(\frac{\partial p}{\partial T_{\text{abs.}}}\right)_V - p \tag{63}$$

ergeben; denn es ist naturgemäß gleichgültig, ob man in den Gleichungen überall T oder $T_{\text{abs.}}$ schreibt, die mathematischen Überlegungen sind davon unabhängig.

Daß jetzt $T_{\text{abs.}}$ mit der idealen Gastemperatur identisch sein muß, erschließt man in folgender Weise:

Das ideale Gasgesetz schreibt sich mit der abs. Temperatur

$$p \cdot V = R \, \psi(T_{\text{abs.}}), \tag{64}$$

wo jetzt ψ die Umkehrfunktion von φ ist, $T = \psi(T_{\text{abs.}})$, welche die Gastemperatur durch die absolute ausdrückt. Die Differentiation von p bei konstantem V nach $T_{\text{abs.}}$ ergibt:

$$\left(\frac{\partial p}{\partial T_{\text{abs.}}}\right)_V = \frac{R}{V} \cdot \psi'(T_{\text{abs.}}). \tag{64a}$$

Einsetzen in Gl. (63) liefert bei Beachtung des Umstandes, daß für ideale Gase $(\partial U/\partial V)_{T_{\text{abs.}}} = 0$

$$p = \frac{R}{V} \cdot \psi(T_{\text{abs.}}) = T_{\text{abs.}} \cdot \frac{R}{V} \cdot \psi'(T_{\text{abs.}}), \tag{65}$$

woraus

$$\frac{d\ln\psi}{d T_{\text{abs.}}} = \frac{\psi'}{\psi} = \frac{1}{T_{\text{abs.}}}$$

und durch Integration

$$\ln\psi = \ln T = \ln T_{\text{abs.}} + \text{const} \tag{65a}$$

folgt. Die Entlogarithmierung liefert schließlich

$$T = \text{Const} \cdot T_{\text{abs.}}. \tag{65b}$$

Die absolute Temperatur kann sich demnach höchstens um einen konstanten Faktor von der idealen Gastemperatur unterscheiden. Wenn man die bei jeder Skala willkürliche Eichung aber so festlegt, daß auch bei $T_{\text{abs.}}$ zwischen dem Gefrierpunkt und Siedepunkt des Wassers 100 Einheiten (Grade) liegen oder der Tripelpunkt des Wassers den Wert $273,16°$ erhält, so sind beide Skalen identisch, und die Unterscheidung zwischen $T_{\text{abs.}}$ und T wird überflüssig.

Gänzlich ohne Bezugnahme auf das ideale Gasgesetz konnten wir zwar auch hier nicht zeigen, daß $T_{\text{abs.}} = T$ ist, aber es liegt in der Natur der Sache, daß man irgendeinmal auf die innere Struktur des idealen Gases zurückgreifen muß, weil die Definition unserer ursprünglichen Temperaturskala zu eng damit gekoppelt ist. Wichtig jedoch ist es, daß die Gln. (62a), (63) und die Gibbs-Helmholtzsche Gl. (52a) mit $T_{abs.}$ gänzlich ohne Bezug auf spezielle Thermometersubstanzen erhalten werden konnten.

§ 79. Die Entropie als Zustandsfunktion des zweiten Hauptsatzes

Bei unserer bisherigen Darstellung des zweiten Hauptsatzes und seinen ersten Folgerungen fällt im Unterschied zur Behandlung des ersten Hauptsatzes auf, daß wir hier nur mit Kreisprozessen operieren, während wir damals bald spezielle Zustandsfunktionen definierten (innere Energie, Enthalpie), welche das Operieren mit dem ersten Hauptsatz erleichterten. Wir können auch hier ähnlich vorgehen. Die Möglichkeit, die innere Energie und Enthalpie als Zustandsfunktionen des ersten Hauptsatzes zu definieren, beruhte damals auf den Gln. (II, 5) und (II, 28), nämlich auf $\sum \Delta U = 0$ und $\sum \Delta H = 0$ bei Kreisprozessen. Damals war schon darauf hingewiesen worden, daß für die Wärmeumsätze und Arbeiten nicht allgemein $\sum \Delta Q = 0$ oder $\sum \Delta A = 0$ Gl. (II, 6) gelten kann. Aus Gl. (50a) erkennen wir aber, daß für die beiden Wärmeumsätze des reversiblen Carnot-Prozesses Q_1 und Q_2, die entgegengesetzte Vorzeichen besitzen, gilt:

$$\frac{Q_1}{T_1} = -\frac{Q_2}{T_2} \quad \text{bzw.} \quad \frac{Q_1}{T_1} + \frac{Q_2}{T_2} = 0$$

oder

$$\sum \frac{Q}{T} = 0. \tag{66}$$

Die letzte Schreibweise ist richtig, weil auf den adiabatischen Teilen des Prozesses $Q = 0$ ist.

Diese Formulierung kann man nun auf jeden beliebigen *reversiblen* Kreisprozeß übertragen, dessen Temperatur sich sogar kontinuierlich ändern darf. Weil dann die einzelnen, bei konstanter Temperatur zu- oder abgeführten Wärmebeträge von differentieller Größe sind, schreibt man deshalb besser:

$$\sum \frac{\Delta Q_{\text{rev.}}}{T} = 0 \quad \text{oder} \quad \oint \frac{d Q_{\text{rev.}}}{T} = 0, \tag{66a}$$

wobei wir durch den Index „rev." an ΔQ andeuten, daß die Wärmebeträge reversibel umgesetzt werden müssen. Die Temperatur im Nenner ist strenggenommen die absolute Temperatur in dem oben definierten Sinne, die freilich mit der Gastemperatur übereinstimmt.

Die in Gl. (66a) angegebene Verallgemeinerung läßt sich dadurch beweisen, daß man jeden beliebigen reversiblen Kreisprozeß durch eine große Zahl kleiner Carnotscher Kreisprozesse zwischen dem System und einem Wärmereservoir konstanter Temperatur ausschöpfen kann. ebenso wie man in der Integralrechnung einen beliebigen Flächeninhalt durch kleine Rechtecke ausschöpfen und beliebig genau annähern kann. Es zeigt sich dann, daß die Ungültigkeit der Gl. (66a) wieder zur Konstruktion einer Perpetuum mobile zweiter Art führen würde. Auf eine

Wiedergabe dieser Überlegung, die den obigen analog ist, sei hier verzichtet.

Gl. (66a) zeigt nun in Analogie zu den an Gln. (II, 5) und (II, 28) angeknüpften Schlüssen, daß die differentielle Größe

$$\Delta S = \frac{\Delta Q_{\text{rev.}}}{T} \quad \text{oder} \quad dS = \frac{dQ_{\text{rev.}}}{T} \tag{67}$$

das Differential einer nur von den Zustandsgrößen, Volumen, Temperatur usw. abhängige *Zustands*funktion S ist, weil $\sum \Delta S = 0$. Diese Zustandsfunktion S, weiche das Operieren mit dem zweiten Hauptsatz von den Kreisprozessen auf das Rechnen mit Funktionen zurückführt. wird *Entropie* genannt.

Bevor wir uns mit weiteren Eigenschaften dieser Funktion befassen, wollen wir kurz ausrechnen, welche analytische Gestalt diese Funktion in einfachen Fällen besitzt. Wenn wir z. B. die Entropie eines Mols eines idealen Gases bei $T = 1\,°\text{K}$ und $p = 1\,\text{atm}$ mit S_0 bezeichnen, so wird die Entropie dieses Gases bei $T\,°\text{K}$ und p atm:

$$S(T, p) = S_0 + \int_1^T \left(\frac{\partial S}{\partial T}\right)_p \cdot dT + \int_1^p \left(\frac{\partial S}{\partial p}\right)_T \cdot dp. \tag{68}$$

Hier entspricht die Zerlegung unserer Funktion genau der Darstellung Gl. (II, 12) bzw. (II, 36) der inneren Energie bzw. der Enthalpie. Die hier auftretenden Differentialquotienten erhalten wir aus Gl. (67), wenn wir dort $Q_{\text{rev.}}$ entsprechend dem ersten Hauptsatz durch $dU + p\,dV$ oder $dH - V\,dp$ ausdrücken, wobei wir bei der Arbeitsleistung nur an Volumenarbeit gedacht haben [vgl. Gln. (II, 7) und (II, 29)]:

$$dS = \frac{\left(\frac{\partial U}{\partial T}\right)dT + \left[\frac{\partial U}{\partial V} + p\right]dV}{T} = \frac{\left(\frac{\partial H}{\partial T}\right)dT + \left[\frac{\partial H}{\partial p} - V\right]dp}{T}, \tag{67a}$$

also

$$\left(\frac{\partial S}{\partial T}\right)_V = \frac{1}{T} \cdot C_v, \qquad \left(\frac{\partial S}{\partial V}\right)_T = \left[\frac{\partial U}{\partial V} + p\right]\frac{1}{T} = \left(\frac{\partial p}{\partial T}\right)_V$$

bzw.

$$\left(\frac{\partial S}{\partial T}\right)_p = \frac{1}{T} \cdot C_p, \qquad \left(\frac{\partial S}{\partial p}\right)_T = \left[\frac{\partial H}{\partial p} - V\right]\frac{1}{T} = -\left(\frac{\partial V}{\partial T}\right)_p,$$

wenn noch die Gln. (II, 11), (II, 30), (II, 16) und (II, 31) Beachtung finden. Aus Gl. (68) entsteht also:

$$S(T, p) = S_0 + \int_1^T \frac{C_p\,dT}{T} - R\int_1^p \frac{dp}{p} = S_0 + \int_1^T \frac{C_p\,dT}{T} - R\ln p, \tag{68a}$$

wo wir $(\partial V/\partial T)_p$ aus dem idealen Gasgesetz entnommen haben. Ist speziell die Molwärme des Gases konstant, so gilt als Spezialfall von Gl. (68a):

$$S(T, p) = S_0 + C_p \ln T - R\ln p. \tag{68b}$$

Über die Größe der Integrationskonstanten S_0 können wir vorerst keine Aussage machen; sie bleibt prinzipiell unbestimmt, aber man kann ihr von Fall zu Fall zweckmäßige Werte beilegen (s. u.). An Stelle des Druckes p kann man das Molvolumen einführen, womit man zu:

$$S(T,\,V) = S_0 + C_p \ln T - R \ln \frac{R\,T}{V} = S_0 - R \ln R + C_v \ln T + R \ln V$$

$$(68\,\mathrm{c})$$

kommt, wo $C_p - C_v = R$ berücksichtigt ist; hierbei kann natürlich für $S_0 - R \ln R$ eine neue von T und V unabhängige Konstante eingeführt werden.

Aus Gl. (67) entnimmt man direkt, daß der Entropieunterschied einer Flüssigkeit und des damit im Gleichgewicht befindlichen Dampfes gleich L/T ist, wobei L die Verdampfungswärme ist. Aus der Entropie des Gases bei dem jeweiligen *Dampfdruck* — diese Bedingung ist wegen der Reversibilität des Prozesses notwendig — kann man also den Entropiewert der damit im Gleichgewicht stehenden Flüssigkeit berechnen. Entsprechend ist am Schmelzpunkt (reversibles Gleichgewicht zwischen Flüssigkeit und Festkörper) die Differenz der Entropien von Kristall und Flüssigkeit gleich L_e/T_e ($L_e = $ Schmelzwärme). Man nennt L/T_s bzw. L_e/T_e darum oft Verdampfungs- bzw. Schmelzentropie.

Da bei kondensierten Phasen $\left(\dfrac{\partial S}{\partial p}\right)_T = - \left(\dfrac{\partial V}{\partial T}\right)_p = - \alpha\, V$ ist, wo α den thermischen Ausdehnungskoeffizienten bezeichnet, erhält man bei festen Stoffen

$$S(T,\,p) = S_{0,\,\mathrm{Kond.}} + \int\limits_0^T \frac{C_p\,d\,T}{T} - \int\limits_0^p V \alpha\, dp, \qquad (69)$$

wenn hier $S_{0,\,\mathrm{Kond.}}$ die Entropie am abs. Nullpunkt und beim Druck Null bedeutet. Sofern C_p die unter dem jeweiligen Sättigungsdruck gemessene Molwärme ist, darf das letzte Integral nicht von Null an, sondern erst von diesem Sättigungsdruck an als untere Grenze angesetzt werden. Meist kann man jedoch von diesem letzten Integral gänzlich absehen, weil es numerisch bei normalen Drucken kaum neben dem anderen ins Gewicht fällt (vgl. S. 73). In Gl. (69) kann das Integral über T im Gegensatz zu dem in Gl. (68a) von $T = 0$ an erstreckt werden, weil die Molwärme der Festkörper bei $T = 0$ proportional T^3 gegen Null strebt.

§ 80. Einsinnige zeitliche Änderung der Entropie im abgeschlossenen System

Nachdem wir durch Angabe ihrer analytischen Gestalt der Entropiefunktion etwas Gehalt gegeben haben, soll noch die wesentliche Eigenschaft der Entropie, nämlich die Tatsache ihrer einsinnigen zeitlichen Änderung in *abgeschlossenen* Systemen besprochen werden. Es gilt nämlich der Satz: *Hat die Entropie eines abgeschlossenen Systems zur Zeit $t = 0$ irgendeinen festen Wert und treten im Laufe der Zeit in diesem abgeschlossenen System irgendwelche irreversiblen Änderungen (Reaktionen)* *ein, so kann die Entropie dabei nur zunehmen, während sie bei reversiblen Reaktionen im abgeschlossenen System ihren Wert beibehält.*

Die Entropiefunktion ist also in abgeschlossenen Systemen das Stabilitätsmaß oder das Maß der thermodynamischen Wahrscheinlichkeit, von dem oben (S. 140) schon die Rede war. Man braucht also in abgeschlossenen Systemen nur den Zustand mit maximalem S-Wert aufzusuchen, um die Lage des stabilen Gleichgewichtes zu erhalten.

Wir wollen uns zunächst an einigen Beispielen von der Richtigkeit dieser Behauptung überzeugen. Wir nehmen dazu (vgl. dazu etwa Abb. 19) zwei mit einem Hahn verbundene Gefäße, von denen das eine evakuiert sei, während in dem anderen ein Mol eines idealen Gases enthalten sei. Beim Öffnen des Hahnes gleicht sich bekanntlich der Druck des Gases zwischen beiden Gefäßen aus, bis er überall gleich geworden ist. Wir wollen jetzt zeigen, daß dieser Druckausgleich einem Maximalwert der Entropie entspricht. Angenommen, es blieben x_1-Mole des Gases in dem Volumen v_1, während x_2-Mole ins Volumen v_2 gelangten; die Drucke mögen dabei noch als verschieden angesehen werden. Es muß dann nach dem Gasgesetz

$$p_1\,v_1 + p_2\,v_2 = x_1\,RT + x_2\,RT = RT \tag{70}$$

gelten, da in beiden Gefäßen, die nach wie vor die Temperatur T behalten, insgesamt ein Mol Gas enthalten sein soll. Für die Summe der Entropien gilt nach Gl. (68a)

$$\left. \begin{aligned}
S &= S_0 + \int\limits_1^T \frac{C_p}{T}\,dT - x_1\,R\ln p_1 - x_2\,R\ln p_2 \\[2mm]
&= S_0 + \int\limits_1^T \frac{C_p}{T}\,dT - x_1\,R\ln\frac{x_1\,RT}{v_1} - x_2\,R\ln\frac{x_2\,RT}{v_2} \\[2mm]
&= S_0 + \int\limits_1^T \frac{C_p}{T}\,dT - R\ln RT - R\left[x_1\ln\frac{x_1}{v_1} + x_2\ln\frac{x_2}{v_2}\right].
\end{aligned} \right\} \tag{71}$$

Den Maximalwert von S erhält man, wenn die eckige Klammer ihr Minimum annimmt. Die Differentiation nach x_1 liefert bei Beachtung von $x_2 = 1 - x_1$ für das Extremum

$$\frac{d}{dx_1}[\ldots] = \ln\frac{x_1}{v_1} + 1 - \ln\frac{x_2}{v_2} - 1 = 0, \quad \text{d. h.} \quad \frac{x_1}{v_1} = \frac{x_2}{v_2}. \tag{71a}$$

Der zweite Differentialquotient $1/x_1 + 1/x_2$ ist > 0, so daß ein Minimum von $[\ldots]$ vorliegt.

Damit wird aber nach dem Gasgesetz bei gleicher Temperatur in den Gefäßen $p_1 = p_2$. Wir sehen also, daß sich der Druck in dem bekannten Gleichgewichtszustand ausgleicht, weil dann gerade das Maximum der Entropie erreicht wird. Die Tatsache, daß beim Druckausgleich die Entropie größer als im Ausgangszustand ist, entnehmen wir einfacher aus Gl. (68c), denn je größer das Volumen ist, desto größer ist nach Gl. (68c) die Entropie. Mithin muß nach der Ausdehnung unseres Gases auf das größere Volumen die Entropie tatsächlich zugenommen haben. Unsere obige Betrachtung zeigt aber instruktiver, daß beim Druckausgleich gerade das *Maximum* der Entropie erreicht wird, das unter den vorliegenden Bedingungen überhaupt angenommen werden kann. In prinzipiell gleicher Weise kann man auch das chemische Gleichgewicht zwischen verschiedenen Stoffen ermitteln, worauf hier schon hingewiesen sei.

Es ist für den allgemeinen Beweis der Zunahme der Entropie bei irreversiblen Reaktionen nützlich, einmal die Rückführung des eben durch eine spezielle, offensichtlich irreversible Reaktion (vgl. S. 140) entstandenen Endzustandes in den Ausgangszustand auf reversiblem Wege zu verfolgen. Um reversibel das Gas wieder aus dem ursprünglich evakuierten Gefäß in das andere zurückzubringen, treibt man das Gas mit Hilfe eines Kolbens und Stempels durch Druckgeben von außen zurück. Hierbei wird eine gewisse Arbeit $-p\,dV$ von außen geleistet, die sich bei adiabatisch-reversiblem Arbeiten in einer Erhöhung der Temperatur des Gases im wieder komprimierten Zustand äußert. Um diese Übertemperatur abzuführen, entziehen wir dem Gas den dieser Arbeit äquivalenten Wärmebetrag, was sogar reversibel mit einer Carnotschen Maschine erfolgen kann, die einen Teil dieser Wärme auf ein niedriger temperiertes Bad überführt und dabei wieder eine gewisse Arbeit leistet. Jedenfalls ist bei dem ersten adiabatisch reversiblen Schritt die Entropie unseres Systems nicht geändert worden wegen $\varDelta Q_{\mathrm{rev,}} = 0$. Der anschließende reversible Wärmeentzug, der das Gas in seinen ursprünglichen Ausgangszustand bringt, bedeutet dann eine Entropieverminderung des Gases, d. h. aber, daß der Ausgangszustand eine geringere Entropie als der aus diesem durch irreversible Reaktionen entstandene Endzustand besitzt. Durch die irreversible Reaktion war also tatsächlich ein Zustand erhöhter Entropie entstanden.

Wir hätten übrigens — eine Bemerkung, die später wichtig ist — auch folgendermaßen schließen können: Wir rechnen die erwähnte Carnot-Maschine mit zum System, was für den ersten irreversiblen Prozeß belanglos ist, da die Carnot-Maschine dabei keine Änderungen erleidet. Gleichgültig, ob bei dem Gase eine Erhöhung oder Erniedrigung der Temperatur eintritt, stellen wir mit der Carnot-Maschine die ursprüngliche Temperatur wieder her, wobei dem niedriger temperierten Bad Wärmebeträge zu- oder abgeführt werden. Da hier jeder Schritt reversibel war, kann eben im Endeffekt dieses Bad nur Wärme aufgenommen haben, denn andernfalls wäre auf Kosten der Wärme dieses Bades eine Arbeit geleistet worden, was dem Prinzip von der Unmöglichkeit des Perpetuum mobile zweiter Art widerspricht, weil der ganze Vorgang ja offensichtlich periodisch und beliebig oft wiederholbar ist. Da aber der Wärmeaufnahme des Bades nach den Grundformeln des Carnot-Prozesses ein entsprechender Wärmeentzug unseres Systems entspricht, oder sich die Entropie von System und Bad in Summa nicht ändert, entspricht der Zunahme der Entropie des tiefer gelegenen Temperaturbades eben eine Abnahme der Entropie des eigentlichen Systems, was wieder besagt, daß die ursprünglich irreversible Reaktion mit einer Entropievermehrung des Systems verbunden war.

Ein anderes Beispiel einer irreversiblen Reaktion ist die Übertragung einer Wärmemenge Q durch Wärmeleitung von einem wärmeren Körper der Temperatur T_1 auf einen kälteren der Temperatur T_2, wo also $T_1 > T_2$. Wir können der Gl. (69) entnehmen, daß die Entropie des ersten Körpers, wenn die Temperatur bei dem Prozeß praktisch nicht geändert wird, um Q/T_1 abnimmt, während die des zweiten entsprechend um Q/T_2 zunimmt, womit die Entropieänderung des abgeschlossenen Gesamtsystems

$$Q\left(\frac{1}{T_2} - \frac{1}{T_1}\right) > 0 \quad \text{wegen} \quad T_2 < T_1 \quad \text{bzw.} \quad T_2^{-1} > T_1^{-1}. \tag{72}$$

Ein weiteres Beispiel stellt die Diffusion (etwa gleicher Mengen) zweier idealer Gase ineinander dar. Dies kann in isotherm reversibler Weise dadurch geschehen, daß man sich die einzelnen Gase zunächst auf den halben Ausgangsdruck durch reversible Reaktion gebracht denkt, wobei die Entropie bzw. Entropieänderung dieser Gase aus Gl. (68a) zu entnehmen ist. Lassen wir die Gase mit Hilfe semipermeabler Wände in der in Abb. 35 gezeigten Weise durch Bewegung der Führungsstangen F_1 und F_2 ineinander eindringen, so erfolgt diese Vermengung der Gase in reversibler Weise derart, daß der Partialdruck der Gase vor und nach der Vermengung gleichbleibt, weil jedes Gas immer das durch die Klammer angedeutete Gesamtvolumen behält. Der Vermischungsprozeß in Abb. 35 verläuft ohne Wärmeumsatz und ohne Arbeitsleistung, wie man aus den in der Abb. 35 angegebenen Drucken auf die Wände entnimmt. Infolgedessen geschieht der Vermischungsprozeß der Abb. 35 auch ohne Entropieänderung.

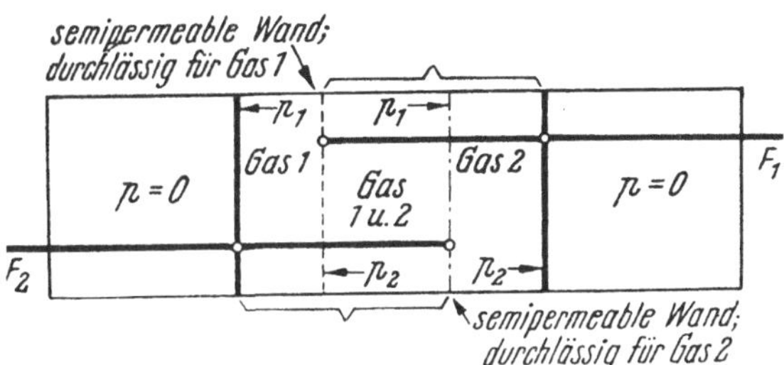

Abb. 35. Zur reversiblen Vermischung zweier Gase ohne Arbeitsleistung

Läßt man jetzt n_1 Mole des Gases 1 vom Druck p mit n_2 Molen des Gases 2 vom gleichen Druck in normaler Weise ineinander diffundieren, so daß sie also nach der Diffusion das Gesamtvolumen $v = v_1 + v_2$ beider Gase einnehmen, so ist die Entropie der Gase nach den zu Abb. 35 gemachten Ausführungen im diffundierten Zustand ebenso groß wie die Summe der Entropien der Einzelgase bei den Partialdrucken

$$p_1 = p \cdot \frac{n_1}{n_1 + n_2} = p \cdot x_1 \quad \text{bzw.} \quad p_2 = p \cdot \frac{n_2}{n_1 + n_2} = p \cdot x_2. \text{ Nach Gl. (68b)}$$

gilt also für die Entropie vor der Diffusion

$$S_{\text{vorh.}} = S_1 + S_2 = n_1 S_{01} + n_2 S_{02} +$$

$$+ n_1 \int_1^T \frac{C_{p_1}}{T} \, dT + n_2 \int_1^T \frac{C_{p_2}}{T} \, dT - n_1 R \ln p \atop - n_2 R \ln p . \quad (73)$$

Nach der Diffusion gilt entsprechend:

$$S_{\text{nachh.}} = n_1 S_{01} + n_2 S_{02} +$$

$$+ n_1 \int_1^T \frac{C_{p_1}}{T} \, dT + n_2 \int_1^T \frac{C_{p_2}}{T} \, dT - n_1 R \ln p - n_1 R \ln x_1 \atop - n_2 R \ln p - n_2 R \ln x_2 . \quad (73\,\text{a})$$

Bei der Vermischung (Diffusion) hat sich die Entropie also um

$$\Delta S_{\text{Mischung}} = - \left[(n_1 + n_2) R \, x_1 \ln x_1 + (n_1 + n_2) R \, x_2 \ln x_2 \right] \quad (74)$$

vermehrt; bei einem Mol Gesamtgas ($n_1 + n_2 = 1$) also um

$$S_{\text{Mischung}} = -R \left[x_1 \ln x_1 + x_2 \ln x_2 \right], \quad (74\,\text{a})$$

eine Größe, die meist als *Mischungsentropie* bezeichnet wird; sie ist wegen $x < 1$ und $\ln x < 0$ natürlich eine positive Größe.

Dies letzte Beispiel zeigt, daß die Entropievermehrung dahin strebt, in der Natur den ungeordneten Zustand zu verwirklichen. denn der Zustand des Vermischtseins der beiden Gase ist offenbar derjenige, der gegenüber dem des Getrenntseins der beiden Gase den höheren Unordnungsgrad besitzt. Man kann infolgedessen der Entropie nicht nur die Bedeutung eines Stabilitäts- oder Wahrscheinlichkeitsmaßes zuschreiben, sondern auch die eines Unordnungsmaßes, welches also gewissermaßen die molekulare Unordnung des Systems beschreibt. Von diesem Standpunkt wird ohne weiteres die Tatsache klar, daß die Entropie im abgeschlossenen System nur zunehmen kann, denn der ungeordnete Zustand hat die größere Wahrscheinlichkeit, die Unordnung stellt sich spontan oder von selbst ein, während die Wiederherstellung der Ordnung (Entropieabnahme) mit Arbeitsleistung verbunden ist, eine Tatsache, die von jeder alltäglichen Erfahrung bestätigt wird. Wir brauchen hier im Rahmen der Thermodynamik diesem Gedanken nicht weiter nachzugehen. Es sei jedoch erwähnt, daß die Molekulartheorie diese Auffassung der Entropie quantitativ bestätigt und einen logarithmischen Zusammenhang zwischen Entropie und Wahrscheinlichkeit erschließt (BOLTZMANN), der durch

$$S = k \cdot \ln G \quad (75)$$

gegeben wird, wo k die Boltzmannsche Konstante und G die statistische Häufigkeit bzw. das statistische Gewicht, d. h. die relative Wahrscheinlichkeit des Zustandes des Systems ist.

Nach diesen speziellen Beispielen soll zum Schluß noch *allgemein* gezeigt werden, daß im abgeschlossenen System die Entropie nur zunehmen kann. Zunächst ist klar, daß bei reversiblen Reaktionen im abgeschlossenen System die Entropie dieses Systems konstant bleibt, denn bei Abgeschlossenheit beträgt $\Delta Q_{\mathrm{rev}} = 0$ und mithin auch $\Delta S = \Delta Q_{\mathrm{rev}}/T = 0$.

Sei jetzt in dem System eine irreversible Reaktion abgelaufen, bei der die Entropieänderung $\Delta S_{\mathrm{irr.}}$ zu verzeichnen ist, so machen wir diese durch einen reversiblen Prozeß am System rückgängig. Es ist dann:

$$\Delta S_{\mathrm{irr.}} + \Delta S_{\mathrm{rev.}} = 0, \tag{76}$$

weil die Entropie eine reine Zustandsfunktion ist und wir schließlich wieder im Anfangszustand angekommen sind.

Den reversiblen Umkehrprozeß, der ja wieder so vor sich gehen wird, daß eine mehr oder weniger große Arbeit zu leisten ist, denn von selbst verläuft dieser Vorgang — wie wir oben an speziellen Beispielen gesehen haben — nicht, denken wir uns in zwei Teilen vorgenommen. Zunächst denken wir uns durch *adiabatisch reversible* Arbeitsleistung am System (Kompressionen, Dilatationen usw.) die Volumina und sonstigen Zustandsvariablen bis eventuell auf Temperaturen bzw. Wärmeinhalte der Stoffe auf die korrespondierenden Anfangswerte gebracht. Dies soll heißen, daß bei dem dann noch notwendigen Wärmeentzug oder der Wärmezufuhr der Anfangszustand gerade erreicht wird. Wenn ohne einen Wärmeentzug bzw. eine Wärmezufuhr im System exakt schon der Anfangszustand erreicht worden wäre, so hätten wir es eben nicht mit einer irreversiblen Reaktion zu tun, die Reaktion wäre vielmehr reversibel gewesen.

Wir dürfen also in unserem Falle annehmen, daß nach diesem ersten adiabatisch reversiblen Schritt der Anfangszustand noch nicht erreicht ist. Den notwendigen Wärmeumsatz, also die Abführung von Wärme nach außen oder die Zufuhr von außen, bewirken wir durch eine Carnot-Maschine, die wir dem System zuordnen können, was prinzipiell keinen Einfluß auf unsere Überlegungen hat, wie wir schon bei dem Beispiel der Ausdehnung eines Gases ins Vakuum feststellten. Die Außenwelt repräsentieren wir durch ein Temperaturbad von genügend tiefer Temperatur T_0, dem wir durch die Carnot-Maschine die Wärme des Systems zuführen oder, sofern dies nötig ist, Wärme entziehen, um sie zu übertragen. Da hierbei die Carnot-Maschine arbeitet, kann die von ihr umgesetzte Arbeit mit dem Arbeitsanteil, der bei dem ersten adiabatisch-reversiblen Teilprozeß von außen geleistet wurde, zusammengefaßt werden.

Insgesamt muß aber der Wärmebehälter von der Temperatur T_0 bei dem gesamten Rückführprozeß Wärme aufgenommen haben, denn andernfalls müßte ja bei dem aus irreversiblen und reversiblen Teilen bestehenden Prozeß dem Bad T_0 Wärme entzogen werden und in äußere Arbeit verwandelt sein, weil das ganze System keine Energieänderung erfahren hat (abgeschlossenes System). Der in Gl. (76) symbolisierte Prozeß würde dann eine periodische Maschine darstellen, die gerade die Aufgabe eines Perpetuum mobile zweiter Art erfüllt. was sich bekanntlich nicht verwirklichen läßt. Wenn also dem Bade T_0 insgesamt

Wärme zugeführt, dem System also solche reversibel entzogen werden muß, so ist der zweite Teil des Rückführprozesses für das eigentliche System (ohne Carnot-Maschine) mit Entropieabnahme verbunden, während der erste adiabatisch reversible Teil wegen $\Delta Q_{\text{rev.}} = 0$ ohne Entropieänderung verlaufen ist. Mithin ist $\Delta S_{\text{rev.}} < 0$ und wegen Gl. (76)

$$\Delta S_{\text{irr.}} > 0, \tag{77}$$

womit allgemein gezeigt ist, daß bei abgeschlossenen Systemen die Entropie nicht abnehmen kann; bei irreversibler Zustandsänderung vermehrt sie sich, bei reversibler bleibt sie konstant,

F. Die eigentlichen chemischen Gleichgewichte und das Nernstsche Theorem

§ 81. Reaktionsarbeit bei chemischen Reaktionen. Thermodynamische Ableitung des Massenwirkungsgesetzes

Bei den obigen Beispielen zum zweiten Hauptsatz haben wir die chemischen Gleichgewichte nicht mitbehandelt, weil dies jetzt im größeren Rahmen geschehen soll. Zu diesem Zweck bestimmen wir zunächst die bei einer Gasreaktion isotherm reversibel zu gewinnende Arbeit. Um möglichst konkrete Vorstellungen entwickeln zu können, wollen wir dabei an ein spezielles Beispiel denken, nämlich an unsere schon oben wiederholt benutzte Wassergasreaktion. Die Verallgemeinerung auf andere Reaktionen macht dann keine Schwierigkeiten mehr.

Wir gehen also von je einem Mol CO und H_2O-Dampf bei den Drucken p_{CO} und p_{H_2O} aus, um daraus ein Mol CO_2 und H_2 bei den Drucken p_{CO_2} und p_{H_2} entstehen zu lassen. Hierzu benutzen wir einen sehr großen Gleichgewichtskasten, in dem sich die Gase bei der vorgegebenen Temperatur im Gleichgewicht miteinander befinden. Es gibt zwar sehr viele verschiedene Drucke, bei denen sich die genannten Gase bei der Temperatur T miteinander im Gleichgewicht befinden, aber es genügt für unsere Zwecke, gewisse Werte dieser möglichen Gleichgewichtsdrucke herauszugreifen, die wir mit $^{\text{gl.}}p_{\text{CO}}$ usw. bezeichnen wollen.

Die Drucke der Ausgangsgase CO und H_2O, die sich in zwei getrennten Gefäßen befinden mogen, bringen wir zunächst durch isotherm reversible Kompression oder Dilatation auf die Werte im Gleichgewichtskasten, wobei wegen $\int p\,dV = RT \int dV/V = RT \ln V_2/V_1 = RT \ln p_1/p_2$ [s. Gl. (49a)] die Arbeiten

$$A_{\text{rev.}1} = RT \ln \frac{p_{\text{CO}}}{^{\text{gl.}}p_{\text{CO}}} \quad \text{und} \quad A_{\text{rev.}2} = RT \ln \frac{p_{H_2O}}{^{\text{gl.}}p_{H_2O}} \tag{78}$$

geleistet werden, wenn wir für die Gase das ideale Gasgesetz als gültig ansehen. Nunmehr kann man mit Hilfe semipermeabler Wände (Abb. 36) diese Gase in den Gleichgewichtskasten hineinbringen, der so groß sein soll, daß durch das Einbringen je einen Mols CO und H_2O die Partialdrucke im Kasten praktisch nicht geändert werden.

Bei diesem Einbringungsprozeß vollzieht sich in reversibler Weise die Reaktion in dem Reaktionsraum, und man kann gleich die fertigen Reaktionsprodukte H_2 und CO_2 bei ihren jeweiligen Partialdrucken über semipermeable Wände wieder aus dem Reaktionsraum hinausziehen (Abb. 36). Dieser Gesamtprozeß ist im Prinzip demjenigen ähnlich, der im Gleichgewicht bei der Verdampfung einer Flüssigkeit zu beobachten ist. Die reversibel geleistete Arbeit ist bei der Verdampfung die Ausdehnungsarbeit $p \, \Delta V = p_{\mathrm{Dampf}}(V_D - V_{\mathrm{fl}}.)$, die hier bei der Reaktion $CO + H_2O = CO_2 + H_2$ völlig wegfällt, weil diese Reaktion ohne Volumenänderung — und Molzahländerung — abläuft. Anders wäre

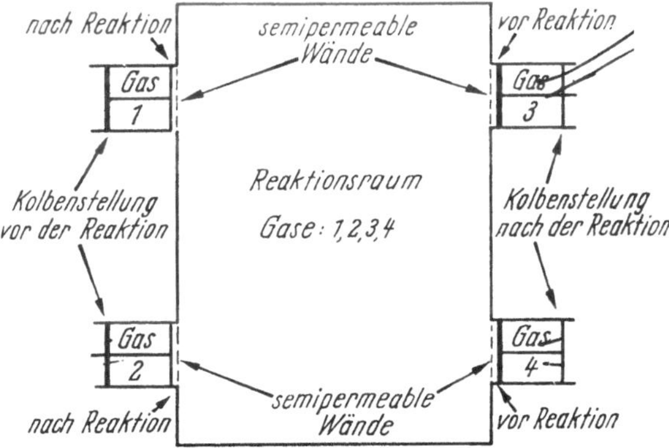

Abb. 36. Zur Berechnung der reversiblen Arbeit unter Gleichgewichtsbedingungen.
$A_{\mathrm{rev.}} = p_3 \cdot V_3 + p_4 \cdot V_4 - p_1 V_1 - p_2 V_2 = \Delta n \, RT$ ($= 0$ bei Reaktionen ohne Molzahländerung

dies z. B. bei der Reaktion $H_2 + \tfrac{1}{2}O_2 = H_2O_{\mathrm{Dampf}}$, bei der die äußeren Kräfte im Falle der Reaktion bei konstanter Temperatur und konstantem Druck eine Reaktionsarbeit $-p \, \Delta V$ leisten, die in diesem Beispiel gleich $RT/2$ ist, wenn das Gasgesetz eingesetzt werden darf.

Insgesamt ist bis jetzt die reversibel isotherm bei der Reaktion gewonnene Arbeit gleich der Summe der beiden Teilbeträge in Gl. (78). Nun kommt beim letzten Schritt, wenn man die Gase H_2 und CO_2 von den Gleichgewichtsdrucken auf die gewünschten Enddrucke bringt, noch entsprechend Gl. (78) hinzu:

$$A_{\mathrm{rev.\,3}} = RT \ln \frac{{}^{\mathrm{gl.}}p_{CO_2}}{p_{CO_2}} \quad \text{und} \quad A_{\mathrm{rev.\,4}} = RT \ln \frac{{}^{\mathrm{gl.}}p_{H_2}}{p_{H_2}} \, . \tag{78a}$$

Die gesamte reversibel isotherme Arbeitsleistung der reagierenden Stoffe ist die Summe dieser vier Anteile:

$$A_{\mathrm{rev.}} = RT \left(\ln \frac{p_{CO} \cdot p_{H_2O}}{p_{CO_2} \cdot p_{H_2}} - \ln \frac{{}^{\mathrm{gl.}}p_{CO} \cdot {}^{\mathrm{gl.}}p_{H_2O}}{{}^{\mathrm{gl.}}p_{CO_2} \cdot {}^{\mathrm{gl.}}p_{H_2}} \right), \tag{79}$$

wenn wir noch die Gleichgewichtsdrucke und die Nichtgleichgewichtsdrucke je für sich sammeln. Im Falle einer Reaktion $\alpha A + \beta B = \gamma C + \delta D$

mit von 1 verschiedenen stöchiometrischen Umsatzzahlen erhalten die vier Arbeitsanteile, die dann den Gln. (78) und (78a) entsprechen, noch die Faktoren $\alpha \ldots \delta$. Wenn wir dann beim Sammeln der Einzeldrucke $\alpha \ln p_A = \ln p_A^\alpha$ usw. beachten, erhalten wir an Stelle von Gl. (79)

$$A_{\text{rev.}} = \left\{ R T \left(\ln \frac{p_A^\alpha \cdot p_B^\beta}{p_C^\gamma \cdot p_D^\delta} - \ln \frac{{}^{\text{gl.}}p_A^\alpha \cdot {}^{\text{gl.}}p_B^\beta}{{}^{\text{gl.}}p_C^\gamma \cdot {}^{\text{gl.}}p_D^\delta} \right) \right\} + \Delta n\, R T. \qquad (79\text{a})$$

Hier berücksichtigt das letzte Glied die Arbeitsleistung $p \Delta V$ der Gase bei der Reaktion im Gleichgewichtskasten, wenn die Gasreaktion mit einer Volumenänderung und Molzahländerung verknüpft ist. Dabei ist als Zustandsgleichung wieder das ideale Gasgesetz vorausgesetzt worden.

Man kann die reversibel isotherme Arbeitsleistung bei einer Reaktion oft direkt in mechanische oder praktische elektrische Arbeit umsetzen (galvanische Elemente), jedoch kann nur der Teil, der durch die geschweifte Klammer in Gl. (79a) hervorgehoben ist, in anderweitige Arbeit umgesetzt werden, denn es liegt in der Natur der Sache, daß beim Ablauf einer Gasreaktion bei konstantem Druck (meist Atmosphärendruck) der Anteil $p \Delta V = R T \Delta n$ *zwangsläufig* auf eine Volumenarbeit entfällt, wenn sich bei der Reaktion die Molzahl ändert. Deshalb pflegt man den ersten, durch die Klammer hervorgehobenen Anteil auch als Nutzarbeit (genauer maximale Nutzarbeit, da sie ja reversibel ist) oder *Redktionsarbeit* ${}^R A$ der Reaktion zu bezeichnen.

Wir können jetzt direkt das Massenwirkungsgesetz thermodynamisch begründen. Es war ja oben schon hervorgehoben worden, daß sich die verschiedenen Gase bei recht unterschiedlichen Drucken miteinander im Gleichgewicht befinden können. Darum hätten wir die Berechnung der Reaktionsarbeit auch unter Verwendung eines anderen Gleichgewichtskastens vornehmen können, in dem die Drucke ${}^{\text{gl.}}p$ andere Werte als oben haben. Dies wäre eine Ermittlung von $A_{\text{rev.}}$ auf einem anderen als dem ersten Wege gewesen. Die Endformel wäre zwar wieder Gl. (79) bzw. (79a), in der aber die Gleichgewichtsdrucke in der Klammer andere Werte als oben hätten. Weil nun $A_{\text{rev.}}$ bei gegebener Temperatur *unabhängig* vom Wege ist, folgt, daß in *jedem* Gleichgewichtskasten bei konstanter Temperatur

$$\left(\frac{p_A^\alpha \cdot p_B^\beta}{p_C^\gamma \cdot p_D^\delta} \right)_{\text{Gleichgewicht}} = \text{const} = K_p(T) \qquad (80)$$

sein muß, womit wir das Massenwirkungsgesetz thermodynamisch bewiesen haben. Da die Form der Gl. (79a) wesentlich unter Verwendung des idealen Gasgesetzes zustande kam, ist auch die Form der Gl. (80) des Massenwirkungsgesetzes daran gebunden, daß für die einzelnen Reaktionskomponenten das ideale Gasgesetz gilt.

Man kann bei nicht idealen Gasen, wie früher schon angedeutet wurde, an der Form der Gl. (80) des Massenwirkungsgesetzes festhalten, indem man formal Gl. (78) und (78a) beibehält und unter p die sog. Fugazitäten (oder Aktivitäten) versteht, mit denen dann auch das Massenwirkungsgesetz seine Form Gl. (80) bewahrt. Hieraus entnehmen wir, daß die Definition der Fugazität und ihr Zusammenhang mit dem

Druck der Gase gemäß

$$A_{\text{rev.},k} = RT \ln p_a^* / p_e^* \tag{81}$$

anzusetzen ist, wo $A_{\text{rev.},k}$ die bei einer Kompression (oder Dilatation) auftretende reversible Arbeit, p^* die Fugazität des Gases und der Index a bzw. e den Ausgangs- bzw. Endzustand der Kompression oder Dilatation bezeichnet. Die Definition der Fugazität ist noch dadurch zu ergänzen, daß im ideal verdünnten Gaszustand $p^* = p$ gesetzt wird, denn sonst wäre die Fugazität auf Grund von Gl. (81) nur bis auf einen konstanten Faktor bestimmbar. Es muß jedoch noch vermerkt werden, daß in Gl. (79a) dann auch nicht mehr $\varDelta n\, RT$ für diesen restlichen Arbeitsanteil gesetzt werden kann. Man berücksichtigt alle diese Effekte des realen Gases zweckmäßig durch eine Beachtung der sog. partiellen zweiten Virialkoeffizienten in der Mischung, die noch von deren Zusammensetzung im einzelnen abhängen. Wir werden später in einem anderen Zusammenhang wieder auf die Fugazitäten zurückkommen; an dieser Stelle mag dieser Hinweis genügen.

In Lösungen werden die der Gl. (78) entsprechenden reversiblen Arbeiten durch die Wirkung des osmotischen Druckes erhalten. Da das Gesetz des osmotischen Druckes in verdünnten Lösungen formal mit dem Gasgesetz übereinstimmt, erhält man auch für Lösungsgleichgewichte ein Gesetz der Form Gl. (80), in welchem die osmotischen Drucke π an Stelle der Partialdrucke stehen. Ersetzt man die osmotischen Drucke dann durch die Konzentrationen, so erhält man die übliche Form des Massenwirkungsgesetzes für Reaktionen in Lösungen.

§ 82. Quantitative Fassung des Begriffs der chemischen Affinität. Temperaturabhängigkeit der Gleichgewichtskonstanten des M. W. G.

Für die Reaktionsarbeit $^R A$ setzen wir nach Gl. (79a) und (80)

$$^R A = RT \left[\ln \frac{p_A^\alpha \cdot p_B^\beta}{p_C^\gamma \cdot p_D^\delta} - \ln K_p(T) \right]. \tag{82}$$

Im engeren Sinne versteht man oft unter der speziellen Reaktionsarbeit diejenige Arbeit, die man im Falle $p_A = p_B = p_C = p_D = 1$ aus Gl. (80) entnimmt, also

$$^1 R A = -RT \ln K_p. \tag{82a}$$

Diese Größe wird heute allgemein als Maß für die chemische Affinität der Reaktion $\alpha A + \beta B = \gamma C + \delta D$ angesehen, wenn nichts Besonderes hinzugefügt wird. Die Größe $^R A$ in Gl. (82) hat nämlich die Eigenschaften. die man von einem Affinitätsmaß verlangt. Die Reaktionsarbeit verschwindet ja, wenn $p_A \ldots p_D$ zufällig Gleichgewichtsdrucke sind, und sie kehrt beim Überschreiten des Gleichgewichtspunktes ihr Vorzeichen um. Diese Eigenschaften muß man aber von einem Affinitätsmaß gerade verlangen, denn im Gleichgewicht reagiert makroskopisch gesehen nichts ab, und die Reaktion kehrt beim Überschreiten des Gleichgewichtspunktes ihren Ablaufsinn um. Die genannten Eigenschaften fehlen dem in früheren Zeiten benutzten Affinitätsmaß W_p (bzw. W_v), weil hiernach das Auftreten endothermer Reaktionen ($W_p < 0$ bzw. $W_v < 0$) unverständlich war.

Wie wir unten noch sehen werden, zeigt der Nernstsche Wärmesatz. daß bei tiefen Temperaturen und bei Reaktionen im festen Zustand der Unterschied zwischen W_p (bzw. W_v) und $^R A$ gering ist, so daß dort W_p als Affinitätsmaß brauchbar ist, allein schon deshalb, weil bei tiefen Temperaturen endotherme Reaktionen gewöhnlich nicht ablaufen, diese vielmehr nur bei höheren Temperaturen beobachtet werden.

Gl. (82a) liefert große Affinitätswerte bei kleinem K_p; kleines K_p bedeutet nach Gl. (80), daß verhältnismäßig wenig von A und B, aber viel von C und D im Gleichgewicht vorliegt, was durchaus der Vorstellung einer starken chemischen Affinität entspricht.

Ebenso, wie man mehrere Gleichgewichte kombinieren kann, wobei sich die K_p-Werte multiplizieren oder dividieren, kann man auch nach Gl. (82a) die $^R A$-Werte addieren oder subtrahieren, um die Affinitäten neuer Reaktionen angeben zu können. Dies ist der Addition und Subtraktion der W_p-Werte, die wir schon im vorigen Kapitel kennenlernten (S. 86f.), völlig analog. Gl. (82a) lag den Zahlangaben der Affinitäten von H_2 und Cl_2 zu $2\,HCl$ usw. auf S. 2 zugrunde; dort haben wir auch schon gezeigt, wie man durch formale Operationen wie Subtraktion und Addition zu neuen Affinitätsbeziehungen und Affinitätswerten gelangt.

Die Temperaturabhängigkeit der Gleichgewichtskonstanten erhalten wir durch Anwendung einer thermodynamischen Beziehung, welche gleichfalls als Gibbs-Helmholtzsche Gleichung bezeichnet wird, da sie dieselbe Form hat wie Gl. (52a), nur daß sie sich auf die Reaktionsarbeit $^R A$ bezieht:

$$T \left(\frac{\partial ^R A}{\partial T} \right)_p = {}^R A - W_p. \qquad (83)$$

Indem wir den allgemeinen Beweis von Gl. (83) auf einen späteren Zeitpunkt verschieben (S. 176), finden wir beim Einsetzen von $^R A$ aus Gl. (82), weil in der eckigen Klammer von Gl. (82) die Temperatur nur in $K_p(T)$ auftritt:

$$^R A - T \frac{d\,^R A}{dT} = RT[\cdots] - RT[\cdots] + RT^2 \frac{d\ln K_p}{dT} = W_p \qquad (84)$$

bzw.

$$\frac{d\ln K_p}{dT} = \frac{W_p}{R T^2} = -\frac{\Delta H}{R T^2} \qquad (84a)$$

identisch mit Gl. (17), der sog. van't Hoffschen Gleichung[1]. Da wir die einfachen Folgerungen aus dieser Gesetzmäßigkeit für die Temperaturabhängigkeit der Gleichgewichtskonstanten bereits an früherer Stelle besprochen haben, wollen wir jetzt diejenigen Folgerungen aus Gl. (83) und den Gln. (84) behandeln, die zum Nernstschen Wärmetheorem führen.

---

[1] Wir haben hier bei der Definition der Gleichgewichtskonstanten stets die Größen auf der linken Seite der chemischen Umsatzgleichung durch die der rechten Seite dividiert; gelegentlich definiert man $K_p(T)$ auch durch den Quotienten von rechter Seite durch linke Seite, dann muß in Gl. (84a) rechts das entgegengesetzte Vorzeichen eingesetzt werden.

§ 83. Problemstellung des Nernstschen Wärmesatzes. Integration der Gibbs-Helmholtzschen Gleichungen

Wir stellen uns zu diesem Zweck die Aufgabe, durch Integration der Gln. (83) und (84a) Aussagen über die Größen $^R A$ und K_p zu machen, die ja nach Gl. (82a) eng miteinander zusammenhängen. Bei der Integration dieser Differentialgleichungen bleiben gewisse Parameter (Anfangsbedingungen) unbestimmt. Dies liegt in der Natur der Sache; jedoch hoffen wir, eine derartige Wahl treffen zu können, daß den Parametern eine einfache physikalische Bedeutung zukommt, so daß für ihre numerischen Werte nur wenige Möglichkeiten als wahrscheinlich in Frage kommen. Bei beiden Differentialgleichungen denken wir uns zunächst die Wärmetönungen W_p als Funktion der Temperatur gegeben.

Die Integration von Gl. (83) geschieht dadurch, daß zunächst nach T differenziert wird:

$$T\left(\frac{\partial^2 {}^R A}{\partial T^2}\right)_p = -\left(\frac{\partial W_p}{\partial T}\right)_p = \left(\frac{\partial \Delta H}{\partial T}\right)_p, \tag{85}$$

deren Integration jetzt:

$$\frac{\partial {}^R A}{\partial T} = \left(\frac{\partial {}^R A}{\partial T}\right)_{T=0} - \int_0^T \frac{1}{T}\,\frac{\partial W_p}{\partial T}\,dT \tag{85a}$$

liefert, so daß aus Gl. (83) direkt:

$$^R A = W_p(T) - T\int_0^T \frac{1}{T}\,\frac{\partial W_p}{\partial T}\,dT + T\left(\frac{\partial {}^R A}{\partial T}\right)_{T=0} \tag{86}$$

folgt, in der die Größe $\left(\frac{\partial {}^R A}{\partial T}\right)_{T=0}$ die oben erwähnte Anfangsbedingung darstellt.

Zu der Gl. (86), bei der die Integration bis an den abs. Nullpunkt durchgeführt wurde, ist zu bemerken, daß dies in praxi erfordert, daß die Temperaturabhängigkeit der Wärmetönung $\partial W_p/\partial T$ in der Nähe des abs. Nullpunktes mindestens verschwindet, weil sonst das Integral in Gl. (86) nicht mehr sinnvoll ist. Bei Festkörpern ist nun nach den Kirchhoffschen Sätzen Gl. (II, 73) der Differentialquotient $\partial W_p/\partial T = -\Delta C_p$. Da weiter die Molwärmen der festen Körper nach Gl. (II, 107) mit T^3 in der Nähe des abs. Nullpunktes nach Null streben, verschwindet ΔC_p und $\partial W_p/\partial T$ bei $T = 0$ derart stark, daß das Integral in Gl. (86) bis zum abs. Nullpunkt erstreckt werden kann. Unter Beachtung des Kirchhoffschen Satzes Gl. (II, 73) kann man Gl. (86) wie folgt umschreiben:

$$\left.\begin{aligned}
^R A &= W_{p_0} - \int_0^T \Delta C_p\,dT + T\int_0^T \frac{1}{T}\,\Delta C_p\,dT + T\left(\frac{\partial {}^R A}{\partial T}\right)_{T=0} \\
\text{oder}\quad {}^R A &= W_{p_0} + T\int_0^T \frac{dT}{T^2}\left(\int_0^T \Delta C_p\,dT\right) + T\left(\frac{\partial {}^R A}{\partial T}\right)_{T=0},
\end{aligned}\right\} \tag{86a}$$

wenn man auf das zweite Integral noch einmal eine partielle Integration anwendet.

Gl. (86a) gestattet jetzt, bei Kenntnis der Wärmetönung und der Molwärmen aus *einem* Werte von $^R A$ die gesamte Funktion $^R A(T)$ zu berechnen. Nun kann man z. B. speziell aus der EMK galvanischer Ketten direkte Rückschlüsse auf die Reaktionsarbeiten der sich in den Ketten abspielenden spannungsliefernden Reaktionen ziehen (S. 227), womit der $^R A$-Wert bei Zimmertemperatur experimentell ermittelt ist. Ähnlich kann man bei Reaktionen im festen Zustande, die aus Umwandlungen verschiedener Modifikationen (graues und weißes Zinn, rhombischer und monokliner Schwefel) ineinander bestehen, auf die Temperatur schließen, bei der für die maßgebende Reaktion $^R A$ verschwindet. Am normalen Umwandlungspunkt muß $^R A$ nämlich verschwinden, denn hier befinden sich die Modifikationen ja miteinander im Gleichgewicht, und im Gleichgewichtszustand ist das Affinitätsmaß $^R A = 0$. So kann man in einer Reihe von Fällen $^R A$ wenigstens bei *einer* Temperatur ermitteln; die Messung von Molwärmen und Wärmetönungen führt dann über Gl. (86a) zu dem Wert von $(\partial\, ^R A/\partial T)_{T=0}$ bei diesen Reaktionen. Nernst hat nun bei der Untersuchung einer großen Zahl von Reaktionen im *festen* Zustande gezeigt, daß bei diesen $(\partial\, ^R A/\partial T)_{T=0} = 0$ gilt. Bei graphischer Darstellung dieser Verhältnisse in einem Diagramm, in dem die dimensionsgleichen Größen $^R A$ und W_n, die nach Gl. (83)

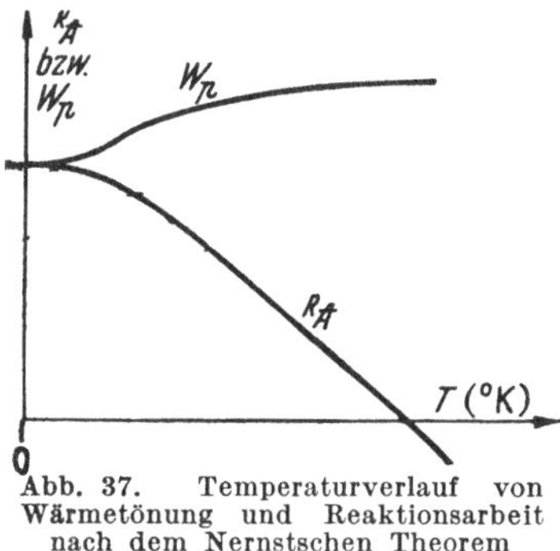

Abb. 37. Temperaturverlauf von Wärmetönung und Reaktionsarbeit nach dem Nernstschen Theorem

bei $T = 0$ identisch werden, gemeinsam gegen T aufgetragen sind, erhält man etwa die in Abb. 37 gezeigten Relationen zwischen $^R A$ und W_p.

Die beiden Größen münden mit *horizontaler* Tangente bei $T = 0$ in *einen* Wert ein; dies bringt es mit sich, daß W_p und $^R A$ auch bei Temperaturen oberhalb von $T = 0$ zunächst noch weitgehend zusammenfallen, so daß also bei Vernachlässigung kleiner Differenzen W_p bis zu diesen Temperaturen ein brauchbares Maß für die chemische Atunität $^R A$ der Reaktion darstellt, ganz im Sinne des alten Berthellotschen Prinzips, das ja W_p als Maß der Affinität vorschlug. Man erkennt leicht, daß bei jeder von $(\partial\, ^R A/\partial T)_{T=0} = 0$ verschiedenen Wahl dieses Anfangsdifferentialquotienten die Diskrepanz zwischen $^R A$ und W_p bei tiefen Temperaturen größer ist als der experimentelle Wert, so daß wenigstens bei niedrigen Temperaturen dem Berthellotschen Prinzip weitgehend Genüge getan ist.

§ 84. Vollständige Formeln für die Konstante des M. W. G. Definition der chemischen Konstanten

Die Integration von Gl. (84a) liefert wieder bei Beachtung des Kirchhoffschen Satzes:

$$R \ln K_p(T) = \int^T \frac{W_{p_0} - \int\limits_0^T \Delta C_p\, dT}{T^2}\, dT = -\int^T \frac{\Delta H_0 + \int\limits_0^T \Delta C_p\, dT}{T^2}\, dT. \tag{87}$$

Wählen wir als untere Grenze des Integrals $1\,°\mathrm{K}$ und beachten, daß bei Gasen die Molwärme C_p nach S. 103f. in einen temperaturunabhängigen Teil C_{p_0} und einen von der Temperatur abhängigen Teil C_s gespalten werden kann, so erhalten wir, wenn die Integrationskonstante sinngemäß als $R \ln K_p(1)$ bezeichnet wird:

$$R \ln K_p(T) = -\frac{W_{p_0}}{T} +$$

$$+ W_{p_0} - \Delta C_{p_0} \ln T - \int\limits_1^T \frac{dT}{T^2}\left(\int\limits_0^T \Delta C_s\, dT\right) + R \ln K_p(1). \quad (87\,\mathrm{a})$$

Das hier verbleibende Integral kann man formal von $0\,°\mathrm{K}$ an erstrecken, weil in der Nähe von $T = 0$ der Integrand genügend stark gegen Null strebt: man pflegt dann zu schreiben:

$$R \ln K_p(T) = -\frac{W_{p_0}}{T} - \Delta C_{p_0} \ln T - \int\limits_0^T \frac{dT}{T^2}\left(\int\limits_0^T \Delta C_s\, dT\right) + W_{p_0} +$$

$$+ \int\limits_0^1 \frac{dT}{T^2}\left(\int\limits_0^T \Delta C_s\, dT\right) + R \ln K_p(1). \quad (87\,\mathrm{b})$$

Faßt man die von der Temperatur unabhängigen drei letzten Glieder in eine Konstante zusammen, für die wir in Analogie zu $W_p = -\Delta H$ und $\partial W_p/\partial T = -\Delta C_p$ einfach $-\Delta j_k^*$ schreiben, so entsteht:

$$R \ln K_p(T) = -\frac{W_{p_0}}{T} - \Delta C_{p_0} \ln T - \int\limits_0^T \frac{dT}{T^2}\left(\int\limits_0^T \Delta C_s\, dT\right) - \Delta j_k^*. \quad (88)$$

oder

$$R \ln K_p(T) = \frac{\Delta H_0}{T} - \Delta C_{p_0} \ln T - \Delta\left(\int\limits_0^T \frac{dT}{T^2}\left(\int\limits_0^T C_s\, dT\right)\right) - \Delta j_k^* \quad (89)$$

bzw. unter Verwendung der durch das Zeichen Δ gekennzeichneten Operation für die zur Diskussion stehende Reaktion:

$$2{,}303\,R \log K_p(T) = \Delta\left(\frac{H_0}{T} - 2{,}303\,C_{p_0}\log T - \int\limits_0^T \frac{dT}{T^2}\left(\int\limits_0^T C_s\, dT\right) - j_k^*\right)$$

$$\equiv -\Delta\left(-\frac{G^0(T)}{T}\right)^1. \quad (90)$$

Bei Kenntnis der Größen j_k^* für die einzelnen an einer Reaktion beteiligten Partner könnte man demnach Gasgleichgewichte dadurch berechnen, daß man die Funktion

$$-\frac{G^0(T)}{T} \equiv -\frac{H_0}{T} + 2{,}303\,C_{p_0}\cdot\log T + \int\limits_0^T \frac{dT}{T^2}\left(\int\limits_0^T C_s\, dT\right) + j_k^* \quad (90\,\mathrm{a})$$

---

[1] Die Schreibweise $-G^0(T)/T$ für diese Funktion wird erst auf S. 174 u. 176 erläutert.

für jedes Gas berechnet, das an der Reaktion beteiligt ist, und dann auf die Werte dieser Funktion für die einzelnen Reaktionspartner den Prozeß $-\Delta$ anwendet. Dieses Vorgehen ist tatsächlich möglich, und die Funktion $-G^0(T)/T$ findet man bereits für viele Gase bei verschiedenen Temperaturen tabelliert, so daß die praktische Berechnung der Gleichgewichtskonstanten dann keine Schwierigkeit mehr bereitet.

So findet man z. B. für die Gase H_2, O_2 und H_2O bei 2000 °K folgende Zahlwerte für $-G^0(T)/T$ angegeben:

$$H_2: 37{,}812; \quad O_2: 56{,}122; \quad H_2O: 81{,}995 \text{ cal/grad mol.}$$

Mithin erhält man für das Gleichgewicht der Reaktion $H_2 + \tfrac{1}{2}O_2 = H_2O$ bei 2000 °K den K_p-Wert:

$$4{,}574 \cdot \log K_p = -(81{,}995 - [37{,}812 + \tfrac{1}{2}\,56{,}122])$$
$$= -16{,}122 \quad \text{bzw.} \quad \log K_p = -3{,}525,$$

d. h.

$$K_p \equiv \frac{p_{H_2} \cdot p_{O_2}^{\frac{1}{2}}}{p_{H_2O}} = 2{,}98 \cdot 10^{-4}\,\text{atm}^{\frac{1}{2}},$$

sofern die Drucke in Atmosphären gemessen werden; darauf sind nämlich die Zahlwerte von $-G^0/T$ der Tabelle bezogen.

Wenn so die praktische Berechnung der Konstanten von Gasgleichgewichten auch recht einfach geworden ist, so fehlt unserer prinzipiellen Erkenntnis noch die Ermittlung der Konstante j_k^* in Gl. (90), deren durch $2{,}303\,R$ dividierter Wert

$$j_k = j_k^*/2{,}303\,R \tag{90 b}$$

als *chemische Konstante* bezeichnet zu werden pflegt.

Hier hilft nun der oben erwähnte Nernstsche Satz weiter. Um diesen, der ja nur für feste Stoffe gilt, darauf anwenden zu können, müssen wir kurz einige Bemerkungen über das Dampfdruckgleichgewicht einschalten. Für dieses gilt ja die zu Gl. (84a) analoge Gl. (54a)

$$\frac{d\ln p}{d T} = \frac{L}{R\,T^2}\,. \tag{54a}$$

Hieran können prinzipiell die gleichen Entwicklungen wie oben angeschlossen werden, was wegen $dL/dT = C_{p,\,\text{Gas}} - C_{p,\,\text{Kond.}}$ nach Gl. (II, 74) und der Einteilung von

$$C_{p,\,\text{Gas}} = C_{p_0} + C_s$$

zu

$$R\ln p = 2{,}303\,R \log p = \frac{-L_0}{T} + 2{,}303\,C_{p_0,\,\text{Gas}} \log T +$$
$$+ \int\limits_0^T \frac{d T}{T^2} \left(\int\limits_0^T [C_{s,\,\text{Gas}} - C_{p,\,\text{Kond.}}]\,d T\right) + j_p^* \tag{91}$$

führt, wenn $C_{p_0,\,\text{Kond.}} = 0$ beachtet und die Summe der temperaturunabhängigen Glieder einschließlich der Integrationskonstanten jetzt mit j_p^* bezeichnet wird. Meist nennt man

$$j_p = j_p^*/2{,}303\,R \tag{91 a}$$

die *Dampfdruckkonstante* des betreffenden Stoffes. Wenn wir hier setzen würden

$j_p^* = j_{k,\,\mathrm{Gas}}^* - j_{\mathrm{Kond.}}^*$, wo $j_{k,\,\mathrm{Gas}}^*$ mit der Größe in Gl. (90a) identisch ist, so käme man mit den Abkürzungen

$$-\left(\frac{G^0(T)}{T}\right)_{\mathrm{Gas}} = -\frac{H_{0,\,\mathrm{Gas}}}{T} + 2{,}303 \cdot C_{p_0,\,\mathrm{Gas}} \log T +$$
$$+ \int\limits_0^T \frac{dT}{T^2}\left(\int\limits_0^T C_{s,\,\mathrm{Gas}}\,dT\right) + j_{k,\,\mathrm{Gas}}^* \qquad\qquad (92)$$

und

$$-\left(\frac{G^0(T)}{T}\right)_{\mathrm{Kond.}} = -\frac{H_{0,\,\mathrm{Kond.}}}{T} + \int\limits_0^T \frac{dT}{T^2}\left(\int\limits_0^T C_{p,\,\mathrm{Kond.}}\,dT\right) + j_{\mathrm{Kond.}}^*$$

wieder zu einer Formel der Gestalt:

$$2{,}303\,R \log p = -\left(\frac{G^0(T)}{T}\right)_{\mathrm{Gas}} + \left(\frac{G^0(T)}{T}\right)_{\mathrm{Kond.}}, \qquad (90\,\mathrm{b})$$

welche der Gl. (90) für eine Reaktion $X_{\mathrm{Gas}} \to X_{\mathrm{Kond.}}$ völlig entspricht. Man bezeichnet $j_{\mathrm{Kond.}}^*/2{,}303\,R$ mit $j_{\mathrm{Kond.}}$, und erhält für die Dampfdruckkonstante die Beziehung $j_p = j_{k,\,\mathrm{Gas}} - j_{\mathrm{Kond.}}$.

Es läßt sich nun direkt zeigen, daß der Nernstsche Satz verlangt, daß

$$j_p = j_{k,\,\mathrm{Gas}}, \quad \text{also} \quad j_{\mathrm{Kond.}} = 0 \qquad (93)$$

ist. Wir könnten dies jetzt so beweisen, daß wir die reversible Arbeit berechnen, die bei einer Gasreaktion zu gewinnen ist, wobei wir einmal die Reaktion nur im Gasraum ablaufen lassen, das andere Mal die Gase erst zu ihren festen Phasen kondensieren, dort reagieren lassen und die entstandenen festen Stoffe wieder zu Gasen verdampfen. Die auf beiden Wegen berechneten reversibel isothermen Arbeitsbeträge müssen miteinander übereinstimmen, was dann die erwähnten Relationen liefert.

Weil wir das Ergebnis später auf einem anderen Wege (s. S. 177) relativ einfach gewinnen können, mag der Hinweis auf die Relation $j_p = j_{k,\,\mathrm{Gas}}$ und die Möglichkeit ihres Beweises genügen; die Einzelheiten der Durchführung des Beweises seien deshalb hier übergangen. Im Augenblick ist aber wichtig, daß über Gl. (91) aus der Messung des Dampfdrucks p, der Verdampfungswärme und den Molwärmen $C_{p,\,\mathrm{Gas}}$ und $C_{p,\,\mathrm{Kond.}}$ die Konstante $j_v = j_k$ experimentell ermittelt werden kann.

§ 85. Einfache Anwendungen und Prüfungen des Nernstschen Wärmesatzes

Die Prüfung des Nernstschen Satzes in der Form der Gl. (93) kann etwa in folgender Weise geschehen: Wir nehmen z. B. zwei stereomere Stoffarten, wie Links- und Rechtsweinsäure, deren Dampfdruck wir untersuchen. Es zeigt sich, wie nicht anders zu erwarten, weil ja keine der beiden Formen vor der anderen ausgezeichnet ist, daß die Dampfdrucke und die Verdampfungswärmen sowie die Molwärmen der beiden stereomeren Formen miteinander übereinstimmen. Dann entnehmen wir aus Gl. (91), daß auf Grund dieser experimentellen Befunde j_v^* (links) $= j_v^*$ (rechts) sein muß, so daß wir unter Benutzung des Nernstschen Satzes in der Formulierung der Gl. (93) auf j_k^* (links) $= j_k^*$ (rechts) schließen; also wird für die Reaktion Linksform $\rightleftharpoons$ Rechtsform die Größe $\Delta j_k^* = 0$ sein. Da aber auch die Wärmetonung $W_p = -\Delta H$ dieser Reaktion bei allen Temperaturen verschwindet — auch wieder, weil keine Form vor der anderen ausgezeichnet ist —, leiten wir aus Gl. (89) wegen $\Delta C_p = 0$, $\Delta H_0 = 0$ und $\Delta j_k^* = 0$ ab:

$$\ln K_p = 0 \quad \text{und} \quad K_p(\equiv K_c) = 1. \tag{94}$$

Stellt sich also das thermische Gleichgewicht zwischen diesen beiden Formen ein, so muß wegen $K_p = [\text{Linksform}]/[\text{Rechtsform}] = 1$ im Gleichgewicht gleichviel von beiden Formen bei sämtlichen Temperaturen vorhanden sein. Dies entspricht völlig der Tatsache, daß in jedem Racemat stereomerer Formen gleichviel von beiden optischen Antipoden vorhanden ist.

Prinzipiell geschieht jede Anwendung des Nernstschen Satzes in der Form der Gl. (93) in der gleichen Weise, d.h. durch Bestimmung des Δj_k^*-Wertes des Gasgleichgewichtes in Gl. (88). Das Nernstsche Theorem verlangt dann

$$\Delta j_k^* = \Delta j_p^*. \tag{95}$$

Der obige Fall der stereomeren Stoffe gestattete nur ohne besondere numerische Rechnung die Anwendung des Nernstschen Satzes, während sonst umständliche Rechnungen erforderlich werden, weshalb hier dies Beispiel gewählt worden war.

Man kann heute vielfach aus molekularen Daten, wie Molgewicht, Trägheitsmement usw., die j_k-Werte direkt berechnen so daß man die Gleichheit von j_k und j_p in diesen Fällen durch eine Dampfdruckuntersuchung entscheiden kann. Hierauf ist nachher noch kurz einzugehen.

G. Weitere für den zweiten Hauptsatz charakteristische Funktionen

§ 86. Freie Energie und freie Enthalpie

Oben hatten wir schon die Entropie als die Funktion kennengelernt, die in ähnlicher Weise für den Ablauf von Reaktionen im Sinne des zweiten Hauptsatzes maßgebend ist wie die innere Energie oder die Enthalpie für den ersten Hauptsatz. Es ist jedoch darauf zu achten, daß das Prinzip vom Maximum der Entropie nur in *abgeschlossenen* Systemen zur Berechnung des stabilen Gleichgewichtszustandes herangezogen werden kann. Wir haben bereits auf S. 157 an einem Beispiel gezeigt, wie sich die Durchführung dieser Berechnungsmethode gestaltet.

Es wäre jedoch wichtig, auch für den Fall, daß die Temperatur vorgegeben ist, was bei Reaktionen mit Wärmeumsätzen die Nichtabgeschlossenheit des Systems verlangt, eine entsprechende charakteristische Funktion zu besitzen.

Wir gelangen zu einer solchen, indem wir das reagierende System in ein derart großes Calorimeter der Temperatur T eingebaut denken, daß das eigentliche System zusammen mit dem Calorimeter als abgeschlossenes System angesehen werden kann, dessen Temperatur praktisch konstant bleibt. Für dieses große Gesamtsystem (s. Abb. 38) können wir also wieder von dem Entropiesatz Gebrauch machen, d.h. die Entropie kann in diesem System zeitlich nur zunehmen oder wenigstens nicht ab-

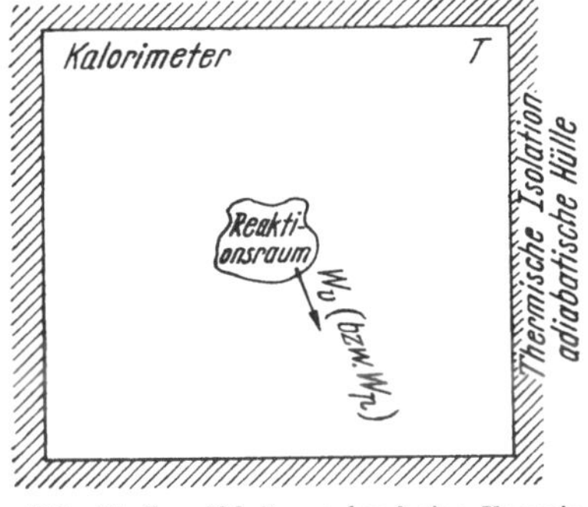

Abb. 38. Zur Ableitung der freien Energie bzw. freien Enthalpie

nehmen: $\Delta S \geq 0$. Setzt man nun die Entropieänderung des Gesamtsystems aus derjenigen des eigentlich reagierenden Systems und des Calorimeters additiv zusammen, so erhält man

$$\Delta S = \Delta S_{\text{Reakt.}} + \Delta S_{\text{Cal.}} = \Delta S_{\text{Reakt.}} + \frac{\Delta Q_{\text{Cal.}}}{T} \geq 0, \qquad (96)$$

wenn man die Entropieänderung des Calorimeters durch die diesem reversibel zugeführte Wärme oder gemäß Gl. (68a) ausdrückt, denn die Wärmezufuhr ist hier die einzige Zustandsänderung, die das Calorimeter während der Reaktion erleidet. ΔQ_{cal} ist nun einfach die Wärmetönung W_p oder W_r der Reaktion (je nach deren Art), die sich im Innern abspielt. Mit $W_p = -\Delta H$ bzw. $W_r = -\Delta U$ erhalten wir also aus Gl. (96)

$$\left.\begin{aligned}
\Delta S_{\text{Reakt.}} - \frac{\Delta H_{\text{Reakt.}}}{T} &= \Delta\left(S - \frac{H}{T}\right)_{\text{Reakt.}} \geq 0 \\[2ex]
\Delta S_{\text{Reakt.}} - \frac{\Delta U_{\text{Reakt.}}}{T} &= \Delta\left(S - \frac{U}{T}\right)_{\text{Reakt.}} \geq 0.
\end{aligned}\right\} \qquad (96\,\text{a})$$

bzw.

Hier treten jetzt nur noch Größen auf, die sich auf das reagierende System beziehen.

Da die Temperatur bei der gedachten Reaktion konstant ist, dürfen wir die Gl. (96a) mit T multiplizieren, so daß die Änderung von $TS - H$ bzw. $TS - U$ bei isothermer Reaktion nur positiv sein kann. Dies besagt, daß die Funktionen von der Dimension einer Energie:

$$G = H - TS \quad \text{bzw.} \quad F = U - TS \qquad (97)$$

bei der Reaktion nur abnehmen können. Sie sind im Falle des stationären Gleichgewichtes natürlich konstant, ändern sich also nicht, so daß hier die Gleichgewichtsbedingungen lauten:

Reaktionsbedingungen:	$p = \text{const}$ und $T = \text{const}$	$v = \text{const}$ und $T = \text{const}$	(98)
Gleichgewichtsbedingung:	$\Delta G_{\text{Reakt.}} = 0$	$\Delta F_{\text{Reakt.}} = 0$	

Die in Gl. (97) definierten Funktionen G und F werden als freie Enthalpie bzw. freie Energie bezeichnet. Im isothermen Gleichgewicht haben sie für das gesamte reagierende System minimale Werte, weil sie ja nur abnehmen können. Bei $T = 0$ sind freie Energie und Enthalpie mit der gewöhnlichen inneren Energie und Enthalpie identisch. Für ideale Gase haben wir die Entropie als Funktion von p und T früher [Gl. (68a)] angegeben, somit wird der Ausdruck $S - H/T = -G/T$ gegeben durch

$$S_{0,\,\text{Gas}} + \int\limits_{1}^{T} \frac{C_{p,\text{id.}}}{T} \, dT - R \ln p - \frac{H(T)}{T} = - \frac{G^0(T)}{T} - R \ln p, \quad (99)$$

wo $-G^0(T)/T$ eine Abkürzung für den nur von T abhängigen Ausdruck

$$S_{0,\,\text{Gas}} + \int\limits_{1}^{T} \frac{C_{p,\text{id.}}}{T} \, dT - \frac{H(T)}{T} \quad (100)$$

ist. Die Gleichgewichtsbedingung (98) bzw. (96a) wird jetzt zu:

$$- \frac{\Delta G_{\text{Reakt.}}}{T} = - \Delta \left[\frac{G^0(T)}{T} \right]_{\text{Reakt.}} - R \, \Delta \, [\ln p]_{\text{Reakt.}} = 0 \quad (101)$$

oder

$$- R \, \Delta \, [\ln p]_{\text{Reakt.}} = \Delta \left[\frac{G^0(T)}{T} \right]_{\text{Reakt.}} = - \Delta \left[- \frac{G^0(T)}{T} \right]_{\text{Reakt.}}. \quad (101\,\text{a})$$

Wendet man den Prozeß Δ auf die Gleichgewichtsdrucke der einzelnen an einer chemischen Reaktion beteiligten Komponenten an, so erkennt man, daß $-\Delta \ln p$ mit $\ln K_p$, dem log nat. der Gleichgewichtskonstanten nach Definition identisch ist. Gl. (101a) ist demnach mit Gl. (90) gleichbedeutend. Vergleicht man die eben definierte Größe $-G^0(T)/T$ bei 1 °K mit der in Gl. (90a) definierten Größe $-G^0(T)/T$, wobei $H(1)$ nach dem Kirchhoffschen Satz Gl. (II, 73) durch $H_0 + C_{p_0} \cdot 1$ ersetzt werden kann, weil C_p zwischen 0 und 1 °K als konstant $(= C_{p_0})$ angesehen werden darf, so findet man als Zusammenhang zwischen der in Gl. (90a) benutzten Größe j_k^* und der in Gl. (100) auftretenden Größe $S_{0,\,\text{Gas}}$:

$$\int\limits_{0}^{1} \frac{dT}{T^2} \left(\int\limits_{0}^{T} C_s \, dT \right) + j_k^* = S_{0,\,\text{Gas}} - C_{p_0} \quad (102)$$

Weil aber C_s i. allg. zwischen 0 und 1 °K als so klein angesehen werden kann, daß das Integral auf der linken Seite dieser Beziehung praktisch verschwindet, gilt[1]:

$$j_k^* = S_{0,\text{Gas}} - C_{p_0} \quad \text{bzw.} \quad j_k = \frac{S_{0,\text{Gas}} - C_{p_0}}{2{,}303\,R}, \tag{103}$$

wenn noch Gl. (90b) Beachtung findet. Die chemische Konstante ist damit direkt in Verbindung zur Entropiekonstante gebracht worden.

§ 87. Plancksche Formulierung des Nernstschen Wärmetheorems

Wenn wir in entsprechender Weise das Dampfdruckgleichgewicht behandeln, erhalten wir wegen $C_{p_0,\text{Kond.}} = 0$ in Analogie zu Gl. (103) unter Verwendung der Nullpunktsentropie des Festkörpers $S_{0,\text{Kond.}}$ von Gl. (69)

$$\frac{S_{0,\text{Kond.}}}{2{,}303\,R} = j_{\text{Kond.}}, \tag{103a}$$

so daß für $j_p = j_{k,\text{Gas}} - j_{\text{Kond.}}$ (vgl. S. 171) erhalten wird:

$$\frac{S_{0,\text{Gas}} - C_{p_0} - S_{0,\text{Kond.}}}{2{,}303\,R} = j_p. \tag{104}$$

Der Nernstsche Satz in der Formulierung $j_p = j_k$ bzw. $j_{\text{Kond.}} = 0$ verlangt jetzt:

$$S_{0,\text{Kond.}} = 0. \tag{105}$$

Dies ist die Formulierung, die PLANCK dem Nernstschen Theorem gegeben hat.

Gemäß der ursprünglichen Fassung des Theorems, etwa in der experimentell nachprüfbaren Form der Gl. (95), hätte man eigentlich

$$\varDelta S_{0,\text{Kond.}} = 0 \tag{105a}$$

für die an der Reaktion beteiligten Stoffe schreiben müssen. Jedoch kann diese Bedingung ebenso wie die Bedingung $\varDelta j_k = \varDelta j_p$, die für sämtliche an beliebigen Reaktionen beteiligten Stoffe nur durch $j_k = j_p$ erfüllbar ist, allein durch Gl. (105) befriedigt werden.

§ 88. Differentialbeziehungen der thermodynamischen Funktionen des zweiten Hauptsatzes. Zusammenhang mit der Reaktionsarbeit bzw. Affinität

Den Zusammenhang der in Gl. (97) definierten Funktionen F und G mit der reversiblen Arbeit, die früher immer zur Ableitung thermodynamischer Zusammenhänge herangezogen wurde, erhalten wir über einige einfache Differentialbeziehungen.

Es gilt allgemein

$$dG = dH - T\,dS - S\,dT \quad \text{und} \quad dF = dU - T\,dS - S\,dT. \tag{106}$$

---

[1] Gl. (103) gilt auch, wenn das Integral über C_J in Gl. (102) nicht als verschwindend klein angesehen werden kann, weil dann auch $H(1) - H_0$ nicht einfach durch $C_{p_0} \cdot 1$ ersetzt werden darf und $S_{0,\text{Gas}}$ sich dann von dem später in Gl. (114) gegebenen Wert unterscheidet. Wegen der Geringfügigkeit dieser Unterschiede sei darauf hier nicht weiter eingegangen.

Wenn hier einmal H und S als Funktionen von p und T und zum anderen U und S als Funktionen von V und T angesehen werden, so erhält man unter Beachtung von Gl. (67a):

$$dG = \left(\frac{\partial H}{\partial T}\right)_p dT + \left(\frac{\partial H}{\partial p}\right)_T dp - \left(\frac{\partial H}{\partial T}\right)_p dT - \left(\frac{\partial H}{\partial p}\right)_T dp +$$
$$+ V\,dp - S\,dT = V\,dp - S\,dT \qquad (107\,\text{a})$$

bzw.

$$dF = \left(\frac{\partial U}{\partial T}\right)_V dT + \left(\frac{\partial U}{\partial V}\right)_T dV - \left(\frac{\partial U}{\partial T}\right)_V dT - \left(\frac{\partial U}{\partial V}\right)_T dV -$$
$$- p\,dV - S\,dT = - p\,dV - S\,dT, \qquad (107\,\text{b})$$

d. h. bei partieller Differentiation:

$$\left(\frac{\partial G}{\partial p}\right)_T = V, \quad \left(\frac{\partial G}{\partial T}\right)_p = -S \quad \text{bzw.} \quad \left(\frac{\partial F}{\partial V}\right)_T = -p, \quad \left(\frac{\partial F}{\partial T}\right)_V = -S.$$
$$(108)$$

Indem wir die Entropie in den Definitionsgleichungen (97) für F und G entsprechend Gl. (108) durch die negativen Differentialquotienten dieser Funktion nach T ersetzen, erhalten wir:

$$G = H + T\left(\frac{\partial G}{\partial T}\right)_p \quad \text{oder} \quad T\left(\frac{\partial G}{\partial T}\right)_p = G - H \; \Big\rbrace$$

bzw.

$$F = U + T\left(\frac{\partial F}{\partial T}\right)_V \quad \text{oder} \quad T\left(\frac{\partial F}{\partial T}\right)_V = F - U. \; \Big\rbrace \qquad (109)$$

Wenn wir jetzt nicht die freien Energien oder Enthalpien selbst, sondern deren Änderungen ΔF bzw. ΔG bei irgendwelchen Reaktionen ins Auge fassen, so gilt für diese naturgemäß ebenfalls Gl. (109), die damit die Form erhält:

$$T\left(\frac{\partial \Delta G}{\partial T}\right)_p = \Delta G - \Delta H \quad \text{bzw.} \quad T\left(\frac{\partial \Delta F}{\partial T}\right)_V = \Delta F - \Delta U. \quad (109\text{a})$$

Die zweite dieser Gleichungen stimmt, wenn man $-\Delta U = W_v$ beachtet, mit der Gibbs-Helmholtzschen Gleichung (52a) bis aufs Vorzeichen formal überein, sofern $-\Delta F$ mit A_{rev} identifiziert wird. Die erste Gl. (109a) ist dementsprechend mit der auf S. 166 ohne Beweis angegebenen Gibbs-Helmholtzschen Gl. (83) identisch, wenn bei Beachtung von $-\Delta H = W_p$ die Größe $-\Delta G$ mit $^R\!A$ identifiziert wird. Damit ist die für Reaktionen bei konstantem Druck maßgebende Beziehung (83) nachträglich bewiesen.

Die erste der beiden Gln. (108) in der Form

$$\left(\frac{\partial(-\Delta G)}{\partial T}\right)_p = \left(\frac{\partial\,^R\!A}{\partial T}\right)_p = \Delta S \qquad (110)$$

ergibt bei ihrer Anwendung auf eine Reaktion im festen Zustande für $T \to 0$ bei Berücksichtigung des Nernstschen Theorems

$$\left(\frac{\partial\,^R\!A}{\partial T}\right)_{T-0} = 0 = \Delta S_{0,\,\text{Kond.}}, \qquad (110\text{a})$$

womit die in Gl. (105a) gegebene Plancksche Formulierung des Nernstschen Theorems bewiesen ist. Da diese Beziehung gemäß S. 175 allgemein für *jede* Reaktion nur durch $S_{0,\text{Kond.}} = 0$ gelöst werden kann, zeigt der Vergleich von Gl. (103) mit Gl. (104), daß auch $j_p = j_k$ gelten muß, wenn das Nernstsche Theorem in der Formulierung $\left(\dfrac{\partial\,^R\!A}{\partial T}\right)_{T=0} = 0$ zutrifft.

Für die als Maß der Affinität benutzte Reaktionsarbeit $^R\!A$ halten wir die allgemeine Beziehung oder den Zusammenhang mit der Änderung der freien Enthalpie bei der Reaktion fest:

$$^R\!A = -\Delta G_{\text{Reakt.}} \quad \text{bzw.} \quad A_{\text{rev.}} = -\Delta F_{\text{Reakt.}} \tag{111}$$

Man erkennt den Zusammenhang mit der isothermen Arbeit schon aus Gl. (108), aus der bei $T = \text{const}$ die Relation $-\Delta F = +p\,\Delta V$ folgt. Die bei einer Reaktion zu beobachtende reversible Arbeitsleistung eines reagierenden Systems wird aber gerade durch $p\,\Delta V$ gegeben [vgl. auch Abb. 36 und Gl. (79a)].

§ 89. Ausnahmen vom Nernstschen Wärmetheorem

Es gibt Festkörper, für die das Nernstsche Theorem formal nicht erfüllt ist, d. h., wenn man die Dampfdruckkonstanten j_p dieser Stoffe über Gl. (91) ermittelt und mit diesen Werten als j_k-Werten über Gl. (89) die Gleichgewichtskonstante von Gasgleichgewichten berechnet, stößt man auf Widersprüche. Es muß dann wenigstens einer der an der Reaktion beteiligten Stoffe dem Nernstschen Theorem widersprechen. Man nennt darum auch gelegentlich solche Festkörper, welche dem Nernstschen genügen, kurz Nernstsche Körper. Welcher von verschiedenen an einer Reaktion beteiligten Stoffe im gegebenen Falle ein Nicht-Nernstscher Körper ist, kann bei der Prüfung über $j_k = j_p$ nur so geschehen, daß viele Reaktionen untersucht werden, an denen jeweils einer der fraglichen Reaktionspartner beteiligt ist. Wenn dann jedesmal Widersprüche zum Nernstschen Theorem auftreten, wenn ein bestimmter Reaktionspartner vorkommt, so ist eben dieser Reaktionspartner ein Nicht-Nernstscher Körper. Wir werden auf S. 180 noch eine einfache direkte Prüfmethode auf Nernstsche bzw. Nicht-Nernstsche Körper kennenlernen.

Von der Planckschen Formulierung des Nernstschen Satzes ausgehend kann man nun auch verstehen, warum in einzelnen Fällen Abweichungen vom Nernstschen Theorem auftreten können. Wir müssen dazu freilich auf die statistische Deutung der Entropie zurückgreifen, die wir in Gl. (75) nur ganz kurz angedeutet haben. Es bedeutet $S = 0$ demnach nichts anderes als $G = 1$[1]. Es darf somit nur *ein* Zustand am abs. Nullpunkt mit den Bedingungen des Systems vereinbar sein; das ist der Zustand, in dem sämtliche Atome oder Molekeln des Festkörpers sich streng der *Ordnung* des jeweiligen Kristallgitters fügen. Von

---

[1] Man beachte, daß die hier bzw. in Gl. (75) benutzte Größe G nicht mit der in Gl. (97) definierten thermodynamischen Funktion G identisch ist.

einer Unordnung — die Entropie mißt ja nach unseren Überlegungen auf S. 160 den Unordnungsgrad — darf also bei $T = 0$ noch keine Rede sein. Diese Ordnung muß bei Molekelgittern derart sein, daß nicht nur die *Schwerpunkte* der Molekeln gittermäßig angeordnet sind und im wesentlichen keine Schwingungen mehr um ihre Gleichgewichtslage ausführen, sondern daß auch die *Richtungen* der Molekeln am abs. Nullpunkt nach einem bestimmten Schema geordnet sind.

Die regelrechte Anordnung der Molekelschwerpunkte ist zwar bei Kristallen am abs. Nullpunkt gewöhnlich gewahrt (bei Gläsern ist dies nicht der Fall), aber es kommt häufiger vor, daß die Molekelrichtungen sich nicht mehr richtig ausorientieren können. Dies trifft z. B. beim CO im festen Zustand zu. Die Einorientierung CO oder OC erfolgt im festen Zustand nicht mehr. Es liegt dies daran, daß dicht unterhalb des Schmelzpunktes wegen der·relativ hohen Temperatur beide Lagen CO und OC noch annähernd gleich stark besetzt sind. Mit sinkender Temperatur sollte dann die Orientierung der Richtungen zustande kommen, was aber erfordern würde, daß ein Teil der Molekeln seine Richtung umkehrt, also eine Drehung im Gitter um 180° ausführt. Wenn nun wie beim CO dieser Drehung bei tiefer Temperatur eine derartige Hemmung entgegensteht, daß die Verdrehung im festen Zustand in endlicher Zeit nicht mehr erfolgen kann, so friert eben die ungeordnete Orientierung der Molekeln ein, wenn bis zum abs. Nullpunkt oder in dessen unmittelbare Nähe abgekühlt wird. Wegen der somit bei tiefsten Temperaturen verbleibenden Unordnung erhält man darum eine endliche Nullpunktsentropie dieser Kristalle und damit eine Abweichung vom Nernstschen Theorem.

Man kann im Falle gänzlicher Unordnung sogar leicht angeben, wie groß $S_{0,\text{Kond.}}$ in einem derartigen Falle sein wird. Wir können nämlich sagen, daß der ungeordnete Kristall durch Diffusion zweier geordneter orientierter Kristalle entstanden sei, von denen der eine die Orientierung CO und der andere OC besessen hat. Es ist dann bei gleichmäßiger Mischung von $\frac{1}{2}$ Mol CO und $\frac{1}{2}$ Mol OC im ungeordneten Kristall die Nullpunktsentropie eine Mischungsentropie, für die wir aus Gl. (74a) entnehmen:

$$S_{0,\text{Kond.}} \approx S_{\text{Misch.}} = -R[\tfrac{1}{2}\ln\tfrac{1}{2} + \tfrac{1}{2}\ln\tfrac{1}{2}]$$

$$= R \ln 2 = 1{,}38 \text{ cal/grad mol}$$

$$= 5{,}76 \text{ J/grad mol}. \tag{112}$$

Auch Gl. (75) liefert das gleiche Resultat. Wenn nämlich für jede Molekel zwei Orientierungen möglich sind, bekommt man bei N_L Molekeln insgesamt 2^{N_L} verschiedene Orientierungsmöglichkeiten des Gesamtkristalls. Diese Zahl ist unter dem statistischen Gewicht G der Gl. (75) zu verstehen, womit man

$$S_{0,\text{Kond.}} = k \ln 2^{N_L} = N_L \cdot k \ln 2 = R \ln 2$$

wie in Gl. (112) erhält.

Gefunden wurde beim CO eine zwischen 1,0 und 1,1 cal/grad mol ($\approx$ 4,5 J/grad mol) gelegene Nullpunktsentropie, was wegen der Unterschreitung des Wertes von Gl. (112) darauf schließen läßt, daß doch bereits eine gewisse Orientierung bei höheren Temperaturen eingetreten ist, bei denen die Drehbewegung der CO-Molekeln noch nicht ganz eingefroren war. Weiterhin ist es verständlich, daß wohl bei der unsymmetrischen Molekel N_2O (Gestalt NNO) eine Nullpunktsentropie gefunden wurde, während dies bei der symmetrischen Molekel CO_2 (Gestalt OCO) nicht der Fall ist, denn bei der ersteren kann man die durch Drehung um 180° entstehenden Lagen voneinander unterscheiden (NNO und ONN), bei der CO_2-Molekel jedoch nicht, so daß bei dieser kein Grund für das Auftreten einer endlichen Nullpunktsentropie vorliegt.

Die experimentelle Prüfung bzw. Bestimmung der Größe von Nullpunktsentropien geschieht besonders einfach durch Vergleich der Entropie des Dampfes beim Sättigungsdruck p und des im Gleichgewicht damit stehenden Kondensates. Die Entropiedifferenz zwischen beiden ist nach S. 156 gleich $L_s(T)/T$, so daß nach Gl. (68a) und (69) zu setzen ist:

$$S_{0,\,\mathrm{Gas}} + 2{,}303\,C_{p_0,\,\mathrm{Gas}}\,\log T + \int\limits_0^T \frac{C_{s\,\mathrm{Gas}}}{T}\,dT - R\ln p$$

$$= S_{0,\,\mathrm{Kond.}} + \int\limits_0^T \frac{C_{p,\,\mathrm{Kond.}}}{T}\,dT + \frac{L_s(T)}{T}\,, \qquad (113)$$

wenn das Gas praktisch ideal ist und das letzte Glied in Gl. (69) vernachlässigt werden kann. Wir haben hier das Integral über $C_{s\,\mathrm{Gas}}$ auch vom abs. Nullpunkt aus und nicht erst von $T = 1$ aus integriert; der Unterschied gegenüber der früheren Formel ist unerheblich, da $C_{s\,\mathrm{Gas}}$ unterhalb 1 °K verschwindend klein ist (vgl. auch die Fußnote auf S. 175).

Für $S_{0,\,\mathrm{Gas}}$ kann man nun aus der molekularstatistischen Deutung der Entropie ($S = k\ln G$) exakte Ausdrücke herleiten, die, falls p in Atmosphären gemessen wird, folgendes Aussehen gewinnen:

$$
\left.
\begin{aligned}
S_{0,\,\mathrm{Gas}} &= 2{,}303\,R\left\{-1{,}592 + \frac{3}{2}\log M + \log g\right\} + \frac{5}{2}R, \\
&\qquad\quad \text{bei einatomigen Gasen} \\[4pt]
S_{0,\,\mathrm{Gas}} &= 2{,}303\,R\left\{36{,}803 + \frac{3}{2}\log M + \log I + \log \frac{g}{s}\right\} + \frac{7}{2}R, \\
&\qquad\quad \text{bei zweiatomigen und gestreckten Molekeln} \\[4pt]
S_{0,\,\mathrm{Gas}} &= 2{,}303\,R\left\{56{,}249 + \frac{3}{2}\log M + \frac{3}{2}\log \bar{I} + \log \frac{g}{s}\right\} + \frac{8}{2}R. \\
&\qquad\quad \text{bei gewinkelten Molekeln}
\end{aligned}
\right\} \quad (114)
$$

Hier bedeutet M das Molgewicht, I das Trägheitsmoment, $\bar{I}$ ein mittleres Trägheitsmoment, das sich aus den drei Hauptträgheitsmomenten I_1, I_2, I_3 gemäß $\bar{I} = \sqrt[3]{I_1 I_2 I_3}$ ableitet, g ist das Quantengewicht (bei Molekeln mit Singulettermen 1, Dubletts gleich 2 usw.) und s die

Symmetriezahl, die angibt. wieviel ununterscheidbare Drehlagen die Molekel zuläßt (z. B. beim CO_2 zwei Lagen, beim NH_3 drei Lagen, beim N_2 zwei Lagen, so daß bei diesen Gasen $s = 2$ bzw. 3 und 2). Aus Gl. (103) entnimmt man weiter, daß die geschweiften Klammern in Gl. (114) die j_k-Werte darstellen, wenn man beachtet, daß 5/2 R usw. gerade die C_{p_0}-Werte der betreffenden Gase sind.

Wir wollen hier auf weitere Einzelheiten verzichten, es sei lediglich vermerkt, daß man mit den so berechneten $S_{0,\text{Gas}}$-Werten und den gemessenen Werten der Molwärmen und der Verdampfungs- bzw. Sublimationswärme sämtliche Glieder in Gl. (113) bis auf $S_{0,\text{Kond.}}$ kennt, so daß $S_{0,\text{Kond.}}$ aus Gl. (113) entnommen werden kann. Hiermit ist die direkte Prüfung von Gl. (105) bzw. des Nernstschen Theorems durch thermische Messungen an dem betreffenden Stoff leicht durchführbar.

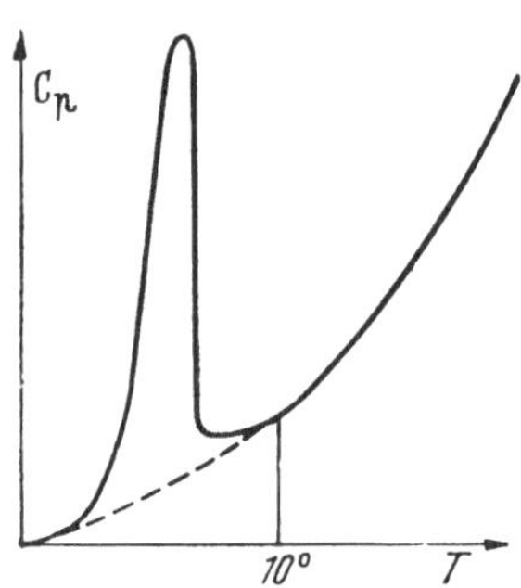

Abb. 39
Extreme Abweichung des Verlaufs der Molwärme vom T^3-Gesetz unterhalb von $10°$K

Bei der Auswertung von Gl. (113) ist natürlich darauf zu achten, daß insbesondere das Integral über $C_{p,\text{Kond.}}$ korrekt ausgewertet wird. Meist verfährt man dabei so, daß die C_p-Messungen bis zu $10°$K herunter vorgenommen werden und C_p zwischen $0°$K und $10°$K nach dem Debyeschen T^3-Gesetz ven S. 110 extrapoliert wird, um den Wert des Integrals von $0°$K an zu erfassen. Im allgemeinen mag dieses Verfahren zu richtigen Werten von $S_{0,\text{Kond.}}$ führen. Wenn jedoch der Verlauf der Molwärme unterhalb von $10°$K etwa der in Abb.39 gezeigte ist, so wird man bei Extrapolation nach dem T^3-Gesetz längs der gestrichelten Kurve integrieren, was offensichtlich einen erheblichen Fehler bedingt.

Der in Abb. 39 gezeigte Fall liegt nun gerade beim Wasserstoff vor, bei dem man vor der Entdeckung dieses Sachverhaltes immer positive Nullpunktsentropien und damit eine Abweichung vom Nernstschen Theorem gefunden zu haben glaubte. Jedoch erfüllt der Wasserstoff das Nernstsche Theorem, wenn man den richtigen Verlauf der Molwärme des Wasserstoffs unterhalb $10°$K beachtet. Es stimmt zwar, daß das Auftreten des Buckels der Molwärme beim Wasserstoff mit dem Vorkommen der Modifikationen Ortho-Wasserstoff und Para-Wasserstoff, speziell mit dem Ortho-Wasserstoff, im normalen Wasserstoff zu tun hat, jedoch sollte die so oft gehörte Behauptung, daß der Wasserstoff wegen des Auftretens dieser beiden Modifikationen dem Nernstschen Theorem nicht genüge, in der gesamten Literatur hierüber endlich richtiggestellt werden. Es gibt nämlich außer dem Wasserstoff noch viele Substanzen, bei denen verschiedene Modifikationen auftreten dürften (z. B. O_2), ohne daß deren Vorhandensein jemals Anlaß zu Diskussionen über eine eventuell vorliegende Nullpunktsentropie gegeben hätte, was nur daran liegt, daß bei diesen Substanzen die Molwärme im festen Zustand unterhalb $10°$K einen normalen Temperaturverlauf besitzt.

Es sei noch kurz bemerkt, daß die molekularstatistische Theorie der Materie ähnlich wie oben beim CO gestattet, die Werte der Nullpunktsentropien der Festkörper in manchen Fällen mit ziemlicher Sicherheit auszurechnen, z. B. beim Wasser, wo sich theoretisch der Wert $R \ln \frac{3}{2} = 0{,}805$ cal/grad mol als Nullpunktsentropie ergibt und auch Werte in der Nähe von 0,8 cal/grad mol ($\approx 3{,}5$ J/grad mol) gefunden wurden.

Wir sehen, daß bei einer Verletzung bzw. Nichtgültigkeit des Nernstschen Theorems gewöhnlich eine Nichtgleichgewichtseinstellung bei tiefen Temperaturen vorliegt, insofern eine Reaktionshemmung dafür sorgt, daß das der Temperatur $T = 0$ zukommende Gleichgewicht nicht erreicht wird; man denke z. B. an die mangelhafte Orientierung des CO bei tiefen Temperaturen. Der Nernstsche Satz hat aber die Einstellung des thermischen Gleichgewichtes, d. i. die ideale Ordnung und Orientierung zur Voraussetzung, wie z. B. auch das Gibbssche Phasengesetz nur unter ähnlichen Voraussetzungen exakt zutrifft. Man kann deshalb auch dem Nernstschen Satz in der Thermodynamik eine Allgemeingültigkeit zuschreiben. Wegen seiner grundsätzlichen Bedeutung wird er darum auch als *dritter Hauptsatz* der Thermodynamik bezeichnet, obwohl seine Aussage sich im Gegensatz zu den anderen Hauptsätzen nur auf die Materie bei der Temperatur des abs. Nullpunktes bezieht.

H. Die Thermodynamik der Mischungen und Lösungen

§ 90. Dampfdruckerniedrigung über Lösungen. Erstes Raoultsches Gesetz. Definition der Aktivität und des Aktivitätskoeffizienten in flüssigen Mischungen

Betrachten wir die Mischung zweier Flüssigkeiten miteinander, dann beobachten wir über diesen Flüssigkeiten im thermischen Gleichgewicht eine Dampfphase, welche i. allg. eine andere prozentuale Zusammensetzung als die flüssige Phase besitzen wird. Es wird i. allg. die Komponente mit dem höheren Dampfdruck im Dampfraum gegenüber der flüssigen Phase prozentual angereichert sein. Wenn speziell eine verdünnte Lösung vorliegt, also die eine Komponente stark im Überschuß vorhanden ist, so läßt sich folgende allgemeine Aussage über den Dampfdruck dieser Überschußkomponente, der sog. Lösungsmittelkomponente, machen: Der Partialdruck der Lösungsmittelkomponente ist gegenüber dem Dampfdruck p_0 des reinen Lösungsmittels bei der gleichen Temperatur um den Betrag $|\varDelta p|$ verringert, der mit dem Molenbruch x des Gelösten in dem Zusammenhang steht:

$$\frac{|\varDelta p|}{p_0} = x_{\text{gel.}} \qquad (\textit{erstes Raoultsches Gesetz}). \qquad (115)$$

Zu dieser Erkenntnis kommen wir auf folgendem Wege: Wir lassen gemäß Abb. 40 aus einem an die Lösung über eine semipermeable Wand angrenzenden Gefäß, das nur reines Lösungsmittel enthält, ein Mol Lösungsmittel verdampfen. Hierbei wird die Arbeit $p_0 \Delta V = p_0(V_D - V_{fl.}) \approx RT$ reversibel *gewonnen*. Diesen Dampf lassen wir über einen Hahn in einen Zylinder eintreten. Nach Schließen des Hahnes kann der Dampf in dem Zylinder zu einer reversiblen Arbeitsleistung benutzt werden. Wir lassen den Dampf in diesem Zylinder sich nun reversibel ausdehnen bzw. komprimieren, bis der Druck dem Dampfdruck über der Lösung, in der

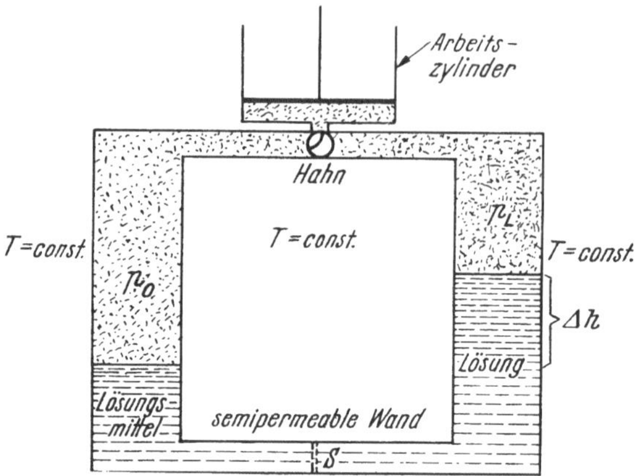

Abb. 40. Zur Ableitung der Dampfdruckerniedrigung verdünnter Lösungen

das Gelöste keinen Druck besitzen möge, gleichgeworden ist. Diese Arbeitsleistung beträgt wegen $p \cdot V = $ const also $p \Delta V + V \Delta p = 0$

$$p \Delta V_D = -V_D \Delta p, \qquad (116)$$

wo Δp die Differenz $p_L - p_0$ der Dampfdrucke über der Lösung und dem reinen Lösungsmittel ist. Hiernach läßt man das Volumen des Arbeitszylinders mit der Lösung durch geeignete Drehung des Hahnes kommunizieren und kondensiert den Dampf reversibel unter *Aufwendung* der Arbeit $p_L(V_D - V_{fl.}) \approx RT$ in die Lösung. Die *gesamte* nun gewonnene Arbeit wird durch Gl. (116) gegeben. Diese Arbeit muß nun nach dem Prinzip der isothermen reversiblen Arbeit identisch sein mit der Arbeit (Hubarbeit), die die Osmose zwischen Lösungsmittel und Lösung leistet, wenn man ein Mol des Lösungsmittels von der Oberfläche auf der einen Seite der semipermeablen Wand auf die Oberfläche der anderen Seite, also von der Lösungsmittelseite auf die Seite der Lösung übertreten läßt. Diese osmotische Arbeit ist gleich der Hubarbeit $M g \cdot \Delta h = V_{fl.} \cdot \varrho_{fl} \cdot g \Delta h = V_{fl.} \cdot \pi$, wenn beachtet wird, daß $\varrho_{fl} \cdot g \cdot \Delta h$ der hydrostatische Überdruck auf der Seite der Lösung nach Definition mit dem osmotischen Druck π identisch ist. Die Gleichsetzung dieser (reversiblen) Arbeiten führt unter Beachtung von $\pi = c RT$ gemäß Gl. (I, 49) zu

$$-V_D \cdot (p_L - p_0) = V_{fl.} \cdot \pi = V_{fl.} \cdot c RT, \qquad (117)$$

woraus

$$p_0 - p_L = \frac{V_{fl.} \cdot c RT}{V_D} = p_0 V_{fl.} c \qquad (117\,\mathrm{a})$$

folgt, wenn $V_D = RT/p_0$ berücksichtigt wird. Wegen $c \cdot V_{\text{fl.}} = $ Zahl der in einem Mol Lösungsmittel (bzw. in verdünnten Lösungen in einem Mol Lösung) gelösten Mole kann an Stelle Gl. (117a)

$$\frac{p_0 - p_L}{p_0} = \frac{|\Delta p|}{p_0} = n_{\text{gel.}} : (n_{\text{gel.}} + n_{\text{Lösungsm.}}) = x_{\text{gel.}} \qquad (117\,\text{b})$$

geschrieben werden, womit Gl. (115) inklusive der Tatsache, daß es sich um eine Dampfdruckerniedrigung $(p_L < p_0)$ handelt, thermodynamisch erwiesen ist.

Wenn wir den Partialdruck des Lösungsmittels als Funktion des Molenbruchs im ganzen Gebiet zwischen $x = 0$ und $x = 1$ nach dem Raoultschen Gesetz Gl. (115) auftragen, so erhalten wir streng eine gerade Linie (Abb. 41, teilweise gestrichelt). Unsere obige Überlegung zeigt, daß in der Nähe von $x = 0$ der tatsächliche Partialdruck des Lösungsmittels mit dieser Geraden zusammenfallen muß, dann aber treten i. allg. individuelle Abweichungen auf, z. B. in der Abb. 41 nach unten.

Man bezeichnet das Verhältnis des jeweiligen Partialdrucks p_L in der Mischung zum Dampfdruck p_0 des reinen Lösungsmittels als *Aktivität* a des Lösungsmittels in der Flüssigkeit

$$a(x) = \frac{p_L(x)}{p_0}. \qquad (118)$$

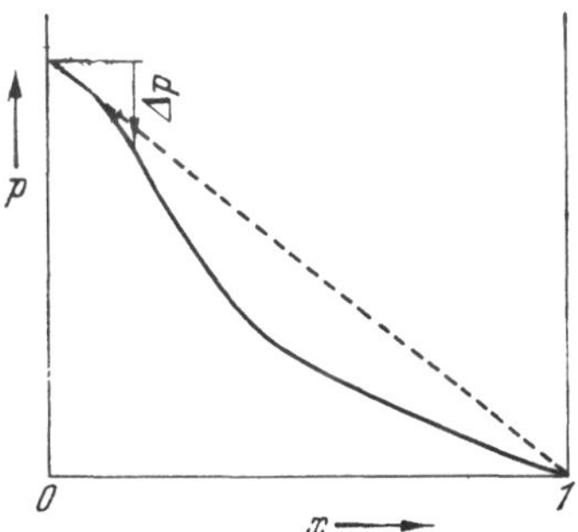

Abb. 41
Verlauf des Dampfdrucks in Mischungen, erstes Raoultsches Gesetz

Die Aktivität hängt natürlich noch vom Molenbruch ab. In verdünnter Lösung ist nach Gl. (115) $p_L = p_0 - |\Delta p| = p_0 (1 - x_{\text{gel.}}) = p_0 \cdot x_L$, wenn x_L der Molenbruch des Lösungsmittels ist, der sich gemäß $x_{\text{gel.}} + x_L = 1$ berechnet. Es gilt also nach Gl. (118)

$$a(x_L) \to x_L \quad \text{für} \quad x_L \to 1, \qquad (118\text{a})$$

womit die Aktivität ähnlich wie oben die Fugazität in bestimmter Weise normiert wird [Gl. (81), S. 165]. Es läßt sich zeigen, daß die so definierte Aktivität mit derjenigen identisch ist, die oben an Stelle der Konzentration in das Massenwirkungsgesetz bei Lösungsreaktionen einzusetzen ist, was hier noch nicht näher ausgeführt werden soll. Man pflegt weiter den Koeffizienten

$$a(x_L)/x_L = f_a(x_L) \quad (\text{wobei } f_a \to 1 \text{ für } x_L \to 1) \qquad (118\text{b})$$

als Aktivitätskoeffizienten zu bezeichnen. Dieser wäre bei Gültigkeit des Raoultschen Gesetzes im ganzen x-Gebiet von 0 bis 1 durchweg gleich 1. Wenn dieser Fall verwirklicht ist, der Partialdruck also in Abb. 41 tatsächlich durch die teilweise gestrichelte Gerade dargestellt wird, spricht man von einem idealen Verhalten der Mischung bezüglich des Dampfdrucks oder auch kürzer von einer idealen Mischung. Da

$x_L \cdot p_0$ der Dampfdruck im Idealfall ist, entnimmt man Gl. (118) und (118b), daß

$$f_a = \frac{p_{L\,(\mathrm{real})}}{p_{L\,(\mathrm{id.})}} \tag{118c}$$

gesetzt werden kann; man kann also den Aktivitätskoeffizienten des Lösungsmittels durch Bildung dieses Verhältnisses direkt aus Abb. 41 abgreifen.

§ 91. Zusammenhang der Aktivitätskoeffizienten der Mischungspartner. Gibbs-Duhem-Margulessche Gleichung

Wenn wir bei zwei sich vollständig mischenden Flüssigkeiten den ganzen Bereich von $x = 0$ bis $x = 1$ überstreichen, so wechseln natürlich Lösungsmittel und Gelöstes ihre Rollen. Für die andere Komponente der Mischung kann man in der gleichen Weise eine Aktivität und einen Aktivitätskoeffizienten definieren. Es ist nun wichtig, daß man aus dem Verlauf des Aktivitätskoeffizienten, des Dampfdrucks oder der Aktivität der einen Komponente einer binären Mischung auf den Verlauf der entsprechenden Größe der anderen Komponente schließen kann.

Um diesen Zusammenhang kennenzulernen, denken wir uns zu einer Mischung der Komponenten A und B (Molenbrüche x_A und x_B) ein Mol Mischung reversibel-isotherm hinzugeführt, wobei x_A-Mole der einen Flüssigkeit aus einem Gefäß und x_B-Mole der anderen Flüssigkeit aus einem zweiten Gefäß entnommen werden. Die einzelnen Schritte der reversiblen Überführung sind folgende: Zunächst Verdampfung von x_A Molen der Flüssigkeit A (Arbeit $x_A \cdot RT$), dann Expansion des Dampfes bis zum Drucke über der Mischung (Arbeit $x_A \cdot RT \cdot \ln p_{0A}/p_{LA}$), dann Überführung des Dampfes ohne Arbeitsleistung mit Hilfe einer semipermeablen Wand in den Raum über der vorliegenden Mischung (Arbeitsleistung 0), anschließend Kondensation (Arbeit $-x_A \cdot RT$). In gleicher Weise verfährt man mit der zweiten Komponente. Bei diesen Einzelprozessen wollen wir zunächst die Komponenten nacheinander der Mischung zuführen, wobei sich die Zusammensetzung der Mischung ein wenig ändert; deshalb ist genaugenommen in dem Ausdruck $x_A \cdot RT \cdot \ln p_{0A}/p_{LA}$ nicht der Druck p_L über der Mischung einzusetzen, sondern der Mittelwert zwischen dem Anfangswert und dem gegen diesen verschobenen Endwert; ebenso ist es bei der Überführung der Komponente B. Nennen wir die Differenzen bis zu diesen Mittelwerten jeweils Δp bzw. $\Delta \ln p$, so erhalten wir als reversible Arbeit auf dem angegebenen Wege wegen $\ln(p_L + \Delta p_L) = \ln p_L + \Delta \ln p_L$

$$A_{\mathrm{rev.\,I}} = x_A\,RT \cdot \ln p_{0A} - x_A\,RT \cdot \ln p_{LA} - x_A\,RT \cdot \Delta \ln p_{LA} +$$
$$+ x_B\,RT \cdot \ln p_{0B} - x_B\,RT \cdot \ln p_{LB} - x_B\,RT \cdot \Delta \ln p_{LB}. \tag{119}$$

Nehmen wir nun die Überführung der beiden Komponenten zur Mischung derart vor, daß gleichzeitig durch zwei semipermeable Wände von A und B Mengen eingebracht werden, die sich wie $x_A : x_B$ verhalten, so unterbleibt die obige Verschiebung der Zusammensetzung. Wir erhalten dann als reversible Arbeit der Herstellung der Mischung auf diesem zweiten Wege:

$$A_{\text{rev.II}} = x_A\, RT \cdot \ln p_{0A} - x_A\, RT \cdot \ln p_{LA} +$$
$$+ x_B\, RT \cdot \ln p_{0B} - x_B\, RT \cdot \ln p_{LB}. \qquad (119a)$$

Da diese isotherm-reversiblen Arbeiten einander gleich sein müssen, folgt:

$$x_A \cdot \varDelta \ln p_{LA} + x_B \cdot \varDelta \ln p_{LB} = 0. \qquad (120)$$

Den Prozeß der Differenzenbildung kann man auf eine Differentiation nach einer beliebigen Komponente zurückführen, so daß man an Stelle von Gl. (120) auch setzen kann[1]:

$$x_A \frac{d\ln p_{LA}}{dx_A} + x_B \frac{d\ln p_{LB}}{dx_A} = 0. \qquad (120a)$$

Diese sog. *Gibbs-Duhem-Margulessche Gleichung* kann übrigens in dieser Form direkt auf Mischungen mit beliebig vielen Komponenten übertragen werden, also:

$$x_A \frac{d\ln p_{LA}}{dx_A} + x_B \frac{d\ln p_{LB}}{dx_A} + x_C \frac{d\ln p_{LC}}{dx_A} + \cdots = 0. \qquad (120b)$$

Gelegentlich wird auch an Stelle von $x \cdot d\ln p/dx$ geschrieben $d\ln p/d\ln x$, was natürlich mit der obigen Schreibweise gleichbedeutend ist.

Wenn wir in Gl. (120a) für p_{LA} nach Gl. (118) $p_{0A} \cdot a_A$ einsetzen usw., so entsteht wegen $d\ln p_0/dx = 0$:

$$x_A \frac{d\ln a_A}{dx_A} + x_B \frac{d\ln a_B}{dx_A} = 0$$

oder

$$x_A \frac{d\ln f_{aA}}{dx_A} + x_B \frac{d\ln f_{aB}}{dx_A} + x_A \frac{d\ln x_A}{dx_A} + x_B \frac{d\ln x_B}{dx_A} = 0, \qquad (120c)$$

wenn schließlich noch für $a = f_a \cdot x$ gesetzt wird. Wegen

$$\frac{d\ln x_B}{dx_A} = -\frac{d\ln x_B}{dx_B} = -1/x_B \quad (x_A \text{ usw.} = \text{Molenbruch})$$

verschwindet die Summe der beiden letzten Glieder, und man erhält auch für die Aktivitätskoeffizienten allein die Gleichung

$$x_A \frac{d\ln f_{aA}}{dx_A} + x_B \frac{d\ln f_{aB}}{dx_A} = 0, \qquad (120d)$$

die übrigens in gleicher Weise wie oben auf mehr als zwei Komponenten übertragbar ist.

Aus Gl. (120d) ersehen wir direkt, daß aus dem idealen Verhalten der Komponente A auch dasjenige der Komponente B folgt, denn ideales Verhalten besagt ja $f_a = 1$ und mithin $\frac{d\ln f_{aA}}{dx_A} = 0$, woraus aus Gl. (120d)

---

[1] Obwohl bei unserer Überlegung x_A und x_B Molzahlen waren, gilt Gl. (120a) auch für Differentiation nach dem Molenbruch x_A [an Stelle partieller Differentiation nach der Molzahl; s. auch die Rechnung bei Gl. (121b)].

auch $d\ln f_{aB}/dx_A = 0$ und $f_{aB} = $ const folgt. Die Konstante muß hier den Wert 1 haben, weil sie ja nach Definition [Gl. (118b)] in der Grenze bei $x_B \to 1$ gleich 1 werden muß. So erweist sich also auch die zweite Komponente als ideal. Ähnlich kann man aus dem Verlauf von f_{aA} immer auf den von f_{aB} schließen.

Setzen wir die reversible Arbeit Gl. (119a), die ja gleich der Reaktionsarbeit ist, weil wir eine eventuelle Volumenänderung bei der Mischung nicht berücksichtigten [deren Beitrag zu $A_{\text{rev.}}$ ohnehin in Gl. (119) und (119a) gleich wäre], in die Gibbs-Helmholtzsche Gleichung (83) ein, so finden wir nach kurzer Rechnung analog Gl. (84):

$$\frac{d}{dT}\left[x_A \cdot \ln\frac{p_{LA}}{p_{0A}} + x_B \cdot \ln\frac{p_{LB}}{p_{0B}}\right] = \frac{d}{dT}[x_A \cdot \ln a_A + x_B \cdot \ln a_B]$$

$$= \frac{d}{dT}[x_A \cdot \ln f_{aA} + x_B \cdot \ln f_{aB}] = \frac{W_{pM}}{RT^2}. \quad (121)$$

Hier ist W_{pM} die bei der Vermischung eines ganzen Mols der Mischung (x_A Mole A und x_B Mole B) auftretende Mischungswärme.

Wenn man hier mit $n_A + n_B$ multipliziert, also an eine Mischung denkt, die nicht gerade N_L Molekeln enthält, so kommt, weil x und n nicht von T abhängen:

$$\frac{d}{dT}[n_A \cdot \ln f_{aA} + n_B \cdot \ln f_{aB}] = \frac{(n_A + n_B)\,W_{pM}}{RT^2}. \quad (121a)$$

Differenziert man weiter partiell nach n_A, so wird rechts nach den Definitionen auf S. 94, Gl. (II, 79), die differentielle Verdünnungswärme — Verdünnung mit Komponente A — erhalten, womit man schließlich unter Berücksichtigung von Gl. (120d)

$$\left.\begin{aligned}
&\frac{\partial \ln f_{aA}}{\partial T} + \frac{\partial}{\partial T}\left\{n_A\left(\frac{\partial \ln f_{aA}}{\partial n_A}\right)_{n_B} + n_B\left(\frac{\partial \ln f_{aB}}{\partial n_A}\right)_{n_B}\right\}\\
&= \frac{\partial \ln f_{aA}}{\partial T} + \frac{\partial}{\partial T}\left\{x_A \cdot x_B \frac{d\ln f_{aA}}{dx_A} + x_B \cdot x_B \frac{d\ln f_{aB}}{dx_A}\right\}\\
&= \frac{\partial \ln f_{aA}}{\partial T} = \frac{{}^dW_A}{RT^2}
\end{aligned}\right\} \quad (121b)$$

und entsprechend

$$\frac{d\ln f_{aB}}{dT} = \frac{{}^dW_B}{RT^2}$$

bekommt, sofern $\partial/\partial n_A$ nach der Kettenregel durch $d/dx_A \cdot \partial x_A/\partial n_A$ ersetzt wird. Diese Gleichungen entsprechen vollkommen der van't Hoffschen Gleichung (84a); sie wurden ja auch in ganz ähnlicher Weise thermodynamisch gewonnen. Aus den verschiedenen Gln. (121) entnehmen wir, daß bei Lösungen, die bei sämtlichen Temperaturen ideal sind ($f_a = 1$), keine Wärmetönungen bzw. Mischungs- und Verdünnungswärmen auftreten dürfen. Dies sind die eigentlich idealen Mischungen. Man verlangt darüber hinaus freilich noch von idealen Mischungen, daß bei diesen auch keine Volumenänderung bei der Vermischung eintritt.

§ 92. Siedepunktserhöhung in Lösungen; zweites Raoultsches Gesetz. Molekulargewichtsbestimmungen

Eng im Zusammenhang mit der besprochenen Dampfdruckänderung bei Mischungen steht die Verlagerung ihres Siedepunktes. Hat speziell nur die Lösungsmittelkomponente einen merklichen Dampfdruck, während der Dampfdruck des Gelösten praktisch verschwindet, so ist bei der Siedetemperatur des *reinen Lösungsmittels* in der *Lösung* der Dampfdruck von 1 atm noch nicht erreicht, die Lösung muß also noch weiter erwarmt werden, wenn man sie zum Sieden bringen will. Um die Größe dieser Siedepunktserhöhung auszurechnen, gehen wir auf die Dampfdruckgleichung (54a) des Lösungsmittels zurück, die wir, sofern wir an verdünnte Lösungen denken, schreiben:

$$\frac{1}{p_0} \cdot \frac{dp_0}{dT} = \frac{L}{RT^2} \, . \tag{54a}$$

Beachten wir, daß dp_0/p_0 durch Gl. (115) bzw. (117b) ausgedrückt werden kann, so erhält man für die schon erwähnte Temperaturerhöhung dT oder ΔT des Siedepunktes in verdünnter Lösung:

$$\Delta T_{\text{Siedepunkt}} = \frac{RT^2}{L} x_{\text{gel.}} = \frac{m R T^2}{L \cdot 1000/V_{\text{fl.}}} = \frac{m R T^2}{L_{1000}} \, . \tag{122}$$

Hierbei ist $x_{\text{gel.}}$ durch die Molarität m ausgedrückt worden, und L_{1000} bezieht sich dann entsprechend der Definition $L_{1000} = L \cdot 1000/V_{\text{fl.}}$ auf 1 l, stellt also die Verdampfungswärme eines Liters des Lösungsmittels dar. Beim Wasser als Lösungsmittel z. B. erhält man so eine Siedepunktserhöhung von

$$\Delta T_{s,\text{Wasser}} = m \cdot \frac{1{,}987 \cdot 373{,}2^2}{539\,000} = m \cdot 0{,}513° , \tag{122a}$$

weil $T_s = 373{,}2\ °\text{K}$ und $L_{1000} = 539\,000\ \text{cal/mol}$ ist. Man sieht also schon an diesem Beispiel, daß die Siedepunktserhöhung in verdünnten Lösungen proportional der Konzentration ist. Der Proportionalitätsfaktor hängt nur von der Natur des *Lösungsmittels*, nicht aber von derjenigen des gelösten Stoffes ab. Dies ist die Aussage des sog. zweiten Raoultschen Gesetzes. Der Proportionalitätsfaktor — oben die Zahl 0,513° — wird als molare Siedepunktserhöhung $\Delta T_{s,\text{mol.}}$ des Lösungsmittels bezeichnet.

In konzentrierteren Lösungen gilt nicht mehr genau Gl. (122a), bzw. wenn es sich um ein anderes Lösungsmittel handelt:

$$\Delta T_s = m \, \Delta T_{s,\text{mol.}} \, . \tag{122b}$$

Man pflegt in diesen Fällen das Verhältnis der tatsächlich beobachteten Siedepunktsänderung zu der idealen sich aus Gl. (122 b) ergebenden als *osmotischen Koeffizienten* f_0 zu bezeichnen:

$$f_0 = \frac{\Delta T_{s\,\text{real}}}{\Delta T_{s,\text{id.}}} \, . \tag{123}$$

Dieser Koeffizient ist bei nicht zu hoher Konzentration noch identisch mit dem Verhältnis der realen Dampfdruckerniedrigung zur idealen, ein

Verhältnis, das dann wieder mit demjenigen des realen osmotischen Druckes zum idealen osmotischen Druck übereinstimmt.

$$f_0 = \frac{\pi_{\text{real}}}{\pi_{\text{id.}}} = \frac{\Delta p_{\text{real}}}{\Delta p_{\text{id.}}} \,. \tag{123a}$$

Eigentlich sollte nur diesen letzten Verhältnissen der Name osmotischer Koeffizient vorbehalten sein, weil bei größeren Dampfdruckerniedrigungen Δp wegen der Krümmung der Dampfdruckkurven nicht mehr streng proportional ΔT ist.

Der osmotische Koeffizient hängt eng mit dem Aktivitätskoeffizienten zusammen; er kann ja über das Δp-Verhältnis Gl. (123a) direkt aus der Abb. 41 ähnlich wie der Aktivitätskoeffizient abgegriffen werden. Infolgedessen ist die Begriffsbildung des osmotischen Koeffizienten neben dem Aktivitätskoeffizienten eigentlich überflüssig. Jedoch empfiehlt es sich, in mäßig konzentrierten Lösungen die Abweichungen des Lösungsmittels vom idealen Verhalten durch den osmotischen Koeffizienten, die des Gelösten durch den Aktivitätskoeffizienten zu beschreiben. In konzentrierten Lösungen, wo schon der Begriff des Lösungsmittels hinfällig wird, weil keine Mischungskomponente im großen Überschuß vorhanden ist, arbeitet man bei beiden bzw. sämtlichen Komponenten besser mit dem Begriff des Aktivitätskoeffizienten, um ihre Realität zu berücksichtigen. Von Fall zu Fall ist die Bevorzugung von f_0 oder f_a also eine Frage der Zweckmäßigkeit der Rechnung; im einzelnen werden wir darauf nochmals zurückkommen.

Die Siedepunktsänderung kann man in Verbindung mit dem zweiten Raoultschen Gesetz Gl. (122b) zu Molmasse- bzw. Molgewichtsbestimmungen benutzen, denn durch experimentelle Ermittlung der Siedepunktserhöhung läßt sich bei Kenntnis der molaren Siedepunktserhöhung $\Delta T_{s,\text{mol.}}$ die Molarität m in der Lösung ermitteln. Hat man zur Herstellung der Lösung g Gramm des Gelösten auf G cm³ fertige Lösung gebraucht, dann sind im Liter $1000 \cdot g/G$ Gramm Gelöstes enthalten, so daß nach der Definition der Molarität das Molgewicht des Gelösten

$$M = \frac{1000 \cdot g}{G \cdot m} \quad \text{und mithin} \quad M = \frac{1000\,g}{G} \cdot \frac{\Delta T_{s,\,\text{mol.}}}{\Delta T_s} \tag{124}$$

wird. In Anbetracht der Abweichung von den Gesetzen der verdünnten Lösungen und des Umstandes, daß man, um gut meßbare Temperaturänderungen zu erhalten, die Konzentration oft schon höher wählen muß, empfiehlt es sich, ebenso wie in Abb. 3, S. 10, die nach Gl. (124) aus Messungen bei verschiedenen Konzentrationen erhaltenen M-Werte als „scheinbare M-Werte" gegen die Konzentration aufzutragen, um durch lineare Extrapolation auf die Konzentration Null den wahren Wert der Molmasse (Molgewicht) zu ermitteln.

§ 93. Siedediagramme. Grundlage der Destilliertechnik

Im Falle, daß auch die gelöste Komponente einen endlichen Dampfdruck besitzt, kann man die Siedepunktsänderung nicht zur Molmassebestimmung heranziehen. Es gibt dann i. allg. auch keine Siedepunktserhöhung, weil der gesamte Dampfdruck, d. h. die Summe der Partial-drucke von Lösungsmittel und Gelöstem, größer sein kann als der Dampfdruck p_0 des reinen Lösungsmittels. Infolgedessen wird der Siede-punkt des Gemisches dann schon bei einer tieferen Temperatur als der Siedepunktstemperatur des Lösungsmittels erreicht. Das Beispiel Was-ser-Alkohol zeigt bereits, daß bei Alkoholzusatz zum Wasser der Siede-punkt der Mischung unter 100 °C absinkt.

Es ergeben sich so verschiedene Siedediagramme, d. h. Diagramme, welche die Lage des Siedepunktes als Funktion der Zusammensetzung anzeigen. Bei idealen Mischungen zweier Komponenten mit merklichem Dampfdruck erhält man mit den Molenbrüchen x_A und x_B in der flüssi-gen Phase für die Dampfdrucke über der Mischung:

und

$$\left.\begin{array}{l} p_{AM} = x_A \cdot p_{0A} = x_A \cdot p_{0A}(T_{sA}) \cdot e^{-\frac{L_A}{R} \cdot \left(\frac{1}{T} - \frac{1}{T_{sA}}\right)} \\[2em] p_{BM} = x_B \cdot p_{0B} = x_B \cdot p_{0B}(T_{sB}) \cdot e^{-\frac{L_B}{R} \cdot \left(\frac{1}{T} - \frac{1}{T_{sB}}\right)}, \end{array}\right\} \quad (125)$$

wenn man die Änderung der Dampfdrucke in der Nähe des Siedepunktes entsprechend der Gl. (54b) berücksichtigt. Der Gesamtdruck $p_M = p_{AM} + p_{BM}$ über der Mischung ergibt sich mithin zu:

$$x_A \cdot p_{0A}(T_{s,A}) \cdot e^{-\frac{L_A}{R}\left(\frac{1}{T} - \frac{1}{T_{sA}}\right)} + x_B\, p_{0B}(T_{s,B}) \cdot e^{-\frac{L_B}{R}\left(\frac{1}{T} - \frac{1}{T_{sB}}\right)} = p_M(T).$$

Nun sind die Siededrucke von A, B und der Mischung einander gleich, nämlich gleich einer Atmosphäre; mithin liegt der Siedepunkt der Mischung bei derjenigen Temperatur T_s, die sich gemäß:

$$x_A \cdot e^{-\frac{L_A}{R} \cdot \left(\frac{1}{T_s} - \frac{1}{T_{sA}}\right)} + x_B \cdot e^{-\frac{L_B}{R} \cdot \left(\frac{1}{T_s} - \frac{1}{T_{sB}}\right)} = 1 \qquad (125a)$$

bestimmt. Man muß also durch Vari-ieren des T_s-Wertes bei vorgegebenem x_A und $x_B = 1 - x_A$ den Wert T_s zu finden (zu interpolieren) suchen, der die linke Seite von Gl. (125a) gerade auf den Wert 1 bringt.

So erhält man schließlich durch Änderung des Molenbruchs von 0 bis 1 die gesamte Siedekurve der Mischung. Die Gestalt dieser Kurve ist dann etwa von der in Abb. 42 gezeigten Art. Dabei sind auf der mit „Flüssigkeit" bezeichneten Kurve die Siedepunkte der Mischungen der auf der Abszisse

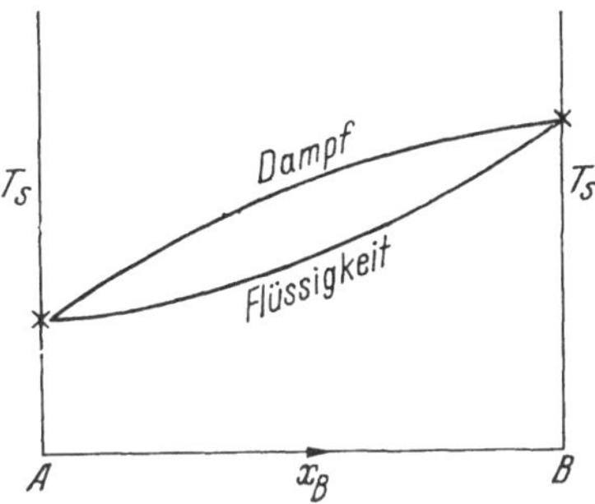

Abb. 42. Gestalt des Siedediagramms einer idealen (bzw. nahezu idealen) binären flüssigen Mischung

angegebenen Zusammensetzung aufgetragen, während aus der mit „Dampf" bezeichneten Kurve die Zusammensetzung des bei dieser Temperatur mit der Flüssigkeit im Gleichgewicht stehenden Dampfes abzulesen ist (sog. Kondensationstemperatur des Dampfgemisches)

Wegen $x_{A,\text{Dampf}} = p_{AM}/(p_{AM} + p_{BM})$ (Daltonsches Partialdruckgesetz) entnimmt man aus den Gln. (125) und (125a), daß der erste Term in Gl. (125a) der Molenbruch der Komponente A im Dampfraum ist und entsprechend der zweite Term derjenige der Komponente B. Aus dem einfachen lanzettförmigen Siedediagramm (Abb. 42) ist zu entnehmen, daß sich die niedriger siedende Flüssigkeit, die also leichter flüchtig ist, im Dampfraum anreichert. Das Maß dieser Anreicherung kann quantitativ aus dem Diagramm entnommen werden.

Bekanntlich beruht auf dieser Erscheinung die Möglichkeit, Flüssigkeitsgemische auseinanderzudestillieren. Rein technisch erhöht man in der Destillier*kolonne* den Trenneffekt durch ein geschicktes Hintereinanderschalten mehrerer einfacher Trennungen. In einer Destillierkolonne oder -säule wird dann jeweils bei Höhersteigung um ein bestimmtes Stück, die sog. theoretische Bodenhöhe, eine neue Stufe der Trennung erreicht. Je mehr derartiger theoretischer Böden eine Säule enthält, um so wirksamer ist sie. Im einzelnen hängt die Höhe eines solchen Bodens noch von vielen individuellen Eigenschaften der Gesamtkonstruktion ab, auf die beim praktischen Bau von Destillieranlagen zu achten ist.

Im Falle eines realen Flüssigkeitsgemisches hat man in Gl. (125) an Stelle des Molenbruchs die Aktivität einzuführen oder die Molenbrüche in Gl. (125) noch mit den Aktivitätskoeffizienten zu multiplizieren. Da weiter die Temperaturabhängigkeit der Aktivitätskoeffizienten durch Gl. (121b) gegeben wird, resultiert an Stelle der Gl. (125a) zur Ermittlung der Siedetemperatur der Mischung:

$$a_A(x_A, T_{sA}) \cdot e^{-[(L_A + {}^dW_A)/R] \cdot [(1/T_s - 1/T_{sA})]} +$$

$$+ a_B(x_B, T_{sB}) \cdot e^{-[(L_B + {}^dW_B)/R] \cdot (1/T_s - 1/T_{sB})} = 1. \qquad (125\,\text{b})$$

Hier sind die Aktivitäten für die Zusammensetzung x_A, x_B bei der jeweiligen Siedetemperatur der beiden Reinkomponenten zu nehmen. Die Gln. (125a) und (125b) sind direkt auf beliebig viele Komponenten in einer Mischung erweiterungsfähig.

Die Siedediagramme können bei realen Mischungen jetzt eine wesentlich andere Gestalt als die in Abb. 42 gezeigte Lanzettform besitzen. Wenn z. B. die Verdünnungswärmen ${}^dW_A$ und ${}^dW_B$ relativ groß und positiv und die Aktivitäten relativ klein sind, so ist Gl. (125b) im Mittelgebiet ($x \approx 0{,}5$) nur dadurch zu erfüllen, daß beide e-Funktionen >1 sind, was $T_s > T_{sA}$ *und* $T_s > T_{sB}$ verlangt. Deshalb muß in diesen Fällen das Siedediagramm ein Maximum besitzen, in dem

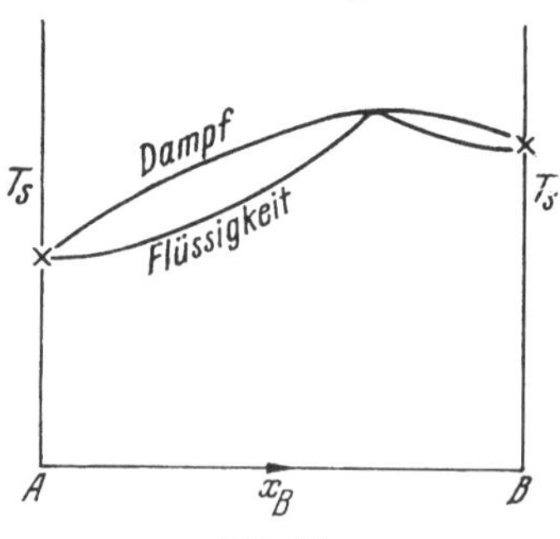

Abb. 43
Siedediagramm einer stark realen binären Mischung mit Maximum des Siedepunktes (azeotropes Gemisch)

sich die mit Flüssigkeit und Dampf bezeichneten Kurven berühren, weil ja andernfalls eine eindeutige Zuordnung zwischen Dampf- und Flüssigkeitszusammensetzung nicht gegeben wäre (s. Abb. 43). Bei negativen Verdünnungswärmen und großen Aktivitätswerten tritt gelegentlich der umgekehrte Fall ein, das Siedediagramm besitzt ein Minimum.

Die zugehörigen Gesamtdampfdrucke (Summe der Partialdrucke) zeigen dann als Funktion des Molenbruchs im ersten Falle Minima und im zweiten Maxima. Dies Verhalten ist auch vom molekulartheoretischen Standpunkt plausibel, insofern nämlich bei positiver Verdünnungswärme die Partner sich in der flüssigen Mischung stark aneinander binden, was der Verdampfung entgegensteht und extrem hohe Siedetemperaturen sowie niedrige Dampfdrucke zur Folge hat. Bei negativer Verdünnungswärme sind die Effekte vom entgegengesetzten Vorzeichen. Bei den Extremalzusammensetzungen verhalten sich die Mischungen, wie aus den entsprechenden $p-x_B$-Diagrammen sofort entnommen werden kann, wie reine Stoffe ($x_{A\,\text{flüssig}} = x_{A,\,\text{Dampf}}$ usw.), sie ändern ihre Zusammensetzung beim Destillieren nicht. Sie werden dann *azeotrope Gemische* genannt.

§ 94. Gefrierpunktserniedrigung. Schmelzdiagramme

Ganz entsprechend können wir bei der Behandlung des Schmelzens von Mischungen verfahren. Hier sind die Fälle zu unterscheiden, daß nur jeweils eine Komponente im reinen Zustand ausfriert (bei verdünnten Lösungen das Lösungsmittel), oder daß sich Mischkristalle bilden.

Das Gleichgewicht ist im ersten Falle durch die Gleichheit des Partialdrucks der Mischung mit dem Dampfdruck über der ausfrierenden reinen Festkomponente gegeben, denn das Mehrphasengleichgewicht liegt nach S. 117 und 118 immer dann vor, wenn die Dampfdrucke in den verschiedenen Phasen einander gleich sind. Für den Dampfdruck der festen Phase setzen wir in der Umgebung des normalen Schmelzpunktes mit dem Dampfdruck $p_e = p_{(\text{fest, rein})} = p_{(\text{fl. rein})}$ am Schmelzpunkt:

$$p_{\text{fest}} = p_e \cdot e^{-[L_{\text{subl.}}/R]\cdot(1/T - 1/T_e)} \approx p_e \cdot e^{-[L_{\text{subl.}}/R]\cdot[(T_e-T)/T_e^2]}, \quad (126)$$

wobei die zweite Gleichung nur bei $(T_e - T) \ll T_e$ gilt. In der flüssigen Phase setzen wir entsprechend Gl. (125)

$$p_{\text{fl.}} = p_e \cdot x_{\text{fl.}} \cdot e^{-[L/R]\cdot(1/T-1/T_e)} \approx p_e \cdot x_{\text{fl.}} \cdot e^{-[L/R]\cdot[(T_e-T)/T_e^2]}. \quad (126a)$$

Die Gleichsetzung der Dampfdrucke p_{fest} und $p_{\text{fl.}}$ führt wegen $L_{\text{subl.}} - L = L_e$ (Schmelzwärme) zu:

$$1 = x_{\text{fl.}} \cdot e^{[L_e/R](1/T-1/T_e)} \approx x_{\text{fl.}} \cdot e^{[L_e/R]\cdot[(T_e-T)/T_e^2]}$$

$$\approx x_{\text{fl.}} \cdot [1 + L_e/R \cdot (T_e - T)/T_e^2], \quad (127)$$

wenn die e-Funktion noch durch eine Linearbeziehung (erste Glieder der Taylor-Reihe) angenähert wird. Es ist jetzt der Schmelzpunkt $T_{e,L}$ der Lösung aus dieser Gleichung so zu bestimmen, daß mit $T = T_{e,L}$ die Gl. (127) erfüllt wird. In sehr verdünnten Lösungen, wo $x_{\text{fl.}} \approx 1$ ist, ergibt sich mithin der Schmelzpunkt wegen $1 = x_{\text{fl.}} + x_{\text{gel.}}$ aus:

$$x_{\text{gel.}} = \frac{L_e}{R\,T_e^2}\,(T_e - T_{e,L}). \quad (127a)$$

Die Überlegungen, die oben bei Gl. (122) angestellt wurden, führen zu:

$$m \cdot \frac{R\,T_e^2}{L_{e\,1000}} = m \cdot \Delta T_{e,\text{mol.}} = T_e - T_{e,L} \equiv \Delta T_{e,L}, \qquad (128)$$

also zu einer der Siedepunktserhöhung entsprechenden Gleichung. Das oben ausgesprochene zweite Raoultsche Gesetz gilt demnach auch für den Schmelzpunkt. Die linke Seite in Gl. (128) ist aber positiv und mithin auch die rechte, was besagt, daß die Schmelztemperatur $T_{e,L}$ der Lösung niedriger als die des reinen Lösungsmittels ist, es gibt hier also nur Schmelzpunktserniedrigungen.

Die Abb. 44 mag diesen Umstand nochmals verdeutlichen. Es sind dort die Sublimationskurve S des reinen Lösungsmittels, die Dampfdruckkurve LM des Lösungsmittels und der erniedigte Dampfdruck L der Lösung eingetragen. Die Schnittpunkte von S mit LM bzw. L stellen den normalen Schmelzpunkt und denjenigen der Lösung dar. Weil S steiler als LM verläuft — dies muß so sein, weil die stabile Phase immer den kleineren Dampfdruck hat (s. S. 115) und der Festkörper bei tiefen Temperaturen stabil ist —, liegt der Schmelzpunkt der Lösung niedriger als derjenige des reinen Lösungsmittels. Es ergibt sich also eine Schmelzpunkts*erniedrigung*[1]. Aus der Abb. 44 ist außerdem die Tatsache der Siedepunkts*erhöhung* abzulesen, denn der Siedepunkt liegt dort, wo die Dampfdruckkurve LM bzw. L den Wert $p = 1\,\text{atm}$ erreicht,

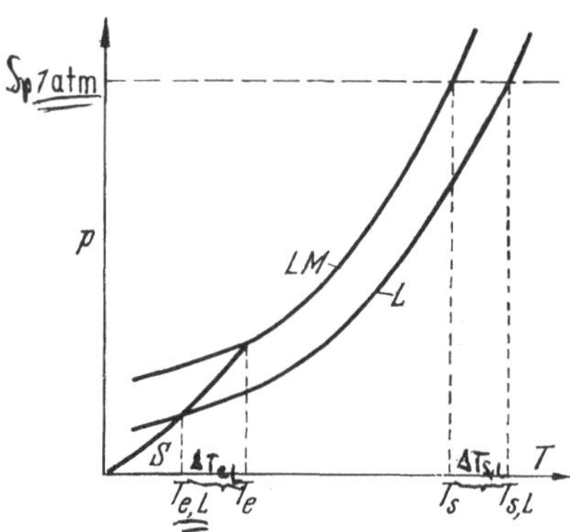

Abb. 44. Zur Siedepunktserhöhung und Gefrierpunktserniedrigung

und es ist direkt ersichtlich, daß dies bei der Lösung erst bei einer *höheren* Temperatur der Fall ist als beim reinen Lösungsmittel.

Die molare Gefrierpunktserniedrigung ist dem Betrage nach größer als die Siedepunktserhöhung; so findet man beim Wasser für $\Delta T_{e,\text{mol.}}$ gemäß Gl. (128) mit $L_{e\,1000} = 79\,700$ cal/mol den Wert

$$\Delta T_{e,\text{mol.}} = \frac{1{,}987 \cdot 273{,}2^2}{79\,700} = 1{,}860°, \qquad (128a)$$

der drei- bis viermal so groß ist wie der in Gl. (122a) für die Siedepunktsänderung angegebene. Für den osmotischen Koeffizienten $\Delta T_{\text{real}}/\Delta T_{\text{id.}}$ und die Anwendung der Gefrierpunktserniedrigung zur Molgewichtsbestimmung gilt sinngemäß dasselbe wie oben. Gl. (124) gilt auch hier, wenn nur $\Delta T_{e,\text{mol.}}$ und $\Delta T_{e,L}$ an Stelle von $\Delta T_{s,\text{mol}}$ und ΔT_s eingesetzt

---

[1] Abb. 44 stellt strenggenommen bei $T = T_o$ die Verhältnisse am Tripelpunkt dar. Beim Schmelzen unter Atmosphärendruck erhöhen sich die Dampfdrucke von Flüssigkeit und Festkörper geringfügig, so daß ihr Schnittpunkt sich entsprechend der Schmelzdruckkurve von Abb. 29 verlagert. Die Effekte sind klein; Gl. (128) wird dadurch nicht beeinflußt.

werden. Wegen des größeren zu beobachtenden Effektes und vor allem, weil empfindliche organische Stoffe sich bei der tieferen Schmelztemperatur eines Lösungsmittels noch nicht so leicht zersetzen wie bei der höheren Siedetemperatur, wird die Gefrierpunktsmethode der Siedepunktsmethode zur Molmassebestimmung vorgezogen. Dazu kommt noch, daß die Messung des Siedepunktes ohnehin wegen des Stoßens beim Sieden einen höheren experimentellen Aufwand erfordert.

Die Methoden der Molgewichtsbestimmung durch Messung der Gefrierpunktserniedrigung und Siedepunktserhöhung sind in der Literatur als *Kryoskopie* und *Ebullioskopie* bekannt.

Wenn man die Konzentration der zweiten Komponente sehr stark erhöht, so kommt es schließlich dahin, daß diese zweite Komponente bei der Abkühlung ebenfalls als Reinkomponente im festen Zustand ausfällt. Bei einer bestimmten Temperatur, bei der sich die Schmelzkurven der beiden Reinkomponenten schneiden (vgl. Abb. 45), fällt ein physikalisches Gemenge der beiden Rein-

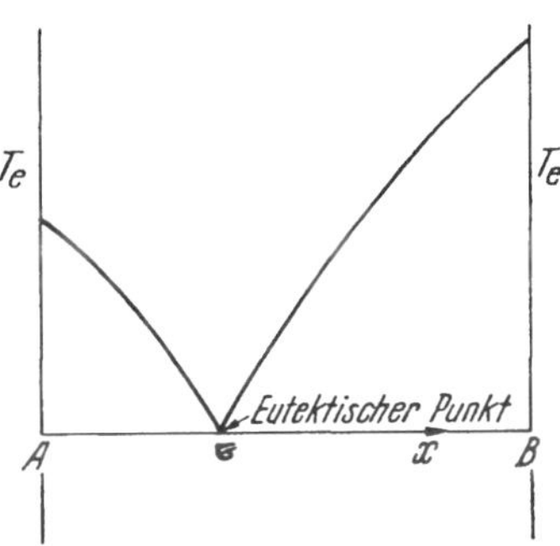

Abb. 45
Schmelzpunktsdiagramm eines
binären Gemisches mit Eutektikum

komponenten, das sog. Eutektikum, aus. Aus Gl. (127) entnehmen wir, daß für die Temperatur T_{eu} dieses Eutektischen Punktes gilt:

$$x_{\text{fl.},A} = e^{-(L_{eA}/R)\cdot(1/T_{eu}-1/T_{eA})}$$

und
$$x_{\text{fl.},B} = e^{-(L_{eB}/R)\cdot(1/T_{eu}-1/T_{eB})}.\qquad (129)$$

Die Addition ergibt als Bedingung für T_{eu}

$$1 = e^{-(L_{eA}/R)\cdot(1/T_{eu}-1/T_{eA})} + e^{-(L_{eB}/R)\cdot(1/T_{eu}-1/T_{eB})}.$$

Die Einführung der Aktivitätskoeffizienten kann hier sinngemäß wie oben geschehen, worauf jetzt nicht näher eingegangen werden soll.

Wenn die beiden Stoffe eine lückenlose Mischkristallreihe bilden, so kann hier wieder die Bedingung der Dampfdruckgleichheit zur Ermittlung des Gleichgewichtes herangezogen werden. Bei idealen Verhältnissen im Mischkristall und in der flüssigen Lösung ergibt sich dann:

oder
$$x_{A\,\text{fl.}} \cdot p_{A\,\text{fl.}} = x_{A\,\text{fest}} \cdot p_{A\,\text{fest}}$$

$$x_{A\,\text{fl.}} \cdot p_{eA} \cdot e^{-(L_A/R)\cdot(1/T-1/T_{eA})} = x_{A\,\text{fest}} \cdot p_{eA} \cdot e^{-(L_{\text{subl.}\,A}/R)\cdot(1/T-1/T_{eA})},\qquad (130)$$

wenn p_{eA} den für Flüssigkeit und Kristall am Schmelzpunkt der Komponente A gleichen Dampfdruck bedeutet. Mit der entsprechenden Gleichung für den Stoff B erhalten wir wegen $L_e = L_{\text{subl.}} - L$:

$$x_{A\,\text{fl.}} = x_{A\,\text{fest}} \cdot e^{-(L_{eA}/R)\cdot(1/T-1/T_{eA})},$$
$$x_{B\,\text{fl.}} = x_{B\,\text{fest}} \cdot e^{-(L_{eB}/R)\cdot(1/T-1/T_{eB})}.\qquad (131)$$

Die Addition liefert:

$$1 = x_{A\,\text{fest}} \cdot e^{-(L_{eA}/R)\cdot(1/T - 1/T_{eA})} +$$
$$+ (1 - x_{A\,\text{fest}}) \cdot e^{-(L_{eB}/R)\cdot(1/T - 1/T_{eB})}. \tag{131a}$$

Bei gegebenem Schmelzpunkt T ist aus Gl. (131a) $x_{A\,\text{fest}}$ berechenbar und liefert mit $1 - x_{A\,\text{fest}} = x_{B\,\text{fest}}$ über die Gl. (131) auch die Molenbrüche in der Flüssigkeit, die mit dem Kristall im Gleichgewicht steht.

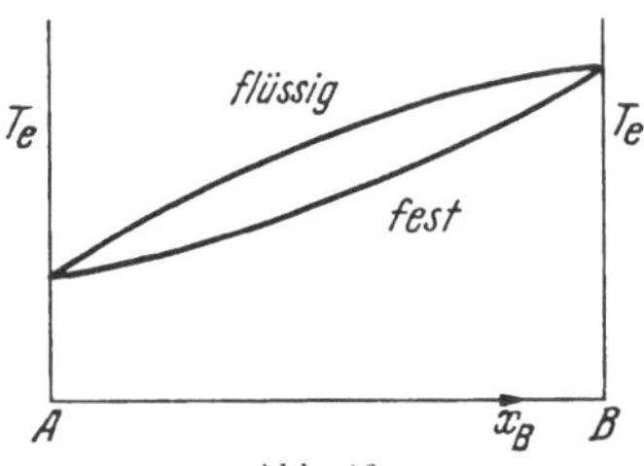

Abb. 46
Schmelzdiagramm einer idealen binären Mischung mit lückenloser Mischkristallbildung im festen Zustand

So wird auch hier die Konstruktion des Schmelzdiagramms möglich; es besitzt wieder oft eine lanzettförmige Gestalt (Abb. 46, vgl. auch Abb. 42). Lediglich beziehen sich jetzt die Kurven auf die Zusammensetzung des Festkörpers und der Flüssigkeit. Man kann auch hier wieder die Entmischung aus dem Diagramm ersehen und daraus auf die praktische Anwendung zur Trennung von Gemischen durch Ausfrierenlassen eines angereicherten Gemisches bzw. Mischkristalls schließen (*Seigerung*). Die schwerer schmelzbare Komponente (höherer Schmelzpunkt) reichert sich im Kristall beim Abkühlen an.

Bei *realen* Gemischen und realen Mischkristallen erhält man wieder wie bei der Verdampfung merklich andere Schmelzdiagramme, worauf hier nicht näher eingegangen sei. Wichtig ist aber noch die Bemerkung,

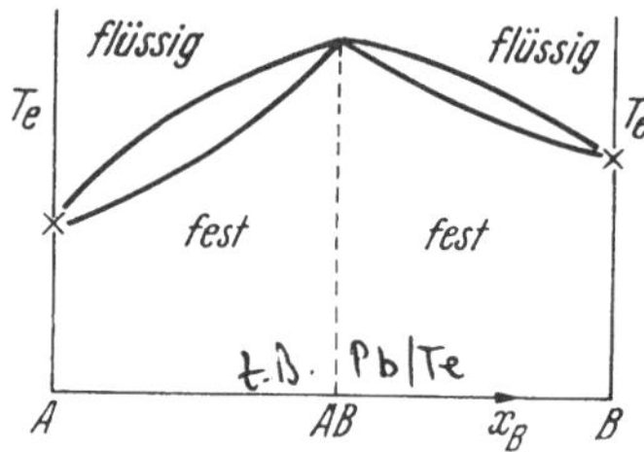

Abb. 47. Schmelzdiagramm einer realen binären Mischung mit Verbindungsbildung im festen Zustand und Mischkristallbildung der Verbindung mit den Reinkomponenten

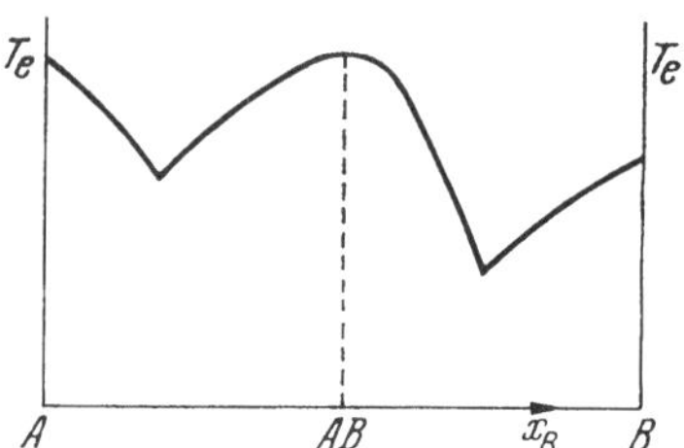

Abb. 48. Schmelzdiagramme bei Nichtmischbarkeit der Verbindung mit den Reinkomponenten im festen Zustand

daß sich oft definierte Mischkristalle bilden, bei denen die beiden Komponenten A und B stöchiometrisch gebunden sind, so daß dieser Mischkristall als reguläre Verbindung angesehen werden kann. Im Schmelzdiagramm entspricht die Verbindung dann einer maximalen Schmelztemperatur. Diese definierten Verbindungen können mit den Komponenten A und B sowohl Mischkristalle als auch Eutektika bilden, so daß man Diagramme der in Abb. 47 und 48 gezeigten Art erhalten kann. Die Maxima der in Abb. 47 gezeigten Art sind freilich sehr selten (z. B. Pb—Te), häufiger treten Minima auf bzw. die Maxima haben die in Abb. 48 gezeigte Form. Es gibt außerdem eine große Zahl von anderen

Diagrammtypen, wenn z. B. die Verbindung nur mit einer Komponente einen Mischkristall, mit der anderen aber ein Eutektikum bildet, oder wenn sich mehrere Verbindungen variabler Zusammensetzung zu bilden vermögen, die untereinander Mischkristalle und Eutektika bilden usw. Die Verbindungen selbst verhalten sich wie einheitliche Stoffe, ähnlich den azeotropen Gemischen in § 93 und in gewissem Sinne auch wie die Eutektika. obwohl die letztgenannten keine einheitliche Natur besitzen. Wir wollen auf alle diese Dinge hier nicht näher eingehen, die man durch sog. thermische Analyse aus dem Mischsystem herauslesen kann, obwohl Ihnen eine erhebliche praktische Bedeutung zukommt, denn wir würden dadurch zu weit in die Einzelheiten geführt.

§ 95. Anwendung der thermodynamischen Funktionen auf Mischsysteme

Zum Schluß dieser Betrachtungen mag noch kurz über die Behandlung der Mischungen und Lösungen mit Hilfe der thermodynamischen Funktionen berichtet werden. Beim idealen Gase hat die freie Energie und die freie Enthalpie, weil in beiden das Glied $-TS$ auftritt und der Druck in S nach Gl. (68a) bzw. (68b) in der Form $-R \ln p$ vorkommt, die Gestalt

$$F = F^0(T) + RT \ln p \quad \text{bzw.} \quad G = G^0(T) + RT \ln p, \quad (132)$$

wo F^0 und G^0 nur die Temperatur, aber nicht mehr den Druck enthalten. Bei einer Mischung idealer Gase addieren sich die Entropien der Einzelgase, wenn man nach S. 159 für p die jeweiligen Partialdrucke einsetzt [statt dessen hätte man auch die Mischungsentropie Gl. (74a) hinzufügen können]. Man erhält also für die partielle freie Enthalpie — und entsprechend für die partielle freie Energie — der Komponenten in einer idealen Gasmischung vom Gesamtdruck p einen Ausdruck der Form:

$$G_i = G_i^0(T) + RT \ln p_i = G_i^0(T) + RT \ln p + RT \ln x_i, \quad (132a)$$

so daß die freie Enthalpie einer aus n_A Molen A und n_B Molen B bestehenden idealen Gasmischung zu

$$\begin{aligned}
g &= n_A \cdot G_A + n_B \cdot G_B \\
&= n_A[G_A^0(T) + RT \ln p_A] + n_B[G_B^0(T) + RT \ln p_B]
\end{aligned} \quad (132b)$$

angesetzt werden kann. Die G_i kann man aus Gl. (132b) auch durch Differentiation nach n_i gewinnen:

$$\begin{aligned}
\left[\frac{\partial g(n_A, n_B)}{\partial n_A}\right]_{p, T, n_B} &= G_A + n_A \frac{\partial G_A}{\partial n_A} + n_B \frac{\partial G_B}{\partial n_A} \\
&= G_A + RT \left[n_A \frac{\partial \ln x_A}{\partial n_A} + n_B \frac{\partial \ln x_B}{\partial n_A}\right] = G_A \quad \text{usw.} \quad (133)
\end{aligned}$$

Die Gl. (133) ist — wie beiläufig erwähnt sei — die Definitionsgleichung für die partiellen freien Enthalpien auch in *realen* Gasmischungen und flüssigen oder festen Mischungen. Man bezeichnet diese partiellen freien Enthalpien der Komponenten meist als chemische Potentiale und benutzt dafür nicht das Symbol G_A, sondern μ_A. Bei idealen Gasen kann man nach Gl. (132a) mithin setzen.

$$\left.\begin{aligned}\mu_A &= \mu_A^0(T) + RT \ln p + RT \ln x_A \\ \mu_A &= \mu_A^0(T, p) + RT \ln x_A.\end{aligned}\right\} \quad (134)$$

oder

Hier ist in dem zweiten Ausdruck neben einem von der Zusammensetzung unabhängigen Glied lediglich noch ein den Molenbruch enthaltendes Glied vorhanden. Formal übernimmt man nun Gl. (134) auch bei realen Gasen und flüssigen Mischungen, indem man nur an Stelle des Molenbruchs die Aktivität einsetzt, also schreibt:

$$\mu_A = \mu_A^0(T, p) + RT \ln a_A = \mu_A^0(T, p) + RT \ln x_A + RT \ln f_{aA}, \quad (135)$$

wobei noch Gl. (118b), die Definition des Aktivitätskoeffizienten Berücksichtigung fand; oder man führt den osmotischen Koeffizienten f_{0A} gemäß

$$\mu_A = \mu_A^0(T, p) + f_{0A} \cdot RT \ln x_A \quad (136)$$

ein. Die beiden Gln. (135) und (136) sind die eigentlichen Definitionsgleichungen für Aktivität bzw. Aktivitätskoeffizient und osmotischen Koeffizienten.[1]

Wir können jetzt das Gleichgewicht zwischen einer Flüssigkeitsmischung und ihrem Dampf nach Gl. (98) folgendermaßen bestimmen: Wir betrachten die ,,Reaktion'', die in dem Übergang eines Mols der Komponente A aus dem Dampfraum in die flüssige Mischung besteht, dann ist die freie Enthalpie im Dampfraum und in der Flüssigkeit vor und nach der Reaktion, wenn der ,,Umsatz'' von einem Mol als differentielle Änderung betrachtet werden kann, gegeben durch:

$$\left.\begin{aligned}& n_{A\,\text{Dampf}} \cdot \mu_{A\,\text{Dampf}} + n_{B\,\text{Dampf}} \cdot \mu_{B\,\text{Dampf}} + \\ & + n_{A\,\text{fl.}} \cdot \mu_{A\,\text{fl.}} + n_{B\,\text{fl.}} \cdot \mu_{B\,\text{fl.}} \\ & \qquad\qquad \text{vor der Reaktion} \\[1em] & (n_{A\,\text{Dampf}} - 1) \cdot \mu_{A\,\text{Dampf}} + n_{B\,\text{Dampf}} \cdot \mu_{B\,\text{Dampf}} + \\ & + (n_{A\,\text{fl.}} + 1) \cdot \mu_{A\,\text{fl.}} + n_{B\,\text{fl.}} \cdot \mu_{B\,\text{fl.}} \\ & \qquad\qquad \text{nach der Reaktion}\end{aligned}\right\} \quad (137)$$

bzw.

---

[1] Aktivität und Fugazität sind strenggenommen verschiedene Begriffe. Die Fugazität p^* bzw. der Fugazitätskoeffizient f_A^* wird im Anschluß an die erste Gl. (134) zu

$$\mu_A = \mu_A^0(T) + RT \ln p_A^* = \mu_A^0(T) + RT \ln p + RT \ln f_A^* \quad (135a)$$

definiert.

Die Abweichung vom idealen Verhalten der Reinkomponente A beim Druck p wird also bei der Definition der Aktivität bereits in das Glied $\mu_A^0(T, p)$ der Gl. (135) aufgenommen. Nur das *andersartige* Verhalten in der *Mischung* wird durch a bzw. f_a erfaßt. Bei der Fugazität bezieht sich $\mu_A^0(T)$ auf das *ideale* Verhalten der Reinkomponente A. Mit der Fugazität arbeitet man deshalb zweckmäßig nur bei Gasen, denn Flüssigkeiten sind ja *immer* stark real.

Die Änderung der freien Enthalpie in Dampf- und Flüssigkeitsraum zusammen ist demnach

$$-\mu_{A\,\text{Dampf}} + \mu_{A\,\text{fl.}} = \Delta g_{(\text{Reakt.})} = 0 \qquad (138)$$

oder es muß im Gleichgewicht

$$\mu_{A\,\text{Dampf}} = \mu_{A\,\text{fl.}} \qquad (138a)$$

sein.[1] Diese Gleichgewichtsbedingung für das Gleichgewicht zwischen Dampf- und Flüssigkeitsphase läßt sich direkt auf beliebige Mehrphasensysteme übertragen.

Das Einsetzen von Gl. (134) bzw. (135) oder (132a) in Gl. (138a) liefert mit dem Partialdruck $p_A(x_A)$ des Dampfes A über der Flüssigkeit mit dem Molenbruch x_A:

$$\mu_A^0{}_{(\text{Dampf})} + RT \ln p_A(x_A) = \mu_A^0{}_{(\text{fl.})} + RT \ln a_A. \qquad (139)$$

Da nun bei $x_A = 1$ die Aktivität a_A nach Gl. (118a) ebenfalls gleich 1 ist, gilt im Reinzustande der Komponente A nach Gl. (139)

$$RT \ln p_{A(x_A=1)} = \mu_A^0{}_{(\text{fl.})} - \mu_A^0{}_{(\text{Dampf})}, \qquad (139a)$$

so daß also Gl. (139) auf die Form

$$\ln p_A(x_A) = \ln p_{A(x_A=1)} + \ln a_A \qquad (140)$$

oder kurz auf

$$\frac{p_{A\,(\text{Misch.})}}{p_{A\,(\text{rein})}} = a_A$$

gebracht werden kann, womit der Anschluß an Gl. (118) erreicht ist.

Da die Änderung der freien Enthalpie mit der Arbeit identisch ist, die zu dieser Änderung auf reversiblem Wege aufgewendet werden muß, ist beim Übergang des realen Gases vom Druck p_a zum Druck p_e diese Arbeitsleistung nach Gl. (135) bzw. (135a) gleich $RT \cdot \ln p_a^*/p_e^*$, womit dann auch an die frühere Definition Gl. (81) der Fugazität angeschlossen ist. Die verschiedenen Definitionen der Aktivität und Fugazität sind hiernach miteinander im Einklang.

Mit $a = x$ erhalten wir direkt die Gesetze der ideal verdünnten Lösungen. Die Bedeutung des osmotischen Koeffizienten folgt, wenn

---

[1] Weil n_A und n_B in Gl. (137) als sehr groß anzusehen sind, da die Kondensation eines Mols der Komponente A nur eine differentielle Änderung des Molenbruchs zur Folge haben sollte, müßte man im zweiten Teil des Ausdrucks (137) noch je einen Term

$$n_A \frac{\partial \mu_A}{\partial n_A} + n_B \frac{\partial \mu_B}{\partial n_A}$$

für die Dampf- und Flüssigkeitsphase hinzufügen. Daß der Term in der Dampfphase verschwindet, ergibt sich wie bei Gl. (133); in der Flüssigkeitsphase verschwindet er gleichfalls, denn es gilt — was hier nicht bewiesen wurde — für die μ_i ebenso wie für die f_{ai} eine Gibbs-Duhem-Margulessche Gleichung (§ 91). Gl. (138a) ist also korrekt.

wir den Übergang zu Gl. (140) mit Benutzung von Gl. (136) durchführen; es ergibt sich dann

$$\ln p_A(x_A) = \ln p_{A(x_A-1)} + f_0 \cdot \ln x_A, \qquad (140a)$$

woraus wir bei $x_A \approx 1$ und $x_B + x_A = 1$ erschließen:

$$\ln \frac{p_{A\,(\text{Misch.})}}{p_{A\,(\text{rein})}} = \ln \frac{p_{A\,(\text{rein})} - |\varDelta p|}{p_{A\,(\text{rein})}} \approx \frac{-|\varDelta p|}{p_{A\,(\text{rein})}}$$

$$= f_0 \cdot \ln x_A = f_0 \cdot \ln(1 - x_B) \approx -f_0 \cdot x_B, \qquad (141)$$

wobei wir die Dampfdruckerniedrigung $|\varDelta p|$ eingeführt haben. Da mit $f_0 = 1$ die ideale Dampfdruckerniedrigung von Gl. (115) erhalten wird, ist f_0 bei kleinen x_B-Werten, wo $\ln(1 - x_B) \approx x_B$ gesetzt werden darf, mit dem Verhältnis der realen zur idealen Dampfdruckerniedrigung aus Gl. (123a) identisch. Man erkennt hieraus, daß sich der Begriff des osmotischen Koeffizienten für die Behandlung des Lösungsmittels verdünnter Lösungen empfiehlt und dann vor dem Aktivitätskoeffizienten den Vorrang verdient.

Wegen $\mu_i = \partial g/\partial n_i$ kann nach der Gibbs-Helmholtzschen Gleichung (109) und (109a)

$$-T\frac{\partial \mu}{\partial T} + \mu = -T\frac{\partial(\partial g/\partial n)}{\partial T} + \frac{\partial g}{\partial n} = \frac{\partial h}{\partial n} \qquad (142)$$

gesetzt werden. Mit $\mu = \mu_0 + RT \ln a$ resultiert dann

$$-RT^2\frac{\partial \ln a}{\partial T} = \left(\frac{\partial h}{\partial n}\right)_{\text{Misch.}} - \left(\frac{\partial h}{\partial n}\right)_{\text{Reinkomponente}} = -{}^d W_d, \qquad (142a)$$

denn die in Gl. (142a) auftretende Enthalpiedifferenz wird erhalten, wenn man ein Mol der reinen Komponente mit einer großen Menge der fertigen Mischung zusammengibt, die entsprechende Wärmetönung ist hier die differentielle Verdünnungswärme. Gl. (142a) ist mit Gl. (121b) gleichwertig, wenn man $a = f_a \cdot x$ setzt und $dx/dT = 0$ beachtet.

So können sämtliche thermodynamischen Beziehungen, die wir oben gefunden hatten, ebenfalls erhalten werden. Wir können jetzt aber auch leicht verstehen, wie das Vorkommen von nicht mischbaren Flüssigkeiten (und Festkörpern) zu erklären ist. Wenn nämlich die Mischungswärme stark negativ ist, so kann es sein, daß die auf ein Mol Gesamt

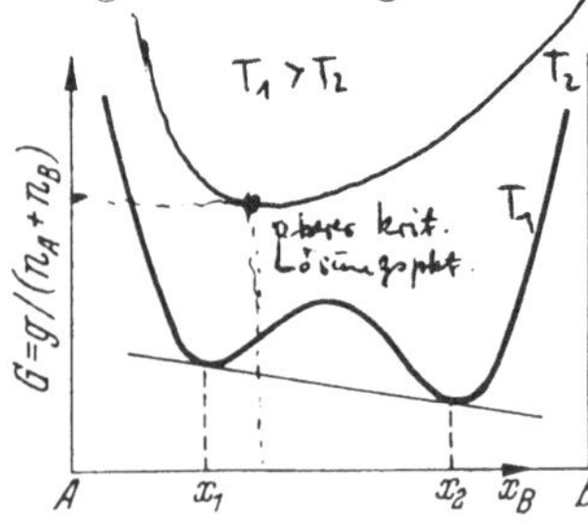

Abb. 49. Verlauf der molaren freien Enthalpie bei nichtmischbaren binären Mischungen

menge bezogene freie Enthalpie $G = g/(n_A + n_B)$, die man formal für die (fiktiv angenommene) homogene Mischung berechnet, die in Abb. 49 gezeigte Gestalt besitzt, also in der Mitte eine Ausbuchtung hat. Diese rührt daher, daß H in der Mitte des Mischungsgebietes stark anwächst (negative Mischungswärme), während die Temperatur noch nicht so hoch ist, daß die positive Mischungsentropie in dem in der freien

Enthalpie enthaltenen Gliede $-TS$ dieses positive Anwachsen wieder kompensieren kann (erst bei sehr hohen Temperaturen ist dies möglich). Da sich nun nach S. 147 immer das Minimum der freien Enthalpie einzustellen sucht, erhält man offenbar einen niedrigeren Wert der freien Enthalpie, wenn man zwei Mischphasen der Zusammensetzungen x_1 und x_2 (Berührungspunkte der gemeinsamen Tangente) nebeneinander existieren läßt, denn dann liegt die freie Enthalpie des Gesamtsystems auf dieser Tangente, also unterhalb des Bogens, der die freie Enthalpie der homogenen Mischung angibt Da in den beiden Punkten der Zusammensetzung x_1 und x_2 die Differentialquotienten $\partial G/\partial x_i$ einander gleich sind (gemeinsame Tangente), hat man bei diesen Zusammensetzungen auch gleiche Aktivitäten der Komponente A und ebenso der Komponente B, denn wegen $g = (n_A + n_B) \cdot G$ folgt durch Differentiation nach n_A in den Punkten 1 und 2

$$\mu_{A,1} = \left(\frac{\partial g}{\partial n_A}\right)_1 = \left(G + x_B \frac{\partial G}{\partial x_A}\right)_1 \quad \text{bzw.} \quad \mu_{A,2} = \left(\frac{\partial g}{\partial n_A}\right)_2 = \left(G + x_B \frac{\partial G}{\partial x_A}\right)_2;$$

die Bedeutung der gemeinsamen Tangente ist:

$$G_1 - G_2 = \left(\frac{\partial G}{\partial x_A}\right)(x_{A_1} - x_{A_2}) = \left(\frac{\partial G}{\partial x_A}\right) \cdot (x_{B_2} - x_{B_1}), \quad (142\,\mathrm{b})$$

woraus

$$\left(G + x_B \frac{\partial G}{\partial x_A}\right)_1 = \left(G + x_B \frac{\partial G}{\partial x_A}\right)_2 \quad \text{also auch} \quad \mu_A(x_1) = \mu_A(x_2),$$

die Bedingung Gl. (138a) für das Phasengleichgewicht folgt. Damit sind dann auch die Dampfdrucke über beiden Phasen einander gleich. Der Partialdruck der Komponente A ist über der Phase, die wenig A enthält, also ebenso groß wie über der Phase mit Überschuß der Komponente A, dasselbe gilt für die Komponente B.

Bei hohen Temperaturen, bei denen die Ausbuchtung der G-Kurve verschwindet, herrscht wieder vollkommene Mischbarkeit. Die Temperatur, von der an Mischbarkeit auftritt, heißt oberer kritischer Lösungspunkt. Die Vermischung die wegen der negativen Mischungswärme endothermer Natur ist, erfolgt also wie jede endotherme Reaktion nur bei höherer Temperatur. Man erkennt die Tatsache der Entmischung bei tiefen Temperaturen oftmals daran, daß bereits bei hohen Temperaturen, wo noch völlige Mischbarkeit vorliegt, die Dampfdrucke in der Mischung besonders hoch liegen (negative Mischungswärme vgl. S. 191). Dies Verhalten rührt daher, daß wegen der geringen „Affinität" der Komponenten zueinander diese sich aus der flüssigen Phase verdrängen und in den Dampfraum übertreten.

Im übrigen ist gerade das Beispiel der nicht mischbaren Flüssigkeiten deshalb so instruktiv, weil es so deutlich den verschiedenen Einfluß der beiden den ersten und zweiten Hauptsatz charakterisierenden Funktionen, Energie (bzw. Enthalpie) und Entropie zeigt. Die Entropie allein sucht sich zu vergrößern, was im wesentlichen dadurch geschehen könnte, daß beide Stoffe sich durchmischen; dem widerspricht aber das andere Bestreben, exotherme Reaktionen vorzuziehen, was hier wegen der negativen Mischungswärme durch Entmischung geschehen würde. Nach Maßgabe der Temperatur werden diese Bestrebungen durch die Forderung nach dem Minimum von $G = H - TS$ zu einem Kompromiß geführt, der natürlich so beschaffen ist, daß bei tiefer Temperatur der Einfluß von H ausschlaggebend ist, d. h. — sofern noch keine Kristallbildung eingetreten ist — Entmischung vorliegt, bei hoher Temperatur jedoch immer mehr derjenige von S hervortritt, womit dann schließlich eine totale Vermischung der Komponenten A und B resultiert.

I. Die atomistische Behandlung der Gleichgewichte

§ 96. Einführung und Definition der Zustandssumme

Die Anwendung des Boltzmannschen e-Satzes von S. 31 gestattet eine weitgehende Berechnung von Gleichgewichten auf atomtheoretischer Grundlage. Der e-Satz gibt ja an, mit welcher Wahrscheinlichkeit ein bestimmter Energiezustand der Materie besetzt ist bzw. wieviel Atome oder Molekeln im thermischen Gleichgewicht diese Energie aufweisen. Wir brauchen darum nur die stabile Besetzung der Zustände, die zur linken Seite einer Reaktion gehören, mit denjenigen auf der rechten Seite zu vergleichen, um zu Aussagen über die Gleichgewichtskonstante zu gelangen.

Im einfachsten Falle betrachten wir eine innermolekulare Umlagerung, wie etwa das Gleichgewicht zwischen zwei optischen Antipoden oder das zwischen der cis- und trans-Form einer organischen Molekel:

$$(X)_{\text{trans}} \rightarrow (X)_{\text{cis}}, \qquad (143)$$

Es fällt nun ein Teil der Energiezustände der Molekel, wobei wir die Molekel als Ganzes unabhängig davon betrachten, ob sie gerade cis- oder trans-Form besitzt, unter diejenigen speziellen Zustände der Molekel, die wir als zur cis-Form gehörig betrachten; ebenso ist es mit dem anderen Teil, der zur trans-Form gerechnet werden muß. Außerdem mag es vielleicht noch Zustände geben, die sich indifferent verhalten, also nicht eindeutig zur cis- oder trans-Form gerechnet werden können.

Nennen wir die Einzelenergien der Zustände $E_{i\,(\text{cis.})}$ bzw. $E_{i\,(\text{trans.})}$ und $E_{i\,(\text{indiff.})}$, so erhalten wir für die Zahl N der Molekeln, die sich im Energiezustande E_i befinden, in völliger Übereinstimmung mit Gl. (II, 98) auf S. 105, wenn auch hier mit insgesamt N_L Molekeln gerechnet wird:

$$\frac{N_i}{N_L} = \frac{e^{-E_i/kT}}{\sum\limits_{i\,(\text{cis, trans, indiff.})} e^{-E_i/kT}} \qquad (144)$$

Die Summe muß hier über sämtliche Zustände der cis-, der trans- und der indifferenten Form erstreckt werden. Diese Summation nimmt die Vorstellung der Quantentheorie vorweg, nach der die Energiezustände nicht kontinuierlich, sondern diskontinuierlich verteilt sind. Wenn wir jetzt wissen wollen, wie viele Molekeln *überhaupt* in trans-

Zuständen bei einer vorgegebenen Temperatur enthalten sind, so muß hier noch über diejenigen Zustände summiert werden, die zu den trans-Zuständen gehören. Dies führt zu:

$$\frac{N_{(\text{trans})}}{N_L} = \frac{\underset{\text{trans}}{\sum} N_i}{N_L} = \frac{\underset{\text{trans}}{\sum} e^{-E_i/kT}}{\underset{i\,(\text{cis, trans, indiff.})}{\sum} e^{-E_i/kT}} \tag{145}$$

Einen entsprechenden Ausdruck erhält man für die cis-Molekeln. Man bezeichnet die in Gl. (145) auftretenden Summen über die Exponentialfunktionen als *Zustandssummen*. Im Zähler steht die Zustandssumme der trans-Zustände, im Nenner die der Gesamtmolekel ohne Unterscheidung bezüglich der cis-Zustände usw. Es ergibt sich für das Verhältnis der Konzentrationen der cis- und trans-Formen:

$$\frac{[X]_{\text{trans}}}{[X]_{\text{cis}}} = \frac{\underset{\text{trans}}{\sum} N_i}{\underset{\text{cis}}{\sum} N_i} = \frac{\underset{\text{trans}}{\sum} e^{-E_i/kT}}{\underset{\text{cis}}{\sum} e^{-E_i/kT}} = K_c(T). \tag{146}$$

Wir erhalten so ein nur von der Temperatur abhängiges Verhältnis der genannten Konzentrationen, also die für die Reaktionsgleichung (143) maßgebende Form des Massenwirkungsgesetzes, wenn die Zahl und Lage der Energiezustände E_i in einem Energieintervall unabhängig von der Konzentration ist, eine Bedingung, die bei nicht zu hohen Konzentrationen von der Quantentheorie geliefert wird, sofern nur das Volumen, in dem sich das System befindet, vorgegeben ist. Die Konstante K_c wird aber gerade bei konstantem (bzw. vorgegebenem) Volumen benutzt. Außerdem wurde bereits früher bemerkt, daß bei höheren Konzentrationen (Drucken) die einfache Form des Massenwirkungsgesetzes geändert werden muß, z. B. durch Einführung der Aktivitätskoeffizienten, so daß auch dies Ergebnis der Thermodynamik durch die Atom- und Quantentheorie bestätigt wird.

§ 97. Zusammenhang
der Zustandssumme mit den thermodynamischen Funktionen

Es ist allgemein üblich, die Zustandssummen Z^* in der Form

$$Z^* = \sum e^{-E_i/kT} = e^{-F/kT}, \quad \text{also} \quad F = -kT \ln Z^* \tag{147}$$

zu schreiben; man ersetzt also die Summe durch eine einzige Exponentialfunktion der gleichen Art, wie sie die Summanden der Zustandssumme besitzen.

Den Einzelenergiezuständen entspricht eine mittlere Energie nach Maßgabe ihrer Besetzung bei vorgegebener Temperatur. Diese mittlere Energie der Teilchen wird durch eine der Gl. (II, 99) analoge Beziehung geliefert:

$$\bar{E}_i = \frac{E_0 \cdot e^{-E_0/kT} + E_1 \cdot e^{-E_1/kT} + \cdots}{e^{-E_0/kT} + e^{-E_1/kT} + \cdots} = \frac{kT^2 \cdot \dfrac{d}{dT}\,[e^{-E_0/kT} + e^{-E_1/kT} + \cdots]}{[e^{-E_0/kT} + e^{-E_1/kT} + \cdots]}$$

$$= kT^2 \frac{d}{dT} \ln Z^* = kT^2 \frac{d}{dT}\left(-\frac{F}{kT}\right)_v = F - T\left(\frac{\partial F}{\partial T}\right)_v. \tag{148}$$

Hier wurde im Hinblick auf die oben gemachte Bemerkung über die Zahl der Quantenzustände die Differentiation nach T bei konstantem Volumen vorgenommen. Der Übergang von Gl. (147) zu Gl. (148) ist dem von Gl. (II, 99) zu Gl. (II, 100) analog. Der in Gl. (148) dargelegte Zusammenhang zwischen E_i und F ist der gleiche wie derjenige zwischen innerer Energie und freier Energie in Gl. (109). Da nun $\overline{E}$ die auf *eine Molekel* bezogene Energie der durch die Loschmidtsche Zahl dividierten inneren Energie gleichzusetzen ist, ist F in Gl. (148) die auf eine Molekel bezogene freie Energie, wenn $(\partial F/\partial T)_{T=0}$ in Gl. (148) (bei Kristallen) wirklich verschwindet, denn dann haben wir eine eindeutige Integration zwischen $\overline{E}_i$ und F analog derjenigen, die wir in dem Abschnitt über das Nernstsche Wärmetheorem zeigen konnten. In der Nähe des abs. Nullpunktes überwiegt nun das erste Glied der Zustandssumme derart, daß wir dort mit einer endlichen Zahl a, die auch noch einen endlichen Differentialquotienten nach T aufweist, setzen können:

$$
\left.
\begin{aligned}
Z^* &= e^{-E_0/kT}\,[1 + a \cdot e^{-(E_1 - E_0)/kT}], \\
F &= -kT \ln Z^* \approx -kT \cdot \left[-\frac{E_0}{kT} + a \cdot e^{-(E_1 - E_0)/kT} \right] \\
&= E_0 - a \cdot kT \cdot e^{-(E_1 - E_0)/kT},
\end{aligned}
\right\} \quad (149)
$$

woraus bei tiefen Temperaturen

$$
\frac{\partial F}{\partial T} = - \left[a \cdot k + a(E_1 - E_0)/T + kT\,\frac{da}{dT} \right] \cdot e^{-(E_1 - E_0)/kT}
$$

folgt. In dem Maße, wie $e^{-(E_1 - E_0)/kT}$ bei Annäherung von T an den Nullpunkt verschwindet, wird auch $(\partial F/\partial T)_{T=0}$ verschwinden; die genannte Bedingung ist also erfüllt, und es ist gezeigt, daß F mit der freien Energie je Molekel identisch ist. Auch jetzt muß vorausgesetzt werden, daß $E_1 > E_0$, E_0 also der energetisch bevorzugte total geordnete Zustand bei $T = 0$ ist (vgl. § 89).

Damit ist der Anschluß an die normalen thermodynamischen Beziehungen gefunden. So gilt, wenn wir auf Gl. (146) zurückgreifen und Gl. (147) beachten:

$$
K_c(T) = \frac{Z^*_{\text{trans}}}{Z^*_{\text{cis}}} \quad \text{und} \quad k \cdot \ln K_c(T) = \left(-\frac{F}{T} \right)_{\text{trans}} - \left(-\frac{F}{T} \right)_{\text{cis}},
$$

woraus nach Gl. (148) wieder

$$
\frac{d \ln K_c}{dT} = \frac{\overline{E}_{i\,\text{trans}} - \overline{E}_{i\,\text{cis}}}{kT^2} = \frac{W_v}{N_L \cdot kT^2} = \frac{W_v}{RT^2} \quad (150)
$$

identisch mit Gl. (17a) folgt.

Wir sehen jetzt, daß es vom atomistischen Standpunkt überhaupt nur auf die Ermittlung der Zustandssumme ankommt, denn bei anderen Reaktionen gilt natürlich das Entsprechende wie für die Reaktion Gl. (143), und die Definition der Zustandssumme hing schon gar nicht mehr von der Reaktion Gl. (143) ab. Die direkte Berechnung der Zustandssumme erfordert naturgemäß eine genaue Kenntnis der Lage und Zahl der einzelnen Energieniveaus E_i der Molekel. Das ist eine

Aufgabe der Quantentheorie der Atome und Molekeln, auf die hier nicht näher eingegangen werden soll.

Im Falle des linearen Oszillators haben wir seinerzeit die Zustandssumme, nämlich den Nenner von Gl. (II, 99) in Gl. (II, 100) berechnet und fanden $Z^* = N_e = kT/h\nu$, wenn man den klassischen Grenzfall $h\nu \ll kT$ ins Auge faßt. Setzt man hier ν gemäß der Pendelgleichung $\nu = \dfrac{1}{2\pi} \sqrt{\dfrac{D}{m}}$ auf S. 104 ein, so erkennt man, daß

$$Z^*_{\text{osz.}} \sim \sqrt{m} \sim \sqrt{M} \qquad (M = \text{Molmasse}). \tag{151}$$

Beim dreidimensionalen Oszillator bekäme man einen zu $(\sqrt{M})^3$ proportionalen Ausdruck für Z^* heraus. An diesem Ergebnis ändert sich im Prinzip nichts, wenn man an Stelle einer dreidimensionalen Schwingungsbewegung eine dreidimensionale Translationsbewegung vor sich hat. Die Zustandssumme eines einatomigen Gases wird darum $M^{\frac{3}{2}}$ proportional sein.

Wenn außerdem jeder Energiezustand noch als Dublett- oder Triplettzustand zweifach bzw. allgemein g-fach zu zählen ist, so muß $Z^* \approx M^{\frac{3}{2}} \cdot g$ sein, wenn wir von der Temperatur- und Volumenabhängigkeit jetzt absehen. Also wird nach Gl. (147) die auf ein Mol bezogene freie Energie einen additiven Term

$$F_{0,0} = -RT\left[\ln M^{\frac{3}{2}} + \ln g\right] \tag{152}$$

enthalten, der bei der Differentiation nach T für die Entropie $S = -(\partial F/\partial T)_v$ [vgl. Gl. (108)] ebenfalls zu einem additiven Gliede

$$S_{0,0} = 2{,}303\,R\,[\tfrac{3}{2}\log M + \log g] \tag{153}$$

führt, das in den Nullpunktsentropien, die in Gl. (114) angegeben waren, vorkommt und speziell bei einatomigen Gasen bis auf eine universelle additive Konstante die Nullpunktsentropie bereits völlig darstellt.

Bei den mehratomigen Gasen mußte entsprechend den rotatorischen Freiheitsgraden noch ein Glied mit der die Energie der Rotation kennzeichnenden Größe, dem Trägheitsmoment bzw. dem mittleren Trägheitsmoment, in Gl. (114) aufgenommen werden. Die Tatsache, daß Symmetrien die Zahl der verschiedenen unterscheidbaren Zustände herabsetzen, mußte dann zu einer Größe s in Gl. (114) führen, welche die entgegengesetzte Wirkung wie das Quanten- oder Multiplettgewicht g besitzt, weshalb $\log s$ in Gl. (114) abgezogen bzw. s in den Nenner von g gesetzt werden mußte. Die universellen Konstanten in Gl. (114) hängen im wesentlichen von der Größe der Planckschen Konstanten ab.[1]

Auch von dem jetzt erworbenen Standpunkt wird das auf S. 172 auf dem Wege über den Nernstschen Wärmesatz erhaltene Ergebnis

---

[1] Der an den hier nicht näher ausgeführten Ergebnissen der Molekularstatistik näher interessierte Leser sei auf das Buch „Statistische Theorie der Materie" von K. SCHÄFER, Vandenhoeck und Ruprecht, Göttingen 1960, hingewiesen.

bezüglich der Gleichgewichtskonstanten der Reaktion $(X)_{\text{linksdrehend}} \rightleftharpoons$ $(X)_{\text{rechtsdrehend}}$ evident, denn bei gleichen energetischen Verhältnissen sind die Zustandssummen der beiden optischen Antipoden einander gleich, was nach der für diesen Fall der Gl. (146) entsprechenden Beziehung zu $K_c = 1$ führt, also zu einer temperaturunabhängigen Gleichgewichtskonstanten, die gerade das 50%ige Racemat erklärt.

IV. Elektrochemie

A. Gleichgewichte in Elektrolytlösungen

§ 98. Elektrolytische Dissoziation.
Völlige Dissoziation der sog. starken Elektrolyte

Die thermodynamischen Gesetzmäßigkeiten, die wir für die nun zur Diskussion stehenden Probleme benötigen, sind sämtlich im vorigen Kapitel zusammengestellt; es handelt sich jetzt im wesentlichen um die Anwendung auf spezielle Fälle. Die Besonderheit, die bei Elektrolytlösungen vorliegt, ist die, daß es sich hier um Stoffe handelt, die in Lösung mehr oder weniger stark in elektrisch geladene Anteile, die sog. Ionen, zerfallen. Auf den ersten Blick erscheint es freilich befremdlich, daß ein elektrisch neutraler Stoff trotz der hohen anziehenden elektrostatischen Kräfte in einer Lösung in zwei entgegengesetzt geladene Teilchen zerfallen soll.

Man macht sich von der Größe dieser elektrostatischen Kräfte meist nicht die richtige Vorstellung. Ein Beispiel möge ihre Größenordnung illustrieren: Bringt man die positive und negative Ladung, die in einem Mol Kochsalz enthalten ist (Ladung $= N_L \cdot e_0$, wo e_0 die Elementarladung mit $4{,}80 \cdot 10^{-10}$ elektrostatischen Einheiten bedeutet), in einem gegenseitigen Abstand von 12700 km an, einer Entfernung, die dem geradlinigen Abstand der Antipoden auf der Erde entspricht, so findet man nach dem Coulombschen Gesetz noch eine Anziehung von

$$\frac{N_L^2 \cdot e_0^2}{d^2} \text{ (dyn)} = \frac{6{,}024^2 \cdot 4{,}80^2 \cdot 10^{46} \cdot 10^{-20}}{1{,}27^2 \cdot 10^{18}} \text{ (dyn)}$$

$$= \frac{6{,}024^2 \cdot 4{,}80^2 \cdot 10^8}{1{,}27^2} \text{ (dyn)} = 5{,}2 \cdot 10^{10} \text{ dyn.} \qquad (1)$$

Da 981 dyn der Gewichtskraft von einem Gramm entspricht, also $0{,}981 \cdot 10^9$ dyn derjenigen von einer Tonne, so ziehen sich die Ionen noch insgesamt mit einer Kraft von 53 Tonnen an! Wie soll da eine Dissoziation von NaCl in Na^+- und Cl^--Ionen eintreten, wenn dieselbe Menge in einem Liter Wasser gelöst ist, so daß die Maximalabstände der Ionen nur nach Zentimetern messen? Wenn auch die hohe Dielektrizitätskonstante des Wassers von etwa 81 die Kraft auf den 81. Teil herabsetzt, so ist die

Kraft auch bei der gleichmäßigen Verteilung der negativen und positiven Ionen in der Lösung immer noch so erheblich, daß die Tatsache des Zerfalls in Ionen auf den ersten Blick befremdlich wirkt.

So war denn auch die Ansicht zur Zeit vor ARRHENIUS, dem Entdecker der Ionentheorie der Elektrolyte, die, daß erst beim Anlegen eines elektrischen Feldes an die Elektrolytlösung eine Trennung der Molekeln in die Ionen eintrete. Es sollte also die Kraft des angelegten Feldes für die Trennung sorgen, die natürlich zur Erklärung der beobachteten elektrolytischen Abscheidung von Kationen und Anionen notwendig war. Es zeigten die Arrheniusschen Untersuchungen aber eindeutig, daß die Dissoziation in wäßriger Lösung von vornherein nahezu 100%ig sein müßte. ARRHENIUS untersuchte nämlich die osmotischen Erscheinungen und stellte fest, daß der osmotische Druck die Dampfdruckänderung und die Verschiebung der Gefrier- bzw. Siedepunkte von verdünnten Elektrolytlösungen diejenigen gleichkonzentrierter Nichtelektrolytlösungen erheblich überschritten. Eine $m/10$ Kochsalzlösung hat etwa die doppelte Gefrierpunktsänderung wie eine $m/10$ Harnstofflösung usw. Diese Tatsachen ließen sich zwanglos durch die Annahme der nahezu 100%igen Dissoziation erklären, denn durch diese wird der Molenbruch des Gelösten entsprechend heraufgesetzt, womit nach Gl. (III, 115) eine größere Dampfdruckerniedrigung usw. verknüpft ist. Im einzelnen wurde so bei einer verdünnten Kochsalzlösung, wenn sie nicht genau die doppelte, sondern die $(1 + \alpha)$-fache Gefrierpunktsänderung, Dampfdruckerniedrigung usw. zeigte, auf den Dissoziationsgrad α geschlossen, der natürlich in konzentrierter Lösung kleiner als in verdünnter Lösung herauskommt, weil eben bei höherer Konzentration die Wahrscheinlichkeit einer Zusammenlagerung zweier entgegengesetzt geladener Ionen zu einer neutralen Molekel anwächst.

Es zeigte sich aber bald, daß diesen so gemessenen Dissoziationsgraden bei einer großen Zahl von Elektrolyten, nämlich bei den starken Elektrolyten, bei denen α von der Größenordnung 1 in $m/1$ Lösung herauskommt, nur ein *scheinbarer* Charakter zukommt, insofern nämlich diese starken Elektrolyte tatsächlich 100%ig dissoziiert sind, während der *vorgetäuschte* Dissoziationsgrad $\alpha < 1$ so zu verstehen ist, daß der osmotische Koeffizient f_0 bei diesen Elektrolyten bereits in verhältnismäßig verdünnten Lösungen merklich kleiner als 1 ist. Dies wird nicht überraschen, wenn wir bedenken, daß die elektrostatischen Wechselwirkungskräfte so außerordentlich weitreichend sind, sich also schon in relativ verdünnten Lösungen durch merkliche Abweichungen von den idealen Gesetzen bemerkbar machen müssen.

Die Tatsache der 100%igen Dissoziation ergab sich auf Grund optischer Erscheinungen. Läßt man Licht definierter Wellenlänge durch eine Lösung hindurchgehen, so tritt eine bestimmte Lichtabsorption ein, die durch den Extinktionskoeffizienten gemessen wird. Wenn nun die charakteristische Absorption von den Ionen einer bestimmten Art herrührt, während die andere Ionenart und die Neutralmolekeln in dem betrachteten Wellenlängenbereich nicht absorbieren, so sollte bei $\alpha < 1$ der Extinktionskoeffizient anwachsen, wenn man die Lösung auf den n-ten

Teil mit dem als nicht absorbierend vorausgesetzten Lösungsmittel verdünnt, den Weg des Lichtes durch die absorbierende Lösung dafür aber
auf das n-fache vergrößert (d. h., man arbeitet im Photometer mit
n-mal längeren Absorptionsgefäßen und n-fach verdünnten Lösungen).
Das Anwachsen des Extinktionskoeffizienten rührt dabei daher, daß
mit der weiteren Verdünnung der Dissoziationsgrad zunimmt, so daß
trotz der Verdünnung wegen des entsprechend verlängerten Absorp-
tionswegs dem Lichtstrahl mehr wirklich absorbierende Teilchen in den
Weg treten. Ist aber schon in konzentrierterer Lösung $\alpha = 1$, so kann
der Dissoziationsgrad bei weiterer Verdünnung nicht mehr anwachsen,
und es bleibt die Gesamtextinktion bei dem oben beschriebenen Versuch
konstant. Dieser Sachverhalt kann auch dadurch ausgedrückt werden,
daß man vom Erfülltsein des Lambert-Beerschen Gesetzes spricht, welches besagt, daß die Extinktion proportional dem Produkt aus Konzentration und Troglänge des Absorptionsgefäßes im Photometer ist.

Ein Elektrolyt, bei dem sich obige Versuche mit sichtbarem Licht
durchführen lassen, ist das Kaliumpermanganat, in dem das Ion MnO_4
in charakteristischer Weise absorbiert. Man kann nun die Permanganat-
lösung auch mit KCl-Lösung verdünnen, um neue K^+-Ionen mit MnO_4-
Ionen zu neutralem $KMnO_4$ zusammentreten zu lassen. Jedoch zeigen
alle derartigen Versuche (BJERRUM), daß das Lambert-Beersche Gesetz
erfüllt ist, daß also hier schon in konzentrierterer Lösung völlige Dissoziation vorliegt, und daß der aus den osmotischen Versuchen hergeleitete
Dissoziationsgrad α nur als *scheinbarer* Dissoziationsgrad angesprochen
werden kann, der eigentlich auf einem osmotischen Koeffizienten $f_0 < 1$
beruht. Auch bei einer Reihe anderer starker Elektrolyte läßt sich —
eventuell unter Verwendung von ultraviolettem Licht — direkt zeigen,
daß hier die Verhältnisse ähnlich liegen, die Dissoziation also schon in
relativ konzentrierter Lösung praktisch vollständig ist.

§ 99. Energetik der elektrolytischen Dissoziation

Es ist so zwar experimentell gezeigt worden, daß die Dissoziation der
starken Elektrolyte vollständig ist, es müßte aber im Hinblick auf die
großen durch Gl. (1) aufgezeigten Kräfte belegt werden, daß auch
thermodynamisch die hohe Dissoziation verständlich ist. Hierzu muß
beachtet werden, daß ja auch die gelösten Ionen mit den Molekeln des
Lösungsmittels in Wechselwirkung treten. Diese letztere Kraftwirkung
ist in erster Linie (z. B. beim Wasser als Lösungsmittel) elektrostatischer
Art, denn selbst die neutrale Lösungsmittelmolekel hat gewöhnlich
elektrisch negativ und positiv geladene Teile, die irgendwie zueinander
gelagert sind (Dipolmolekeln). Es kann infolgedessen der Verlust an
Energie oder freier Energie, der durch das Aufbrechen der neutralen
gelösten Molekeln verursacht wurde, durch einen entsprechenden Gewinn an Wechselwirkungsenergie mit den Lösungsmittelmolekeln wieder
weitgehend kompensiert oder sogar überkompensiert werden. Wenn
dann zwischen den entgegengesetzt geladenen Ionen Wassermolekeln
(Lösungsmittel) eingelagert sind, so wird zudem durch die dielektrische

Wirkung des Wassers (bzw. Lösungsmittels) die Wechselwirkungsenergie zwischen diesen Ionen so weit herabgesetzt, daß die Wassermolekeln, die sich direkt an die Ionen lagern, einen genügend großen Energiegewinn bringen, zumal zwischen Ion und nächsten H_2O-Nachbarn kein die Wechselwirkungsenergie herabsetzendes Dielektrikum gelegen ist.

Man hat also zwischen zwei Wirkungen in der Lösung zu unterscheiden, der eigentlichen Dissoziation der neutral gedachten gelösten Molekeln und der Hydratation bzw. Solvatation (wenn es sich um nichtwäßrige Lösungen handelt) der verschiedenen Ionen. Die Hydratationsenergien (bzw. Arbeiten) kann man nicht direkt messen, man kann sie lediglich mehr oder weniger indirekt berechnen worauf hier nicht eingegangen werden soll. Sie liegen für einzelne Ionen in wäßriger Lösung in der Größenordnung von 100 kcal/g-Ion. Die folgende Zusammenstellung mag einen kurzen Überblick über die Werte im einzelnen vermitteln.

Tabelle 8. *Hydratationsarbeiten einiger einfacher Ionen*

Ionenart	H^+	Li^+	Na^+	K^+	Rb^+	Cs^+	F^-	Cl^-	Br^-	J^-
Hydrat.-Arbeit in kcal/g-Ion . .	265	129	100	80	75	68	118	82	76	67
Hydrat.-Arbeit in kJ/g-Ion . . .	1109	540	418	335	314	285	494	343	318	280

Die Dissoziation der neutral gedachten Molekel in der Lösung ist der direkten Messung ebenfalls nicht zugänglich; es ist nur möglich, die Energie der Verdampfung des Kristalls (NaCl usw.) in die gasförmigen Ionen, die sog. Gitterenergie, zu ermitteln, welche nach dem ersten Hauptsatz gleich der Sublimationswärme des Kristalls plus der Dissoziationsenergie der neutralen Dampfmolekeln ist. Diese Gitterenergie (bzw. Gitterenthalphie), die sich übrigens relativ leicht aus der bekannten Gitterstruktur des Kristalls, in dem die Bausteine bereits in Ionenform vorliegen, berechnen läßt (vgl. § 150), ist ebenfalls von der Größenordnung von 100 kcal/mol (s. Tab. 9). Daher ist sowohl die Energieänderung für die

Tabelle 9. *Gitterenergien (-enthalpien) einiger einfacher Kristalle*

Kristall	LiCl	NaCl	KCl	NaBr	KBr	NaJ	KJ
Gitterenergien in kcal/mol .	202	183	167	176	161	166	153
Gitterenergien in kJ/mol . .	845	766	699	737	674	695	640

Reaktion (Elektrolyt)$_{fest}$ $\rightleftharpoons$ (Eektrolyt)$_{gelöst}$, wobei die Lösung zu gelösten Ionen erfolgen soll, als auch die dem Betrage nach nicht wesentlich davon verschiedene Energieänderung, die man für die Dissoziation einer gelösten neutralen Molekel in die gelösten Ionen erhalten würde, relativ gering. Im ersten Falle ergibt sich die Lösungswärme (Energieänderung) des Kristalls gemäß dem ersten Hauptsatz aus:

$$^{d}W_L = \text{Hydratationsenthalpie}_{(\text{Anion})}$$
$$+ \text{Hydratationsenthalpie}_{(\text{Kation})} \quad \text{(Born-Haberscher}$$
$$- \text{Gitterenthalpie}, \quad \text{Kreisprozeß)} \tag{2}$$

was im Falle des NaCl z. B. mit Hilfe der Zahlenangaben der beiden Tabellen (mit Gitterenergie = Gitterenthalpie und Hydratationsenthalpie = Hydratationsarbeit) zu

$$^{d}W_L(\text{NaCl}) = 100 + 82 - 183 \text{ kcal} = -1 \text{ kcal/mol}$$

führt, so daß also in der Tat nur ein geringer Wert der Lösungswärme erhalten wird.

Mithin ist die Gleichgewichtskonstante für die Reaktion

$$(X^+)_{\text{gel.}} + (Y^-)_{\text{gel.}} = (X\,Y)_{\text{neutral gel.}}, \tag{3}$$

die sich nach der gewöhnlichen Thermodynamik zu

$$\log \frac{[X^+] \cdot [Y^-]}{[X\,Y]} = \log K_c = - \frac{W_{\text{Diss.}}(\text{cal})}{4{,}574\,T} + \text{const} \tag{4}$$

berechnet, im wesentlichen der Größe nach durch den Wert der Konstanten bestimmt, die meist bei Dissoziationen in der Größenordnung von 5 bis 8 liegt. (Der dissoziierte Zustand ist, wenn er nicht i. allg. energetisch ungünstiger läge, der wahrscheinlichere; daß zwei Teilchen X^+ und Y^- immer dicht beieinander sind, ist eben unwahrscheinlich.) Infolgedessen ist bei Zimmertemperatur und einem $W_{\text{Diss.}}$-Wert von wenigen kcal die Konstante K_c von der Ordnung 10^2 bis 10^4, was bei $[X^+] \approx [Y^-] \approx 1$ ein $[X\,Y]$ von 10^{-2} bis 10^{-4} verlangt, also eine praktisch totale Dissoziation.

Wenn man die oben zitierten Berechnungen, die zu dem kleinen Wert der Dissoziationswärme der starken Elektrolyte führen, genau überprüft — sie wurden in ihren Einzelheiten hier nicht aufgeführt —, so erklären sich diese kleinen Werte in erster Linie dadurch, daß in einer neutralen Molekel (z. B. KCl) Anion und Kation bereits weiter voneinander entfernt sind als die elektrischen Zentren der kleinen H_2O-Dipole (bei Wasser als Lösungsmittel) von den Ionen im vollständig hydratisierten Zustand. Es sind darum gerade im Wasser die Dissoziationsgrade so nahe bei 100 % gelegen, während bei anderen Lösungsmitteln, deren Molekeln größer als H_2O sind, die Dissoziation der in diesen gelösten Elektrolyte geringer ist.

Die obige Überlegung betreffs des verhältnismäßig nahen Herankommens der H_2O-Dipole an die sich hydratisierenden Ionen gilt natürlich nur so lange, wie die dissoziierende Elektrolytmolekel nicht gerade ein H^+-Ion als Kation besitzt, weil die H^+-Ionen auch in der neutral gedachten Elektrolytmolekel besonders nahe an die Anionen herankommen können. Hiermit im Einklang steht die Tatsache, daß die starken Säuren (HCl, HNO_3 usw.) nicht so weitgehend dissoziieren, im konzentrierten Zustand vielmehr einen erheblichen Bruchteil undissoziierter Säuremolekeln enthalten.

Wenn wir schließlich zu organischen Säuren (Essigsäure, Bernsteinsäure usw.) übergehen, so gelangen wir in das Gebiet der schwachen, nur zu einem kleinen Bruchteil dissoziierten Elektrolyte. Wegen der Größe der organischen Säurereste vermag sich das Anion des Säurerestes im wesentlichen nur dort zu hydratisieren, wo das H^+-Ion entfernt wurde. Infolgedessen ist bei den organischen Säuren die Dissoziation *wesentlich* kleiner als bei den Mineralsäuren, deren Anionen relativ klein sind und sich *allseitig* zu hydratisieren vermögen. Bei den Natrium-, Kalium- und ähnlichen Salzen der organischen Säuren ist die Dissoziation wegen des größeren Abstandes des Na usw. vom Säurerest wiederum so groß, daß man bei diesen Salzen in nicht zu konzentrierter Lösung ebenfalls eine praktisch totale Dissoziation erhält.

Die experimentelle Ermittlung des Dissoziationsgrades könnte bei diesen *schwachen* Elektrolyten *prinzipiell* in der obigen Weise durch Bestimmung der Abweichung von den idealen osmotischen Gesetzen geschehen. Diese Methode, die zwar die richtigen α-Werte liefern würde, da es sich ja um echte Dissoziationsgrade und nicht um Auswirkungen osmotischer Koeffizienten handelt, scheitert aber in der Praxis meist daran, daß die Dissoziationsgrade und damit die Abweichungen von den idealen Gesetzen viel zu klein sind, um genügend genau erfaßt zu werden. Die Dissoziationsgrade werden deshalb mit Hilfe elektrischer Leitfähigkeitsmessungen ermittelt (s. S. 220).

§ 100. Lösungsgleichgewichte. Einfluß von Aktivitätskoeffizienten und osmotischen Koeffizienten

Indem wir uns wesentlich auf wäßrige Lösungen beschränken, behandeln wir das Lösungsgleichgewicht, das bei Elektrolyten im Sinne der Ausführungen von § 65 aus der Kombination der Reaktionen

$$X^+ + Y^- = (XY)_{\text{gel.}} \quad + W_{\text{Diss.}}$$

$$\text{Gleichgewicht:} \quad \frac{[X^+] \cdot [Y^-]}{[XY]} = K_{c,\text{Diss.}}$$

und

$$(XY)_{\text{gel.}} = (XY)_{\text{Kristall}} \quad - {}^d W_{L,\text{neutral}}$$

$$\text{Gleichgewicht:} \quad [XY]_{\text{gel.}} = \text{const} \tag{5}$$

besteht, deren Addition bzw. Multiplikation

$$X^+ + Y^- = (XY)_{\text{Kristall}} \quad + W_{\text{Diss.}} - {}^d W_{L,\text{neutral}}$$

$$\text{Gleichgewicht:} \quad [X^+] \cdot [Y^-] = K_{c,\text{Diss.}} \cdot \text{const} = L \tag{6}$$

ergibt. L wird als Löslichkeitsprodukt bezeichnet Da ${}^d W_L$, die Lösungswärme des Kristalls in die Ionen, mit der negativen Fällungswärme identisch ist, und diese letztere durch $W_{\text{Diss.}} - {}^d W_{L,\text{neutral}}$ gegeben ist, so folgt aus Gl. (5), weil entsprechende Gleichungen nach Gl. (III, 17) und (III, 25a) für $K_{c,\,\text{Diss.}}$ usw. gelten:

$$\frac{d \ln L}{d T} = - \frac{{}^d W_L}{R T^2} \tag{7}$$

In neutraler Lösung, wenn also $[X^+] = [Y^-]$ gilt, kann $L = [X^+]_n^2 = c_n^2$ gesetzt werden, womit sich für die Temperaturabhängigkeit der Sättigungskonzentration ergibt:

$$\frac{d \ln c_{\text{sätt., neutral}}}{d T} = - \frac{1}{2} \cdot \frac{{}^d W_L}{R T^2} \tag{8}$$

Wichtig ist, daß die Gl. (6) mit dem Löslichkeitsprodukt auf der rechten Seite Anwendung findet, wenn zu einem schwerlöslichen Salz XY ein leichtlösliches Salz mit etwa dem gleichen Anion Y^- hinzugefügt wird (Beispiel TlCl, dem KCl zugegeben wird). Es kann danach durch Zugabe von genügend KCl eine Ausfällung von TlCl in sehr verdünnter Lösung erzielt werden.

Man darf jedoch auch bei diesen Lösungen starker Elektrolyte nicht vergessen, daß Gl. (6) ein ideales Grenzgesetz ist, dessen Gültigkeit nur aufrechterhalten werden kann, wenn für $[X^+]$ und $[Y^-]$ nicht Konzentrationen, sondern Aktivitäten der gelösten Ionen eingesetzt werden. Man pflegt hier die Aktivitäten so zu definieren, daß sie in unendlicher Verdünnung mit den Konzentrationen identisch werden, so daß also die Aktivitätskoeffizienten f_a durch a/c mit dem Zusatz $f_a \to 1$, wenn $c \to 0$, bestimmt werden können. Früher (s. S. 183 ff.) waren die Aktivitäten einer Komponente in Mischsystemen so festgelegt worden, daß bei alleinigem Vorhandensein dieser Komponente die Aktivität mit dem Molenbruch identifiziert wurde also $a = 1$ bei $x = 1$ gesetzt wurde. Jetzt empfiehlt sich diese Definition nicht, weil man z. B. keine lückenlose Mischung bzw. Lösung eines schwerlöslichen Stoffes mit Wasser herbeiführen kann. Da es nun bei dem Begriff der Aktivität in der Praxis nicht auf einen konstanten Faktor ankommt, ist jetzt bei den Elektrolyten die obige Definition zweckmäßig und wird darum gewählt.

Die Gl. (6) gewinnt mit den Aktivitätskoeffizienten f_a und den Konzentrationen $[\cdots]$ die Gestalt:

$$f_{a\,x} \cdot [X^+] \cdot f_{a\,y} \cdot [Y^-] = L. \tag{9}$$

Im Falle von Ionenreaktionen der Art $\alpha X^+ + \beta Y^- = X_\alpha Y_\beta$ gilt entsprechend ($+$ und $-$ steht hier für mehrere Elementarladungen):

$$f_{a\,x}^\alpha \cdot [X^+]^\alpha \cdot f_{a\,y}^\beta \cdot [Y^-]^\beta = L. \tag{10}$$

Bei Ionenreaktionen pflegt man an Stelle der einzelnen Aktivitätskoeffizienten von Anionen und Kationen oft einen mittleren Aktivitätskoeffizienten $f_{a\pm}$ einzuführen, mit dem dann Gl. (10) die Form bekommt:

$$f_{a\pm}^{\alpha + \beta} \cdot [X^+]^\alpha \cdot [Y^-]^\beta = L. \tag{10a}$$

Es wird hier also einfach

$$\log f_{a\pm} = \frac{1}{\alpha + \beta} \, (\alpha \log f_{a^+} + \beta \log f_{a^-}) \tag{11}$$

gesetzt, wobei f_{a^+} für $f_{a\,x}$ usw. gesetzt ist.

Die Aktivitätskoeffizienten f_{a^+} und f_{a^-} bzw. $f_{a^\pm}$ hängen nun nicht nur von den Konzentrationen der Anionen oder Kationen der Lösung ab, die in die fragliche Ionenreaktion eingehen, sondern auch von sämtlichen sonst noch in der Lösung vorhandenen Ionen. Wegen der in Gl. (1) ausgedrückten starken elektrischen Wechselwirkungskräfte zwischen sämtlichen irgendwie geladenen Partikeln wird dies nicht weiter verwundern. Wie hier nicht näher gezeigt werden soll, hängt $f_{a^\pm}$ in erster Näherung von der gesamten ionalen Konzentration sämtlicher Ionenarten in der Lösung ab. Diese Gesamtkonzentration Γ der Ionen ist definiert durch

$$\Gamma = \Sigma\, n_i^2 \cdot c_i\,. \tag{12}$$

Hier bedeutet n_i die Wertigkeit einer bestimmten Ionenart und c_i deren Konzentration.

Ein Beispiel mag den Begriff der gesamten ionalen Konzentration Γ näher erörtern. Eine Lösung, die 0,1 molar in bezug auf KCl ist und 0,01 molar in bezug auf $MgCl_2$, hat die Konzentrationen $c_{K^+} = 0,1$, $c_{Cl^-} = 0,1 + 2 \cdot 0,01 = 0,12$ und $c_{Mg^{++}} = 0,01$, die zugehörigen n_i-Werte sind 1, 1 und 2, so daß

$$\Gamma = 1 \cdot 0,1 + 1 \cdot 0,12 + 4 \cdot 0,01 = 0,26\,. \tag{12a}$$

Die von DEBYE-HÜCKEL aufgestellte Theorie der starken Elektrolyte zeigt, daß in erster Näherung $\log f_{a^\pm}$ der Quadratwurzel aus Γ proportional ist. Genauer erhält man bei Zimmertemperatur (25 °C) und Wasser als Lösungsmittel und einer Reaktion der in Gl. (10) enthaltenen Art:

$$\begin{aligned}
\log f_{a^\pm} &= -\frac{(\alpha\, n_{ix}^2 + \beta\, n_{iy}^2)}{(\alpha + \beta)} \cdot \frac{0{,}358\,\sqrt{\Gamma}}{(1 + 0{,}232 \cdot 10^{\,8} \cdot d\sqrt{\Gamma})} \\
&= -n_{ix} \cdot n_{iy}\, \frac{0{,}358\,\sqrt{\Gamma}}{1 + 0{,}232 \cdot 10^8\, d\sqrt{\Gamma}}\,.
\end{aligned} \tag{13}$$

Es bedeutet dabei d den durchschnittlichen Durchmesser der Anionen und Kationen. Die Zahlfaktoren 0,358 usw. hängen noch von der Temperatur ab, ändern sich jedoch mit T verhältnismäßig wenig.

Die Berücksichtigung der Aktivitätskoeffizienten beim praktischen Gebrauch der Gl. (6) bzw. (10) ist bei starken Elektrolyten durchaus wesentlich. So liefert z. B. die Anwendung von Gl. (10) auf eine $CaSO_4$-Lösung, die mit $(NH_4)_2SO_4$ versetzt wird, ohne Berücksichtigung der Aktivitätskoeffizienten Werte des Löslichkeitsproduktes, die bei Zusatz von 0 bis 0,12 mol/l Ammonsulfat um fast eine Zehnerpotenz variieren. Eine Vernachlässigung der f_a-Werte ist also hier selbst bei den doch reichlich verdünnten Lösungen (die $CaSO_4$-Konzentration liegt bei 25 °C zwischen 0,010 und 0,015 mol/l) nicht statthaft. Gl. (13) mit $d = 3,1$ Å führt sofort zu konstanten Werten des Löslichkeitsproduktes.

Da mit steigender Ionenkonzentration Γ nach Gl. (13) der Aktivitätskoeffizient kleiner als 1 wird, können die *Konzentrationen* der Ionen X^+ und Y^- größer werden, als man es nach der einfachen Vorstellung erwarten würde, bis das Produkt von $[X^+]$ und $[Y^-]$ das Löslichkeitsprodukt erreicht. Setzt man also einem schwerlöslichen Elektrolyten einen Fremdelektrolyten zu, so kann dadurch die Sättigungskonzentration des schwerlöslichen Elektrolyten erheblich heraufgesetzt werden, sofern der Fremdelektrolyt kein Ion mit dem ersteren gemein hat. Von dieser Tatsache kann man manchmal mit Nutzen Gebrauch machen (Einsalzeffekt).

Der Aktivitätskoeffizient des Lösungsmittels kann prinzipiell aus Gl. (13) über die Duhem-Margulessche Gleichung (III, 120d) ermittelt und dann auf den osmotischen Koeffizienten gemäß dessen Definition Gl. (III, 136) umgerechnet werden. Bei den Elektrolyten erhält man schließlich bei 0 °C und Wasser als Lösungsmittel ($c = $ mol/l)

$$1 - f_0 = (n_{i,\,\mathrm{Anion}} \cdot n_{i,\,\mathrm{Kation}})^{\frac{3}{2}} \cdot 0{,}264 \sqrt{z \cdot c}\,, \tag{14}$$

wobei n_i wie in Gl. (13), die Wertigkeiten von Anion und Kation sind und z angibt, in wie viele Ionenbestandteile die ursprünglich neutral gedachte Molekel zerfällt; z besitzt also z. B. bei $MgCl_2$ den Wert 3, bei binären Elektrolyten, wie KCl, $CaSO_4$ usw., den Wert 2 usw. Gl. (14) gilt nur bei verhältnismäßig stark verdünnten Lösungen, in konzentrierteren wird der Ausdruck für f_0 wesentlich komplizierter.

Der osmotische Koeffizient des Lösungsmittels ist nach Gl. (14) ebenso wie der Aktivitätskoeffizient des gelösten Elektrolyten nach Gl. (13) zunächst kleiner als Eins, was eben daher rührt, daß der Einfluß der anziehenden elektrostatischen Kräfte zwischen den Ionen im Sinne einer *scheinbaren* Verringerung des Dissoziationsgrades des Elektrolyten wirkt Die reale Dampfdruckerniedrigung ist demnach kleiner als die ideale (vgl. linker Teil von Abb. 50). Da aber in vielen Fällen

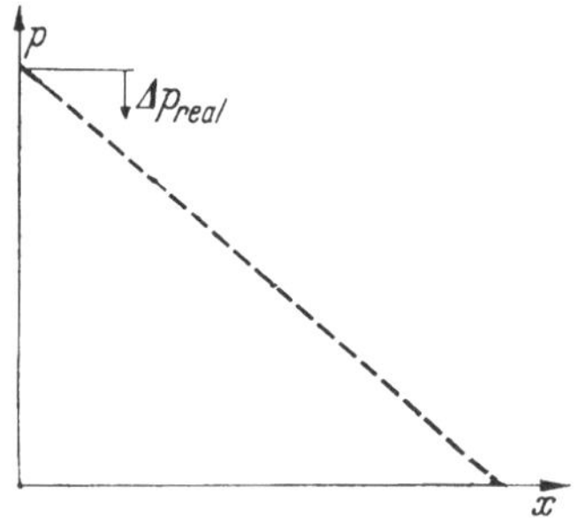

Abb. 50
Schematischer Verlauf des Wasserdampfdrucks über Elektrolytlösungen

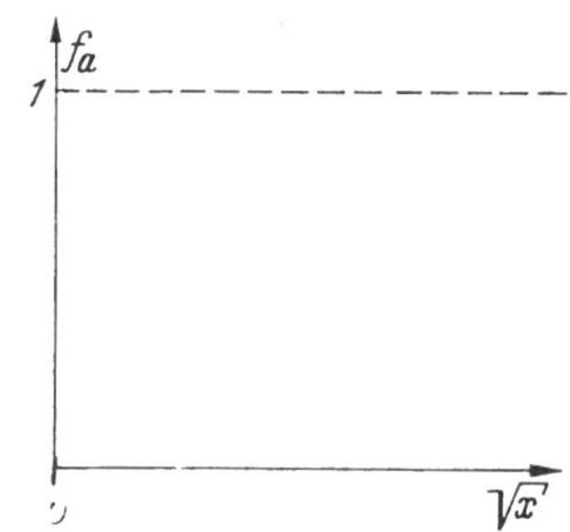

Abb. 51
Schematischer Verlauf des Aktivitätskoeffizienten von in Wasser gelösten Elektrolyten

zwischen den Ionen und dem Lösungsmittel starke bindende Wechselwirkungskräfte vorhanden sind (Hydratation bzw. Solvatation der Ionen). ist nach den Ausführungen auf S. 191/206 f. damit zu rechnen, daß die Partialdrucke der Mischungspartner im Mittelgebiet ($x \approx 0{,}5$) kleiner als die nach dem ersten Raoultschen Gesetz im Idealfall zu erwartenden Partialdrucke sind (Abb. 50). Deshalb sollte auch der Aktivitätskoeffizient hier kleiner sein als im Gebiet hoher Konzentrationen der gerade betrachteten Komponente. Also wird schließlich mit steigender Konzentration des Elektrolyten der osmotische Koeffizient des Lösungsmittels und ebenso der Aktivitätskoeffizient des Elektrolyten wieder anwachsen, er wird dann sogar größer als 1 Die Abb. 50 und 51 zeigen den Partialdruck des Lösungsmittels und den Verlauf des Aktivitätskoeffizienten des Gelösten als Funktion des Molenbruchs des letzteren. Dampfdruck und Aktivitätskoeffizient schneiden danach bei höherer Konzentration des Gelösten nochmals die ideale Kurve (gestrichelt)

§ 101. Hydrolysegleichgewichte

Wichtig ist es, bei wäßrigen Lösungen schwacher Elektrolyte auf die Eigendissoziation des Wassers

$$H^+ + OH^- = H_2O \tag{15}$$

zu achten. Diese Dissoziation ist zwar nur geringfügig, spielt aber bei vielen Erscheinungen trotzdem eine ausschlaggebende Rolle. Wegen der in allen Fällen überwiegenden Konzentration des Wassers, dessen Aktivität eben praktisch unabhängig von der Konzentration des Gelösten ist, kann das Gleichgewicht der Reaktion Gl. (15) auf die Form gebracht werden

$$[H^+] \cdot [OH^-] = K_{H_2O}. \tag{15a}$$

Die Gleichgewichtskonstante dieses Ionengleichgewichtes hat bei Zimmertemperatur die Größenordnung 10^{-14}, bei 100 °C die Größenordnung 10^{-12}, wenn die Konzentrationen $[H^+]$ usw. in mol/l gemessen werden. Die exakte Temperaturabhängigkeit von Gl. (15a) folgt aus der van't Hoffschen Gleichung

$$\frac{d\ln K_{H_2O}}{dT} = \frac{W_{neutr.}}{RT^2}. \tag{16}$$

Die hier auf der rechten Seite auftretende Wärmetönung $W_{neutr.}$ ist die Neutralisationswärme, die bei der Neutralisation von Basen mit Säuren auftritt, einer Reaktion, die in jedem Falle durch Gl. (15) beschrieben werden kann.

Lösen wir jetzt eine organische Säure HR in Wasser, so gilt es, noch das Dissoziationsgleichgewicht zu beachten.

$$\frac{[H^+] \cdot [R^-]}{[HR]} = K_s. \tag{17}$$

Bei genauer Beachtung aller Bedingungsgleichungen geschieht die Ermittlung von $[H^+]$, $[R^-]$, $[HR]$ und $[OH^-]$ einmal aus den Beziehungen Gl. (15a), (17) und der Materialbilanz

$$[R^-] + [HR] = c_s \ (= \text{Konzentration der Säure}),$$

denn die Reste R, die entweder in Ionenform R^- oder neutraler Form HR vorliegen, kommen aus der einmal zugesetzten Säure. Außerdem muß die Lösung als Ganzes sicher elektrisch neutral sein, was

$$[H^+] = [OH^-] + [R^-] \tag{18}$$

verlangt, denn schon ein geringer Überschuß einer Ladungsart würde nach Gl. (1) die Lösung offenbar mechanisch auseinandertreiben, was nicht sein kann. Aus Gl. (17) wird nun

$$[\mathrm{H}^+] \cdot [\mathrm{R}^-] = K_s \cdot \{c_s - [\mathrm{R}^-]\}$$

bzw. mit Benutzung von Gl. (18) und (15a)

$$[\mathrm{H}^+]\left\{[\mathrm{H}^+] - \frac{K_{\mathrm{H_2O}}}{[\mathrm{H}^+]}\right\} = K_s\left\{c_s + \frac{K_{\mathrm{H_2O}}}{[\mathrm{H}^+]} - [\mathrm{H}^+]\right\}. \tag{19}$$

Solange man $K_{\mathrm{H_2O}}/[\mathrm{H}^+]$ als klein gegen $[\mathrm{H}^+]$ und c_s und außerdem $[\mathrm{H}^+]$ als klein gegen c_s ansehen kann, folgt daraus:

$$[\mathrm{H}^+] \approx \sqrt{c_s \cdot K_s}\,. \tag{20}$$

Die Bestimmung der Wasserstoffionenkonzentration $[\mathrm{H}^+]$ führt dann durch Auswertung von Gl. (20) zu einer Ermittlung der Dissoziationskonstanten der Säure. Aus Gl. (19) mag man jederzeit entnehmen, wann die gemachten vereinfachenden Voraussetzungen nicht mehr als zutreffend angesehen werden können.

Besonders bedeutsam wird die eben angestellte Überlegung, wenn man außer der Säure auch noch ein praktisch vollständig dissoziierendes Salz des gleichen Anionenrestes in der Lösung hat. Die Anwesenheit von Salz *und* Säure hat man strenggenommen auch dann gleichzeitig zu berücksichtigen, wenn man nur das Salz in Wasser auflöst, denn das Anion R^- wird sich mit den H^+-Ionen des Wassers gemäß dem Dissoziationsgleichgewicht der Säure zu undissoziierter Säure HR zusammenlagern. Die Gleichungen nehmen nun im einzelnen neben Gl. (15a) und (17) folgende Gestalt an, wenn an ein Na-Salz gedacht wird:

$$\left.\begin{array}{c} [\mathrm{R}^-] + [\mathrm{HR}] = c_{\mathrm{Säure}} + c_{\mathrm{Salz}}, \\ [\mathrm{Na}^+] = c_{\mathrm{Salz}}, \\ [\mathrm{Na}^+] + [\mathrm{H}^+] = [\mathrm{OH}^-] + [\mathrm{R}^-]. \end{array}\right\} \tag{21}$$

Hieraus gewinnt man die Beziehung:

$$\frac{[\mathrm{H}^+]\left\{c_{\mathrm{Salz}} - K_{\mathrm{H_2O}}/[\mathrm{H}^+] + [\mathrm{H}^+]\right\}}{\left\{K_{\mathrm{H_2O}}/[\mathrm{H}^+] - [\mathrm{H}^+] + c_{\mathrm{Säure}}\right\}} = K_s. \tag{21a}$$

Wenn hier c_{Salz} und $c_{\mathrm{Säure}}$ groß gegen $[\mathrm{H}^+]$ und $K_{\mathrm{H_2O}}/[\mathrm{H}^+]$ sind, so folgt aus Gl. (21a) direkt

$$[\mathrm{H}^+] = \frac{K_s \cdot c_{\mathrm{Säure}}}{c_{\mathrm{Salz}}}, \tag{22}$$

so daß also bei Gleichheit von Salz- und Säurezugabe $[\mathrm{H}^+]$ direkt gleich K_s ist. Die Messung von $[\mathrm{H}^+]$ kann dabei in einer später zu besprechenden Weise (S. 233) leicht vorgenommen werden.

Wird nur Salz zugesetzt, ist also $c_{\mathrm{Säure}}$ gleich Null, so bildet sich nach unserer obigen Bemerkung undissoziierte Säure durch Wegnahme von H^+-Ionen aus dem Wasser, wodurch ein Überschuß von OH^-

Ionen verbleibt. Wenn dann also $[OH^-] = K_{H_2O}/[H^+]$ groß gegen $[H^+]$, $c_{Säure} = 0$ und c_{Salz} wieder groß gegen $K_{H_2O}/[H^+]$ gesetzt werden darf, was meistens der Fall ist, so folgt aus Gl. (21 a)

$$[H^+] = \sqrt{\frac{K_s \cdot K_{H_2O}}{c_{Salz}}} \quad \text{bzw.} \quad [OH^-] = \sqrt{\frac{K_{H_2O} \cdot c_{Salz}}{K_s}} \tag{23}$$

Man spricht dann von der *Hydrolyse* des Salzes einer schwach dissoziierenden Säure. Um ein Zahlbeispiel anzugeben, setzen wir in einer 0,1 normalen Na-Acetatlösung entsprechend den Verhältnissen bei 18 °C $K_{H_2O} = 0{,}78 \cdot 10^{-14}$ [mol/l]² und K_s (Essigsäure) $= 1{,}8 \cdot 10^{-5}$ mol/l, womit

$$[OH^-] = \sqrt{\frac{0{,}78 \cdot 10^{-14} \cdot 0{,}1}{1{,}8 \cdot 10^{-5}}} = \sqrt{0{,}43 \cdot 10^{-10}} = 0{,}66 \cdot 10^{-5} \text{ [mol/l]} \tag{23a}$$

folgt, so daß also in dieser 0,1 normalen Lösung der Bruchteil $0{,}66 \cdot 10^{-5}/0{,}1 = 0{,}66 \cdot 10^{-4}$ entsprechend der Gleichung

$$CH_3COO^- + H_2O = CH_3COOH + OH^-, \tag{24}$$

also 0,0066% des Salzes hydrolytisch gespalten sind; man bezeichnet die 0,0066% auch als den *Hydrolysegrad* des Salzes Wenn K_s, wie es bei einigen schwachen organischen Säuren der Fall ist, nur in der Größenordnung von 10^{-10} mol/l liegt, so ist der Hydrolysegrad in n/10-Lösung der Salze etwa 1%.

Die aus Salz und Säure bestehenden Mischungen schwacher organischer Säuren besitzen bekanntlich puffernde Wirkung, was jetzt aus den Gln. (21) folgt, wenn wir diesen etwa entsprechend der Tatsache, daß zur Demonstration der Pufferwirkung der Lösung ein wenig Salzsäure hinzugegeben wird, noch die Gleichung $[Cl^-] = c_{HCl}$ anfügen, womit dann die letzte Gl. (21) in

$$[Na^+] + [H^+] = [R^-] + [Cl^-] + [OH^-]$$

bzw.

$$[H^+] = K_{H_2O}/[H^+] + [R^-] + c_{HCl} - c_{Salz}$$

umzuändern ist. Gl. (21 a) gewinnt damit die Gestalt:

$$\frac{[H^+] \cdot \{c_{Salz} - c_{HCl} + [H^+] - K_{H_2O}/[H^+]\}}{\{c_{Säure} + c_{HCl} - [H^+] + K_{H_2O}/[H^+]\}} = K_s. \tag{25}$$

Unter denselben vereinfachenden Bedingungen wie oben folgt daraus:

$$[H^+] = K_s \cdot \frac{c_{Säure} + c_{HCl}}{c_{Salz} - c_{HCl}} \tag{25a}$$

Bei einem kräftigen Überschuß von Salz und Säure des organischen Restes wird sich mithin die H^+-Ionenkonzentration nur wenig von dem Wert Gl. (22) unterscheiden. Zum Beispiel ergibt sich in einer Lösung, die in bezug auf Na-Acetat und Essigsäure n/10 ist, nach Gl. (22) mit $K_s = 1{,}8 \cdot 10^{-5}$ mol/l für $[H^+] = 1{,}8 \cdot 10^{-5}$ mol/l. Setzt man einem Liter dieser Lösung 1 cm³ von 1 n HCl zu, so würde man nach elementaren

Vorstellungen eine H^+-Ionenkonzentration von etwa $^1/_{1000}$ mol/l erwarten. Gl. (25a) zeigt aber, daß statt dessen nur $[H^+] = K_s \cdot 1{,}02$ $= 1{,}84 \cdot 10^{-5}$ mol/l erhalten wird. Die Änderung von $[H^+]$ um etwa $4 \cdot 10^{-7}$ mol/l ist weit über tausendmal kleiner als die nach der primitiven Vorstellung erwartete. Das ist die *Pufferwirkung* der Lösung.

In der gleichen Weise kann man die Wasserstoffionenkonzentrationen in Lösungen ermitteln, die man bei der Mischung von schwachen organischen Säuren mit starken Laugen bzw. von schwachen Basen mit starken Säuren erhält. Diese Mischungen liegen bekanntlich beim Titrieren dieser Säuren und Basen vor, und es ist wichtig, darauf zu achten, daß der Äquivalenzpunkt gerade dort erreicht wird, wo die H^+-Ionenkonzentration das Umschlagsgebiet des zugesetzten Farbindicators überstreicht, denn der Farbindicator, der zur Titration zugesetzt wird, ändert seine Farbe jeweils beim Übergang zu einer bestimmten H^+-Ionenkonzentration. So muß z. B. bei der Titration von Essigsäure mit Natronlauge Phenolphthalein, aber nicht Methylorange als Indicator gewählt werden.

§ 102. Amphotere Elektrolyte

Es gibt eine Reihe organischer Säuren, die starken Laugen gegenüber als Säuren, starken Säuren gegenüber aber als Basen wirken. Man nennt diese Stoffe, zu denen vornehmlich die Aminosäuren gehören, deshalb auch *amphotere Elektrolyte* oder kurz *Ampholyte*. Es reagiert z. B.

$$H_2N \cdot CH_2 \cdot COOH + NaOH = H_2O + H_2N \cdot CH_2 \cdot COONa$$
$$\text{Reaktion als Säure} \qquad (26)$$

bzw.

$$H_2N \cdot CH_2 \cdot COOH + HCl = Cl^-[H_3N^+ \cdot CH_2 \cdot COOH]$$
$$\text{Reaktion als Base} \qquad (26\,a)$$

Wir werden darum der Aminoessigsäure in wäßriger Lösung die Formel

$$H_3N^+ \cdot CH_2 \cdot COO^- \qquad (26\,b)$$

zuschreiben und in entsprechender Weise jedem Ampholyten A die Gleichgewichte

$$A^- + H^+ = {}^+A^- \quad \text{und} \quad A^+ = {}^+A^- + H^+, \qquad (27)$$

denen wir die Gleichgewichtskonstanten entsprechen lassen:

$$\frac{[A^-] \cdot [H^+]}{[{}^+A^-]} = K_S \quad \text{und} \quad \frac{[A^+]}{[{}^+A^-] \cdot [H^+]} = K_B. \qquad (27\,a)$$

Je nach dem H^+-Ionengehalt der Lösung ist nun der Ampholyt mehr oder weniger in dem einen oder dem anderen Sinne dissoziiert. Wir fragen nun, bei welcher H^+-Ionenkonzentration die Gesamtdissoziation im Verhältnis zu $[{}^+A^-]$, also der Bruch

$$\frac{[A^-] + [A^+]}{[{}^+A^-]} = \frac{K_S}{[H^+]} + K_B \cdot [H^+] \qquad (28)$$

möglichst klein wird. Diese H^+ Ionenkonzentration nennen wir die des *isoelektrischen Punktes* des Amphofyten. Differentiation nach $[H^+]$ liefert als Extremumsbedingung:

$$K_B = K_S/[H^+]^2 \quad \text{oder} \quad [H^+] = \sqrt{K_S/K_B}. \tag{29}$$

Die Ionenkonzentrationen sind im Minimum (es kann, wie man sofort sieht, nur ein Minimum als Extremum vorliegen):

$$\left.\begin{array}{l} [A^+] = K_B \cdot [^+A^-] \cdot [H^+] = [^+A^-] \cdot \sqrt{K_B \cdot K_S} \\[2mm] [A^-] = K_S \cdot [^+A^-] / [H^+] = [^+A^-] \cdot \sqrt{K_B \cdot K_S}. \end{array}\right\} \tag{30}$$

und

Im isoelektrischen Punkt sind die beiden Ionenkonzentrationen einander gleich; daher rührt auch eigentlich der Name isoelektrischer Punkt Die experimentelle Ermittlung der H^+-Ionenkonzentration im isoelektrischen Punkt kann dadurch geschehen, daß man Pufferlösungen verschiedenen H^+-Ionengehaltes herstellt und diesen den Ampholyt zusetzt Diejenige Pufferlösung, deren Wasserstoffionenkonzentration durch den Zusatz am wenigsten geändert wird, liegt dabei mit ihrer H^+-Ionenkonzentration offenbar am nächsten an derjenigen des isoelektrischen Punktes.

Setzt man der reinen Lösung des Ampholyten Säure in bestimmter Konzentration zu, so kann man mit der gleichen Methode, die oben zu Gl. (25) führte, $[H^+]$ berechnen. $[H^+]$ ist dann selbstverständlich noch von K_S *und* K_B abhängig. Führt man hierbei noch das der Messung zugängliche Verhältnis K_S/K_B aus Gl. (29) ein, so wird $[H^+]$ direkt eine Funktion der Konstanten K_B oder K_S *allein*, womit dann ähnlich wie in Gl. (22) die Dissoziationskonstante K_S durch Messung der Wasserstoffionenkonzentration $[H^+]$ bestimmt werden kann. Auf die Einzelheiten der Durchführung dieser Methode mag jetzt verzichtet werden.

Es wäre natürlich auch hier korrekter, anstatt mit Konzentrationen in unseren Gleichungen mit Aktivitäten zu arbeiten. Da jedoch die Konzentrationen der verwendeten Elektrolyte gering sind, insbesondere, wenn man sich auf die elektrisch geladenen Anteile bezieht, ist der Unterschied zwischen Aktivität und Konzentration, wenn der Aktivitätskoeffizient f_a in unendlicher Verdünnung gleich 1 gesetzt wird, nicht erheblich.

Den negativen dekadischen Logarithmus der *Aktivität* der H^+-Ionen pflegt man als den *Wasserstoffionenexponenten* p_H zu bezeichnen:

$$p_H = -\log[H^+] = -\log a_{H^+}. \tag{31}$$

Da dieser mit Hilfe später zu erörternder Methoden leicht direkt gemessen werden kann, wird in der Praxis mehr mit dem p_H als mit der Konzentration gerechnet. Dazu kommt, daß in den verschiedenen Lösungen die H^+-Ionenkonzentration sich bei praktischen Versuchen oft um mehrere Zehnerpotenzen ändert, so daß eine graphische Auftragung dieser Verhältnisse nur im logarithmischen Maßstabe möglich ist, also unter Benutzung des p_H.

B. Elektrolytische Leitfähigkeit

§ 103. Äquivalentleitfähigkeit; Zusammenhang mit den Beweglichkeiten für Anionen und Kationen

Daß die Lösungen der Elektrolyte den elektrischen Strom relativ gut zu leiten vermögen, hat diesen ihren Namen gegeben. Mit Hilfe der Leitfähigkeit lassen sich wesentliche Eigenschaften der Elektrolyte bestimmen. Die Leitfähigkeit selbst rührt ja daher, daß die elektrisch geladenen Ionen sich, gezogen durch die Wirkungen des elektrischen Feldes, durch die Lösung bewegen. Zur Abscheidung von N_L Ionen ist dabei, wenn n_e deren Wertigkeit bedeutet, bekanntlich ein Stromdurchfluß von $N_L \cdot e_0 \cdot n_e = n_e \cdot \mathfrak{F}$ notwendig, wobei $\mathfrak{F}$ die Abkürzung für die Faradaysche Äquivalentladung ($= 96490$ Coulomb) ist. Da dieses Faradaysche Äquivalentgesetz die Grundlage für die Entdeckung des elektrischen Atomismus war, ist dasselbe heute in seinen Konsequenzen so bekannt, daß sich ein näheres Eingehen darauf an dieser Stelle erübrigen dürfte.

Auf das einzelne Ion in einem Elektrolyten wirkt bei der Feldstärke $\mathfrak{E}$ eine Kraft:

$$\mathfrak{K}^+ = e^+ \cdot \mathfrak{E}, \qquad \mathfrak{K}^- = e^- \cdot \mathfrak{E}, \tag{32}$$

wenn wir zwischen positiven und negativen Elektrizitätsträgern (Ionen) in der Lösung unterscheiden. Den Kraftwirkungen entsprechen noch gewisse Geschwindigkeiten, mit denen sich die Ionen durch die Lösung bewegen. Nennen wir die Reibungswiderstände der Ionen $\mathfrak{R}^+$ bzw. $\mathfrak{R}^-$, so erhalten wir als Geschwindigkeiten:

$$
\begin{aligned}
U_1 &= \frac{e^+ \cdot \mathfrak{E}}{\mathfrak{R}^+} = \frac{n_e^+ \cdot e_0 \cdot \mathfrak{E}}{\mathfrak{R}^+} \equiv U^+ \cdot \mathfrak{E} \\[2mm]
U_2 &= \frac{e^- \cdot \mathfrak{E}}{\mathfrak{R}^-} = \frac{n_e^- \cdot e_0 \cdot \mathfrak{E}}{\mathfrak{R}^-} \equiv U^- \cdot \mathfrak{E}.
\end{aligned}
\tag{33}
$$

bzw.

Dabei ist angenommen, daß sich infolge der Wirkung der inneren Reibung der Ionen in der Lösung nur eine gleichförmige, nicht aber eine beschleunigte Bewegung ergibt. Die Größen U^+ und U^- bezeichnet man als Wanderungsgeschwindigkeiten der Ionen. Es sind dies die Geschwindigkeiten, die man im Felde $\mathfrak{E} = 1$ beobachten würde; e_0 bedeutet in Gl. (33) die elektrische Elementarladung, n_e^+ und n_e^- sind die elektrochemischen Wertigkeiten der verschieden geladenen Ionen.

Die durch einen Querschnitt F in der Zeiteinheit in bestimmter Richtung hindurchwandernden positiven bzw. negativen Ionen sind durch

$$
\begin{aligned}
{}^1N^+ \cdot U^+ \cdot \mathfrak{E} \cdot F &= {}^1N^+ \cdot \frac{n_e^+ \cdot e_0 \cdot \mathfrak{E} \cdot F}{\mathfrak{R}^+} \\[2mm]
{}^1N^- \cdot U^- \cdot \mathfrak{E} \cdot F &= {}^1N^- \cdot \frac{n_e^- \cdot e_0 \cdot \mathfrak{E} \cdot F}{\mathfrak{R}^-}.
\end{aligned}
\tag{34}
$$

bzw.

gegeben, wenn ${}^1N^+$ und ${}^1N^-$ die Zahl der positiven bzw. negativen Ionen je Volumeneinheit bedeuten. Die insgesamt transportierte Ladung, d. i.

der Strom i, wird demnach, wenn hierzu mit der Ladung des Einzelions multipliziert wird:

$$i = (n_e^+ \cdot e_0 \cdot {}^1N^+ \cdot U^+ + n_e^+ \cdot e_0 \cdot {}^1N^- \cdot U^-) \, \mathfrak{E} \cdot F. \tag{35}$$

Bedenken wir, daß nach der Elektrizitätslehre die Feldstärke gleich Spannungsdifferenz E durch Abstand l der Elektroden, $\mathfrak{E} = E/i$, und daß der elektrische Widerstand W durch E/i definiert ist, so erhalten wir für den Widerstand der Elektrolytlösung:

$$W = \frac{l}{F \, (n_e^+ \cdot e_0 \cdot {}^1N^+ \cdot U^+ + n_e^- \cdot e_0 \cdot {}^1N^- \cdot U^-)}. \tag{36}$$

Nach der Elektrizitätslehre wird der Widerstand durch $l \cdot s/F$ ausgedrückt, wo s als spezifischer Widerstand bezeichnet wird, dessen reziproker Wert spezifische Leitfähigkeit heißt. Nach Gl. (36) ist diese spezifische Leitfähigkeit $\varkappa$:

$$\varkappa = n_e^+ \cdot e_0 \cdot {}^1N^+ \cdot U^+ + n_e^- \cdot e_0 \cdot {}^1N^- \cdot U^- = \frac{c_n}{1000} \, N_L \cdot e_0 \cdot (U^+ + U^-)$$

$$= \frac{c_n}{1000} \, \mathfrak{F} \, (U^+ + U^-) = \frac{c_n}{1000} \, (*u^+ + *u^-), \tag{37}$$

wobei die Konzentration der *Ionen* in Normalitäten c_n eingeführt ist, so daß $n_e^+ \cdot {}^1N^+ = N_L \, c_n/1000$ gilt, weil ja die übliche Konzentrationsdefinition des Chemikers auf den Liter und nicht auf den Kubikzentimeter bezogen ist. Für $N_L \cdot e_0$ ist die Faradaysche Äquivalentladung $\mathfrak{F}$ eingesetzt und für $\mathfrak{F} \cdot U^+$ bzw. $\mathfrak{F} \cdot U^-$ die sog. Beweglichkeit $*u^+$ bzw. $*u^-$ der Ionen. Man definiert weiter als Äquivalentleitfähigkeit $\varLambda$ den Quotienten:

$$\varLambda \equiv \frac{\varkappa}{c_n} = \frac{*u^+}{1000} + \frac{*u^-}{1000} = u^+ + u^-, \tag{38}$$

wobei wir aus Gründen der praktischen Anwendung die Teilgrößen $*u/1000$ als praktische Beweglichkeiten u eingeführt haben, die oft tabelliert werden.

Bei der Benutzung von Tabellen für u^+ und u^- ist deshalb immer darauf zu achten, ob in diesen die Größe $*u$ oder u gemeint ist; ähnlich ist es mit Zahlenangaben für die Äquivalentleitfähigkeit, die manchmal gemäß $\varLambda = *u^+ + *u^-$ definiert wird, also den 1000fachen Wert wie hier besitzt. Da die Größenordnung der u-Werte bei 0,1 und die der $*u$-Werte bei 100 Ohm$^{-1} \cdot$ cm$^{-1} \cdot$ norm^{-1} gelegen ist, dürfte eine Verwechslung kaum möglich sein. Wünscht man die Formeln für U^+ und U^- in Gl. (33) auszuwerten, so ist darauf zu achten, daß dort $\mathfrak{E}$ in abs. Einheiten einzusetzen ist, so daß also 300 Volt/cm eine abs. Feldstärkeeinheit ausmachen.

§ 104. Ostwaldsches Verdünnungsgesetz und Kohlrauschsches Gesetz

Da die Beweglichkeiten der Ionen, wenn sie sich nicht wechselseitig beeinflussen, nicht von der Konzentration abhängen, sollte $\varLambda$ unabhängig von der Konzentration sein. Dies setzt aber wieder voraus, daß c_n in Gl. (37) wirklich die Konzentration der *Ionen* ist. Wenn der

Elektrolyt jedoch nicht vollständig dissoziiert, so darf c_n in Gl. (37) eigentlich nicht mit der gewöhnlichen Normalität verwechselt werden, es müßte dann vielmehr bei Wertung von c_n als der gewöhnlichen Normalität in Gl. (37) noch der Faktor α (Dissoziationsgrad) eingefügt werden. So bekommt man dann mit dieser gewöhnlichen Bedeutung der Normalität an Stelle von Gl. (38):

$$\Lambda = \alpha\,(u^+ + u^-). \tag{38a}$$

Man kann also den Dissoziationsgrad α schwacher Elektrolyte einfach durch Messung der Äquivalentleitfähigkeit Λ ermitteln. Da man die Beweglichkeiten u^+ und u^- der einzelnen Ionen kennt, erhält man durch eine einfache Division den Dissoziationsgrad α. Man kann natürlich auch so vorgehen, daß man die Äquivalentleitfähigkeit $\Lambda(c)$ bei einer großen Zahl von Konzentrationen ermittelt, insbesondere auch bei unendlicher Verdünnung (Λ_∞), bei der $\alpha = 1$ gesetzt werden darf. Es ist dann $\Lambda_\infty = u^+ + u^-$ und

$$\alpha = \frac{\Lambda(c)}{\Lambda_\infty}. \tag{39}$$

Mit dieser experimentellen Definition des Dissoziationsgrades kann man nun direkt in das Massenwirkungsgesetz eingehen, um zu prüfen, ob die Dissoziation des Elektrolyten in die Ionen wirklich den für ein chemisches Gleichgewicht gültigen Gesetzen gehorcht. Mit $c_{\text{Anion}} = \alpha \cdot c = c_{\text{Kation}}$ und $(1 - \alpha)\,c = c_{\text{undiss.}}$ findet man bei $1-1$-wertigen Elektrolyten:

$$\frac{c \cdot \alpha \cdot c \cdot \alpha}{(1 - \alpha) \cdot c} = \frac{\alpha^2 \cdot c}{1 - \alpha} = \left(K_c \equiv K_{\text{Diss.}} = \frac{\Lambda^2(c) \cdot c}{\Lambda_\infty(\Lambda_\infty - \Lambda(c))}. \right. \tag{40}$$

Dieses sog. *Ostwaldsche Verdünnungsgesetz* wird bei genauer Prüfung nur von den sog. schwachen Elektrolyten erfüllt, bei denen ja nach dem vorigen Abschnitt wohl eine echte Dissoziation vorliegt, während die starken Elektrolyte, die ebenfalls eine Konzentrationsabhängigkeit der Äquivalentleitfähigkeit aufweisen, beim Einsetzen in das Verdünnungsgesetz keine bei vorgegebener Temperatur auch nur annähernd konstanten K_c-Werte ergeben. Auch dieser Befund zeigt, daß die starken Elektrolyte bei zunehmender Verdünnung nicht weiter dissoziieren Der Grund dafür, daß die Äquivalentleitfähigkeit bei ihnen sich ebenfalls mit der Konzentration ändert, kann nur an einer wechselseitigen Beeinflussung der Beweglichkeiten u liegen. Dies ist plausibel, denn wegen der vollständigen Dissoziation der starken Elektrolyte ist die Konzentration der Ionen so groß, daß diese sich infolge der starken Wechselwirkungskräfte der elektrischen Ladungen in ihrer gegenseitigen Beweglichkeit hemmen. Die im Felde etwa nach rechts wandernden positiven Ionen ziehen die negativen Ionen stark an und bewirken, daß diese sich nicht so rasch nach links fortbewegen können, wie dies beim Fehlen dieses Effektes der Fall wäre. Es ist klar, daß dieser Effekt der Hemmung bei großer Konzentration des Elektrolyten stärker ins Gewicht fällt als in verdünnter Lösung, weil in letzterer der gegenseitige Abstand der Kationen und Anionen im Durchschnitt größer ist und mithin die elektrostatischen Kraftwirkungen dann geringer sind.

Man pflegt darum zur Beschreibung der Verhältnisse bei starken Elektrolyten die Abweichung vom idealen Verhalten $\Lambda(c) \neq \Lambda_\infty$ unter Verwendung eines Leitfähigkeitskoeffizienten f_Λ in der Form zu schreiben:

$$f_\Lambda = \Lambda(c)/\Lambda_\infty. \tag{41}$$

Ähnlich wie beim osmotischen Koeffizienten läßt sich zeigen, daß in nicht zu konzentrierten Lösungen $1 - f_\Lambda$ der Quadratwurzel aus der Konzentration proportional ist:

$$1 - f_\Lambda = \text{const} \cdot \sqrt{c}. \tag{42}$$

Bemerkenswert ist, daß sich die Elektrolyte fast ausnahmslos in die beiden Gruppen der starken und schwachen Elektrolyte einteilen lassen. Die Zahl der in der Mitte stehenden Elektrolyte, die zwar stark dissoziieren, jedoch von einer totalen Dissoziation noch merklich entfernt sind, bei denen aber die Wechselwirkung zwischen den Ionen wieder so groß ist, daß man bei diesen mit von 1 abweichenden Leitfähigkeitskoeffizienten rechnen muß, ist ziemlich beschränkt. Trichloressigsäure und Trichlorbuttersäure gehören z. B. zu diesen Elektrolyten. An Stelle von Gl. (41) ist dann natürlich

$$\alpha \cdot f_\Lambda = \Lambda(c)/\Lambda_\infty \tag{41a}$$

zu schreiben. Die Konzentrationsabhängigkeit von f_Λ in Gl. (42) wird insofern dadurch berührt, als man für c dort auch nur die Konzentration der Ionen, nicht aber diejenige aller Teilchen einzusetzen hat.

Die Gl. (38) zeigt, daß man bei starken Elektrolyten ($\alpha = 1$) und hoher Verdünnung die Werte der Äquivalentleitfähigkeit additiv aus denen der Ionenkomponenten zusammensetzen kann. Diese experimentelle Tatsache ist unter dem Namen „*Kohlrauschsches Gesetz*" bekannt. Wir entnehmen aus ihm, daß die Differenz der Äquivalentleitfähigkeiten zweier Salze wie NaCl und KCl in unendlicher Verdünnung durch die Differenz der u-Werte der Kationen allein bestimmt wird, so daß also $\Lambda_{\text{NaCl}} - \Lambda_{\text{KCl}} = \Lambda_{\text{NaBr}} - \Lambda_{\text{KBr}}$ gelten muß. Entsprechendes wird erhalten, wenn sich die Salze nur in ihren Anionen unterscheiden. Mehr ist zunächst aus dem Satz nicht herauszulesen, vor allem kann man keinen eindeutigen Rückschluß von Λ auf einzelne u-Werte ziehen, man kann nur Differenzen über die Λ-Messungen feststellen, z. B. in dem oben angegebenen Falle die Differenz $\Lambda_{\text{NaCl}} - \Lambda_{\text{KCl}} = u_{\text{Na}} - u_{\text{K}}$ usw. Zur Ermittlung wenigstens *eines* u-Wertes kann man versuchen, die Wanderungsgeschwindigkeit dieses einen Ions direkt visuell zu bestimmen. Dies kann bei gefärbten Ionen wie dem MnO_4-Ion in der Weise geschehen, daß man eine verdünnte $KMnO_4$-Lösung mit einer ungefärbten Lösung — möglichst gleicher Leitfähigkeit — überschichtet und im elektrischen Feld das Hineinwandern der gefärbten MnO_4-Ionen in die überschichtete Lösung durch Beobachtung des Wanderns der Farbgrenze zwischen gefärbter und ungefärbter Lösung direkt beobachtet. Damit ist dann die Wanderungsgeschwindigkeit U^- der MnO_4^--Ionen bestimmt. Multiplikation mit $\mathfrak{F}$ bzw. $\mathfrak{F}/1000$ liefert die Beweglichkeit der MnO_4^--Ionen, womit dann über Gl. (38) auch die Beweglichkeiten der anderen Ionen ermittelt werden können.

§ 105. Überführungszahlen

Neben dieser Methode der direkten Beobachtung der Wanderungsgeschwindigkeit einzelner Ionen, die prinzipiell nur bei gefärbten Ionen (wobei freilich die Färbung auch z. B. im Ultraviolettgebiet liegen kann) anwendbar ist, gibt es noch die Methode, durch *Überführungsmessungen* die Beweglichkeiten zu bestimmen. Man versteht unter der Überführung folgendes:

Wir betrachten etwa die Elektrolyse einer wäßrigen HNO_3-Lösung in einem Gefäß nach Abb. 52, in dem ein Anodenraum mit einem Kathodenraum durch ein Rohr verbunden ist, das durch einen Hahn abschließbar ist. Beim Stromdurchgang durch diese elektrolytische Zelle scheiden sich für ein Faraday-Äquivalent (96490 Coulomb) an der mit + bezeichneten Elektrode N_L Ionen NO_3^- ab, die dort ihre negative Ladung neutralisieren sollten. Sie bleiben aber de facto in Lösung,

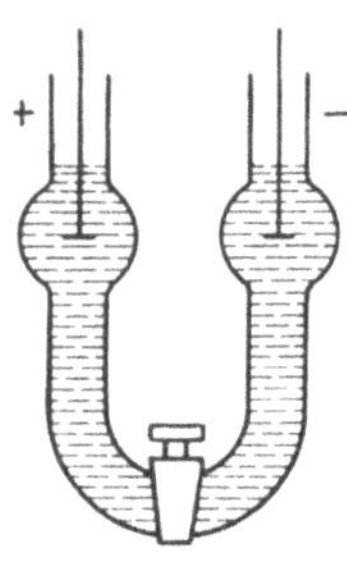

Abb. 52. Apparatur zur Messung von Überführungszahlen

weil an ihrer Stelle eine entsprechende Zahl von Sauerstoffatomen bzw. -molekeln an der Anode in Freiheit gesetzt wird. Auf der anderen Seite gelangen durch den Hahn $N_L \cdot u^-/(u^+ + u^-)$ NO_3^--Ionen in den Anodenraum, weil diese ja nur entsprechend ihrer Beweglichkeit zum Strom und Materietransport beitragen. So hat die Gesamtzahl der NO_3^--Ionen im Anodenraum um $N_L \cdot u^-/(u^+ + u^-)$ Teilchen zugenommen. Um die gleiche Zahl nimmt aber auch die Zahl der H^+-Ionen im Anodenraum zu, denn für die ausscheidenden N_L negativen Ladungen der O_2-Molekeln, die an der Anode als Gas aufbrausen, müssen N_L H^+-Ionen aus dem Wasser der Lösung nachgebildet werden, außerdem wandern durch den Hahn $N_L \cdot u^+/(u^+ + u^-)$ H^+-Ionen ab, so daß insgesamt ein Überschuß von $N_L \cdot u^-/(u^+ + u^-)$ H^+-Ionen verbleibt. Die Menge an HNO_3 nimmt bei der Elektrolyse im Anodenraum also um $u^-/(u^+ + u^-)$ Mole pro Faraday-Äquivalent zu.

Eine entsprechende Materialbilanz zeigt, daß im Kathodenraum die Gesamtmenge HNO_3 um $u^-/(u^+ + u^-)$ Mole abgenommen hat, denn diese Menge NO_3^- ist ja einerseits durch den Hahn aus dem Kathodenraum abgewandert, während N_L H^+-Ionen an der Kathode abgeschieden wurden und ein Zustrom durch den Hahn hindurch von $N_L \cdot u^+/(u^+ + u^-)$ H^+-Ionen erfolgte, so daß der Verlust an H^+-Ionen ebenfalls $N_L [1 - u^+/(u^+ + u^-)] = N_L \cdot u^-/(u^+ + u^-)$ H^+-Ionen im Kathodenraum beträgt.

Man braucht jetzt also nur die im Verhältnis zum Stromdurchgang erfolgte Gesamtänderung des HNO_3 im Anoden- und Kathodenraum zu messen, um aus dieser sog. Überführung $\varDelta$ (gemessen in Molen HNO_3) auf die sog. *Hittorfsche Überführungszahl* $\mathfrak{n} = u^-/(u^+ + u^-)$ zu schließen:

$$\frac{\varDelta \cdot 96490}{Q} = \frac{u^-}{u^+ + u^-} = \mathfrak{n}, \tag{43}$$

in der Q die in Coulomb gemessene, durch die Zelle hindurchgegangene Strommenge bedeutet. Die Überführungsmessung liefert also zusammen mit der Bestimmung der Äquivalentleitfähigkeit nach Gl. (38) zwei Gleichungen zur Berechnung von u^+ und u^-. In der nachfolgenden Tabelle sind die Beweglichkeiten für die wichtigsten Ionen bei 18 °C, in wäßrigen Lösungen zusammengestellt. Die Werte beziehen sich auf unendlich verdünnte wäßrige Lösungen.

Tabelle 10. *Beweglichkeiten der wichtigsten Ionen bei 18 °C*

Ion	H^+	Li^+	Na^+	K^+	$\tfrac{1}{2}Mg^{++}$	$\tfrac{1}{2}Ca^{++}$	Cl^-	Br^-	NO_3^-	$\tfrac{1}{2}SO_4^{--}$	OH^-
Beweglichkeit $\Omega^{-1} \cdot cm^{-1} \cdot norm^{-1}$	0,315	0,0334	0,0435	0,0646	0,046	0,051	0,0655	0,0670	0,0617	0,0683	0,174

Die angegebenen Beweglichkeiten sind ebenso wie die Äquivalentleitfähigkeiten und Leitfähigkeiten selbst von der Temperatur abhängig. Die Angaben $1/2 Mg^{++}$ usw. bei den zweiwertigen Ionen beziehen sich darauf, daß bei diesen ja Molarität und Normalität um den Faktor 2 unterschieden sind, und infolgedessen in Gl. (38) eigentlich nur die halbe Beweglichkeit dieser Ionen eingeht. Aus Gl. (33) entnehmen wir, daß die Temperaturabhängigkeit der Wanderungsgeschwindigkeiten und damit die der Beweglichkeiten durch diejenige der Reibungswiderstände $\Re^+$ und $\Re^-$ bedingt ist. Da der Reibungswiderstand von kleinen (Ionen-) Kugeln, die durch die Flüssigkeit bewegt werden, der inneren Reibung der betreffenden Flüssigkeit proportional ist, ist nach Gl. (33) die Beweglichkeit und damit die Äquivalentleitfähigkeit der Viscosität (inneren Reibung) umgekehrt proportional. Die Viscosität ist hier die einzige von der Temperatur abhängige Größe, welche damit die Temperaturabhängigkeit von u bestimmt. Weil nun die Viscosität einer Flüssigkeit mit steigender Temperatur kleiner wird, denn die Flüssigkeiten werden ja mit steigender Temperatur immer beweglicher (fluider), muß die Beweglichkeit und Leitfähigkeit der Elektrolyte mit wachsender Temperatur größer werden. Dies Verhalten steht im Gegensatz zu dem Verhalten der elektrischen Leitfähigkeit von Metallen, bei denen der Widerstand mit der Temperatur zunimmt, die Leitfähigkeit also abnimmt. Dort ist aber, was diesen Unterschied des Verhaltens erklärt, der Mechanismus des Stromtransportes ein ganz anderer als bei den Elektrolyten. Die Temperaturabhängigkeit der Leitfähigkeit (bzw. Beweglichkeit) der Elektrolyte ist darum auch bei allen Elektrolyten in wäßriger Lösung etwa gleich, nämlich gleich 2 bis 2,5% je Grad, weil die Viscosität des Wassers die gleiche — aber dem Vorzeichen nach entgegengesetzte — Abhängigkeit von T zeigt.

Lediglich die Beweglichkeiten der Eigenionen H^+ und OH^- des Wassers zeigen einen niedrigeren Temperaturkoeffizienten von 1,5 bzw. 1,8% je Grad, was offensichtlich auf einen anderen Transportmechanismus bei diesen Ionen hindeutet. Auch die relativ hohen Werte der Beweglichkeiten dieser Ionen lassen sich am einfachsten so verstehen, daß der Transport von H^+-Ionen über größere Strecken etwa dadurch

zustande kommt, daß sich an eine Wassermolekel von der einen Seite
ein H^+-Ion anlagert und dafür ein anderes H^+-Ion an der anderen Seite
aus dem H_3O^+-Komplex austritt, wodurch eben ein Stück Transport-
weg eingespart wird. Man nennt diesen Stromtransport auch kurz den
Grotthusschen Leitungsmechanismus.

§ 106. Einfluß organischer Substituenten auf den Dissoziationsgrad organischer Säuren

Über das Ostwaldsche Verdünnungsgesetz lassen sich die Dissoziationskonstanten der organischen Säuren leicht ermitteln. Da nach
Gl. (III, 82a) die Gleichgewichtskonstante mit der Affinität der betreffenden Reaktion direkt zusammenhängt, wird $K_c = K_{Diss.}$ bei den Elektrolyten auch als deren Affinitätskonstante bezeichnet. Es zeigt sich, daß
diese sich beim Übergang von einer Säure zu deren Derivaten in gesetz-
mäßiger Weise ändert: so hat z. B. die Substitution eines Cl-Atoms an
Stelle eines H-Atoms in α-Stellung den Einfluß, daß sich die Affinitätskonstante um einen Faktor 92 erhöht, in β-Stellung um einen Faktor 6,2,
in γ-Stellung und δ-Stellung um 2,0 bzw. 1,27. Werden zwei Substituen-
ten eingeführt, von denen jeder allein eine Erhöhung um den Faktor F_A
bzw. F_B bewirken würde, so erhält man in erster Näherung eine Erhöhung der Affinitätskonstante um den Faktor $F_A \cdot F_B$ usw. Da für
$K_{Diss.}$ Gl. (4) gilt, kann man diese Faktorenregel einfach durch eine
additive Änderung von $W_{Diss.}$, also durch eine ganz normale energetische
Wechselwirkung erklaren.

Bei mehrbasischen Säuren tritt in hoher Verdünnung schließlich
noch eine zweite Dissoziationsstufe auf. Die Dissoziationskonstante für
diese pflegt sich um so mehr von der ersten zu unterscheiden — d. h.,
der Quotient beider ist um so größer —, je weniger das zweite H-Atom,
das abdissoziieren soll, vom ersten entfernt ist. Auch dieses Verhalten
ist plausibel, weil nach der Dissoziation des ersten H^+-Ions die Rest-
molekel in der Nähe dieser Stelle eine relativ hohe negative Ladung
aufweisen wird. Je benachbarter das zweite dissoziationsfähige H-Atom
dem Sitz dieser Ladung ist, desto stärker wird es angezogen, und desto
kleiner wird daher die zweite Dissoziationskonstante sein.

So sind z. B. die Werte für die beiden Dissoziationskonstanten bei der

Maleinsäure $\begin{matrix} HC \cdot COOH \\ \| \\ HC \cdot COOH \end{matrix}$ bei Zimmertemperatur gleich $K_1 = 1,5 \cdot 10^{-2}$ bzw.

$K_2 = 5,1 \cdot 10^{-7}$ mol/l, während bei der isomeren Fumarsäure

$$\begin{matrix} HC \cdot COOH \\ \| \\ HOOC \cdot CH \end{matrix}$$

die entsprechenden Werte $K_1 = 1,0 \cdot 10^{-3}$ und $K_2 = 3,4 \cdot 10^{-5}$ lauten,
der Quotient ist also im ersten Falle bei relativ großer Nähe der fraglichen H-Atome gleich $2,94 \cdot 10^4$, im zweiten Falle jedoch nur noch **29,4**,
also genau tausendmal kleiner, was einem Faktor $e^{+4000/RT}$ bei Zimmertemperatur, also einer energetischen Differenz zwischen beiden Fällen
von etwa 4 kcal/mol ($\approx 16\frac{3}{4}$ kJ/mol) entsprechen würde.

C. Galvanische Ketten

§ 107. Konzentrationsketten

Bekanntlich kann man durch geeignete Koppelung einzelner elektrolytischer Zellen galvanische Elemente herstellen, die oft als Ketten bezeichnet werden. Die einfachste Anordnung ist diejenige einer Konzentrationskette, die aus zwei Einzelzellen von der in Abb. 53 gezeigten Art besteht, in denen ein Metall Me in eine Ionenlösung des gleichen Metalls eintaucht (z. B. Ag in $AgNO_3$). Die Salzlösung in der einen Zelle ist dabei konzentrierter als die in der anderen Zelle. Die Zellen selbst sind, um den Stromtransport zu garantieren, mit einem Heber verbunden. Es zeigt sich dann, daß zwischen den Metallenden der Zellen eine Spannungsdifferenz auftritt, welche mit einer Kompensationsschaltung leicht nachgewiesen und genau gemessen werden

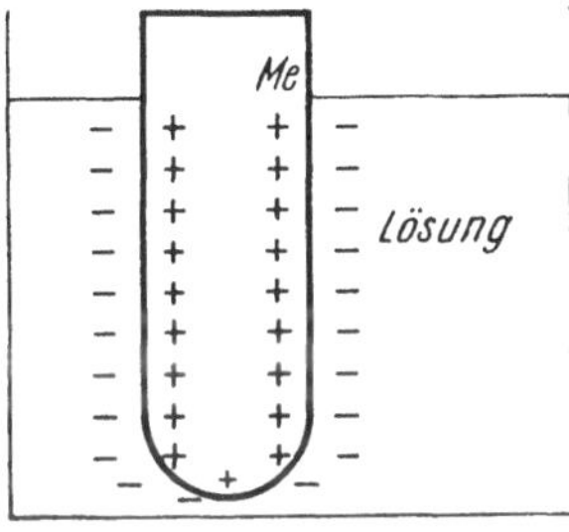

Abb. 53. Einzelelektrode, schematische Darstellung der Aufladung an der Metallelektrode (Lösungstension)

kann. Man bezeichnet diese Spannung auch einfach symbolisch als diejenige der Kette:

$$\mathrm{Me/Me^+}(c_1)/\mathrm{Me^+}(c_2)/\mathrm{Me}, \tag{44}$$

eine Schreibweise, von der wir in Zukunft noch Gebrauch machen werden. Abb. 54 zeigt die Zusammensetzung einer Konzentrationskette aus zwei Einzelelektroden.

Das Zustandekommen der Spannung verstehen wir im Anschluß an Überlegungen, die auf W. NERNST zurückgehen, wie folgt: Das reine Metall Me hat beim Eintauchen in die Lösung seiner Ionen Me^+ die Tendenz, sich mit diesen Ionen irgendwie ins Gleichgewicht zu setzen, ähnlich wie jede flüssige Phase sich mit ihrem angrenzenden Dampf ins Gleichgewicht zu setzen sucht. Es handelt sich jetzt nur um das Gleichgewicht zwischen den Atomen oder Ionen im Innern des Metalls und denen im Innern der Lösung. Es wird nun bei einer von der Natur des jeweiligen Metalls abhängigen Konzentration (genauer Aktivität) der Metallionen der Lösung

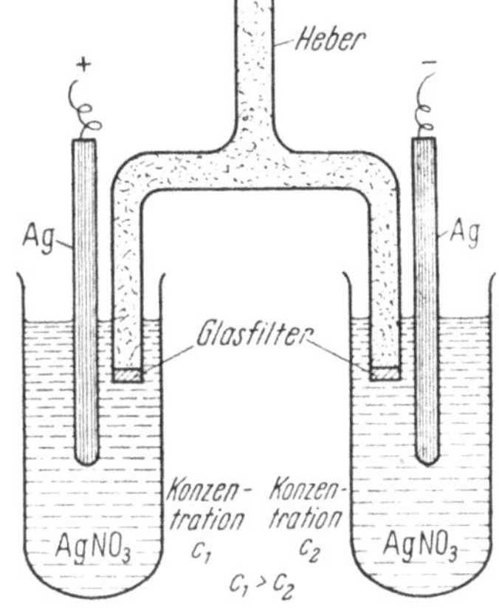

Abb. 54. Konzentrationskette mit zwischengeschaltetem Heber

Gleichgewicht zwischen den Metallatomen einerseits und den Elektronen und Lösungsionen andererseits herrschen. Die entsprechende Reaktion hätte man zu schreiben:

$$\mathrm{Me_{fest}} = \mathrm{Me^+_{(Lös.)}} + \Theta_{\mathrm{im\ Metall}}, \tag{45}$$

wenn Θ das chemische Symbol für das Elektron bzw. für N_L Elektronen darstellt. Bei dieser Konzentration oder Aktivität, die — wie man im Anschluß an NERNST sagt — der Lösungstension des Metalls entspricht, in gelöste Ionen überzugehen, ist die Reaktionsarbeit für die Reaktion der Gl. (45) gleich Null (vgl. S. 165; $^R A_{\text{Gleichgew.}} = 0$).

Bei der Verschiedenheit der Aktivitaten der Ionen in den beiden Zellen befindet sich zumindest eine der Zellen nicht im Gleichgewicht mit dem reinen Metall, so daß bei derjenigen Zelle, deren relative Aktivitätsdifferenz von dem Gleichgewichtszustand größer ist, durch Reaktion eine Annäherung an den Gleichgewichtszustand geschieht. Bei dieser Reaktion mögen etwa Ionen aus der Lösung niedergeschlagen werden, es möge also die Reaktionsgleichung Gl. (45) von rechts nach links ablaufen. Die dabei im Metall neutralisierten Elektronen würden zu einer positiven Aufladung des Metalls führen, welches als solches die nun in der Lösung freien Anionen, die nicht mehr ladungsmäßig durch die Me^+-Ionen der Lösung kompensiert sein können, anziehen würde, so daß die Oberfläche des Metalls mit der angrenzenden Anionenschicht nach Art der Abb. 53 eine elektrische Doppelschicht bilden würde. Diese Doppelschicht ist dann nach den Grundtatsachen der Elektrizitätslehre immer die Ursache für einen Potentialsprung bzw. eine Spannungsdifferenz Metall/Lösung nach der Art eines elektrischen Kondensators.

Werden nun die Metalle in den beiden Zellen der Konzentrationskette irgendwie leitend miteinander verbunden, so werden über diese äußere Leitung Elektronen der gerade betrachteten, stärker vom Gleichgewicht abweichenden Elektrode zufließen, welche die neutralisierten Elektronen, von denen eben die Rede war, ersetzen können. Somit können die nun in der Lösung frei gewordenen Anionen, deren zugeordnete Metallkationen auf dem Metall niedergeschlagen wurden, aus der ersten Zelle über den Heber in die zweite Zelle abwandern, weil sie ja nicht mehr durch eine positive Aufladung des Metalls gebunden werden. In dieser zweiten Zelle wird nun eine dem Umsatz in der ersten Zelle entsprechende Menge Metall in Ionenform in Lösung gehen können, weil die zweite Elektrode ja Elektronen an die erste abgegeben hat, wodurch dann in der Lösung auch die durch den Heber zugewanderte Anionenmenge elektrisch kompensiert werden kann. In der flüssigen Phase der galvanischen Kette spielt sich also die Reaktion ab:

$$(Me^+ An^-)_{\text{conc. 1}} \rightarrow (Me^+ An^-)_{\text{conc. 2}},$$

d. h., das Salz in der Zelle „eins" verdünnt sich und das in der Zelle „zwei" konzentriert sich, indem eben eine bestimmte Menge Salz durch den Heber übergeführt wird.

Der ganze Vorgang ist demjenigen bei der normalen Elektrolyse entgegengesetzt: denn wir haben oben bei der Besprechung der elektrischen Überführung auf S. 222 gesehen, daß beim Durchleiten eines elektrischen Stromes durch eine Zelle Konzentrationsänderungen eintreten. Hier gehen wir von vorgegebenen Konzentrationsunterschieden aus, die dann der Anlaß für einen galvanischen Strom sind. Demnach ist die Reaktion (46) als reversibel anzusehen. Im obigen Falle wird übrigens die in die konzentriertere Lösung eintauchende Elektrode gemäß Abb. 53 positiv geladen.

Die Arbeit, die der elektrische Strom bei der Überführung des Salzes von Zelle „eins" zu Zelle „zwei" leisten kann und die nach der Elektrizitätslehre durch $Q \cdot E$ gegeben wird, muß durch die Reaktionsarbeit $^R A$ der Reaktion Gl. (46) gedeckt werden. Hier ist Q die durch den Draht zwischen den Zellen transportierte Strommenge und E die Spannung der Zelle. Die Reaktionsarbeit von Gl. (46), die ja nur in einer Verdünnungsarbeit besteht, ist in Analogie zu Gl. (III, 81):

$$^R A = n\,RT\ln c_1/c_2, \tag{47}$$

wenn n die transportierte Zahl der Mole bedeutet und der Begriff Mol als Abkürzung für N_L Einzelteilchen (hier Ionen) verstanden wird. Aus den Ausführungen zum Begriff der Überführungszahl (§ 105) folgt, daß beim Transport von $Q = n_e \cdot \mathfrak{F}$ Coulomb (n_e = elektrochem. Wertigkeit, $\mathfrak{F} = 96490$ Coulomb) $u^-/(u^+ + u^-)$ Mole des Salzes transportiert werden. Da nun wegen der Dissoziation des Salzes in zwei Ionen diesen $u^-/(u^+ + u^-)$ Molen $2 \cdot u^-/(u^+ + u^-) \cdot N_L$ Ionen entsprechen, gilt:

$$n_e \cdot \mathfrak{F} \cdot E = \frac{2u^-}{u^+ + u^-} \cdot RT \cdot \ln \frac{c_1}{c_2} \quad \left[= \frac{2u^-}{u^+ + u^-} \cdot RT \cdot \ln \frac{a_1}{a_2} \right], \tag{48}$$

wie aus der Gleichsetzung der elektrischen Arbeit mit der Reaktionsarbeit folgt. Die in Klammern gesetzte Formel mit den Aktivitäten an Stelle der Konzentrationen gibt das Resultat bei Berücksichtigung der Abweichungen von den idealen Gesetzen an, die nur bei hoher Verdünnung gelten. Zahlenmäßig ergibt sich bei Beachtung der Umrechnung von ln in log und von cal in Wattsekunden ($=$ Joule; also 1 cal $= 4,186$ Wattsec.) das Resultat:

$$\left.\begin{aligned} E\,(\text{Volt}) &= \frac{2u^-}{u^+ + u^-} \cdot \frac{1,9865 \cdot 4,186}{96490} \cdot \frac{2,303}{n_e} \cdot T \cdot \log \frac{c_1}{c_2} \\ &= \frac{2u^-}{u^+ + u^-} \cdot \frac{1,984 \cdot 10^{-4}}{n_e} \cdot T \cdot \log \frac{c_1}{c_2}. \end{aligned}\right\} \tag{48a}$$

Bei Zimmertemperatur (18 °C $= 291$ °K) erhält man:

$$\text{bzw.} \quad \left.\begin{aligned} E\,(\text{Volt}) &= \frac{2u}{u^+ + u^-} \cdot \frac{0,058}{n_e} \cdot \log \frac{c_1}{c_2} \\ &= \frac{2u^-}{u^+ + u^-} \cdot \frac{0,058}{n_e} \cdot \log \frac{a_1}{a_2}. \end{aligned}\right\} \tag{48b}$$

§ 108. Konzentrationsketten mit und ohne Überführung, Normalpotentiale und Spannungsreihe der Elemente

Die so erhaltene Spannungsdifferenz der Konzentrationskette kann man noch in mehrere Anteile aufteilen. Es läßt sich zunächst ein Potentialunterschied E_1 bzw. E_2 zwischen dem Metall und der jeweiligen Lösung konstruieren. Dieser wäre natürlich in dem Fall, daß die Lösung gerade die der Lösungstension entsprechende Konzentration bzw. Akti-

vität besitzt, gleich Null, andernfalls ergibt sich, wenn die Gleichgewichtskonzentration mit c_s bzw. a_s bezeichnet wird:

$$E_1 = \frac{RT}{n_e\mathfrak{F}} \cdot \ln \frac{c_1}{c_s} \quad \text{oder} \quad E_1 = \frac{RT}{n_e\mathfrak{F}} \cdot \ln \frac{a_1}{a_s}, \tag{49}$$

denn jetzt ist natürlich die für $n_e \cdot \mathfrak{F}$ Coulomb umgesetzte Ionen-
menge gerade 1 Mol, während nach der oben entwickelten Vorstellung
die Anionen zum Schluß mit einem gewissen Überschuß in der Zelle
„eins" verblieben, wenn nicht die Überführung berücksichtigt würde.
Für die zweite Zelle gilt ebenso:

$$E_2 = \frac{RT}{n_e\mathfrak{F}} \cdot \ln \frac{c_2}{c_s} \quad \text{oder} \quad E_2 = \frac{RT}{n_e\mathfrak{F}} \cdot \ln \frac{a_2}{a_s}. \tag{49a}$$

Die Spannungsdifferenz der beiden Metalle der Zellen gegeneinander
würde sich dann zu:

$$\varDelta E = E_1 - E_2 = \frac{RT}{n_e\mathfrak{F}} \cdot \ln \frac{c_1}{c_2} \quad = \frac{RT}{n_e\mathfrak{F}} \cdot \ln \frac{a_1}{a_2} \Big]$$

ergeben, wenn nicht an der Berührungsstelle der beiden verschieden
konzentrierten Lösungen noch ein zusätzlicher Potentialunterschied aufträte. Dieser Potentialunterschied an der Grenze zweier Lösungen
pflegt als Diffusionspotential bezeichnet zu werden, sein Wert muß
offenbar

$$\varDelta E_{\text{Diff.}} = \frac{u^- - u^+}{u^+ + u^-} \cdot \frac{RT}{n_e\mathfrak{F}} \cdot \ln \frac{c_1}{c_2} \tag{50a}$$

betragen, damit die Zusammenfügung von Gl. (50) und (50a) die Poten-
tialdifferenz Gl. (48a) der Konzentrationskette liefert. Wir werden weiter
unten nochmals auf das Zustandekommen der Diffusionspotentiale
durch den Diffusionsprozeß in der Grenzschicht zurückkommen.

Man nennt die direkt meßbare Spannung [Gl. (48a)] der Konzentrationskette auch deren Spannung mit Überführung, während der Wert
Gl. (50) als Spannung der Konzentrationskette ohne Überführung bezeichnet wird. Die Letztgenannte kann man messen, wenn man das
Diffusionspotential zwischen den verschieden konzentrierten Lösungen
irgendwie unterdrückt. Dies ist nun in der Tat weitgehend durch Verwendung eines Hebers zwischen den Lösungen möglich, der mit konzentrierter KCl-Lösung oder einer anderen konzentrierten Salzlösung
gefüllt ist, deren Anion etwa die gleiche Beweglichkeit wie das Kation
hat (vgl. die Tabelle 10 auf S. 223). Gl. (50) bietet natürlich auch eine
direkte Möglichkeit zur Messung der Aktivitäten der Ionen in Lösung,
was durch geeignete Anordnung (s. u.) geschehen kann.

Im Moment ist die Bemerkung besonders wichtig, daß man nach
Gl. (49) jeder Einzelzelle ein Potential (Potentialsprung: Metall/Lösung)
zuordnen kann, wobei man unter Zusammenfassung der bei fester
Temperatur konstanten Werte in eine Größe $E_{0\,\text{abs.}}$

$$\left.\begin{aligned}
E &= \frac{RT}{n_e\mathfrak{F}} \ln c - \frac{RT}{n_e\mathfrak{F}} \ln c_s \quad \left[= \frac{RT}{n_e\mathfrak{F}} \ln a - \frac{RT}{n_e\mathfrak{F}} \ln a_s\right], \\
E &= \frac{RT}{n_e\mathfrak{F}} \ln c + E_{0\,\text{abs.}} \quad \left[= \frac{RT}{n_e\mathfrak{F}} \ln a + E_{0\,\text{abs.}}\right]
\end{aligned}\right\} \tag{51}$$

schreibt. Somit kann man für den Fall, daß man zwei Zellen mit verschiedenen Metallen, die in Lösungen ihrer eigenen Ionen eintauchen, zu einer galvanischen Kette zusammensetzt, beim Verschwinden jeglichen Diffusionspotentials (KCl-Heber) schreiben:

$$E_{\text{Kette}} = \frac{RT}{n_{e_1}\mathfrak{F}} \ln c_1 - \frac{RT}{n_{e_2}\mathfrak{F}} \ln c_2 + E_{01\,\text{abs.}} - E_{02\,\text{abs.}} \qquad (52)$$

Für die praktische Anwendung dieser Formel benötigt man noch die Kenntnis der $E_{0\,\text{abs.}}$-Werte für die einzelnen Metalle, die natürlich noch von der Temperatur abhängen werden, weil einerseits c_s (oder die Aktivität a_s) i. allg. noch temperaturabhängig sein wird, und weil zum anderen $E_{0\,\text{abs.}}$ für $-RT/n_e\,\mathfrak{F}\cdot\ln c_s$ gesetzt ist, also ohnehin die Temperatur explizit in die Definition von $E_{0\,\text{abs.}}$ eingeht.

Da die Messung von c_s oder $E_{0\,\text{abs.}}$ Schwierigkeiten macht, die Zahlwerte dieser Größen also nicht mit der genügenden Genauigkeit experimentell festlegbar sind und es zudem für die Spannungen der Ketten nur auf Differenzen von $E_{0\,\text{abs.}}$-Werten ankommt, hat es sich als zweckmäßig erwiesen, mit relativen E_0-Werten zu rechnen, wobei für ein bestimmtes Material willkürlich $E_0 = 0$ gesetzt wird. Als Nullpunkt dieser praktischen Skala wird einem Vorschlage W. NERNSTs folgend der Wert für die Wasserstoffelektrode gewählt, die allerdings nicht mehr unter die Metallelektroden fällt, vielmehr eine sog. Gaselektrode ist, auf die wir noch näher eingehen werden. Man kann so die Metalle der Größe ihrer praktischen E_0-Werte nach in eine Reihenfolge bringen, die sog. Spannungsreihe die beim Wasserstoff — der hier als Kationenbildner auch als Metall angesprochen werden mag — ihren Nullpunkt hat, bei den Alkalien sehr hohe negative Werte und bei den Edelmetallen Gold, Silber usw. relativ hohe positive Werte erreicht. Die folgende Tabelle gibt einen kurzen Überblick über die auf den Wasserstoff (bei Atmosphärendruck) als Nullpunkt bezogenen sog. *Normal-* bzw. *Standardpotentiale E_0*, mit denen Gl. (52) auf die Form

$$E_{\text{Kette}} = \frac{RT}{n_{e_1}\mathfrak{F}} \ln c_1 - \frac{RT}{n_{e_2}\mathfrak{F}} \ln c_2 + E_{01} - E_{02} \qquad (52a)$$

bzw.

$$E_{\text{Kette}} = \frac{RT}{n_{e_1}\mathfrak{F}} \ln a_1 - \frac{RT}{n_{e_2}\mathfrak{F}} \ln a_2 + E_{01} - E_{02}$$

gebracht werden kann.

Die Normalpotentiale sind selbstverständlich verschieden, wenn die Wertigkeiten der Ionen des gerade betrachteten Metalls in der Lösung sich unterscheiden. Der Potentialsprung Metall/Lösung ist also ein anderer, wenn z. B. Fe in eine verdünnte Fe^{++}-Lösung eintaucht als beim Eintauchen in eine Fe^{+++}-Lösung gleicher Konzentration. Deshalb sind die Spannungswerte durch Symbole wie Fe/Fe^{++} bzw. Fe/Fe^{+++} usw. gekennzeichnet.

Die Tabelle enthält neben Metallen auch Entladungen bzw. Umladungen von Anionen wie J_2/J^-. Man kann derartige Umladungen dadurch zur Konstruktion galvanischer Zellen verwenden, daß man

eine Platinelektrode in einer J^--Ionen enthaltenden Lösung kurz so
elektrolysiert, daß sich an der Pt-Elektrode ein anhaftender dauer-
hafter Überzug von Jod bildet. Wenn man dann diese Elektrode in eine
Lösung definierter J^--Ionenkonzentration bzw. -aktivität taucht, so hat
man dieser eine Spannung

$$E = -\frac{RT}{n_e \mathfrak{F}} \ln c + E_0 \quad \left[= -\frac{RT}{n_e \mathfrak{F}} \ln a + E_0 \right] \tag{53}$$

zuzuschreiben. In Gl. (53) ist das gegenüber Gl. (51) geänderte Vor-
zeichen darauf zurückzuführen, daß jetzt die potentialbestimmenden
Ionen das entgegengesetzte Vorzeichen wie bei den Metallen haben.
Der in Gl. (53) auftretende E_0-Wert ist der in der Tabelle 11 für die
Übergänge Pt, J^-/J_2 usw. gemeinte.

Tabelle 11. *Spannungsreihe einiger Elemente, E_0 bei Zimmertemperatur*

Umladungsvorgang	Na/Na^+	Mn/Mn^{++}	Zn/Zn^{++}	Fe/Fe^{++}	Fe/Fe^{+++}	Ni/Ni^{++}
Normalpotential E_0 (Volt) . .	$-2,71$	$-1,10$	$-0,76$	$-0,44$	$-0,04$	$-0,22$

Umladungsvorgang	$H_2/2\,H^+$	Cu/Cu^{++}	Cu/Cu^+	Ag/Ag^+	Pt, Cl^-/Cl_2	Pt, J^-/J_2
Normalpotential E_0 (Volt) . .	$0,000$	$0,34$	$0,51$	$0,799$	$1,37$	$0,56$

Aus der Tabelle entnehmen wir z. B. im Einklang mit Gl. (52),
daß die Spannung einer Kette ohne Überführung (KCl-Heber), die aus
einem in eine Cu^{++}-Lösung tauchenden Cu-Stab und einem in eine
Zn^{++}-Lösung tauchenden Zn-Stab besteht, bei Zimmertemperatur

$$\left. \begin{aligned}
E &= \frac{0,058}{2} \cdot \log \frac{a_{Cu^{++}}}{a_{Zn^{++}}} + 0,34 - (-0,76) \\
&= 0,029 \cdot \log \frac{a_{Cu^{++}}}{a_{Zn^{++}}} + 1,10 \text{ Volt}
\end{aligned} \right\} \tag{54}$$

beträgt, wenn die Aktivitäten an Stelle der Konzentrationen gebraucht
werden. Im Falle der Gleichheit der beiden Aktivitäten erhält man eine
Spannung von 1,10 Volt, wobei die Cu-Elektrode der positive Pol ist.
Diese Spannung entspricht dem sog. Daniell-Element, das bekanntlich
aus den genannten beiden Metallen zusammengesetzt ist.

Der sich in diesem Element abspielende energieliefernde Vorgang
ist die Abscheidung der Cu^{++}-Ionen zu Cu auf der einen Seite und die
Auflösung des Zn zu Zn^{++} auf der anderen Seite, also die Reaktion

$$Zn + Cu^{++} = Zn^{++} + Cu. \tag{55}$$

Wie schon bei Ableitung der Gl. (47) erwähnt wurde, ist die Spannung
das energetische Maß für die Reaktionsarbeit der energieliefernden
Reaktion, so daß die Voltzahl direkt in cal als Reaktionsarbeit umgerechnet werden kann. Bei einwertigen Elektrolyten entspricht bei

einem Mol Umsatz (ohne Überführung) einem Volt Spannung die Energie 96490 Wattsec oder $96490/4{,}186 = 23054$ cal $= 23{,}05$ kcal. Bei mehrwertigen Elektrolyten ist also die Reaktionsarbeit

$$^R\!A = n_e \cdot 23{,}05 \cdot E\,(\text{Volt}); \text{ gemessen in kcal.} \tag{56}$$

$$\left(= n_e \cdot 96{,}49 \cdot E\,(\text{Volt}); \text{ gemessen in kJ.} \right)$$

So können wir jetzt die Spannungsmessungen von galvanischen Ketten direkt zur experimentellen Ermittlung der zugehörigen Reaktionsarbeiten benutzen.

Die Tabelle der Normalspannungen besagt also, daß die Reaktion Gl. (55) bei normalen Konzentrationen eine positive Reaktionsarbeit (Reaktionsrichtung von links nach rechts) von $2 \cdot 1{,}10 \cdot 23{,}05$ kcal $= 50{,}7$ kcal (212 kJ) liefert. Man kann auch nach Gl. (54) sofort errechnen, bei welcher Aktivität bzw. Konzentration der Cu^{++}-Ionen die Reaktion Gl. (55) z. B. bei $a_{Zn^{++}} = 1$ zum Stillstand gelangt, wann also $^R\!A = 0$ wird. Man findet hierfür Cu^{++}-Konzentrationen ($=$ Aktivitäten) von 2 bis $3 \cdot 10^{-38}$ mol/l, also Konzentrationen, die gar nicht mehr direkt experimentell feststellbar sind. Das heißt, Cu^{++} wird durch Zn praktisch vollständig aus seiner Ionenlösung verdrängt. Dieser bekannte Satz der qualitativen anorganischen und analytischen Chemie hat durch die Angabe des Normalpotentials eine quantitative Fassung erhalten.

§ 109. Gaselektroden

Neben den oben beschriebenen Elektrodenzellen gibt es noch Gaselektroden, bei denen die potentialbestimmenden Ionen vom gelösten Ionenzustand nicht in den festen (metallischen) Zustand, sondern letzten Endes in den Gaszustand übergehen. Es eignen sich natürlich nur solche Gase zu Gaselektroden, die den angegebenen Zustandssprung von der Ionenform zur Gasform leicht durchzuführen vermögen, wie z. B. Wasserstoff und Chlor.

Im Falle der Wasserstoffelektrode z. B. pflegt man (vgl. Abb. 55) eine mit Platinschwarz überzogene Platinelektrode mit H_2 zu umspülen, der sich zu einem Teil atomar in dem Platin löst. Damit hat man gewissermaßen das Analogon zu dem festen Metall vom Beispiel der vorigen Paragraphen geschaffen. Der sich an der Pt-Elektrode abspielende, der Gl. (45) entsprechende Vorgang ist,

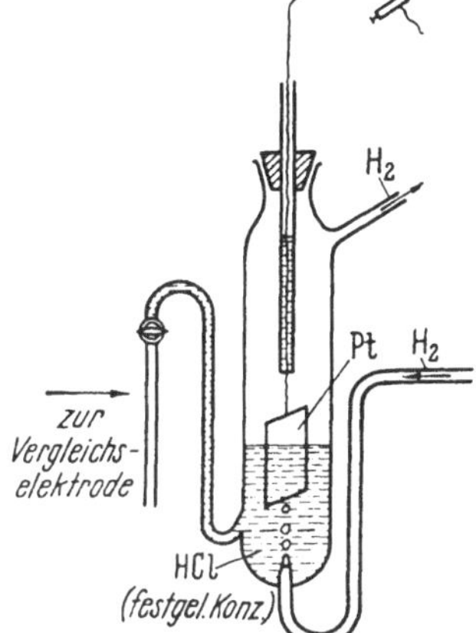

Abb. 55. Wasserstoffelektrode

$$H_{\text{atom. gel.}} = H^+ + \Theta_{\text{in Pt}}, \tag{57}$$

so daß der Gleichgewichtszustand bei fester Temperatur durch die Beziehung

$$\frac{[H^+]_{\text{Gleichgew.}}}{[H]_{\text{atom. gel.}}} = \text{const} \tag{58}$$

gegeben wird. Auf der anderen Seite ist die Aktivität oder Konzentration des atomar im Platin gelösten Wasserstoffs im Gleichgewicht bedingt durch die Gleichgewichte der beiden hintereinandergeschalteten Reaktionen

$$H + H \rightarrow H_2 \quad \text{und} \quad H_{gas} \rightarrow H_{atom.\,gel.} \tag{59}$$

mit den Gleichgewichtsbeziehungen

$$\frac{[H]_{gas} \cdot [H]_{gas}}{[H_2]_{gas}} = K_1 \quad \text{und} \quad \frac{[H]_{gas}}{[H]_{atom.\,gel.}} = K_2, \tag{60}$$

woraus unter der praktisch immer erfüllten Bedingung, daß der gasförmige Wasserstoff überwiegend molekular vorliegt, folgt

und

$$\begin{aligned}
[H]_{gas} &= \sqrt{K_1 [H_2]_{gas}} \sim \sqrt{K_1 \cdot p_{H_2}} \\
[H]_{atom.\,gel.} &= 1/K_2 \cdot \sqrt{K_1 [H_2]_{gas}} \sim \sqrt{p_{H_2}},
\end{aligned} \right\} \tag{61}$$

womit aus Gl. (58) im Falle des Gleichgewichtes wird:

$$\frac{[H^+]_{Gleichgew.}}{[H]_{atom.\,gel.}} = \frac{[H^+]_{Gleichgew.}}{\sqrt{p_{H_2}}} \cdot \text{Konst.} = \text{const.} \tag{62}$$

Hierbei ist p_{H_2} einfach der Gesamtgasdruck des Wasserstoffs.

Die Gl. (49) gewinnt mithin in unserem jetzigen Falle mit $n_e = 1$ die Gestalt

$$\begin{aligned}
E_H &= \frac{RT}{\mathfrak{F}} \ln \frac{c_{H^+}}{c_s} = \frac{RT}{\mathfrak{F}} \ln \frac{c_{H^+}}{[H^+]_{Gleichgew.}} \\
&= \frac{RT}{\mathfrak{F}} \ln \frac{c_{H^+}}{\sqrt{p_{H_2}} \cdot \text{const/Konst.}} = \frac{RT}{\mathfrak{F}} \ln \frac{c_{H^+}}{\sqrt{p_{H_2}}} + E_{0\,H}. \tag{63}
\end{aligned}$$

Da nun für die Praxis $E_{0\,H} = 0$ gesetzt wird, wenn p_{H_2} in Atmosphären gemessen wird, gilt schließlich für das Potential der in eine Lösung der H^+-Ionenkonzentration $c = [H^+]$ eintauchenden Wasserstoffelektrode

$$\begin{aligned}
E_H &= \frac{RT}{\mathfrak{F}} \ln \frac{[H^+]}{\sqrt{p_{H_2}}} = 1{,}984 \cdot 10^{-4} \cdot T \cdot \log \frac{[H^+]}{\sqrt{p_{H_2}}} \\
&\approx 0{,}058 \cdot \log \frac{[H^+]}{\sqrt{p_{H_2}}} \; \text{(Volt)} \tag{63a}
\end{aligned}$$

Selbstverständlich kann man jetzt eine Wasserstoffelektrode mit jeder der oben besprochenen Metallelektroden zu einer galvanischen Kette zusammenschalten, wobei dann die Differenz von E_H und E_{Metall} als Spannung gemessen wird, wenn unter Verwendung eines geeigneten Hebers (KCl) die Diffusionspotentiale unterdrückt werden. In dieser Weise können direkt die auf S. 230 angegebenen Normalpotentiale oder *Standardpotentiale* gemessen werden, denn sie sind gleich der Spannung, die man erhält, wenn man eine Wasserstoffelektrode mit $p_{H_2} = 1$ atm und $[H^+] = 1$ mit einer Metallelektrode die in eine Metallionenlösung der Konzentration oder der Aktivität 1 taucht, zu einem Element zusammenkoppelt.

Ganz ebenso kann man zwei Wasserstoffelektroden mit verschiedenem Wasserstoffpartialdruck oder verschiedener [H⁺]-Konzentration zu einem Element koppeln. Die Spannungen ergeben sich dann aus

$$E = 0{,}058 \cdot \log \sqrt{\frac{p_{\mathrm{H_2}}(2)}{p_{\mathrm{H_2}}(1)}} \quad \text{bzw.} \quad E = 0{,}058 \cdot \log \frac{[\mathrm{H^+}]_1}{[\mathrm{H^+}]_2}. \tag{64}$$

Die zweite Gleichung kann zur experimentellen Ermittlung der Wasserstoffionenkonzentration einer vorgegebenen Lösung herangezogen werden. Man koppelt dazu etwa eine Normalwasserstoffelektrode ($[\mathrm{H^+}]_1 = 1$) mit einer zweiten in die zu untersuchende Lösung eintauchenden Wasserstoffelektrode zusammen und erhält als Spannung der Kette

$$E_{\mathrm{Kette}} = -0{,}058 \cdot \log[\mathrm{H^+}]_2 = -0{,}058 \cdot \log a_{\mathrm{H^+}} = 0{,}058 \cdot \mathrm{p_H}, \tag{64a}$$

wenn man die Definition Gl. (31) des Wasserstoffionenexponenten berücksichtigt. In der Praxis spielt diese Methode der $\mathrm{p_H}$-Messung eine große Rolle.

So findet man für den Fall, daß die zweite Lösung eine Lauge der [OH⁻]-Aktivität 1 ist, eine Spannung von 0,82 Volt, was einem $\mathrm{p_H}$ von der ungefähren Größe 14 entspricht. Die Wasserstoffionenkonzentration ist in einer etwa 1-normalen Lauge demnach gleich 10^{-14} mol/l, was eine Konstante $[\mathrm{H^+}] \cdot [\mathrm{OH^-}] = 10^{-14}$ (mol/l)² ergibt. In dieser Weise läßt sich also die Gleichgewichtskonstante der Eigendissoziation des Wassers besonders einfach und elegant messen.

Die anderen Gaselektroden lassen sich unmittelbar auf die Wasserstoffelektrode zurückführen. So erhält man eine Chlorelektrode, indem man die Pt-Elektrode mit Chlorgas anstatt mit Wasserstoffgas umspült und die Elektrode in eine Chlorionen enthaltende Lösung (z. B. HCl) eintauchen läßt. Man kann eine derartige Elektrode als Wasserstoffelektrode betrachten, indem man bedenkt, daß sich an der Pt-Elektrode über das dort vorhandene $\mathrm{Cl_2}$ und HCl der Lösung (wenn an HCl als Elektrolyt gedacht wird) das Gleichgewicht:

$$\frac{[\mathrm{H_2}] \cdot [\mathrm{Cl_2}]}{[\mathrm{HCl}]^2} = \frac{p_{\mathrm{H_2}} \cdot p_{\mathrm{Cl_2}}}{p_{\mathrm{HCl}}^2} = K_p [= K_c] \tag{65}$$

einstellt, wobei dann auch ein gewisser $\mathrm{H_2}$-Partialdruck entsteht, der gemäß Gl. (63a) zu einem Potential:

$$\begin{aligned}
E_{\mathrm{Cl}} &= \frac{RT}{\mathfrak{F}} \ln \frac{[\mathrm{H^+}]}{\sqrt{K_p \cdot p_{\mathrm{HCl}}^2/p_{\mathrm{Cl_2}}}} = \frac{RT}{\mathfrak{F}} \ln \frac{\sqrt{p_{\mathrm{Cl_2}}} \cdot [\mathrm{H^+}]}{p_{\mathrm{HCl}} \cdot \sqrt{K_p}} \\
&= \frac{RT}{\mathfrak{F}} \ln \frac{\sqrt{p_{\mathrm{Cl_2}}}}{[\mathrm{Cl^-}]} + \frac{RT}{\mathfrak{F}} \ln \frac{[\mathrm{H^+}] \cdot [\mathrm{Cl^-}]}{p_{\mathrm{HCl}} \cdot \sqrt{K_p}} \\
&= \frac{RT}{\mathfrak{F}} \ln \frac{\sqrt{p_{\mathrm{Cl_2}}}}{[\mathrm{Cl^-}]} + E_{0,\,\mathrm{Cl}} = -0{,}058 \log \frac{[\mathrm{Cl^-}]}{\sqrt{p_{\mathrm{Cl_2}}}} + E_{0,\,\mathrm{Cl}}
\end{aligned} \tag{66}$$

führt. Hierbei wurde für die nur von der Temperatur abhängige Größe

$$RT/\mathfrak{F} \cdot \ln\{[\mathrm{H^+}] \cdot [\mathrm{Cl^-}]/p_{\mathrm{HCl}} \sqrt{K_p}\}$$

ein neues Normalpotential $E_{0,\,Cl}$ eingeführt, welches den Wert der Chlorelektrode gegenüber einer Normal-Wasserstoffelektrode angibt, wenn $[Cl^-] = 1$ und $p_{Cl_2} = 1$ atm gewählt wird. Man findet bei Zimmertemperatur $E_{0,\,Cl} = 1{,}366$ Volt.

Da der HCl-Dampfdruck über einer 1 n HCl-Lösung $2{,}96 \cdot 10^{-7}$ atm beträgt, folgt aus

$$0{,}058 \cdot \log \frac{1 \cdot 1}{\sqrt{K_p \cdot 2{,}96 \cdot 10^{-7}}} = 1{,}366 \text{ Volt} \qquad (67)$$

für K_p der Wert $K_p = 0{,}7 \cdot 10^{34}$ Es bietet also die Methode der Potentialbestimmung einer Chlorelektrode ein einfaches Mittel, um die Gleichgewichtskonstante der zugrunde liegenden Reaktion Gl. (65) bei Zimmertemperatur zu messen, eine Konstante, die wegen ihrer Kleinheit anderweitig schwer zu fassen ist.

Aus dem eben erhaltenen K_p-Wert der Gl. (65) entnimmt man, daß keine H-Atome an der Chlorelektrode auftreten; trotzdem ist die Ermittlung der Reaktionsarbeit einer Kette bzw des Potentials über die Reaktion mit Wasserstoff korrekt, weil ja nach § 76 die Bestimmung einer isothermen Reaktionsarbeit unabhängig vom Wege ist. Der Weg über den Wasserstoff muß das gleiche Resultat ergeben wie der Weg über das Chlor. Selbstverständlich sorgen die in größerer Menge vorhandenen Chloratome und Ionen für die tatsächliche Einstellung des Potentials der Chlorelektrode, für die Berechnung der Kettenspannung können wir aber den Weg einschlagen, der für uns im Augenblick vom Standpunkt unserer Kenntnis der einfachere ist.

Ähnlich verhält es sich bei der Verwendung von Sauerstoff an Stelle von Wasserstoff. Es sei jedoch gleich vermerkt, daß das Potential der Sauerstoffelektrode sich nicht leicht an einer Platinelektrode in reproduzierbarer reversibler Weise einstellt. Wenn wir von dieser Schwierigkeit absehen, so ist die Sauerstoffelektrode wiederum als Wasserstoffelektrode aufzufassen, weil sich ja zufolge des immer vorhandenen H_2O-Dampfes das Gleichgewicht

$$\frac{[H_2] \cdot [O_2]^{\frac{1}{2}}}{[H_2O]} = K_c \quad \text{oder} \quad \frac{p_{H_2} \cdot p_{O_2}^{\frac{1}{2}}}{p_{H_2O}} = K_p \qquad (68)$$

einstellt. Die Gl. (63a) liefert dann für das Potential der Sauerstoffelektrode gegen die Normal-Wasserstoffelektrode

$$\left.\begin{aligned}
E &= 0{,}058 \log \frac{[H^+]}{\sqrt{p_{H_2}}} = 0{,}058 \log \frac{[H^+] \cdot p_{O_2}^{\frac{1}{4}}}{\sqrt{K_p \cdot p_{H_2O}}} \\[2mm]
&= 0{,}058 \log \frac{[H^+] \cdot [OH^-] \, p_{O_2}^{\frac{1}{4}}}{\sqrt{K_p \cdot p_{H_2O}} \cdot [OH^-]} = 0{,}058 \log \frac{p_{O_2}^{\frac{1}{4}}}{[OH^-]} + E_{0,\,0} \\[2mm]
&= -0{,}058 \log \frac{[OH^-]}{p_{O_2}^{\frac{1}{4}}} + E_{0,\,0}
\end{aligned}\right\} \qquad (69)$$

mit der Abkürzung

$$E_{0,0} = 0{,}058 \log \frac{K_{H_2O}}{\sqrt{K_p \cdot p_{H_2O}}} \quad \text{und} \quad K_{H_2O} = [H^+] \cdot [OH^-] = 10^{-14,22} \quad (70)$$

Der Wert $E_{0,0}$, der experimentell zu 0,41 Volt bestimmt wurde, liefert jetzt wegen $p_{H_2O} = 0{,}0204$ atm $= 15.5$ Torr, dem Wasserdampfdruck bei Zimmertemperatur (18 °C), für $K_x = 1{,}2 \cdot 10^{-41}$ atm$^{\frac{1}{2}}$

Schaltet man die Sauerstoffelektrode gegen eine Wasserstoffelektrode, die in die gleiche Lösung eintaucht, so erhält man an Stelle von Gl. (69)

$$\left.\begin{aligned}
E &= 0{,}058 \log \frac{p_{O_2}^{\frac{1}{4}}}{[OH^-]} - 0{,}058 \log \frac{[H^+]}{p_{H_2}^{\frac{1}{2}}} + 0{,}41 \\[2mm]
&= 0{,}058 \log p_{O_2}^{\frac{1}{4}} \cdot p_{H_2}^{\frac{1}{2}} - 0{,}058 \log K_{H_2O} + 0{,}41 \\[2mm]
&= 0{,}058 \log p_{O_2}^{\frac{1}{4}} \cdot p_{H_2}^{\frac{1}{2}} + 0{,}82 + 0{,}41 \\[2mm]
&= 0{,}058 \log p_{O_2}^{\frac{1}{4}} \cdot p_{H_2}^{\frac{1}{2}} + 1{,}23 \ (\text{Volt}),
\end{aligned}\right\} \quad (71)$$

d. i. die Spannung der Knallgaskette, welche direkt die Reaktionsarbeit der Knallgasverbrennung bei Zimmertemperatur liefert. Das negative Vorzeichen in der letzten Beziehung (69) rührt wieder daher, daß die OH^--Ionen entgegengesetzt geladen sind wie die H^+-Ionen (vgl. S. 230 u. 233).

Experimentell ist, wie schon betont, das Potential der Sauerstoffelektrode direkt schlecht meßbar, weil es sich an einer Pt-Elektrode nicht gut einstellt. Man geht bei der experimentellen Bestimmung des Potentials gewöhnlich so vor, daß man die Pt-Elektrode mit einer Hg/HgO-Mischung umgibt, die für einen definierten — freilich verhältnismäßig kleinen — Sauerstoffpartialdruck und ein meßbares Potential gegen die Normal-Wasserstoffelektrode sorgt. Bei Kenntnis dieses Partialdrucks (vgl. § 67) ist dann nach Gl. (69) $E_{0,0}$ direkt berechenbar.

§ 110. Redoxpotentiale. Bleiakkumulator

Wir sahen eben, daß die Einstellung bzw. Herstellung eines Wasserstoffgaspotentials indirekt über das HCl- oder H_2O-Gleichgewicht erfolgen kann. Prinzipiell ähnlich läßt sich das Wasserstoffgaspotential über eine große Zahl von Oxydations-Reduktions-Reaktionen herstellen. Betrachten wir z. B. die Reaktion

$$Cu^{++} + \tfrac{1}{2} H_2 = Cu^+ + H^+, \quad (72)$$

so gilt im Gleichgewicht für diese Reduktion

$$\frac{[Cu^{++}] \cdot p_{H_2}^{\frac{1}{2}}}{[Cu^+] \cdot [H^+]} = K. \quad (73)$$

Mithin ergibt das Einsetzen in Gl. (63a) bei Zimmertemperatur

$$E = 0{,}058 \log \frac{[\mathrm{Cu^{++}}]}{[\mathrm{Cu^{+}}] \cdot K} = 0{,}058 \log \frac{[\mathrm{Cu^{++}}]}{[\mathrm{Cu^{+}}]} - 0{,}058 \log K$$
$$= 0{,}058 \log \frac{[\mathrm{Cu^{++}}]}{[\mathrm{Cu^{+}}]} + E_{0,\,\mathrm{red.}}, \tag{74}$$

wenn wieder für $0{,}058 \cdot \log K$ die Abkürzung $-E_{0,\mathrm{red.}}$ eingeführt wird. Es wird sich demnach in einer H-Ionen enthaltenden Lösung, die $\mathrm{Cu^{++}}$- und $\mathrm{Cu^{+}}$-Ionen enthält, gemäß Gl. (74) ein Potential gegen die Normal-Wasserstoffelektrode einstellen. Die experimentelle Messung des Potentials gestattet dann die direkte Berechnung des sog. Reduktions-Oxydations-Potentials $E_{0,\mathrm{red.}}$.

Diese Reduktions-Oxydations-Potentiale (Redoxpotentiale) sind prinzipiell aus den auf S. 230 angegebenen Normalpotentialen berechenbar, was man aus der Zusammensetzung des obigen Gleichgewichtes Gl. (72) aus den Reaktionen

und
$$\left. \begin{aligned} \mathrm{Cu^{++}} + \mathrm{H_2} &= \mathrm{Cu} + 2\,\mathrm{H^{+}} \\ \mathrm{Cu^{+}} + \tfrac{1}{2}\mathrm{H_2} &= \mathrm{Cu} + \mathrm{H^{+}} \end{aligned} \right\} \tag{75}$$

bei ihrer Subtraktion erkennt. Die Reaktionsarbeiten, die ja im wesentlichen mit den Potentialen identisch sind, ergeben sich beim Arbeiten unter Normalbedingungen gemäß Gl. (56) zu $2 \cdot E_{0,\,\mathrm{Cu^{++}}} \cdot 23{,}05 \,\mathrm{kcal}$ bzw. zu $1 \cdot E_{0,\,\mathrm{Cu^{+}}} \cdot 23{,}05 \,\mathrm{kcal}$, so daß als Reaktionsarbeit für die Reduktion Gl. (72) erhalten wird: $(2 E_{0,\,\mathrm{Cu^{++}}} - 1 E_{0,\,\mathrm{Cu^{+}}}) \cdot 23{,}05 \,\mathrm{kcal}$. Da zum anderen die Reaktionsarbeit der Gl. (72) wieder gemäß Gl. (56) zu $1 \cdot E_{0,\mathrm{red.}} \cdot 23{,}05 \,\mathrm{kcal}$ erhalten wird, folgt schließlich in unserem Falle

$$E_{0,\mathrm{red.}} = 2 E_{0,\,\mathrm{Cu^{++}}} - 1 E_{0,\,\mathrm{Cu^{+}}} = 2 \cdot 0{,}34 - 0{,}51 = 0{,}17 \,\mathrm{Volt.} \tag{76}$$

Im allgemeinen Falle gilt für die Reduktion des Metalls Me von der n-wertigen Stufe in die m-wertige, also für den Umsatz:

$$\mathrm{Me}^{n+} + (n-m) \cdot \tfrac{1}{2}\mathrm{H_2} = \mathrm{Me}^{m+} + (n-m) \cdot \mathrm{H^{+}} \tag{77}$$

die Beziehung:

$$(n-m) \cdot E_{0,\mathrm{red.}} = n \cdot E_{0,\,\mathrm{Me}^{n+}} - m \cdot E_{0,\,\mathrm{Me}^{m+}}, \tag{77a}$$

wenn $E_{0,\,\mathrm{Me}^{n+}}$ usw. die Normalpotentiale des betreffenden Metalls in der Lösung mit n-wertigen Metallionen usw. sind.

Neben diesen Reduktionen, die nur in der Erniedrigung der Wertigkeitsstufe bestehen, gibt es noch Reduktions-Oxydations-Reaktionen der folgenden Art:

$$\mathrm{Pb^{++}} + 2\,\mathrm{H_2O} = (\mathrm{PbO_2})_{\mathrm{fest}} + 2\,\mathrm{H^{+}} + \mathrm{H_2}, \tag{78}$$

die im Bleiakkumulator eine bevorzugte Rolle spielt. Wenn wir ebenso wie bei Gl. (72) vorgehen, so müssen wir das Gleichgewicht:

$$\frac{[\mathrm{Pb^{++}}] \cdot [\mathrm{H_2O}]^2}{[\mathrm{H^{+}}]^2 \cdot p_{\mathrm{H_2}}} = \mathrm{const} \tag{78a}$$

bei der Festlegung des Wasserstoffpartialdrucks beachten. Aus Gl. (63a) folgt dann für das Potential einer mit festem PbO_2 — das deshalb nicht in Gl. (78a) auftrat — überzogenen Elektrode bei Zimmertemperatur gegenüber einer Normal-Wasserstoffelektrode:

$$\left.\begin{aligned} E &= 0{,}058 \log \frac{[H^+]^2 \cdot \sqrt{\text{const}}}{[Pb^{++}]^{\frac{1}{2}} \cdot [H_2O]} \\ &= 0{,}058 \log \frac{[H^+]^2}{[Pb^{++}]^{\frac{1}{2}}} + 0{,}058 \log \frac{\sqrt{\text{const}}}{[H_2O]} \cdot \end{aligned}\right\} \quad (79)$$

In verdünnten Lösungen, in denen das Wasser in derartigem Überschuß vorhanden ist, daß $[H_2O]$ praktisch als konstant angesehen werden kann, gilt:

andernfalls

$$\left.\begin{aligned} E &= 0{,}058 \log \frac{[H^+]^2}{[Pb^{++}]^{\frac{1}{2}}} + E_{0,\,\text{red.}}\,, \\[2ex] E &= 0{,}058 \log \frac{[H^+]^2}{[Pb^{++}]^{\frac{1}{2}} \cdot [H_2O]} + E'_{0,\,\text{red.}} \cdot \end{aligned}\right\} \quad (80)$$

Normiert man hier die H_2O-Aktivität so, daß im reinen H_2O die Aktivität $[H_2O] = 1$ gesetzt wird, so gilt natürlich zahlenmäßig $E'_{0,\text{red.}} = E_{0,\text{red.}}$ mit einem Wert, der übrigens 1,44 Volt gegenüber der Normal-Wasserstoffelektrode beträgt (vgl. Tab. 12 auf S. 239).

Wenn wir hier die Anwendung auf den Bleiakkumulator machen, der als galvanische Kette symbolisch durch:

$$PbO_2 \Big/ \underset{\text{gesättigt mit } PbSO_4}{H_2SO_4 - H_2O} \Big/ Pb \qquad (81)$$

geschrieben werden kann, bei dem also eine PbO_2-Elektrode in einer mit $PbSO_4$ gesättigten Schwefelsäure-Wasser-Lösung gegen eine Pb-Elektrode geschaltet ist, so müssen wir von dem obigen Potential noch das Potential Pb/Pb^{++} abziehen, womit schließlich

$$E_{\text{Akk.}} = 0{,}058 \log \frac{[H^+]^2}{[Pb^{++}]^{\frac{1}{2}} \cdot [H_2O]} + E_{0,\,\text{red.}} - 0{,}058 \log [Pb^{++}]^{\frac{1}{2}} - E_{0,\,Pb}$$

$$(82)$$

erhalten wird, wenn an Stelle von $0{,}058/2 \cdot \log [Pb^{++}]$ der Ausdruck $0{,}058 \cdot \log [Pb^{++}]^{\frac{1}{2}}$ geschrieben wird. Es entsteht so mit $E_{0,\,Pb} = -0{,}12$ Volt:

$$\left.\begin{aligned} E_{\text{Akk.}} &= 0{,}058 \log \frac{[H^+]^2}{[Pb^{++}] \cdot [H_2O]} + 1{,}44 - (-0{,}12) \\[2ex] &= 0{,}058 \log \frac{[H^+]^2 \cdot [SO_4^{--}]}{[Pb^{++}] \cdot [SO_4^{--}] \cdot [H_2O]} + 1{,}56 \cdot \end{aligned}\right\} \quad (82a)$$

Hier wurde noch mit der Aktivität der SO_4^{--}-Ionen erweitert. Wenn nun nach Gl. (81) die Schwefelsäurelösung mit Bleisulfat gesättigt ist, so ist $[Pb^{++}] \cdot [SO_4^{--}]$ mit dem Löslichkeitsprodukt L [Gl. (6) bzw. (9)]

des $PbSO_4$ identisch. Auf der anderen Seite gilt für die beiden Dissoziationen der Schwefelsäure:

$$\left.\begin{aligned} \frac{[H^+]\cdot[HSO_4^-]}{[H_2SO_4]} = K_{D_1} \quad &\text{und} \quad \frac{[H^+]\cdot[SO_4^{--}]}{[HSO_4^-]} = K_{D_2}, \\[2mm] \frac{[H^+]^2\cdot[SO_4^{--}]}{[H_2SO_4]} &= K_{D_1}\cdot K_{D_2}, \end{aligned}\right\} \tag{83}$$

also

womit Gl. (82 a) die Gestalt erhält:

$$\left.\begin{aligned} E_{\text{Akk.}} &= 0{,}058 \log\frac{K_{D_1}\cdot K_{D_2}\cdot[H_2SO_4]}{L\cdot[H_2O]} + 1{,}56 \\[2mm] &= 0{,}058 \log\frac{[H_2SO_4]}{[H_2O]} + 0{,}058 \log\frac{K_{D_1}\cdot K_{D_2}}{L} + 1{,}56. \end{aligned}\right\} \tag{82b}$$

Mit den Zahlwerten $K_{D_1} = 0{,}2$, $K_{D_2} = 1{,}2\cdot10^{-2}\,\text{mol/l}$ und $L = 1{,}5\cdot10^{-8}[\text{mol/l}]^2$ kommt:

$$E_{\text{Akk.}} = 0{,}058 \log\frac{[H_2SO_4]}{[H_2O]} + 1{,}86\,\text{Volt}, \tag{82c}$$

woraus man bei den im Akkumulator vorliegenden Verhältnissen (32 Gew.-% Schwefelsäure ≈ 4 molare Lösung) mit $[H_2O] = 0{,}71$ und $[H_2SO_4] \approx 1500$ (der Aktivitätskoeffizient ist bei 400 gelegen, wenn er im verdünnten Zustand auf 1 normiert wird) $E_{\text{Akk.}} = 2{,}05\,\text{Volt}$ erhält, was mit dem experimentell beobachteten Wert von 2,04 Volt hinreichend übereinstimmt.

Aus Gl. (80) entnehmen wir in folgender Weise die oxydierende Kraft des Bleidioxids: Beim $p_H = 0$, also $[H^+] = 1$ und $[Pb^{++}]^{\frac{1}{2}} \approx 10^{-4}$ (gesättigte Bleisulfatlösung bei $[SO_4^{--}] = 1$) erhalten wir ein Potential von 1,67 Volt; ein solches liefert die Wasserstoffgaselektrode nach Gl. (63a) bei einem Wasserstoffpartialdruck von 10^{-58} atm bzw. die ebenfalls in eine Lösung mit $[H^+] = 1$ und dementsprechend mit $[OH^-] = 10^{-14}$,[22] eintauchende Sauerstoffelektrode nach Gl. (69) bei einem Sauerstoffpartialdruck von $10^{30{,}4} = 2{,}5\cdot10^{30}$ atm. Bei Zimmertemperatur besitzt das Wasser bei einem Wasserdampfdruck von 0,02 atm dagegen erst einen Wasserstoffpartialdruck von $4\cdot10^{-29}$ atm und einen Sauerstoffpartialdruck von $2\cdot10^{-29}$ atm, wenn wir die auf S. 235 angegebene Gleichgewichtskonstante $K_p = 1{,}2\cdot10^{-41}\,\text{atm}^{\frac{1}{2}}$ der Wasserdampfdissoziation beachten. Wir sehen also, daß die oxydierende Kraft des Bleidioxids in der angegebenen Lösung vielfach größer ist als die des reinen Wassers, das als indifferent angesprochen werden mag bzw. zur Markierung eines Nullpunktes der oxydierenden Wirkung herangezogen werden kann, weil sich ja die Reaktionen normalerweise in wäßriger Lösung abspielen. Die reduzierende Kraft des PbO_2 ist natürlich dementsprechend geringer. Es ist also das Bleidioxid ein außerordentlich starkes Oxydationsmittel, was quantitativ erst aus der Größe des Redoxpotentials in der eben angegebenen Weise ermittelt werden kann.

Man erhält bei einer Wasserstoffelektrode mit einem dem Wasserdampf bei Zimmertemperatur entsprechenden Wasserstoffpartialdruck von $4 \cdot 10^{-29}$ atm nach Gl. (63a) eine Spannung von 0,82 Volt, wenn $[H^+] = 1$ gesetzt wird, so daß also bei Redoxpotentialen $> 0,82$ Volt in einfach normaler saurer Lösung oxydierende, bei Potentialen $< 0,82$ Volt reduzierende Wirkungen feststellbar sind, wenn man mit n/1-sauren Lösungen ohne besonderes Oxydations- oder Reduktionsmittel vergleicht. So haben wir z. B. in einer Ferro-Ferri-Salzlösung entsprechend Gl. (74) das Potential

$$E = 0{,}058 \log \frac{[Fe^{+++}]}{[Fe^{++}]} + 0{,}75 \text{ (Volt)}, \tag{84}$$

so daß also in einer Fe^{+++}-Fe^{++}-Lösung mit $[Fe^{+++}]/[Fe^{++}] = 16$ und $[H^+] = 1$ die gleiche Redoxwirkung wie in einer n/1-Säurelösung erzielt wird. Bei höheren Fe^{+++}-Konzentrationen wirkt die Lösung schwach oxydierend, andernfalls schwach reduzierend.

Die folgende Tabelle enthält die Redoxpotentiale der wichtigsten Redoxreaktionen:

Tabelle 12. Redoxpotentiale

Umladungen bzw. Oxydationen	Spannungen in Volt	Umladungen bzw. Oxydationen	Spannungen in Volt
Cu^+/Cu^{++}	0,18	$NO + 2\,H_2O/NO_3^- + H^+ + \tfrac{3}{2}\,H_2$	0,95
Fe^{++}/Fe^{+++}	0,75	$Mn^{++} + 2\,H_2O/MnO_2 + 2\,H^+ + H_2$	1,35
Hg^+/Hg^{++}	0,92	$Pb^{++} + 2\,H_2O/PbO_2 + 2\,H^+ + H_2$	1,44
Co^{++}/Co^{+++}	1,8	$Mn^{++} + 4\,H_2O/MnO_4^- + 3\,H^+ + \tfrac{5}{2}\,H_2$	1,52
Pb^{++}/Pb^{++++}	1,8	$MnO_2 + 2\,H_2O/MnO_4^- + H^+ + \tfrac{3}{2}\,H_2$	1,63

§ 111. Praktische Potentialmessungen mit der Chinhydronelektrode und der Kalomelelektrode. Elektroden zweiter Art. Amalgamelektroden

In der Praxis finden einige spezielle Elektroden häufigere Anwendung. Die Wasserstoffelektrode selbst ist recht unpraktisch in der Handhabung wegen der notwendigen Umspülung der Elektrode mit *(reinem)* gasförmigem Wasserstoff. Man kann die Einstellung eines definierten, praktisch nur von der H^+-Ionenkonzentration abhängigen Potentials leichter durch ein spezielles und bequem zu handhabendes Redoxpotential bewirken. Man benutzt hierfür oft das Gleichgewicht:

$$\text{O=}\!\!\overset{\displaystyle}{\bigcirc}\!\!\text{=O} + H_2 = \text{HO-}\!\!\overset{\displaystyle}{\bigcirc}\!\!\text{-OH} \tag{85}$$

also die Reduktion des Chinons mit Wasserstoff zu Hydrochinon. Das Gleichgewicht schreiben wir:

$$\frac{[C_6H_4O_2] \cdot p_{H_2}}{[C_6H_6O_2]} = K_{Ch}, \tag{85a}$$

woraus nach Gl. (63a) für das Potential einer Pt-Elektrode folgt, die in eine H^+-Ionen enthaltende, mit Chinon und Hydrochinon versetzte

Lösung eintaucht:

$$E_{Ch} = 0{,}058 \log \frac{[H^+]}{\sqrt{K_{Ch}}} \cdot \sqrt{\frac{[C_6H_4O_2]}{[C_6H_6O_2]}}$$
$$= 0{,}058 \log [H^+] \cdot \sqrt{\frac{[C_6H_4O_2]}{[C_6H_6O_2]}} + E_{0,\,Ch}, \qquad (86)$$

wo wieder $-0{,}058 \cdot \log \sqrt{K_{Ch}} = E_{0,\,Ch}$ ($= 0{,}7044$ Volt) gesetzt ist. Man sieht hieraus, daß K_{Ch} von der Größenordnung 10^{-24} atm ist, daß also nach Gl. (85a) p_{H_2} außerordentlich gering ist gegenüber den Chinon- und Hydrochinonkonzentrationen, wenn diese letzteren merkliche Werte besitzen. Nun bilden Chinon und Hydrochinon im Verhältnis 1:1 eine Molekülverbindung, die als Chinhydron bezeichnet wird, so daß sich bei der Einstellung des Gleichgewichtes Gl. (85a) das Verhältnis Chinon/Hydrochinon nur unmerkbar verschieben wird, und die Quadratwurzel in Gl. (86) den Wert 1 praktisch beibehält, sofern man die Verbindung Chinhydron zur Potentialeinstellung verwendet. Somit wird bei Benutzung des Chinhydrons das Potential der Chinhydronelektrode:

$$E_{Ch} = 0{,}058 \log [H^+] + 0{,}7044 = -0{,}058 \cdot p_H + 0{,}7044, \qquad (86a)$$

wenn wir den auf S. 217 eingeführten Wasserstoffionenexponenten p_H verwenden. Die Chinhydronelektrode ist also zur Bestimmung von p_H-Werten vorgelegter Lösungen gut brauchbar.

Das Chinhydron kann man vorerst auflösen oder auch in fester Form in geringer Menge der auf ihren p_H-Wert zu prüfenden Lösung zusetzen, in welche die Pt-Elektrode dann eingetaucht wird (vgl. Abb. 56).

Als Gegenelektrode zu dieser sog. Chinhydronelektrode benutzt man meist die Kalomelelektrode, die aus Hg in Berührung mit Kalomel besteht, und deren Hg-Ionenkonzentration durch eine definierte Zugabe von KCl eingestellt wird (Abb. 57). Man arbeitet deshalb so, daß über dem Quecksilber noch eine genügende Menge festes Quecksilberchlorid enthalten ist, so daß sich dem Massenwirkungsgesetz entsprechend in der Lösung ein Gleichgewicht zwischen den Hg^+-Ionen und den Cl^--Ionen einstellt:

$$[Hg^+] \cdot [Cl^-] = L. \qquad (87)$$

Wegen der Schwerlöslichkeit des Quecksilberchlorids wird die Chlorionenkonzentration ausschließlich durch das zugegebene Kaliumchlorid definiert. Es wird also für die Spannung der Elektrode

$$E_{Kal.} = 0{,}058 \log [Hg^+] + E_{0,\,Kal.}^* = 0{,}058 \log \frac{L}{[Cl^-]} + E_{0,\,Kal.}^*$$
$$= -0{,}058 \log [Cl^-] + E_{0,\,Kal.} \qquad (88)$$

mit $E_{0,\,Kal.} = 0{,}284$ Volt erhalten.

Die Gl. (87) berücksichtigt zwar nicht, daß die Formel des Kalomels eigentlich als Hg_2Cl_2 oder $Hg[HgCl_2]$ mit zweiwertigem Hg geschrieben werden sollte; jedoch zeigt die Beachtung der Dissoziationen in Hg^{++} und $HgCl_2^{--}$ und von $HgCl_2^{--}$ in Hg und $2\,Cl^-$, daß die Form der Gl. (88) ungeändert bleibt.

Man nennt Elektroden der hier beschriebenen Art, bei denen die maßgebende Metallionenkonzentration über eine Anionenkonzentration und das Lösungsgleichgewicht des entsprechenden schwerlöslichen Metallsalzes sekundär eingestellt wird, Elektroden zweiter Art.

Es sei noch bemerkt, daß man bei Verwendung von Metallegierungen als Elektroden, z. B. bei Benutzung von Amalgamen, ebenfalls Beziehungen für das Potential der Elektrode erhält, in denen die maßgebenden Konzentrationen der Metalle im Nenner stehen. Es gilt in diesem Falle prinzipiell wieder Gl. (49) mit der ergänzenden Bemerkung,

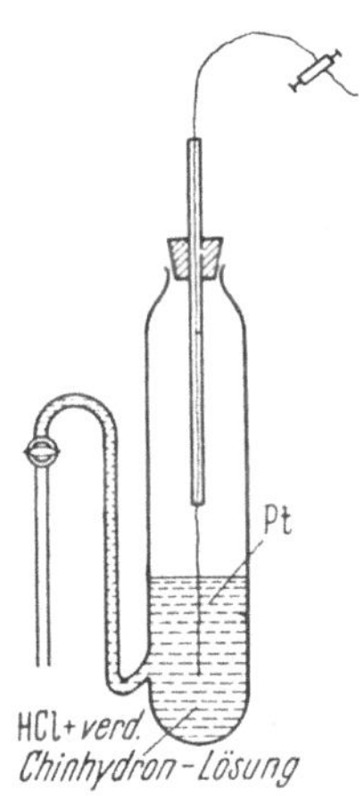

Abb. 56. Chinhydronelektrode

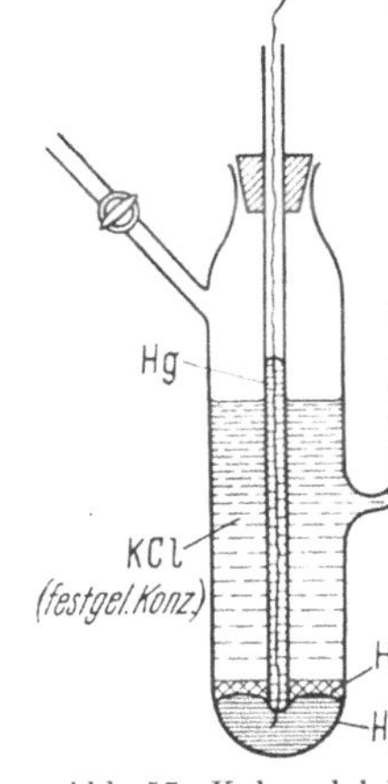

Abb. 57. Kalomelelektrode

daß die Gleichgewichtskonzentration c_s (Lösungstension) der Aktivität bzw. Konzentration [Me] des Metalls im Amalgam proportional ist. An Stelle von Gl. (49) entsteht dann:

$$\left. \begin{aligned} E &= \frac{RT}{n_e \mathfrak{F}} \ln \frac{c}{c_s} = \frac{RT}{n_e \mathfrak{F}} \ln \frac{[\mathrm{Me}^{n_e+}]}{[\mathrm{Me}]_{\mathrm{fest}} \cdot \mathrm{const}} \\ &= \frac{RT}{n_e \mathfrak{F}} \ln \frac{[\mathrm{Me}^{n_e+}]}{[\mathrm{Me}]_{\mathrm{fest}}} + E_0 \end{aligned} \right\} \tag{89}$$

Bildet man aus zwei Legierungen (Amalgamen) verschiedener Konzentrationen eine Kette, bei der die Legierungselektroden in die gleiche Lösung eintauchen, so gilt für die Kette

$$E_{\mathrm{Kette}} = \frac{RT}{n_e \mathfrak{F}} \ln \frac{[\mathrm{Me}]_{\mathrm{fest}\,2}}{[\mathrm{Me}]_{\mathrm{fest}\,1}} . \tag{90}$$

Die Elektrode „1" ist also positiv, wenn deren Legierungskonzentration an dem potentialbestimmenden Metall geringer ist als bei der Elektrode „2"; wir haben hier demnach die umgekehrten Vorzeichen wie bei den Konzentrationsketten der Gl. (48b).

§ 112. Diffusionspotentiale, Glaselektrode

Schon auf S. 228 erwähnten wir die Diffusionspotentiale an der Grenzschicht zweier verschieden konzentrierter Elektrolytlösungen, denen wir uns jetzt noch ausführlicher zuwenden wollen. Das Grenzschichtpotential rührt daher, daß Anionen und Kationen zunächst unabhängig voneinander von der konzentrierten Seite in die weniger konzentrierte Lösung hineindiffundieren. Hierbei eilen die schneller diffundierenden Ionen den anderen entgegengesetzt geladenen voraus. Dadurch wird eine Trennung der elektrischen Ladungen herbeigeführt, die zur Folge hat, daß die eine Lösung sich in geringem Maße positiv, die andere negativ auflädt. Das elektrische Feld, das dabei in der Grenzschicht der beiden Lösungen entsteht, wird so groß, daß es die ursprünglich langsamer diffundierenden Ladungsträger des einen Vorzeichens so weit beschleunigt und die anderen (schnelleren) so weit abbremst, daß beide letzten Endes gleich schnell von der konzentrierten Lösung in die verdünnte hineindiffundieren.

Um diese qualitative Überlegung quantitativ auszugestalten, ermitteln wir zunächst die Geschwindigkeit, mit der ein einzelnes Ion im Gefälle des osmotischen Druckes wandern würde. Entsprechend der Überlegung, die auf S. 29/30 zu Gl. (I, 51) und (I, 52) führte, gilt jetzt für die positiven Ionen:

$$\left.\begin{aligned}
w^+(\text{Diff.}) &= \frac{K_{+(\text{Diff.})}}{\Re_+} = -\frac{\partial \pi_+}{\partial x} \cdot \frac{1}{c_+ N_L \Re_+} \\
&= -\frac{\partial \pi_+}{\partial x} \frac{n_{e+} \cdot e_0}{c_+ n_{e+} \cdot \mathfrak{F} \Re_+} = -\frac{\partial \pi_+}{\partial x} \cdot \frac{U^+}{c_+ n_{e+} \cdot \mathfrak{F}} \; .
\end{aligned}\right\} \tag{91}$$

Dabei ist $\partial \pi_+/\partial x$ an Stelle von π/l in Gl. (I, 51) gesetzt worden und $1/c_+$ an Stelle von V_L. Weiter haben wir die Wanderungsgeschwindigkeit U^+ nach Gl. (33) eingesetzt. Außerdem ist π_+ der von den Kationen herrührende Teil des osmotischen Druckes, der allein auf die Diffusionswanderung der Kationen einwirkt. Das Minuszeichen deutet an, daß die Diffusionswanderung längs des Konzentrations*gefälles* stattfindet. Berücksichtigen wir noch das Auftreten des elektrischen Feldes mit der Feldstärke $-\partial E/\partial x$, so erhalten wir einen weiteren Zuschlag zur Wanderung der Ionen von der Größe $-U^+ \cdot \partial E/\partial x$. Wird noch für den osmotischen Druck $\pi_+ = c_+ RT$ beachtet, so erhält man schließlich für Kationen und Anionen die folgenden von NERNST aufgestellten *Ionenwanderungsgleichungen*:

$$\left.\begin{aligned}
w^+ &= -\left[\frac{RT \cdot U^+}{c_+ n_{e+} \mathfrak{F}} \cdot \frac{\partial c_+}{\partial x} + U^+ \cdot \frac{\partial E}{\partial x}\right], \\
w^- &= -\left[\frac{RT \cdot U^-}{c_- n_{e-} \mathfrak{F}} \cdot \frac{\partial c_-}{\partial x} \quad U^- \cdot \frac{\partial E}{\partial x}\right],
\end{aligned}\right\} \tag{92}$$

in denen das Vorzeichen des *elektrischen* Anteils beim Übergang vom Kation zum Anion natürlich wechselt.

Es ist nun zu beachten, daß im stationären Betriebe w^+ und w^- einander gleich sein müssen, weil sonst eine immer stärkere Aufladung der Lösungsteile gegeneinander auftreten würde, was schon im Hinblick auf Gl. (1) nicht sein darf. Diese Gleichsetzung liefert bei der Auflösung nach $\partial E/\partial x$, wenn $\partial c_+/c_+ = \partial c_-/c_-$ Beachtung findet:

$$\frac{\partial E}{\partial x} = \frac{U^-/n_{e-} - U^+/n_{e+}}{U^+ + U^-} \cdot \frac{RT}{\mathfrak{F}} \cdot \frac{\partial \ln c}{\partial x} \; . \tag{93}$$

Die Integration nach x zwischen den beiden Konzentrationen c_1 und c_2 liefert:

$$E_{\text{Diff.}} = \frac{U^-/n_{e-} - U^+/n_{e+}}{U^+ + U^-} \cdot \frac{RT}{\mathfrak{F}} \cdot \ln \frac{c_1}{c_2}, \tag{94}$$

ein Ausdruck, der im Falle $n_{e+} = n_{e-}$ mit Gl. (50a) identisch ist.

Gl. (94) ist jedoch nur brauchbar, wenn bloß eine Kationenart und eine Anionenart in der Lösung vorhanden ist. Hat man es mit einer Mischung mehrerer Elektrolyte zu tun, so muß man zunächst feststellen, wie groß die Konzentrationsgradienten $\partial c_i/\partial x$ der einzelnen Anionen- und Kationenarten sind. Am einfachsten nimmt man im Anschluß an einen Vorschlag von HENDERSON eine lineare Verteilung zwischen den Lösungen in der Grenzschicht an, setzt also

$$c_i = c_i' + y\,(c_i'' - c_i'), \tag{95}$$

wo y von 0 bis 1 läuft und der Längenkoordinate x zwischen den Lösungen proportional ist; c_i' bedeutet dabei die Konzentration auf der einen und c_i'' die auf der anderen Seite der Diffusionsschicht. Bei einer Mischung zweier Elektrolyte erhalten wir dann an Stelle der Gl. (92)

$$\left.\begin{aligned}
w_1^+ &= -\left[\frac{RT \cdot U_1^+}{c_{1+} \cdot n_{e,1+} \cdot \mathfrak{F}} \cdot \frac{\partial c_{1+}}{\partial x} + U_1^+ \cdot \frac{\partial E}{\partial x}\right], \\
w_1^- &= -\left[\frac{RT \cdot U_1^-}{c_{1-} \cdot n_{e,1-} \cdot \mathfrak{F}} \cdot \frac{\partial c_{1-}}{\partial x} - U_1^- \cdot \frac{\partial E}{\partial x}\right], \\
w_2^+ &= -\left[\frac{RT \cdot U_2^+}{c_{2+} \cdot n_{e,2+} \cdot \mathfrak{F}} \cdot \frac{\partial c_{2+}}{\partial x} + U_2^+ \cdot \frac{\partial E}{\partial x}\right], \\
w_2^- &= -\left[\frac{RT \cdot U_2^-}{c_{2-} \cdot n_{e,2-} \cdot \mathfrak{F}} \cdot \frac{\partial c_{2-}}{\partial x} - U_2^- \cdot \frac{\partial E}{\partial x}\right].
\end{aligned}\right\} \tag{96}$$

Da wiederum der Ladungstransport durch positive Teilchen demjenigen durch negative Teilchen gleich sein muß, ist

$$c_{1+} \cdot n_{e,1+} \cdot w_1^+ + c_{2+} \cdot n_{e,2+} \cdot w_2^+ = c_{1-} \cdot n_{e,1-} \cdot w_1^- + c_{2-} \cdot n_{e,2-} \cdot w_2^-$$

zu fordern; dies liefert jetzt unter Benutzung von Gl. (96)

$$\left.\begin{aligned}
&\left[\frac{RT \cdot U_1^+}{\mathfrak{F}} \cdot \frac{\partial c_{1+}}{\partial x} + U_1^+ c_{1+} \cdot n_{e,1+} \frac{\partial E}{\partial x} + \frac{RT \cdot U_2^+}{\mathfrak{F}} \cdot \frac{\partial c_{2+}}{\partial x} + \right. \\
&\qquad\qquad \left. + U_2^+ c_{2+} \cdot n_{e,2+} \cdot \frac{\partial E}{\partial x}\right] \\
&= \left[\frac{RT \cdot U_1^-}{\mathfrak{F}} \cdot \frac{\partial c_{1-}}{\partial x} - U_1^- c_{1-} \cdot n_{e,1-} \frac{\partial E}{\partial x} + \frac{RT \cdot U_2^-}{\mathfrak{F}} \cdot \frac{\partial c_{2-}}{\partial x} - \right. \\
&\qquad\qquad \left. - U_2^- c_{2-} \cdot n_{e,2-} \cdot \frac{\partial E}{\partial x}\right]
\end{aligned}\right\} \tag{97}$$

oder

$$\begin{aligned}
&[U_1^+ \cdot c_{1+} \cdot n_{e,1+} + U_1^- \cdot c_{1-} \cdot n_{e,1-} + U_2^+ \cdot c_{2+} \cdot n_{e,2+} + \\
&+ U_2^- \cdot c_{2-} \cdot n_{e,2-}] \frac{\partial E}{\partial y} = -\frac{RT}{\mathfrak{F}} \left[U_1^+ \cdot \frac{\partial c_{1+}}{\partial y} - U_1^- \cdot \frac{\partial c_{1-}}{\partial y} + \right. \\
&\left. + U_2^+ \cdot \frac{\partial c_{2+}}{\partial y} - U_2^- \cdot \frac{\partial c_{2-}}{\partial y}\right],
\end{aligned}$$

16*

wobei die Differentiation nach x überall durch diejenige nach y ersetzt wurde; dies erfordert zunächst nach der Kettenregel noch eine Multiplikation mit dy/dx, ein Faktor, der sich auf beiden Seiten der letzten Gl. (97) weghebt, also schließlich fortgelassen werden darf. Die Berücksichtigung von Gl. (95) liefert nun

$$
\begin{aligned}
\frac{\partial E}{\partial y} = &- \frac{R\,T}{\mathfrak{F}} \langle [U_1^+ \cdot (c_{1+}'' - c_{1+}')] : \{U_1^+ \cdot n_{e,1+} \cdot c_{1+}' + U_1^- \cdot n_{e,1-} \cdot c_{1-}' + \\
&+ U_2^+ \cdot n_{e,2+} \cdot c_{2+}' + U_2^- \cdot n_{e,2-} \cdot c_{2-}' + y[U_1^+ \cdot n_{e,1+}(c_{1+}'' - c_{1-}') + \\
&+ U_1^- \cdot n_{e,1-}(c_{1-}'' - c_{1-}') + \cdots + U_2^-\, n_{e,2-}(c_{2-}'' - c_{2-}')]\}\rangle + \\
&+ \frac{R\,T}{\mathfrak{F}} \langle [U_1^- \cdot (c_{1-}'' - c_{1-}')] : \{\cdots\}\rangle \\
&- \frac{R\,T}{\mathfrak{F}} \langle [U_2^+ \cdot (c_{2+}'' - c_{2+}')] : \{\cdots\}\rangle \\
&+ \frac{R\,T}{\mathfrak{F}} \langle [U_2^- \cdot (c_{2-}'' - c_{2-}')] : \{\cdots\}\rangle .
\end{aligned}
$$

Die Integration dieser in y rational gebrochenen (linearen) Funktion nach y zwischen den Grenzen 0 und 1 liefert wegen

$$
\int_0^1 \frac{\alpha}{\beta + \gamma\,y}\,dy = \frac{\alpha}{\gamma} \ln(\beta + \gamma\,y)\Big|_0^1 = \frac{\alpha}{\gamma} \ln \frac{\beta + \gamma}{\beta}
$$

$$
\begin{aligned}
E_{\text{Diff.}} = &\; E_0' - E_1'' = -(E_1'' - E_0') \\
= &\; \frac{R\,T}{\mathfrak{F}} \cdot [U_1^+(c_{1+}'' - c_{1+}') - U_1^-(c_{1-}'' - c_{1-}') + U_2^+(c_{2+}'' - c_{2+}') - \\
&- U_2^-(c_{2-}'' - c_{2-}')] : [U_1^+ \cdot n_{e,1+}(c_{1+}'' - c_{1+}') + \\
&+ U_1^- \cdot n_{e,1-}(c_{1-}'' - c_{1-}') + U_2^+ \cdot n_{e,2+}(c_{2+}'' - c_{2+}') + \\
&+ U_2^- \cdot n_{e,2-}(c_{2-}'' - c_{2-}')] \cdot \ln\{[U_1^+ \cdot n_{e,1+} \cdot c_{1+}'' + \\
&+ U_1^- \cdot n_{e,1-} \cdot c_{1-}'' + U_2^+ \cdot n_{e,2+} \cdot c_{2+}'' + \\
&+ U_2^- \cdot n_{e,2-} \cdot c_{2-}''] : [U_1^+ \cdot n_{e,1+} \cdot c_{1+}' + U_1^- \cdot n_{e,1-} \cdot c_{1-}' + \\
&+ U_2^+ \cdot n_{e,2+} \cdot c_{2+}' + U_2^- \cdot n_{e,2-} \cdot c_{2-}']\} .
\end{aligned}
\tag{98}
$$

Da $n_{e,1+} \cdot c_{1+} = n_{e,1-} \cdot c_{1-}$ usw. gilt, erkennt man, daß Gl. (98) mit Gl. (94) im Falle eines binären Elektrolyten übereinstimmt. Wie Gl. (98) im Falle einer noch komplexeren Zusammensetzung der Lösungen zu erweitern ist, kann unmittelbar aus der Form der Gl. (98) ersehen werden. Für den Bruch unter dem Logarithmus kann übrigens in verdünnten Lösungen das Verhältnis der elektrischen Leitfähigkeiten in den beiden verschieden konzentrierten Lösungen eingesetzt werden.

Die Gl. (98) zeigt den Effekt des KCl-Hebers der oben als Mittel zur Unterdrückung der Diffusionspotentiale schon mehrfach Erwähnung fand. Da eine gesättigte KCl-Lösung bei Zimmertemperatur etwa 4,2 normal ist, erhält man als Diffusionspotential zwischen einer n/10 HCl-Lösung (') und einer gesättigten KCl-Lösung ('') unter Benutzung der

Zahlwerte auf S. 217 wegen $u \sim U$:

$$E_{\text{Diff.}} = 0{,}058 \frac{U_{\text{H}}(0-0{,}1) - U_{\text{Cl}}(0-0{,}1) + U_{\text{K}}(4{,}2-0) - U_{\text{Cl}}(4{,}2-0)}{U_{\text{H}}(0-0{,}1) + U_{\text{Cl}}(0-0{,}1) + U_{\text{K}} \cdot 4{,}2 + U_{\text{Cl}} \cdot 4{,}2} \times$$

$$\times \log \frac{(U_{\text{K}} + U_{\text{Cl}}) \cdot 4{,}2}{(U_{\text{H}} + U_{\text{Cl}}) \cdot 0{,}1}$$

$$= 0{,}058 \frac{4{,}2(0{,}0646 - 0{,}0655) - 0{,}1(0{,}315 - 0{,}0655)}{4{,}2(0{,}0646 + 0{,}0655) - 0{,}1(0{,}315 + 0{,}0655)} \times$$

$$\times \log \frac{(0{,}0646 + 0{,}0655)\,4{,}2}{(0{,}315 + 0{,}0655)\,0{,}1} = - 0{,}058 \frac{0{,}029}{0{,}508} \log \frac{0{,}546}{0{,}0381}$$

$$= - 0{,}0038 \text{ Volt.}$$

In der gleichen Weise berechnet man für das Diffusionspotential zwischen einer n/100 HCl-Lösung und der 4,2n KCl-Lösung den Wert $E_{\text{Diff.}} = -0{,}0015$ Volt, so daß für die Lösungskombination

$$\text{n/10 HCl} \mid \text{KCl gesättigt} \mid \text{n/100 HCl}$$

$-0{,}0038 - (-0{,}0015) = -0{,}0023$ Volt als gesamtes Diffusionspotential erhalten wird. Ohne Zwischenschaltung des KCl-Hebers hätte man zwischen n/10 HCl und n/100 HCl gemäß Gl. (94) ein Diffusionspotential von -0.038 Volt gefunden. Wir sehen, wie auf diese Weise das relativ hohe Diffusionspotential zwischen den verschieden konzentrierten HCl-Lösungen durch den KCl-Heber weitgehend unterdrückt wird.

Wenn von den Wanderungsgeschwindigkeiten der Gl. (98) praktisch nur U_1^+ merklich ins Gewicht fällt, so erhält man als Diffusionspotential in diesem Spezialfalle

$$E_{\text{Diff.}} = E' - E'' = \frac{0{,}058}{n_{e,1+}} \log \frac{c''_{1+}}{c'_{1+}}. \qquad (99)$$

Diese Anordnung wäre bei Kenntnis von c'_1 hervorragend zur experimentellen Ermittlung der Konzentrationen c''_1 geeignet. Praktisch benutzt man diesen Sachverhalt bei der *Glaselektrode* (Abb. 58), die aus einer Chinhydronelektrode besteht, die von einer dünnwandigen Glas-

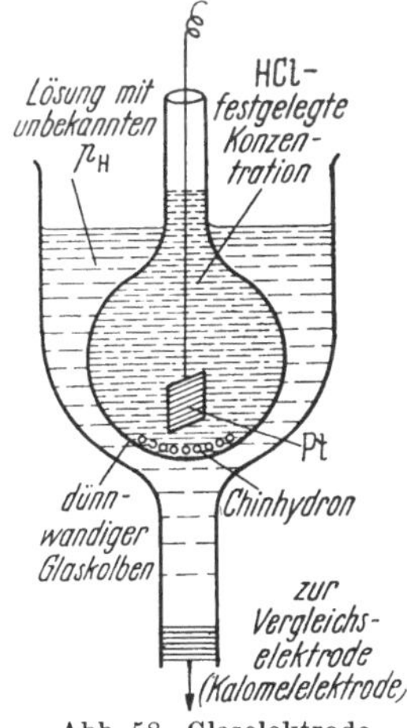

Abb. 58. Glaselektrode

kugel umgeben ist, durch die nur noch die Wasserstoffionen zu diffundieren vermögen. Taucht man die Glaselektrode in eine Lösung unbekannter H^+-Ionenkonzentration c''_{1+}, so besitzt diese gegenüber einer anderen Normalelektrode — z. B. einer Kalomelelektrode — eine Spannung, die mit der Konzentration c''_{1+} der Lösung entsprechend Gl. (99) variiert. Ist freilich die H^+-Ionenkonzentration der Lösung sehr gering, so kann im Hinblick auf Gl. (98) auch noch eine andere Ionenart für die Größe des Potentials maßgebend werden, weil eine völlige Undurchlässigkeit der Glaswandung doch nicht für alle Ionenarten garantiert ist. Auf dem Umwege über eine Eichung gelingt dann manchmal doch noch eine Wasserstoffionenbestimmung oder p_H-Bestimmung mit Hilfe der Glaselektrode.

Die Glaselektrode findet vornehmlich dort Anwendung, wo stark oxydierende oder reduzierende Zusätze in der Lösung das Elektrodenmaterial angreifen würden und die Potentialeinstellung fälschen könnten. Die Glaswand sorgt bei der Glaselektrode dafür, daß diese Zusätze gar nicht bis zur Elektrode gelangen. Da die Glaswand aber trotz ihrer geringen Wandstärke einen erheblichen elektrischen Widerstand besitzt, sollte man die Glaselektrode in der Praxis nur dann bevorzugen, wenn die Verwendung einer anderen Elektrode sich wegen der oxydierenden usw. Wirkungen der Lösung verbietet.

§ 113. Praktische Ermittlung von Aktivitätskoeffizienten

Die Messung der Spannungen von Konzentrationsketten würde sich nach Gl. (50) hervorragend zur Ermittlung der Aktivitäten von Ionen eignen, wenn man das Grenzschicht-Diffusionspotential mit Hilfe eines KCl-Hebers weitgehend unterdrücken und den verbleibenden Wert des Diffusionspotentials nach Gl (98) ermitteln könnte. Da aber in Gl. (98) durchweg mit den Konzentrationen gerechnet ist, obwohl hier auch Aktivitäten Verwendung finden sollten, ist dieser Weg nicht ganz korrekt. Man pflegt dann durch einen anderen Kunstgriff, der allerdings nicht so allgemein anwendbar ist wie der KCl-Heber, das Diffusionspotential total zu unterdrücken.

Im Falle der Aktivitätsbestimmung in HCl-Lösungen kann man z. B. so vorgehen, daß man folgende Kette untersucht:

$$\text{Pt, } H_2/\text{HCl}(c_1)/\text{AgAgCl}//\text{AgAgCl}/\text{HCl}(c_2)/H_2\text{, Pt.} \tag{100}$$

Das heißt, zwei Wasserstoffelektroden, die in verschieden konzentrierte HCl-Lösungen eintauchen, werden nicht durch einen KCl-Heber verbunden und dann gegeneinandergeschaltet, man benutzt hierfür vielmehr eine die Anionen, also die Chlorionen, enthaltende Elektrode. Als solche verwendet man einen Platindraht, der mit Silber und Silberchlorid überzogen ist. Indem man in jede der beiden HCl-Lösungen eine derartige Ag/AgCl-Elektrode eintaucht und diese direkt miteinander verbindet, erhält man zwei gegeneinandergeschaltete Zellen, in denen ein Diffusionspotential völlig vermieden ist. Die Spannung einer einzelnen Wasserstoff-Ag/AgCl-Zelle beträgt nach Gl. (63a) und (53)

$$\left.\begin{aligned}
E_1 &= 0{,}058 \log \frac{a_{H^+}}{\sqrt{p_{H_2}}} - \left(-0{,}058 \log a_{Cl^-} + E_{0,\,Ag/AgCl}\right) \\
&= 0{,}058 \log \frac{a_{H^+} \cdot a_{Cl^-}}{\sqrt{p_{H_2}}} - E_{0,\,Ag/AgCl},
\end{aligned}\right\} \tag{101}$$

unter Verwendung der Aktivitäten an Stelle der Konzentrationen. Die Gegeneinanderschaltung gemäß Gl. (100) liefert für die Spannung der gesamten Kette, wenn die Wasserstoffdrucke in beiden Fällen gleich sind:

$$E_{\text{Kette}} = 0{,}058 \log \frac{(a_{\text{H}^+} \cdot a_{\text{Cl}^-})_{c_1}}{(a_{\text{H}^+} \cdot a_{\text{Cl}^-})_{c_2}} = 0{,}058 \log \frac{c_1^2}{c_2^2} \cdot \frac{f_{a\pm}^2(c_1)}{f_{a\pm}^2(c_2)} \left. \right\}$$
$$= 0{,}116 \log \frac{c_1}{c_2} \frac{f_{a\pm}(c_1)}{f_{a\pm}(c_2)}, \left. \right\} \tag{102}$$

wenn wir hier nach Gl. (11) den mittleren Aktivitätskoeffizienten f_{a+} der Ionen einführen.

Die experimentelle Bestimmung dieses mittleren Aktivitätskoeffizienten erfolgt jetzt so, daß man die Spannungen einer Standardzelle der Konzentration c_1 gegen Zellen variabler Konzentration c_2 mißt. Trägt man nun $E_{\text{Kette}} + 0{,}116 \cdot \log c_2/c_1$ gegen c_2 oder besser gegen $\sqrt{c_2}$ auf, so erhält män Kurven der in Abb. 59 gezeigten Art. Die Differenz der Ordinatenwerte bei $\sqrt{c_2}$ und 0 ist dann nach Gl. (102) direkt $-0{,}116 \cdot \log f_{a\pm}(c_2)$, weil ja $f_{a\pm}$ in unendlicher Verdünnung entsprechend unserer früher gegebenen Normierungsvorschrift für die Aktivitätskoeffizienten der Elektrolyte gegen 1 strebt (S. 210).

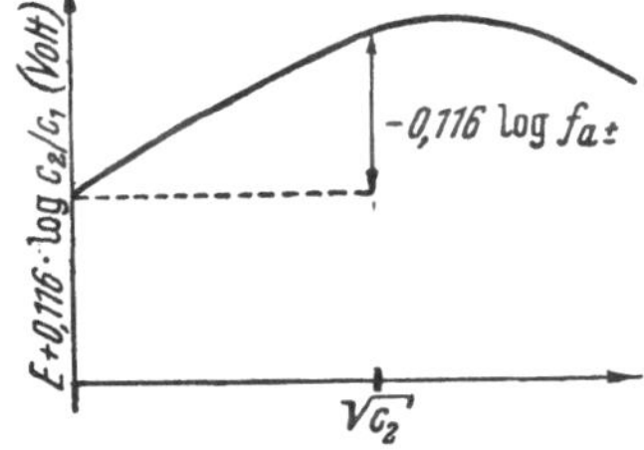

Abb. 59. Zur experimentellen Bestimmung des mittleren Aktivitätskoeffizienten von Elektrolyten

Die eben angegebene Methode wird zur Ermittlung der Aktivitätskoeffizienten, die auch in Gl. (10a) Verwendung finden, vornehmlich benutzt. Diese Koeffizienten dürfen natürlich nicht mit den Leitfähigkeitskoeffizienten der Gl. (41) verwechselt werden. Für $f_{a\pm}$ gilt nach Gl. (13) bei genügender Verdünnung:

$$-\log f_{a\pm} = \text{const} \cdot \sqrt{c}. \tag{103}$$

Deshalb wird die in Abb. 59 gezeichnete Kurve bei kleinen Konzentrationen schließlich linear mit $\sqrt{c}$ variieren, was eine Extrapolation auf $c = 0$ leicht gestattet.

§ 114. Ermittlung des abs. Nullpotentials. Elektrocapillarkurve

Bei Gl. (52) war bereits ausgeführt worden, daß das abs. Potential eines Metalls gegen seine Ionenlösung direkt schlecht meßbar ist, weshalb man in der Praxis eben die Spannungen gegen die Normal-Wasserstoffelektrode benutzt. Es handelt sich bei der Messung des abs. Potentials offenbar um die Erfassung des Ladungszustandes des Metalls gegenüber der Lösung, bei dem die in Abb. 53 (S. 225) gezeigte elektrische Doppelschicht nicht mehr zur Ausbildung gelangt, bei dem also gerade der Umschlag zwischen positivem Metall — negativer Lösung einerseits und negativem Metall — positiver Lösung andererseits erfolgt. Wenn wir nun als Metall ein flüssiges Metall wie Quecksilber wählen, so hat

die Ausbildung einer elektrischen Doppelschicht wegen der elektrischen
Abstoßung gleichnamiger Ladungen die Tendenz zu einer Oberflächen-
vergrößerung des Metalls zur Folge, die auch als eine Verringerung
der Oberflächenspannung des flüssigen Metalls angesprochen werden
kann.

Läßt man also eine Hg-Elektrode an eine Hg-Ionen enthaltende
Lösung angrenzen, so beobachtet man in Abhängigkeit von der Konzentration der Hg^{++}-Ionen verschiedene Oberflächenspannungen des
metallischen Quecksilbers. Diejenige Konzentration, bei der das Maximum der Oberflächenspannung erreicht wird, entspricht dem doppelschichtfreien Zustande. Wenn dann noch die Spannung zwischen der
Hg-Elektrode und einer Normalelektrode gemessen wird, so erhält man
die Lage des abs. Nullpotentials Metall/Lösung in Volt.

Diese Messungen kann man sämtlich in einer Anordnung durchführen, indem man zwischen dem Quecksilber und der Gegenelektrode
variable Spannungen anlegt, wobei sich die Konzentration der Hg^{++}-
Ionen an der Quecksilberelektrode durch Elektrolyse derart ändert, daß
diese der angelegten Spannung nach Gl. (52) gerade entspricht. Läßt
man das Quecksilber der Elektrode dabei in eine senkrecht stehende
Capillare hineinragen, so kann man an der Steighöhe des Quecksilbers
dessen Oberflächenspannung messen und die elektrische Spannung am
Quecksilber bestimmen, bei der diese Steighöhe extremal ist, was der
maximalen Oberflächenspannung im doppelschichtfreien Zustand entspricht. So kann man also durch Aufnahme dieser sog. Elektrocapillar-
kurve das abs. Nullpotential festlegen.

Die Messungen zeigen, daß dieses Maximum erreicht wird, wenn bei
Schaltung gegen eine Normalkalomelelektrode an das Quecksilber eine
Spannung von etwa $-0,52$ Volt gelegt wird, womit dann das abs.
Nullpotential bei $-0,24$ Volt gegenüber der Normal-Wasserstoffelektrode
liegt, weil die Kalomelelektrode nach S. 240 eine Spannung von 0,284 Volt
aufweist. Es liegt in der Natur der Sache, daß dieses Maximum in seiner
Abhängigkeit von der angelegten Spannung nicht so genau erfaßt werden kann, denn eine relativ starke Spannungsänderung in der Nähe
des Maximums bedingt nur eine kleine Änderung der Steighöhe. Außerdem zeigt die Lage des Maximums noch eine gewisse Variabilität bei
Zusätzen zur Hg^{++}-Ionenlösung. Wegen der Abhängigkeit des abs. Nullpotentials von der genauen Oberflächenbeschaffenheit des Elektroden-
materials, die man nicht in der Hand hat und nicht unabhängig von
der jeweiligen Lösung definieren kann, ist eine genaue Bestimmung des
abs. Nullpotentials praktisch unmöglich.

Andere Methoden zur Bestimmung des Nullpotentials, auf die wir
hier nicht näher eingehen wollen, die aber auf ähnlichen Überlegungen
wie oben beruhen, führen zu ähnlichen, aber doch etwas anderen Werten
des abs. Nullpotentials. Diese Tatsachen gaben den Anlaß, in der Praxis
von der Angabe der abs. Potentiale abzusehen und zu den relativen,
auf die Wasserstoffelektrode als Nullpunkt bezogenen Standard- oder
Normalpotentialen überzugehen, die leicht bei gegebener Temperatur
bis auf vier Dezimalstellen genau bestimmt werden können.

D. Galvanische Polarisation

§ 115. Abscheidungsspannung. Reversible und irreversible Polarisation. Überspannung

Oben im Abschnitt B hatten wir im wesentlichen nur die elektrische Leitfähigkeit im Innern der Elektrolytlösungen betrachtet. Von den Vorgängen an den Elektroden war lediglich die schon aus der Physik geläufige Tatsache gebraucht worden, daß zur Abscheidung von N_L Ionen die Strommenge $n_e \cdot 96490$ Coulomb benötigt wird (Faradaysches Äquivalentgesetz). Bei der Abscheidung gelöster Ionen an den Elektroden spielen sich jedoch eine Reihe sekundärer Prozesse ab, auf die wir hier kurz eingehen müssen.

Betrachten wir als einfaches Beispiel die Elektrolyse in einer HCl-Lösung, so wird sich im elektrischen Felde zwar der Wasserstoff an die Kathode und das Chlor an die Anode begeben. Zur gasförmigen Abscheidung (bei Atmosphärendruck) der beiden Gase kommt es aber erst, wenn die Spannung der Anode entsprechend Gl. (66) und (63a) mindestens auf $E_{HCl} = 1{,}366 - 0{,}058 \cdot \log[\mathrm{H}^+] \cdot [\mathrm{Cl}^-]$ Volt angestiegen ist. Denn die sich an den Elektroden abscheidenden Gase erzeugen nach Maßgabe der Formeln für die Chlorknallgaskette zunächst von kleinen Drucken ansteigend bis zu Atmosphärendruck galvanische Gegenspannungen, die einer weiteren Elektrolyse entgegenwirken und diese auf Null herabdrücken, solange die von außen angelegte Spannung nicht größer ist als die maximal erreichbare galvanische Kettenspannung. Erst wenn diese überschritten wird, kommt es zur regulären Elektrolyse bzw. zur Abscheidung der Gase Chlor und Wasserstoff, die dann an den Elektroden bei Atmosphärendruck entweichen.

Wegen dieser Störung der normalen Gleichstromelektrolyse durch die geschilderte, als *galvanische Polarisation* bezeichnete Erscheinung wird die Bestimmung der elektrolytischen Leitfähigkeit einer Elektrolytlösung mit Wechselstrom vorgenommen, weil es dann nicht zur Ausbildung einer erheblichen Polarisation kommen kann. Denn die Polarisation, die in der einen Wechselstrom-Halbperiode erzeugt wird, wird in der nächsten Halbperiode wieder rückgängig gemacht, so daß sie vernachlässigt werden kann.

Anders als beim HCl liegen die Verhältnisse, wenn es sich z. B. um die Elektrolyse von NaCl-Lösungen handelt. Hier kann sich das Natrium als Metall gegenüber dem Chlor wieder erst abscheiden, wenn zwischen Anode und Kathode ein Spannungsunterschied von

$$-0{,}058 \log [\mathrm{Na}^+] \cdot [\mathrm{Cl}^-] + 1{,}366 - (-2{,}71) \text{ Volt}, \qquad (104)$$

also i. allg. von etwa 4 Volt besteht. Vergleichsweise wird demnach der Wasserstoff noch leichter gegenüber der Chlorelektrode abgeschieden, selbst wenn dieser im Verhältnis zu den Na^+-Ionen in der wäßrigen Lösung nur in äußerst geringer Konzentration vorhanden ist. Mithin wird sich also aus einer NaCl-Lösung an der Kathode der im Wasser immer vorhandene Wasserstoff abscheiden, während die dadurch in der

Nähe der Kathode frei werdenden OH^--Ionen des Wassers für einen alkalischen Titer der Lösung sorgen. Es bildet sich also an der Kathode eine $NaOH$-Lösung. Aus ähnlichen Gründen erhält man bei der Elektrolyse von Na_2SO_4 und H_2SO_4 an der Kathode H_2- und an der Anode O_2-Abscheidung. Anodisch bildet sich in beiden Fällen H_2SO_4. Diese wird im zweiten Falle dauernd nachgebildet, während sie im ersten Falle durch die Elektrolyse erst entsteht und für einen sauren Titer in der Umgebung der Anode sorgt.

Es kommt hinzu, daß zur Abscheidung der Gase an verschiedenem Elektrodenmaterial etwas höhere Spannungen zwischen Anode und Kathode benötigt werden, als man sie nach unseren Formeln für die galvanischen Ketten erwartet. Diese Formeln sind ja unter der Annahme reversiblen Arbeitens abgeleitet worden, während offenbar die hier betrachteten Vorgänge bei der Elektrolyse, insbesondere bei höheren Stromdichten, z. T. irreversibel sind. Man nennt diesen mit steigender Stromdichte noch anwachsenden Anteil der Abscheidungsspannung, der höher liegt als der reversible nach unseren Formeln zu berechnende Anteil, die *Überspannung*, auf deren eigentliches Zustandekommen wir hier nicht näher eingehen wollen, zumal eine befriedigende Erklärung des gesamten Erscheinungskomplexes auch heute noch erhebliche Mühe verursacht.

Die Überspannung hat für die praktische Elektrolyse besondere Bedeutung. So haben wir oben bei der Elektrolyse der HCl-Lösung von der Abscheidung des Chlors an der Anode gesprochen, wenn die Spannung von 1,366 Volt überschritten wird. Jedoch sollte man erwarten, daß sich bereits bei 1,23 Volt Spannungsdifferenz [vgl. Gl. (71)] an der Anode aus der wäßrigen Lösung Sauerstoff abzuscheiden vermöchte. Wegen der einige Zehntelvolt betragenden Überspannung des Sauerstoffs geschieht dies jedoch nicht, es scheidet sich vielmehr das Chlor ab.

Bei der Elektrolyse von $NaCl$-Lösungen verfährt man in der Praxis zur Abscheidung des Natriums in Konkurrenz mit der des Wasserstoffs so, daß man die Kathode mit flüssigem Quecksilber umgibt, in welchem das Natrium dann aufgelöst und aus der Lösung herausgezogen wird (Quecksilberverfahren). Zwar könnte man auch bei diesem Verfahren erwarten, daß der Wasserstoff sich abscheidet, obwohl bei der niedrigen Na-Konzentration im Amalgam die Abscheidungsspannung für das Natrium nach der für Amalgamelektroden gültigen Beziehung Gl. (90) schon geringer ist. Der Wasserstoff zeigt jedoch gerade am Quecksilber erhebliche Überspannungen, so daß sich dennoch das Natrium im Quecksilber abscheidet, nicht aber der Wasserstoff gasförmig entweicht. Man braucht jedoch das Quecksilber in der Lösung nur mit Eisen in Berührung zu bringen, um zu erreichen, daß sich wegen der wesentlich geringeren Überspannung des Wasserstoffs am Eisen jetzt Wasserstoff bei der Elektrolyse kathodisch abscheidet.

Die Formeln für die reversible galvanische Spannung der Gasketten [vgl. z. B. Gl. (71)] zeigen, daß die Überspannung in dem Sinne wirkt, als ob der Wasserstoff an der Kathode bzw. der Sauerstoff an der Anode unter einem erheblich höheren Druck als einer Atmosphäre stünde. Tatsächlich ist bei der Elektrolyse an Elektroden mit hoher Überspannung die Aktivität dieser Gase für Reduktionen und Oxydationen erheblich verstärkt, so daß sich an solchen Elektroden besonders leicht Reduktionen und Oxydationen durchführen lassen. Hierher gehört z. B. die kathodische Reduktion des Kohlendioxids zu Ameisensäure (an Pb und Zn Elektroden) und die anodische Herstellung von Persäuren.

Eine kurze Tabelle über die Größe der Überspannung des Wasserstoffs an verschiedenen Materialien mag unsere Ausführungen über die Überspannung beenden. Es soll nur noch erwähnt werden, daß beim Sauerstoff die Überspannungswerte und auch die Reihenfolge der Materialien merklich anders ist als beim Wasserstoff. Die Abhängigkeit der Überspannungswerte bei ein und demselben Material von der verwendeten Stromdichte J kann annähernd durch die Tafelsche Gleichung

$$\Delta E = a + b \cdot \log J \qquad (105)$$

beschrieben werden, was für unsere Tabelle bedeutet, daß die für ein bestimmtes Elektrodenmaterial bei 10^{-4}, 10^{-2} und 1 Amp./cm² gegebenen Zahlen der Überspannung annähernd eine arithmetische Reihe bilden.

Tabelle 13. *Überspannung des Wasserstoffs in* $2\,\mathrm{n}\ H_2SO_4$*-Lösung gegenüber einer Normal-Wasserstoffelektrode bei verschiedenen Stromdichten* J

Elektrodenmaterial	Platin, platiniert	Platin, blank	Fe	Cu	Pb	Hg
Überspannung in Volt						
bei $J = 10^{-4}$ Amp./cm²	0,0034	0,09	0,25	0,38	0,62	0,83
bei $J = 10^{-2}$ Amp./cm²	0,03	0,27	0,56	0,58	1,05	1,1
bei $J = 1$ Amp./cm²	0,048	0,45	0,90	0,78	1,3—1,5	1,4

Die Überspannungswerte sind im übrigen — soweit sie in der Literatur angegeben werden — stark schwankend, was z. T. daher rührt, daß sie noch von der jeweiligen Beschaffenheit der Elektrodenoberfläche abhängen, die man von Fall zu Fall natürlich nicht völlig reproduzierbar herstellen kann.

§ 116. Diffusionsströme, Polarographie

Bemerkenswert ist noch das Verhalten bei der Elektrolyse von Lösungen, in denen sich mehrere Elektrolyte befinden. Nehmen wir z. B. den Fall einer HCl-Lösung, in der etwas KJ aufgelöst ist. Bei der Elektrolyse zwischen einer Normal-Wasserstoffelektrode als Kathode und einer der Oberflächengröße nach dagegen verschwindend kleinen Anode wird sich bei sehr kleiner Spannung gar nichts abscheiden. Erst wenn man die Spannung auf die Abscheidungsspannung des Jods erhöht (0,5 bis 0,6 Volt), kann ein nennenswerter Strom fließen, indem sich Wasserstoff und Jod an der Kathode bzw. Anode abscheiden.

Die Anode polarisiert sich dabei, während die Kathode infolge ihrer Größe praktisch unpolarisierbar ist. Die Polarisation an der Anode geschieht dabei dadurch, daß entsprechend Gl. (53) oder (66)

$$E = -0{,}058 \log [\mathrm{J}^-] + E_{0,\,\mathrm{J}} \quad \text{bzw.} \quad E = -0{,}058 \log \frac{[\mathrm{J}^-]}{\sqrt{[\mathrm{J}_2]}} + E_{0,\,\mathrm{J}} \quad (106)$$

$2\,\mathrm{J}^-$ zu J_2 von der festen Konzentration $[\mathrm{J}_2]$ an der Anode entladen (oxydiert) wird. Die $[\mathrm{J}^-]$-Konzentration in unmittelbarer Nähe der Anode wird sich dabei anders einstellen als im Innern der Lösung. Es wird nach Gl. (106) die J^--Konzentration mit steigender Spannung E stark abnehmen, so daß dann die J^--Ionen nur noch durch Diffusion an die Anode gelangen. Der dabei entstehende sog. Diffusionsstrom besitzt entsprechend der an die Anode herandiffundierenden Jodmenge die Größe

$$i_{\mathrm{Diff.}} = n_e \cdot \mathfrak{F} \cdot D \cdot q \, \frac{c_i - c_{An}}{\delta}\,, \qquad (107)$$

wenn q die Oberfläche der Anode, D den Diffusionskoeffizienten, n_e die Wertigkeit und c_i bzw. c_{An} die Konzentration des Jods im Innern bzw. an der Anode bezeichnet. δ ist die Schichtdicke, in der sich die Diffusion vom Innern bis an die Anode vollzieht. Wenn man die Anode stark bewegt (Rührung oder Drehelektrode), so erhält man relativ konstante Schichtdicken δ der adhärierenden Schicht von der Größenordnung 10^{-3} cm. Der Stromtransport erfolgt also in unmittelbarer Nähe der Anode schließlich durch Diffusion der J^--Ionen. während im inneren der Lösung der Stromtransport im wesentlichen durch die im Überschuß vorhandenen Ionen des HCl (sog Leitelektrolyt) erfolgt.

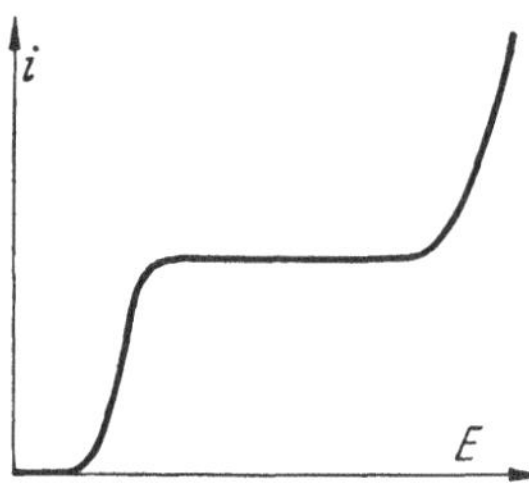

Abb. 60. Diffusionsstrom

Erhöht man die Spannung weiter auf die Größe der Abscheidungsspannung des Chlors von etwa 1,37 Volt, dann wird der Stromtransport durch die Abscheidung von Chlor vergrößert. In demjenigen Spannungsgebiet unterhalb von 1,37 Volt, in dem die J^--Konzentration an der Anode $[\mathrm{J}^-] = c_{An}$ nach Gl. (106) verschwindend klein gegen die Konzentration im Innern c_i ist, erhält man nach Gl. (107) Stromstärken. die praktisch unabhängig von E sind. Die Stromspannungskurve, die wir jetzt erhalten, und die durch Elimination der Konzentration $c_{An} = [\mathrm{J}^-]$ aus Gl. (106) und (107) entsteht, hat dann die in Abb. 60 gezeigte Gestalt, für die man formelmäßig nach Gl. (106) und (107) schreiben kann:

$$E = -0{,}058 \log \frac{c_i - i\,\delta/n_e\,\mathfrak{F}\,D\,q}{\sqrt{[\mathrm{J}_2]}} + E_{0,\,\mathrm{J}}$$

oder

$$\frac{n_e \cdot \mathfrak{F}\,D\,q}{\delta}\left[c_i - \sqrt{[\mathrm{J}_2]} \cdot 10^{-(E - E_{0,\,\mathrm{J}})/0{,}058}\right] = i. \qquad (108)$$

Im eigentlichen Gebiet des Diffusionsstroms, wo das Glied mit $10^{-(E - E_{0,\,\mathrm{J}})/0{,}058}$ praktisch verschwindet, ist i proportional zur KJ-Konzentration c_i im Innern der Lösung. Man kann darum umgekehrt den Diffusionsstrom zu einer quantitativen Bestimmung der KJ-Konzentration der Lösung benutzen.

Die eben an einem speziellen Beispiel beschriebene Konzentrationspolarisation und den damit verbundenen Diffusionsstrom vermag man noch in verschiedener Weise zu demonstrieren. So würde man durch Zugabe von elementarem Jod zur ursprünglichen Lösung sofort von $E = 0$ an einen Strom beobachten, weil dann Kathode und Anode als reversible Jodelektroden fungieren und eine Abscheidung von Jod an einer solchen keine besondere Abscheidungsspannung erfordert, sofern man die Kathode in diesem Falle nicht noch zusätzlich mit H_2 umspült, also keinen künstlichen Unterschied der Elektroden erzeugt.

Ohne auf alle Einzelheiten einzugehen, wird ersichtlich, daß man die Anwesenheit mehrerer gelöster Stoffe in einer elektrolytischen Lösung mit einem im Überschuß vorhandenen Leitelektrolyten, der eine möglichst hohe Abscheidungsspannung haben sollte, durch Aufnahme von Stromspannungskurven nachweisen kann. Im Idealfalle erhält man dann Kurven der in Abb. 61 gezeigten Gestalt, bei denen die Höhe der einzelnen Stromstufen ein Maß für die Konzentration der betreffenden abgeschiedenen Ionen ist, während die Stellen der sog. Halbwellenpotentiale, die in Abb. 61 eingezeichnet sind, bei denen also der halbe Stromanstieg zu verzeichnen ist, das be-

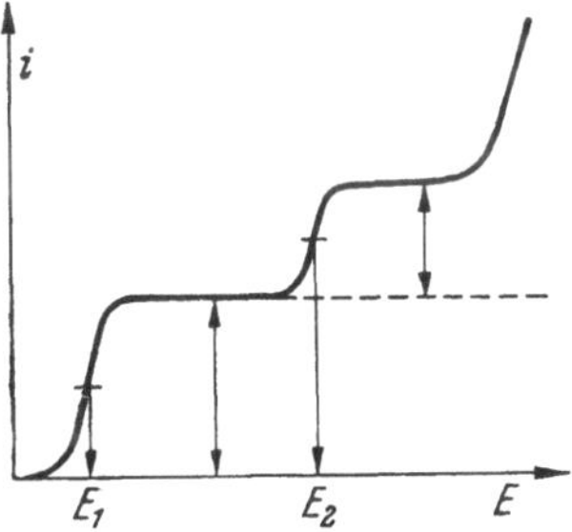

Abb. 61. Polarographische Analyse

treffende Abscheidungspotential kennzeichnen und damit die chemische Natur des abgeschiedenen Ions charakterisieren. Man kann also in dieser Weise durch Aufnahme der ($i—E$)-Kurven qualitative *und* quantitative Analysen in Lösungen durchführen. Dies ist im Prinzip die theoretische Grundlage der *Polarographie*. Auf die technischen Einzelheiten dieser Methode, die eine saubere, störungsfreie (also fehlerfreie), praktische Aufnahme der Kurven bezwecken sollen, wollen wir jetzt nicht näher eingehen.

V. Chemische Kinetik

A. Homogenkinetik

§ 117. Einfache Gasreaktionen. Jodwasserstoffbildung

In den vorangehenden Kapiteln wurde die chemische oder thermodynamische Reaktion im wesentlichen vom Standpunkt des sich ausbildenden Gleichgewichtes betrachtet, ein Gesichtspunkt, der auch bei der Elektrochemie noch weitgehend im Vordergrund stand. Es bleibt uns darum noch die Aufgabe, die Geschwindigkeit näher zu untersuchen, mit der einzelne Reaktionen ablaufen. Es war schon auf S. 114 bemerkt worden, daß gelegentlich durch eine irgendwie geartete Hemmung der

Reaktionsablauf stark behindert sein kann (Knallgas), so daß es nicht zur Ausbildung des eigentlichen chemischen Gleichgewichtes kommt. Diese Hemmung kann durch geeignete Maßnahmen aufgehoben werden (Katalysator od. dgl.). Die Reaktionsgeschwindigkeit ist also vor Verwendung eines Katalysators unmeßbar klein und wird danach auf eine endliche Größe heraufgesetzt. Für die Praxis hat diese ganze Frage natürlich eine erhebliche Bedeutung, weil es nichts nützt, wenn eine Reaktion zwar prinzipiell eine gute Ausbeute ergäbe, sofern sie bis zum Gleichgewicht abliefe, wenn sie aber so langsam verläuft, daß in der Zeiteinheit kein nennenswerter Umsatz erzielt werden kann. Wir beginnen in unserer Besprechung mit den Reaktionen in Gasen, weil bei diesen die Verhältnisse im einzelnen noch am besten zu überblicken sind.

Eine Reaktion, beispielsweise $H_2 + J_2 = 2 HJ$, erfordert offensichtlich den Zusammenstoß einer H_2- mit einer J_2-Molekel im Gasraum. Es wird freilich nicht bei jedem dieser Zusammenstöße zu einer Reaktion kommen. Wir dürfen aber vielleicht annehmen, daß in einem gewissen Prozentsatz der Stöße keine Reflexionen der Molekeln erfolgen, daß dann vielmehr eine Umgruppierung der Atome beim Stoß eintritt, die zwei HJ-Molekeln nach dem Stoß auseinandertreten läßt. Demnach wird also die in der Zeiteinheit gebildete Menge von HJ-Molekeln proportional dieser Stoßzahl sein. Diese Zahl der Stöße zwischen H_2- und J_2-Molekeln ihrerseits wird nun sowohl der H_2- als auch der J_2-Konzentration proportional sein. Mithin kann für die zeitliche Änderung (Zunahme) der Konzentration der HJ-Molekeln gesetzt werden:

$$\frac{dc_{HJ}}{dt} = k_B \cdot c_{H_2} \cdot c_{J_2}, \tag{1}$$

wobei k_B ein Proportionalitätsfaktor ist, der als „Reaktionsgeschwindigkeitskonstante" der HJ-Bildung bezeichnet wird.

Unsere Betrachtung ist insofern noch unvollständig, als ja auch die Umkehrreaktion, nämlich der Zerfall von zwei HJ-Molekeln in H_2 und J_2 eintreten kann. Da hierzu der Zusammenstoß zwischen zwei HJ-Molekeln erforderlich ist, kann für die dadurch bedingte zeitliche Änderung (Abnahme) der Konzentration der HJ-Molekeln analog zu Gl. (1) gesetzt werden:

$$\frac{dc_{HJ}}{dt} = - k_R \cdot c_{HJ}^2, \tag{1a}$$

wo k_R die Geschwindigkeitskonstante für die Rückreaktion ist. Diese Rückreaktion spielt natürlich erst dann eine Rolle, wenn bereits eine merkliche Menge Jodwasserstoff bei der Bildungsreaktion entstanden ist. Für das Zustandekommen des Gleichgewichtes ist diese Rückreaktion aber wesentlich. Die tatsächliche Änderung der HJ-Konzentration entsteht durch Zusammenfassung beider Reaktionen Gl. (1) und (1a):

$$\frac{dc_{HJ}}{dt} = k_B \cdot c_{H_2} \cdot c_{J_2} - k_R \cdot c_{HJ}^2. \tag{1b}$$

Im Gleichgewicht, in dem sich die Konzentration des Jodwasserstoffs zeitlich nicht mehr ändert, gilt $dc_{HJ}/dt = 0$, so daß also in diesem

Falle aus Gl. (1 b) folgt:

$$\frac{c_{H_2} \cdot c_{J_2}}{c_{HJ}^2} = \frac{k_R}{k_B} = K_c. \tag{2}$$

Wir erhalten also die übliche Form des Massenwirkungsgesetzes, wobei sich gleichzeitig ergibt, daß die Konstante K_c des Massenwirkungsgesetzes mit dem Quotienten der Geschwindigkeitskonstanten von Rückbildungs- und Bildungsreaktion identisch ist.

Da jedoch die Größen k_R und k_B vielleicht noch in gewissem Maße von der jeweiligen Konzentration der Reaktionspartner abhängen können, müssen wir in der Beziehung $K_c = k_R/k_B$ immer die Geschwindigkeitskonstanten k_R und k_B verwenden, die *im Gleichgewicht* maßgebend sind. Für die Verallgemeinerung dieses Gesetzes auf andere Reaktionen ist diese Bemerkung unter Umständen wichtig; hier bei der Jodwasserstoffreaktion sind freilich k_B und k_R — wie die Untersuchungen von BODENSTEIN ergaben — weitgehend unabhängig von den H_2-, J_2- und HJ-Konzentrationen, so daß diese Bemerkung im Augenblick von untergeordneter Bedeutung ist.

Obwohl die Gewinnung des Massenwirkungsgesetzes als eine gewisse Bestätigung unserer Überlegungen angesehen werden kann, ist doch die experimentelle Nachprüfung der Einzelgleichungen (1) bzw. (1a) unbedingt erforderlich, wenn man sicher sein will, daß der Reaktionsablauf tatsächlich so ist, wie er oben angenommen wurde. Im Falle der Jodwasserstoffbildung und -zersetzung treffen Gl. (1) und (1a) wirklich zu. Jedoch zeigt es sich, daß man bei vielen anderen Reaktionen aus der chemischen Bruttoumsatzgleichung keinen zwingenden Rückschluß auf den Reaktionsmechanismus ziehen kann, worauf nachher noch näher einzugehen ist. Der Reaktionsmechanismus bei der HBr-Bildung z. B. ist bereits wesentlich anders als derjenige der Jodwasserstoffbildung, was in Anbetracht der nahen Verwandtschaft der beiden Halogene bzw. Halogenwasserstoffe zunächst überraschend ist.

§ 118. Begriff der Reaktionsordnung

Man nennt Reaktionen, die wie die Jodwasserstoffbildung und -zersetzung über den Zusammenstoß zwischen zwei Molekeln ablaufen, *bimolekulare* Reaktionen, Die obige Reaktion ist — wie man sagt — außerdem von *zweiter Ordnung*, weil die Änderungsgeschwindigkeit dc/dt einem Ausdruck proportional ist, der das Produkt zweier Konzentrationen enthält oder das Quadrat einer Konzentration. Im allgemeinen ist jedoch eine experimentell als Reaktion zweiter Ordnung festgestellte Reaktion nicht unbedingt bimolekular, weil sich dahinter ein viel komplizierterer Reaktionsmechanismus verbergen kann. Umgekehrt muß eine bimolekulare Reaktion nicht immer einen so einfachen Ausdruck zweiter Ordnung ergeben wie oben bei der Jodwasserstoffbildung.

Den Fall einer einfachen Reaktion erster Ordnung, bei der also die zeitliche Änderung der jeweiligen Konzentration proportional ist, während die Reaktion eigentlich bimolekular ist, stellt z. B. die Spaltung des Rohrzuckers dar (Rohrzuckerinversion), bei welcher der Rohrzucker in Glucose und Fructose in prinzipiell bimolekularer Reaktion gespalten wird:

$$C_{12}H_{22}O_{11} + H_2O = C_6H_{12}O_6 + C_6H_{12}O_6. \tag{3}$$

Diese Reaktion wird durch H^+-Ionen katalysiert. Da nun das Wasser i. allg. dermaßen im Überschuß vorhanden ist, daß dessen Menge während der Reaktion praktisch konstant bleibt, fällt die H_2O-Konzentration aus der Gleichung für die Umsatzgeschwindigkeit heraus. Hierfür gilt also:

$$\frac{d\,c_{\text{Rohrz.}}}{dt} = -k \cdot c_{\text{Rohrz.}}, \tag{3a}$$

nach der Zeit integriert:

$$c(t) = c_0 \cdot e^{-kt}. \tag{3b}$$

Das Gesetz Gl. (3b) ist identisch mit demjenigen, welches den radioaktiven Zerfall beschreibt; bei diesem pflegt man die Zeit, bei der e^{-kt} den Wert $\frac{1}{2}$ erhält, für die also $kt = \ln 2 = 0{,}693$ ist, als Halbwertzeit $t_{1/2}$ zu bezeichnen. Die Größe $1/k$, die ebenfalls die Dimension einer Zeit besitzt, wird als mittlere Lebensdauer des radioaktiven Präparates bezeichnet, weil nämlich die nach Maßgabe der jeweils zur Zeit t zerfallenden — also die Lebensdauer t besitzenden — Molekeln ($k\,c_0 \cdot e^{-kt} \cdot dt$) gemittelte Zeit

$$\bar{t} = \frac{c_0 \cdot \int\limits_0^\infty k\,t\,e^{-kt}\,dt}{c_0} = \frac{1}{k} = \frac{t_{1/2}}{0{,}693} = 1{,}44 \cdot t_{1/2} \tag{4}$$

ist. Die Überlegung, die hier zu Gl. (4) führt, ist dabei prinzipiell die gleiche wie die, welche auf S. 22 für die mittlere freie Weglänge die Beziehung $\bar{x} = \dfrac{1}{\alpha}$ ergab.

Ähnlich dem radioaktiven Zerfall, der ja ohne äußere Beeinflussung spontan erfolgt, verlaufen auch eine Reihe organischer Zerfallsreaktionen, d. h. Reaktionen, bei denen größere Molekeln in einfachere Teile aufgespalten werden, nach erster Ordnung. Hierbei entstehen i. allg. zuerst angeregte Molekeln, die dann ähnlich wie die radioaktiven Atome mit einer gewissen Wahrscheinlichkeit innerhalb kurzer Zeit spontan zerfallen. Da die Zahl der angeregten Molekeln stark von der Temperatur abhängt, wird die ganze Zerfallsreaktion im Gegensatz zum radioaktiven Zerfall stark temperaturabhängig.

Die Bildung der angeregten Molekeln erfolgt i. allg. durch bimolekularen Stoß, so daß es darauf ankommt, welcher Vorgang der geschwindigkeitsbestimmende ist, der Zerfallsvorgang oder derjenige der Bildung angeregter Molekeln. Wenn — wie hier — bei der Gesamtreaktion mehrere Einzelprozesse *hintereinander* geschaltet sind, so ist offensichtlich der langsamste Einzelprozeß für die Gesamtgeschwindigkeit maßgebend. Die eigentliche Zerfallsreaktion der angeregten Molekeln ist hierbei eine innere Angelegenheit dieser Molekeln und hängt z. B. nicht vom Druck ab. Wohl aber ist die Zahl der durch heftigen

Zusammenstoß mit anderen Molekeln entstehenden angeregten Molekeln druckabhängig und auch deren Bildungsgeschwindigkeit, weil ja eine einzelne Molekel bei niedrigem Druck weniger Zusammenstöße erfährt und damit ihre Anregungsgeschwindigkeit geringer wird. So kommt es, daß bei kleinen Drucken der Bruttoumsatz dieser Zerfallsreaktionen schließlich bimolekular wird, während er bei höheren Drucken monomolekular ist. Setzen wir die Geschwindigkeitsgleichung für die Zerfallsreaktion in der Form Gl. (3a) an, so zeigt sich, daß die „Geschwindigkeitskonstante" k bei kleinen Drucken bzw. Konzentrationen noch druck- bzw. konzentrationsabhängig ist. Erst die Extrapolation von k auf unendlich hohen Druck ergibt die Geschwindigkeitskonstante der eigentlichen monomolekularen Zerfallsreaktion. Wird dieser Grenzwert schon bei mäßigen Drucken erreicht, so zeigt dies, daß die vorgelagerte bimolekulare Bildung der angeregten Molekeln relativ rasch erfolgt.

§ 119. Diskrepanz zwischen Bruttoumsatz und Reaktionsgeschwindigkeit. Kettenreaktionen

Es mag ein Beispiel einer Gasreaktion betrachtet werden, die nicht, wie oben die HJ-Reaktion, so abläuft, wie die chemische Bruttoreaktion es erwarten läßt. Die Bildung von Bromwasserstoff aus den Elementen verläuft, solange die Rückreaktion noch nicht wesentlich ins Gewicht fällt, nach Maßgabe der Experimente entsprechend der Gleichung:

$$\frac{d[\mathrm{HBr}]}{dt} = k\,\frac{[\mathrm{H_2}] \cdot \sqrt{[\mathrm{Br_2}]}}{C + [\mathrm{HBr}]/[\mathrm{Br_2}]}\,, \tag{5}$$

in der k und C noch gewisse Konstanten sind. Man kann aus der experimentell festgelegten Proportionalität der Bildungsgeschwindigkeit mit der Wurzel aus der Br_2-Konzentration den Schluß ziehen, daß die Bildung der HBr-Molekeln im wesentlichen durch den Zusammenstoß zwischen H_2-Molekeln und Br-*Atomen* verursacht wird. Denn nach dem Massenwirkungsgesetz ist die Br-Atomkonzentration bei geringem Dissoziationsgrad der Quadratwurzel aus der Br_2-Konzentration proportional. Da im Nenner die HBr-Konzentration auftritt, kann weiter geschlossen werden, daß das entstandene HBr die Reaktionsgeschwindigkeit herabsetzen muß.

Im einzelnen stellt man zur Erklärung des durch Gl. (5) beschriebenen Reaktionsablaufs folgendes „Reaktionsschema" auf:

$$
\begin{array}{llll}
\text{Reaktion I:} & \mathrm{Br_2} = \mathrm{Br} + \mathrm{Br} & & \text{Startreaktion} \\
\text{Reaktion II:} & \mathrm{Br} + \mathrm{H_2} = \mathrm{HBr} + \mathrm{H} & \left.\right\} & \\
\text{Reaktion III:} & \mathrm{H} + \mathrm{Br_2} = \mathrm{HBr} + \mathrm{Br} & \left.\right\} & \text{Reaktionskette} \qquad (6) \\
\text{Reaktion IV:} & \mathrm{H} + \mathrm{HBr} = \mathrm{H_2} + \mathrm{Br} & \left.\right\} & \\
\text{Reaktion V:} & \mathrm{Br} + \mathrm{Br} = \mathrm{Br_2} & & \text{Abbruchreaktion}
\end{array}
$$

Es wird — wie man sagt — durch die Bildung der Br-Atome eine Kettenreaktion gestartet, derart, daß die sehr reaktionsfähigen Br- und H-Atome durch die Reaktionen II, III und IV immer wieder neu gebildet werden und in den Reaktionsmechanismus von neuem eingreifen können.

Nur dann, wenn zwei Br-Atome zufällig rekombinieren, wird die Kette abgebrochen. So kann also nach der Dissoziation *einer* Br_2-Molekel die Reaktionskette sehr oft hintereinander ablaufen, was eben zeitlich einen sehr großen und damit verhältnismäßig schnellen Umsatz zur Folge hat.

Als Startreaktion wurde die Dissoziation von Brom angesetzt, weil die Dissoziation von Wasserstoff wegen dessen viel größerer Dissoziationswärme verschwindend klein gegenüber derjenigen des Broms ist. Im übrigen ist es gleichgültig, ob man zu den Reaktionen Gl. (6) auch noch die Dissoziation des Wasserstoffs hinzunimmt; wesentlich ist nur die Auswahl der drei Reaktionen der eigentlichen Kette. Von diesen ist die Reaktion IV die Umkehrreaktion von II. Mit der Umkehr von Reaktion III braucht man nicht zu rechnen, da die Reaktion Br + HBr $= Br_2$ + H eine Wärmetönung von -41 kcal/mol besitzt (endotherme Reaktion), so daß man annehmen darf, daß diese praktisch keine Rolle spielt.

Wir müssen damit rechnen, daß die Bromkonzentration bei der Gesamtreaktion etwa dem aus I und V folgenden Gleichgewicht entspricht, weil sich primär bereits eine relativ erhebliche Zahl von Br-Atomen bildet. Anders ist es mit den H-Atomen, deren Zahl wesentlich durch die Reaktionen der Kette reguliert wird; sie wird darum vielleicht nicht dem Dissoziationsgleichgewicht des Wasserstoffs entsprechen. Jedoch gleichgültig, über welchen Mechanismus sich die H-Atomkonzentration auch einstellt, sie dürfte weit kleiner sein als die der Br-Atome, Br_2-Molekeln und der HBr-Molekeln. so daß man praktisch mit einer verschwindend kleinen H-Atomkonzentration rechnen darf. Ihr zeitlicher Differentialquotient $d[H]/dt$ kann dann mit großer Annäherung $= 0$ (stationärer oder quasistationärer Zustand) gesetzt werden. Sehen wir die Einzelreaktionen der Kette als bimolekulare Reaktionen an, so gilt für die zeitliche Änderung der H-Atomkonzentration nach den Kettenreaktionen II, III und IV:

$$\frac{d[H]}{dt} = k_{II}[Br] \cdot [H_2] - k_{III}[H] \cdot [Br_2] - k_{IV}[H] \cdot [HBr] \qquad (7)$$

wobei wir die Geschwindigkeitskonstanten der Reaktionen II, III und IV mit $k_{II} \cdots k_{IV}$ bezeichnet haben und die Geschwindigkeiten der einzelnen Kettenreaktionen ebenso wie oben in Gl. (1) als bimolekulare Reaktionen angesetzt haben. Mit $d[H]/dt = 0$ resultiert für die H-Atomkonzentration

$$[H] = \frac{k_{II}[Br] \cdot [H_2]}{k_{III}[Br_2] + k_{IV}[HBr]} = \frac{k_{II}[H_2] \cdot \sqrt{\dfrac{K_c}{[Br_2]}}}{k_{III} + k_{IV}\dfrac{[HBr]}{[Br_2]}}, \qquad (7a)$$

wenn noch nach dem Massenwirkungsgesetz $[Br] \cdot [Br] = K_c[Br_2]$ beachtet wird. Aus Gl. (6) ergibt sich für die HBr-Bildung in der gleichen Weise:

$$\frac{d[HBr]}{dt} = k_{II} \cdot [Br] \cdot [H_2] + k_{III} \cdot [H] \cdot [Br_2] - k_{IV} \cdot [H] \cdot [HBr], \qquad (7b)$$

was unter Berücksichtigung von Gl. (7a)

$$\frac{d[\text{HBr}]}{dt} = k_{\text{II}} \sqrt{K_c[\text{Br}_2]} \cdot [\text{H}_2] + \{k_{\text{III}}[\text{Br}_2] - k_{\text{IV}}[\text{HBr}]\} \frac{k_{\text{II}}[\text{H}_2]\sqrt{\dfrac{K_c}{[\text{Br}_2]}}}{k_{\text{III}} + k_{\text{IV}}\dfrac{[\text{HBr}]}{[\text{Br}_2]}}$$

$$= \frac{2\,k_{\text{II}} \cdot \dfrac{k_{\text{III}}}{k_{\text{IV}}} \sqrt{K_c} \cdot [\text{H}_2] \cdot \sqrt{[\text{Br}_2]}}{\dfrac{k_{\text{III}}}{k_{\text{IV}}} + \dfrac{[\text{HBr}]}{[\text{Br}_2]}} \tag{8}$$

ergibt. Der Vergleich mit Gl. (5) zeigt, daß die dortigen Konstanten wie folgt mit k_{II} usw. zu identifizieren sind:

$$k = \frac{2\,k_{\text{II}} \cdot k_{\text{III}}}{k_{\text{IV}}} \cdot \sqrt{K_c} \quad \text{und} \quad C = \frac{k_{\text{III}}}{k_{\text{IV}}}, \tag{9}$$

woraus

$$\frac{k}{2\,C \cdot \sqrt{K_c}} = k_{\text{II}} \tag{9a}$$

folgt. Das Verhältnis $k_{\text{II}}/k_{\text{IV}}$ ist analog Gl. (2) die Gleichgewichtskonstante der Reaktion IV, die thermodynamisch-statistisch ebenso wie K_c berechenbar ist. Die experimentelle Bestimmung von k und C liefert also nach Gl. (9a), da K_c als bekannt angenommen werden kann, die Größe k_{II} und über das Verhältnis $k_{\text{II}}/k_{\text{IV}}$ auch k_{IV}; aus $C \cdot k_{\text{IV}} = k_{\text{III}}$ ergibt sich dann noch die letzte der Geschwindigkeitskonstanten der Reaktionskette in Gl. (6).

Es wurde so zwar ein Reaktionsschema für die HBr-Bildung aufgestellt, das mit dem experimentellen Befunde im Einklang steht, unbefriedigend bleibt aber, daß die HBr-Bildung qualitativ so anders abläuft als die HJ-Bildung. Diese Diskrepanz verschwindet jedoch sofort, wenn man zu den Reaktionen des Schemas Gl. (6) noch die direkte HBr-Bildung

$$\text{Reaktion VI:} \quad \text{H}_2 + \text{Br}_2 = 2\,\text{HBr} \tag{6a}$$

hinzunimmt. Es wird dadurch die Gl. (7) in keiner Weise beeinflußt; lediglich die Gl. (8) wird jetzt zu:

$$\frac{d[\text{HBr}]}{dt} = \frac{k \cdot [\text{H}_2]\sqrt{[\text{Br}_2]}}{C + \dfrac{[\text{HBr}]}{[\text{Br}_2]}} + k_{\text{VI}} \cdot [\text{H}_2] \cdot [\text{Br}_2]. \tag{8a}$$

Das heißt, es überlagern sich einfach bezüglich der HBr-Bildungsgeschwindigkeit der Kettenmechanismus und der Mechanismus der direkten HBr-Bildung. Die Berücksichtigung der Rückreaktion wie oben in Gl. (1a) ist hier bei der HBr-Reaktion überflüssig weil bei den üblichen Untersuchungstemperaturen (bei einigen 100 °C) das Gleichgewicht weitgehend auf der Seite des HBr liegt, so daß die Rückreaktion experimentell nicht ins Gewicht fällt.

Die Bildung des HJ wird nun genaugenommen ebenfalls nach Gl. (8a) erfolgen, wenn wir dort überall an Stelle von Br das Halogen J einsetzen. Der Unterschied ist lediglich der, daß beim HBr das Verhältnis k/C wesentlich größer ist als k_{VI}, während es beim HJ umgekehrt ist, so daß also beim HBr der Umsatz im wesentlichen nach dem ersten Gliede, beim HJ aber gemäß dem zweiten Gliede erfolgt. So betrachtet ist der Unterschied nur quantitativer Art, qualitativ kann man beide Reaktionen, wenn man will, ganz gleich behandeln. Der scheinbare Unterschied der HBr- und HJ-Reaktion stellt demnach eine Folgerung des in Gl. (8a) enthaltenen reaktionskinetischen Satzes dar, daß von zwei parallelgeschalteten Reaktionswegen, die beide zum gleichen Ziel führen, derjenige geschwindigkeitsbestimmend ist, der den wesentlich rascheren Umsatz zeigt.[1]

Mit diesen Feststellungen ist die Diskrepanz zwischen den Reaktionsabläufen der Halogenwasserstoffe zwar prinzipiell erklärt, es bliebe aber noch übrig, zu zeigen, daß tatsächlich die Verhältnisse zwischen k/C und k_{VI} in beiden Fällen so verschieden ausfallen. Dies ist eine Aufgabe der molekular-kinetischen Theorie der Reaktionsgeschwindigkeiten, die vorerst zurückgestellt werden muß.

§ 120. Temperaturabhängigkeit der Geschwindigkeitskonstanten

Es gäbe zwar noch eine Reihe anderer erwähnenswerter Reaktionen, bei denen die Umsatzgeschwindigkeit anders ist, als man es nach der Bruttoreaktionsgleichung erwarten würde. Da sich prinzipiell gegenüber dem vorigen Fall jedoch nichts ändert, wenden wir uns jetzt sogleich der Frage nach der Temperaturabhängigkeit der Reaktionsgeschwindigkeitskonstanten zu. Nach Gl. (2) ist die Gleichgewichtskonstante einer Reaktion mit den Geschwindigkeitskonstanten der Reaktionen in den beiden möglichen Richtungen eng verbunden. Da nun das Gesetz für die Temperaturabhängigkeit von k_B und k_R gleich sein dürfte, ergibt sich aus der bekannten Temperaturabhängigkeit von K_c, daß gelten muß:

$$\text{und} \quad \left.\begin{aligned} \log k_B &= -\frac{{}^w\!A_B\,(\text{cal})}{4{,}574 \cdot T} + \log k_{m,\,B} \\[2mm] \log k_R &= -\frac{{}^w\!A_R\,(\text{cal})}{4{,}574 \cdot T} + \log k_{m,\,R}; \end{aligned}\right\} \tag{10}$$

denn hieraus folgt gemäß Gl. (2) in der Tat

$$\log K_c = \log k_R - \log k_B = -\frac{{}^w\!A_R - {}^w\!A_B}{4{,}574 \cdot T} + \log \frac{k_{m,\,R}}{k_{m,\,B}}, \tag{10a}$$

woraus durch Vergleich mit Gl. (III, 13), (III, 13a) und (III, 14)

$$ {}^w\!A_R - {}^w\!A_B = W_v \tag{10b}$$

folgt. Gl. (10) ist in der Literatur als *Arrheniussche Gleichung* bekannt; die darin auftretenden Größen ${}^w\!A_B$ und ${}^w\!A_R$ heißen Aktivierungswärmen

---

[1] Bei hintereinandergeschalteten Einzelreaktionen war jedoch nach S. 256 der langsamste Schritt geschwindigkeitsbestimmend!

(oder Aktivierungsenergien, dann oft mit ^4E bezeichnet; Abb. 62) der Bildungs- bzw. Rückbildungsreaktion. Die Differenz der Aktivierungswärmen ist gleich der Wärmetönung der Reaktion. Diese Tatsache kann oft zur Abschätzung von Aktivierungswärmen benutzt werden.

Abb. 62 erläutert im Bilde der Potentialkurven das Zustandekommen der Gl. (10b) durch ein zwischen Ausgangs- und Endzustand der Reaktion geagertes Maximum der potentiellen Energie, über welches der „Reaktionsweg" verlaufen muß.

Das Auftreten der Aktivierungsenergie in der Arrheniusschen Gleichung bedeutet physikalisch, daß nur solche Molekeln abreagieren können, die mit einer gewissen Mindestenergie zusammenstoßen. Wir können diese Zahl relativ leicht an Hand der Stoßzahlberechnung (S. 24) ermitteln. Damals hatten wir freilich nur die Zahl (Z) der Zusammenstöße in einem reinen Gase bestimmt. Wir erhalten daraus aber den entsprechenden Ausdruck, indem wir uns von den ^1N Molekeln je Volumeneinheit einen Bruchteil x_1 irgendwie ausgezeichnet denken. Der Bruchteil der Zusammenstöße dieser ausgezeichneten Molekeln unter sich ist dann proportional x_1^2. Wenn der restliche Bruchteil mit $x_2 = 1 - x_1$ bezeichnet wird, so ist der Bruchteil der Stöße dieser restlichen Molekeln unter sich proportional x_2^2. Weil

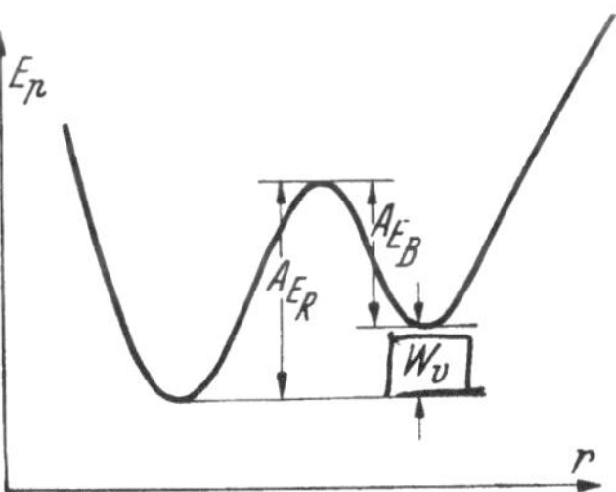

Abb. 62. Schematische Darstellung der Aktivierungsenergie und der Wärmetönung einer Reaktion im Bilde der potentiellen Energie

nun $x_1^2 + 2x_1 \cdot x_2 + x_2^2 = (x_1 + x_2)^2 = 1$ ist, muß der Bruchteil der Stöße von Molekeln der einen Art mit denen der anderen Art proportional $2 \cdot x_1 \cdot x_2$ sein. Der Proportionalitätsfaktor ist in allen diesen Fällen unsere frühere Stoßzahl Z, weil ja insgesamt Z-Stöße in der Volumeneinheit je Zeiteinheit stattfinden. Indem wir $x_1 \cdot {}^1N = {}^1N_1$ bzw. $x_2 \cdot {}^1N = {}^1N_2$ setzen, erhalten wir also mit Gl. (I, 45) für Z als Stoßzahlen

$$
\left.
\begin{aligned}
Z_{\text{Stöße 1-1}} &= x_1^2 \frac{{}^1N^2 \cdot \pi \cdot \sigma^2}{\sqrt{2}} \, \overline{w} = \frac{{}^1N_1^2 \cdot \pi \cdot \sigma^2}{\sqrt{2}} \, \overline{w} = 2\, {}^1N_1^2 \, \sigma^2 \left(\frac{\pi\, R\, T}{M}\right)^{\frac{1}{2}}, \\
Z_{\text{Stöße 1-2}} &= 2x_1 x_2 \frac{{}^1N^2 \cdot \pi \cdot \sigma^2}{\sqrt{2}} \, \overline{w} = 2 \frac{{}^1N_1 \cdot {}^1N_2 \cdot \pi \cdot \sigma^2}{\sqrt{2}} \, \overline{w} \\
&= 4\, {}^1N_1 \cdot {}^1N_2 \cdot \sigma^2 \left(\frac{\pi\, R\, T}{M}\right)^{\frac{1}{2}}, \\
Z_{\text{Stöße 2-2}} &= x_2^2 \frac{{}^1N^2 \cdot \pi \cdot \sigma^2}{\sqrt{2}} \, \overline{w} = \frac{{}^1N_2^2 \cdot \pi \cdot \sigma^2}{\sqrt{2}} \, \overline{w} = 2\, {}^1N_2^2 \, \sigma^2 \left(\frac{\pi\, R\, T}{M}\right)^{\frac{1}{2}}.
\end{aligned}
\right\} \quad (11)
$$

Bei der Ableitung der Gl. (I, 45) fand die Mitbewegung der gestoßenen Molekel durch Einführung der mittleren Relativgeschwindigkeit Berücksichtigung. Diese lieferte damals bei gleichen Stoßpartnern den Faktor $\sqrt{2}$ gegenüber der normalen Molekulargeschwindigkeit; bei verschiedenen Partnern war es ein Faktor der Größe $\sqrt{1 + \dfrac{M_1}{M_2}}$, der bei $M_1 = M_2$

mit $\sqrt{2}$ identisch ist. Es wäre demnach zweckmäßiger, in Gl. (11) jetzt, um den Übergang zu unterschiedlichen Stoßpartnern besser vornehmen zu können, an Stelle eines Faktors $\sqrt{2} \cdot \overline{w}$ zu schreiben

$$\overline{w} \cdot \sqrt{1 + \frac{M_1}{M_2}} = \sqrt{\frac{8\,R\,T}{\pi\,M_1}} \cdot \sqrt{1 + \frac{M_1}{M_2}} = \sqrt{\frac{8\,R\,T}{\pi} \left(\frac{1}{M_1} + \frac{1}{M_2} \right)} = \sqrt{\frac{8\,R\,T}{\pi\,M_{\text{red.}}}},$$

wo $M_{\text{red.}}$ die sog. reduzierte Molmasse, gemäß

$$\frac{1}{M_{\text{red.}}} = \frac{1}{M_1} + \frac{1}{M_2} \quad \text{oder} \quad M_{\text{red.}} = \frac{M_1 \cdot M_2}{M_1 + M_2} \tag{12}$$

definiert ist. So erhalten wir aus der mittleren Gl. (11) für die Stöße (1—2)

$$Z_{1-2} = {}^1N_1 \cdot {}^1N_2 \cdot \pi \cdot \sigma^2 \left(\frac{8\,R\,T}{\pi\,M_{\text{red.}}} \right)^{\frac{1}{2}} = 2\,{}^1N_1 \cdot {}^1N_2 \cdot \sigma^2 \left(\frac{2\pi\,R\,T}{M_{\text{red.}}} \right)^{\frac{1}{2}}. \tag{13}$$

In dem Falle, daß die Molekeln 1 und 2 tatsächlich in einer Gasmischung verschieden sind, haben wir in Gl. (13) lediglich für $M_{\text{red.}}$ den nach der Definition Gl. (12) maßgeblichen Wert einzusetzen und für σ den für den Stoß zwischen zwei Partnern verschiedener Natur gültigen Durchmesser $\sigma_{12} = r_1 + r_2$ zu verwenden, wo r_1 der Radius des einen und r_2 der des anderen kugelförmig gedachten Teilchens ist. Somit erhalten wir für die Zahl dieser Stöße in der Volumeneinheit endgültig

$$Z_{1-2} = 2\,{}^1N_1 \cdot {}^1N_2 \cdot \sigma_{12}^2 \left(\frac{2\pi\,R\,T}{M_{\text{red.}}} \right)^{\frac{1}{2}}. \tag{13a}$$

Wenn wir weiter wissen wollen, wie viele von diesen Zusammenstößen mit einer relativen Geschwindigkeitsenergie zwischen E und $E + dE$ erfolgen, so brauchen wir nur zu berücksichtigen, daß einmal die Zahl der Molekeln, die eine Geschwindigkeit (oder Relativgeschwindigkeit) zwischen $\mathfrak{v}$ und $\mathfrak{v} + d\mathfrak{v}$ aufweisen, nach dem Maxwellschen Geschwindigkeitsverteilungsgesetz Gl. (I, 23) und im Einklang mit dem Boltzmannschen e-Satz proportional $\mathfrak{v}^2 e^{-\frac{M\,\mathfrak{v}^2}{2\,R\,T}} d\mathfrak{v}$ bzw. wegen der Proportionalität von $\mathfrak{v}^2$ mit der Relativenergie $E_{\text{rel.}}$ und von $\mathfrak{v}\,d\mathfrak{v}$ mit $dE_{\text{rel.}}$ proportional $E_{\text{rel.}}^{\frac{1}{2}} \cdot e^{-E_{\text{rel.}}/RT} dE_{\text{rel.}}$ ist. Zum anderen muß die Zahl der Zusammenstöße proportional $\mathfrak{v}$ bzw. $E_{\text{rel.}}^{\frac{1}{2}}$ zunehmen, da die schnelleren Molekeln ihre freie Weglänge entsprechend schneller durcheilen. Es wird also die Zahl der Stöße mit einer relativen Geschwindigkeitsenergie zwischen $E_{\text{rel.}}$ und $E_{\text{rel.}} + dE_{\text{rel.}}$ insgesamt proportional dem Ausdruck

$$E_{\text{rel.}} \cdot e^{-\frac{E_{\text{rel.}}}{R\,T}} \cdot dE_{\text{rel.}} \tag{14}$$

sein. Der Proportionalitätsfaktor ist dabei so zu wählen, daß die Integration nach $E_{\text{rel.}}$ von 0 bis ∞ gerade die Gesamtzahl Gl. (13a) liefert, also

$$2 \cdot {}^1N_1 \cdot {}^1N_2 \cdot \sigma_{12}^2 \left(\frac{2\pi\,R\,T}{M_{\text{red.}}} \right)^{\frac{1}{2}} = A \cdot \int_0^\infty E_{\text{rel.}} \cdot e^{-\frac{E_{\text{rel.}}}{R\,T}} \cdot dE_{\text{rel.}}$$

$$= A \cdot (R\,T)^2 \cdot \int_0^\infty x \cdot e^{-x}\,dx = A \cdot (R\,T)^2, \tag{15}$$

woraus für den Proportionalitätsfaktor A und die Stoßzahl mit der gewünschten Relativenergie folgt:

$$A = 2\,{}^1N_1 \cdot {}^1N_2 \cdot \sigma_{12}^2 \left(\frac{1}{RT}\right)^{\frac{3}{2}} \left(\frac{2\pi}{M_{\text{red.}}}\right)^{\frac{1}{2}} \tag{15a}$$

und

$$Z_{1,2}(E_{\text{rel.}})\, dE_{\text{rel.}} = 2\,{}^1N_1 \cdot {}^1N_2 \cdot \sigma_{12}^2 \left(\frac{1}{RT}\right)^{\frac{3}{2}} \left(\frac{2\pi}{M_{\text{red.}}}\right)^{\frac{1}{2}} E_{\text{rel.}}\, e^{-\frac{E_{\text{rel.}}}{RT}}\, dE_{\text{rel.}}\,.$$

Bei numerischer Anwendung dieser Beziehungen ist darauf zu achten, daß $E_{\text{rel.}}$ auf ein Mol zu beziehen ist, andernfalls ist statt RT überall kT zu schreiben und an Stelle der reduzierten Molmasse die um N_L kleinere reduzierte Molekelmasse einzusetzen.

Wenn jetzt alle Molekeln zur Reaktion gelangen, die beim Zusammenstoß eine Mindestrelativenergie $E_{\text{rel.}} = {}^wA$ besitzen, so gilt für die Zahl N_B der sich bildenden Molekeln:

$$\left.\begin{aligned}
\frac{dN_B}{dt} &= \nu \cdot 2\,{}^1N_1 \cdot {}^1N_2 \cdot \sigma_{12}^2 \left(\frac{1}{RT}\right)^{\frac{3}{2}} \left(\frac{2\pi}{M_{\text{red.}}}\right)^{\frac{1}{2}} \int\limits_{{}^wA}^{\infty} E_{\text{rel.}} \cdot e^{-\frac{E_{\text{rel.}}}{RT}}\, dE_{\text{rel.}} \\
&= \nu \cdot 2\,{}^1N_1 \cdot {}^1N_2 \cdot \sigma_{12}^2 \left(\frac{2\pi RT}{M_{\text{red.}}}\right)^{\frac{1}{2}} \left(\frac{{}^wA}{RT} + 1\right) e^{-\frac{{}^wA}{RT}},
\end{aligned}\right\} \tag{16}$$

wobei ν die Zahl der Molekeln des zu bildenden Endproduktes ist, die bei *einem* wirksamen Zusammenstoß der Ausgangspartner entstehen, also z. B. bei der Bildung von HJ aus H_2 und J_2 die Zahl $\nu = 2$, weil aus einer H_2- und einer J_2-Molekel bei einem wirksamen Stoß zwei Molekeln HJ gebildet werden. Bedenkt man, daß ${}^wA/RT$ meist groß gegen 1 ist, so daß in der letzten Klammer die 1 neben dem ersten Gliede vernachlässigt werden darf, dann ergibt sich, wenn gleichzeitig von ${}^1N_i$ noch auf die übliche Konzentrationseinheit mol/l statt auf mol/cm^3 umgerechnet wird:

$$\frac{d[c_B]}{dt} = \nu \cdot 2\,c_1 \cdot c_2 N_L \cdot 10^{-3} \cdot \sigma_{12}^2 \left(\frac{2\pi RT}{M_{\text{red.}}}\right)^{\frac{1}{2}} \frac{{}^wA}{RT}\, e^{-\frac{{}^wA}{RT}} \tag{16a}$$

Damit entsteht für die Konstante der Reaktionsgeschwindigkeit einer bimolekularen Reaktion durch Vergleich mit Gl. (1)

$$k = \nu \cdot 2 \cdot N_L \cdot 10^{-3} \cdot \sigma_{12}^2 \left(\frac{2\pi RT}{M_{\text{red.}}}\right)^{\frac{1}{2}} \frac{{}^wA}{RT}\, e^{-\frac{{}^wA}{RT}}\,. \tag{16b}$$

Da die obige Annahme des Zustandekommens einer Reaktion bei $E_{\text{rel.}} > {}^wA$ und eines Nichtzustandekommens bei $E_{\text{rel.}} < {}^wA$ zu schematisch ist, man vielmehr mit einem von 100 % bzw. 0 % abweichenden Ausbeutefaktor rechnen sollte, pflegt man auf der rechten Seite von Gl. (16b) noch einen mittleren Ausbeutefaktor $\bar{\alpha}$ hinzuzufügen, dessen Wert meist in der Größenordnung von 1/10 gefunden wird. Wenn man dann von dem in Gl. (16b) wenig mit T variierenden Faktor $T^{-\frac{1}{2}}$ absieht, kann man Gl. (16b) auf die Form

$$\log k = \log k_m - \frac{{}^wA\,(\text{cal})}{4{,}574\,T} \tag{17}$$

bringen, wo k_m für den nahezu konstanten Faktor

$$\nu \cdot 2 \cdot N_L \cdot 10^{-3} \cdot \sigma_{12}^2 \cdot \left(\frac{2\pi\,R\,T}{M_{\text{red.}}}\right)^{\frac{1}{2}} \cdot \bar{\alpha} \cdot \frac{{}^{w}A}{R\,T}$$

gesetzt ist. Bedenkt man, daß $\dfrac{\bar{\alpha}\,{}^{w}A}{R\,T}$ von der Größenordnung 1 ist, so findet man für k_m bei normalen Molekeln Werte der Größenordnung 10^{10} bis 10^{11} bzw. für $\log k_m$ Werte zwischen 10 und 11. Gl. (17) ist mit Gl. (10) identisch. Das letzte Glied in der Arrheniusschen Gleichung (10) entspricht darum der maximalen Geschwindigkeit, die man ohne Reaktionshemmung (Aktivierungsenergie) beobachten würde, wenn also praktisch bei jedem Zusammenstoß die Reaktion eintreten würde. Da weiter die Aktivierungsenergien in der Größenordnung von 20 bis 50 kcal/mol liegen, folgt aus Gl. (10) die *Reaktionsgeschwindigkeits-Temperaturregel*, nämlich, daß die Umsatzgeschwindigkeiten bei Steigerung um 10° in der Nähe einer vorgegebenen Temperatur jeweils um einen bestimmten Faktor (Größe 2 bis 3) erhöht werden.

Bei den sog. *Rekombinationsreaktionen*, bei denen zwei kleine Bestandteile wieder vereinigt werden — z. B. $Br + Br = Br_2$ —, muß bei der Berechnung der molekularen Zusammenstöße, die zur Wiedervereinigung führen sollen, der Impuls- *und* Energiesatz gewahrt bleiben. Dies ist jedoch nur dann möglich, wenn noch ein dritter Partner an der Rekombinationsreaktion teilnimmt, der für die Abführung der überschüssigen Energie sorgt. Die Verhältnisse liegen ja z. B. bei der Rekombination zweier gleich schnell direkt aufeinander zufliegender Br-Atome so, daß wegen des Impulssatzes die gebildete Br_2-Molekel in Ruhe verharren muß, da aber die Br_2-Molekel eine geringere Energie als die beiden einzelnen vorher bewegten Br-Atome besitzt (positive Wärmetönung der Rekombination!), muß eben die Überschußenergie durch eine weitere Partikel abgefangen werden, die bei dem Stoß der Br-Atome zugegen ist, denn sonst würden die beiden Atome sofort wieder auseinanderfliegen. Die Rekombination erfolgt also im Dreierstoß oder an einer Wand, wobei die Wand eines Reaktionsgefäßes eben als dritter Stoßpartner fungiert.

Die Dreierstoßreaktion wird, wenn wir wieder an die Rekombination von zwei Br-Atomen denken, gewöhnlich in der Form geschrieben:

$$Br + Br + M = Br_2 + M, \tag{18}$$

wo M der im übrigen beliebige Dreierstoßpartner (evtl. die Wand des Reaktionsgefäßes) ist.

Wegen der Seltenheit von Dreierstößen halten sich die einmal gebildeten Atome gelegentlich relativ lange — insbesondere bei kleinen Drucken —, bevor sie wieder in den molekularen Zustand übergehen. Hierauf beruht z. B. die präparative Darstellung von atomarem Wasserstoff.

Bei größeren rekombinierenden Molekelresten ist ein besonderer Dreierstoßpartner nicht erforderlich, da die am Zustandekommen der Bindung nicht direkt beteiligten Atome des Molekelrestes die Energie in Gestalt innermolekularer Schwingungen (hoher Anregungsgrad) aufnehmen.

§ 121. Geschwindigkeit der HBr-Kettenreaktion im Verhältnis zur HJ-Reaktionskette

Jetzt können wir verstehen, daß die HJ- und HBr-Bildung so verschieden abläuft. Bei kleinen HBr-Konzentrationen wird nämlich die Bildungsgeschwindigkeit nach dem ersten Glied in Gl. (8a) im wesentlichen durch $\dfrac{k}{C} = 2\,k_{\mathrm{II}} \cdot \sqrt{K_c}$ bestimmt. Da nun die Wärmetönung der Reaktion II in Gl. (6) etwa -17 kcal/mol beträgt, erhält man hier mindestens eine Aktivierungswärme von 17 kcal/mol; mit $\log K_c = -\dfrac{9900}{T} + 5{,}0$ (entsprechend dem Gleichgewicht der Br_2-Dissoziation) ergibt sich also

$$\left. \begin{aligned} \log\frac{k}{C} &\approx 10 + 2{,}5 - \frac{4950 + 3720}{T} - \frac{\delta}{T} \\ &\approx 12{,}5 - \frac{8670}{T} - \frac{\delta}{T}, \end{aligned} \right\} \tag{19}$$

wo für $\log k_{B,m}$ etwa 10 gesetzt ist und die Aktivierungswärme mit $17 + \delta \cdot 4{,}574$ kcal/mol angenommen wurde. Beim HJ würde die entsprechende Gleichung, weil hier an Stelle -17 kcal/mol als Wärmetönung etwa -35 kcal/mol einzusetzen ist und die Gleichgewichtskonstante K_c eine andere Temperaturabhängigkeit als beim Br_2 besitzt, lauten:

$$\log\frac{k}{C} \approx 10 + 2{,}4 - \frac{3860 + 7650}{T} - \frac{\delta'}{T} \approx 12{,}4 - \frac{11510}{T} - \frac{\delta'}{T}. \tag{19a}$$

Wenn man δ und δ' etwa von der gleichen Größe annimmt, so ergibt sich selbst bei Temperaturen von etwa 1000 °K für die Geschwindigkeitskonstante k/C beim HBr ein etwa 1000 mal größerer Wert als beim HJ. Dies erklärt, daß beim HBr das erste Glied in Gl. (8a) ausschlaggebend ist, dagegen beim HJ das zweite.

Bei der Bildung von HCl und HF aus den Elementen verläuft die Reaktion ebenfalls über die Atome und einen zu S. 257 analogen Kettenmechanismus mit noch größerer Geschwindigkeit als beim HBr, weil beim HCl die Wärmetönung der Reaktion II in Gl. (6) sogar fast thermoneutral ist, was zur Folge hat, daß die Reaktion bereits bei tiefer Temperatur einsetzt, insbesondere, wenn einmal einige Cl-Atome gebildet sind (Photochemische Chlorknallgasreaktion). Man braucht beim HCl und HF die Reaktion IV nicht mehr zu berücksichtigen, es wird hier C in Gl. (8a) meist groß gegen $H\,Hal\,/\,Hal_2$, so daß dieser Term dann weggelassen werden kann. Die HF-Bildung aus den Elementen erfolgt bekanntlich schon bei extrem tiefen Temperaturen.

§ 122. Katalytische Einwirkungen

Oft werden chemische Reaktionen in homogener Phase (Gasphase) durch Zusatz geringer Gasmengen wesentlich beschleunigt, obwohl das Zusatzgas in den Bruttoumsatz gar nicht eingreift. Man nennt solche Zusätze *Katalysatoren*. Ihre Wirkungsweise kann nach dem oben Bemerkten nur so verstanden werden, daß durch den Katalysator eine Reaktionskette — etwa nach Art der in Gl. (6) gezeigten — aufrechterhalten wird, die sonst nicht abzulaufen vermöchte. Ist die Aktivierungswärme der maßgebenden Reaktion dieser Kette relativ klein, so wird klar, daß die Reaktion gerade durch den zugesetzten Stoff stark beschleunigt wird.

Obwohl die Katalyse ein insbesondere auch für biochemische Vorgänge bedeutsamer Prozeß ist, gelang es bisher nur in relativ wenigen Fällen, genau zu klären, welcher Einzelvorgang oder welche Vorgänge nun gerade durch den Katalysator eingeleitet werden. Wir hatten beim Beispiel der HBr-Bildung schon darauf hingewiesen, daß die Konzentration der für die Reaktion wesentlichen H- und Br-Atome verhältnismäßig klein ist, woraus wir entnehmen dürfen, daß ein in geringer Menge vorhandener Katalysator oft nur so wirken kann, daß er ein für eine Kettenreaktion aktives Radikal zur Verfügung stellt.

Zum Beispiel wird erfahrungsgemäß die Verbrennung des CO mit O_2 zu CO_2 stark durch den Zusatz geringer Mengen von Wasserdampf beschleunigt. Eine CO-Flamme erlischt, wenn sie in gänzlich trockener Luft brennen soll. Man nimmt nach W. JOST an, daß folgende Reaktionskette die CO-Verbrennung aufrechterhält:

$$
\begin{array}{ll}
H_2O = OH^\cdot + H^\cdot & \text{Startreaktion} \\
CO + OH = CO_2 + H^\cdot \; \} & \\
H + CO + O_2 = CO_2 + OH \; \} & \text{Reaktionskette}
\end{array}
\qquad (20)
$$

Die aus dem H_2O gebildeten „Radikale" OH und H greifen beide in die Reaktionen ein, durch die relativ rasch die CO_2-Molekeln gebildet werden; die Radikale entstehen bei diesen Reaktionen wechselseitig aufs neue. Dieser Vorgang macht die eigentliche Katalyse aus. Fehlt jede Spur von Wasserdampf, so kommt wegen der hohen Dissoziationswärme des CO nur die Startreaktion $O_2 = O + O$ in Betracht, an die sich die Reaktion $CO + O = CO_2$ anschließen kann. Durch diese wird aber keine Kettenreaktion eingeleitet, weil die O-Atome durch die Reaktion verbraucht werden, ohne daß dabei neue Radikale erzeugt werden.

Man sieht also, daß die Kettenreaktion nur durch den Wasserdampf, der in Spuren beigegeben sein kann, in Gang gebracht wird. Da die Kettenträger H und OH durch die Reaktion nicht verbraucht werden, wirkt nach der oben gegebenen Definition der Wasserdampf als Katalysator. Man sieht ebenso, daß durch einen weiteren geringfügigen Zusatz, der die Kettenträger des eigentlichen Katalysators wegfängt oder den Katalysator selbst bindet, die katalytische Wirkung aufgehoben werden kann. Man spricht dann von Katalysatorgiften. So wäre also im obigen Falle jeder Stoff, der das Wasser oder dessen Bestandteile fest zu binden vermag, ein Katalysatorgift. Da nun im Laufe lang dauernder Reaktionen, wie sie bei kontinuierlich laufenden Prozessen (Industriebetrieb) vorliegen, immer damit gerechnet werden muß, daß Katalysatorgifte (eventuell in Gestalt von Verunreinigungen der Reaktionsgase) eingeschleppt werden, muß ein Katalysator für eine bestimmte Reaktion von Zeit zu Zeit erneuert werden. Dies gilt in gleicher Weise für gasförmige wie für feste Katalysatoren. Die ,,Vergiftung" eines Katalysators für eine bestimmte Reaktion schließt natürlich nicht aus, daß dieser Katalysator eventuell für eine andere Reaktion noch brauchbar ist.

§ 123. Säure-Basen-Katalyse

In flüssiger Phase lassen sich die Reaktionsgeschwindigkeiten prinzipiell in ähnlicher Weise formulieren wie in Gasen, worauf wir hier nicht näher eingehen wollen. Dafür soll nur kurz noch die sog. Säure-Basen-Katalyse besprochen werden, die in flüssiger Phase abläuft. Es soll dabei im Anschluß an die Untersuchungen BRÖNSTEDTs als Säure ein H^+-Ionen abgebender Stoff, als Base ein H^+-Ionen aufnehmender Stoff bezeichnet werden. So ist die Essigsäure in diesem Sinne ebenfalls als Säure anzusprechen, während der Acetatrest CH_3COO^- der Säure als Base zu betrachten ist, weil er H^+-Ionen zu binden vermag. (Die Bezeichnungen Protonendonator und Protonenacceptor wären hier in Anbetracht der sonst für Säuren und Basen eingebürgerten Definitionen vielleicht besser.)

Es werden eine Anzahl von Reaktionen in flüssiger Phase durch die darin enthaltenen Säuren und Basen insofern katalysiert, als ein ständiger Austausch der H^+-Ionen zwischen dem einen Reaktionspartner und der Säure oder Base stattfindet. Bekannt ist der Zerfall des Nitramids, der in Gegenwart von Basen nach erster Ordnung erfolgt,

$$H_2N{-}NO_2 = N_2O + H_2O, \tag{21}$$

jedoch eigentlich eine bimolekulare Reaktion zwischen dem mit dem Nitramid im thermischen Gleichgewicht stehenden Umlagerungsprodukt

$$H_2N{-}NO_2 \rightleftharpoons HN{=}N{\overset{\textstyle OH}{\underset{\textstyle O}{\big<}}} \tag{21a}$$

und der Base B^- etwa nach dem Schema

$$B^- + HN{=}N{\overset{\textstyle OH}{\underset{\textstyle O}{\big<}}} = BH + {}^-N{=}N{\overset{\textstyle OH}{\underset{\textstyle O}{\big<}}} \tag{22}$$

ist. Dies ist der geschwindigkeitsbestimmende (langsamste) Schritt der Reaktion, an den sich dann rasch die Gleichgewichtsumlagerung von $^-N{=}N{\overset{\textstyle OH}{\underset{\textstyle O}{\big<}}}$ in $N{\equiv}N{\overset{\textstyle OH}{\underset{\textstyle O^-}{\big<}}}$ anschließt, worauf dann mit BH der endgültige Zerfall

$$N{\equiv}N{\overset{\textstyle OH}{\underset{\textstyle O^-}{\big<}}} + BH = N_2O + H_2O + B^- \tag{22a}$$

folgt. Es wird also im Endzustand die Base wieder zurückgebildet, so daß trotz des Vorliegens einer bimolekularen Reaktion der Zerfall des Nitramids nach erster Ordnung erfolgt, weil die für die Geschwindigkeit der Reaktion maßgebende Konzentration der Base durch die Reaktion nicht geändert wird.

Entscheidend für die katalytische Wirkung einer Base ist weiterhin die Affinität der Base B^- zu den H^+-Ionen, d. h., je kleiner die Dissoziationskonstante der aus B^- und H^+ entstehenden undissoziierten Säure ist, um so größer ist die katalysierende Wirkung. Quantitativ gilt in diesem Beispiel für den Zusammenhang zwischen der Geschwindigkeitskonstanten k_0 der Zerfallsreaktion und der genannten Dissoziationskonstanten K bei konstanter Temperatur in erster Näherung[1]:

$$\log k_0 = -a \cdot \log K + b \qquad (23)$$

(vgl. Abb. 63). Die Konstante k der eigentlichen monomolekularen Zerfallsreaktion Gl. (21) ist dabei entsprechend Gl. (22) proportional der Konzentration von $[B^-]$, also $k = k_0 \cdot [B^-]$ angesetzt worden; a und b in Gl. (23) sind Konstanten, die nicht mehr merklich von der Natur der Base abhängen.

Ähnlich wie hier bei dem Nitramidzerfall liegen die Verhältnisse bei der Inversion des Rohrzuckers, bei der Verseifung von Estern und anderen Reaktionen, auf die hier nicht näher eingegangen werden soll. Auch bei diesen kann man Gleichungen der Form (23), freilich mit anderen Werten der Konstanten a und b, für die katalytische Wirksamkeit der Säure-Basen-Katalyse aufstellen.

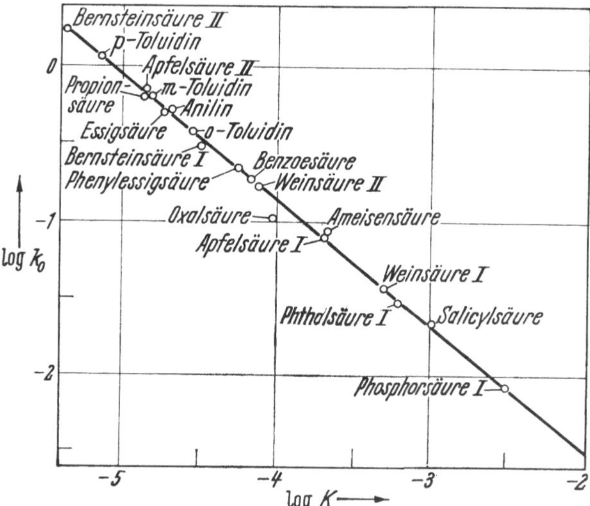

Abb. 63. Basenkatalyse des Nitramidzerfalls

§ 124. Ausblick auf die photochemischen Reaktionen

Ein Phänomen, das hier ebenfalls Platz finden könnte, ist die durch Lichtwirkung ausgelöste Reaktion, die photochemische Reaktion, die also sozusagen durch Lichtquanten katalysiert wird. Diese Wirkung kommt oft einfach dadurch zustande, daß die Lichtquanten einen Reaktionspartner in Bruchstücke aufspalten,

---

[1] Die Intervalle von k_0 und K dürfen nicht zu groß sein, wenn Gl. (23) noch zutreffend sein soll; in Abb. 63 z. B. nur etwa 3 Zehnerpotenzen.

die dann leicht weiterreagieren können. So darf man z. B. erwarten, daß in einer Cl_2—H_2-Mischung bereits durch normales Sonnenlicht das Cl_2 in die Atome gespalten wird, die dann nach den Gln. (II) und (III) der Reaktionskette der Gl. (6) weiterreagieren, wenn man dort überall Br durch Cl ersetzt. Der Startreaktion scheint hierbei freilich meist eine Vereinigung einer nur durch das Licht aktivierten Cl_2-Molekel mit H_2O vorauszugehen, bevor der Zerfall in die Cl-Atome eintritt. Es hat sich nämlich gezeigt, daß die explosionsartige Reaktion von H_2 und Cl_2 im Sonnenlicht nur vor sich geht, wenn geringe Mengen von Wasserdampf in dem Gasgemisch vorhanden sind. Wir wollen hier jedoch nicht weiter auf photochemische Einzelreaktionen eingehen, bei denen oft eine Abspaltung von Elektronen (Ionisierung) eine entscheidende Rolle spielt.

B. Heterogene chemische Kinetik

§ 125. Reaktionen, bei denen die Diffusion geschwindigkeitsbestimmend ist

Die hier zu behandelnden Reaktionen, bei denen ein reagierender Partner oder ein Reaktionsprodukt von einer Phase in eine andere abwandert, sind Reaktionen wie die Auflösung eines festen Salzes durch eine angrenzende Säure oder durch Wasser. Wir erwähnen z. B.

$$MgO + 2\,HCl = MgCl_2 + H_2O. \tag{24}$$

Die Reaktion möge etwa bezüglich ihrer Geschwindigkeit derart verfolgt werden, daß über einer ebenen MgO-Kristallfläche der Größe F eine wäßrige salzsaure Lösung stark gerührt wird. Es bildet sich dann an der Kristalloberfläche eine Diffusionsschicht der Dicke δ aus, wo δ erfahrungsgemäß von der Größenordnung 10^{-3} cm ist, in der eine Diffusion der gebildeten Mg^{++}-Ionen und der H^+-Ionen stattfindet. Der hier vor sich gehende Diffusionsvorgang ist der für die Gesamtreaktion geschwindigkeitsbestimmende Prozeß:

$$\dot{n} = FD \cdot \frac{c_i - c_0}{\delta}. \tag{25}$$

Hierbei ist c_i etwa die Konzentration der H^+-Ionen im Innern der Lösung und c_0 deren Konzentration unmittelbar an der Oberfläche des Kristalls, $\dot{n}$ bedeutet den Transport an H^+-Ionen durch die Diffusionsschicht, die dann durch die O^{--}-Ionen entladen werden und die H_2O-Molekeln bilden. Die Konzentration c_0 kann mit großer Annäherung gleich Null gesetzt werden, da die H^+-Ionen an der Kristalloberfläche sogleich verbraucht werden.

Mit dem Volumen V der Lösung und $\dot{n} = -\dot{c}_i \cdot V$ ergibt sich

$$\dot{c}_i = -\frac{F \cdot D}{\delta \cdot V} \cdot c_i = -k\,c_i, \tag{25a}$$

also eine Reaktion erster Ordnung mit der Geschwindigkeitskonstanten

$$k = \frac{F \cdot D}{\delta \cdot V}, \tag{25b}$$

so daß also gemäß Gl. (3b)

$$c_i(t) = c_i(0) \cdot e^{-\frac{FD}{\delta V} \cdot t} \tag{26}$$

gilt. Die Reaktion verläuft so weit, bis entweder die H^+ Ionen praktisch aufgebraucht sind oder der gesamte Kristall aufgelöst ist.

Daß der Diffusionsprozeß für die Geschwindigkeit des Vorgangs maßgebend ist, folgt bereits daraus, daß die Geschwindigkeitskonstante k von Gl. (25b) nur relativ wenig von der Temperatur abhängt, denn die wesentliche temperaturabhängige Größe in Gl. (25b) ist die Diffusionskonstante D, die sich nur wenig mit T ändert. Ähnlich lassen sich andere heterogene Reaktionen behandeln, für die meist wie hier charakteristisch ist, daß die Reaktionsgeschwindigkeitskonstante der Größe der (wirksamen) Grenzschicht F proportional ist.

§ 126. Die Größe elektrolytischer Diffusionskoeffizienten

Die Diffusionskonstanten von Ionenlösungen, die eben gebraucht wurden, lassen sich direkt aus den Ionenwanderungsgleichungen (IV, 92) in Verbindung mit der bei den Gln. (I, 52) und (I, 53) gebrauchten Beziehung $D = \dfrac{kT}{\Re}$ ermitteln. Unter Berücksichtigung von Gl. (IV, 33) ergibt sich nämlich aus Gl. (IV, 92) bei Beachtung von $\mathfrak{F} = e_0 \cdot N_L$ und $R = k \cdot N_L$

$$\left.\begin{aligned}
w^+ &= -\left[D^+ \cdot \frac{1}{c^+} \cdot \frac{\partial c^+}{\partial x} + \frac{D^+ \cdot n_{e+} \cdot e_0}{kT} \frac{\partial E}{\partial x}\right], \\
w^- &= -\left[D^- \cdot \frac{1}{c^-} \cdot \frac{\partial c^-}{\partial x} - \frac{D^- \cdot n_{e-} \cdot e_0}{kT} \frac{\partial E}{\partial x}\right],
\end{aligned}\right\} \tag{27}$$

wenn $D^+ = \dfrac{kT}{\Re^+}$ und nach Gl. (IV, 33)

$$D^+ = \frac{U^+ \cdot kT}{n_{e+} \cdot e_0} = \frac{U^+ \cdot RT}{n_{e+} \cdot \mathfrak{F}} \tag{27a}$$

sowie eine entsprechende Beziehung für D^- gesetzt wird. Die Gleichsetzung von w^+ und w^- liefert [vgl. Gl. (IV, 93)]:

$$\frac{\partial E}{\partial x} = \frac{D^- - D^+}{U^+ + U^-} \cdot \frac{1}{c} \cdot \frac{\partial c}{\partial x}, \tag{28}$$

woraus durch Einsetzen in eine der Gln. (27) für den Spezialfall $n_{e+} = n_{e-}$ folgt:

$$\left.\begin{aligned}
w^+ = w^- &= -\frac{D^- U^+ + D^+ U^-}{U^+ + U^-} \cdot \frac{1}{c} \cdot \frac{\partial c}{\partial x} \\
&= -\frac{2D^+ \cdot D^-}{D^+ + D^-} \cdot \frac{1}{c} \cdot \frac{\partial c}{\partial x}.
\end{aligned}\right\} \tag{28a}$$

Da $c \cdot w^+$ mit der durch die Flächeneinheit je Zeiteinheit hindurchdiffundierenden Menge $\dot{n}/F$ gleichgesetzt werden darf, folgt aus Gl. (28a) nach Definition des Diffusionskoeffizienten

$$D = \frac{2D^+ \cdot D^-}{D^+ + D^-} = \frac{2U^+ \cdot U^-}{U^+ + U^-} \cdot \frac{RT}{n_e \mathfrak{F}}. \tag{29}$$

Die Einführung von $u^+ = \mathfrak{F} \cdot U^+$ und $u^- = \mathfrak{F} \cdot U^-$ (eigtl. $*u$) liefert

$$D = \frac{2\,u^+ \cdot u^-}{u^+ + u^-} \cdot \frac{R\,T}{n_e \cdot \mathfrak{F}^2}. \tag{29a}$$

Das Einsetzen der Zahlen im absoluten Maßsystem ergibt beim Übergang zum praktischen Maßsystem

$$\left.\begin{aligned}
D &= \frac{2 \cdot 8{,}31 \cdot 10^7 \cdot 300 \cdot 10^3}{96\,490^2 \cdot 3 \cdot 10^9} \cdot \frac{u^+ \cdot u^-}{u^+ + u^-} \cdot \frac{T}{n_e}\,\frac{\mathrm{cm}^2}{\mathrm{sec}} \\[2mm]
&= 0{,}154\,\frac{T}{n_e} \cdot \frac{u^+ \cdot u^-}{u^+ + u^-}\,\frac{\mathrm{cm}^2}{\mathrm{Tag}}.
\end{aligned}\right\} \tag{29b}$$

Hierbei muß berücksichtigt werden, daß die u^+- und u^--Werte gewöhnlich auf Konzentrationen von Mol je Liter anstatt je Kubikzentimeter bezogen sind (Faktor 10^3), daß die abs. Potentialeinheit 300 Volt beträgt (Faktor 300) und daß in Gl. (27a) die Äquivalentladung $\mathfrak{F}$ in abs. Einheiten anstatt in Amperesekunden gerechnet werden muß (Faktor $3 \cdot 10^9$). Die Umrechnung auf $\mathrm{cm}^2/\mathrm{Tag}$ an Stelle von $\mathrm{cm}^2/\mathrm{sec}$ geschieht dann durch Multiplikation mit 86400, der Zahl der Sekunden, die auf einen Tag entfallen. Bei der Umrechnung von u auf U wird $\mathfrak{F}$ jedoch in Amperesekunden gerechnet!

Gl. (29b) liefert insbesondere in verdünnten Lösungen Werte der Diffusionskoeffizienten von Elektrolyten, die nur wenig (oft weniger als 1%) von den direkt beobachteten Werten abweichen, wovon die folgende Zusammenstellung eine Vorstellung geben mag.

Tabelle 14. *Diffusionskoeffizienten einiger binärer Elektrolyte bei 18 °C*

Elektrolyt	NaCl	NaOH	HCl	KCl	LiCl	KJ
D nach Gl. (29b) $\mathrm{cm}^2/\mathrm{Tag}$.	1,173	1,558	2,431	1,460	0,994	1,467
D beobachtet $\mathrm{cm}^2/\mathrm{Tag}$ . . .	1,170	1,432	2,324	1,466	1,000	1,460

Die Gl. (29b) zeigt ebenfalls direkt, daß D nur wenig mit der Temperatur variiert, wenn man mit der Temperaturabhängigkeit anderer chemischer Reaktionen vergleicht, denn T und u^+ bzw. u variieren bei einer Temperaturerhöhung von 10 °C nur um wenige Prozent, während sonst eine solche Temperaturerhöhung eine Geschwindigkeitssteigerung chemischer Reaktionen auf das 2- bis 3fache zur Folge hat.

§ 127. Ausblick auf die heterogene Katalyse

Ein wichtiger Fall heterogener Reaktionen ist derjenige der heterogenen Katalyse. Dabei handelt es sich gewöhnlich darum, daß eine Reaktion, die im Gasraum wegen der dort benötigten hohen Aktivierungsenergie nur sehr langsam verläuft, stark beschleunigt wird, wenn ein geeigneter fester Kontakt in den Gasraum gebracht wird.

Die Wirkung des Kontaktes kann oft generell dadurch beschrieben werden, daß aus dem Gasraum einige Ausgangsprodukte oder Zwischenprodukte an den Kontakt diffundieren und dort bei ihrer Adsorption in einen „aktiven Zustand" geraten, aus dem heraus sie mit dem noch erforderlichen Reaktionspartner ohne Aufwendung besonders hoher Aktivierungsenergien zu reagieren vermögen. Hierdurch wird die starke Reaktionsbeschleunigung bedingt, ganz unabhängig davon, ob der Mechanismus am Kontakt der gleiche ist wie bei homogener Reaktion im Gasraum. Ja, i. allg. wird sogar der Mechanismus, der am Kontakt am schnellsten zum Ziel führt, ein anderer sein als derjenige, der im Gasraum die Reaktion in erster Linie herbeiführt. Die letzte Phase der katalytischen Reaktion ist die Desorption der fertigen Endprodukte in den Gasraum oder solcher Zwischenprodukte, die auch im Gasraum leicht weiterzureagieren vermögen. Ganz allgemein gilt selbstverständlich, daß die Reaktion am Kontakt um so ergiebiger ist, je größer die Kontaktoberfläche ist; eine möglichst gute Unterteilung des Kontaktes ist darum für die Güte des Katalysators oft von großer Bedeutung.

Für die meisten — insbesondere gerade die technisch wichtigsten — Kontaktkatalysen ist trotz vieler Einzeluntersuchungen der eigentliche Mechanismus der Kontaktreaktion noch nicht eindeutig geklärt. Wir beschränken uns deshalb auf die Wiedergabe eines besonders einfachen konkreten Beispiels, das als quantitativ geklärt angesehen werden kann. Die Verbrennung von Sauerstoff mit Wasserstoff zu Wasserdampf, über deren Ablauf in der homogenen Gasphase noch keine völlige Einigkeit besteht, verläuft an Silberkontakten in folgender Weise: Zunächst Bildung von AgO an der Ag-Oberfläche aus dem aus der Gasphase adsorbierten Sauerstoff. Der Wasserstoff wird praktisch nicht adsorbiert und nicht an der Oberfläche gebunden. Die an der Oberfläche gebildete „Verbindung" AgO kann dann mit den aus dem Gasraum aufprallenden H_2-Molekeln unter Rückbildung von reinem Silber und Bildung von Wasserdampf, der anschließend desorbiert wird, reagieren.

Die Reaktion wird also formelmäßig beschrieben durch die chemischen Reaktionsgleichungen (Kettenreaktion):

$$Ag + \tfrac{1}{2}O_2 \rightarrow Ag + (\tfrac{1}{2}O_2)_{ads.} \underset{(Oberfl.)}{\rightarrow} AgO + 30 \text{ kcal/mol}, \qquad (30)$$

$$\underset{(Oberfl.)}{AgO} + H_2 \rightarrow Ag + (H_2O)_{ads.} \rightarrow Ag + H_2O. \qquad (30a)$$

Nehmen wir nun an, daß die erste Reaktionsgleichung wegen ihrer hohen Wärmetönung so weit vollständig abläuft, daß die Oberfläche des Silbers sich gänzlich mit AgO überzieht, dann ist die Reaktion Gl. (30a) in ihrer Geschwindigkeit lediglich von der Konzentration des Wasserstoffs im Gasraum abhängig, womit

$$\frac{d[H_2O]}{dt} = k \cdot O_{AgO} \cdot [H_2] \qquad (31)$$

folgt, wenn O_{AgO} die Größe der für den Herantransport maßgebenden AgO-Oberfläche ist. In gleicher Weise gilt, daß jeder Kontakt um so wirksamer ist, je größer seine Oberfläche ist. Gl. (31) erfährt nun insofern eine gewisse Korrektur, als sich der Wasserdampf, wenn er erst einmal in einer größeren Menge im Gasraum vorliegt, an den AgO-Stellen des

Kontaktes merklich adsorbiert und hierdurch die Reaktionsfähigkeit insgesamt herabsetzt. Indem wir für die so durch Wasserdampf blockierten Stellen entsprechend der Langmuirschen Adsorptionsisotherme setzen [Gl. (III, 44) und (III, 44a)]

$$c_{H_2O} = \frac{c_\infty \cdot [H_2O]}{[H_2O] + b} = \frac{c_\infty \cdot [H_2O]\,\frac{1}{b}}{1 + \frac{1}{b}[H_2O]} \tag{32}$$

und $c_{H_2O} + c_{AgO} = c_\infty$ beachten, erhalten wir für c_{AgO} und die damit proportionale Fläche O_{AgO}

$$O_{AgO} = (c_\infty - c_{H_2O})\,F = c_\infty \cdot \frac{F}{1 + \frac{1}{b}[H_2O]}. \tag{33}$$

So entsteht aus Gl. (31) die Beziehung

$$\frac{d[H_2O]}{dt} = k \cdot F \cdot \frac{c_\infty\,[H_2]}{1 + \frac{1}{b}[H_2O]} = \text{const} \cdot \frac{[H_2]}{1 + \frac{1}{b}[H_2O]}, \tag{34}$$

die mit der Erfahrung über den Umsatz an Ag-Kontakten befriedigend übereinstimmt.

Die Reaktion [Gl. (30)] verläuft — wie schon oben vermerkt wurde — vollständig. Zur Reaktion [Gl. (30a)] ist die Aufbringung einer Aktivierungsenergie von 17 kcal/mol erforderlich, so daß also die Aktivierungsenergie der Gesamtreaktion relativ gering ist und die Reaktion genügend rasch bei niedrigen Temperaturen ablaufen kann. Die Reaktion in der Gasphase erfordert zunächst — eigentlich wie in Gl. (30) — die Dissoziation des Sauerstoffs, der dann weiterreagiert. Da diese Dissoziation in der Gasphase aber bereits je Mol O_2 117 kcal erfordert, und zur weiteren Reaktion der O-Atome wahrscheinlich auch noch eine gewisse Aktivierungsenergie gebraucht wird, erkennt man, daß die Reaktion im Gasraum eine um etwa 120 kcal höhere Aktivierungsenergie benötigt als die Reaktion am Kontakt. Die Verwendung des Ag-Kontaktes bewirkt also eine Umsatzsteigerung um einen Faktor $10^{120\,000/4,574 \cdot T}$, der bei 100 °C größenordnungsmäßig 10^{70} beträgt.

Wenn man bedenkt, daß das Alter der Welt auf Grund astronomischer und geologischer Untersuchungen auf „nur 10^{17} sec" geschätzt wird, erkennt man, daß gelegentlich eine Reaktion, die am Kontakt in Minuten abläuft, ohne Verwendung des Katalysators selbst in Zeiten, die dem Alter der Welt entsprechen, nicht in Gang kommt. Man kann aus dem oben Gesagten weiter entnehmen, daß es gelingt, bei Benutzung geeigneter kontaktkatalytischer Stoffe in einem System eine bestimmte Reaktion zu beschleunigen und Stoffe zu bilden, die bei Verwendung anderer Kontakte nicht erhalten werden, so daß also je nach Wahl des Katalysators das eine oder das andere Endprodukt erhalten werden kann. Im Falle, daß etwa zwei Reaktionen mit gemeinsamen Partnern in einem System nebeneinander ablaufen können, z. B.

$$CO + 3H_2 = CH_4 + H_2O$$

und

$$CO + 2H_2 = CH_3OH$$

ist es möglich, etwa die Methanolbildung derart zu beschleunigen, daß
sich wohl das Gleichgewicht der unteren Reaktion einstellt, nicht aber
das der oberen (z. B. mit ZnO als Katalysator, während man mit Ni-
Katalysatoren nur die Methanbildung wesentlich beschleunigt). Es stellt
sich damit jeweils auch ein anderer „Gesamt-Endzustand" des Systems
ein, als man ihn thermodynamisch für das tatsächliche Gleichgewicht
aller Partner des Systems berechnet, sofern man nur die Reaktion im
geeigneten Moment abbricht.

Es ist einleuchtend, daß die Wahl geeigneter Kontakte in der Praxis
eine große Rolle spielt, weil es durch sie gelingt, je nach Bedarf das
eine oder das andere Endprodukt präparativ zu gewinnen. Es ist deshalb bedauerlich, daß man in der Praxis bezüglich der Auffindung von
geeigneten Katalysatoren für eine gewünschte Reaktion weitgehend auf
das empirische Ausprobieren der verschiedenen Kontaktstoffe angewiesen ist.

Auch gute Kontakte verlieren beim praktischen Gebrauch nach
einiger Zeit oft ihre Wirkung, weil sich ihre Oberflächen mit Stoffen —
eventuell Fremdstoffen — belegen, welche den geregelten Ablauf der
gewünschten Reaktion verhindern. Derart vergiftete Katalysatoren
müssen gewöhnlich durch neue Katalysatoren ersetzt werden; eine
einfache Regenerierung des Katalysators ist meist nicht möglich.

VI. Struktur der Materie

A. Die alte Quantentheorie der Atome

§ 128. Aufbau der Atome aus elektrischen Teilchen

In den bisherigen Abschnitten wurde zwar oft von den Atomen
und Molekeln gesprochen, jedoch geschah dies mehr zur Illustration
des makroskopischen Geschehens.

Die Atome und Molekeln wurden dabei i. allg. als mehr oder weniger
kugelförmige „Teilchen" angesehen, in denen aber noch die spezifischen Eigenschaften des chemischen Elementes oder der Verbindungen
enthalten sein müssen, dem das Atom bzw. die Molekel angehört. Um
diese Eigenschaften zu verstehen, ist es erforderlich, den Bau und die
Struktur der Atome und Molekeln näher kennenzulernen und diese
Teilchen nicht nur als mehr oder weniger strukturlose Kugeln anzusehen. Deshalb wollen wir uns jetzt mit diesen den Atomen und
Molekeln selbst zukommenden Eigenschaften beschäftigen, die nicht
bloße Eigenschaften großer Atom- und Molekelansammlungen sind wie
die Molwärme, die thermische Enthalpie und die Entropie.

Man weiß durch eine Unzahl physikalischer Experimente, auf die
hier nicht eingegangen zu werden braucht, daß von Atomen und Mole-

keln relativ leicht Elektronen abgespalten werden können, weshalb der Schluß berechtigt ist, daß die Atome und Molekeln letztlich elektrisch konstituiert sind derart, daß die Elektronen eben wegen ihrer leichten Abspaltbarkeit mehr die Randbezirke der Atome und Molekeln ausfüllen. Es zeigte sich weiter, daß man von einem derart ionisierten Atom i. allg. wieder weitere Elektronen abtrennen kann, wobei allerdings immer mehr Energie zur Abtrennung aufgewandt werden muß als bei dem (oder den) ersten Elektron(en). Dieser Umstand legt eine Anordnung der Elektronen in Schalen nahe, so daß die weiter nach innen sitzenden Elektronen schwerer abzutrennen sind als die mehr außen befindlichen.

Eine Unzahl von Einzelexperimenten, insbesondere die Erfahrungen, die man beim Durchgang schnell bewegter Materieteilchen (α-Strahlen) durch ruhende Materie gemacht hatte (Streuversuche von Rutherford und seinen Schülern), führte zu folgendem Bild vom inneren Bau der Atome: Das Atom besteht aus einem zentralen positiv geladenen Kern, der praktisch die Gesamtmasse des Atoms in sich vereinigt, um den sich eine Anzahl von negativ geladenen Elektronen herumbewegt. Das Bild ist in gewissem Sinne dem des Planetensystems vergleichbar, bei dem die Sonne im Zentrum stehend von den sehr viel leichteren Planeten umkreist wird. Die Ladung des zentralen Kernes besteht dabei aus Z positiven Elementarladungen e_0, wenn das Atom im neutralen Zustande Z Außenelektronen enthält. Die Abspaltung je eines Elektrons von jedem Atom einer Gesamtheit führt dann zu einfach positiv geladenen Ionen usw. der Art, wie wir sie im Rahmen unserer elektrochemischen Überlegungen immer betrachtet haben.

Die obige Zahl Z ist dabei identisch mit der Ordnungszahl des chemischen Elementes, dem das Atom angehört. Durch die Kernladungszahl bzw. Ordnungszahl ist das chemische Verhalten des Atoms bekanntlich eindeutig festgelegt. Die Masse des Atoms bzw. des Kernes spielt für das chemische Verhalten nur eine untergeordnete Rolle. Jedes Element im normalen Sinne besteht aus verschiedenen Atomarten, die zwar chemisch gleichwertig sind, weil sie die gleiche Kernladung aufweisen, deren Kerne aber verschieden schwer sind. Man nennt diese Komponenten eines chemischen Elementes bekanntlich die *Isotopen* des Elementes. Für Kernreaktionen spielt freilich der Unterschied zwischen den Isotopen meist eine entscheidende Rolle, was hier nur beiläufig erwähnt sei. Die Kenntnis der Existenz der Isotope verdankt man den massenspektrographischen Untersuchungen von Aston, welche die Ablenkung schnell bewegter ionisierter Atome und Molekeln durch elektrische und magnetische Felder betreffen. Je schwerer der Atomkern ist, desto weniger wird ein Teilchen vorgegebener Geschwindigkeit durch die Felder abgelenkt, so daß man aus dem Grade der Ablenkung und der Geschwindigkeit auf die Masse der Atome und Kerne schließen kann.

Das eben erwähnte Rutherfordsche Planetenmodell der Atome operiert mit einem fast leeren Atom, insofern nämlich der Kern und die Elektronen nur Durchmesser von der Größenordnung von 10^{-13} cm besitzen, während das ganze Atom von der Größe 10^{-8} cm ist. Unsere nächste Aufgabe muß es sein, auf Grund dieses Atommodells die wichtigsten Eigenschaften einfacher Atome vom Standpunkt der Mechanik der Bewegung der Elektronen zu verstehen.

§ 129. Das Rutherfordsche Atommodell und die Bohrsche Theorie der Elektronenbahnen

Um nun das Kräftespiel zwischen den Beschleunigungen der um den Kern kreisenden Elektronen und den elektrostatischen Wirkungen zwischen Kern und Elektron näher zu erörtern, betrachten wir einmal den einfachsten Fall, nämlich die Bewegung eines einzigen Elektrons der Ladung e_0 in einer Kreisbahn um einen Z-fach positiv geladenen Kern. Dieses Beispiel entspricht einem neutralen Wasserstoffatom für $Z = 1$ oder einem einfach ionisierten Heliumatom für $Z = 2$ oder einem doppelt ionisierten Lithiumatom für $Z = 3$ usw. Man nennt Atome dieser Art wasserstoffähnliche Atome. Wir versuchen, die Bewegung des Elektrons auf seiner Bahn zunächst nach der klassischen Mechanik analog der Bewegung eines Planeten um die Sonne zu beschreiben.

Denkt man sich den Kern wegen seiner überwiegenden Masse als im Koordinatensprung ruhend, dann ist die Zentripetalkraft des im Kreise vom Radius r um den Kern mit der Geschwindigkeit v umlaufenden Elektrons der Masse m_e der elektrostatischen Anziehungskraft zwischen Kern und Elektron gleichzusetzen:

$$\frac{m_e \cdot v^2}{r} = \frac{Z e_0^2}{r^2} \quad \text{oder} \quad \frac{m_e \cdot v^2}{2} = \frac{Z e_0^2}{2r} . \tag{1}$$

Außerdem gilt der Energiesatz $E_{\text{kin.}} + E_{\text{pot.}} = E$, wo jetzt $E_{\text{pot.}} = -Z e_0^2/r$ zu setzen ist:

$$\frac{m_e v^2}{2} - \frac{Z e_0^2}{r} = E \quad \text{oder nach Gl. (1)} \quad \frac{Z e_0^2}{2r} - \frac{Z e_0^2}{r} = -\frac{Z e_0^2}{2r} = E. \tag{2}$$

Die kinetische Energie ist hier dem Betrage nach halb so groß wie die potentielle Energie, ein Resultat, das sich übrigens auf Fälle mit mehreren Elektronen in der Umgebung eines Kernes erweitern läßt. Wir können hier auch direkt den Drehimpuls des Elektrons $p_\varphi = m_e \cdot r \cdot v$ einführen, mit dem die erste Gl. (1) die Gestalt:

$$\frac{p_\varphi^2}{m_e r^3} = \frac{Z e_0^2}{r^2} \quad \text{oder} \quad r = \frac{p_\varphi^2}{Z m_e \cdot e_0^2} \tag{1a}$$

erhält. Für die gesamte Energie ergibt sich dann aus Gl. (2):

$$E = -\frac{Z e_0^2}{2r} = -\frac{Z^2 m_e e_0^4}{2 p_\varphi^2} . \tag{2a}$$

Die klassische Mechanik würde nun jeden beliebigen Wert von r, E oder p_φ und v zulassen, wenn nur diese verschiedenen Größen in den durch die obigen Gleichungen gegebenen Verhältnissen stehen. Die Erfahrung zeigt aber, daß die Elektronen mit ganz bestimmten Energien an den Kern gebunden sind, denn zur Ionisierung eines Atoms wird eine scharf definierte Energiezufuhr benötigt. Infolgedessen muß gegenüber der klassischen Mechanik bei der Behandlung des jetzt vorliegenden atomaren Problems noch eine besondere Auswahl getroffen werden. Eine derartige Auswahl hatten wir bereits bei den Oszillatoren, d. h. den Schwingungen der Atome innerhalb einer Molekel, kennengelernt. Damals waren die Energien der Oszillatoren auf die diskreten Werte $n \cdot h\,\nu$ festgelegt worden (Plancksche Quantenhypothese). Eine ähnlich einfache Auswahl direkt nach der Energie ist jetzt offenbar nicht möglich, weil bei den wasserstoffähnlichen Atomen keine bestimmte Frequenz wie bei den Oszillatoren ausgezeichnet ist. Immerhin kann man die damals im einfachsten Falle gesammelten Erfahrungen benutzen, um eine vernünftige Auswahl zu begründen.

Wir werden also wie damals postulieren, daß gewisse Energiezustände, die wir hier durch ihre Elektronenabstände vom Kern kennzeichnen wollen als stabile Quantenzustände des Atoms ausgezeichnet seien. Der Übergang von einem Quantenzustand in den nächstbenachbarten ist, wenn dieser benachbarte Zustand zu einer näher am Kern befindlichen Elektronenbahn gehört, mit einem Energieverlust ΔE verbunden, der nach der Quantentheorie zur Aussendung einer Spektrallinie der Frequenz $\nu = \Delta E/h$ führt. Bezeichnen wir die benachbarten Quantenzustände mit den Indizes n und $n-1$, also die dazugehörigen Elektronenabstände und Energien mit r_n und r_{n-1} bzw. E_n und E_{n-1}, dann gilt nach Gl. (1) für die Geschwindigkeiten der Elektronen auf den betreffenden Bahnen:

$$v_n = \sqrt{\frac{Z\,e_0^2}{m_e\,r_n}} \quad \text{und} \quad \nu_n = \frac{1}{t_n} = \frac{v_n}{2\pi\,r_n} = \sqrt{\frac{Z\,e_0^2}{4\pi^2\,m_e\,r_n^3}}. \tag{3}$$

Dabei ist t_n die Umlaufzeit des Elektrons auf der betreffenden Bahn bzw. $1/t_n$ die Frequenz des auf dieser Bahn umlaufenden Elektrons. Es ist sinnvoll, zu verlangen, daß die vorerst noch unbekannten Quantenbeziehungen für große n, d. h. bei großem Abstand des umlaufenden Elektrons, in die Gesetze der klassischen Mechanik und Elektrodynamik übergehen (sog. Korrespondenzprinzip). Ein mit der Frequenz ν_n umlaufendes Elektron würde nach der klassischen Elektrodynamik eine Strahlung der Frequenz ν_n erzeugen. Nach Gl. (2a) beträgt nun der Energieverlust beim Übergang $n \to (n-1)$

$$\Delta E_{n \to (n-1)} = \frac{Z\,e_0^2}{2\,r_n^2}\,\frac{d\,r_n}{d\,n}, \tag{4}$$

wobei wir die Differenz durch einen Differentialquotienten nach n ersetzt haben, was bei genügend großem n statthaft sein wird. Setzen wir $\Delta E_{n \to (n-1)} = h\,\nu_n$ mit ν_n aus Gl. (3), dann entsteht für genügend große n:

$$\frac{Z\,e_0^2}{2\,r_n^2}\,\frac{d\,r_n}{d\,n} = \sqrt{\frac{Z\,h^2\,e_0^2}{4\pi^2\,m_e\,r_n^3}} \quad \text{oder} \quad \frac{d\,r_n}{d\,n} = \sqrt{\frac{h^2\,r_n}{Z\,\pi^2\,m_e\,e_0^2}} = \text{const} \cdot r_n^{1/2} \tag{5}$$

mit

$$\text{const} = \sqrt{\frac{h^2}{Z\,\pi^2\,m_e\,e_0^2}}.$$

Die letzte Beziehung läßt sich in der Form

$$\frac{1}{r_n^{1/2}} \frac{dr_n}{dn} = \frac{d}{dn}(2\,r_n^{1/2}) = \text{const} \tag{5a}$$

direkt nach n integrieren und ergibt:

$$r_n^{1/2} = \frac{\text{const}}{2} \cdot n + \text{konst.} = \sqrt{\frac{h^2}{4\pi^2 Z\, m_e\, e_0^2}} \cdot n + \text{konst.}, \tag{5b}$$

wobei jetzt noch eine Integrationskonstante hinzugefügt wurde. Beachten wir, daß unter der Wurzel vor n in Gl. (5b) nur konstante Größen stehen, dann läßt sich Gl. (5b) auf die Form

$$r_n^{1/2} = \sqrt{\frac{h^2}{4\pi^2 Z\, m_e\, e_0^2}} \cdot (n + \delta) \quad \text{oder} \quad r_n = \frac{h^2}{4\pi^2 Z\, m_e\, e_0^2}(n + \delta)^2 \tag{6}$$

bringen, wo δ gleichfalls eine konstante Zahl ist. Der Vergleich mit Gl. (1a) zeigt, daß der Drehimpuls p_φ für diese Quantenbahnen bei großem n durch

$$p_\varphi = \pm (n + \delta)\, h/2\pi = \pm (n + \delta)\, \hbar \quad \text{mit der Abkürzung} \quad h/2\pi \equiv \hbar \quad 7)$$

gegeben sein muß. Das doppelte Vorzeichen des Drehimpulses bedeutet, daß Bahnen mit gleicher Energie vorkommen können, die sich nur durch den Umlaufsinn des Elektrons unterscheiden.

Das in Gl. (7) ausgesprochene, vorerst nur für große n aus der klassischen Mechanik abgeleitete Resultat kann man *versuchsweise* als allgemeine Quantelungsbedingung, d. h. als Auswahl auch für kleine n annehmen. Dabei kann man die gemäß Gl. (7) gequantelten Drehimpulse einschließlich ihres Vorzeichens in einer Zahlreihe anordnen; diese Zahlwerte unterscheiden sich i. allg., wenn n sich um eine Einheit ändert, um $1 \cdot \hbar$, nur bei $n = 0$ würde man zwischen $-\delta\hbar$ und $+\delta\hbar$ einen Unterschied von $2\delta\hbar \neq 1\hbar$ erhalten, wenn $\delta \neq \frac{1}{2}$ ist. Auch bei $\delta = 0$ bekommt man mit $\ldots -2\hbar, -1\hbar, 0\hbar, +1\hbar, +2\hbar$ offenbar eine gleichmäßig fortschreitende Reihe von gequantelten Drehimpulsen. Man wird deshalb die Fälle mit $\delta = \frac{1}{2}$ und $\delta = 0$ als physikalisch besonders bedeutungsvoll von vornherein herausheben. Daß dies zutrifft, wird durch die Erfahrung bestens bestätigt.

Aus Gl. (2a) entnehmen wir dann für die Energie eines wasserstoffähnlichen Atoms im Quantenzustande n:

$$E_n = -\frac{2\pi^2 Z^2 m_e e_0^4}{h^2}\frac{1}{n^2} \quad \text{oder} \quad E_n = -\frac{2\pi^2 Z^2 m_e e_0^4}{h^2} \cdot \frac{1}{(n + \frac{1}{2})^2} \cdot \tag{8}$$

$$\text{(für } \delta = 0) \qquad\qquad\qquad \text{(für } \delta = \tfrac{1}{2})$$

Welcher dieser beiden nach den bisherigen Betrachtungen als wahrscheinlich anzusehenden Fälle in der Natur realisiert ist, kann nur experimentell entschieden werden. Der Fall $\delta = 0$ mit $n = 1, 2, 3 \ldots$ kommt in der Natur tatsächlich vor, und die erste der Gln. (8) ist diejenige, die N. Bohr seinerzeit (1913) mit der damals mehr oder weniger willkürlichen Quantenbedingung $p_\varphi = n\, \hbar = n\, h/2\pi$ $(n = 1, 2, 3 \ldots)$ abgeleitet hatte. Der Wert $n = 0$ ist hier deshalb ausgeschlossen worden, weil er nach Gl. (1a) das Zusammenfallen des Elektrons mit dem Kern bedeuten würde.

Betrachten wir den Übergang von einem beliebigen Quantenzustand n_1 in einen beliebigen anderen n_2 mit $n_2 < n_1$, dann gilt für die Energiedifferenz $\Delta E_{n_1 \to n_2}$ und die Frequenz der dabei gemäß der grundlegenden Quantenbeziehung $\Delta E = h\,\nu$ ausgesandten Spektrallinie:

$$\nu = \frac{\Delta E_{n_1 \to n_2}}{h} = \frac{E_{n_1} - E_{n_2}}{h} = \frac{2\pi^2 Z^2 m_e e_0^4}{h^3} \left(\frac{1}{n_2^2} - \frac{1}{n_1^2} \right). \tag{9}$$

Mit Einführung der in der Spektroskopie meist gebrauchten Wellenzahl $\tilde{\nu} = \dfrac{\nu}{c} = \dfrac{1}{\lambda}$ c = Lichtgeschwindigkeit) erhält man aus Gl. (9)

$$\tilde{\nu} = \frac{2\pi^2 Z^2 m_e e_0^4}{h^3 c} \left(\frac{1}{n_2^2} - \frac{1}{n_1^2} \right) = Z^2 R_\infty \left(\frac{1}{n_2^2} - \frac{1}{n_1^2} \right). \tag{9a}$$

Die hier zur Abkürzung eingeführte neue Konstante

$$R_\infty = \frac{2\pi^2 m_e e_0^4}{h^3 \cdot c} \tag{10}$$

wird in der Spektroskopie als Rydberg-Konstante bezeichnet. Gl. (9a) wird durch die spektroskopische Erfahrung bestens bestätigt. Sie stellt für die Übergänge $n_2 = 1$, $n_1 = 2, 3, 4$ usw. die Spektrallinien der im Ultravioletten gelegenen Lyman-Serie des Wasserstoffs dar; für $n_2 = 2$, $n_1 = 3, 4, 5$ usw. erhält man die Linien der beim Wasserstoff im sichtbaren Bereich gelegenen Balmer-Serie; für $n_2 = 3$ und $n_1 = 4, 5$ bekommt man die Paschen-Serie, die beim Wasserstoff schon im Ultrarotgebiet gelegen ist. Aus den einzelnen Serien hat man experimentell den Wert der Rydberg-Konstanten in Gl. (10) zu $109737{,}27_2$ cm^{-1} entnommen.

Setzt man die Werte der Naturkonstanten m_e, e_0, h und c in Gl. (10) ein, so erhält man theoretisch einen Wert der Rydberg-Konstanten von $(1{,}0975 + 0{,}0033)\, 10^5$ cm^{-1}, der mit dem experimentell bestimmten Wert innerhalb der Fehlergrenzen des Experimentes übereinstimmt.

Dabei muß jedoch noch auf folgenden Punkt hingewiesen werden. Wir hatten oben angenommen, daß der Kern im

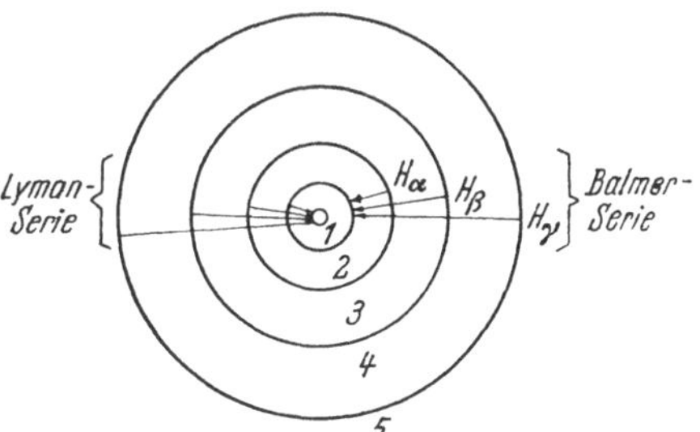

Abb. 64. Schematische Darstellung der Entstehung der Wasserstoffserien durch „Elektronenübergänge" zwischen den einzelnen Kreisbahnen der Bohrschen Theorie

Ursprung des Koordinatensystems ruhe und nur das Elektron sich bewege. Tatsächlich bewegen Elektron und Kern sich um ihren gemeinsamen Schwerpunkt. Wegen der im Verhältnis zum Elektron sehr großen Masse des Kernes ist der Fehler, den man mit der Annahme eines im

Ursprung des Koordinatensystems rührenden Kernes macht, nicht groß; jedoch ist die Rydberg-Konstante so genau meßbar, daß hier die Mitbewegung des Kernes bereits einen merklichen Einfluß aufweist. In der klassischen Mechanik der Planetenbewegung wird schon gezeigt, daß man die Berücksichtigung der Mitbewegung des Zentralkörpers in vielen Formeln einfach so erfassen kann, daß man an Stelle der in den Endformeln auftretenden Masse des Planeten mit der reduzierten Masse rechnet, die sich jetzt im Falle des Systems Elektron-Kern gemäß $m_{e,\,\mathrm{red.}} = m_e \cdot M_{\mathrm{Kern}}/(M_{\mathrm{Kern}} + m_e)$ bestimmt. Deshalb ist die Rydbergsche Konstante im konkreten Fall durch die Beziehung

$$R_{M_K} = \frac{2\pi^2\, m_e\, e_0^4}{h^3 \cdot c\,(1 + m_e/M_{\mathrm{Kern}})} \tag{10a}$$

zu ersetzen, während die frühere Gl. (10) nur für unendlich schwere Kerne gilt, bei denen $m_e/M_{\mathrm{Kern}} = 0$ gesetzt werden darf. Aus diesem Grunde war in Gl. (10) an das Symbol R der Index ∞ angefügt worden. Für den Fall des Wasserstoffs findet man mit $m_e/M_{\mathrm{Kern}} = 1:1836,12$ aus R_∞ den für Wasserstoff gültigen Wert $R_{\mathrm{H}} = 109\,677,54$ cm^{-1}, aus dem als dem tatsächlich *gemessenen* Wert der oben angegebene Grenzwert R_∞ extrapoliert wurde.

Die Bindung des Elektrons an den Kern im Grundzustande ergibt sich aus Gl. (8) für $n = 1\,(\delta = 0)$, denn für $n \to \infty$, d. h. da r nach Gl. (6) mit n^2 anwächst, für unendlich großen Abstand des Elektrons vom Kern ist die Energie auf „Null" normiert. Mithin ist die Energiedifferenz

$$E_{n\to\infty} - E_1 = \frac{2\pi^2\, Z^2\, m_e\, e_0^4}{h^2} = Z^2 E_B(\mathrm{H}) \tag{11}$$

die Bindungsenergie des Elektrons an den Kern. In Gl. (11) ist $E_B(\mathrm{H})$ der für Wasserstoff $(Z = 1)$ maßgebende Wert, der sich durch Einsetzen der Werte für m_e, e_0 usw. zu $2,179 \cdot 10^{-11}$ erg/Atom oder nach Multiplikation mit der Loschmidtschen Zahl und Umrechnung auf kcal zu $313,5$ kcal/g-Atom $(1312$ kJ/g-Atom$)$ oder $= 13,59$ eV/Atom ergibt. Diese Energie, die man benötigt, um das Elektron vom H-Kern abzutrennen, d. h. das H-Atom zu ionisieren, stimmt genau mit der experimentell gemessenen Ionisierungsenergie oder Ionisierungsspannung überein.

Aus Gl. (6) entnehmen wir (mit $\delta = 0$) für die Radien der Quantenbahnen:

$$r_n = \frac{n^2}{Z} \cdot r_B \quad \mathrm{mit} \quad r_B = \frac{h^2}{4\pi^2\, m_e\, e_0^2} = 0,529 \ \text{Å}. \tag{12}$$

Man nennt r_B den Bohrschen Wasserstoffradius, weil r_B der Radius der zu $n = 1$ gehörenden Kreisbahn für $Z = 1$ ist. Der Bohrsche Wasserstoffradius und die Wasserstoffionisierungsenergie von etwa $13,6$ eV sind grundlegende atomare Größen, auf die man gerne auch die bei anderen Atomen und Molekeln vorkommenden Größen als Einheiten bezieht.

Für die Geschwindigkeit v_n des Elektrons auf der n-ten Kreisbahn entnehmen wir aus Gl. (3) und Gl. (6) mit $\delta = 0$

$$v_n = \sqrt{\frac{Z\,e_0^2}{m_e \cdot r_n}} = \frac{Z}{n} \cdot \frac{e_0^2 \cdot 2\pi}{h}\,. \tag{13}$$

Dividiert man durch die Vakuumlichtgeschwindigkeit c, dann ergibt sich das dimensionslose Verhältnis

$$\frac{v_n}{c} = \frac{Z}{n} \cdot \frac{e_0^2}{\hbar\,c}\,. \tag{13a}$$

Die hier auftretende Größe $e_0^2/\hbar\,c$, die als Feinstrukturkonstante α bezeichnet wird, läßt erkennen, wieweit relativistische Effekte für die Behandlung der Elektronenbewegung von Bedeutung sind. Da $\alpha = 0{,}007\,30$ beträgt und mithin v_n^2/c^2 von der Größenordnung 10^{-4} bis 10^{-5} ist, kann man von den durch die Relativitätstheorie geforderten Feinheiten wenigstens bei leichten Kernen, wenn nicht besonders genaue Resultate gewünscht werden, absehen.

Das eben im Anschluß an BOHR entwickelte Modell wasserstoffähnlicher Atome führt zu einem scheibenförmigen Modell; dies gilt auch im Falle der hier nicht behandelten Ellipsenbahnen. Die umlaufenden Elektronen repräsentieren kleine Kreisstrome und stellen nach den Gesetzen der Elektrodynamik Elementarmagnete mit den zugehörigen magnetischen Momenten dar. Die Größe dieser Momente kann man leicht aus den obigen Angaben entnehmen, denn nach der Elektrizitätslehre ist die Kraft, die in einem Magnetfelde der Größe H auf einem Stromfaden der Länge dl, der von einem Strom i durchflossen wird, durch den Ausdruck $\frac{i}{c} \cdot dl \cdot H$ gegeben, wenn der Stromfaden senkrecht zum Felde verläuft und der Strom in elektrostatischen Einheiten gemessen wird. Denkt man sich vom Strom eine kleine quadratische Schleife durchlaufen, von der zwei Seiten der Länge l senkrecht zu H verlaufen und die zwei übrigen parallel zu H, so daß auf diese Leiterelemente keine Kraft ausgeübt wird, so ist das gesamte Drehmoment auf die Schleife gleich dem Produkt des Abstandes der beiden senkrecht zum Felde verlaufenden Stromfäden multipliziert mit der auf diese ausgeübten Kraft, also gleich

$$l \cdot \frac{i}{c}\,l \cdot H = \frac{i}{c}\,l^2 H = \frac{i}{c} \cdot F H \equiv \mu \cdot H \quad \text{mit} \quad \mu = \frac{i}{c}\,F, \tag{14}$$

wo F die vom Strom umflossene Fläche ist. Hier ist μ die allgemein als magnetisches Moment des Stromes bezeichnete Größe. Setzen wir als Stromstärke den Wert $i = -e_0 \cdot v = -e_0 \cdot v/2\pi r$ ein, wo v die Umlaufsfrequenz des Elektrons ist, dann folgt für das Moment des Kreisstroms:

$$\mu = -\frac{e_0}{c}\,\frac{v}{2\pi r} \cdot \pi\,r^2 = -\frac{e_0 \cdot v \cdot r \cdot m_e}{2c\,m_e} = -\frac{e_0 \cdot p_\varphi}{2c\,m_e} = -\frac{e_0\,h}{4\pi\,c\,m_e} \cdot n, \tag{14a}$$

wobei wir noch den Drehimpuls des Elektrons auf seiner Bahn eingeführt haben, der entsprechend der Quantelungsvorschrift in Gl. (7) mit $\delta = 0$ eingesetzt werden kann. Das negative Vorzeichen berücksichtigt die negative Ladung des Elektrons. Den Absolutwert des Faktors vor n, also die Größe $e_0\, h/4\pi\, c\, m_e \approx 9{,}27 \cdot 10^{-21}$ erg/Gauß bzw. bei Umrechnung auf ein Grammatom oder Mol durch Multiplikation mit der Loschmidtschen Zahl die Größe 5584 erg/Gauß mol, bezeichnet man als ein *Bohrsches Magneton*.

Es mag schon hier auf eine Schwierigkeit des Bohrschen Atommodells hingewiesen werden. Man kann versuchen, durch ein starkes äußeres Magnetfeld die Bahnen, die ohne Feld in *einem* Atom anders zu einer festen Raumrichtung orientiert sind als in einem *anderen* Atom in bestimmter Weise auszurichten, so daß ein Beobachter, der von außen aus verschiedenen Richtungen auf die Atome eines Gases blickt, einmal direkt auf die Kreisscheiben — oder Ellipsenscheiben — blickt, das andere Mal aber nur die Kanten der Scheibenatome sieht. Sendet man nun aus diesen verschiedenen Richtungen andere Molekeln oder Atome in ein so magnetisch ausgerichtetes Gas hinein, dann sollten die für den molekularen Zusammenstoß maßgebenden Stoßquerschnitte (s. S. 22) und damit die mittleren freien Weglängen in einer Stoßrichtung anders als in der anderen Richtung sein. Ganz allgemein sollte z. B. bei Wasserstoffatomen ein deutlicher Einfluß eines äußeren Magnetfeldes auf die mittlere freie Weglänge bemerkbar sein, wenn man das Bohrsche Bahnmodell mit seinen scheibenförmigen Atomen als zutreffend ansieht. Da man derartige deutliche magnetische Effekte aber nicht gefunden hat, muß die Bohrsche Vorstellung vom Bau der Atome doch noch in dem Sinne modifiziert werden, daß ein mehr kugelförmiges Atommodell der Wirklichkeit näher kommen dürfte.

§ 130. Quantelungsvorschriften der alten Quantentheorie. Adiabatische Vorgänge

Trotz der eben besprochenen Schwierigkeiten, welche die Bohrsche Theorie einschließt, darf nicht übersehen werden, welch großen Fortschritt die Bohrsche Quantisierung auf Grund der Rutherfordschen Atomvorstellung für die Energetik des atomaren Geschehens und die Spektroskopie gebracht hat. Deshalb ist es notwendig, den Quantisierungsregeln nachzugehen, die anscheinend den klassisch mechanischen Gesetzen hinzugefügt werden müssen, um die Energetik atomarer Systeme zu erfassen. Wir hatten bereits bei der Einführung der atom- oder molekularkinetischen Grundannahmen darauf hingewiesen, daß wir bei Abweichungen, die bei den üblichen Schlußfolgerungen auftreten — z. B. bei solchen vom sog. klassischen Gleichverteilungssatz der Energie — zunächst versuchen werden, die klassisch mechanischen Gesetze im Bereiche des Atomismus irgendwie abzuändern, um die neuen Tatsachen zu erfassen. Diese Abänderung geschah im vorigen Paragraph einfach durch die Hinzufügung einer Quantisierungsbedingung, nach welcher der Drehimpuls auf ganze Vielfache von $h/2\pi$ beschränkt war.

Dabei waren wir zur Gewinnung dieser Quantisierungsregel davon ausgegangen, daß für große Quantenzahlen bzw. große Elektronenabstände die klassischen Gesetze der Punktmechanik und der Elektrodynamik auch im Falle der Energiequantisierung erhalten werden müssen (Korrespondenzprinzip). Es fragt sich jetzt, ob man nicht eine etwas allgemeinere Regel zur Quantisierung atomarer und molekularer Systeme aufstellen kann.

Wir kennen bislang zwei Quantisierungsvorschriften, nämlich die eben erwähnte Quantisierung der Drehimpulse

$$p_{\varphi, n} = \frac{n\,h}{2\,\pi} \tag{15}$$

und die Quantisierung der Oszillatoren, die wir bei der Behandlung der Molwärme von schwingungsfähigen Gasmolekeln und von Kristallen kennengelernt haben. Damals galt einfach $E_n = n \cdot h \cdot \nu$, wo ν die Frequenz des Oszillators war. Wir werden diese Beziehung, um zu einem besseren Vergleich mit der Gl. (15) zu kommen, auf die Form bringen

$$\frac{E_n}{\nu} = n\,h \quad \text{oder} \quad \frac{E_n}{\omega} = \frac{E_n}{2\pi\,\nu} = \frac{n\,h}{2\,\pi} \tag{15a}$$

$$(\omega = \text{Kreisfrequenz}).$$

Wir können nun fragen, inwiefern der Drehimpuls bei der „Planetenbewegung" und der Bruch E/ω bei der Pendelbewegung oder Oszillation ausgezeichnete Größen der Bewegung sind. Es läßt sich nun leicht einsehen, daß p_φ eine Größe mit folgender Invarianzeigenschaft ist:

Denkt man sich plötzlich eine kleine Änderung an der Anziehungskraft zwischen Zentrum und „Planet" bzw. Elektron angebracht, dann wird sich am Drehimpuls nichts ändern, weil ja die Geschwindigkeit und der Ort des Planeten dadurch nicht beeinflußt werden. Das Produkt aus Abstand und Geschwindigkeit (bzw. Geschwindigkeitskomponente) wird also das gleiche sein wie vor dieser Änderung. Da aber der Drehimpuls eine Konstante der Bewegung ist, wird also durch die plötzliche kleine Änderung der Wert von p_φ nicht beeinflußt. Dieses Resultat bleibt auch erhalten, wenn man über längere Zeiten hinweg die Anziehungskraft einer Änderung unterwirft. Dahingegen ändert sich die Energie der Bewegung, denn die potentielle Energie des Systems wird durch die plötzliche Änderung der Anziehungskraft bei gleichbleibendem Abstand variiert. Prinzipiell dasselbe gilt von der Größe E/ω bei der Pendelbewegung. Ändert sich die Hookesche Direktionskraft, dann ändert sich ν und i. allg. auch E. Läßt man die Änderung der Hookeschen Kraft während der Zeit vieler Schwingungen langsam und gleichmäßig erfolgen, so bleibt E/ν bzw. E/ω konstant.

Ohne diese Tatsache im einzelnen beim Pendel näher zu beweisen, ist es plausibel, daß Größen mit der eben erörterten sog. adiabatischen Invarianzeigenschaft in erster Linie als Größen in Betracht zu ziehen sind, deren irgendwie genormte Werte Quantenzustände fixieren, denn wir dürfen erwarten, daß bei allmählichen langsamen und gleichmäßigen Änderungen der ein atomares System charakterisierenden Parameter ein Quantenzustand des Ausgangssystems wieder in einen Quantenzustand des nach der Gesamtänderung resultierenden Endsystems übergeht. Weil nun die Quantenzahlen sich prinzipiell immer nur um eine ganze Einheit oder doch nur diskontinuierlich ändern, wird man dem solchermaßen durch stetige Änderung der Parameter gekennzeichneten Endzustand die gleiche Quantenzahl wie dem Anfangszustand zuschreiben dürfen. Deshalb ist es tatsächlich sinnvoll, eine mechanische Größe, welche die obige Invarianzeigenschaft zeigt, mit der Quantenzahl in direkte Verbindung zu bringen. Wie diese Verbindung aussehen kann, wird durch die beiden Gln. (15) und (15a) nahegelegt.

Diese beiden Gleichungen können nun außerdem auf eine noch ähnlichere Form gebracht werden, wenn man in Gl. (15) gleichfalls Energie und Frequenz $v_n = v_n/2\pi\, r_n$ einführt. Weil die kinetische Energie nach Gl. (2) dem Betrage nach ebenso groß ist wie die Gesamtenergie, können wir nach der klassischen Mechanik mit dem Trägheitsmoment $\Theta_n = m_e\, r_n^2$ setzen:

$$|E_n| = \frac{p_{\varphi,n}^2}{2\,\Theta_n} = \frac{p_{\varphi,n}^2}{2\,m_e\,r_n^2} = \frac{m_e\,v_n^2}{2}, \qquad (16)$$

so daß schließlich für die Kreisbewegung

$$\frac{|E_n|}{\omega_n} = \frac{|E_n|}{2\pi\,v_n} = \frac{m_e\,v_n^2\,2\pi\,r_n}{2\cdot v_n\cdot 2\pi} = \frac{m_e\,r_n\,v_n}{2} = \frac{p_{\varphi,n}}{2} = \frac{n\cdot h}{4\pi} = \frac{E_{\mathrm{kin.},n}}{\omega_n} \qquad (16a)$$

erhalten wird.

Beachten wir, daß bei einer Pendelbewegung im *Mittel* kinetische und potentielle Energie gleich groß sind, so könnte man in beiden Fällen den Quantenbedingungen die Form

$$\frac{\overline{E_{\mathrm{kin.},n}}}{\omega_n} = \frac{n}{2}\cdot\frac{h}{2\pi} \qquad \left[= \frac{n\,h\,v}{2\cdot 2\pi\,v}\right] \qquad (17)$$

geben. Dabei ist hier die durch Überstreichen von $E_{\mathrm{kin.},n}$ angedeutete Mittelung nur beim Oszillator von Bedeutung, weil beim rotierenden Elektron auf der Kreisbahn die kinetische Energie konstant ist. Eine Mittelwertbildung, wie sie hier in Gl. (17) verlangt wird, muß man nach den allgemeinen Prinzipien, nach denen Mittelungen ausgeführt werden, durch eine Integration über die gesamte Periode der Bewegung vornehmen. Wie diese Mittelung durchzuführen ist, wenn man dadurch auf eine Quantenbedingung stoßen will, kann man am leichtesten aus der kreisförmigen Planetenbewegung entnehmen, weil bei dieser die kinetische Energie durchweg konstant ist. Mitteln wir gleich den Ausdruck von Gl. (16a) über die verschiedenen Lagen, die das Elektron auf seiner Bahn einnehmen kann, indem wir diese Lagen durch den Winkel φ der augenblicklichen Lage des Elektrons gegen eine beliebig gewählte Ausgangslage beschreiben, dann ist der Wert von $E_{\mathrm{kin.},n}/\omega_n$ durch die Mittelung[1]

$$\frac{1}{2}\left(\frac{1}{2\pi}\int_0^{2\pi} p_\varphi\cdot d\varphi\right) = \frac{1}{2}\left(\frac{1}{2\pi}\oint p_\varphi\, d\varphi\right) \qquad (18)$$

---

[1] Das Zeichen $\oint$, das vielfach benutzt wird, soll nur andeuten, daß die Integration über die ganze Periode zu erstrecken ist; dies ist hier mit der Integration von 0 bis 2 identisch. Der Index n an p_φ ist hier schon fortgelassen.

gegeben, und die Quantenbedingung der Gl. (15) schreibt sich

$$\frac{1}{2\pi} \oint p_\varphi \cdot d\varphi = \frac{n\,h}{2\,\pi}. \tag{18a}$$

An Stelle des Drehimpulses $m_e \cdot r_n \cdot v_n$ kann man hier auch den Impuls $m_e \cdot v_n$ des Elektrons einführen. Wenn man dann das Differential $d\varphi$ durch $r_n \cdot d\varphi = ds$ ersetzt, wo ds das Differential der Bogenlänge der Kreisbahn ist, dann wird aus [Gl. (18a)]

$$\frac{1}{2\pi} \oint p \cdot ds = \frac{n\,h}{2\,\pi} \quad \text{oder} \quad \oint p\,ds = n\,h. \tag{18b}$$

In dieser Form kann man das die Mittelung beschreibende Integral auch auf die Pendelbewegung übertragen. Für diese gilt in der Tat

$$\frac{1}{2}\left(\frac{1}{2\pi} \oint p \cdot ds\right) = \frac{\overline{E_{\text{kin.},n}}}{\omega} = \frac{1}{2}\,\frac{E_{\text{ges.},n}}{\omega}, \tag{19}$$

wie folgende Rechnung zeigt:

Für die zeitliche Elongation eines Oszillators gilt:

$$x(t) = A \cdot \sin \omega\, t, \quad \text{also} \quad \dot{x} = A\,\omega \cos \omega\, t, \tag{20}$$

mithin folgt mit $ds = dx/dt \cdot dt = \dot{x}\,dt$ und $p = m\,\dot{x}$

$$\frac{1}{4\pi} \oint p\,ds = \frac{1}{4\pi} \int\limits_0^{1/\nu} m\,A\,\omega \cos \omega\, t \cdot A \cdot \omega \cos \omega\, t\,dt$$

$$= \frac{m\,A^2\,\omega^2}{4\pi\,\omega} \int\limits_0^{2\pi} \cos^2(\omega\, t) \cdot d(\omega\, t) = \frac{m\,A^2\,\omega^2}{4\,\omega}. \tag{20a}$$

Berücksichtigt man, daß beim Pendel $\omega = \sqrt{D/m}$ mit der Hookeschen Direktionskraft D und $D/2 \cdot A^2 = E_{\text{ges.}}$ gilt, dann folgt aus der letzten Gleichung:

$$\frac{1}{4\pi} \oint p\,ds = \frac{E_{\text{ges.},n}}{2\,\omega} \quad \left[= \frac{n\,h\,\nu}{4\pi\,\nu}\right]. \tag{20b}$$

Es läßt sich also auch die Quantenbedingung des Oszillators auf die Form der Gl. (18b) bringen.

Die klassische Mechanik hat bereits gezeigt, daß die durch die Gl. (18b) definierte Wirkungsgröße

$$\oint p\,ds \tag{21}$$

bei periodischen Vorgängen eine wichtige invariante Größe der Bewegung ist. Nach den bisher, d. h. bei Oszillator- und „Planetenbewegung" des Elektrons auf Kreisbahnen, über die Quantelung gesammelten Erfahrung kann diese Größe bei atomaren Systemen nur die diskontinuierlich verteilten Werte $n \cdot h$ besitzen, während nach der klassischen

Mechanik diese Größe zwar eine Bewegungsinvariante war, die aber sonst keiner Werteauswahl unterlag.

Versuchsweise hat man in den Jahren nach der Bohrschen Deutung des Wasserstoffspektrums deshalb die Bedingung

$$\oint p \, dq = n \, h \tag{22}$$

als Quantenbedingung der klassischen Mechanik hinzugefügt, um so eine Auswahl der *tatsächlich vorkommenden* atomaren Bewegungen aus dem Kontinuum der nach der klassischen Mechanik *möglichen* Bewegungen vornehmen zu können. Die Gl. (22) ist dabei ein wenig allgemeiner geschrieben als Gl. (18b), insofern jetzt q eine beliebige, die jeweilige Lage beschreibende Koordinate ist und p der zugehörige (konjugierte) Impuls. So sind z. B. Winkelkoordinate φ und Drehimpuls p_φ zueinander konjugiert, ebenso wie die gewöhnliche Koordinate x und der Impuls $m \dot{x}$; Gl. (22) faßt demnach die Gln. (18a) und (18b) gewissermaßen in eine Gleichung zusammen.

Es mag gleich hier erwähnt werden, daß die Quantenbedingung Gl. (22) wohl zu einer Auswahl der klassisch möglichen Bewegungen führt, die in einer Reihe von Fällen zu großen Erfolgen und Fortschritten der Atom- und Molekularphysik Anlaß gab; jedoch stellte sich bald heraus, daß Gl. (22) zwar gestattet, die Zahl der Quantenzustände, die in ein gegebenes Energieintervall fallen, zutreffend anzugeben, daß aber die genaue Lage der Quantenzustände nicht immer durch Gl. (22) angegeben wird. Der Grund für dieses Versagen liegt tiefer, und wir werden darauf noch zurückkommen müssen. Deshalb genügt es hier, nur die wesentlichen Ergebnisse kurz darzulegen, die über die Quantenbedingung der Gl. (22) erhalten wurden, ohne in allen Einzelheiten darauf einzugehen.

§ 131. Quantelung von Ellipsenbahnen. Hauptquantenzahlen und Nebenquantenzahlen, Magnetische Quantenzahlen, Zeeman-Effekt

Ein Elektron, das sich unter dem Einfluß einer Colombschen Anziehungskraft um einen schweren Kern bewegt, wird nach der klassischen Mechanik i. allg. auf einer Ellipsenbahn um den Kern laufen, wobei der Kern sich in einem Brennpunkt der Ellipse befindet. Im § 129 war nur der Spezialfall einer Kreisbahn mit dem Kern im Zentrum des Kreises betrachtet worden; deshalb erhebt sich die Frage, welche Verallgemeinerungen bzw. Komplikationen eintreten, wenn man auch Ellipsenbahnen berücksichtigt.

Auf der Kreisbahn gilt bekanntlich $ds = r \cdot d\varphi$, wenn s die Bogenlänge und φ den Winkel bedeutet. Ändert sich auch der Abstand r vom Kern, so ist das Differential der Bogenlänge nach PYTHAGORAS durch $ds^2 = dr^2 + r^2 \, d\varphi^2$ gegeben, so daß jetzt für die gesamte Energie gilt

$$E = E_{\text{kin,}} + E_{\text{pot.}} = \frac{m_e}{2} \left[\left(\frac{dr}{dt} \right)^2 + r^2 \left(\frac{d\varphi}{dt} \right)^2 \right] - \frac{Z e_0^2}{r}. \tag{23}$$

Führt man hier den Drehimpuls $p_\varphi = m_e\, r^2\, \dfrac{d\varphi}{dt}$ und den Impuls in der Richtung des Radius Vektor $p_r = m_e\, dr/dt$ ein[1], dann entsteht:

$$E = \frac{p_r^2}{2\,m_e} + \frac{p_\varphi^2}{2\,m_e\, r^2} - \frac{Z\, e_0^2}{r}. \tag{23a}$$

Nach der klassischen Mechanik ist der Drehimpuls p_φ auch im Falle der elliptischen Bewegung konstant (Flächensatz), und wir werden gemäß unserer allgemeinen Quantenbedingung der Gl. (22) wieder $p_\varphi = n_\varphi\, h/2\pi$ setzen, wobei wir jetzt zur Kennzeichnung der für den Drehimpuls charakteristischen Quantenzahl zusätzlich einen Index φ vermerkt haben. Wenn auch der Impuls p_r ebenso wie der Impuls eines Oszillators nicht konstant ist, so kann man doch versuchen, für den Impuls p_r eine ebensolche Quantenbedingung anzusetzen wie für p_φ, nämlich gemäß Gl. (22)[2]:

$$\oint p_r\, dr = n_r \cdot h = \oint \sqrt{2\,m_e E + \frac{2\,m_e Z\, e_0^2}{r} - \frac{n_\varphi^2\, h^2}{4\,\pi^2\, r^2}}\; dr$$

$$= \frac{2\pi\, m_e Z\, e_0^2}{\sqrt{2\,m_e\,(-E)}} - n_\varphi\, h. \tag{24}$$

Somit haben wir für die beiden Koordinaten r und φ (bzw. für die Impulse), welche zur Beschreibung der ebenen Bahnbewegung benötigt werden, zwei Quantenbedingungen. Die Auflösung der Gl. (24) nach E ergibt:

$$E = -\frac{2\pi^2\, m_e\, Z^2\, e_0^4}{h^2}\, \frac{1}{(n_r + n_\varphi)^2} = -\frac{2\pi^2\, m_e\, Z^2\, e_0^4}{h^2}\, \frac{1}{n^2} \qquad . \tag{24a}$$

$$\text{mit} \quad n = (n_r + n_\varphi).$$

Die Gesamtenergie ist also die gleiche wie wir sie aus Gl. (8) — mit $\delta = 0$ — entnommen haben, die Quantenzahl n hat hier nur die Bedeutung der Summe von zwei einzelnen Quantenzahlen.

Setzt man den E-Wert aus Gl. (24a) unter der Wurzel in Gl. (24) ein, dann ergeben sich zwei Grenzwerte $r_{\min}$ und $r_{\max}$, zwischen denen die Wurzel reell bleibt; das sind die extremen Entfernungen vom Kern, zwischen denen das Elektron bei seinem Umlauf hin- und herpendelt. Man findet

$$r_{\substack{\max\\\min}} = \frac{n^2\, r_B}{Z}\left[1 \pm \sqrt{1 - \frac{n_\varphi^2}{n^2}}\right]. \tag{25}$$

Hier ist r_B der Bohrsche Radius von Gl. (12). Aus Gl. (25) entnimmt man für die große Halbachse a der Ellipse

$$a = \frac{1}{2}\,(r_{\max} + r_{\min}) = \frac{n^2\, r_B}{Z} \tag{25a}$$

---

[1] Diese Impulse erhält man auch durch Differentiation von $E_{\text{kin.}} - E_{\text{pot.}}$ nach $d\varphi/dt$ und dr/dt.

[2] Die Berechnung des in Gl. (24) auftretenden Integrals ist elementar durchführbar, wir wollen darauf hier nicht näher eingehen.

und für die numerische Exzentrizität der Ellipse

$$\varepsilon = \frac{e}{a} = \frac{1}{2}\left(\frac{r_{\max} - r_{\min}}{a}\right) = \sqrt{1 - \frac{n_\varphi^2}{n^2}}\,. \tag{25b}$$

Wegen $\varepsilon^2 = 1 - b^2/a^2$, wo b die kleine Halbachse der Ellipse ist, folgt aus Gl. (25)

$$\frac{b}{a} = \frac{n_\varphi}{n} = \frac{n_\varphi}{n_r + n_\varphi}\,. \tag{26}$$

Damit ist die geometrische Bedeutung der Quantenzahlen n_φ und n für die „Planetenbahn" des Elektrons gefunden. Die Kreisbahnen ($b = a$) entsprechen dem Fall $n_r = 0$ bzw. $n_\varphi = n$, während für $n_\varphi = 0$ eine wegen $b = 0$ in eine Gerade entartete, durch den Kern laufende „Ellipse" gefunden wird. Da man eine solche Kollision mit dem Kern offensichtlich ausschließen sollte, muß n_φ auf die Werte $1, 2, \ldots, n$ beschränkt bleiben, wenn $n = n_r + n_\varphi$ vorgegeben ist. n_r kann offensichtlich die Werte $0, 1, 2, \ldots, n - 1$ annehmen.

Man nennt n die Hauptquantenzahl der Elektronenbahn, während n_φ früher vielfach als Nebenquantenzahl bezeichnet wurde, die das Symbol k — also nicht n_φ — erhielt.

Die zur Hauptquantenzahl $n > 1$ gehörigen Energiezustände der wasserstoffähnlichen Atome sind — wie man sagt — entartet, d. h., es gehören *verschiedene* Bahnen — gekennzeichnet durch *verschiedene* Quantenzahlen n_φ oder k — zur gleichen Energie Dieses Resultat ist dadurch bedingt, daß in Gl. (24) die Quantenzahl n_φ in Gestalt eines linearen additiven Gliedes auftrat; dies wäre i. allg. schon nicht mehr der Fall, wenn das mittlere Glied unter der Wurzel des Integrals eine von $1/r$ abweichende Variation mit dem Radius aufwiese. Dieser Fall tritt nun ein, wenn man ein Elektron in der Umgebung eines Kernes betrachtet, der bereits von anderen Elektronen umlaufen wird. Es handelt sich dann zwar nicht mehr um ein wasserstoffähnliches Atom, aber um ein Problem, das bei dem nächst komplizierten Atom bereits auftritt. Man kann dann das elektrische Feld in großer Entfernung vom Kern ungefähr als ein Coulombsches, mit $1/r^2$ variierendes Feld beschreiben, wenn die anderen Elektronen sich — wenigstens im Durchschnitt — sehr viel näher am Kern aufhalten. Das Feld ist in großem Kernabstand dann nicht mehr das ungeschwächte Kernfeld, sondern ein Coulombfeld, das einer $(Z - \nu)$-fachen Ladung entspricht, wo ν die Zahl der Elektronen ist, die sich in Kernnähe um den Kern bewegen. Da das Feld in unmittelbarer Kernnähe dem Coulomb-Feld der vollen Kernladung Z entspricht, muß man zur angenäherten Beschreibung des gesamten Feldes zu dem Coulomb-Feld der $(Z - \nu)$-fachen Ladung noch einen Term addieren, der rascher als das Coulomb-Feld abfällt. Im einfachsten Falle kann man deshalb für das Potential einen Ansatz der Form

$$-\frac{(Z - \nu)e_0^2}{r} - \frac{\mu}{r^2} \tag{27}$$

machen, wo μ geeignet zu bestimmen ist. Die gegenseitige Abstoßung der Elektronen ist dann in das Glied mit μ in Gl. (27) mit aufgenommen, was zwar nicht streng richtig ist, aber als brauchbare *Näherung* betrachtet werden kann. Auf das außen befindliche Elektron wirkt dann eine Zentralkraft, und es gilt für die Bewegung des Elektrons gleichfalls der Flächensatz, so daß für die Elektronenbewegung wieder der Drehimpuls $p_\varphi = n_\varphi\, h/2\pi$ angesetzt werden kann.

Die Gl. (24) nimmt dann die Gestalt an:

$$n_r \cdot h = \oint \sqrt{2 m_e E + \frac{2 m_e (Z - \nu) e_0^2}{r} - \frac{\left(n_\varphi^2 - \dfrac{8\pi^2 \mu\, m_e}{h^2}\right) h^2}{4\pi^2 r^2}}\; d r$$

$$= \frac{2\pi\, m_e (Z - \nu)\, e_0^2}{\sqrt{2 m_e (- E)}} - h \sqrt{n_\varphi^2 - \frac{8\pi^2 \mu\, m_e}{h^2}}\,, \tag{24 b}$$

woraus für die Energie des fraglichen Elektrons folgt:

$$E = - \frac{2\pi^2\, m_e\, (Z - \nu)^2\, e_0^4}{h^2}\; \frac{1}{\left[n_r + \sqrt{\left(n_\varphi^2 - \dfrac{8\pi^2 m_e \mu}{h^2} \right)}\, \right]^2}$$

$$= - \frac{R_\infty h c\, (Z - \nu)^2}{\left[n_r + n_\varphi \sqrt{\left(1 - \dfrac{8\pi^2 m_e \mu}{h^2 n_\varphi^2} \right)}\, \right]^2}\,. \tag{24 c}$$

Jetzt hängt die Energie des Außenelektrons im Felde des restlichen Atoms explizit von der Größe der einzelnen Quantenzahlen n_r *und* $n_\varphi\, (= k)$ und nicht nur von der Summe $n_r + n_\varphi = n$ ab. Wenn der zweite Term unter der Wurzel klein gegen 1 ist, kann die Wurzel entwickelt und die Entwicklung nach dem ersten Gliede abgebrochen werden; man erhält

$$E = - \frac{R_\infty h c\, (Z - \nu)^2}{(n - \delta_\varphi)^2} \quad \text{mit} \quad n = n_r + n_\varphi \quad \text{und} \quad \delta_\varphi = \frac{4\pi^2 m_e \mu}{h^2 n_\varphi}\,, \tag{24 d}$$

eine Beziehung, die in der praktischen Spektroskopie sehr oft zur Kennzeichnung von Energiezuständen (sog. Termen) des Atoms benutzt wird. Man bezeichnet dann die Größe $n - o_\varphi$ als effektive Quantenzahl. Die Größe δ_φ, welche die Differenz der Hauptquantenzahl und der effektiven Quantenzahl angibt, hängt dabei im Einklang mit Gl. (24d) sehr oft — wenigstens in erster Näherung — nur von der Quantenzahl $k = n_\varphi$ ab.

Im wesentlichen wird auch bei komplizierteren Atomen die Energie durch die beiden Quantenzahlen n und k charakterisiert. In Anbetracht des Umstandes, daß ein „punktförmiges" Teilchen wie ein Elektron drei Freiheitsgrade im Raum besitzt, d. h., daß seine Lage (und Bewegung) durch die Angabe von drei Koordinaten beschrieben wird, sollten drei Quantenzahlen und drei Quantenbedingungen $\oint p_i\, d q_i = n_i\, h$ Berücksichtigung finden. Wir kamen hier mit zwei Bedingungen aus, weil wir die ebene „Planetenbahn" in die x, y-Ebene legten und damit die dritte Raumkoordinate z zur Beschreibung nicht benötigten. In Wirklichkeit liegt die Bahnebene nicht fest, und es gibt nach der klassischen Mechanik noch unendlich viele Orientierungen der Bahnebene im Raum. Von diesen Orientierungen hängt freilich die Energie des Elektrons nicht ab; jedoch bildet die Orientierung der Bahn einen weiteren Freiheitsgrad, und dieser gibt Anlaß zur Einführung einer weiteren Quantenzahl. Die Orientierung der Elektronenbahn zu einer festen, im übrigen beliebigen Raumrichtung kann auch durch die Komponente des senkrecht zur Bahnebene stehenden Drehimpulsvektors zu dieser Richtung gekennzeichnet werden. Diese Komponente hat nach der klassischen Mechanik einen konstanten Wert p_ψ, und die entsprechende Quantenbedingung lautet hier wieder

$$\oint p_\psi \, d\psi = m\,h \quad \text{oder} \quad p_\psi = m\,h/2\pi, \tag{28}$$

wo ψ den Drehwinkel um die angezeichnete Richtung bedeutet. Da die Drehimpulskomponente in der fraglichen Raumrichtung natürlich nicht größer sein kann als der durch $n_\varphi = k$ gekennzeichnete gesamte Drehimpuls $k\,h/2\pi$, bleibt die ganze Zahl m auf die Werte $-k, -(k-1),$ $\ldots, -2, -1, 0, +1, +2, \ldots, (k-1), k$ beschränkt, d. h., für m gibt es insgesamt $(2k+1)$ Möglichkeiten der Auswahl, bzw. es gibt nach den Prinzipien der Quantentheorie $2k+1$ verschiedene Orientierungen der Bahnebene. Hier mußten die negativen Werte für m gesondert gezählt werden, was besagt, daß die Bahn mit dem gleichen Betrag der Drehimpulskomponente vom Elektron sowohl links- als auch rechtsherum durchlaufen werden kann, wobei sich die Richtung der Drehimpulskomponente umkehrt. Die Orientierung der Quantenbahnen macht sich in praxi erst bemerkbar, wenn eine Richtung im Raume z. B. dadurch gekennzeichnet wird, daß man ein elektrisches oder magnetisches Feld in diese Richtung legt. Bei Einorientierung der Bahn bzw. des Drehimpulses in ein Feld wird die Energie des Elektrons ein wenig verändert, weil der durch das kreisende Elektron erzeugte Elementarmagnet sich mehr oder weniger in die Feldrichtung einspielt. Die Größe dieser Änderung hängt von der Große des Feldes und der Quantenzahl m ab. Sie bewirkt eine Aufspaltung der Spektrallinien und läßt sich dadurch nachweisen.

Es existieren also drei die Elektronenbahn im Raume festlegende Quantenzahlen, n, k und m, von denen die letzte wegen der eben erwähnten Aufspaltung im Magnetfelde als magnetische Quantenzahl bezeichnet wird. Die experimentelle Untersuchung solcher Aufspaltungen der Spektrallinien im Magnetfelde (sog. Zeeman-Effekt) hat in der Folgezeit dazu geführt, der Nebenquantenzahl k nur die Drehimpulskomponenten von $-(k-1)\dfrac{h}{2\pi}$ über $-(k-2)\dfrac{h}{2\pi}$ usw. bis $+(k-1)\dfrac{h}{2\pi}$ zuzuordnen, weshalb man auch dem Gesamtdrehimpuls nur den Wert $(k-1)\dfrac{h}{2\pi}$ zuschreiben konnte. Daß die Experimente diese Folgerung erzwangen, obwohl die Quantenbedingung in Gl. (28) und die Auswahl der möglichen m-Werte völlig folgerichtig aus den früheren Überlegungen folgt, bildet offensichtlich für die allgemeine oben entwickelte Theorie eine Schwierigkeit. Dazu kommt noch, daß nach der klassisch mechanischen Vorstellung ein verschwindender Gesamtdrehimpuls $\left[k = 1, \text{ also } (k-1)\frac{h}{2\pi} = 0\right]$ zu einer Kollision zwischen Kern und Elektron führt, eine Komplikation, die früher ausgeschlossen war. Wir sehen, daß die experimentellen Konsequenzen mit den üblichen anschaulichen Vorstellungen von der Bewegung eines Massenpunktes nur schwer zu vereinigen sind, und an dieser Stelle setzt auch die neue zur Wellenmechanik führende Entwicklung der allgemeinen Quantentheorie des Atoms ein.

§ 132. Korrekturen durch die spektroskopische Erfahrung.
Azimutale Quantenzahlen, Elektronenspin und gyromagnetische Effekte

Nach der zuletzt erwähnten Korrektur über die zur Beschreibung der geometrischen Gestalt und Lagerung der Elektronenbahn im Raum erforderlichen Quantenzahlen können wir der Hauptquantenzahl n wiederum n verschiedene Nebenquantenzahlen k zuordnen, denen jeweils $[2(k-1)+1] = [2k-1]$ verschiedene Einorientierungen oder magnetische Quantenzahlen entsprechen. Mithin gibt es zur Hauptquantenzahl n insgesamt

$$\sum_{1}^{n}(2k-1) = n(n+1) - n = n^2 \tag{29}$$

verschiedene Quantenzustände, von denen freilich lediglich n-Zustände verschiedene Energie besitzen, während die übrigen Zustände nur dann als *verschiedene* Energiezustände deutlich werden, wenn man das Atom in ein magnetisches Feld bringt. Um die oben erwähnte Korrektur auch direkt an den Quantenzahlen deutlich werden zu lassen, führt man an Stelle der Nebenquantenzahl k die sog. azimutale Quantenzahl l durch die Relation $l = k - 1$ (also $l = 0, 1, 2, \ldots, n-1$) ein und hat dann den Gesamtdrehimpuls $l \cdot h$ und die Komponenten von $-l\,h$ bis $+l\,h$. Die tiefere Bedeutung der azimutalen Quantenzahl l wird erst durch die Wellenmechanik gegeben. Die Anzahl der zu *einer* Hauptquantenzahl n gehörigen, jetzt durch verschiedene l und m gekennzeichneten weiteren Quantenzustände bleibt natürlich wie in Gl (29) angegeben gleich n^2.

Die Untersuchung der Atomspektren hat sehr bald gezeigt, daß man zur experimentellen Erfassung der Energiezustände der Elektronen noch eine weitere Quantenzahl bzw. einen weiteren Freiheitsgrad benötigt. Viele Spektrallinien zeigen, ohne daß ein äußeres Magnetfeld angelegt wird, eine charakteristische Aufspaltung. die Linien treten in Dubletts, Tripletts usw. auf. So ist z. B. die bekannte gelbe Linie des Natriumdampfes aufgespalten in zwei dicht beisammen liegende Linien ($\lambda_1 = 5890$ Å und $\lambda_2 = 5896$ Å), die man bei ausreichend guter Auflösung des Spektrographen als getrennte Linien erkennt. Die Vorstellung der Elektronenbahn als Analogon zur Bahn eines Planeten um die Sonne legt es vielleicht nahe, den fehlenden Freiheitsgrad in einem Analogon zur täglichen Rotation des Planeten um die eigene Achse zu sehen. Deshalb könnte man versuchen, dem umlaufenden Elektron noch einen zusätzlichen Drehimpuls um die eigene Achse zuzuschreiben. Je nach der Größe und Orientierung dieses zusätzlichen Drehimpulses des Elektrons könnte man zu etwas unterschiedlichen Energien des Gesamtsystems kommen, das aus dem um den Kern umlaufenden und um sich selbst drehenden Elektron besteht. Mit dieser Vorstellung wird das zuerst „punktformig“ idealisierte Elektron zu einem ausgedehnten Masseteilchen erweitert.

Die Diskussion der spektroskopischen Erfahrungen zeigte, daß es genügt, anzunehmen, die Drehimpulskomponente des Elektrons in einer beliebig vorgegebenen Raumrichtung sei auf zwei mögliche Werte beschrankt, die man wieder als entgegengesetzt gleich annehmen kann und die im Einklang mit den Überlegungen auf S. 278, nach denen Drehimpulskomponenten sich nur um ganzzahlige Vielfache von h unterscheiden, nur $+\frac{1}{2}\hbar$ und $-\frac{1}{2}\hbar$ sein können. Durch Hinzufügung einer den Eigendrehimpuls des Elektrons beschreibenden Quantenzahl s, die bei einem einzelnen Elektron auf die Werte $+\frac{1}{2}$ und $-\frac{1}{2}$ beschränkt ist, kann dann ein Elektron in der Umgebung eines Kernes durch die Angabe der vier Quantenzahlen n, l (bzw. k), m und s vollständig charakterisiert werden. Man nennt den Eigendrehimpuls des Elektrons seinen Drall oder Spin und bezeichnet die Quantenzahl s als Spinquantenzahl oder ebenfalls als Spin des Elektrons. Die Drehimpulsquantenzahl l und die Spinquantenzahl s setzt man häufig zu einer resultierenden Quantenzahl j, der sog. inneren Quantenzahl zusammen, die natürlich nur die Werte $j = l + \frac{1}{2}$ oder $j = l - \frac{1}{2}$ für $l \neq 0$ (sonst $j = \frac{1}{2}$) besitzen kann, weil die Komponente des Elektronendralls in der Bahndrehimpulsrichtung nur $+\frac{1}{2}\hbar$ oder $-\frac{1}{2}\hbar$ sein kann, so daß die Addition der Drehimpulse $(l + \frac{1}{2})\hbar$ oder $(l - \frac{1}{2})\hbar$ für den *Betrag* des resultierenden Drehimpulses ergibt, wenn $l \neq 0$ ist; sonst, d. h. bei $l = 0$, ist der Spindrehimpuls gleich dem resultierenden Gesamtdrehimpuls. Zur Charakterisierung der Elektronenbewegung kann man natürlich auch die Zahlen n, l, j und die Komponente m_j von j in einer vorgegebenen Raumrichtung benutzen, die einen der Werte $+j$, $(j-1)$, ... bis $-j$ besitzen muß.

Mit dem Elektronenspin ist ein magnetisches Moment gekoppelt, das ziemlich genau den Wert des Bohrschen Magnetons besitzt. Das Verhältnis des magnetischen Momentes zum Drall des Elektrons läßt sich durch den *gyromagnetischen* Effekt ermitteln. Bei diesem wird ein Festkörper, dessen Elektronen zunächst unorientiert sind, so daß sein magnetisches Gesamt-Moment verschwindet, durch geeignete Aufhängung in ein Magnetfeld gebracht, wodurch eine gewisse Anzahl von Elektronen durch Umkehr ihres Dralles so ausorientiert werden, daß der Festkörper insgesamt ein magnetisches Moment, ΔP_M erhält, das makroskopisch als Funktion der beim Versuch eingeschalteten magnetischen Feldstärke gemessen werden kann. Die Umkehr des Dralles der Elektronen bewirkt, daß die damit verbundene mechanische Drehimpulsänderung von $2 \cdot \frac{1}{2}\hbar \cdot N$, wenn N die Zahl dieser Elektronen ist, auf den Festkörper übertragen wird, der dann als Ganzes eine Drehgeschwindigkeit erhält, die nach Multiplikation mit dem Trägheitsmoment um die Aufhängung den obigen auf den Festkörper insgesamt makroskopisch übertragenen Drall (Impulsmoment Δp_φ) ergibt. Der Quotient der makroskopischen Größen $\Delta p_\varphi / \Delta P_M$ gibt das Verhältnis von mechanischem Drall zu magnetischem Moment des Elektrons, wenn die Magnetisierung des Festkörpers nur durch freie Elektronen im Festkörper und nicht durch Orientierung von Elektronenbahnen erfolgt.

Die Messung des gyromagnetischen Effektes hat für Elektronen das Verhältnis $0,57 \cdot 10^{-7}$ Gauß $\cdot$ sec ergeben; dieser Wert ist halb so groß wie der, den man aus Gl. (14a) für das Verhältnis des Drehimpulses und des magnetischen Momentes einer Elektronenbahn mit dem Drehimpuls $\hbar$ entnimmt. Obwohl die mechanische Drehimpulskomponente des Elektrons nur mit $\frac{1}{2}\hbar$ anzusetzen ist, erhält man demnach bereits die Größe von einem ganzen Bohrschen Magneton für das magnetische Moment eines Elektrons. Dieser Faktor 2 läßt sich theoretisch aus der relativistischen Theorie der Elektronenbewegung begründen, worauf jetzt nicht näher eingegangen zu werden braucht.[1]

§ 133. Elektronengrundzustände höherer Atome. Pauli-Verbot. Aufbau des periodischen Systems der Elemente. Angeregte Elektronenzustände

Um jetzt den Bau eines Atoms und damit auch die Natur der verschiedenen Elemente zu verstehen, versuchen wir — zunächst wieder nach den Regeln der klassischen Mechanik unter Hinzuziehung der Quanten-Auswahlbedingungen — ein System aus einem mehrfach geladenen Kern und mehreren um den Kern herumlaufenden Elektronen wenigstens qualitativ zu behandeln. Das hier vorliegende Problem ist mechanisch gesehen ein Mehrkörperproblem, das bekanntlich schon in der makroskopischen Mechanik bei seiner Behandlung große Schwierigkeiten bereitet hat. Da jedoch die Masse des Kernes die der gesamten Elektronen stark übertrifft, kann man z. B., wie dies schon auf S. 288 angedeutet wurde, mit Nicht-Coulombschen Feldern für die äußeren Elektronen rechnen und die Bewegung der übrigen Elektronen als Ursache für diese Abweichung vom Coulomb-Felde ansehen, und versuchen, die Bewegung der Elektronen in einfache Einkörperprobleme aufzulösen.

Nach den Gesetzen der klassischen Mechanik hätte man nun *den* Zustand als Grundzustand eines Atoms mit mehreren Elektronen anzusehen, bei dem sich *alle* Elektronen in dem energetisch tiefsten Zustand befinden; jetzt im Rahmen der Quantentheorie hätte man diesen Zustand noch durch die Quantenzahlen der Elektronenbahn zu charakterisieren. Ohne diese Rechnung im einzelnen durchzuführen, ist es einleuchtend, daß der energetisch tiefste Zustand dann erreicht wird, wenn man die Quantenzahlen möglichst klein wählt. Diese Annahme für den

---

[1] Eine genauere Untersuchung hat ergeben, daß das magnetische Moment des Elektrons $\mu_e = 1,00119\,\mu_{\text{Bohr}} = \mu_{\text{Bohr}}\left(1 + \dfrac{\alpha}{2\pi}\right)$ ist, wo α die bei Gl. (13a) definierte Feinstrukturkonstante ist.

Grundzustand ist indessen nicht allgemein richtig; wohl kommt man bei heliumähnlichen Atomen mit dieser Vorstellung noch durch, jedoch bei Atomen mit drei oder mehr Elektronen versagt sie völlig.

Wir können diesen Sachverhalt quantitativ belegen, indem wir ein Heliumatom betrachten, bei dem die beiden Elektronen auf ihren Quantenbahnen mit $n = 1$, $l = 0$ bzw. $k = 1$ und $m = 0$ (Kreisbahnen) so umlaufen, daß sie sich möglichst weit voneinander befinden. Dies ist der Fall, wenn die Elektronen den gleichen Kreis um den Kern durchlaufen und sich jeweils auf zwei entgegengesetzten Punkten des Kreises befinden. Bei dieser Konfiguration ist der Abstand jedes Elektrons vom Kerne gleich dem Radius r der Kreisbahn, während der gegenseitige Abstand der Elektronen gleich $2r$ ist. Mithin ist die Kraft, die vom Kern und dem anderen Elektron auf das gerade betrachtete Elektron in Richtung auf den Kern ausgeübt wird:

$$K = - \frac{Z\,e_0^2}{r^2} + \frac{e_0^2}{4\,r^2} = - \frac{(Z - \frac{1}{4})\,e_0^2}{r^2}. \tag{30}$$

Hier wurde an Stelle der Kernladungszahl 2 des Heliums allgemeiner Z geschrieben, um auch heliumähnliche Atome behandeln zu können. Aus Gl. (30) ergibt sich die potentielle Energie eines jeden Elektrons zu:

$$E = - \frac{(Z - \frac{1}{4})\,e_0^2}{r}, \tag{30a}$$

d. h., die gesamte potentielle Energie der beiden Elektronen im Kernfeld beträgt

$$E_{\text{pot. ges.}} = - \frac{2Z\,e_0^2}{r} + \frac{e_0^2}{2r}, \tag{30b}$$

identisch mit der Beziehung, die man mit Hilfe einer Summierung über die reziproken Abstände und die Produkte der Ladungen der Teilchen auch direkt erhalten hätte. Nach Gl. (30a) haben wir zwei Elektronen, die sich in einem reinen Coulomb-Felde der effektiven Kernladungszahl $Z^* = (Z - \frac{1}{4})$ bewegen, wir haben also für die einzelnen Elektronen genau den beim wasserstoffähnlichen Atom behandelten Fall, so daß wir für die Einzelenergien gemäß Gl. (8) und (11) den Wert $-Z^{*2} \cdot E_B(\text{H}) = -Z^{*2} \cdot 13{,}59\ \text{eV}$ erhalten. Das aus beiden Elektronen bestehende Gesamtsystem besitzt mithin die Energie

$$E_{\text{He ähnl.}} = -2Z^{*2} \cdot E_B(\text{H}) = -2(Z - \tfrac{1}{4})^2 \cdot E_B(\text{H}). \tag{31}$$

Für He und Li$^+$ findet man so die aus $Z = 2$ und $Z = 3$ folgenden Werte

$$E_{\text{He}} = -6{,}125 \cdot 13{,}59\ \text{eV} = -83{,}1\ \text{eV}\ (\exp = -78{,}8\ \text{eV})$$

und

$$E_{\text{Li}}^+ = -15{,}125 \cdot 13{,}59\ \text{eV} = -204{,}8\ \text{eV}\ (\exp = -197{,}1\ \text{eV}).$$

Die Fehler betragen nur 5 bis 6% beim He und 3 bis 4% beim Li$^+$; die experimentellen Werte ergeben sich dabei aus der Addition der entsprechenden Ionisierungsenergien.

Beim neutralen Lithiumatom können wir die drei Elektronen auf einem Kreise in gleichen Entfernungen, also unter jeweiligen Winkeln von 120° auf der Bahn, rings um den Kern anordnen. Die Anziehungskraft des Kernes auf ein Elektron beträgt dann $Z e_0^2/r^2$, wo für Li $Z = 3$ zu setzen ist, während die Abstoßung wegen der Entfernung $r \sqrt{3}$ zwischen den drei Elektronen und wegen des Winkels von 30° zwischen der Richtung zum Kern und der von einem Elektron zum nächsten Elektron durch $2 e_0^2/3 r^2 \cdot \cos 30° = e_0^2 \sqrt{3}/3 r^2$ beschrieben wird. Mithin bewegen sich die einzelnen Elektronen in einem Coulomb-Felde der Größe [vgl. Gl. (30) und (30a)]

$$E_{\text{pot.}} = - \left(Z - \tfrac{1}{3} \sqrt{3}\right) e_0^2/r, \qquad (32)$$

d. h., die effektive Kernladungszahl ist $\left(Z - \tfrac{1}{3} \sqrt{3}\right)$. Damit ergibt sich als Gesamtenergie der drei Elektronen im Falle des Li wieder nach Gl. (8) und (11)

$$E_{\text{Li}} = - 3(3 - 0{,}578)^2 \cdot 13{,}59 \text{ eV} = -17{,}6 \cdot 13{,}59 \text{ eV}$$
$$= - 239 \text{ eV} \quad (\exp - 202{,}5 \text{ eV}).$$

Der Fehler beträgt jetzt 18%, ist also erheblich größer als oben bei den heliumähnlichen Atomen. Um diesen plötzlich auftretenden großen Fehler zu vermeiden, bleibt keine andere Möglichkeit, als das dritte Elektron des Li auf einer weiter außen gelegenen Quantenbahn unterzubringen. Man wird hierfür zunächst die Bahn mit der Hauptquantenzahl $n = 2$ und der Nebenquantenzahl $k = n_\varphi = 1$ oder $l = 0$ ins Auge fassen. Man nennt die Bahnen mit $l = 0$ auch s-Bahnen und spricht in diesem Falle von der $2s$-Bahn, auf der man das dritte Elektron unterbringt, während die anderen beiden Elektronen auf der $1s$-Bahn umlaufen. Wir schätzen die Energie dieses $2s$-Elektrons nach Gl. (24c) ab, wobei wir μ so bestimmen, daß die durch das Potential der Gl. (27) mit $Z = 3$ und $\nu = 2$ gegebene Kraft vom Betrage $e_0^2/r^2 + 2\mu/r^3$ an der Grenze der $1s$-Bahn, die ja nach Gl. (12) und unter Benutzung der effektiven Quantenzahl $3 - \tfrac{1}{4}$ von Gl. (31) in der Entfernung $r_B/2{,}75 = 0{,}192$ Å vom Kern verläuft, mit der ungestörten Kernkraft vom Betrage $3 e_0^2/r^2$ übereinstimmt. Diese Festlegung, die insofern plausibel ist, als das $2s$-Elektron — wie man nachträglich aus Gl. (26) entnehmen kann — auf seiner elliptischen Bahn in diese Region vorstößt, führt zu $\mu = 4{,}4 \cdot 10^{-28}$ erg $\cdot$ cm². Aus Gl. (24c) ergibt sich dann die Energie des $2s$-Elektrons des neutralen Li-Atoms:

$$E_{2s} = - \frac{13{,}59 \text{ eV}}{(1 + \sqrt{1 - 0{,}73}\,)^2} = -5{,}9 \text{ eV}, \qquad (32)$$

so daß die Gesamtenergie durch Zusammensetzung mit der oben berechneten Energie des Li$^+$-Ions sich zu $-204{,}8 - 5{,}9 = -210{,}7$ eV (experimentell $-202{,}5$ eV) ergibt, was wieder zu einem Fehler von nur 4% führt. Außerdem ist der in Gl. (32) berechnete Betrag der Energie des $2s$-Elektrons mit dem Betrag der experimentell ermittelten Ionisierungsenergie dieses Elektrons von 5,4 eV nahezu identisch, so daß wir zu dem Schluß kommen, daß dieses dritte Elektron auf der $2s$-Bahn untergebracht ist; auch die anderweitige spektroskopische Erfahrung erhärtet diesen Schluß.

Ähnlich wie hier beim Li liegen die Verhältnisse beim Be wo zwei Elektronen auf der $2s$-Bahn und die anderen auf der $1s$-Bahn unterzubringen sind. Bei den Elementen B, C, N, O, F und Ne sind auch noch Bahnen mit $n = 2$ und $l = 1$ ($k = 2$) zu besetzen, Bahnen, die man als $2p$-Bahnen bezeichnet. Beim Natrium muß dann erstmals eine $3s$-Bahn und später beim Kalium eine $4s$-Bahn besetzt werden, man kann also auch auf den $2s$- und $2p$-Bahnen nicht beliebig viele Elektronen unterbringen. Die Deutung dieses Sachverhaltes ist mit den Methoden der klassischen Physik und auch mit den Quantenauswahlbedingungen nicht möglich; man muß hier vielmehr nach einer neuen, im Gebiete der atomaren Teilchen gültigen Gesetzmäßigkeit suchen, die man übrigens zunächst nicht näher begründen kann.

Diese Gesetzmäßigkeit, die man vor allem zum Verständnis des Aufbaus der Elemente des periodischen Systems benötigt, wurde von PAULI in der Form des folgenden „Verbotes" ausgesprochen, das in die Literatur als Pauli-Verbot oder Pauli-Prinzip eingegangen ist: „In einem atomaren (und auch molekularen System) dürfen zwei Elektronen niemals in allen Quantenzahlen übereinstimmen." Zwei Elektronen mussen sich also mindestens in einer Quantenzahl unterscheiden. Es konnen deshalb zwei Elektronen auf der $1s$-Bahn umlaufen, wenn sie sich nur in den Spinquantenzahlen unterscheiden. Zwei Elektronen auf der $1s$-Bahn besitzen deshalb die Quantenzahlen $n = 1$, $l = 0$, $m = 0$, $s = +\frac{1}{2}$ bzw. $n = 1$, $l = 0$, $m = 0$, $s = -\frac{1}{2}$. Weitere Elektronen zur Hauptquantenzahl $n = 1$ kann es nach dem Pauli-Verbot nicht geben; ein drittes Elektron muß auf einer Bahn mit $n = 2$ untergebracht werden. Da die Bahn mit $l = 0$ ($n_\varphi = 1$) nach Gl. (24c) eine niedrigere Energie als die zu $l = 1$ ($n_\varphi = 2$) gehörige Bahn besitzt, werden zuerst die Elektronen auf der $2s$-Bahn untergebracht, und erst, wenn diese beim Be mit zwei Elektronen von entgegengesetzter Spinquantenzahl besetzt sind, werden von Be bis Ne die Elektronen auf $2p$-Bahnen untergebracht. Weil m bei $l = 1$ die Werte -1, 0 und $+1$ besitzen kann, gibt es insgesamt drei $2p$-Bahnen, die mit je zwei Elektronen vom entgegengesetzten Spin besetzt werden, so daß mit sechs Elektronen die $2p$-Bahnen aufgefüllt sind, was beim Edelgas Neon der Fall ist. Die Zahl der Elektronenzustände mit der Hauptquantenzahl $n = 2$ ist bei Berücksichtigung der Verdoppelung der Zustände durch den Elektronenspin nach Gl (29) gleich $2n^2 = 2 \cdot 2^2 = 8$. deshalb gibt es gemäß dem Pauli-Verbot acht Elemente, bei denen die Elektronenbahnen der Hauptquantenzahl $n = 2$ sukzessive mit Elektronen aufgefüllt werden, während die Zustände mit $n = 1$ voll besetzt sind und die mit $n = 3, 4, \ldots$ noch leer sind. Diese acht Elemente sind eben die Elemente der sog. zweiten Periode des periodischen Systems, nämlich Li, Be, B, C, N, O, F und Ne.

Geht man jetzt zu Elementen mit höheren Kernladungszahlen als der des Neons ($Z = 10$), dann werden die Elektronenbahnen der zur

Hauptquantenzahl $n = 3$ gehörenden Zustände mit Elektronen besetzt. Es gibt hier insgesamt $2 \cdot 3^2 = 18$ Zustände, nämlich wieder 2 Zustände mit $l = 0$, also zwei $3s$-Elektronenzustände und 6 Zustände mit $l = 1$ ($3p$-Elektronenzustände) sowie 10 Zustände mit $l = 2$ ($3d$-Elektronenzustände), dies sind insgesamt die genannten 18 ($= 2 + 6 + 10$) Zustände zu $n = 3$.

Man faßt übrigens die Energiezustände zur Hauptquantenzahl $n = 1$, $n = 2$, $n = 3$ usw. zusammen in K, L, M Energien usw. und spricht kurz von der K-Schale, der L-Schale, der M-Schale usw. So werden also beim Natrium ($Z = 11$) beginnend die Bahnen der M-Schale besetzt bzw. man sagt, daß die M-Schale aufgebaut würde.

Wenn nun der Aufbau bis zum Element mit $Z = 18$ (Argon) fortgeschritten ist, d. h., wenn die insgesamt acht s- und p-Bahnen der M-Schale beim Argon besetzt sind, dann könnte man daran denken, daß im Anschluß an das Argon die zehn $3d$-Bahnen der M-Schale mit Elektronen besetzt würden. Tatsächlich wird aber beim Element mit $Z = 19$, dem Kalium, das erste $4s$-Elektron der N-Schale eingebaut. Es kann dies offensichtlich nur daran liegen, daß die Energie des $4s$-Elektronenzustandes niedriger liegt als die des $3d$-Zustandes. Diese Tatsache kann man schon aus dem Spektrum bzw. den Energiezuständen des Natriums ablesen, wenn wir für diese wieder Gl. (24c) verwenden und die darin vorkommende Größe μ geeignet abschätzen. Hier wird nämlich, wenn man von dem Außenbezirk, in dem infolge der Abschirmung des Feldes durch die $1s$-, $2s$- und $2p$-Elektronen ein Coulomb-Feld der Ladung $1 \cdot e_0$ herrscht, allmählich in die inneren Bezirke vordringt, die Feldstärke wesentlich stärker anwachsen als oben beim Lithium. Bei den $3s$-, $4s$- usw. Elektronenzuständen des Natriums, die ja durch sehr schlanke Ellipsenbahnen repräsentiert werden, so daß die Elektronen bei ihrem Umlauf tief in das innere Gebiet eintauchen[1], werden auch tatsächlich Gebiete mit verschiedenen „effektiven Ladungszahlen" durchlaufen, weshalb hier für die s-Bahnen mit einem größeren μ als beim Lithium zu rechnen ist. Dahingegen sind die $3d$-Bahnen nach Gl. (26) wegen $n_r = 0$ kreisförmig, sie verlaufen in dem Außengebiet, in dem die Kernladung auf den Wert $Z_{\mathrm{effektiv}} \approx 1$ abgeschirmt wird, und infolgedessen ist hier der μ-Wert der Gl. (27) wesentlich niedriger anzusetzen als beim Lithium.

Beim Lithium war für die $2s$-Bahn die in Gl. (24c) auftretende Größe $n_\varphi^2 - 8\pi^2 m_e \mu/h^2$ mit $n_\varphi^2 - 0,73$ abgeschätzt worden, jetzt würde sich wegen des größeren μ-Wertes beim Natrium ein Wert $n_\varphi^2 - \varepsilon$ mit $\varepsilon > 1$ (etwa 1,15) ergeben, der im Rahmen der für Gl. (24c) gebrauchten Näherung nicht mehr sinnvoll ist, weil, mit $n_\varphi = 1$ (für s = Elektronenzustände), die Wurzel $\sqrt{n_\varphi^2 - \varepsilon}$ dann nicht mehr reell gezogen werden kann. Man erkennt aber, daß dann auch im Rahmen *unserer* Näherung die im Nenner von Gl. (24c) und (24d) auftretende „effektive" Quantenzahl $n - \delta_\varphi$ dann kleiner als $n_r = n - 1$ sein muß. Versucht man die in Gl. (24c) gegebene Formel so zu extrapolieren, daß

---

[1] Man spricht deshalb bei diesen Bahnen auch von „Tauchbahnen".

man bei $\varepsilon > n_\varphi^2$ die Wurzel durch $-\sqrt{\varepsilon_s - n_\varphi^2}$ ersetzt, dann erhält man für $n = 3$, $n_\varphi = 1$ und $\varepsilon_s \approx 1{,}15$ die Energie

$$E_{3s} = -\frac{13{,}59\ \text{eV}}{[2 - \sqrt{1{,}15 - 1^2}\,]^2} = -\frac{13{,}59\ \text{eV}}{1{,}61^2}$$

$$= -5{,}23\ \text{eV}\ (\text{exp. } 5{,}14\ \text{eV} = \text{Ionisierungsenergie von Na}) \qquad (32\,\text{a})$$

und entsprechend

$$E_{4s} = -\frac{13{,}59\ \text{eV}}{[3 - \sqrt{1{,}15 - 1^2}\,]^2} = -\frac{13{,}59\ \text{eV}}{2{,}61^2} = -2{,}00\ \text{eV}$$

sowie allgemein:

$$E_{n,s} = -\frac{13{,}59\ \text{eV}}{(n - 1{,}39)^2}\,.$$

Die Energie des $3d$-Zustandes des Natriums ist nach Gl. (24c)

$$E_{3d} = -\frac{13{,}59\ \text{eV}}{(\sqrt{9 - \varepsilon_d})^2} \approx -\frac{13{,}59\ \text{eV}}{9} = -1{,}5\ \text{eV}.$$

Die Abschätzung wurde dabei mit $\varepsilon_d = 0$ erhalten, die nach der spektroskopischen Erfahrung über die Energiezustände der d-Bahnen des angeregten Natriums einigermaßen zutreffend ist und unserer obigen Bemerkung entspricht. Auf jeden Fall ergibt sich so, daß der $4s$-Zustand des Na energetisch niedriger liegt als der $3d$-Zustand. Wenn auch beim Übergang von Na zum K durch die Auffüllung des restlichen $3s$- und der gesamten $3p$-Zustände gewisse Änderungen entstehen, ändert dies doch nichts an der gegenseitigen Lage des $3d$- und $4s$-Energiewertes, so daß beim Aufbau des periodischen Systems beim Kalium ($Z = 19$) und Calcium ($Z = 20$) die beiden $4s$-Elektronen eingebaut werden (bevor also $3d$-Elektronen eingebaut werden).

Weil nun eine entsprechende Überlegung wie oben zeigt, daß die $4p$-Energiezustände ihrerseits höher als die $3d$-Zustände liegen, werden vom Element mit $Z = 21$ (Scandium) beginnend die $3d$-Elektronenzustände besetzt, ein Vorgang, der beim Zink ($Z = 30$) beendet ist. Erst dann werden, beim Element Gallium ($Z = 31$) beginnend, die $4p$-Elektronenzustände besetzt, was beim Element Krypton ($Z = 36$) beendet ist. In ähnlicher Weise werden auch beim weiteren Aufbau des periodischen Systems der Elemente die zehn d-Zustände immer erst nach der Besetzung der beiden s-Zustände der nächsthöheren Schale aufgefüllt; dieser Vorgang gibt Anlaß zur Ausbildung der sog. Nebengruppen des periodischen Systems. Ohne nähere Ausführung sei erwähnt, daß die Elektronenbahnen mit $l = 3$ oder $k = n_\varphi = 4$ (sog. f-Elektronen), die erstmals in der N-Schale auftreten können, beim Aufbau des periodischen Systems erst besetzt werden, wenn die s-Elektronenbahnen der P-Schale und eine d-Bahn der O-Schale besetzt ist. Die Auffüllung der weiter innen gelegenen vierzehn $4f$-Bahnen mit Elektronen führt dann zu Elementen, die sich chemisch nur sehr wenig unterscheiden. Weil nämlich die chemischen Eigenschaften im wesentlichen durch die weiter

Tabelle 15. *Die Elektronenverteilung in den Atomen (Grundzustand)*
(eingeklammerte Zahlen unsicher)

Schale	K	L		M			N				O				P			Q
Quantenzahlen n	1	2		3			4				5				6			7
Quantenzahlen l	0	0	1	0	1	2	0	1	2	3	0	1	2	3	0	1	2	0
1 H	1																	
2 He	2																	
3 Li	2	1																
4 Be	2	2																
5 B	2	2	1															
6—9 C—F	2	2	2—5															
10 Ne	2	2	6															
11 Na	2	2	6	1														
12 Mg	2	2	6	2														
13 Al	2	2	6	2	1													
14—17 Si—Cl	2	2	6	2	2—5													
18 Ar	2	2	6	2	6													
19 K	2	2	6	2	6		1											
20 Ca	2	2	6	2	6		2											
21 Sc	2	2	6	2	6	1	2											
22—23 Ti—V	2	2	6	2	6	2—3	2											
24 Cr	2	2	6	2	6	5	1											
25—28 Mn—Ni	2	2	6	2	6	5—8	2											
29 Cu	2	2	6	2	6	10	1											
30 Zn	2	2	6	2	6	10	2											
31—36 Ga—Kr	2	2	6	2	6	10	2	1—6										
37—38 Rb—Sr	2	2	6	2	6	10	2	6			1—2							
39—40 Y—Zr	2	2	6	2	6	10	2	6	1—2		2							
41—42 Nb—Mo	2	2	6	2	6	10	2	6	4—5		1							
43 Tc	2	2	6	2	6	10	2	6	5		2							
44—45 Ru—Rh	2	2	6	2	6	10	2	6	7—8		1							
46 Pd	2	2	6	2	6	10	2	6	10									
47—48 Ag—Cd	2	2	6	2	6	10	2	6	10		1—2							
49—54 In—Xe	2	2	6	2	6	10	2	6	10		2	1—6						
55—56 Cs—Ba	2	2	6	2	6	10	2	6	10		2	6			1—2			
57 La	2	2	6	2	6	10	2	6	10		2	6	1		2			
58—71 Ce—Lu	2	2	6	2	6	10	2	6	10	1—14	2	6	1		2			
72—77 Hf—Ir	2	2	6	2	6	10	2	6	10	14	2	6	2—7		2			
78 Pt	2	2	6	2	6	10	2	6	10	14	2	6	9		1			
79—80 Au—Hg	2	2	6	2	6	10	2	6	10	14	2	6	10		1—2			
81—86 Tl—Rn	2	2	6	2	6	10	2	6	10	14	2	6	10		2	1—6		
87—88 Fr—Ra	2	2	6	2	6	10	2	6	10	14	2	6	10		2	6		1—2
89 Ac	2	2	6	2	6	10	2	6	10	14	2	6	10		2	6	1	2
90—103 Th—Lw	2	2	6	2	6	10	2	6	10	14	2	6	10	(1—14)	2	6	1	2

2 Elektronen in der Schale — 8 Elektronen in der Schale — 18 Elektronen in der Schale — 32 Elektronen in der Schale

außen gelegenen Elektronen bestimmt werden, ist es für die chemischen Eigenschaften ziemlich unerheblich, ob noch einige Elektronen in einer weit innen gelegenen Schale eingefügt werden. Die chemischen Elemente, die bei diesem Einbau der $4f$-Elektronen entstehen, sind die auf das Element Lanthan folgenden 14 Elemente ($Z = 58$ bis $Z = 71$), die seltenen Erden. In analoger Weise werden die $5f$-Elektronen der O-Schale eingebaut, wenn schon die s-Elektronen der Q-Schale und ein d-Elektron der P-Schale vorliegen. Die dann folgenden 14 Elemente sind wieder chemisch sehr ähnlich; es sind die auf das Actinium folgenden radioaktiven Elemente, die zum großen Teil nur künstlich hergestellt werden können.

Im einzelnen gewinnt man schließlich betreffs der Anordnung der Elektronen in Schalen bzw. nach Quantenzahlen n und l das in der Tab. 15 wiedergegebene Bild. Die in der jeweils aufgeführten Spalte stehende Zahl gibt die Zahl der Elektronen für die links genannten Elemente auf den Bahnen an, die durch die am Kopf gegebenen Quantenzahlen gekennzeichnet sind. Dabei beziehen sich die Angaben auf den Grundzustand des isolierten Elementes, der übrigens nicht immer mit dem bei der chemischen Bindung betätigten Valenzzustand identisch zu sein braucht.

Es fällt auf, daß die Zahl der d-Elektronen nicht gleichmäßig ansteigt; so hat z. B. das Chrom bereits fünf d-Elektronen in der M-Schale, jedoch nur ein s-Elektron in der N-Schale, wohingegen Vanadium zwei s-Elektronen in der N-Schale und nur drei d-Elektronen in der M-Schale hat. Diese Feinheiten ergeben sich z. B. aus einer Betrachtung der Ionisierungsenergien der Elemente von Sc bis Zn. Während nämlich die Ionisierungsenergie der ersten Stufe, d. h. die zur Abtrennung des äußersten Elektrons erforderliche Energie, beim Chrom praktisch ebenso groß ist wie die der Elemente Sc, Ti und V, nimmt die Ionisierungsenergie für die zweite Stufe, d. i. die zur Abtrennung des zweiten Elektrons notwendige Energie, beim Chrom einen größeren Wert an als bei den unmittelbar vor und hinter dem Chrom stehenden Elementen. Ebenso liegen die Verhältnisse beim Cu. Aus diesen Tatsachen zieht man den Schluß, daß beim Chrom und Cu das zweite Elektron bereits aus einer etwas weiter innen gelegenen Bahn abgespalten werden muß und infolgedessen nur *eine* $4s$-Bahn bei diesen Atomen im Grundzustand besetzt ist. Auf die Begründung weiterer Einzelheiten der Tab. 15 sei verzichtet; es muß nur erwähnt werden, daß bei den seltenen Erden (Lanthaniden) und den auf das Actinium folgenden Elementen (Actiniden) die Zuordnung der $4f$- bzw. $5f$-Elektronen aus naheliegenden Gründen noch nicht in allen Fällen gesichert ist.

§ 134. Nomenklatur, Termsymbole der Spektroskopie

Wenn auch die Kenntnis der Gesetze der Atomspektroskopie für viele physikalisch-chemische Fragen nicht unbedingt erforderlich ist, sei doch an dieser Stelle kurz einiges zusammengestellt, was schon zur Festlegung der Nomenklatur gebraucht wird. Wir hatten auf S. 292

bereits die vier Quantenzahlen eines Elektrons n, l (bzw. k), m und s oder auch j erwähnt und beim Aufbau des periodischen Systems von $3s$- oder $3p$-Elektronen bzw. Elektronenzuständen gesprochen usw. Es bleibt noch übrig, einiges über die Zustände beim Vorhandensein mehrerer Außenelektronen zu sagen, vor allem in solchen Fällen, in denen die Bahnen einer Schale oder Unterschale (s-Bahnen, p-Bahnen usw.) noch nicht sämtlich besetzt sind.

Ein einzelnes Elektron auf einer Bahn um den Kern hat ein scharf definiertes Drehmoment und eine bestimmte Komponente dieses Momentes in einer beliebig ausgezeichneten Richtung. Beim Vorliegen mehrerer Elektronen ist nach der klassischen Mechanik nur noch der Gesamtdrehimpuls konstant, nicht aber der Drehimpuls der einzelnen Elektronen; immerhin kann man meist mit guter Näherung noch von einem Drehimpuls und seiner Komponente eines Einzelelektrons im Verbande mehrerer Elektronen sprechen. Diese Einzeldrehimpulse kann man nun wie in der klassischen Mechanik vektoriell zu Gesamtdrehimpulsen addieren; ebenso kann man mit den Spindrehimpulsen verfahren. Wir wollen dieses Vorgehen an den Elementen der ersten Achtergruppe des periodischen Systems näher erörtern.

Das Li-Atom hat zwei $1s$-Elektronen, die keinen Bahndrehimpuls besitzen, so daß auch der gesamte Bahndrehimpuls dieser beiden Elektronen mit seinen Komponenten verschwindet. Die Spins der beiden Elektronen sind entgegengesetzt gleich, so daß auch kein resultierender Spin oder eine resultierende Komponente übrigbleibt. Sämtliche Momente der inneren abgeschlossenen K-Schale des Lithiums verschwinden. Das gleiche Resultat folgt übrigens für alle abgeschlossenen Schalen und Unterschalen der höheren Atome. Der Gesamtbahndrehimpuls ist infolgedessen mit demjenigen des äußeren $2s$-Elektrons identisch, ebenso verhält es sich mit dem Spin. Der Bahndrehimpuls muß hier bei $l = 0$ verschwinden, während der Spin $+\frac{1}{2}\hbar$ oder $-\frac{1}{2}\hbar$ sein kann, so daß im Grundzustand des Lithiums wegen der zwei möglichen Orientierungen des Spins zwei — energetisch übrigens gleichwertige — Zustände mit dem Bahndrehimpuls Null enthalten sind. Man nennt einen solchen Zustand für mehrere Elektronen des Gesamtatoms einen S-Zustand (mit großem S zum Unterschied von der s-Bahn, die ja ebenfalls einen verschwindenden Drehimpuls des Elektrons kennzeichnet). Der Umstand, daß hier zwei Zustände vorliegen, wird durch eine hochgestellte 2 in der Form ^2S angedeutet, was man als Dublett-S-Zustand bezeichnet. Oft schreibt man die aus Spin und Bahnimpuls resultierende innere Quantenzahl J noch unten rechts an das Symbol, so daß der Grundzustand des Lithiums als $^2S_{1/2}$-Zustand bezeichnet wird, weil jetzt die innere Quantenzahl wegen $l = 0$ mit $s = \frac{1}{2}$ identisch ist.[1]

Die angeregten Zustände des Lithiums sind aus dem gleichen Grunde wie oben Dublettzustände, wobei man beim Aufrücken des Elektrons auf eine p-Bahn von ^2P-Zuständen spricht usw.; hier fügt man die

---

[1] Die resultierende innere Quantenzahl wird bei Mehrelektronenproblemen mit J und entsprechend die azimutale Quantenzahl mit L bezeichnet.

innere Quantenzahl, die jetzt wegen $l = 1$ die Werte $1 \pm \frac{1}{2} = \frac{3}{2}$ oder $\frac{1}{2}$ haben kann, unten rechts an das Symbol an, womit Symbole der Form $^2P_{3/2}$ und $^2P_{1/2}$ erhalten werden, die wegen der verschiedenen Orientierung des Elektronenspins zum Bahnmoment bei $^2P_{3/2}$ und $^2P_{1/2}$ etwas verschiedene Energien besitzen. Der Unterschied ist hier freilich außerordentlich gering; erst beim Natrium — als nächstem Alkaliatom — kann man ihn deutlich erkennen. Um am Symbol des Elektronenzustandes auch noch die Hauptquantenzahl des Außenelektrons zum Ausdruck zu bringen, schreibt man gelegentlich $2\,^2P_{3/2}$-, $3\,^2P_{3/2}$-Zustand usw.

Beim Beryllium ist die $2s$-Unterschale mit zwei Elektronen vom entgegengesetzten Spin voll besetzt; der resultierende Spindrehimpuls und der resultierende Bahndrehimpuls verschwinden im Grundzustand, womit man einen ungespaltenen (Singulett) S Zustand erhält, der als $^1S_0$- oder $2 \cdot {}^1S_0$-Zustand bezeichnet wird, denn auch das aus Bahn- und Spinmoment zusammengesetzte, durch die innere Quantenzahl gekennzeichnete Moment verschwindet, so daß der rechte untere Index mit Null eingesetzt werden muß.

Beim Bor ist $l = 1$, das dritte Elektron der L-Schale hat den Drehimpuls $\hbar$, und auch die Summe mit den Drehimpulsen der übrigen Elektronen ergibt $\hbar$, weshalb der Grundzustand des Bors als P-Zustand bezeichnet wird. Wegen des resultierenden Spinmomentes $\frac{1}{2}\hbar$ erhält man wieder Dubletts; die innere Quantenzahl ergibt sich aus $l = 1$ und $s = \frac{1}{2}$ zu $\frac{3}{2}$ oder $\frac{1}{2}$, womit man wieder $^2P_{1/2}$- und $^2P_{3/2}$-Zustände erhält. Die genauere Bezeichnung lautet unter Hinzufügung der Hauptquantenzahl $2\,^2P_{1/2}$ und $2\,^2P_{3/2}$. Die Energie dieser Zustände ist fast gleich; der Zustand $2\,^2P_{1/2}$ liegt jedoch bei den höheren Elementen wie Aluminium eindeutig niedriger, woraus auch für Bor auf die niedrigere Energie des $^2P_{1/2}$- gegenüber dem $^2P_{3/2}$-Zustand geschlossen wird. Der P-Zustand zählt zunächst dreifach, weil der Bahndrehimpuls die drei Komponenten $+\hbar$, 0 und $-\hbar$ in einer vorgegebenen Raumrichtung aufweisen kann; außerdem sind die Zustände wegen des Spins doppelt zu zählen, womit insgesamt sechs Zustände auf $^2P_{1/2}$ und $^2P_{3/2}$ entfallen. Hiervon gehören zwei Zustände, nämlich solche mit $m_J = +\frac{1}{2}$ und $m_J = -\frac{1}{2}$, zu $^2P_{1/2}$ und vier Zustände, nämlich solche mit $m_J = +\frac{3}{2}$, $+\frac{1}{2}$, $-\frac{1}{2}$ und $-\frac{3}{2}$ zu $^2P_{3/2}$. Das Vorhandensein dieser sechs Zustände kann man nur durch Aufspaltung im Magnetfeld beweisen.

Beim nächsten Element, dem Kohlenstoff, existieren zwei Elektronen mit $l = 1$. Bei Berücksichtigung des Pauli-Verbotes könnten folgende Quantenzahlenkombinationen der beiden Elektronen in Betracht gezogen werden (s. die Zusammenstellung auf S. 303).

Außerdem gibt es noch eine Reihe von Zahlkombinationen, die insofern keine physikalisch neuen Konfigurationen bringen, weil man sie durch Vertauschung der Elektronenbezeichnung oder der Richtung erhält, die man als positiv bezeichnet, deshalb brauchte hier bei gleicher Spinorientierung der Elektronen nur das positive Zeichen berücksichtigt zu werden. Es erhebt sich jetzt wieder die Frage, welcher Konfiguration bzw. Kombination von Quantenzahlen die niedrigste Energie entspricht, d. h. welcher Zustand stabil ist. Mit den hier entwickelten Methoden läßt sich diese Frage nicht leicht beantworten, wir werden dies noch später (S. 371) beim sog. Heliumproblem erörtern. Deshalb können wir jetzt nur die empirische Stabilitätsregel (Hundsche Stabilitätsregel) erwähnen, daß derjenige Zustand am stabilsten ist, der den größten Gesamtspin besitzt, das sind im obigen Schema die Konfiguration 1, 3 und 9, bei denen die darunter angegebene Summe $S = \Sigma s = 1$ ist. Der resultierende Spindrehimpuls beider Elektronen ist $\hbar$, und er kann die Komponenten $+\hbar$, 0 und $-\hbar$ in einer herausgegriffenen Raumrichtung einnehmen, er hat also $(2S + 1) = 3$ Einstellungsmöglichkeiten, so daß wir beim Kohlenstoff im Grundzustande ein Triplettsystem vor uns haben. Selbstverständlich gibt es beim Kohlenstoff auch Singulettzustände mit $\Sigma s = 0$; diese liegen aber energetisch deutlich über den Grundzuständen.

$n = 2;\ l = 1$	$m = 1 \quad s = +\tfrac{1}{2}$	$m = 1 \quad s = +\tfrac{1}{2}$	$m = 0 \quad s = +\tfrac{1}{2}$
$n = 2;\ l = 1$	$m = 0 \quad s = +\tfrac{1}{2}$	$m = 1 \quad s = -\tfrac{1}{2}$	$m = -1 \quad s = +\tfrac{1}{2}$
	$\Sigma m = 1\ \Sigma s = 1$	$\Sigma m = 2\ \Sigma s = 0$	$\Sigma m = -1\ \Sigma s = 1$

$n = 2;\ l = 1$	$m = 1 \quad s = +\tfrac{1}{2}$	$m = 0 \quad s = +\tfrac{1}{2}$	$m = 1 \quad s = +\tfrac{1}{2}$
$n = 2;\ l = 1$	$m = 0 \quad s = -\tfrac{1}{2}$	$m = -1 \quad s = -\tfrac{1}{2}$	$m = -1 \quad s = -\tfrac{1}{2}$
	$\Sigma m = 1\ \Sigma s = 0$	$\Sigma m = -1\ \Sigma s = 0$	$\Sigma m = 0\ \Sigma s = 0$

$n = 2;\ l = 1$	$m = 0 \quad s = +\tfrac{1}{2}$	$m = -1 \quad s = +\tfrac{1}{2}$
$n = 2;\ l = 1$	$m = 0 \quad s = -\tfrac{1}{2}$	$m = -1 \quad s = -\tfrac{1}{2}$
	$\Sigma m = 0\ \Sigma s = 0$	$\Sigma m = -2\ \Sigma s = 0$

$n = 2;\ l = 1$	$m = 1 \quad s = +\tfrac{1}{2}$	$m = 0 \quad s = +\tfrac{1}{2}$	$m = -1 \quad s = +\tfrac{1}{2}$
$n = 2;\ l = 1$	$m = -1 \quad s = +\tfrac{1}{2}$	$m = +1 \quad s = -\tfrac{1}{2}$	$m = +1 \quad s = -\tfrac{1}{2}$
	$\Sigma m = 0 \quad \Sigma s = 1$	$\Sigma m = 1 \quad \Sigma s = 0$	$\Sigma m = 0 \quad \Sigma s = 0$

Die drei oben genannten Konfigurationen des obigen Schemas mit $S = 1$ haben resultierende Bahndrehimpuls-Komponenten $\Sigma m = 1$, 0 und -1, so daß sie als Komponenten eines Gesamtdrehimpulses auftreten, der eben diese Komponenten in einer sonst beliebig gewählten Raumrichtung besitzen kann. Aus diesem Grunde ordnen wir den beiden p-Elektronen als resultierende Quantenzahl des Drehimpulses die Zahl $L = 1$ zu und nennen den Gesamtterm des Kohlenstoffgrundzustandes einen ^3P-Term. Die innere Quantenzahl[1] J kann dann durch Vektoraddition aus L und S bzw. den dazugehörigen Drehimpulsen zusammengesetzt werden, so daß sich die Werte $1 + 1 = 2$ oder

---

[1] Da es sich hier um ein aus mehreren Elektronen resultierende Eigenschaft handelt, wird wieder ein großes Symbol J wie auch L statt l verwendet.

$1 + 0 = 1$ oder $1 - 1 = 0$ für J ergeben bzw. die aus Bahn und Spin beider Elektronen resultierenden Gesamtimpulse $2\hbar$, $1\hbar$ oder 0. Diese Gesamtimpulse besitzen wieder der Reihe nach fünf Orientierungen (mit den Komponenten $2\hbar$, $1\hbar$, 0, $-1\hbar$ und $-2\hbar$) bzw. drei Orientierungen (Komponenten $\hbar$, 0 und $-\hbar$) bzw. eine Orientierung (Komponente 0). Der Grundzustand des Kohlenstoffs wird darum durch einen $^3P_2$- oder $^3P_1$- oder $^3P_0$-Zustand zu kennzeichnen sein, von denen sich der $^3P_0$-Zustand als der energetisch niedrigste erweist. Die Unterschiede sind hier zwar schon merklich, aber immerhin noch verhältnismäßig gering. Die $9 = (2S + 1)(2L + 1)$-Zustände sind also, da hier die Orientierung des Gesamtspins zum Gesamtbahnimpuls für die Energie maßgebend ist, in die drei Zustände $^3P_0$, $^3P_1$ und $^3P_2$ aufgespalten. Daß diese Zustände jeweils wieder $(2J + 1)$ zunächst energetisch gleiche Zustände enthalten, kann man wieder nur durch Aufspaltung der Energien im Magnetfeld zeigen, wobei dann auch die Spektrallinien, die bei diesen Zuständen enden, entsprechend aufgespalten werden.

Beim nächsten Element, dem Stickstoff, sind drei p-Elektronen vorhanden, deren Spins sich zur Erzielung eines möglichst großen Wertes $S = \Sigma s = \frac{3}{2}$ nur dann parallel einstellen können, wenn die m-Werte der drei p-Elektronen wegen des Pauli-Verbotes auf $m_1 = 1$, $m_2 = 0$ und $m_3 = -1$, also auf $\Sigma m = 0$ festgelegt werden. Damit ist der resultierende Bahndrehimpuls gleich Null, und wir haben es mit einem S-Zustand ($L = 0$) zu tun, der wegen $2S + 1 = 4$ als Quartettzustand auftritt. Die resultierende innere Quantenzahl ist wegen $L = 0$ mit $S = \frac{3}{2}$ identisch, so daß der Grundzustand des Stickstoffatoms ein $^4S_{3/2}$-Zustand ist.

Beim Sauerstoffatom mit vier p-Elektronen kann man die Spins von drei p-Elektronen wieder parallel stellen, um einen möglichst großen resultierenden Spindrehimpuls zu erhalten, wenn man nur die m-Werte dieser Elektronen auf $m = +1, 0$ und -1 festlegt. Dem vierten p-Elektron muß man dann die Spinquantenzahl $-\frac{1}{2}$ geben, weil man jetzt einen der möglichen m-Werte doppelt besetzen muß. So erhält man $\Sigma s = S = 1$ und $\Sigma m = 1$, 0 oder -1, also drei Möglichkeiten für die Komponente des Bahndrehimpulses, die man in $L = 1$ zusammenfassen kann. Man gelangt so wie beim Kohlenstoff, wo gleichfalls die Kombination $S = 1$ und $L = 1$ vorlag, zu $^3P_0$-, $^3P_1$- und $^3P_2$-Zuständen als energetisch niedrigsten Zuständen, denn auch die Möglichkeiten für die innere Quantenzahl J sind dann natürlich dieselben wie beim C-Atom. Es zeigt sich aber, daß hier der $^3P_2$-Zustand der energetisch niedrigste der drei angegebenen Zustände ist und der $^3P_0$-Zustand der höchste. Man sagt deshalb auch, daß hier bei den letzten Elementen der p-Unterschale die Terme „verkehrt" liegen.

Die entsprechende Überlegung liefert beim Fluor $\Sigma s = \frac{1}{2}$ und $\Sigma m = +1, 0$ oder -1, so daß wieder wie beim Bor $^2P_{1/2}$- und $^2P_{3/2}$-Terme als tiefste Zustände resultieren, die auch hier verkehrt liegen, d. h., der $^2P_{3/2}$-Term ist der niedrigere. Die Energieunterschiede beim $^2P_{3/2}$- und $^2P_{1/2}$-Term des Fluors sind schon sehr viel größer als beim Bor; ähnlich ist es beim Vergleich von O-Atom und C-Atom, auch hier sind die

Energiedifferenzen der $^3P_2$- und $^3P_1$- bzw. $^3P_0$-Terme dem Betrage nach beim Sauerstoff viel größer als beim Kohlenstoff.

Beim Edelgas Neon muß wegen des Pauli-Verbotes $\Sigma s = 0$ und $\Sigma m = 0$ gelten, so daß ein $^1S_0$-Term als Grundzustand erhalten wird, weil offenbar $S = 0$, $L = 0$ und $J = 0$ sein muß. Die Grundzustände der Elemente von Li bis Ne sind also durch folgende Symbole zu beschreiben:

Li	Be	B	C	N	O	F	Ne
$^2S_{1/2}$	$^1S_0$	$^2P_{1/2,\,3/2}$	$^3P_{0,\,1,\,2}$	$^4S_{3/2}$	$^3P_{2,\,1,\,0}$	$^2P_{3/2,\,1/2}$	$^1S_0$

Hier hätte man noch überall die Hauptquantenzahl $n = 2$ davorstellen können, also $2\,^2S_{1/2}$ beim Lithium schreiben können usw. Außerdem sind bei den P-Zuständen die energetisch tiefsten Terme durch Unterstreichen gekennzeichnet. Man erkennt an diesem Schema, daß die Terme, abgesehen von der „verkehrten" Lage für die Elemente, denen noch ein oder zwei Elektronen an der vollen p-Unterschale fehlen, die gleichen sind wie beim Vorhandensein von nur einem oder zwei Elektronen in dieser Unterschale. Ein fehlendes Elektron, d. h. eine Lücke in der vollen Schale, wirkt sich also fast ebenso aus wie das Vorhandensein eines Elektrons; man spricht deshalb von einer Lückenregel der Terme (Paulischer Lückensatz genannt).

In ganz der gleichen Weise kann man die Grundterme auch der übrigen Elemente festlegen, wobei man oft noch von der zusätzlichen Stabilitätsregel Gebrauch machen kann, daß bei gleichem $\Sigma s = S$ diejenigen Zustände mit maximalen $\Sigma m = L$ die stabilsten sind. In der zweiten Achterreihe des periodischen Systems, d. h. bei den Elementen von Na bis Ar, ergeben sich aus leicht ersichtlichen Gründen die gleichen Grundterme wie beim Li bis Ne mit der Hauptquantenzahl $n = 3$ an Stelle von $n = 2$.

§ 135. Auswahlregeln. Natürliche Aufspaltung von optischen Termen und Röntgentermen

Die Spektrallinien, die ein durch thermische Stöße oder auch sonst angeregtes Atom aussendet, besitzen bekanntlich die Frequenz $\nu = \Delta E/h$, wo ΔE die Energiedifferenz zwischen angeregtem Ausgangszustand und Endzustand des „Quantensprungs" ist. Jedoch ist i. allg. nicht jeder zwischen zwei Energiezuständen eines Atoms liegender Sprung als Energiequant einer *Spektrallinie* des betreffenden Atoms möglich; es gelten hier vielmehr gleichfalls gewisse Auswahlregeln, zumindest für das Zustandekommen von Spektrallinien von erheblicher Intensität. Es gilt nämlich zunächst die Auswahlregel, daß nur solche Spektrallinien mit größerer Intensität auftreten, bei denen sich die Nebenquantenzahl l (oder L bei mehreren Außenelektronen) beim Quantensprung um eine Einheit nach oben oder unten ändert.

Diese Regel läßt sich mit Hilfe des Korrespondenzprinzips verständlich machen. Betrachtet man nämlich das einfache Potentialfeld der Gl. (27), bei dem die Energiezustände bei gleicher Hauptquantenzahl, aber verschiedenem n_φ, nach

Gl. (24c) auseinanderfallen, dann ergibt sich aus Gl. (24b) ein r_{max} und r_{min} der „fast ellipsenförmigen" Elektronenbahn von

$$r_{\substack{max\\min}} = \frac{r_B}{(Z-\nu)} \left[n_r + \sqrt{n_\varphi^2 - \varepsilon}\,\right]^2 \left[1 \pm \sqrt{1 - \frac{n_\varphi^2 - \varepsilon}{\left(n_r + \sqrt{n_\varphi^2 - \varepsilon}\,\right)^2}}\,\right] \qquad (33)$$

als r-Werte, bei denen der Wurzelausdruck von Gl. (24b) verschwindet. Hier ist r_B der Bohrsche Radius und ε eine Abkürzung für die in Gl. (24b) vorkommende Größe $8\pi^2 m_e \mu/h^2$. Der Vergleich mit Gl. (25) oder eine analoge Betrachtung, wie sie bei den Gln. (25) bis (26) durchgeführt wurde, zeigt, daß das Achsenverhältnis der ellipsenartigen Bahnkurve jetzt durch

$$\frac{b}{a} = \frac{\sqrt{n_\varphi^2 - \varepsilon}}{n_r + \sqrt{n_\varphi^2 - \varepsilon}} \qquad (33a)$$

gegeben wird, während die große Halbachse a den Wert

$$a = \frac{r_B}{Z-\nu}\left(n_r + \sqrt{n_\varphi^2 - \varepsilon}\,\right)^2 \qquad (33b)$$

besitzt. Als Flächeninhalt F der Ellipse findet man dann

$$F = \pi a b = \frac{\pi r_B^2}{(Z-\nu)^2}\left(n_r + \sqrt{n_\varphi^2 - \varepsilon}\,\right)^3 \cdot \sqrt{n_\varphi^2 - \varepsilon}\,. \qquad (34)$$

Die vom Fahrstrahl Kern-Elektron in der Zeiteinheit überstrichene Fläche ist an den Stellen r_{max} und r_{min} gegeben durch

$$\frac{dF}{dt} = \frac{1}{2}\, r \cdot v = \frac{1}{2m_e} \cdot m_e\, r\, v = \frac{1}{2m_e} \cdot p_\varphi = \frac{n_\varphi\, \hbar}{2m_e}, \qquad (35)$$

weil $m_e\, r\, v$ an diesen Stellen gleich dem für die Bewegung konstanten Drehimpuls der Bahnbewegung $p_\varphi = n_\varphi \cdot \hbar$ ist. Die Umlaufsfrequenz[1] $\nu_f = 1/T$, wo T die Umlaufszeit ist, folgt aus Gl. (34) und (35) zu:

$$\frac{1}{T} = \nu_f = \frac{1}{F}\frac{dF}{dt} = \frac{n_\varphi \cdot h(Z-\nu)^2}{4\pi^2 m_e r_B^2 \left(n_r + \sqrt{n_\varphi^2 - \varepsilon}\,\right)^3 \sqrt{n_\varphi^2 - \varepsilon}}$$

$$= \frac{(Z-\nu)^2\, 4\pi^2 m_e\, e_0^4\, n_\varphi}{h^3 \left(n_r + \sqrt{n_\varphi^2 - \varepsilon}\,\right)^3 \sqrt{n_\varphi^2 - \varepsilon}}. \qquad (36)$$

Gl. (24c) läßt erkennen, daß dieser Ausdruck mit $\dfrac{1}{h} \cdot \dfrac{\partial E}{\partial n_\varphi} \cdot \Delta n_\varphi$ für $\Delta n_\varphi = 1$ genau übereinstimmt, so daß bei hohen Quantenzahlen die Differenz ΔE bei Änderung von n_φ um eine Einheit wieder mit der Frequenzbedingung $\Delta E = h\,\nu_f$ im Einklang ist. In dieser Weise wird wenigstens plausibel gemacht, daß bei $\Delta n_\varphi = 1$ intensive Linien auftreten, insbesondere wenn noch n_r ungeändert bleibt, d. h., wenn sich die Hauptquantenzahl $n = n_r + n_\varphi$ um ebenfalls eine Einheit ändert. Tatsächlich sind Linien, die diese Bedingungen erfüllen, recht intensiv; jedoch sind Linien, bei denen $\Delta n > 1$ ist, noch sehr deutlich im Spektrum vertreten, während Linien mit $\Delta n_\varphi = 2$ zwar vorkommen, jedoch meist sehr schwach sind. Die Auswahlgesetze lassen sich im einzelnen besser mit den Methoden der Wellenmechanik begründen, weshalb diese Ausführungen genügen mögen.

---

[1] Um hier die Abschirmungszahl ν in dem Ausdruck $(Z-\nu)$ von der Frequenz zu unterscheiden, erhält die Frequenz den Index f.

Für die innere Quantenzahl J gilt in ähnlicher Weise die Auswahlregel $\varDelta J = +1$, 0 oder -1. Außerdem sind Linien zwischen Triplettzuständen und Singulettzuständen wie überhaupt zwischen Zuständen verschiedener Multiplizität verboten; dies heißt freilich nur, daß Spektrallinien zwischen solchen Zuständen äußerst selten auftreten und dann recht schwach sind. Die Auswahlregeln bzw. Verbote sind also nicht extrem scharf.

Die Spektrallinien, die durch Elektronensprünge von Elektronen angeregt werden, die sich in den äußeren Bezirken des Atoms befinden, liegen i. allg. im sichtbaren Gebiet oder doch in den angrenzenden Gebieten des Ultravioletten, wohingegen Linien, die durch Sprünge zwischen den innersten Schalen der schwereren Atome erzeugt werden, die sog. charakteristische Röntgenstrahlung eines Atoms darstellen. Weil im Normalfalle die Elektronenbahnen der inneren Schalen eines Atoms sämtlich besetzt sind, kann die Aussendung einer Röntgenstrahlung nur dann erfolgen, wenn zuvor durch eine von außen kommende Einwirkung ein freier Platz in einer inneren Schale des Atoms geschaffen worden ist. Eine derartige Einwirkung kann z. B. daher kommen, daß stark beschleunigte Elektronen von außen auf das Atom oder einen Festkörper, der aus den betreffenden Atomen besteht, auftreffen und aus dem Innern des Atoms ein oder mehrere Elektronen herausschlagen.

Entsteht so z. B. in der K-Schale eine Lücke, dann wird i. allg. aus der angrenzenden L-Schale ein Elektron auf den leeren Platz in der K-Schale übersprungen, und die dabei frei werdende Energie wird als charakteristische Röntgenstrahlung abgegeben. Man nennt diese Strahlung K_α-Strahlung, die noch in zwei dicht beisammen gelegene Linien aufspaltet. Diese Aufspaltung rührt daher, daß wegen der Auswahlregel $\varDelta l = 1$ das Elektron aus der p-Unterschale der L-Schale stammen muß, wenn es in die nur s-Elektronen enthaltende K-Schale überspringen soll, daß aber die p-Elektronen noch nach dem Werte ihrer inneren Quantenzahl $j = \frac{1}{2}$ oder $j = \frac{3}{2}$ energetisch ein wenig verschieden sind (Orientierung des Spindrehimpulses zum Bahndrehimpuls). Man nennt die beiden Linien gelegentlich auch K_α- und K'_α-Strahlung. Springt ein Elektron direkt aus der M-Schale in die Lücke der K-Schale, dann erhält man die noch kurzwelligere K_β-Strahlung usw. Entsprechend erhält man die L-Strahlung, wenn in der L-Schale eine Lücke entstanden ist, die durch ein Elektron aus der M- oder N-Schale ausgefüllt wird. Auch hier gibt es eine feinere Aufspaltung und L_α-, L_β-Linien wie bei der K-Strahlung usw. Die L-Strahlung ist wegen der geringeren Größe der Energieunterschiede zur M-Schale usw. insgesamt langwelliger (weicher) als die K-Strahlung.

Die Frequenz der Röntgenstrahlung — wir beschränken uns hier auf die K-Strahlung — läßt sich leicht abschätzen. Dazu beachten wir, daß die Energie der beiden Elektronen der K-Schale nach der Aussendung der Strahlung gemäß Gl. (31) durch $-2(Z - \frac{1}{4})^2 \cdot 13{,}59\ \text{eV}$ $= (-2Z^2 + Z - \frac{1}{8}) \cdot 13{,}59\ \text{eV}$ gegeben ist und die des einen Elektrons der K-Schale vor der Strahlung durch $-Z^2 \cdot 13{,}59\ \text{eV}$, so ergibt sich in der K-Schale eine Energieänderung bei großem Z von etwa

$(-Z^2 + Z) \cdot 13,59$ eV. In ähnlicher Weise läßt sich die Energieänderung in der L-Schale, aus der ein Elektron bei der K_α-Strahlung verschwindet, bei großem Z zu $\frac{1}{4}Z^2 + \delta Z$ mit $\delta \approx \frac{1}{2}$ bis 1 abschätzen, so daß insgesamt eine Energieänderung des Quantensprungs vom Betrage

$$\tfrac{3}{4}Z^2 - (1 + \delta)\, Z \cdot 13,59 \text{ eV} \approx \tfrac{3}{4}[Z - \tfrac{2}{3}(1 + \delta)]^2 \cdot 13,59 \text{ eV}$$

erhalten wird. Es resultiert also mit gewisser Annäherung für die Frequenz der Röntgen-K-Strahlung der seinerzeit von MOSEIY gegebene Ausdruck (in Wellenzahlen)

$$\tilde{\nu}_K = \tfrac{3}{4} R \, (Z - 1)^2 \qquad (R = \text{Rydberg-Konstante}) \qquad (37)$$

oder

$$\sqrt{\tilde{\nu}_K} = \text{konst.} \, (Z - 1),$$

aus dem MOSELEY damals die Ordnungszahlen Z derjenigen Elemente festzulegen vermochte, bei denen die Ordnungszahl nicht monoton mit dem Atomgewicht zunimmt.

Die feinere Struktur der Röntgenlinien, wie z. B. die K_α- und K'_α-Strahlung, beruht ja wie die feinere Struktur, die oben durch Terme wie $P_{1/2}$ und $P_{3/2}$ usw. gekennzeichnet wurde, auf der Orientierung des Spins zum Bahndrehimpuls. Man kann die Größenordnung dieser Termaufspaltung leicht abschätzen. Betrachten wir zu diesem Zweck die angeregten $3D$-Zustände des Natriums; die bei diesen Termen vorliegenden Elektronenbahnen sind wegen $l = 2$ oder $n_\varphi = 3 = n$ nach Gl. (26) kreisförmig und haben, da die Kernladung durch die übrigen Elektronen gut abgeschirmt ist, nach Gl. (33b) den Abstand $n^2 \cdot r_B = 9 \cdot r_B$ vom Kern, womit die schon bei Gl. (32a) angegebene Energie dieser Elektronen im Einklang steht. Das elektrische Feld des Kernes und der ihn umgebenden Elektronenhülle beträgt am Orte der $3d$-Elektronenbahn mithin $e_0/9\, r_B^2$, womit auf ein bewegtes Elektron, dessen Geschwindigkeit klein gegen die Lichtgeschwindigkeit c ist, ein magnetisches Feld der Größe $H = e_0\, v/c\, 9\, r_B^2$ verbunden ist.[1] Ein magnetischer Dipol vom magnetischen Moment μ kann in einem Felde H je nach seiner Einstellung zum Magnetfelde die Energien zwischen $+\mu H$ und $-\mu H$ besitzen, so daß wir jetzt als Energieunterschied bei paralleler und antiparalleler Einstellung mit $\mu = \mu_B$ erhalten:

$$\Delta E = 2\mu_B \cdot H = 2\mu_B \cdot \frac{e_0 \cdot v}{c \cdot (9 r_B)^2} = 2\mu_B \cdot \frac{2 e_0\, \hbar\, m_e \cdot v \cdot (9\, r_B)}{2 c\, m_e\, \hbar\, (9\, r_B)^3}$$

$$= \frac{4\mu_B^2 \cdot p_\varphi}{(9\, r_B)^3\, \hbar} = \frac{8\mu_B^2}{(9\, r_B)^3} \, . \qquad (38)$$

Hier wurde noch das Bohrsche Magneton nach Gl. (14a) eingeführt, die Definition des Drehimpulses $p_\varphi = r \cdot v \cdot m_e$ beachtet und der Wert $p_\varphi = 2\hbar$ für ein d-Elektron eingesetzt. Dem in Gl. (38) angegebenen

---

[1] Diese Feldstärke ist übrigens so groß wie die, welche der um das ruhend gedachte Elektron kreisende, positiv geladene Atomrumpf an der Stelle des Elektrons nach dem Biot-Savartschen Gesetz erzeugen würde.

Energieunterschied entspricht der Termunterschied in Wellenzahlen

$$= \frac{\Delta E}{h \cdot c} = \frac{8 \cdot (9{,}27 \cdot 10^{-21})^2}{6{,}62 \cdot 10^{-27} \cdot 3 \cdot 10^{10} \cdot (9 \cdot 0{,}53 \cdot 10^{-8})^3} = 0{,}032 \ \mathrm{cm}^{-1}. \qquad (38\,\mathrm{a})$$

Dieser berechnete Wert stimmt mit dem beim Natrium beobachteten Energieunterschied des $3\,^2D_{5/2}$- und $3\,^2D_{3/2}$-Zustandes von 0,049 cm^{-1} der Größenordnung nach überein.

Freilich muß man hier — genaugenommen — die von den Elektronen und dem Kern herrührenden Felder und die jeweiligen mittleren Abstände dieser Elektronen vom Kern berücksichtigen und die Effekte einzeln summieren, was wir hier so abgeschätzt haben, daß wir einfach mit einer Ladung $1 \cdot e_0$ rechneten, weil die Elektronen und der Kern wegen ihrer entgegengesetzten Ladung entgegengesetzte Effekte haben. Im einzelnen ergibt sich durch die Superposition dieser Wirkungen ein kompliziertes Bild, das sogar im Ergebnis auf die gegenseitige Lage der Terme einen Einfluß haben kann, worüber oben indirekt schon bei der Erwähnung der sog. „verkehrten" Terme gesprochen wurde. Die Größenordnung der Aufspaltung wird aber durch unsere Betrachtung richtig wiedergegeben.

Wir können unsere Größenordnungsbetrachtung übrigens direkt auf die Differenz der Röntgenterme in der L-Schale, die den Unterschied der oben erwähnten K_α- und K'_α-Strahlung ergibt, übertragen. Da die zu $l = 1$ gehörenden Bahnen der L-Schale ebenfalls kreisförmig sind, gilt prinzipiell die gleiche zu Gl. (38) führende Überlegung, der Abstand der Kreisbahnen mit der Hauptquantenzahl $n = 2$ ist bei $Z = 1$ aber gleich $2^2 \cdot r_B = 4\,r_B$, während in Gl. (38) mit $9\,r_B$ als Abstand der Kreisbahnen zur Hauptquantenzahl $n = 3$ gerechnet wurde. Außerdem war der Drehimpuls oben bei der d-Bahn gleich $2\hbar$, während er für die p-Bahn der L-Schale nur mit $1 \cdot \hbar$ anzusetzen ist, so daß bei einer Kernladungszahl $Z = 1$ die entsprechende Formel an Stelle von Gl. (38) lauten würde:

$$\Delta E = \frac{4\mu_B^2}{(4\,r_B)^3}. \qquad (38\,\mathrm{b})$$

Bei einem schweren Atom befinden sich die Elektronen der L-Schale jedoch in einem Felde der nur wenig abgeschirmten Kernladungszahl Z, so daß wir einmal das in Gl. (38) eingehende Feld etwa um den Faktor Z vergrößern und außerdem den Abstand um den Faktor Z verkleinern müssen, so daß schließlich die Termdifferenz

$$\Delta T \equiv \frac{\Delta E}{h\,c} = \frac{4Z \cdot \mu_B^2}{(4\,r_B/Z)^3\,h\,c} = \frac{4Z^4\,\mu_B^2}{(4\,r_B)^3\,h\,c} = Z^4 \cdot 0{,}18 \ \mathrm{cm}^{-1} \qquad (38\,\mathrm{c})$$

oder

$$\Delta T = 0{,}18 \cdot (Z - \delta)^4 \ \mathrm{cm}^{-1}$$

erhalten wird, wenn wir noch eine Kernabschirmung δ berücksichtigen. In der Röntgenspektroskopie ist es üblich, die Termdifferenz der Feinstruktur der K_α-Linien durch die Rydberg-Konstante ($R = 109\,737\,\mathrm{cm}^{-1}$)

zu teilen und die vierte Wurzel zu ziehen, wodurch sich aus Gl. (38c) die dimensionslose Beziehung ergibt:

$$\sqrt[4]{\frac{\Delta T}{R}} = \sqrt[4]{\frac{0,18}{109\,737}}\,(Z - \delta) = 0,036 \cdot (Z - \delta), \qquad (39)$$

die mit der empirischen Formel

$$\sqrt[4]{\frac{\Delta T}{R}} = 0,043\,(Z - 3,5) \qquad (39\,\mathrm{a})$$

befriedigend übereinstimmt.

Die Grundterme der Valenzelektronen der Elemente, wie z. B. die Terme $P_{1/2}$ und $P_{3/2}$ in der M-Schale, die zu Elektronen mit Ellipsenbahnen gehören, auf denen die Elektronen in größere Kernnähe vorstoßen, sind wesentlich stärker aufgespalten als die der in Gl. (38) behandelten, gänzlich außen verlaufenden Kreisbahnelektronen. Allerdings ist die Aufspaltung dieser Terme nicht proportional Z^4 wie bei den Röntgentermen, weil der Kern zu stark durch die übrigen Elektronen abgeschirmt wird; immerhin erhält man in diesen Fällen ein Ansteigen der Termaufspaltung mit Z^2 bis Z^3, wovon die folgenden, für die Elemente der dritten Spalte des periodischen Systems gültigen Zahlwerte eine Vorstellung vermitteln sollen:

Element (Ordnungszahl)	B $(Z=5)$	Al $(Z=13)$	Ga $(Z=31)$	In $(Z=49)$	Tl $(Z=81)$
$\Delta T = [^2P_{3/2} - {}^2P_{1/2}]$ in cm^{-1}	16	112	826	2212	7793
$\dfrac{\Delta T}{Z^2}$	0,64	0,67	0,86	0,92	1,18

Hier steigt die Stärke der Aufspaltung als Funktion von Z proportional $Z^{2,22}$ an; in anderen Reihen des periodischen Systems erfolgt der Anstieg durchaus ähnlich. Auch die Aufspaltung der angeregten $3P_{1/2}$- und $3P_{3/2}$-Zustände des Natriums der $4P_{1/2}$- und $4P_{3/2}$-Zustände des Kaliums usw., welche die bekannten Alkalidubletts liefern, befolgen ähnliche Gesetze. Diese Hinweise mögen genügen.

§ 136. Halbzahlige Quantelung, Schwierigkeiten der alten Quantentheorie

Die in den letzten Paragraphen besprochenen großen Erfolge des Rutherford-Bohrschen Quantenmodells der Elektronenbahnen dürfen nicht darüber hinwegtäuschen, daß eine Reihe von Fragen aus dem Bereiche der Atom- und Molekularphysik mit diesen Methoden offensichtlich nicht zu behandeln ist. Dazu gehört das auf S. 303 bereits genannte Heliumproblem. Hierbei handelt es sich darum, daß die angeregten Energiezustände des Heliums, bei dem ein Elektron in der K-Schale verbleibt, während das andere Elektron auf die L-, M- oder eine andere Schale gehoben wird, in ein Singulett- und ein Triplettsystem mit verschiedenen Energien aufspalten. Diese Tatsache an sich ist noch zu verstehen, insofern die in der K-Schale wegen des Pauli-Verbotes entgegengesetzt gerichteten Spins der beiden Elektronen im angeregten Zustand parallel oder antiparallel gerichtet sein können, weil die Quantenzahlen der Elektronen sich bereits in der Hauptquantenzahl unterscheiden. Der Gesamtdrehimpuls des Spins ist also entweder $+\frac{1}{2}\hbar + \frac{1}{2}\hbar = 1\hbar$ oder $+\frac{1}{2}\hbar - \frac{1}{2}\hbar = 0$, d. h., entweder gibt es für den Spin die drei Einstellungen bzw. die Komponenten $+\hbar$, 0 und $-\hbar$ (Triplettsystem) oder nur eine Einstellung (Komponente stets $= 0$, Singulettsystem). Bei einer Kernladungszahl $Z = 2$ ist aber nur mit einem sehr geringen energetischen Unterschied zwischen den Triplett- und Singulett-Termen bei sonst gleichen Quantenzahlen zu rechnen, wie durch die Erörterungen des letzten Paragraphen klar geworden sein dürfte. Tatsächlich beobachtet man aber Energieunterschiede bis zu etwa 1 eV zwischen Triplett- und zugehörigem Singulett-Term, die also über 1000 mal so groß sind wie erwartet. Ähnlich verhält es sich mit den Triplett- und Singulett-Termsystemen anderer angeregter Zwei-Elektronensysteme, wie Be, Ca, Hg usw., die beobachteten Termunterschiede sind viel zu groß.

Das Zustandekommen einer chemischen Bindung zwischen gleichen Atomen, ein Problem, an dem in erster Linie der Chemiker interessiert ist, bereitet dem Verständnis auf der Basis der oben entwickelten Vorstellungen unüberwindbare Schwierigkeiten, ähnlich ist es mit einigen beim radioaktiven Zerfall typischen Erscheinungen. Bei unseren bislang durchgeführten Betrachtungen muß also ein irgendwie wesentlicher Gesichtspunkt übersehen worden sein. Dazu kommt, daß selbst die Quantelungsvorschrift von Gl. (22) einer schärferen Prüfung nicht standhält, worauf schon auf S. 286 hingewiesen wurde. Man stellte nämlich schon frühzeitig fest, daß die Quantelungsvorschrift beim Oszillator besser auf die Form

$$\oint p\,dq = (n + \tfrac{1}{2})\,h,$$

also $\qquad (n = 0, 1, 2, \ldots)$ (40)

$$E_n = (n + \tfrac{1}{2})\,h\,\nu$$

gebracht werden sollte. Diese halbzahlige Quantelung hat in erster Linie für die Absolutwerte der Energie Bedeutung, dagegen spielt sie keine Rolle für Fragen, bei denen es nur auf Energieunterschiede ankommt, wie z. B. bei der Molwärme (s. S. 140f.).

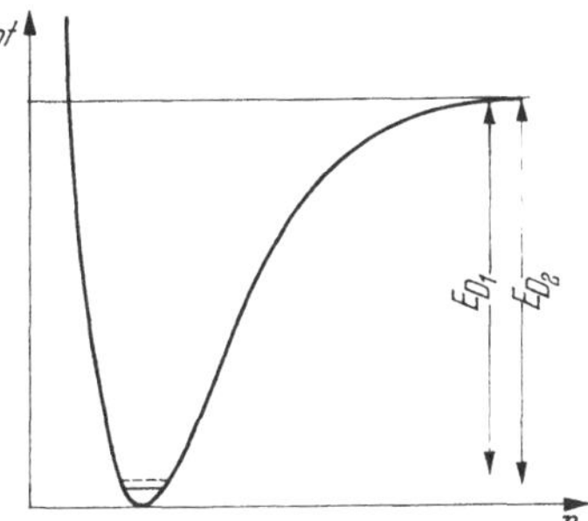

Abb. 65. Potentialkurve für zwei isotope Molekeln mit verschiedener Nullpunktsenergie und unterschiedlichen Dissoziationsenergien E_{D_i}

Daß Gl. (40), also die halbzahlige Quantelung, den Verhältnissen beim Oszillator eher gerecht wird als die ganzzahlige Quantelung in Gl. (22), kann man heute aus folgender Tatsache besonders deutlich entnehmen: Die Kräfte zwischen zwei Atomen einer Molekel können durch eine Potentialkurve der in Abb. 65 dargestellten Art beschrieben werden. Das Minimum der Potentialkurve gibt die Gleichgewichtslage der beiden Atome (Atomkerne) an, bringt man die Atome aus ihrer gegenseitigen Gleichgewichtslage heraus, dann muß man eine Arbeit leisten oder sonst der Molekel Energie zuführen, die genau dem Unterschied der Ordinate der Potentialkurve zwischen der Gleichgewichtslage und der neuen Lage entspricht, in die man die Atome gebracht hat. Infolge der Wärmebewegung der Teilchen werden die Atome i. allg. nicht in ihrer Gleichgewichtslage verharren, sondern mehr oder weniger große Schwingungen um die Gleichgewichtslage ausführen. Die Frequenz dieser Schwingungen hängt von der Masse der Atome und der Direktionskraft ab, welche die Atome in die Gleichgewichtslage zurücktreibt Weil die Potentialkurve in der Nähe des Minimums durch eine Parabel der Gestalt

$$
\begin{aligned}
E_{\text{pot.}} &= E_{\text{pot. min}} + \frac{D}{2}\,(r - r_{\text{min}})^2 \\
&= E_{\text{pot. min}} + \frac{1}{2}\left(\frac{d^2 E_{\text{pot.}}}{d\,r^2}\right)_{\text{min}} \cdot (r - r_{\text{min}})^2
\end{aligned}
\tag{41}
$$

angenähert werden kann, die sich durch die Taylor-Entwicklung im Minimum ergibt, ist die Hookesche Kraftkonstante D durch die Potentialkurve über deren zweite Ableitung eindeutig gegeben (vgl. auch S. 54). Sie liefert über die bekannte Pendelbeziehung des harmonischen Oszillators

$$
\nu = \frac{1}{2\pi}\sqrt{\frac{D}{m_{\text{red.}}}}
\tag{42}
$$

die Frequenz ν, mit der die Atome um die Gleichgewichtslage schwingen, sofern die Masse bzw. die reduzierte Masse $m_{\text{red.}}$ der Atome neben der Kraftkonstanten D bekannt ist.

Die Potentialkurven für zwei isotope Molekeln sind nach unseren heutigen Vorstellungen als praktisch identisch anzusehen, so daß die Hookeschen Kräfte D für die isotopen Molekeln einander gleich sind. Man kann viele isotope Molekeln heute mit außerordentlicher Reinheit darstellen, z. B. die beiden Wasserstoffisotope H_2 und D_2, deren Massen sich wie $1:2$ verhalten. Aus Gl. (42) entnimmt man dann, daß die molekularen Schwingungsfrequenzen bei H_2 und D_2 sich wie $\sqrt{2}:1$ verhalten müssen, weil sich die reduzierten Massen der schwingenden Atome in beiden Fällen ebenfalls wie $1:2$ verhalten. Mit diesem Ergebnis stimmen die Beobachtungen gut überein, insofern beim H_2 im Banden- und im Raman-Spektrum eine Frequenz dieser Schwingung mit der Wellenzahl 4160 cm^{-1} gefunden wurde und beim D_2 mit einer Wellenzahl 2990 cm^{-1}; dies entspricht einem Verhältnis $\sqrt{1{,}94}:1$.[1] Das Energiequant $h\nu$ hat hier einen Wert von $11{,}9$ kcal/mol beim H_2 und von $8{,}55$ kcal/mol beim D_2, wenn wir die Energie des Quants von der Molekel durch Multiplikation mit der Loschmidtschen Zahl N_L auf ein Mol umrechnen und das Ergebnis in kcal ausdrücken.

Die Dissoziationsenergie der H_2- und D_2-Molekel bei $T = 0$ °K,

---

[1] Die Abweichung läßt sich hier zwanglos und quantitativ durch die Abweichung der Schwingungen von der strengen Harmonizität verstehen.

wo die Molekeln im Gleichgewichtspunkte ruhen sollten, wird durch die Energiedifferenz zwischen dem Minimum unserer Potentialkurve und ihrem Wert für den Abstand $r = \infty$ der Atome gegeben. Diese Dissoziationsenergie bei $T = 0\ °K$ sollte nach unserer Vorstellung der praktischen Identität der Potentialkurven beim H_2 und D_2 für beide Isotope die gleiche sein; tatsächlich findet man aber beim H_2 die Dissoziationsenergie $103,2_4$ kcal/mol und beim D_2 $105,05$ kcal/mol.

Diese vorerst unverständliche Differenz läßt sich bei Annahme der oben erwähnten halbzahligen Quantelung leicht deuten; denn in diesem Falle befinden sich die Atome bei $T = 0$ nicht in völliger Ruhe, sie schwingen mit einer zwar verhältnismäßig kleinen, aber doch endlichen Amplitude um die Gleichgewichtslage. Ihre Energie entspricht nicht der Größe $E_{\text{pot., min}}$ der Potentialkurve, sondern liegt nach Gl. (40) um $\frac{1}{2}h\nu$ höher, so daß die Dissoziationsenergie um $\frac{1}{2}h\nu \cdot N_L$ (je Mol) geringer ist als die Ordinatendifferenz von E_{min} und dem zu $r \to \infty$ gehörenden Wert (auf 1 Mol bezogen). Nennen wir diese Differenz $W_{\text{Diss., }\infty}$, dann erhält man als tatsächlich zu beobachtende Dissoziationswärme W_D bei $T = 0$ den Wert $W_{D,0} = W_{\text{Diss., }\infty} - \frac{1}{2}h\nu \cdot N_L$, also

$$\text{bei } H_2\colon \quad W_{D,0}(H_2) = W_{\text{Diss., }\infty} - \frac{11,9}{2}\ \text{kcal/mol}$$

$$\text{bei } D_2\colon \quad W_{D,0}(D_2) = W_{\text{Diss., }\infty} - \frac{8,55}{2}\ \text{kcal/mol}$$

woraus $\qquad W_{D,0}(D_2) - W_{D,0}(H_2) = 1,68\ \text{kcal/mol} \qquad$ folgt.

Diese Differenz ist mit der oben gegebenen, experimentell ermittelten Differenz praktisch identisch. Sie würde völlig mit ihr übereinstimmen, wenn man auch hier die in der letzten Fußnote erwähnte Anharmonizität der Wasserstoffschwingungen berücksichtigen würde.

Immerhin wird durch unsere Überlegung die halbzahlige Quantelung beim Oszillator nahegelegt; es kommt dazu, daß eine Anzahl weiterer Erfahrungen ähnlicher Art gleichfalls für die halbzahlige Quantelung spricht. Die Bahndrehimpulse der Elektronenbahnen des Wasserstoffs waren dagegen offensichtlich ganzzahlig zu quanteln, so daß man die alte Quantelungsvorschrift von Gl. (22) nicht allgemein durch die halbzahlige Vorschrift von Gl. (40) ersetzen darf. Man sieht, daß auf Grund dieser Erfahrungen die Grundlagen unseres gesamten Vorgehens fraglich werden, insofern wir eben keine *einheitliche* Quantisierungsregel besitzen. Nimmt man noch hinzu, daß wir schon früher veranlaßt waren, die Nebenquantenzahl k durch die kleinere Quantenzahl l zu ersetzen, um deutlich werden zu lassen, daß eine Bahn mit $k = 1$ den Drehimpuls Null besitzt, obwohl dieser verschwindende Drehimpuls modellmäßig eine Kollision des Elektrons mit dem Kern bedeuten würde, einen Vorgang also, den wir eigentlich vermeiden sollten, so geraten wir in weitere Schwierigkeiten.

Eine kritische Sichtung zeigt, daß der bisher verwendeten Methode eine Zwitternatur zukommt, insofern sie den aus der klassischen Mechanik entnommenen Gesetzen — vornehmlich den Bewegungsgesetzen —

künstlich Auswahlbedingung für stabile atomare Bewegungen in Gestalt
der Quantenbedingungen aufpfropft, was von vornherein unbefriedigend
ist und schließlich in eine Sackgasse bzw. zu unüberwindlichen Schwierigkeiten führt. Ein Ausweg aus diesem Dilemma konnte nur durch eine
mehr prinzipielle Klärung der Grundlagen gefunden werden. Diese Neu-
fassung geschah zunächst durch DE BROGLIE und im Anschluß daran
durch HEISENBERG und SCHRÖDINGER sowie durch DIRAC. Diesen Betrachtungen wollen wir uns jetzt zuwenden.

B. Übergang zur Wellenmechanik

§ 137. Parallelen zwischen Optik und Mechanik.
Compton-Effekt und de Broglie-Wellenlänge

Grundsätzlich läßt sich das makroskopische physikalische Geschehen
auf der Grundlage der Elektrodynamik und der Punktmechanik verstehen, insofern die Teilgebiete der klassischen Physik, wie die Optik,
die Akustik, die Wärmelehre usw., sich irgendwie unter die beiden
zuerst genannten Gebiete einordnen, wenn man wie in der Wärmelehre
nötigenfalls noch die Tatsache der Existenz von Atomen in Gestalt
kleiner klassischer Massenpunkte hinzunimmt. Die Vereinigung von
Elektrodynamik und klassischer Mechanik bereitet noch gewisse Schwierigkeiten. Weil aber die Atome aus Kern und Elektronen bestehend
letzten Endes einen elektrischen Aufbau besitzen, kann gehofft werden,
Mechanik und Elektrodynamik aufeinander zurückzuführen oder — was
wahrscheinlicher sein dürfte — aus einer gemeinsamen Wurzel herzuleiten.

Die Voraussetzungen dafür sind insofern gegeben, als die Elektrodynamik
schnell bewegter Systeme bekanntlich zu dem Ergebnis der Unveränderlichkeit
der Vakuumlichtgeschwindigkeit geführt hat, woraus ein Relativitätsprinzip der
Elektrodynamik abgeleitet wurde, das mit dem Relativitätsprinzip der alten
klassischen Mechanik *nicht* übereinstimmte, allerdings für langsame Relativgeschwindigkeiten *praktisch* mit ihm im Einklang war. Die weitere Forschung,
die unter dem Stichwort „Experimente zur mechanischen Relativitätstheorie"
vorangetrieben wurde, zeigte, daß das klassische Relativitätsprinzip der Mechanik
bei hohen Relativgeschwindigkeiten so abgeändert werden muß, daß es mit dem
der Elektrodynamik übereinstimmt. Wenn betreffs dieser fundamentalen, im
Prinzip der Relativität zum Ausdruck kommenden Gesetzmäßigkeit Einklang
zwischen Mechanik und Elektrodynamik besteht, sind in der Tat die Voraussetzungen für die Existenz einer gemeinsamen Wurzel dieser beiden physikalischen
Disziplinen gegeben, wenn wir auch im einzelnen noch nicht wissen, wie die Zurück-
führung auf gemeinsame Grundphänomene aussehen muß.

Im Rahmen unserer Betrachtungen interessieren uns die Gesetze
der Bewegung der mechanischen Teilchen (Elektronen): In der reinen
Elektrodynamik erfolgt die Bewegung der dort untersuchten elektrischen
und magnetischen Felder in Gestalt von Wellen, die sich im Vakuum
mit Lichtgeschwindigkeit $(3 \cdot 10^{10}$ cm/sec$)$ ausbreiten. So kommt es, daß
man im Rahmen der Elektrodynamik und Optik vornehmlich mit einer
Wellenausbreitung operiert und im Rahmen der klassischen Mechanik

mit Massenpunkten, die als Punkte gewisse Bewegungsbahnen durchlaufen. Dieses Vorgehen war dadurch experimentell belegt, daß man in der Optik (bzw. Elektrodynamik) frühzeitig die Phänomene der Interferenz und Beugung kennenlernte, die der Wellenvorstellung die Vorrangstellung verschafften. Daß ursprünglich aber auch beim Lichte einmal eine korpuskulare oder teilchenartige Vorstellung diskutiert wurde, für die sich viele Argumente anführen ließen, geht aus dem Streit hervor, der seinerzeit zwischen NEWTON und HUYGENS ausbrach, von denen der letztere die Wellenauffassung vertrat. NEWTON gilt dabei als Verfechter der Korpuskulartheorie des Lichtes; tatsächlich haben seine Vorstellungen aber gewisse Züge einer gemäßigteren Korpuskulartheorie an sich, die unserer heutigen Vorstellung an einigen Stellen nahekommt.

Die moderne Auffassung betrachtet das Licht ebenso wie die atomaren Teilchen als Energiezusammenballung, deren Fortbewegung manchmal durch eine Welle oder — besser gesagt — bequemer durch eine Wellenbewegung beschrieben werden kann und in anderen Fällen durch ein Teilchen. Dieses „sowohl Welle als auch Teilchen" gilt also beim Licht *und* beim bewegten Atom bzw. Elektron. Beim Licht tritt nur die Wellenseite des Vorgangs i. allg. schon bei einfachen Experimenten deutlicher hervor und beim Elektron bzw. Atom die korpuskulare Seite. Es ist aber möglich, bei bewegten atomaren Teilchen, vor allem bei Elektronen, eine Interferenz und Beugung zu demonstrieren, zum anderen kann das Licht, vornehmlich kurzwelliges Licht, ebensolche Stoßwirkungen auf materielle Teilchen (Elektronen) ausüben wie eine „echte" Partikel. Es ist hier besonders zu vermerken, daß bei den leichtesten atomaren Teilchen eine Wellennatur und bei energiereicher optischer Strahlung (Röntgenstrahlung) eine Teilchennatur zuerst nachzuweisen war.

Licht hat nach der Quantentheorie eine quantenhafte Energie der Größe $E = h \cdot \nu$, außerdem kommt ihm auch ein Impuls zu. Man kann dies prinzipiell schon daraus entnehmen, daß ein mit Strahlung erfüllter Hohlraum nach der klassischen Elektrodynamik gegen die Wände einen Druck ausübt, den man in Analogie zu den Ausführungen über den Gasdruck von S. 12 als Impulsübertragung beim Aufprall der Lichtquanten und bei ihrer Reflexion von den Wänden verstehen kann. Die Größe des Impulses eines Lichtquantes beträgt $p = h \cdot \nu/c = h/\lambda_{\mathrm{Vakuum}}$ $= E/c$ und ist identisch mit dem Impuls, den ein Teilchen verschwindender Ruhmasse nach der Relativitätstheorie besitzt, wenn seine Geschwindigkeit $v \rightarrow c$ (Lichtgeschwindigkeit) strebt und seine Energie $h\,\nu$ ist.[1] Der Stoß eines Lichtquantes $h\,\nu$ gegen ein ursprünglich ruhendes Elektron überträgt auf dieses einen Impuls und gibt dem Elektron nach den Gesetzen des elastischen Stoßes eine Energie; das Lichtquant büßt

---

[1] Nach der Relativitätstheorie ist der Impuls $p = m \cdot v$ und die Gesamtenergie $E = m\,c^2$, wo m die von der Geschwindigkeit v noch abhängige Masse $m = m_0/\sqrt{1 - v^2/c^2}$ ist ($m_0 =$ Ruhmasse). Für den Impuls gilt also bei jeder Masse $p = E \cdot v/c^2$, so daß mit $E = h\,\nu$ und $v \rightarrow c$ in der Tat die im Text angegebene Beziehung für den Impuls eines Lichtquantes resultiert. Die Ruhmasse muß natürlich bei $v \rightarrow c$ gegen 0 streben, wenn E endlich bleiben soll.

diese auf das Elektron übertragene Energie ein und hat infolgedessen nach dem Stoß eine geringere Frequenz bzw. eine größere Wellenlänge, weil ja seine Energie stets durch das Produkt von h und der jeweiligen Frequenz gegeben wird. Die genaue experimentelle Untersuchung dieses Stoßeffektes der „Lichtteilchen", der nach seinem Entdecker als *Compton-Effekt* bezeichnet wird, hat zu den oben angegebenen Relationen für die Energie und den Impuls der Lichtteilchen, der sog. Photonen, geführt.

Auf der anderen Seite kann man einen Elektronenstrahl, d. h. eine größere Anzahl von Elektronen, die sich mit ungefähr gleicher Geschwindigkeit in ungefähr gleicher Richtung bewegen, dadurch zur Interferenz miteinander bringen, daß man die Elektronen auf ein Gitter — etwa ein Kristallgitter — auffallen läßt. Bei der Reflexion am Gitter oder auch beim Durchgang durch eine — freilich wegen der Absorption der Elektronen in Materie dünne — Gitterschicht beobachtet man (wie bei der Reflexion oder dem Durchgang von Röntgenlicht durch Kristallgitter) in bestimmten Richtungen gegen die Richtung des Primärstrahls starke Reflexe usw. und in anderen Richtungen geringe Reflex- oder Durchgangsintensitäten. Aus der Lage dieser Maxima und Minima kann man in der gleichen Weise, wie man dies bei Röntgenstrahlen oder bei der Interferenz und Beugung von sichtbarem Licht an mechanischen Gittern macht, eine Wellenlänge des Elektronenstrahls ermitteln. Diese Wellenlänge erweist sich um so kleiner, je größer die Geschwindigkeit oder der Impuls der Elektronen im Strahl ist. Quantitativ ist genau die oben bei den Photonen im Rahmen des Compton-Effektes erhaltene Beziehung gültig

$$p = h/\lambda \quad \text{oder} \quad \lambda = h/p = h/m\,v, \tag{43}$$

die später auch bei schwereren Teilchen als den Elektronen, nämlich bei Heliumatomen, bestätigt werden konnte. Oben beim Compton-Effekt war in der Impulsbeziehung die Frequenz oder die Energie benutzt worden; wenn wir auch hier die Frequenz einsetzen wollen, können wir formal schreiben:

$$p = \frac{h \cdot \nu}{\nu \cdot \lambda} = \frac{h \cdot \nu}{[c]} = \frac{E}{[c]} = \frac{m \cdot c^2}{[c]}, \tag{43a}$$

wobei wir die Geschwindigkeit der Welle $\nu \cdot \lambda = [c]$ eingeführt haben. Diese Geschwindigkeit, die sog. Phasengeschwindigkeit der Welle, muß nicht mit der Vakuumlichtgeschwindigkeit identisch sein, weshalb hier die Bezeichnung $[c]$ für sie gewählt wurde. Da der Impuls mechanisch durch $m \cdot v$ — nach der Relativitätstheorie mit einem von der Geschwindigkeit v abhängigem m — gegeben wird, zeigt die letzte Beziehung, daß $[c] = c^2/v$ gesetzt werden sollte (vgl. dazu auch die letzte Fußnote; es gilt außerdem $[c] \to c$ für $v \to c$).

§ 138. Phasengeschwindigkeit und Gruppengeschwindigkeit von Wellen. Wellenpakete. Heisenbergsche Ungenauigkeitsrelationen

Es ist bemerkenswert, daß das in Gl. (43) ausgesprochene Gesetz von DE BROGLIE bereits aufgestellt und als vermutete Wellenlängenbeziehung für Teilchen angegeben wurde, bevor Interferenzexperimente an Elektronenstrahlen angestellt worden waren. Die einem bewegten Teilchen zuzuordnende Wellenlänge λ wird deshalb auch die de Broglie-Wellenlänge genannt und Gl. (43) die de Brogliesche Wellenlängenbeziehung. Dabei gingen die Überlegungen DE BROGLIES direkt von den grundlegenden Transformationsgesetzen der Relativitätstheorie aus, an denen er zunächst demonstrieren konnte, daß die Frequenz einer Welle sich ebenso transformiert wie die Energie, weshalb eine Identifizierung von Energie und Frequenz, wobei die Umrechnung über $E = h\,\nu$ geschieht, in vielen Fällen gerechtfertigt erscheint. Ähnlich konnte er zeigen, daß man aus den gleichen Transformationsgesetzen auf das Auftreten einer Welle mit der Phasengeschwindigkeit c^2/v schließen kann, woraus er mehr oder weniger zwangsläufig auf Gl. (43) geführt wurde.

Daß sich bei kleiner Teilchengeschwindigkeit v eine Phasengeschwindigkeit c^2/v ergibt, die weit über der Lichtgeschwindigkeit liegt, die ja eine unübersteigbare Geschwindigkeitsgrenze sein soll, darf nicht als ein Widerspruch angesehen werden, weil die Vakuumlichtgeschwindigkeit c lediglich die Grenze für die Geschwindigkeit einer *materiellen* Partikel ist, während die Phase einer Welle eine zur Beschreibung eines Wellenvorgangs benötigte Größe ist, die an keine für die Materie gültige Grenze gebunden ist. Teile einer Welle, die sich als *materielle* Partikel bewegen, besitzen stets eine Geschwindigkeit unterhalb der Vakuumlichtgeschwindigkeit.

Wir wollen die Gelegenheit benutzen, hier einige Begriffe aus der Wellenlehre zusammenzustellen, die auch später gebraucht werden. Bei einer Welle sind vor allem Wellenlänge λ, Frequenz ν, Fortpflanzungsgeschwindigkeit der Phase, d. i. die sog. Phasengeschwindigkeit $V_{\mathrm{Ph}} = \lambda \cdot \nu$, und die maximale Amplitude A zu unterscheiden. Ohne jetzt anzugeben, was einen Schwingungsvorgang ausführt, gilt für den Ausschlag $\mathfrak{u}$ zur Zeit t und am Orte x

$$\mathfrak{u} = A \cdot \cos 2\pi\,\nu \left(t - \frac{x}{V_{\mathrm{Ph}}} + \delta \right), \qquad (44)$$

wobei δ eine Phasenkonstante ist, die zusammen mit der Amplitude A festgelegt, wie groß der Ausschlag $\mathfrak{u}$ zur Zeit $t = 0$ am Orte $x = 0$ ist. Durch geeignete Wahl des Zeitbeginns oder des Koordinatenursprungs kann δ zu Null gemacht werden, eine Vereinfachung, von der wir meist Gebrauch machen wollen. Die Größe $2\pi\,\nu \left(t - \frac{x}{V_{\mathrm{Ph}}} + \delta \right)$ nennt man die Phase der Welle. Vergrößert oder verkleinert sich die Phase um 2π oder ein ganzzahliges Vielfaches von 2π, so erhält man wegen der Periodizität der cosinus-Funktion wieder den gleichen $\mathfrak{u}$-Wert. Die Stelle des Maximums von $\mathfrak{u}$, die (bei $\delta = 0$) für den Zeitanfang $t = 0$ bei $x = 0$ gelegen ist, weil dann die Phase den Wert 0 und der Kosinus der Phase seinen Maximalwert 1 besitzt, befindet sich zur Zeit dt bei $dx = V_{\mathrm{Ph}}\,dt$, weil dann wieder die Phase verschwindet. Die Größe $(dx/dt) = V_{\mathrm{Ph}}$ ist aus diesem Grunde die Geschwindigkeit, mit der sich die Stelle des Maximums der Welle nach größeren x-Werten „fortbewegt", sie wird als Phasengeschwindigkeit bezeichnet und ist auch die Geschwindigkeit, mit der die Stelle konstanter Phase nach größeren x-Werten (nach rechts) läuft. Es bewegt sich dabei nicht notwendig ein materieller Punkt mit der Geschwindigkeit V_{Ph}; diese Phasengeschwindigkeit als Ausbreitungsgeschwindigkeit eines Zustandes kann erheblich größer sein als jede Geschwindigkeit eines materiellen Massepunktes.

Eine Welle mit dem Faktor $t + \dfrac{x}{V_{\text{Ph}}}$ an Stelle des Faktors $t - \dfrac{x}{V_{\text{Ph}}}$ in Gl. (44) stellt eine nach kleineren x-Werten (oder nach links) laufende Welle dar. Außerdem ist in Gl. (44) an eine ebene, nur in einer und nicht in allen drei Raumrichtungen fortlaufende Welle gedacht, was für die nächsten Betrachtungen genügt.

Ändert sich bei festem x die Zeit um Δt, dann nimmt die Phase um $2\pi\, v\, \Delta t$ zu, man erhält deshalb wieder die gleiche Amplitude mit dem gleichen Durchlaufungssinne (wachsende oder abnehmende Amplitude), wenn $2\pi\, v\, \Delta t = 2\pi$ oder $v \cdot \Delta t = 1$ ist; man nennt die Zeit

$$\Delta t \equiv T_v = 1/v \tag{44a}$$

die Schwingungsdauer T_v. Bleibt t konstant und ändert man x um Δx, so ändert sich die Phase um $2\pi\, v \cdot \Delta x / V_{\text{Ph}}$; beträgt diese Phasenänderung 2π, dann ist der Wellenvorgang um eine Periode oder Wellenlänge λ räumlich vorgerückt. Es ist dann $v\, \Delta x / V_{\text{Ph}} = 1$ oder

$$\Delta x \equiv \lambda = \frac{V_{\text{Ph}}}{v}, \quad \text{d. h.} \quad \lambda \cdot v = V_{\text{Ph}}. \tag{44b}$$

Man benötigt gelegentlich die in Gl. (44) vorkommende Größe $2\pi\, v$, die als Kreisfrequenz ω bezeichnet wird, ebenso benutzt man häufig die Wellenzahlen $\tilde{v}$ und k

$$\tilde{v} = \frac{1}{\lambda} = \frac{v}{V_{\text{Ph}}} = \frac{\omega}{2\pi\, V_{\text{Ph}}} \quad \text{und} \quad k = 2\pi\, \tilde{v} = \frac{2\pi}{\lambda} = \frac{2\pi\, v}{V_{\text{Ph}}} = \frac{\omega}{V_{\text{Ph}}}, \tag{44c}$$

von denen $\tilde{v}$ die Zahl der auf die Längeneinheit entfallenden Wellen angibt, während k mit $\tilde{v}$ ebenso zusammenhängt wie die Kreisfrequenz ω mit der Frequenz v.

Die Phasengeschwindigkeit muß nicht konstant sein, sie kann vielmehr von der Frequenz oder Wellenlänge abhängen, man bezeichnet diese Inkonstanz von V_{Ph} bekanntlich als Dispersion der Phasengeschwindigkeit. Beim Vorliegen einer Dispersion spielt neben der Phasengeschwindigkeit die Gruppengeschwindigkeit einer Wellengruppe eine besondere Rolle.

Im allgemeinen hat man es bei einem Wellenvorgang nämlich nicht mit einer einzigen Welle von fester Frequenz bzw. Wellenlänge zu tun, meistens liegt eine Superposition (Fourier-Darstellung) mehrerer Wellen von benachbarter Frequenz und verschiedener Amplitude, eine sog. Gruppe von Wellen vor, und der gesamte Wellenzug besitzt nicht mehr eine streng kosinusförmige Gestalt. Die einzelnen Wellen verschiedener Frequenz oder Wellenlänge werden sich an bestimmten Raumstellen verstärken und an anderen abschwächen; das Maximum oder die Maxima des Wellenzugs liegen dann i. allg. nicht dort, wo etwa die

Phasen einer ausgezeichneten Einzelwelle — etwa einer solchen mit besonders großer Amplitude — durch 0, 2π, 4π usw. gehen, sondern dort, wo die Phasen der Einzelwellen der Gruppe übereinstimmen, denn dort entsteht durch Interferenz ein besonders hoher Wellenberg.

Stimmen nun die Phasen von zwei benachbarten Wellen der Frequenz ν und $\nu + \Delta\nu$ an einer Raumstelle x zur Zeit t überein, gilt also

$$\nu \cdot \left[t - \frac{x}{V_{\mathrm{Ph}\,(\nu)}} \right] = (\nu + \Delta\nu) \cdot \left[t - \frac{x}{V_{\mathrm{Ph}\,(\nu + \Delta\nu)}} \right]$$
$$= (\nu + \Delta\nu) \cdot \left[t - \frac{x}{V_{\mathrm{Ph}\,(\nu)}} + \frac{x \cdot V'_{\mathrm{Ph}}(\nu)\,\Delta\nu}{V^2_{\mathrm{Ph}}(\nu)} \right], \qquad (45)$$

wo V'_{Ph} den Differentialquotienten der von ν abhängigen Phasengeschwindigkeit nach ν (exakt an einer Zwischenstelle zwischen ν und $\nu + \Delta\nu$) bedeutet, so folgt für den Punkt $x + \Delta x$ zur Zeit $t + \Delta t$ wieder Phasengleichheit, wenn

$$\nu \left[t + \Delta t - \frac{x + \Delta x}{V_{\mathrm{Ph}}(\nu)} \right]$$
$$= (\nu + \Delta\nu) \cdot \left[t + \Delta t - \frac{x + \Delta x}{V_{\mathrm{Ph}}(\nu)} + \frac{x + \Delta x}{V^2_{\mathrm{Ph}}(\nu)}\, V'_{\mathrm{Ph}}(\nu)\Delta\nu \right] \quad (45\,\mathrm{a})$$

oder wegen Gl. (45)

$$\nu\,\Delta t - \frac{\nu\,\Delta x}{V_{\mathrm{Ph}}(\nu)} = (\nu + \Delta\nu) \cdot \left[\Delta t - \frac{\Delta x}{V_{\mathrm{Ph}}(\nu)} + \frac{\Delta x}{V^2_{\mathrm{Ph}}(\nu)}\, V'_{\mathrm{Ph}}(\nu)\Delta\nu \right] \quad (45\,\mathrm{b})$$

gilt bzw.

$$0 = \Delta\nu\,\Delta t - \frac{\Delta\nu\,\Delta x}{V_{\mathrm{Ph}}(\nu)} + \frac{\nu\,\Delta x}{V^2_{\mathrm{Ph}}(\nu)}\, V'_{\mathrm{Ph}}(\nu)\,\Delta\nu + \frac{\Delta\nu\,\Delta x}{V^2_{\mathrm{Ph}}(\nu)}\, V'_{\mathrm{Ph}}(\nu)\,\Delta\nu,$$

was nach Division durch $\Delta\nu$

$$\Delta t = \frac{\Delta x}{V_{\mathrm{Ph}}(\nu)} - \frac{\nu\,\Delta x}{V^2_{\mathrm{Ph}}(\nu)}\, V'_{\mathrm{Ph}}(\nu) - \frac{\Delta\nu\,\Delta x}{V^2_{\mathrm{Ph}}(\nu)}\, V'_{\mathrm{Ph}}(\nu) \qquad (45\,\mathrm{c})$$

liefert, so daß in der Grenze für $\Delta\nu \to 0$ der Quotient

$$\frac{\Delta t}{\Delta x} = \frac{1}{V_{\mathrm{Ph}}(\nu)} - \frac{\nu\, V'_{\mathrm{Ph}}(\nu)}{V^2_{\mathrm{Ph}}(\nu)} = \frac{d}{d\nu}\left(\frac{\nu}{V_{\mathrm{Ph}}(\nu)} \right) = \frac{d\tilde{\nu}}{d\nu} \qquad (45\,\mathrm{d})$$

erhalten wird, wobei noch die Wellenzahl $\tilde{\nu}$ von Gl. (44c) eingeführt wurde. Der Kehrwert $\Delta x/\Delta t$ ist die Geschwindigkeit, mit der sich die Stelle der Phasengleichheit der beiden Wellen, d. i. die Stelle des Maximums des aus beiden Einzelwellen bestehenden Wellenzugs, längs der x-Richtung fortpflanzt. Diese Geschwindigkeit ist die Gruppengeschwindigkeit V_G der aus den beiden Einzelwellen bestehenden Wellengruppe. Diese für zwei Einzelwellen erhaltene Beziehung gilt allgemein, womit

$$\left(\frac{\Delta x}{\Delta t} \right) \equiv V_G = \frac{d\nu}{d\tilde{\nu}} = \frac{d}{d\tilde{\nu}}\left(\tilde{\nu}\, V_{\mathrm{Ph}}(\tilde{\nu}) \right)$$
$$= \frac{d}{d k}\left[k\, V_{\mathrm{Ph}}(k) \right] = -\lambda^2 \frac{d}{d\lambda}\left(\frac{V_{\mathrm{Ph}}(\lambda)}{\lambda} \right) \qquad (46)$$

als Zusammenhang zwischen Phasen- und Gruppengeschwindigkeit erhalten wird, wobei wir in den weiteren Beziehungen ν und $\tilde{\nu}$ durch die anderen in Gl. (44c) definierten Größen ausgedrückt haben.

Soll nun ein Wellenvorgang, der durch eine Wellengruppe mit einem an einer bestimmten Raumstelle zur Zeit $t = 0$ befindlichen Maximum dargestellt wird, die Bewegung eines Photons oder eines materiellen Teilchens beschreiben, dann wird man die Partikel in der unmittelbaren Umgebung des Maximums der Wellengruppe lokalisieren, zumindest wenn die Wellengruppe beiderseits des Maximums rasch abfällt, denn die Gruppe besitzt ja keine kosinusförmige Gestalt, welche die Welle immer wieder auf die volle Maximalamplitude nach einer Wellenlänge aufsteigen läßt. Bei dieser Lokalisierung der Partikel wird man die Gruppengeschwindigkeit als Geschwindigkeit der Partikel anzusehen haben.

Bevor wir diese Vorstellung in einfacher Weise auf die Eigenschaften von Photonen und materiellen atomaren Teilchen anwenden, sei auf eine weitere allgemeine Gesetzmäßigkeit bei der Superposition von Einzelwellen hingewiesen, der eine grundsätzliche Bedeutung zukommt. Eine Einzelwelle besitzt im Zeitaugenblick $t = 0$ die Gestalt $\cos 2\pi \nu \left(-\dfrac{x}{V_{\mathrm{Ph}}}\right) = \cos 2\pi \, \tilde{\nu}\, x$. Die allgemeinste Wellengruppe erhält man daraus, indem man nicht zwei, sondern viele Einzelwellen mit verschiedenen $\tilde{\nu}$-Werten superponiert:

$$\text{Wellengruppe} = \Sigma c\,(\tilde{\nu})\,\cos 2\pi\,\tilde{\nu}\,x. \tag{47}$$

Die Größen $c\,(\tilde{\nu})$ sind dabei die Amplitudenfaktoren der einzelnen Wellen; Gl. (47) ist so zu verstehen, daß man eine Anzahl von $\tilde{\nu}$-Werten und entsprechenden Amplitudenfaktoren auswählt und schließlich die Addition vornimmt. Liegen die $\tilde{\nu}$-Werte sehr dicht beisammen, dann kann man die Summation durch eine Integration ersetzen:

$$\text{Wellengruppe} = \int\limits_{-\infty}^{+\infty} c(\tilde{\nu}) \cdot \cos 2\pi\,\tilde{\nu}\,x \cdot d\tilde{\nu}. \tag{47a}$$

Meist wird in der Praxis $c\,(\tilde{\nu})$ für eine gewisse Wellenzahl $\tilde{\nu}_0$ besonders groß sein und für merklich von $\tilde{\nu}_0$ abweichende Wellenzahlen rasch abnehmen, so daß man eine Wellengruppe der „Wellenzahl $\tilde{\nu}_0$" vor sich hat. Eine einfache Funktion $c\,(\tilde{\nu})$, die dieses Verhalten zeigt, ist die sog. Gaußsche Verteilung $c\,(\tilde{\nu}) = A \cdot \exp(\alpha\,[\tilde{\nu} - \tilde{\nu}_0]^2)$ mit $\alpha = \text{const.}$ Mit dieser Funktion $c\,(\tilde{\nu})$ gewinnt die Wellengruppe W_G folgendes Aussehen:

$$W_G = A \int\limits_{\nu=-\infty}^{+\infty} e^{-\alpha\,(\tilde{\nu}-\tilde{\nu}_0)^2} \cos 2\pi\,\tilde{\nu}\,x \cdot d\tilde{\nu} = A \int\limits_{-\infty}^{+\infty} e^{-\alpha\,(\tilde{\nu}-\tilde{\nu}_0)^2} \times$$

$$\times \{\cos 2\pi\,\tilde{\nu}_0\,x \cdot \cos 2\pi\,(\tilde{\nu} - \tilde{\nu}_0)\,x - \sin 2\pi\,\tilde{\nu}_0\,x \cdot \sin 2\pi\,(\tilde{\nu} - \tilde{\nu}_0)\,x\}\,d\tilde{\nu}, \tag{47b}$$

$$= A \cos 2\pi\,\tilde{\nu}_0\,x \cdot \int\limits_{-\infty}^{+\infty} e^{-\alpha\,(\tilde{\nu}-\tilde{\nu}_0)^2} \cdot \cos 2\pi\,(\tilde{\nu} - \tilde{\nu}_0)\,x \cdot d\tilde{\nu} -$$

$$- A \sin 2\pi\,\tilde{\nu}_0\,x \cdot \int\limits_{-\infty}^{+\infty} e^{-\alpha\,(\tilde{\nu}-\tilde{\nu}_0)^2} \cdot \sin 2\pi\,(\tilde{\nu} - \tilde{\nu}_0)\,x \cdot d\tilde{\nu}.$$

Wegen des geraden Charakters der e-Funktion und des ungeraden Charakters der sin-Funktion verschwindet hier das zweite Integral, und es verbleibt bei Einführung der Integrationsvariablen $y = 2\pi(\tilde{\nu} - \tilde{\nu}_0)$ und der Konstanten $\beta = \dfrac{\alpha}{4\pi^2}$

$$W_G = \frac{A}{2\pi} \cos 2\pi\,\tilde{\nu}_0\,x \cdot \int_{-\infty}^{+\infty} e^{-\beta y^2} \cos(y\,x)\,dy$$

$$= \frac{A}{2\pi\sqrt{\beta}} \cos 2\,\pi\,\tilde{\nu}_0\,x \cdot \int_{-\infty}^{+\infty} e^{-z^2} \cos(\varrho\,z)\,dz \qquad (47\,\mathrm{c})$$

mit $z = \sqrt{\beta}\,y$ und $\varrho = \dfrac{x}{\sqrt{\beta}}$. Das verbleibende Integral hat den Wert[1] $\sqrt{\pi}\exp[-\varrho^2/4] = \sqrt{\pi}\exp[-x^2/4\beta]$, womit

$$W_G = \frac{A}{2\sqrt{\pi\beta}}\, e^{-\frac{\pi^2 x^2}{\alpha}} \cdot \cos 2\pi\,\tilde{\nu}_0\,x = A\sqrt{\frac{\pi}{\alpha}}\, e^{-\frac{\pi^2}{\alpha} x^2} \cdot \cos 2\pi\,\tilde{\nu}_0\,x \qquad (47\,\mathrm{d})$$

erhalten wird. Die Wellengruppe hat also, abgesehen von der durch $\tilde{\nu}_0$ gekennzeichneten Periodizität, die Gestalt einer links und rechts von $x = 0$ abfallenden Gaußschen Glockenkurve (Abb. 66).

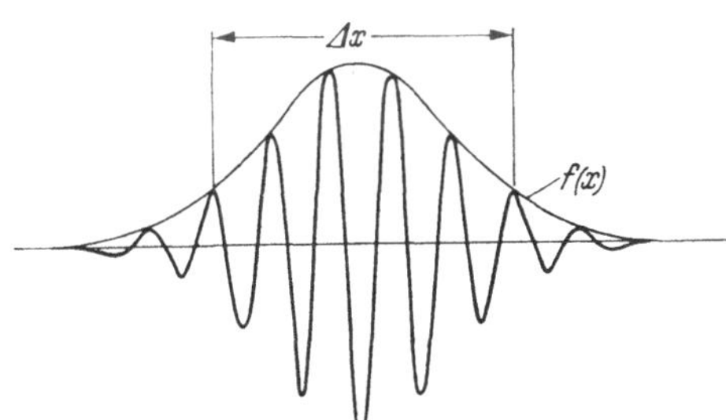

Abb. 66. Bildung eines lokal begrenzten Wellenpakets durch Superposition von Wellen benachbarter Wellenlängen (Wellenzahlen)

Die „Breite" dieser Glockenkurve, d. h. der Bereich, in dem die Wellengruppe merkliche Werte aufweist, ist von der Größenordnung $\Delta x \approx \sqrt{\alpha}/\pi$, denn für größere x-Werte wird der e-Faktor in Gl. (47d)

---

[1] Bezeichnet man das vom Parameter ϱ abhängige, eine Funktion von ϱ darstellende Integral mit $f(\varrho)$, so folgt durch Differentiation nach ϱ unter dem Integralzeichen

$$f'(\varrho) = -\int_{-\infty}^{+\infty} z\,e^{-z^2} \sin(\varrho\,z)\,dz = -\frac{\varrho}{2}\int_{-\infty}^{+\infty} e^{-z^2} \cos(\varrho\,z)\,dz = -\frac{\varrho}{2}\,f(\varrho),$$

wobei die Integralumformung durch partielle Integration erhalten wurde. Die Differentialgleichung $f'(\varrho) = -\varrho/2 \cdot f(\varrho)$ hat die Lösung $f(\varrho) = \mathrm{const} \cdot \exp(-\varrho^2/4)$; für $\varrho = 0$ gilt $f(0) = \mathrm{const}$. Der Wert $f(0)$ ist aber gleich dem Gaußschen Fehlerintegral $f(0) = \int_{-\infty}^{+\infty} e^{-z^2} \cdot 1\,dz = \sqrt{\pi}$, womit auch der Wert der Konstanten gefunden ist.

zu klein. Ähnlich verhalten sich die Amplitudenfaktoren $c(\tilde{\nu})$; hier fallen nur die Werte mit $\Delta\tilde{\nu} \equiv \tilde{\nu} - \tilde{\nu}_0 \approx 1/\sqrt{\alpha}$ ins Gewicht, weil auch im Integral der Gl. (47b) der e-Faktor gleichfalls sehr klein wird, wenn $\Delta\tilde{\nu}$ diese Grenze überschreitet. Es gilt also unabhängig von α, daß man zur Darstellung einer Wellengruppe der „Breite" Δx eine Superposition von Wellen aus einem Wellenzahlbereich $\Delta\tilde{\nu}$ benötigt, für den

$$\Delta\tilde{\nu}\cdot\Delta x \approx \frac{1}{\pi} \tag{48}$$

ist. Je kleiner die Breite Δx, um so größer ist also der Superpositionsbereich $\Delta\tilde{\nu}$ und umgekehrt.

Dieses in Gl. (48) ausgesprochene Ergebnis gilt auch bei andersartiger, also nicht Gaußscher Superposition. Gl. (48) bildet die Grundlage der *Heisenbergschen Ungenauigkeitsrelation*. Beachtet man nämlich, daß nach DE BROGLIE der 1mpuls $p = h/\lambda = h\,\tilde{\nu}$ ist, dann kann $h\cdot\Delta\tilde{\nu}$ als die „Impulsbreite" des durch die Welle repräsentierten atomaren Teilchens angesehen werden, d. h. als die Schärfe bzw. Unschärfe, mit welcher der durch die Wellengruppe (oder wie man auch sagt durch das Wellenpaket) dargestellte Bewegungsvorgang und sein mechanischer Impuls erfaßbar sind. Aus Gl. (48) folgt dann durch Multiplikation mit h:

$$h\cdot\Delta\tilde{\nu}\cdot\Delta x \approx \frac{h}{\pi} \quad \text{oder} \quad \Delta p\cdot\Delta x \approx \frac{h}{\pi}, \tag{48a}$$

d. h., daß die Impulsbreite eines durch eine Wellengruppe dargestellten Vorgangs mit der Ortsbreite der Größenordnung nach durch die in Gl. (48a) ausgesprochene Beziehung verknüpft ist, die freilich noch dahingehend präzisiert werden muß, daß Δp die Impulsbreite der x-Komponente des Impulses ist. Multipliziert man in der zweiten Gl. (48a) den ersten Faktor mit V_G und dividiert den zweiten durch V_G, so folgt wegen $\Delta x/V_G = \Delta t$ und wegen $\Delta p\cdot V_G = \Delta p\cdot p/m = \Delta E$ (man beachte $p^2/2m = E_{\text{kin.}}$ beim frei beweglichen Teilchen) die weitere Unschärferelation

$$\Delta E\cdot\Delta t \approx \frac{h}{\pi}, \tag{48b}$$

welche aussagt, daß innerhalb kurzer Zeiten Δt die Energie nur mit einer Unschärfe ΔE fixiert werden kann, deren Größe durch die Größenordnungsbeziehung der Gl. (48b) gegeben wird.

Es sollen jetzt die wichtigsten Beziehungen zwischen charakteristischen Wellengrößen und mechanischen Größen für Photonen und atomare Teilchen gegenübergestellt werden, wobei wir noch von der Energieäquivalenz der Masse gemäß $E = m\cdot c^2$ Gebrauch machen wollen (Tab. 16). Es besteht hier kein grundsätzlicher Unterschied zwischen den Photonen und materiellen Atomen. Die Beziehungen für den Impuls und die Energie unterscheiden sich nicht voneinander, auch Gruppen- und Phasengeschwindigkeit sind gemäß Gl. (IV) in derselben Weise miteinander verknüpft. Die Photonen sind nach Tab. 16 der Spezialfall, bei dem die Phasengeschwindigkeit keine Dispersion zeigt und mithin Phasen-

Tabelle 16

Energie-, Impuls- und Wellenbeziehungen für Photonen und materielle Atome

Photonen (im Vakuum)	materielle Atome (im Vakuum)
(I) $E = h \cdot \nu = m\,c^2 = m\,V_G \cdot V_{\mathrm{Ph}}$	$E = h\,\nu = m\,c^2 = m\,V_G \cdot V_{\mathrm{Ph}}$
(II) $p = \dfrac{h}{\lambda} = h\,\tilde\nu = \hbar\,k = \dfrac{h\,\nu}{c} = \dfrac{h\,\nu}{V_{\mathrm{Ph}}}$	$p = m\,V_G = \dfrac{m\,c^2}{V_{\mathrm{Ph}}} = \dfrac{E}{V_{\mathrm{Ph}}} = \dfrac{h\,\nu}{V_{\mathrm{Ph}}} = \dfrac{h}{\lambda}$
$\quad = \dfrac{E}{V_{\mathrm{Ph}}} = \dfrac{m\,c^2}{V_{\mathrm{Ph}}} = m\,V_G$	$\quad = h\,\tilde\nu = \hbar\,k$
$\quad = m \cdot c = \dfrac{E}{c}$	
(III) $c^2 = V_G \cdot V_{\mathrm{Ph}}$	$c^2 = V_G \cdot V_{\mathrm{Ph}}$
(IV) $V_G = \dfrac{d\nu}{d\tilde\nu} = \dfrac{d}{d\tilde\nu}(\tilde\nu\,V_{\mathrm{Ph}})$	$V_G = \dfrac{d\nu}{d\tilde\nu} = \dfrac{d}{d\tilde\nu}(\tilde\nu\,V_{\mathrm{Ph}}) = \dfrac{d}{dk}(k\,V_{\mathrm{Ph}})$
$\quad = \dfrac{d}{dk}(k\,V_{\mathrm{Ph}})$	$\quad = -\lambda^2\,\dfrac{d}{d\lambda}\left(\dfrac{1}{\lambda}\,V_{\mathrm{Ph}}\right) \neq V_{\mathrm{Ph}}$
$\quad = -\lambda^2\,\dfrac{d}{d\lambda}\left(\dfrac{1}{\lambda}\,V_{\mathrm{Ph}}\right) = V_{\mathrm{Ph}} = c$	$(V_G < c);\ (V_{\mathrm{Ph}} > c)$
(V) $\dfrac{d}{d\tilde\nu}(V_{\mathrm{Ph}}) = 0$	$\dfrac{d}{d\tilde\nu}(V_{\mathrm{Ph}}) \neq 0.$

und Gruppengeschwindigkeit untereinander gleich und gleich der Vakuumlichtgeschwindigkeit c sind. Als Zusammenhang zwischen Impuls und Energie ergibt sich in beiden Fällen aus der zweiten und vierten Relation der Tabelle 16

$$\left.\begin{aligned}
\hbar\,k = p = m \cdot V_G &= m\,\frac{d\nu}{d\tilde\nu} = \frac{m}{h}\,\frac{d(h\,\nu)}{d\tilde\nu} = \frac{m}{h}\,\frac{dE}{d\tilde\nu} \\
&= \frac{m}{\hbar}\,\frac{dE}{dk} = \frac{1}{c^2}\,\frac{m\,c^2}{\hbar}\,\frac{dE}{dk} = \frac{1}{c^2\,\hbar}\,E\,\frac{dE}{dk} \\[4pt]
\text{oder}\qquad c^2\,\hbar^2 \cdot k &= E\,\frac{dE}{dk} = \frac{1}{2}\,\frac{d}{dk}(E^2),
\end{aligned}\right\} \tag{49}$$

woraus durch Integration mit einer Integrationskonstanten folgt:

$$c^2\,\hbar^2\,k^2 = E^2 + \text{const} \quad\text{oder}\quad c^2\,p^2 = E^2 + \text{const}. \tag{49a}$$

Im Falle der Photonen verschwindet die Integrationskonstante in Gl. (49a) wegen der letzten Impulsbeziehung für Photonen der Tab. 16; bei materiellen Atomen ist die Energie bei verschwindendem Impuls gleich der Ruhenergie $m_0\,c^2$ ($m_0 = $ Ruhmasse) der Partikel, so daß const $= -E_0^2 = -m_0^2\,c^4$ sein muß, woraus

$$\sqrt{E_0^2 + p^2\,c^2} = \sqrt{m_0^2\,c^4 + p^2\,c^2} = E = m\,c^2 \tag{49b}$$

oder

$$(m^2 - m_0^2)\,c^4 = p^2\,c^2 = m^2\,V_G^2 \cdot c^2 \tag{49c}$$

und daraus

$$m^2\left(1 - \frac{V_G^2}{c^2}\right) = m_0^2 \quad\text{oder}\quad m = \frac{m_0}{\sqrt{1 - V_G^2/c^2}}$$

folgt. Man erkennt daraus wieder den engen Zusammenhang der de Broglie-Wellenlängenbeziehung mit der Relativitätstheorie, denn die letzten Gleichungen sind mit den von der relativistischen Mechanik geforderten Relationen zwischen Impuls und Energie bzw. zwischen bewegter Masse und Ruhmasse eines frei beweglichen Teilchens identisch.

§ 139. Übergang von den Maxwellschen Gleichungen zu den Dirac-Gleichungen. Vereinfachung der Dirac-Gleichungen zur Schrödinger-Gleichung

Die Betrachtungen des vorigen Paragraphen, die zunächst nur für freie Teilchen gelten, setzen uns schon in die Lage, der in Gl. (22) ausgesprochenen Quantisierungsbedingung eine andere Deutung zu geben. Ersetzen wir nämlich in Gl. (22) den Impuls nach DE BROGLIE durch h/λ, und setzen wir voraus, daß wir den Impuls bzw. die Wellenlänge als während der Bewegung konstant annehmen können, dann nimmt Gl. (22) die Gestalt

$$\oint p\,dq = p\oint dq = \frac{h}{\lambda}\oint dq = \frac{h}{\lambda}\cdot s = n\,h \quad \text{oder} \quad \frac{s}{\lambda} = n \qquad (50)$$

an, wobei wir $\oint dq = s$ gesetzt haben. Die Größe s hat dabei die Bedeutung der Bahnlänge der periodischen Bewegung der Partikel. Gl. (50) besagt dann, daß die de Broglie-Wellenlänge in der Bahn aufgehen muß, wenn wir eine stabile Quantenbahn erhalten wollen. Diese Bedingung ist im Rahmen der eben entwickelten Wellenvorstellung recht plausibel, weil sich aus einem um einen Kern kreisenden Wellenpaket offensichtlich durch Interferenz alle Einzelwellen, welche die Bedingung Gl. (50) nicht erfüllen, weginterferieren und nur diejenigen Einzelwellen übrigbleiben, welche jeweils nach einem Bahnlauf mit sich selbst in Phase sind, d. h. eine Phasendifferenz $2\pi, 4\pi, \dots$ aufweisen.

Die in Gl. (50) ausgesprochene Bedingung des Aufgehens der Wellenlänge in der Bahn ist auch aus anderen Teilgebieten der Physik in ähnlicher Form geläufig, wie z. B. aus der Theorie der schwingenden Saite, bei welcher der Grundton und die Obertöne durch das Aufgehen der halben Wellenlänge in der Saitenlänge gekennzeichnet sind. Bei komplizierteren Schwingungsproblemen kann man auch in der klassischen Mechanik von ähnlichen Auswahlbedingungen Gebrauch machen, die dort als Randbedingungen des Problems bezeichnet werden. Wir können bei den hier vorliegenden atomaren Problemen nicht erwarten, daß wir die Auswahlbedingung oder die Quantenbedingung stets in der einfachen in Gl. (50) ausgesprochenen Form verwenden können, die ja auf Bewegungen *freier* Partikel zugeschnitten ist, bei denen der Impuls konstant ist. In gewissem Sinne ist freilich auch die Bewegung des Elektrons auf der Kreisbahn um einen Atomkern frei, insofern sich auf der Kreisbahn die potentielle Energie der elektrostatischen Wechselwirkung Kern-Elektron nicht ändert, weshalb es verständlich ist, daß Gl. (50) auch für die Drehbewegung des Elektrons mit konstantem Drehimpuls brauchbar ist und man infolgedessen auf die ganzzahlige — und nicht die halbzahlige —

Quantelung geführt wird. Es ist notwendig, die Wellenvorstellung der bewegten Teilchen jetzt so weit auszubauen, daß auch für den Fall der Bewegung in Kraftfeldern von wechselnder potentieller Energie bestimmte Quantenzustände von fester Energie erhalten werden.

Bei der Lösung dieser Aufgabe kann man sich von der Methodik leiten lassen, die auch in der Mechanik und der Elektrodynamik bei der Behandlung von Schwingungsproblemen, bei denen irgendwie geartete Wellen auftreten, Anwendung findet. Dort pflegt man Differentialgleichungen für den Bewegungs- bzw. Schwingungsvorgang aufzustellen, die dann unter Beachtung der für das jeweilige Problem maßgebenden Randbedingungen zu lösen sind. Derartige Randbedingungen sind z. B. bei der an ihren Enden festgehaltenen schwingenden Saite die Gleichungen $y_{\text{Rand}} = 0$, wenn $y(x)$ den jeweiligen Ausschlag der Saite aus ihrer Ruhelage bedeutet. Bei der Aufstellung der Differentialgleichungen gehen wir zweckmäßig zunächst wieder vom Fall der freien Teilchen aus, weil wir dann direkt die in Tab. 16 angegebenen Beziehungen verwenden können; die Verallgemeinerung auf Bewegungen in örtlich variablen Kraftfeldern muß dann noch gesucht werden. Da wir in Tab. 16 den Vergleich der atomaren Teilchen mit dem Licht bzw. den Photonen durchgeführt haben und zeigen konnten, daß betreffs der allgemeinen Beziehungen zwischen Wellenlänge einerseits, Impuls andererseits usw. beim Photon und materiellen Teilchen kein prinzipieller Unterschied besteht, können wir versuchen, von der beim Licht bekannten Wellengleichung auszugehen, um eine entsprechende Wellendifferentialgleichung beim atomaren Teilchen aufzustellen.

Beim Licht ergibt sich die Wellengleichung bekanntlich aus den grundlegenden Maxwellschen Gleichungen der Elektrodynamik, die folgende Gestalt besitzen, wenn wir zunächst nur an eine ebene Welle denken, die sich in der positiven x-Achsenrichtung fortpflanzt: Der elektrische Vektor schwingt dann in der y-Achsrichtung und der magnetische in der z-Achsrichtung, so daß wir mit den Komponenten $\mathfrak{E}_y$ und $\mathfrak{H}_z$ der elektrischen und magnetischen Größen bei der Beschreibung der Lichtwelle auskommen. Die Maxwellschen Gleichungen für das Vakuum lauten, wenn wir uns auf die angegebenen Komponenten beschränken:

$$\frac{1}{c}\frac{\partial}{\partial t}\,\mathfrak{E}_y = -\,\frac{\partial \mathfrak{H}_z}{\partial x}\,; \qquad \frac{1}{c}\,\frac{\partial}{\partial t}\,\mathfrak{H}_z = -\,\frac{\partial \mathfrak{E}_y}{\partial x}\,. \tag{51}$$

Wir können sofort bestätigen, daß eine ebene Welle, die sich mit Lichtgeschwindigkeit (c) nach rechts fortpflanzt, eine Lösung des Gleichungssystems (51) ist, denn setzen wir[1]

$$\mathfrak{E}_y = \alpha_y \cos 2\pi\,\nu\left(t - \frac{x}{c}\right) + \beta_y \sin 2\pi\,\nu\left(t - \frac{x}{c}\right)$$

und

$$\mathfrak{H}_z = \gamma_z \cos 2\pi\,\nu\left(t - \frac{x}{c}\right) + \delta_z \sin 2\pi\,\nu\left(t - \frac{x}{c}\right) \tag{52}$$

---

[1] Wir haben hier aus einem später ersichtlichen Grunde keine reine Kosinuswelle angesetzt, sondern eine Superposition mit einer Sinuswelle gleicher Frequenz, was soviel bedeutet, daß hier eine Phasenverschiebung mitberücksichtigt wird.

mit konstanten Amplitudenfaktoren α_y, β_y usw., so finden wir beim Einsetzen in die Gln. (51) die Relationen:

$$\left.\begin{aligned} &-\frac{2\pi \nu}{c}\alpha_y \sin 2\pi\nu\left(t-\frac{x}{c}\right) + \frac{2\pi\nu}{c}\beta_y\cdot\cos 2\pi\nu\left(t-\frac{x}{c}\right) \\ &= -\frac{2\pi\nu}{c}\gamma_z \sin 2\pi\nu\left(t-\frac{x}{c}\right) + \frac{2\pi\nu}{c}\delta_z\cdot\cos 2\pi\nu\left(t-\frac{x}{c}\right) \\ \text{und}\quad &-\frac{2\pi\nu}{c}\gamma_z \sin 2\pi\nu\left(t-\frac{x}{c}\right) + \frac{2\pi\nu}{c}\delta_z\cos 2\pi\nu\left(t-\frac{x}{c}\right) \\ &= -\frac{2\pi\nu}{c}\alpha_y \sin 2\pi\nu\left(t-\frac{x}{c}\right) + \frac{2\pi\nu}{c}\beta_y\cos 2\pi\nu\left(t-\frac{x}{c}\right), \end{aligned}\right\} \quad (51\,\mathrm{a})$$

welche durch $\alpha_y = \gamma_z$ und $\beta_y = \delta_z$ gelöst werden. Dies bedeutet natürlich nicht, daß $\mathfrak{E}$ und $\mathfrak{H}$ gleich sind. Diese Feldstärken sind nur dem Betrage nach gleich, als Vektoren sind sie verschieden, weil sie in verschiedene Richtungen weisen. Es ist für viele Zwecke bequem, $\beta_y = \delta_z = i\,\alpha_y = i\,\gamma_z$ mit $i = \sqrt{-1}$ zu setzen, denn dann kann die linke Seite der Gl. (51) auf die Form

$$i\,\frac{2\pi\nu}{c}\left[\alpha_y \cos 2\pi\nu\left(t-\frac{x}{c}\right) + i\,\alpha_y \sin 2\pi\nu\left(t-\frac{x}{c}\right)\right] = i\,\frac{2\pi\nu}{c}\,\mathfrak{E}_y \quad (53)$$

gebracht werden. Gl. (51) erhält dann die Gestalt:

$$i\,\frac{2\pi\nu}{c}\,\mathfrak{E}_y = -\frac{\partial \mathfrak{H}_z}{\partial x} \quad \text{und} \quad \frac{i\,2\pi\nu}{c}\,\mathfrak{H}_z = -\frac{\partial \mathfrak{E}_y}{\partial x}. \quad (51\,\mathrm{b})$$

Multiplizieren wir hier mit $\hbar$ und beachten $E = h\,\nu$, wo E die Energie des durch unsere Welle repräsentierten Photons ist, so entsteht:

$$\frac{i\,E}{c}\,\mathfrak{E}_y = -\hbar\,\frac{\partial \mathfrak{H}_z}{\partial x} \quad \text{und} \quad \frac{i\,E}{c}\,\mathfrak{H}_z = -\hbar\,\frac{\partial \mathfrak{E}_y}{\partial x}. \quad (54)$$

Setzen wir hier den auf der jeweils rechten Seite von Gl. (51 a) benutzten Ausdruck mit $i\,\gamma_z = \delta_z = \beta_y$ ein, dann entsteht

$$\left.\begin{aligned} \frac{i\,E}{c}\,\mathfrak{E}_y &= i\,\hbar\,\frac{2\pi\nu}{c}\,\mathfrak{H}_z = i\,p_x\cdot\mathfrak{H}_z \\[4pt] \frac{i\,E}{c}\,\mathfrak{H}_z &= i\,\frac{\hbar\,2\pi\nu}{c}\,\mathfrak{E}_y = i\,p_x\,\mathfrak{E}_y, \end{aligned}\right\} \quad (54\,\mathrm{a})$$

(mit der Marke "und" vor der ersten Zeile)

wenn noch der Impuls $h/\lambda = h\,\nu/c = \hbar\,2\pi\nu/c$, d. h. hier die x-Komponente des Impulses, eingeführt wird. Es erscheint freilich im ersten Augenblick willkürlich, auf der einen Seite der letzten Gleichung die Energie und auf der anderen Seite den Impuls einzusetzen, beachtet man aber, daß in Gl. (51) auf der linken Seite der Differentialquotient nach der Zeit stand, rechts aber ein Differentialquotient nach einer bestimmten Raumrichtung, nämlich der Richtung der Wellenfortpflanzung, dann erscheint es bereits sinnvoller, den Differentialquotient nach der Zeit in der letzten Gleichung durch eine skalare Größe (Energie) und den nach der Raumrichtung durch eine vektorielle Größe (Impuls) zu ersetzen. In Anbetracht der aus Gl. (52) wegen $\alpha_y = \gamma_z$ und $\beta_y = \delta_z$ folgenden Gleichheit des Betrages von $\mathfrak{H}_z$ und $\mathfrak{E}_y$ besagen die Gln. (54a) nichts anderes als die in Tab. 16 für Photonen gültige Relation $E/c = p$ ($= p_x$, weil hier $p_y = p_z = 0$).

Wenn wir jetzt Gl. (54) oder Gl. (51) auf materielle Teilchen erweitern wollen, muß die in Gl. (49b) wiedergegebene Beziehung zum Ausdruck kommen, was wir in geringfügiger Abänderung von Gl. (54) so *versuchen* wollen, daß wir setzen:

$$\frac{i\,E_1}{c}\,\psi_1 = -\hbar\,\frac{\partial \psi_2}{\partial x} \quad \text{und} \quad \frac{i\,E_2}{c}\,\psi_2 = -\hbar\,\frac{\partial \psi_1}{\partial x}. \tag{55}$$

Wir haben hier die Feldstärkenkomponenten $\mathfrak{E}_y$ und $\mathfrak{H}_z$ durch physikalisch noch nicht näher gekennzeichnete Größen ψ_1 und ψ_2 ersetzt, was soweit lediglich eine Bezeichnungsänderung gegenüber Gl. (54) ist. Außerdem haben wir in den beiden Gln. (55) verschiedene Energiewerte E_1 und E_2 an Stelle des einen in beiden Teilgleichungen (54) gleichen Energiewertes E eingesetzt. Dies ist die eigentliche physikalische Änderung, die nur den Sinn hat, daß jetzt die Lösungen von Gl. (55) nicht wie bei Gl. (54) gleichen Absolutbetrag haben müssen; es kann jetzt $|\psi_1| \neq |\psi_2|$ sein, wovon wir uns gleich überzeugen werden. Zur Lösung von Gl. (55) können wir mit der Phasengeschwindigkeit V_{Ph} an Stelle von c in Gl. (52) sogar den einfachen Ansatz

$$\psi_1 = \alpha \cos 2\pi\,\nu \left(t - \frac{x}{V_{\mathrm{Ph}}} \right) \quad \text{und} \quad \psi_2 = \beta \sin 2\pi\,\nu \left(t - \frac{x}{V_{\mathrm{Ph}}} \right) \tag{55a}$$

machen, denn beim Einsetzen in Gl. (55) bekommt man die Bedingungsgleichungen:

$$\frac{i\,E_1}{c}\,\alpha - \frac{\hbar\,2\pi\,\nu}{V_{\mathrm{Ph}}} \cdot \beta = 0 \quad \text{und} \quad \frac{\hbar\,2\pi\,\nu}{V_{\mathrm{Ph}}}\,\alpha + \frac{i\,E_2}{c}\,\beta = 0. \tag{55b}$$

Diese beiden homogenen Gleichungen für die Amplitudenfaktoren α und β sind nur lösbar, wenn die Koeffizientendeterminante verschwindet:

$$\begin{vmatrix} \dfrac{i\,E_1}{c} & -\dfrac{h\,\nu}{V_{\mathrm{Ph}}} \\[2ex] \dfrac{h\,\nu}{V_{\mathrm{Ph}}} & \dfrac{i\,E_2}{c} \end{vmatrix} = -\frac{E_1\,E_2}{c^2} + \frac{h^2\,\nu^2}{V_{\mathrm{Ph}}^2} = -\frac{E_1\,E_2}{c^2} + \frac{h^2}{\lambda^2} = 0. \tag{55c}$$

Mit $h/\lambda = p\,(= p_x)$ nach Tab. 16 findet man somit die Bedingung

$$E_1 E_2 = p_x^2\,c^2, \tag{55d}$$

die jetzt bei materiellen Teilchen mit Gl. (49b) übereinstimmen muß, was offensichtlich

$$E_1 E_2 = E^2 - E_0^2 \tag{56}$$

verlangt.

Die Differenz $E^2 - E_0^2$ kann man praktisch nur so in das Produkt zweier E-Werte E_1 und E_2 aufspalten, daß man $E_1 = E + E_0$ und $E_2 = E - E_0$ setzt (oder umgekehrt), zumal ja bei Photonen ($E_0 = 0$) $E_1 = E_2 = E$ gelten muß, weshalb die Aufspaltung so gewählt werden muß, daß bei $E_0 = 0$ eben $E_1 = E_2 = E$ erhalten wird. Wegen $E_1 \neq E_2$ bei $E_0 \neq 0$ folgt außerdem aus Gl. (55b) $\alpha \neq \beta$, und damit $|\psi_1| \neq |\psi_2|$, wie oben bereits angedeutet wurde.

Als Wellendifferentialgleichung erhalten wir demnach aus Gl. (55)

$$\frac{i(E + E_0)}{\hbar c}\,\psi_1 + \frac{\partial \psi_2}{\partial x} = 0 \quad \text{und} \quad \frac{i(E - E_0)}{\hbar c}\,\psi_2 + \frac{\partial \psi_1}{\partial x} = 0. \qquad (57)$$

Dieses System von zwei gekoppelten Differentialbeziehungen gilt vorerst nur für ebene Wellen, die außer von t nur von einer Raumkoordinate x abhängen. Die Erweiterung auf Wellen, die außerdem noch von y abhängen, ist relativ einfach, man braucht dann auf der linken Seite der beiden Gleichungen nur noch ein Glied der Gestalt $\mu_2 \dfrac{\partial \psi_2}{\partial y}$ bzw. $\mu_1 \dfrac{\partial \psi_1}{\partial y}$ mit geeignetem μ_1 und μ_2 hinzufügen. Man findet dann über eine Determinantenbeziehung der in Gl. (55c) gegebenen Art, daß $\mu_2 = -\mu_1 = i = \sqrt{-1}$ sein muß.

Die Erweiterung der Gl. (57) auf Wellen, die von allen drei Raumkoordinaten abhängen, ist nicht durch Einfügen eines weiteren Gliedes der Gestalt $\text{const} \cdot \dfrac{\partial \psi_2}{\partial z}$ usw. mit einem geeigneten Zahlfaktor möglich, man braucht dann als Faktor eine hyperkomplexe Größe, eine Komplikation, auf die wir hier nicht näher eingehen wollen.

Die Gln. (57) sind durch konsequente Weiterverfolgung der in Tab. 16 enthaltenen Idee entstanden; da die Tab. 16 für materielle Teilchen auf die relativistische Beziehung der Gl. (49b) führte, ist es konsequent, daß auch das System (57) mit den Prinzipien der Relativitätstheorie im Einklang ist, soweit wir uns auf eine (oder wie oben angedeutet wurde auf zwei) Raumkoordinaten beschränken. Die Gln. (57) stellen für den einfachen Fall nur einer Raumkoordinate die sog, *Diracschen* Wellengleichungen für ein freies Teilchen dar. Wir werden i. allg. mit der für die klassische Mechanik ausreichenden Vereinfachung der Gln. (57) auskommen.

Diese Vereinfachung erhalten wir, indem wir eine der Funktionen ψ_1 oder ψ_2 aus den Gln. (57) eliminieren, was durch Differentiation der einen Gl. (57) nach x und Einsetzen des Differentialquotienten aus der anderen Gleichung geschieht. Wir finden so:

$$\frac{i(E + E_0)}{\hbar c}\,\frac{\partial \psi_1}{\partial x} + \frac{\partial^2 \psi_2}{\partial x^2} = 0 \quad \text{und wegen} \quad \frac{\partial \psi_1}{\partial x} = -\frac{i(E - E_0)}{\hbar c}\,\psi_2, \qquad (58)$$

$$\frac{(E + E_0)(E - E_0)}{\hbar^2 c^2}\,\psi_2 + \frac{\partial^2 \psi_2}{\partial x^2} = 0.$$

Im klassischen (nicht relativistischen) Grenzfall ist $E - E_0 \ll E_0 = m_0 c^2$, so daß $(E + E_0)/c^2$ mit guter Annäherung durch $2 E_0/c^2$ oder durch $2\,E/c^2$, d. h. durch $2\,m_0$ oder $2\,m$, ersetzt werden kann. Außerdem ist $(E - E_0)$ beim hier betrachteten freien Teilchen gleich der kinetischen Energie des Teilchens. Somit nimmt Gl. (58) die Gestalt

$$\frac{2\,m}{\hbar^2}\,E_{\text{kin.}}\,\psi + \frac{\partial^2 \psi}{\partial x^2} = 0 \tag{58a}$$

an, wo wir nicht mehr zwischen m und m_0 unterschieden haben und außerdem den Index an der Größe ψ fortgelassen haben. Gl. (58a) ist jetzt die Wellengleichung für das freie Teilchen in der Näherung der klassischen Mechanik; sie beinhaltet nicht mehr als die de Brogliesche Wellenlängenbeziehung $p = h/\lambda$, denn eine Lösung von Gl. (58a) der Form (55a) führt zu

$$\frac{2\,m}{\hbar^2}\,E_{\text{kin.}}\,\beta \sin 2\pi\,\nu \left(t - \frac{x}{V_{\text{Ph}}}\right) - \frac{4\pi^2\,\nu^2}{V_{\text{Ph}}^2}\,\beta \sin 2\pi\,\nu \left(t - \frac{x}{V_{\text{Ph}}}\right) = 0 \tag{58b}$$

oder wegen

$$\frac{\nu}{V_{\text{Ph}}} = \frac{1}{\lambda}$$

zu

$$2\,m\,E_{\text{kin.}} = \frac{h^2}{\lambda^2}. \tag{58c}$$

Dies ist aber wegen $E_{\text{kin.}} = p^2/2\,m$ gerade die de Brogliesche Beziehung $p = h/\lambda$.

Die *Verallgemeinerung* von Gl. (58a) auf Bewegungen eines materiellen Teilchens in einem örtlich variablen Potentialfeld kann man so vornehmen, daß wenigstens für abgeschlossene Systeme, in denen der Energiesatz in der Form $E_{\text{gesamt}} = E_{\text{potentiell}} + E_{\text{kinetisch}}$ gilt, geschrieben wird:

$$\frac{\partial^2 \psi}{\partial x^2} + \frac{2\,m}{\hbar^2}\,(E_{\text{ges.}} - E_{\text{pot.}})\,\psi = 0. \tag{59}$$

Diese Verallgemeinerung ist die sog. Schrödinger-Gleichung, die sich in der Tat bewährt hat. Die vorgenommene Ersetzung der Größe $E_{\text{kin.}}$ in Gl. (58a) durch $E_{\text{ges.}} - E_{\text{pot.}}$ ist zunächst nur der Versuch einer Übertragung auf andere Fälle. Man muß zunächst prüfen, ob dieser Versuch zu vernünftigen Ergebnissen führt, was in der Tat der Fall ist. Erst dann kann man der Gl. (59) eine gewisse physikalische „Richtigkeit" zusprechen. Es verhält sich hiermit offensichtlich ebenso wie mit jeder Neuentdeckung, insofern sich eine zunächst vermutete Gesetzmäßigkeit an der Erfahrung bestätigen muß. Man denke etwa an das Grundgesetz der Mechanik über Masse, Kraft und Beschleunigung sowie an das von NEWTON formulierte Gesetz über die Massenanziehung. Erst wenn sich daraus die an den Planetenbewegungen beobachteten Phänomene mit allen ihren Einzelheiten gewinnen lassen, hat sich das Anziehungsgesetz bewährt und kann als physikalisch „richtig" oder sinnvoll angesehen werden.

Gl. (59) ist der klassische Grenzfall der Gln. (55), in die man gleichfalls die potentielle Energie einführen kann, was in der Form

$$\frac{i(E + E_0 - E_{\text{pot.}})}{\hbar c}\,\psi_1 + \frac{\partial \psi_2}{\partial x} = 0$$

und

$$\frac{i(E - E_0 - E_{\text{pot.}})}{\hbar c}\,\psi_2 + \frac{\partial \psi_1}{\partial x} = 0 \qquad (59\,\text{a})$$

geschehen kann. Auch diese Gleichungen — freilich bei ihrer Erweiterung auf drei Raumkoordinaten — haben sich bewährt, wenn feinere relativistische Effekte zu berücksichtigen sind.

§ 140. Lösung der Schrödinger-Gleichung für den harmonischen Oszillator. Eigenschaften der Lösungen der Schrödinger-Gleichung

Unsere nächste Aufgabe ist es, zu prüfen, ob man aus der Wellengleichung (59) bestimmte Quantenenergien erhält. Zu diesem Zweck wählen wir als erstes Beispiel den linearen Oszillator, dessen potentielle Energie durch $E_{\text{pot.}} = \frac{D}{2} \cdot x^2$ gegeben ist, wo x die Elongation des Oszillators aus der Gleichgewichtslage und D die Hookesche Direktionskraft ist. Die Gl. (59) lautet in diesem speziellen Falle:

$$\frac{d^2\psi}{dx^2} + \frac{2m}{\hbar^2}\left(E_{\text{ges.}} - \frac{D}{2}x^2\right)\psi = 0. \qquad (60)$$

Wir suchen jetzt eine Lösung dieser Differentialgleichung und müssen zunächst feststellen, daß man zu jedem Energiewert $E_{\text{ges.}}$ Lösungen finden kann, die noch an einer gegebenen Stelle einen vorgegebenen ψ-Wert und eine vorgegebene Ableitung $d\psi/dx$ besitzen, denn dies ist eine allgemeine Eigenschaft linearer Differentialgleichungen zweiter Ordnung vom Typus der Gl. (60). Es war aber schon auf S. 324 bei dem Vergleich unserer atomaren Probleme mit dem einer schwingenden Saite betont worden, daß beim Saitenproblem gewisse Randbedingungen die Lösungen aussondern. Diese Bedingungen führen dazu, daß nur solche Bewegungen der schwingenden Saite herauskommen, bei denen die halbe Wellenlänge in der Saitenlänge aufgeht.

Eine derartig scharfe Randbedingung wie bei der Saite können wir hier nicht aufstellen, was auch nicht erforderlich ist. Es genügt vielmehr als Randbedingung zu verlangen, daß $\psi \to 0$ für $x \to \pm\infty$. Diese Randbedingung hat folgende physikalische Bedeutung: Ohne daß wir uns auf eine physikalische Bedeutung der Größe ψ festlegen wollen, können wir aus den allgemeinen Ausführungen von S. 320 entnehmen, daß ein Teilchen sich vornehmlich dort aufhält, wo die Welle besonders große Werte (ψ-Werte) besitzt. Nun wird sich ein oszillierendes Atom von seiner Gleichgewichtslage nicht beliebig weit entfernen können. Befindet sich die Gleichgewichtslage wie hier bei $x = 0$ (Minimum der potentiellen Energie), so verlangt diese Bewegungseinschränkung offenbar $\psi \to 0$ für $x \to \pm\infty$. Wie schon gesagt wurde, genügt diese Bedingung zur Aussonderung der Quantenenergien.

Zunächst stellen wir fest, daß bei großen x-Werten, bei denen die Größe $\frac{D}{2}\,x^2$ viel größer als $E_{\text{ges.}}$ ist, die Gl. (60) unabhängig vom Werte von $E_{\text{ges.}}$ näherungsweise durch einen Ausdruck der Form $\psi \approx e^{-\alpha x^2}$ mit konstantem α gelöst wird, denn die zweite Ableitung von $e^{-\alpha x^2}$ lautet $\psi'' = (4\alpha^2 x^2 - 2\alpha)\,e^{-\alpha x^2} \approx 4\alpha^2 x^2 e^{-\alpha x^2}$ (für große x). Die für große x-Werte am stärksten ins Gewicht fallenden Teile von ψ'' und $\frac{D}{2}\,x^2\,\psi$ in Gl. (60) heben sich offensichtlich gerade weg, wenn

$$\left.\begin{aligned}
4\alpha^2 x^2 e^{-\alpha x^2} &= \frac{2\,m\,D}{\hbar^2\,2}\,x^2 e^{-\alpha x^2} \\[2mm]
\alpha &= \pm\sqrt{\frac{m\,D}{4\,\hbar^2}} = \pm\frac{\pi}{h}\,\sqrt{m\cdot D}\;.
\end{aligned}\right\} \tag{61}$$

(Mit "oder" zwischen den beiden Zeilen.)

Für α selbst kommt nur die positive Wurzel in Betracht, weil ψ sonst nicht mit zunehmendem x gegen Null streben würde. Wir finden sogar, daß $e^{-\alpha x^2}$ mit dem in Gl. (61) angegebenen α eine Lösung von Gl. (60) zu einem bestimmten Energiewert $E_{\text{ges.}}$ ist, der sich beim Einsetzen von $e^{-\alpha x^2}$ in Gl. (60) ergibt:

$$(4\alpha^2 x^2 - 2\alpha)\,e^{-\alpha x^2} + \frac{2\,m}{\hbar^2}\left(E_{\text{ges.}} - \frac{D}{2}\,x^2\right)e^{-\alpha x^2} = 0\,. \tag{61a}$$

Die Glieder mit $x^2 e^{-\alpha x^2}$ heben sich weg, wenn $\alpha = \frac{\pi}{h}\,\sqrt{m\,D}$ gewählt wird, und die verbleibenden Glieder heben sich gleichfalls weg, wenn

$$\left.\begin{aligned}
\frac{2\,m}{\hbar^2}\,E_{\text{ges.}} &= 2\alpha = \frac{2\pi}{h}\,\sqrt{m\,D} \\[2mm]
E_{\text{ges.}} &= \frac{h}{4\pi}\sqrt{\frac{D}{m}} = \frac{h}{4\pi}\cdot 2\pi\nu = \frac{1}{2}\,h\,\nu
\end{aligned}\right\} \tag{61b}$$

(Mit "oder" zwischen den beiden Zeilen.)

gilt, wobei nach der Pendelformel der Mechanik $2\pi\nu = \sqrt{D/m}$ gesetzt wurde. Gl. (61b) liefert im einfachsten Falle die schon auf S. 311 geforderte halbzahlige Quantelung, die sich hier auf Grund der Wellengleichung (60) automatisch ergibt.

Zur Ermittlung der übrigen Energiewerte des Oszillators verwenden wir die sog. Polynommethode, die in der Wellenmechanik häufig benutzt wird. Sie besteht darin, daß die Lösung in Gestalt des Produktes einer Potenzreihe und eines Faktors dargestellt wird, der das richtige „asymptotische" Verhalten aufweist, d. h. der für große Werte des Arguments den allgemeinen Verlauf der Lösung wiedergibt. Dieser asymptotische Faktor besitzt im Falle des Oszillators die Gestalt $e^{-\alpha x^2}$, so daß wir für ψ den Ansatz

$$\left.\begin{aligned}
\psi &= \left(\sum_{\mu=0}^{\infty} c_\mu\,x^\mu\right)\cdot e^{-\alpha x^2} \\[3mm]
\frac{d\psi}{dx} &= \left(\sum_{\mu=0}^{\infty}\mu\,c_\mu\,x^{\mu-1}\right)e^{-\alpha x^2} - 2\alpha x\left(\sum_{\mu=0}^{\infty} c_\mu\cdot x^\mu\right)e^{-\alpha x^2}
\end{aligned}\right\} \tag{62}$$

machen können und mithin

und

$$\frac{d^2\psi}{dx^2} = \left(\sum_{\mu=0}^{\infty} (\mu - 1)\,\mu\, c_\mu\, x^{\mu-2} \right) e^{-\alpha x^2} - 4\,\alpha\, x \left(\sum_{\mu=0}^{\infty} \mu\, c_\mu\, x^{\mu-1} \right) e^{-\alpha x^2} +$$

$$+ (4\,\alpha^2\, x^2 - 2\,\alpha) \left(\sum_{\mu=0}^{\infty} c_\mu\, x^\mu \right) e^{-\alpha x^2}$$

erhalten, wo α gemäß Gl. (61) bestimmt ist und die c_μ vorerst unbestimmte Koeffizienten sind.

Beim Einsetzen in Gl. (60) findet man, wenn man alle Potenzen von x mit gleichem Exponenten sammelt:

$$e^{-\alpha x^2} \sum_{\mu=0}^{\infty} \left[(\mu+1)(\mu+2)\, c_{\mu+2} - 4\,\alpha\,\mu\, c_\mu - 2\,\alpha\, c_\mu + \frac{2m}{\hbar^2}\, E_{\text{ges.}}\, c_\mu \right] x^\mu +$$

$$+ \left(4\,\alpha^2 - \frac{mD}{\hbar^2} \right) x^2 \left(\sum_{\mu=0}^{\infty} c_\mu\, x^\mu \right) e^{-\alpha x^2} = 0. \qquad (62\,\text{a})$$

Wegen $4\,\alpha^2 - \dfrac{mD}{\hbar^2} = 0$ wird dieser Ausdruck nur dann für alle x verschwinden und die Funktion (62) die Wellengleichung lösen, wenn die eckige Klammer unter der ersten Σ verschwindet, was zu der Rekursionsformel

$$c_{\mu+2} = \frac{\left\{ (4\mu+2)\,\alpha - \dfrac{2m}{\hbar^2}\, E_{\text{ges.}} \right\} c_\mu}{(\mu+1)(\mu+2)} \qquad (63)$$

für alle μ führt. Man kann nun zeigen, daß die Potenzreihe $\Sigma c_\mu x^\mu$ nach großen x-Werten etwa wie $e^{+2\alpha x^2}$ — oder doch mindestens wie $e^{+1,5\alpha x^2}$ — zunimmt, wenn die Potenzreihe nicht abbricht bzw. die Funktion $\Sigma c_\mu x^\mu$ nicht in ein Polynom n-ten Grades entartet, so daß, abgesehen von diesem Entartungsfall, die Funktion (62) wie $e^{+\alpha x^2}$ — oder doch mindestens wie $e^{+0,5\alpha x^2}$ — für große x ansteigt, also die Randbedingung des Verschwindens im Unendlichen nicht erfüllt. Die Randbedingung ist nur erfüllt, wenn der Entartungsfall vorliegt, der verlangt, daß bei $c_n \neq 0$ der Koeffizient c_{n+2} verschwindet und dann nach Gl. (63) auch die Koeffizienten c_{n+4}, c_{n+6} usw. Diese Bedingung verlangt nach Gl. (63), daß

$$(4n+2)\,\alpha - \frac{2m}{\hbar^2}\, E_{\text{ges.}} = 0 \qquad\left.\right\}$$

oder

$$E_{\text{ges.}} = \frac{(2n+1)\,h^2}{m}\, \frac{\pi}{h}\, \sqrt{mD} = \left(n + \frac{1}{2} \right) h\,\nu, \qquad\left.\right\} \quad (64)$$

womit allgemein die halbzahlige Quantelung des Oszillators gezeigt ist. Gl. (64) besagt in Verbindung mit Gl. (63), daß das Polynom $\Sigma c_\mu x^\mu$ nur gerade oder ungerade Potenzen von x enthalten kann, weil die Abbruchbedingungen (64) ja nur für ein $\mu\,(=n)$ erfüllt ist, das zufällig gerade oder ungerade sein kann. Hätte die Reihe bis zu $\mu\,(=n)$ von Null verschiedene gerade *und* ungerade Potenzen, so würden nach

Gl. (63) beim Abbrechen der geraden Potenzen die ungeraden weiterlaufen oder umgekehrt, was gegen die Randbedingung $\psi \to 0$ für große x verstoßen würde.

Die einzelnen Koeffizienten des Polynoms kann man bei gegebener Quantenenergie $E_{\text{ges.}}$ aus Gl. (63) entnehmen; so findet man z. B. für $n = 2$ und $E_{\text{ges.}} = \frac{5}{2} h \, \nu$ bzw. $10\alpha = 2m \, E_{\text{ges.}}/h^2$

$$c_2 = \frac{2\alpha - 10\alpha}{1 \cdot 2} \, c_0 = -4\alpha \, c_0; \qquad c_4 = c_6 = \cdots = 0, \qquad (63\,\text{a})$$

womit als Lösung der Gl. (60) zum Energiewert $E_{\text{ges.}} = \frac{5}{2} h \, \nu$

$$\psi_2(x) = c_0(1 - 4\alpha \, x^2) \, e^{-\alpha x^2} \qquad (63\,\text{b})$$

gefunden wird. In dieser Weise ergeben sich für die vier niedrigsten Energiewerte, die man auch als Energieeigenwerte der Gl. (60) bezeichnet, die folgenden Lösungsfunktionen oder Wellenfunktionen:

$$
\begin{aligned}
E_0 &= \tfrac{1}{2} h \, \nu; & \psi_0(x) &= c_0 \cdot e^{-\alpha x^2} \\
E_1 &= \tfrac{3}{2} h \, \nu; & \psi_1(x) &= c_1 \, x \cdot e^{-\alpha x^2} \\
E_2 &= \tfrac{5}{2} h \, \nu; & \psi_2(x) &= c_0(1 - 4\alpha \, x^2) \, e^{-\alpha x^2} \\
E_3 &= \tfrac{7}{2} h \, \nu; & \psi_3(x) &= c_1 \, x(1 - \tfrac{4}{3}\alpha \, x^2) \, e^{-\alpha x^2}
\end{aligned}
\qquad \alpha = \frac{\pi}{h}\sqrt{mD} \quad (63\,\text{c})
$$

Ihre graphische Darstellung zeigt Abb. 67. Wir erkennen bereits an diesen vier ersten Lösungsfunktionen der Wellengleichung (60), die man übrigens auch als Eigenfunktionen zu den ersten vier Energieeigenwerten der Wellengleichung bezeichnet, die Ähnlichkeit mit den Schwingungen einer Saite, von denen oben bereits mehrfach gesprochen wurde.

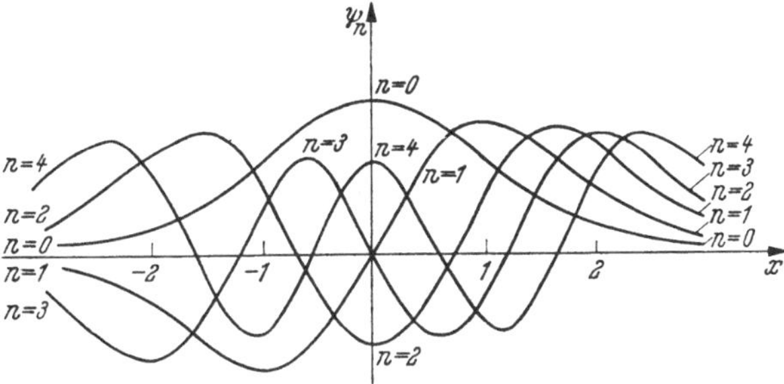

Abb. 67. ψ_n-Eigenfunktionen des linearen harmonischen Oszillators für $n = 0$ bis $n = 4$

Die zum niedrigsten Energieeigenwert gehörige Eigenfunktion ψ_0 ist durchweg positiv und verschwindet links und rechts am Rand; dabei kann man den Wert $x = 2/\sqrt{\alpha}$ wegen des raschen Verschwindens der e-Funktion für negative Exponenten praktisch bereits als Rand ansprechen und braucht nicht bis $x \to \infty$ zu gehen. Diese Eigenschaft, im praktisch zugänglichen x-Bereich das Vorzeichen nicht zu wechseln, teilt die Funktion ψ_0 mit der Grundschwingung der schwingenden Saite. Die nächste Eigenfunktion hat bei $x = 0$, also sozusagen in der Mitte des zugänglichen x-Intervalls eine Nullstelle, sie wechselt genauso das Vorzeichen wie die erste Oberschwingung der schwingenden Saite. Jede weitere Eigenfunktion des Oszillators besitzt ebenso wie der jeweils folgende Oberton einer schwingenden Saite eine Nullstelle mehr Es ist dies übrigens eine weitgehend allgemeine Eigenschaft von linearen Differentialgleichungen zweiter Ordnung vom Typus der Gl. (60), in denen noch ein aus Randbedingungen zu bestimmender linearer Parameter (hier $E_{\text{ges.}}$) festzulegen ist, daß nämlich mit steigendem Werte dieses Parameters (Eigenwert) die Lösungen (Eigenfunktionen) jeweils eine Nullstelle mehr besitzen. Diesen Satz bezeichnet man als das *Kleinsche Oszillationstheorem.*

Wir hatten früher die Wellen mit einer Phase angesetzt, die von Zeit und Ort abhing, während unsere Eigenfunktionen ψ_0, ψ_1 usw. nur noch vom Ort abhängen. Daß wir diese Lösungen der Gl. (60) erhalten haben, liegt daran, daß in Gl. (60) die Zeit nicht mehr explizit auftritt. Man kann aber jetzt die c_0-Koeffizienten usw. in den Gl. (63 c) als Funktion der Zeit ansetzen, wobei man wieder wie in Gl. (51 a) Faktoren von der Form $\cos[2\pi(E/h)\cdot t] + i\sin[2\pi(E/h)\cdot t]$ mit der Quantenenergie E als zeitabhängige Faktoren wählt. Da uns jetzt aber in erster Linie nur die zeitunabhängigen stationären Quantenenergien $E_{\text{ges.}}$ interessieren, genügt es, wenn wir uns hier auf die zeitunabhängigen ψ-Funktionen beschränken.

Die Lösungen (63 c) besitzen die schon auf S. 332 erwähnte Eigenschaft entweder gerade oder ungerade zu sein. Diese Eigenschaft läßt sich mehr oder weniger direkt aus Gl. (60) ablesen, insofern Gl. (60) in sich übergeht, wenn man die Transformation $x \to -x$ vornimmt, denn dabei ändert wohl der erste Differentialquotient $d\psi/dx$ sein Vorzeichen, dagegen bleibt der zweite Differentialquotient $d^2\psi/dx^2$, der alleine in Gl. (60) auftritt, ungeändert, weil eine abermalige Änderung des Vorzeichens wieder das ursprüngliche Vorzeichen herstellt. Die potentielle Energie $\frac{1}{2}\cdot Dx^2$ in Gl. (60) geht ebenfalls bei der angegebenen Transformation in sich über, so daß in der Tat die Transformation $x \to -x$ die Gleichung ungeändert läßt. Außerdem ist auch die Randbedingung $\psi(x) \to 0$ für $x \to \pm\infty$ unempfindlich gegen die genannte Transformation. Daraus schließen wir, daß neben der Funktion $\psi(x)$ auch die Funktion $\psi(-x)$ eine Lösung von Gl. (60) sein muß. Da aber die Lösungen einer Gleichung vom Typus der Gl. (60), die auch die Randbedingungen erfüllen, sich beim gleichen Energiewert nur durch einen konstanten Faktor voneinander unterscheiden, muß also mit einem konstanten Faktor k allgemein für unsere Eigenfunktionen gelten:

$$\psi(-x) = k \cdot \psi(x). \tag{65}$$

Wenden wir diese für jeden x-Wert gültige Relation auf die Stellen $x = +\xi$ und $x = -\xi$ an, so folgt:

$$\text{und} \quad \left.\begin{array}{l} \psi(-\xi) = k\,\psi(+\xi) \\[2mm] \psi(+\xi) = k\,\psi(-\xi) = k^2\,\psi(+\xi), \end{array}\right\} \tag{65a}$$

wobei die letzte Beziehung sich durch Einsetzen der ersten Gl. (65a) ergibt. Da aber ξ eine ebenfalls willkürlich gewählte Stelle war, für die wir $\psi(\xi)$ und $\psi(-\xi)$ als von Null verschieden ansehen können, folgt aus der letzten Beziehung für die Konstante

$$k^2 = 1 \quad \text{bzw.} \quad k = +1 \quad \text{oder} \quad k = -1. \tag{65b}$$

Damit lautet also Gl. (65)

$$\psi(-x) = \psi(+x) \quad \text{oder} \quad \psi(-x) = -\psi(+x). \tag{65c}$$

Unsere Lösungsfunktionen sind also entweder gerade Funktionen oder ungerade Funktionen. Daß sie sogar mit steigendem $E_{\text{ges.}}$ abwechselnd gerade und ungerade sein müssen, kann aus dem Kleinschen Oszillationstheorem geschlossen werden, denn eine Funktion mit $0, 2, 4, 6$ usw. Nullstellen kann nicht ungerade sein, so daß sie wegen der in Gl. (65c) ausgesprochenen Alternative gerade sein muß, und entsprechend können wir für die anderen Eigenfunktionen mit $1, 3, 5$ usw. Nullstellen schließen.

Diese eben durchgeführten Schlüsse, die auf einer Symmetrieeigenschaft der Differentialgleichung (60) und der Randbedingungen beruhten, sind typisch für die sog. *gruppentheoretische Schlußweise* bei der Lösung wellenmechanischer Atomprobleme. In dem vorliegenden Falle ist die Durchführung dieser algebraisch-gruppentheoretischen Schlüsse noch recht einfach. Es gibt nun im Rahmen wellenmechanischer Untersuchungen recht verwickelte Differentialgleichungen, die nicht mit den üblichen Methoden exakt lösbar sind; es bleiben dann oft nur algebraisch-gruppentheoretische Schlüsse über die Natur und Symmetrieeigenschaften der Lösungen übrig, die dann — freilich mit etwas mehr Aufwand als hier — exakt durchgeführt werden können. Die Kenntnis der Symmetrieeigenschaften der Lösung ist zwar kein vollwertiger Ersatz für die Kenntnis der analytischen Gestalt der Lösungen der Differentialgleichungen, sie liefert aber oft wichtige allgemeine Hinweise. Diese gehen manchmal auch so weit, daß sie sinnvolle Ansätze für die explizite Lösung der zur Diskussion stehenden Wellengleichung ergeben. An dieser Stelle mögen diese Andeutungen über die gruppentheoretische Methode genügen, wir werden später noch Gelegenheit haben, auf die Methode zurückzukommen.

Eine weitere Eigenschaft der Eigenfunktionen (63c) ist die der *Orthogonalität*, man versteht darunter die Tatsache, daß das Integral

$$\int\limits_{-\infty}^{+\infty} \psi_n(x) \cdot \psi_m(x)\, dx = 0 \tag{66}$$

ist, wenn $n \neq m$; wohingegen natürlich bei $n = m$ ein von Null verschiedener Wert erhalten wird, weil es sich dann um die Integration einer quadratischen, durchweg positiven Funktion handelt. An den Funktionen (63c) kann man die in Gl. (66) ausgesprochene Eigenschaft direkt feststellen, wie z. B.

$$\int\limits_{-\infty}^{+\infty} \psi_0 \cdot \psi_2\, dx = c_0^2 \int\limits_{-\infty}^{+\infty} (1 - 4\alpha\, x^2)\, e^{-2\alpha x^2}\, dx$$

$$= c_0^2 \left[\int\limits_{-\infty}^{+\infty} e^{-2\alpha x^2}\, dx - \int\limits_{-\infty}^{+\infty} e^{-2\alpha x^2}\, dx \right] = 0, \qquad (66\,\mathrm{a})$$

wobei der zweite Term zunächst durch partielle Integration umgeformt wurde. Die Orthogonalität der die Randbedingung des Verschwindens im Unendlichen erfüllenden Lösungen der Gleichungen vom Typus der Gl. (60) gilt sehr viel allgemeiner und läßt sich direkt zeigen. Seien nämlich

$$\left.\begin{aligned}
\frac{d^2\psi_n}{dx^2} + \frac{2m}{\hbar^2}\left(E_{\mathrm{ges.},n} - E_{\mathrm{pot.}}(x)\right)\psi_n = 0, \\
\frac{d^2\psi_m}{dx^2} + \frac{2m}{\hbar^2}\left(E_{\mathrm{ges.},m} - E_{\mathrm{pot.}}(x)\right)\psi_m = 0
\end{aligned}\right\} \qquad (67)$$

zwei Gleichungen mit verschiedenen Energieeigenwerten $E_{\mathrm{ges.},n}$ und $E_{\mathrm{ges.},m}$, dann folgt durch Multiplikation der oberen Gleichung mit ψ_m und der unteren mit ψ_n und Subtraktion:

oder

$$\left.\begin{aligned}
(\psi_m \cdot \psi_n'' - \psi_n\,\psi_m'') + \frac{2m}{\hbar^2}\left(E_{\mathrm{ges.},n} - E_{\mathrm{ges.},m}\right)\psi_n \cdot \psi_m = 0 \\
(\psi_m\,\psi_n' - \psi_n\,\psi_m')' + \frac{2m}{\hbar^2}\left(E_{\mathrm{ges.},n} - E_{\mathrm{ges.},m}\right)\psi_n \cdot \psi_m = 0,
\end{aligned}\right\} \qquad (67\,\mathrm{a})$$

wo der Strich bei ψ_n und ψ_m üblicherweise für den Differentialquotienten geschrieben ist. Integrieren wir die letzte Gl. (67 a) nach x von $-\infty$ bis $+\infty$, dann entsteht, weil der erste Ausdruck ein Differentialquotient ist:

$$(\psi_m\,\psi_n' - \psi_n\,\psi_m')\Big|_{-\infty}^{+\infty} + \frac{2m}{\hbar^2}\left(E_{\mathrm{ges.},n} - E_{\mathrm{ges.},m}\right)\int\limits_{-\infty}^{+\infty} \psi_n \cdot \psi_m\, dx = 0, \quad (67\,\mathrm{b})$$

woraus wegen $\psi_n \to 0$ und $\psi_m \to 0$ für $x \to \pm\infty$ und wegen $E_{\mathrm{ges.},n} \neq E_{\mathrm{ges.},m}$ folgt

$$\int\limits_{-\infty}^{+\infty} \psi_n \cdot \psi_m\, dx = 0, \qquad (67\,\mathrm{c})$$

d. i. die *Orthogonalitätsrelation*, die gemäß unserer Ableitung auch für andere Potentiale $E_{\mathrm{pot.}}(x)$ und nicht nur für das des linearen Oszillators gilt.

Die Eigenfunktionen in Gl. (63 c) sind bislang nur bis auf einen konstanten Faktor bestimmt, der noch beliebig gewählt werden kann, wenn die Eigenfunktionen lediglich Lösungen der Wellengleichung (60) sein sollen. Die Festlegung dieses Faktors erfordert jetzt ein Eingehen auf die Bedeutung der Wellenfunktion ψ. In Gl. (58a) war die Wellenfunktion ψ aus der in den Gln. (55) bis (58) mit ψ_2 bezeichneten Größe entstanden, welche nach Gl. (55a) bei Teilchen, deren Impuls klein gegen die durch die Lichtgeschwindigkeit dividierte Energie ($E + E_0$) ist (nicht relativistische Geschwindigkeiten), dem Betrage nach — wie man durch Auflösung der in der Determinante (55c) enthaltenen linearen Gleichungen nach den Koeffizienten α und β von Gl. (55a) erkennt — sehr viel größer als die ebenfalls dort auftretende Größe ψ_1 ist. Den beiden Größen ψ_1 und ψ_2 entsprachen bei Photonen die elektrischen und magnetischen Feldstärken, deren Quadrate zusammenaddiert nach der Elektrodynamik die Energiedichte des elektromagnetischen Feldes an einer Raumstelle ergeben. Infolgedessen wäre es sinnvoll, die Größe $|\psi_1|^2 + |\psi_2|^2 \approx |\psi_2|^2 = |\psi^2|$ mit der Energiedichte des atomaren Teilchens zu identifizieren, so daß also

$$\int\limits_{-\infty}^{+\infty} |\psi^2|\, dx = E \tag{68}$$

zu setzen wäre, wobei E die Gesamtenergie des atomaren Teilchens (also einschließlich der Ruhenergie $m_0 c^2$) ist. Da nun auch die kinetische Energie des Teilchens zusammen mit seiner potentiellen Energie in einem gegebenen Quantenzustand einen festen Wert hat, z. B. $(n + \tfrac{1}{2}) h\nu$ beim harmonischen Oszillator, wird die Gesamtenergie E in Gl. (68) gleich einer Konstanten sein, die sich, weil wir es hier mit nicht-relativistischen Geschwindigkeiten zu tun haben, beim Übergang von einem Quantenzustand zu einem anderen praktisch nicht ändert. Würde man nun mit der Welle ψ das Verhalten mehrerer Teilchen — etwa im gleichen Quantenenergiezustand — beschreiben, so wäre die Energiedichte $|\psi^2|$ bei der Integration über ein begrenztes Raumintervall mit der darin enthaltenen Energie identisch, die aber ihrerseits direkt der Zahl der in diesem Gebiet enthaltenen Teilchen proportional ist, so daß man konsequenterweise bei nur *einem* insgesamt vorhandenen Teilchen $|\psi^2|\, dx$ als proportional der *Wahrscheinlichkeit* ansehen muß, das Teilchen im Intervall dx anzutreffen. Man normiert deshalb die Eigenfunktion $\psi(x)$ so, d. h., man wählt den vorerst willkürlichen Proportionalitätsfaktor so, daß

$$\int\limits_{-\infty}^{+\infty} |\psi^2|\, dx = 1 \tag{68a}$$

wird und somit $|\psi|^2$ die Wahrscheinlichkeitsdichte ist, das Teilchen an einer Raumstelle x zu finden, denn die Summe aller Wahrscheinlichkeiten, das Teilchen an der einen oder einer anderen, einer dritten usw. Stelle bzw. Umgebung einer Stelle zu finden, muß natürlich gleich der Gewißheit sein, die in der Wahrscheinlichkeitslehre und in der Statistik auf 1 (bzw. 100 %) festgelegt ist.

Diese Normierung steht im Einklang mit der bei der Festlegung der Randbedingungen auf S. 330 gemachten Bemerkung, daß wir dort, wo ψ oder die Welle erhebliche Werte hat, das Teilchen vornehmlich lokalisiert denken mussen, während an Raumstellen, an denen das Teilchen sich nicht aufhalten kann, die Welle bzw. die Funktion $\psi(x)$ verschwinden muß.

Normieren wir die Oszillatoreigenfunktionen (63c) in der durch Gl. (68a) angegebenen Weise, dann erhalten wir für die erste Eigenfunktion ψ_0 die Bedingung

$$c_0^2 \int_{-\infty}^{+\infty} e^{-2\alpha x^2}\, dx = \frac{c_0^2}{\sqrt{2\alpha}} \int_{-\infty}^{+\infty} e^{-y^2}\, dy = c_0^2 \sqrt{\frac{\pi}{2\alpha}} = 1, \qquad (68\,\mathrm{b})$$

woraus

$$c_0 = \sqrt[4]{\frac{2\alpha}{\pi}}$$

folgt, womit dann als normierte Eigenfunktion $\psi_0(x)$ des linearen harmonischen Oszillators:

$$E_0 = \frac{1}{2}\,h\,\nu: \qquad \psi_0(x) = \sqrt[4]{\frac{2\alpha}{\pi}}\, e^{-\alpha x^2} \quad \text{mit} \quad \alpha = \frac{\pi}{h}\sqrt{mD} \qquad (68\,\mathrm{c})$$

erhalten wird. In der gleichen Weise findet man für die nächsten Eigenfunktionen:

$$\left.\begin{aligned}
E_1 &= \frac{3}{2}\,h\,\nu: \quad \psi_1(x) = \sqrt{\frac{32\,\alpha^3}{\pi}}\; x\, e^{-\alpha x^2}\\[2mm]
E_2 &= \frac{5}{2}\,h\,\nu: \quad \psi_2(x) = \sqrt[4]{\frac{\alpha}{2\pi}}\,(1 - 4\alpha x^2)\, e^{-\alpha x^2}\\[2mm]
E_3 &= \frac{7}{2}\,h\,\nu: \quad \psi_3(x) = \sqrt[4]{\frac{72\,\alpha^3}{\pi}}\; x\left(1 - \frac{4}{3}\alpha x^2\right) e^{-\alpha x^2}
\end{aligned}\right\} \quad \alpha = \frac{\pi}{h}\sqrt{mD} \quad (68\,\mathrm{d})$$

C. Weitere Anwendungen auf Atomzustände

§ 141. Lösung der Schrödinger-Gleichung für das Wasserstoffatom im Grundzustand und dem ersten angeregten Zustand

Wir müssen unsere zunächst für *eine* räumliche Koordinate aufgestellte Wellengleichung (ebene Welle) noch auf den allgemeineren Fall einer von sämtlichen Raumrichtungen abhängigen Welle erweitern. Wir könnten diese Erweiterung im Anschluß an die Bemerkungen von S. 328 über die Ausdehnung der Gln. (55) auf zwei Raumdimensionen vornehmen. Wir wollen hier aber einen Weg einschlagen, der noch andere Gesichtspunkte erkennen läßt. Dazu knüpfen wir direkt an die nichtrelativistische Wellengleichung (59) an, der wir jetzt die Gestalt geben:

oder

$$\left.\begin{aligned}
-\frac{\hbar^2}{2m}\frac{\partial^2 \psi}{\partial x^2} + E_{\mathrm{pot.}}\psi &= E_{\mathrm{ges.}}\cdot\psi\\[2mm]
\frac{1}{2m}\frac{\hbar}{i}\frac{\partial}{\partial x}\left(\frac{\hbar}{i}\frac{\partial \psi}{\partial x}\right) + E_{\mathrm{pot.}}\,\psi &= E_{\mathrm{ges.}}\cdot\psi,
\end{aligned}\right\} \qquad (69)$$

die aus Gl. (59) durch Multiplikation mit $\hbar^2/2m$ und Änderung des Vorzeichens hervorgeht, wenn man noch das Glied mit der konstanten Größe $E_{\text{ges.}}$ auf die rechte Seite bringt. Die zweite Gl. (69) ist dadurch entstanden, daß wir den negativen zweiten Differentialquotienten in zwei „positive" erste Differentialoperationen aufgelöst haben, die hintereinander ausgeführt werden müssen. Dabei tritt die Größe $i = \sqrt{-1}$ auf, weil nur sie (und ihr Negatives) durch Multiplikation mit sich selbst das negative Zeichen ergibt. Diese Aufspaltung in zwei hintereinandergeschaltete Differentialoperationen erster Ordnung und die Einführung von i entspricht direkt der Herleitung der Gl. (59) aus den beiden Gln. (55); daß wir hier die Größe i in den Nenner gesetzt haben, ist in gewissem Sinne willkürlich (s. u.).

Wir können Gl. (69) mit der klassischen Energiegleichung $E_{\text{kin.}} + E_{\text{pot.}} = E_{\text{ges.}}$ in der Form

$$\frac{p_x^2}{2m} + E_{\text{pot.}} = E_{\text{ges.}} \quad \text{oder} \quad \frac{1}{2m} \cdot p_x \cdot p_x + E_{\text{pot.}} = E_{\text{ges.}} \quad (69\,\text{a})$$

in Parallele setzen, in der wir die kinetische Energie durch den Impuls p_x ausgedrückt haben, was so lange statthaft ist, als die Impulskomponenten in der y- und z-Richtung keine Rolle spielen. Wir können jetzt die Wellengleichung (69) so interpretieren, daß wir sie als umgeschriebene Energiegleichung (69a) ansehen, in der an Stelle des Impulses die Differentialoperation $\frac{\hbar}{i} \cdot \frac{\partial}{\partial x}$ angewandt auf die Wellenfunktion ψ geschrieben wurde und an Stelle des Impulsquadrates die zweimalige oder hintereinandergeschaltete Anwendung dieser Differentialoperation, in der ferner $E_{\text{pot.}}$ durch $E_{\text{pot.}} \cdot \psi$ und $E_{\text{ges.}}$ durch $E_{\text{ges.}} \cdot \psi$ ersetzt wurde. Diese Interpretation legt es nahe, die klassische Energiegleichung in drei Dimensionen:

$$\frac{p_x^2}{2m} + \frac{p_y^2}{2m} + \frac{p_z^2}{2m} + E_{\text{pot.}} = E_{\text{ges.}} \tag{70}$$

wellenmechanisch zu ersetzen durch

$$\left.\begin{aligned}
&\frac{1}{2m}\frac{\hbar}{i}\frac{\partial}{\partial x}\left(\frac{\hbar}{i}\frac{\partial \psi}{\partial x}\right) + \frac{1}{2m}\frac{\hbar}{i}\frac{\partial}{\partial y}\left(\frac{\hbar}{i}\frac{\partial \psi}{\partial y}\right) + \\
&\qquad + \frac{1}{2m}\frac{\hbar}{i}\frac{\partial}{\partial z}\left(\frac{\hbar}{i}\frac{\partial \psi}{\partial z}\right) + E_{\text{pot.}}(x,y,z)\,\psi = E_{\text{ges.}} \cdot \psi \\
\text{oder} \qquad & \\
&-\frac{\hbar^2}{2m}\left(\frac{\partial^2 \psi}{\partial x^2} + \frac{\partial^2 \psi}{\partial y^2} + \frac{\partial^2 \psi}{\partial z^2}\right) + E_{\text{pot.}}(x,y,z)\,\psi = E_{\text{ges.}}\,\psi,
\end{aligned}\right\} \tag{70a}$$

wo jetzt ψ als Funktion von x, y und z anzusehen ist.

Die Ermittlung eines quantenhaften Energiezustandes nach der Wellenmechanik läuft dann auf folgendes Verfahren hinaus: Man wendet eine analytische Operation, die z. T. aus Differentialoperationen besteht und ein Äquivalent für den Energieausdruck der klassischen Mechanik ist bzw. sein soll, auf Funktionen ψ an und versucht, solche Funktionen ψ zu finden, die den Randbedingungen genügen und bei

Anwendung dieser Operation bis auf einen konstanten Faktor in sich übergehen. Dieser konstante Faktor ist dann die Quantenenergie ($E_{\text{ges.}}$) desjenigen Zustandes, der durch die Funktion ψ beschrieben wird. Es gibt i. allg. unendlich viele Funktionen und Energiewerte $E_{\text{ges.}}$, welche so bei einem atomaren System gefunden werden können. Dieses Verfahren sollte nicht auf die Energie beschränkt bleiben, es kann in entsprechender Weise auch auf andere physikalische Größen, wie z. B. den Impuls und den Drehimpuls, übertragen werden.

Bevor wir diese Gedanken ein wenig weiter verfolgen, sei die Anwendung der dreidimensionalen Wellengleichung auf die einfachsten Zustände des Wasserstoffatoms besprochen. Gl. (70a) besitzt im Falle wasserstoffähnlicher Atome, bei denen das Anziehungspotential zwischen Z-fach geladenem Kern und dem Elektron durch $-Z\, e_0^2/r$ [vgl. Gl. (2)] gegeben ist, die Gestalt:

$$-\frac{\hbar^2}{2\, m_e}\left(\frac{\partial^2 \psi}{\partial x^2} + \frac{\partial^2 \psi}{\partial y^2} + \frac{\partial^2 \psi}{\partial z^2}\right) - \frac{Z\, e_0^2}{\sqrt{x^2 + y^2 + z^2}} \cdot \psi = E_{\text{ges.}} \cdot \psi. \quad (71)$$

Wir wollen jetzt auf die Wiedergabe einer exakten Lösungstheorie dieser Gleichung — etwa nach dem Vorbilde der Oszillatorgleichung (60) — verzichten und lediglich verifizieren, daß gewisse Lösungen von Gl. (71) existieren, die wieder die Randbedingung des Verschwindens im Unendlichen erfüllen, denn das Elektron soll sich natürlich in der Nähe des Kernes aufhalten und nicht in großer Entfernung vom Kern, was wieder $\psi \to 0$ für $r\left(= \sqrt{x^2 + y^2 + z^2}\right) \to \infty$ verlangt.

Wir bestätigen zunächst, daß die Funktion $\psi_0 = e^{-\alpha\sqrt{x^2+y^2+z^2}}$ bei geeignetem α eine Lösung von Gl. (71) ist, die bei positivem α offenbar die Randbedingung des Verschwindens im Unendlichen erfüllt. Die erste Differentiation von ψ_0 nach x ergibt

$$\frac{\partial \psi_0}{\partial x} = -\frac{\alpha\, x \cdot e^{-\alpha\sqrt{x^2+y^2+z^2}}}{\sqrt{x^2 + y^2 + z^2}}$$

und daraus

$$\frac{\partial^2 \psi_0}{\partial x^2} = \frac{\alpha^2\, x^2}{x^2 + y^2 + z^2} \cdot e^{-\alpha\sqrt{x^2+y^2+z^2}} -$$

$$- \alpha\, \frac{\sqrt{x^2 + y^2 + z^2} - \dfrac{x^2}{\sqrt{x^2 + y^2 + z^2}}}{(x^2 + y^2 + z^2)} \cdot e^{-\alpha\sqrt{x^2+y^2+z^2}} \quad (72)$$

oder

$$\frac{\partial^2 \psi_0}{\partial x^2} = \left[\frac{\alpha^2\, x^2}{r^2} - \alpha\, \frac{(y^2 + z^2)}{r^3}\right] e^{-\alpha r}$$

und entsprechend:

$$\frac{\partial^2 \psi_0}{\partial y^2} = \left[\frac{\alpha^2\, y^2}{r^2} - \alpha\, \frac{(x^2 + z^2)}{r^3}\right] e^{-\alpha r};$$

$$\frac{\partial^2 \psi_0}{\partial z^2} = \left[\frac{\alpha^2\, z^2}{r^2} - \alpha\, \frac{(x^2 + y^2)}{r^3}\right] e^{-\alpha r}. \quad (72\,\text{a})$$

Die Addition ergibt

$$\Delta \psi_0 \equiv \left(\frac{\partial^2 \psi_0}{\partial x^2} + \frac{\partial^2 \psi_0}{\partial y^2} + \frac{\partial^2 \psi_0}{\partial z^2} \right)$$

$$= \left[\frac{\alpha^2 (x^2 + y^2 + z^2)}{r^2} - \frac{2\alpha (x^2 + y^2 + z^2)}{r^3} \right] e^{-\alpha r} = \left(\alpha^2 - \frac{2\alpha}{r} \right) e^{-\alpha r}.$$

Beim Einsetzen in Gl. (71) entsteht so:

$$\left[-\frac{\hbar^2}{2m_e} \left(\alpha^2 - \frac{2\alpha}{r} \right) - \frac{Z e_0^2}{r} - E_{\text{ges.}} \right] e^{-\alpha r} = 0, \qquad (73)$$

was für alle r-Werte nur zutrifft, wenn die Bedingungen:

$$\frac{\hbar^2}{m_e} \cdot \alpha = Z e_0^2 \quad \text{oder} \quad \alpha = \frac{Z e_0^2 m_e}{\hbar^2} = \frac{4\pi^2 Z e_0^2 m_e}{h^2} \qquad (73\,\text{a})$$

und

$$E_{\text{ges.}} = -\frac{\hbar^2}{2m_e} \cdot \alpha^2 \quad \text{oder} \quad E_{\text{ges.}} = -\frac{Z^2 e_0^4 m_e}{2\hbar^2} = -\frac{2\pi^2 Z^2 e_0^4 m_e}{h^2}$$

erfüllt sind, denn nur dann verschwinden die Koeffizienten, die beim Sammeln der konstanten Glieder und derjenigen mit dem Faktor $1/r$ in der eckigen Klammer von Gl. (73) erhalten werden. Man erkennt sofort, daß der errechnete Energiewert mit der bereits in der ersten Gl. (8) bestimmten Energie des Grundzustandes eines wasserstoffähnlichen Atoms übereinstimmt, so daß die Wellenfunktion ψ_0 das Verhalten des Elektrons in der Umgebung des im Ursprung festgehaltenen, Z-fach geladenen Kernes beschreibt; außerdem ist α nach Gl. (12) der Z-fache Wert des reziproken Bohrschen Radius r_B.

Die *normierte* Wellenfunktion des Grundzustandes eines wasserstoffähnlichen Atoms ergibt sich jetzt aus dem über den ganzen Raum zu erstreckenden Integral

$$\int \psi_{0,\,\text{normiert}}^2 \, dv = c_0^2 \int_0^\infty e^{-2Zr/r_B} \cdot 4\pi r^2 \, dr$$

$$= 4\pi c_0^2 \left(\frac{r_B}{2Z} \right)^3 \int_0^\infty e^{-u} u^2 \, du = 4\pi c_0^2 \left(\frac{r_B}{2Z} \right)^3 \cdot 2 = 1, \qquad (74)$$

woraus man

$$c_0 = \sqrt{\frac{Z^3}{\pi r_B^3}}$$

und

$$\psi_{0,\,\text{normiert}} = \sqrt{\frac{Z^3}{\pi r_B^3}} \; e^{-Zr/r_B} \qquad (75)$$

entnimmt. Man findet somit für die Aufenthaltswahrscheinlichkeit des Elektrons in einer Kugelschale zwischen den Radien r und $r + dr$, welche die Größe $4\pi r^2 \, dr$ besitzt, den Wert:

$$\psi_0^2 \cdot 4\pi r^2 \, dr = \frac{4 Z^3}{r_B^3} r^2 e^{-2Zr/r_B} \equiv W \, dr. \qquad (76)$$

Die Wahrscheinlichkeit W erreicht als Funktion von r ihr Maxima bei $r = r_B/Z$, wie man durch Differenzieren nach r sofort feststellen kann. Dieses Maximum befindet sich also genau dort, wo nach der älteren Bohrschen Theorie die erste *Kreisbahn* verlief; jedoch ist die Aufenthaltswahrscheinlichkeit des Elektrons *kugelsymmetrisch* um den Kern verteilt, insofern die Wahrscheinlichkeit W nur von der Entfernung vom Kern abhängt. Unser jetzt entwickeltes Atommodell entspricht deshalb wieder mehr dem Bilde einer Kugel und nicht dem einer Kreisscheibe, und es war schon auf S. 282 vermerkt worden, daß das H-Atommodell einer Kugel vielen Experimenten eher gerecht wird als das Modell der Kreisscheibe. Bereits aus diesem Grunde stellt die wellenmechanische Vorstellung einen entschiedenen Fortschritt und eine bessere Annäherung an die Wirklichkeit dar als die Bohrsche Theorie.

Freilich erstreckt sich das Atom bis ins Unendliche, weil die in Gl. (76) angegebene Aufenthaltswahrscheinlichkeit erst für $r \to \infty$ verschwindet. Wie wir aber schon auf S. 333 bemerkten, verschwinden die Wellenfunktionen sehr rasch, wenn man sich von dem Gebiet nennenswert entfernt, in dem sich das Elektron oder eine sonstige atomare Partikel nach den Gesetzen der klassischen Mechanik aufzuhalten vermag. So ist z. B. die Wahrscheinlichkeit dafür, das Elektron in einer Entfernung vom doppelten Bohrschen Radius und mehr vom H-Kern anzutreffen, nur noch etwa 9%; erhöht man diesen Abstand auf das 3fache des Bohrschen Radius bzw. auf das 10fache, so sinkt die Wahrscheinlichkeit auf etwa 3% bzw. etwa $4 \cdot 10^{-5}$%, wie man durch eine Ausführung der in Gl. (74) angegebenen Integration zwischen der jeweiligen r-Grenze und ∞ leicht erkennt. Das Atom kann trotzdem nicht als „starre Kugel" angesehen werden, eine Idealisierung, von der man von vornherein nicht erwarten darf, daß sie einer schärferen Prüfung standhält.

Man kann ebenso wie bei Gln. (71) bis (75) nachprüfen, daß die Funktionen

$$\left.\begin{array}{l} \sqrt{\dfrac{Z^3}{8\pi\, r_B^3}} \left(1 - \dfrac{\alpha}{2}\, r\right) e^{-\frac{\alpha}{2} r} \\[3ex] \sqrt{\dfrac{Z^5}{32\pi\, r_B^5}}\; x \cdot e^{-\frac{\alpha}{2} r} \\[3ex] \sqrt{\dfrac{Z^5}{32\pi\, r_B^5}}\; y \cdot e^{-\frac{\alpha}{2} r} \\[3ex] \sqrt{\dfrac{Z^5}{32\pi\, r_B^5}}\; z \cdot e^{-\frac{\alpha}{2} r} \end{array}\right\} \quad \alpha = \frac{Z}{r_B} \qquad (77)$$

gleichfalls normierte Lösungen der Wellengleichung (71) zum Energiewert

$$E_{\text{ges.}} = -\frac{2\pi^2 Z^2 m_e e_0^4}{h^2}\, \frac{1}{2^2} \qquad (77\,\text{a})$$

sind. Der Energiewert stimmt jetzt mit dem Energiewert zur Hauptquantenzahl $n = 2$ des wasserstoffähnlichen Atoms nach BOHR [s. Gl. (8)] überein. Die erste Eigenfunktion (77) ist kugelsymmetrisch; sie besitzt außerdem bei $r = 2r_B/Z$ eine Nullstelle, so daß ihr Vorzeichen im Intervall $[0, \infty]$ wechselt, wohingegen die ebenfalls kugelsymmetrische Lösungsfunktion (75) keinen Vorzeichenwechsel aufweist. Diese Eigenschaft teilen die Eigenfunktionen mit denen des Oszillators und der Grund- und Oberschwingung der Saite. Die weiteren Wasserstoffeigenfunktionen (77) besitzen keine kugelsymmetrische Gestalt mehr jedoch sind sie der Reihe nach noch kreissymmetrisch um die x-, um die y- und um die z-Achse; außerdem wechseln sie ebenfalls der Reihe nach das Vorzeichen beim Übergang von positiven zu negativen x-Werten bzw. y-Werten bzw. z-Werten.

Man nennt die kugelsymmetrischen Eigenfunktionen auch s-Eigenfunktionen[1] entsprechend den s-Zuständen oder s-Bahnen des Bohrschen Modells, und die übrigen drei Eigenfunktionen (77) heißen p-Eigenfunktionen (p-orbitals), die eine Vorzugsrichtung in den drei Raumrichtungen x, y und z aufweisen und den p-Bahnen der L-Schale mit ihren verschiedenen Orientierungen (magnetische Quantenzahlen $m = -1$; 0; $+1$ von S. 290) entsprechen. Da die vier Eigenfunktionen (77) zum gleichen Energiewert gehören, nennt man den Energiewert vierfach entartet.[2]

Wir wollen uns mit der Angabe der $1s$- und der $2s$- und $2p$-Eigenfunktionen (75) und (77) begnügen. Es gibt daneben natürlich auch $3s$-, $3p$-, $3d$-Eigenfunktionen usw. wie früher die entsprechenden Elektronenbahnen, jedoch ist es im Rahmen der hier zu gebenden Darstellung nicht notwendig, auf den zur Lösung der Wellengleichung (71) erforderlichen Apparat einzugehen, zumal wir später doch nur von den einfachen Funktionen (75) und (77) Gebrauch machen werden. Immerhin ist hier die Bemerkung wichtig, daß diese Funktionen ebenfalls aufeinander orthogonal stehen, was man ähnlich wie bei der Gl. (67) beweisen kann; man kann aber auch direkt prüfen, daß die Funktionen (75) und (77) paarweise orthogonal sind. Abb. 68 mag einen Eindruck der Elektronenverteilung vermitteln, welche den w-Funktionen der Gln. (75) und (77) entspricht, dabei sind die heller gezeichneten Bereiche diejenigen, in denen das Elektron jeweils mit größerer Wahrscheinlichkeit angetroffen wird

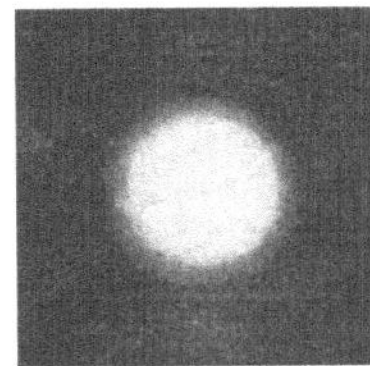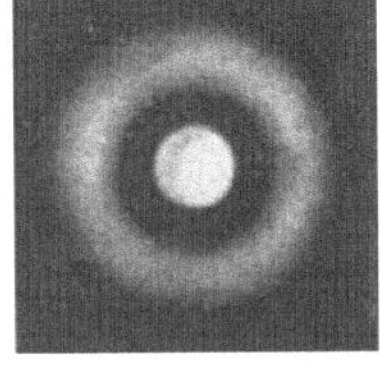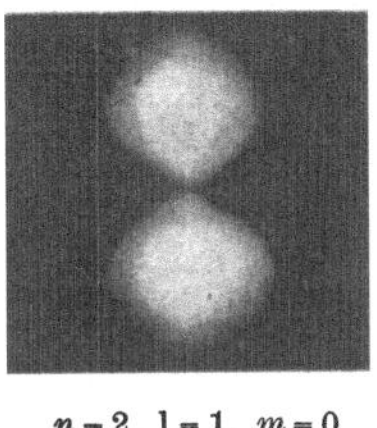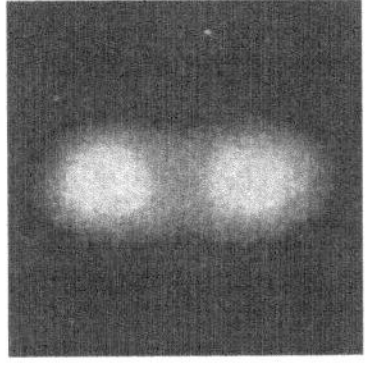

Abb. 68. Elektronenverteilung der s- und p-Elektronen des Wasserstoffs für die Hauptquantenzahlen $n = 1$ und $n = 2$

---

[1] Im angelsächsischen Schrifttum jetzt als s-orbitals bezeichnet.

[2] Gelegentlich spricht man auch nur von dreifacher Entartung, weil ein einfacher Energiewert allgemein als nichtentarteter Energieeigenwert bezeichnet wird.

§ 142. Operatoren, insbesondere Drehimpulsoperatoren. Drehimpulse der Elektronenzustände von Atomen. Vertauschungsrelationen

Bei der Behandlung der atomaren Systeme im Rahmen der Bohrschen Bahnvorstellung spielte der Drehimpuls der Elektronen eine ausgezeichnete Rolle, und es besteht noch die Notwendigkeit, auf die Frage nach der Bestimmung des Impulses und des Drehimpulses im Rahmen der Wellenmechanik einzugehen.

Es wurde schon bei den Ausführungen auf S. 339 betont, daß einer klassisch mechanischen Größe bei atomaren Problemen in der Wellenmechanik eine Differentialoperation entspricht, deren Eigenwerte dann die Quantenwerte der betreffenden Größe sind. Oben wurde dies am Beispiel der Energie näher ausgeführt, wobei gleichzeitig erwähnt wurde, daß in der Wellenmechanik die x-Komponente des Impulses durch den Differentialausdruck $\dfrac{\hbar}{i}\dfrac{\partial}{\partial x}\,\psi$ und entsprechend die y- und z-Komponente zu erfassen ist. Wir haben also für die Ermittlung des Impulses bzw. seiner x-Komponente die Wellengleichung zu lösen:

$$\frac{\hbar}{i}\frac{\partial}{\partial x}\psi = P_x \cdot \psi \qquad \begin{aligned}&(P_x = \text{Zahlwert der } x\text{-Komponente}\\&\text{des Impulses}).\end{aligned} \qquad (78)$$

Man kann die Lösung von Gl. (78) in der Form einer nur von x (nicht auch von t) abhängigen Welle ansetzen:

$$\left.\begin{aligned}\psi &= \alpha \cos\frac{2\pi v}{V_{\mathrm{Ph}}}\cdot x + \beta \sin\frac{2\pi v}{V_{\mathrm{Ph}}}\cdot x\\[2mm]&= \alpha \cos\frac{2\pi}{\lambda}x + \beta \sin\frac{2\pi}{\lambda}x.\end{aligned}\right\} \qquad (78a)$$

Beim Einsetzen in Gl. (78) entsteht:

$$-\frac{\hbar}{i}\frac{2\pi}{\lambda}\alpha \sin\frac{2\pi}{\lambda}x + \frac{\hbar}{i}\frac{2\pi}{\lambda}\beta \cos\frac{2\pi}{\lambda}x$$
$$= P_x\left(\alpha \cos\frac{2\pi}{\lambda}x + \beta \sin\frac{2\pi}{\lambda}x\right), \qquad (79)$$

woraus wegen der Unabhängigkeit von $\sin\dfrac{2\pi}{\lambda}x$ und $\cos\dfrac{2\pi}{\lambda}x$ gefolgert werden muß:

$$\left.\begin{aligned}-\frac{\hbar}{i}\frac{2\pi}{\lambda}\cdot \alpha - P_x \cdot \beta &= 0\\[3mm]P_x \cdot \alpha - \frac{\hbar}{i}\frac{2\pi}{\lambda}\beta &= 0.\end{aligned}\right\} \qquad (79a)$$

und

Dieses homogene Gleichungssystem besitzt nur Lösungen mit α und $\beta \neq 0$, wenn die Koeffizientendeterminante verschwindet:

$$\begin{vmatrix} -\dfrac{\hbar}{i}\dfrac{2\pi}{\lambda} & -P_x \\[4mm] P_x & -\dfrac{\hbar}{i}\dfrac{2\pi}{\lambda} \end{vmatrix} = -\hbar^2\frac{4\pi^2}{\lambda^2} + P_x^2 = -\frac{h^2}{\lambda^2} + P_x^2 = 0, \qquad (79b)$$

was $P_x = \pm h/\lambda$ und $\beta = \pm i\,\alpha$ verlangt, so daß die Lösung von Gl. (78) lautet:

$$\psi = \alpha\left(\cos\frac{2\pi}{\lambda}\,x \pm i\sin\frac{2\pi}{\lambda}\,x\right) = \alpha\left(\cos\frac{P_x}{\hbar}\,x \pm i\sin\frac{P_x}{\hbar}\,x\right), \qquad (78\,\mathrm{b})$$

sie gehört zum Impulseigenwert $P_x = \pm h/\lambda$, was genau der de Broglieschen Wellenlängenbeziehung entspricht. Wir sehen jetzt auch, daß die auf S. 339 als willkürliche Vorzeichenfestsetzung bezeichnete Wahl der für den Impuls maßgebenden Differentialoperation $\dfrac{\hbar}{i}\dfrac{\partial}{\partial x}$ lediglich festlegt, daß die Welle mit dem positiven Zeichen zwischen dem cos- und sin-Gliede in Gl. (78 b) eine positive Impulskomponente liefert, also einen nach rechts weisenden Impulsvektor darstellt.

Wir hätten Gl. (78) auch direkt mit den üblichen Methoden der Analysis — also ohne den Wellenansatz von Gl. (78 a) — wie folgt behandeln können:

Aus Gl. (78) folgt:

d. h.
$$\left.\begin{aligned}\frac{\hbar}{i}\frac{1}{\psi}\frac{\partial\psi}{\partial x} &= P_x, \\[2ex] \frac{\partial\ln\psi}{\partial x} &= \frac{i}{\hbar}P_x,\end{aligned}\right\} \qquad (80)$$

woraus sich durch Integration

$$\ln\psi = \frac{i}{\hbar}P_x\cdot x + \mathrm{const} \qquad (80\,\mathrm{a})$$

ergibt und daraus:

$$\psi = e^{\mathrm{const}}\cdot e^{\frac{i}{\hbar}P_x\cdot x} = \alpha\cdot e^{\frac{i}{\hbar}P_x\cdot x} \qquad \text{mit}\quad \alpha = e^{\mathrm{const}}. \qquad (80\,\mathrm{b})$$

Da nun tatsächlich $e^{ix} = \cos x + i\sin x$ [1] gilt, ist Gl. (80 b) mit Gl. (78 b) für $P_x = \pm h/\lambda$ identisch. Im Rahmen der wellenmechanischen Betrachtungen kann man häufig von der soeben erwähnten Beziehung für e^{ix} Gebrauch machen. Viele Formeln lassen sich unter Verwendung der komplexen e-Funktion besonders einfach schreiben. Eine einfache cosinus-Welle oder sinus-Welle löst die Gl. (78) nicht; es liegt dies daran, daß $\cos x = \dfrac{1}{2}[e^{ix} + e^{-ix}]$ gilt und $\sin x = \dfrac{1}{2i}[e^{ix} - e^{-ix}]$, so daß also eine cosinus-Welle eigentlich die Überlagerung von zwei Wellen ist, von denen die eine einen positiven und die andere einen negativen Impuls repräsentiert.

Es ist interessant, daß wir mit der Funktion (80 b) eine Lösung der Impulsgleichung besitzen, die *gleichzeitig* Lösung der Energiegleichung (59) für ein freies Teilchen ($E_{\mathrm{pot.}} = 0$)

$$-\frac{\hbar^2}{2m}\frac{\partial^2\psi}{\partial x^2} = +E\cdot\psi \qquad (81)$$

---

[1] Entsprechend gilt auch $e^{-ix} = \cos x - i\sin x$.

ist, was man durch Einsetzen von $\psi = \cos \dfrac{2\pi}{\lambda} x \pm i \sin \dfrac{2\pi}{\lambda} x$ und Beachtung von $P_x = \pm h/\lambda$ sofort bestätigt. Für Gl. (81) ist aber auch die cosinus- oder sinus-Welle *allein* eine Lösung, was daran liegt, daß die Energie des freien Teilchens unabhängig vom Vorzeichen des Teilchenimpulses ist.[1] Immerhin haben wir hier zwei Differentialgleichungen, nämlich die Gln. (78) und (81), die durch die gleiche Funktion — man sagt auch simultan — gelöst werden können und somit im gleichen Zustand feste Größen von Impuls *und* Energie besitzen. Vom klassisch mechanischen Standpunkt scheint dies mehr oder weniger selbstverständlich; wir dürfen aber nicht vergessen, daß anläßlich der Diskussion der Unschärferelation schon klar wurde, daß im Bereiche der Atomphysik nicht immer gleichzeitig mehrere ein Atom kennzeichnende Größen bestimmt sind. Wegen des Zusammenhangs $E = p^2/2m$ zwischen Energie und Impuls des freien Teilchens, der ja auch beim Atom bzw. Elektron gilt, ist es freilich hier schon plausibel, daß beide Größen feste und bestimmbare Werte auch im atomaren System besitzen werden.

Es gibt ein allgemeines mathematisches Kriterium für diese Möglichkeit der *gleichzeitigen* (*simultanen*) Erfassung von zwei oder mehreren Größen im atomaren Bereich. Dieses Kriterium besteht darin, daß die betreffenden Differentialoperationen oder Rechenoperationen, welche die fraglichen Größen darstellen, miteinander vertauschbar sind. Bei unseren Gln. (78) und (81) sind es die Ausdrücke auf der linken Seite, welche die Impulskomponente P_x bzw. die Energie E darstellen; die betreffenden Operationen — hier reine Differentiationsoperationen — sind miteinander vertauschbar, denn es gilt

$$\frac{\hbar}{i} \frac{\partial}{\partial x} \left(- \frac{\hbar^2}{2m} \frac{\partial^2 \psi}{\partial x^2} \right) = - \frac{\hbar^2}{2m} \frac{\partial^2}{\partial x^2} \left(\frac{\hbar}{i} \frac{\partial \psi}{\partial x} \right) = - \frac{\hbar^3}{2m\,i} \frac{\partial^3 \psi}{\partial x^3}. \qquad (82)$$

Dahingegen gilt diese Vertauschbarkeit nicht, wenn man etwa den Impuls und die Energie des Oszillators betrachtet:

$$\frac{\hbar}{i} \frac{\partial}{\partial x} \left(- \frac{\hbar^2}{2m} \frac{\partial^2 \psi}{\partial x^2} + \frac{D}{2} x^2 \psi \right) \neq \left(- \frac{\hbar^2}{2m} \frac{\partial^2}{\partial x^2} + \frac{D}{2} x^2 \right) \frac{\hbar}{i} \frac{\partial \psi}{\partial x}. \qquad (82\,\text{a})$$

Diese Nichtvertauschbarkeit liegt jetzt im wesentlichen daran, daß es einen Unterschied macht, ob man eine Funktion $\psi(x)$ erst mit x^2 multipliziert und dann nach x differenziert oder die Operationen in der umgekehrten Reihenfolge ausführt:

$$\frac{\partial}{\partial x} (x^2 \psi) = 2x\,\psi + x^2 \frac{\partial \psi}{\partial x} \quad \text{wohingegen} \quad x^2 \left(\frac{\partial}{\partial x} \psi \right) = x^2 \frac{\partial \psi}{\partial x}. \qquad (82\,\text{b})$$

Man schreibt derartige Beziehungen oft in der Form:

$$\frac{\hbar}{i} \frac{\partial}{\partial x} (x^2 \psi) - x^2 \left(\frac{\hbar}{i} \frac{\partial}{\partial x} \psi \right) = \frac{\hbar}{i} 2x\,\psi \qquad (82\,\text{c})$$

---

[1] Die reine cosinus-Welle (oder sinus-Welle) als Lösung von Gl. (81) stellt ein Teilchen dar, das etwa in einem Kasten zwischen den Wänden dauernd hin- und herfliegt, also abgesehen vom Stoß mit der Wand frei ist, das also eine bestimmte Energie hat, aber einen Impuls, der nach jedem Stoß das Vorzeichen umkehrt.

oder unter Weglassung des Zeichens ψ einfach, wenn noch $\dfrac{\hbar}{i}\dfrac{\partial}{\partial x}$ durch das Impulssymbol p_x abgekürzt wird:

$$p_x\,x^2 - x^2\,p_x = \frac{\hbar}{i}\cdot 2x. \tag{82d}$$

Ganz ebenso findet man durch Differenzieren:

$$p_x\cdot x - x\cdot p_x = \frac{\hbar}{i}\cdot 1. \tag{82e}$$

Man nennt Beziehungen der hier wiedergegebenen Art auch Vertauschungsrelationen; nur wenn die Vertauschungsrelation den Wert 0 ergibt, können die in einer Vertauschungsrelation enthaltenen physikalischen Größen gleichzeitig ermittelt oder gemessen werden. Die Vertauschungsrelation (82e) besagt z. B., daß Impulskomponente P_x und Ortskoordinate x nicht gleichzeitig bestimmbar sind, was wir schon bei der Besprechung der Unschärferelation auf S. 322 feststellen konnten. Daß beim Oszillator der Impuls nicht bestimmbar ist, wenn die Energie festliegt, ist dann nicht mehr verwunderlich.

Es mag noch hervorgehoben werden, daß die Relation (82d) leicht algebraisch aus Gl. (82e) hergeleitet werden kann, ohne daß man von Differentiationsregeln Gebrauch macht. Man muß dann nur beachten, daß die Multiplikation von p_x mit x und seinen Potenzen nicht vertauschbar ist. Multipliziert man nämlich Gl. (82e) von rechts mit x und anschließend von links mit x, so entsteht der Reihe nach:

$$\left.\begin{aligned}
p_x\cdot x^2 - x\cdot p_x\cdot x &= \frac{\hbar}{i}\cdot x,\\[2mm]
x\,p_x\cdot x - x^2\,p_x &= \frac{\hbar}{i}\cdot x,
\end{aligned}\right\} \tag{83}$$

woraus sich durch Addition direkt Gl. (82d) ergibt.

Bevor wir auf den tieferen Sinn dieses Vertauschungsgesetzes näher eingehen, wollen wir noch eine Anwendung auf den Drehimpuls eines atomaren Teilchens machen, wobei sich ein mit der klassischen Vorstellung nicht mehr im Einklang befindliches Ergebnis einstellt. Die Komponenten des Drehimpulses sind nach der klassischen Mechanik:

$$D_x = y\cdot P_z - zP_y; \quad D_y = zP_x - xP_z; \quad D_z = x\cdot P_y - yP_x \tag{84}$$

mit den Koordinaten x, y, z und den Impulskomponenten P_x, P_y, P_z. Wellenmechanisch ist die Impulskomponente durch den jeweiligen Differentialquotienten zu ersetzen, so daß die für die Impulse charakteristischen Operationen sich zu:

$$\left.\begin{aligned}
D_x &\rightarrow \frac{\hbar}{i}\left(y\frac{\partial}{\partial z} - z\frac{\partial}{\partial y}\right); \quad D_y \rightarrow \frac{\hbar}{i}\left(z\cdot\frac{\partial}{\partial x} - x\frac{\partial}{\partial z}\right);\\[2mm]
D_z &\rightarrow \frac{\hbar}{i}\left(x\frac{\partial}{\partial y} - y\frac{\partial}{\partial x}\right)
\end{aligned}\right\} \tag{84a}$$

ergeben. Bildet man

$$D_x \cdot D_y - D_y \cdot D_x \to -\hbar^2 \left[\left(y \frac{\partial}{\partial z} - z \frac{\partial}{\partial y} \right) \cdot \left(z \frac{\partial}{\partial x} - x \frac{\partial}{\partial z} \right) - \right.$$

$$\left. - \left(z \frac{\partial}{\partial x} - x \frac{\partial}{\partial z} \right) \left(y \frac{\partial}{\partial z} - z \frac{\partial}{\partial y} \right) \right]$$

$$= -\hbar^2 \left[y \frac{\partial}{\partial z} \left(z \frac{\partial}{\partial x} \right) - z^2 \frac{\partial^2}{\partial y \, \partial x} - y \cdot x \frac{\partial^2}{\partial z^2} + z \cdot x \frac{\partial^2}{\partial y \, \partial z} - \right.$$

$$\left. - z y \frac{\partial^2}{\partial x \, \partial z} + x \cdot y \frac{\partial^2}{\partial z^2} + z^2 \frac{\partial^2}{\partial x \, \partial y} - x \frac{\partial}{\partial z} \left(z \frac{\partial}{\partial y} \right) \right]$$

$$= -\,^2\hbar \left(y \frac{\partial}{\partial x} - x \frac{\partial}{\partial y} \right) = \hbar \, i \cdot \frac{\hbar}{i} \left(x \frac{\partial}{\partial y} - y \frac{\partial}{\partial x} \right), \tag{84b}$$

so findet man, daß die Vertauschungsrelationen

und analog
$$\left. \begin{array}{l} D_x D_y - D_y D_x = \hbar \, i \, D_z \\[4pt] D_y D_z - D_z D_y = \hbar \, i \, D_x, \\[4pt] D_z D_x - D_x D_z = \hbar \, i \, D_y \end{array} \right\} \tag{85}$$

gelten. Wegen der Nichtvertauschbarkeit der den Impulskomponenten entsprechenden Operationen kann man infolgedessen bei einem atomaren System niemals gleichzeitig alle drei Impulskomponenten festlegen; es kann vielmehr nur eine Komponente einen bestimmten Wert haben, während die anderen Komponenten unbestimmt bleiben.

Es läßt sich nun weiter zeigen, daß eine beliebige Drehimpulskomponente D_i mit dem gesamten Drehimpuls bzw. — was leichter zu beweisen ist — mit dem Quadrat des Drehimpulses $D_x^2 + D_y^2 + D_z^2$ vertauschbar ist, so daß also eine Komponente *und* das Quadrat des Gesamtdrehimpulses — und damit natürlich auch der Drehimpuls selbst — festgelegt werden können. Da dem Quadrat des Gesamtdrehimpulses die Differentialoperation

$$D^2 \to -\hbar^2 \left[\left(y \frac{\partial}{\partial z} - z \frac{\partial}{\partial y} \right) \left(y \frac{\partial}{\partial z} - z \frac{\partial}{\partial y} \right) + \right.$$

$$\left. + \left(z \frac{\partial}{\partial x} - x \frac{\partial}{\partial z} \right) \cdot \left(z \frac{\partial}{\partial x} - x \frac{\partial}{\partial z} \right) + \left(x \frac{\partial}{\partial y} - y \frac{\partial}{\partial x} \right) \left(x \frac{\partial}{\partial y} - y \frac{\partial}{\partial x} \right) \right] \tag{86}$$

entspricht, läßt sich durch direktes Ausdifferenzieren die Vertauschbarkeit nach den üblichen Differentiationsregeln beweisen. Es ist aber einfacher, dieses Resultat aus den Vertauschungsrelationen (85) rein algebraisch zu gewinnen. Zu diesem Zweck multiplizieren wir die letzte Gl. (85) von rechts und dann von links mit D_x, was

und
$$\left. \begin{array}{l} D_z D_x^2 - D_x D_z D_x = \hbar \, i \, D_y D_x \\[4pt] D_x D_z D_x - D_x^2 D_z = \hbar \, i \, D_x D_y \end{array} \right\} \tag{87}$$

ergibt, woraus durch Addition

$$D_z D_x^2 - D_x^2 D_z = \hbar \, i [D_y D_x + D_x D_y] \tag{87a}$$

entsteht. Verfährt man ebenso mit der zweiten Gl. (85), d. h., multipliziert man sie von rechts und von links mit D_y und addiert die erhaltenen Beziehungen, dann findet man entsprechend

$$D_y^2 D_z - D_z D_y^2 = \hbar\, i\, [D_x D_y + D_y D_x]. \tag{87b}$$

Die Substraktion der Gln. (87a) und (87b) führt zu:

$$D_z \cdot (D_x^2 + D_y^2) - (D_x^2 + D_y^2)\, D_z = 0. \tag{87c}$$

Weil weiter jede Größe D_i mit sich selbst und dann auch mit ihrem Quadrat vertauschbar ist, folgt durch Addition von

$$D_z \cdot D_z^2 - D_z^2 \cdot D_z = 0 \tag{88}$$

zur letzten Gleichung und durch Zusammenfassung:

$$D_z (D_x^2 + D_y^2 + D_z^2) - (D_x^2 + D_y^2 + D_z^2)\, D_z = 0, \tag{88a}$$

d. i. die Vertauschung der für die z-Komponente maßgebenden Operation mit der für das Drehimpulsquadrat charakteristischen Operation, womit direkt algebraisch ohne langwierige Rechnungen gezeigt ist, daß prinzipiell *eine* Drehimpulskomponente *und* der Gesamtdrehimpuls bestimmbar sind. Es läßt sich zwar ebenso zeigen, daß auch die anderen Drehimpulskomponenten-Operationen D_x und D_y mit dem Drehimpulsoperator (oder dem für das Quadrat) vertauschbar sind, da jedoch die Operatoren D_x, D_y und D_z unter sich *nicht* vertauschbar sind, kann in der Tat nur *eine* Komponente neben dem Gesamtdrehimpuls festgelegt werden. Welche Komponente dies ist, ist ebensowenig bestimmt wie die Richtung des Raumes, in die man die x- oder eine sonstige Koordinatenrichtung legt; dies bleibt der Willkür überlassen.[1]

Auf Grund der Vertauschungsrelationen (85) allein läßt sich übrigens bereits mathematisch mit den hier schon angedeuteten Methoden der sog. nichtkommutativen Algebra zeigen, daß als Zahlwerte des Quadrates des Gesamtdrehimpulses nur die Werte

$$\left.\begin{aligned}
\hbar^2 \left(k^2 - \tfrac{1}{4}\right) &= \hbar^2 \left(k - \tfrac{1}{2}\right) \left(k + \tfrac{1}{2}\right) \\
&= \hbar^2\, l(l+1) \quad \text{mit} \quad l = k - \tfrac{1}{2}
\end{aligned}\right\} \tag{89}$$

mit einem ganz- oder halbzahligen k in Betracht kommen, und daß die Komponente dann auf die Werte

$$\left.\begin{aligned}
&\hbar\left(k - \tfrac{1}{2}\right); \quad \hbar\left(k - \tfrac{3}{2}\right); \quad \hbar\left(k - \tfrac{5}{2}\right) \cdots -\hbar\left(k - \tfrac{3}{2}\right); \quad -\hbar\left(k - \tfrac{1}{2}\right) \\
\text{bzw.} \\
&\hbar\, l; \quad \hbar(l-1); \quad \hbar(l-2) \cdots -\hbar(l-1); \quad -\hbar\, l
\end{aligned}\right\} \tag{90}$$

beschränkt ist. Dieses Resultat ist mit unserem früher beim Bohrschen Bahnmodell erhaltenen Ergebnis im Einklang; wir werden es hier (s. u.) nur für die niedrigsten k- oder l-Werte näher begründen.

Es fällt auf, daß der größte Wert, den die Drehimpuls*komponente* haben kann, etwas kleiner als der Gesamtdrehimpuls $\hbar\,\sqrt{l(l+1)}$ ist. Dies bedeutet, daß sich der Drehimpuls niemals genau in die Richtung einer vorgegebenen Raumachse einrichten oder einquanteln kann. Diese

---

[1] Bei obigen Betrachtungen ist über den Wert der Energie noch keine Aussage oder Voraussetzung gemacht (vgl. S. 350f.).

nicht vollständige Einquantelung entspricht der Unschärferelation zwischen Drehimpuls und Drehachse, ähnlich wie die auf S. 322 erwähnte Unschärfe zwischen translatorischem Impuls und Ortskoordinate.

Im allgemeinen haben wir es mit Atomen und Molekeln in bestimmten Energiequantenzuständen zu tun; ob in diesen Zuständen der Drehimpuls oder eine Komponente des Drehimpulses einen bestimmten Wert aus der Zahlreihe (89) bzw. (90) besitzt, hängt davon ab, ob der Drehimpulsoperator oder der einer Komponente mit dem für die Energie des Atoms maßgebenden Differentialausdruck, den man auch seinen Hamilton-Operator H nennt [linke Seite von Gl. (71) oder Gl. (81)], vertauschbar ist oder nicht.

Man findet nun durch Ausdifferenzieren:

$$\left[\frac{\partial^2}{\partial y^2} D_x - D_x \frac{\partial^2}{\partial y^2}\right]$$

$$= \frac{\hbar}{i}\left[\frac{\partial^2}{\partial y^2}\left(y\frac{\partial}{\partial z} - z\frac{\partial}{\partial y}\right) - \left(y\frac{\partial}{\partial z} - z\frac{\partial}{\partial y}\right)\frac{\partial^2}{\partial y^2}\right] = \frac{\hbar}{i}\, 2\, \frac{\partial^2}{\partial y\,\partial z} \quad (91)$$

und ebenso

sowie

$$\left[\frac{\partial^2}{\partial z^2} D_x - D_x \frac{\partial^2}{\partial z^2}\right] = -\frac{\hbar}{i}\, 2\, \frac{\partial^2}{\partial z\,\partial y}$$

so daß

$$\left[\frac{\partial^2}{\partial x^2} D_x - D_x \frac{\partial^2}{\partial x^2}\right] = 0,$$

$$-\frac{\hbar^2}{2\,m_e}\left(\frac{\partial^2}{\partial x^2} + \frac{\partial^2}{\partial y^2} + \frac{\partial^2}{\partial z^2}\right) D_x +$$

$$+ D_x \cdot \frac{\hbar^2}{2\,m_e}\left(\frac{\partial^2}{\partial x^2} + \frac{\partial^2}{\partial y^2} + \frac{\partial^2}{\partial z^2}\right) = 0 \quad (91\,\text{a})$$

folgt. Der Drehimpulskomponenten-Operator D_x ist also mit dem ersten Teil des Hamilton-Operators von Gl. (71) vertauschbar. Ebenso sieht man, daß

$$\left[\frac{1}{r} D_x - D_x \cdot \frac{1}{r}\right] = \frac{\hbar}{i}\left(\frac{y}{r}\frac{\partial}{\partial z} - \frac{z}{r}\frac{\partial}{\partial y}\right) -$$

$$- \frac{\hbar}{i}\left(\frac{y}{r}\frac{\partial}{\partial z} - \frac{z}{r}\frac{\partial}{\partial y}\right) - \frac{\hbar}{i}\left(y\frac{\partial(1/r)}{\partial z} - z\frac{\partial(1/r)}{\partial y}\right) = 0 \quad (91\,\text{b})$$

gilt; hier heben sich die ersten beiden Glieder fort, während das dritte wegen $\frac{\partial(1/r)}{\partial z} = -\frac{z}{r^3}$ und $\frac{\partial(1/r)}{\partial y} = -\frac{y}{r^3}$ verschwindet, so daß der Operator D_x auch mit dem zweiten Teil des Hamilton-Operators H der Gl. (71) vertauschbar ist. Ebenso sind D_y und D_z mit dem gesamten Operator H von Gl. (71) vertauschbar und dann selbstverständlich auch die Quadrate D_x^2, D_y^2 und D_z^2 sowie deren Summe. Mithin ist der Gesamtdrehimpuls und eine Komponente des Drehimpulses des Elektrons eines wasserstoffähnlichen Atoms zugleich mit dem Energiewert des Atoms festlegbar. Dies ist der Grund dafür, daß die schon früher beim Wasserstoff erwähnten Quantenzahlen l und m den Drehimpuls und eine seiner Komponenten beschreiben.

Es soll jetzt für die Wasserstoff-Eigenfunktionen der Drehimpuls bzw. seine Komponente noch bestimmt werden. Dazu führen wir Polarkoordinaten ein:

$$\left.\begin{array}{ll} z = r \cos \vartheta & r = \sqrt{x^2 + y^2 + z^2} \\[2mm] x = r \sin \vartheta \cos \varphi \quad \text{bzw.} & \vartheta = \arccos \dfrac{z}{r} \\[2mm] y = r \sin \vartheta \sin \varphi & \varphi = \arcsin \dfrac{y}{\sqrt{x^2 + y^2}} , \end{array}\right\} \tag{92}$$

woraus

$$\begin{aligned} \frac{\partial}{\partial x} &= \frac{\partial}{\partial r} \cdot \left(\frac{\partial r}{\partial x}\right) + \frac{\partial}{\partial \vartheta} \cdot \left(\frac{\partial \vartheta}{\partial x}\right) + \frac{\partial}{\partial \varphi} \cdot \left(\frac{\partial \varphi}{\partial x}\right) \\ &= \frac{\partial}{\partial r} \cdot \left(\frac{x}{r}\right) + \frac{\partial}{\partial \vartheta} \cdot \left(\frac{x z}{r^2 \sqrt{x^2 + y^2}}\right) + \frac{\partial}{\partial \varphi} \cdot \left(\frac{-y}{x^2 + y^2}\right), \\ \frac{\partial}{\partial y} &= \frac{\partial}{\partial r} \cdot \left(\frac{y}{r}\right) + \frac{\partial}{\partial \vartheta} \cdot \left(\frac{y z}{r^2 \sqrt{x^2 + y^2}}\right) + \frac{\partial}{\partial \varphi} \cdot \left(\frac{x}{x^2 + y^2}\right) \end{aligned}$$

und

$$\frac{\partial}{\partial z} = \frac{\partial}{\partial r} \cdot \left(\frac{z}{r}\right) + \frac{\partial}{\partial \vartheta} \cdot \left(- \frac{\sqrt{x^2 + y^2}}{r^2}\right)$$

und somit für die in Gl. (84a) auftretenden Differentialausdrücke

$$\left.\begin{array}{l} y \dfrac{\partial}{\partial z} - z \dfrac{\partial}{\partial y} = - \sin \varphi \dfrac{\partial}{\partial \vartheta} - \dfrac{\cos \vartheta}{\sin \vartheta} \cos \varphi \dfrac{\partial}{\partial \varphi}, \\[3mm] z \dfrac{\partial}{\partial x} - x \dfrac{\partial}{\partial z} = \cos \varphi \dfrac{\partial}{\partial \vartheta} - \dfrac{\cos \vartheta}{\sin \vartheta} \sin \varphi \dfrac{\partial}{\partial \varphi}, \\[3mm] x \dfrac{\partial}{\partial y} - y \dfrac{\partial}{\partial x} = \dfrac{\partial}{\partial \varphi} \end{array}\right\} \tag{93}$$

folgt. Man erkennt sofort, daß die kugelsymmetrischen Eigenfunktionen der s-Elektronenzustände bei Ausführung der Differentiationen (93) den Wert Null ergeben, so daß die Gleichungen

$$D_x \cdot \psi_s = 0 \cdot \psi_s; \quad D_y \cdot \psi_s = 0 \cdot \psi_s; \quad D_z \cdot \psi_s = 0 \cdot \psi_s \tag{93a}$$

und damit die Drehimpulskomponenten Null und deshalb auch der Gesamtdrehimpuls Null erhalten werden. Während wir früher im Rahmen der Bohrschen Theorie bei den s-Elektronen ursprünglich mit einem Drehimpuls $1 \cdot \hbar$ rechneten und nur auf Grund der experimentellen Erfahrung die Drehimpulse um eine Einheit kleiner ansetzten, erhalten wir hier sofort das Verschwinden des Gesamtdrehimpulses und der Komponenten für die s-Elektronen der K- und L-Schale.

Setzen wir die p-Elektronenzustände der Gln. (77) ein, bestimmen wir also z. B. die Differentialoperationen D_x, D_y und D_z der dritten p-Funktion $z \cdot e^{-\alpha r/2} = r \cos \vartheta \cdot e^{-\alpha r/2}$ (ohne Normierungsfaktor), dann ergibt sich unter Beachtung der Gln. (93)

$$\left.\begin{array}{l} D_x(z \cdot e^{-\alpha r/2}) = \dfrac{\hbar}{i} \left[r \sin \vartheta \sin \varphi \cdot e^{-\alpha r/2} \right] = \dfrac{\hbar}{i} y \cdot e^{-\alpha r/2}, \\[3mm] D_y(z \cdot e^{-\alpha r/2}) = \dfrac{\hbar}{i} \left[- r \sin \vartheta \cos \varphi \cdot e^{-\alpha r/2} \right] = - \dfrac{\hbar}{i} x \cdot e^{-\alpha r/2}, \\[3mm] D_z(z \cdot e^{-\alpha r/2}) = \dfrac{\hbar}{i} \left[0 \cdot e^{-\alpha r/2} \right] = 0 \cdot z \cdot e^{-\alpha r/2}. \end{array}\right\} \tag{94}$$

Wir entnehmen daraus, daß die z-Komponente des Drehimpulses dieser Eigenfunktionen den Wert Null erhält, weil sie einer der Gl. (93a) analogen Beziehung mit dem Eigenwert Null für die Drehimpulskomponente genügt. Die anderen Komponenten weisen jedoch keine festen Drehimpulswerte auf, weil die Ausführung der Differentialoperationen D_x und D_y nicht auf die Ausgangsfunktion $z \cdot e^{-\alpha r/2}$ zurückführt. Bestimmen wir jetzt das Quadrat der Impulskomponenten und addieren, so finden wir [vgl. wieder die Gln. (93)]

$$\left.\begin{aligned}
D_x(D_x[z \cdot e^{-\alpha r/2}]) &= -\hbar^2[-r \cos\vartheta \sin^2\varphi \cdot e^{-\alpha r/2} - \\
&\quad - r \cos\vartheta \cdot \cos^2\varphi \cdot e^{-\alpha r/2}] = \hbar^2 \cdot r \cos\vartheta \cdot e^{-\alpha r/2}, \\
D_y(D_y[z \cdot e^{-\alpha r/2}]) &= -\hbar^2[-r \cos\vartheta \cos^2\varphi \cdot e^{-\alpha r/2} - \\
&\quad - r \cos\vartheta \sin^2\varphi \cdot e^{-\alpha r/2}] = \hbar^2 r \cos\vartheta \cdot e^{-\alpha r/2}, \\
D_z(D_z[z \cdot e^{-\alpha r/2}]) &= -\hbar^2[0 \cdot e^{-\alpha r/2}] \qquad\quad = 0 \cdot r \cos\vartheta \cdot e^{-\alpha r/2},
\end{aligned}\right\} \quad \text{(94a)}$$

woraus

$$(D_x^2 + D_y^2 + D_z^2)\,[z \cdot e^{-\alpha r/2}] = 2\hbar^2 \cdot z \cdot e^{-\alpha r/2} \tag{94b}$$

folgt, so daß das Quadrat des Gesamtdrehimpulses dieser p-Eigenfunktionen den Wert $2\hbar^2$ und der Gesamtdrehimpuls selbst den Wert $\sqrt{2}\,\hbar$ aufweist. Die in den Gln. (89) und (90) erwähnte (Quanten-) Zahl l besitzt also für diese p-Funktion den Wert 1 (und für die s-Funktionen den Wert 0). Man erkennt übrigens, daß die Weglassung des Normierungsfaktors in den Gln. (94) und (94b) an unseren Schlüssen nichts ändert.

Die Gln. (94a) weisen darauf hin, daß das Quadrat der x- und der y-Komponente des Drehimpulses unserer p-Funktion den Wert $\hbar^2$ besitzen kann. Prinzipiell ist dieser Schluß richtig, daß *eine* p-Funktion diese Drehimpulskomponenten aufweisen kann, nur ist dies nicht gerade die Funktion $z \cdot e^{-\alpha r/2}$, die vielmehr durch das *Verschwinden* der z-Komponente des Drehimpulses gekennzeichnet ist. Die anderen p-Funktionen der Gln. (77) ergeben, wie man in der gleichen Weise bestätigen kann, denselben Gesamtdrehimpuls, und außerdem verschwinden für sie die x-Komponente bzw. die y-Komponente des Drehimpulses, während die anderen Drehimpulse jeweils keinen definierten Wert besitzen. Wünscht man eine p-Funktion zu erhalten, bei der z. B. die z-Komponente des Drehimpulses einen definierten, von Null abweichenden Wert besitzt, dann muß man durch geeignete Linearkombination aus den p-Funktionen (77) eine solche herleiten, die der Gleichung:

$$D_z\,\psi = \frac{\hbar}{i}\left(x\,\frac{\partial\psi}{\partial y} - y\,\frac{\partial\psi}{\partial x}\right) = \frac{\hbar}{i}\,\frac{\partial\psi}{\partial\varphi} = P_z \cdot \psi \qquad (P_z = \text{const}) \tag{95}$$

genügt. Man stellt sofort fest, daß die Funktionen $\psi = (x \pm i\,y) \cdot e^{-\alpha r/2}$ $= r \sin\vartheta\,(\cos\varphi \pm i \sin\varphi)\,e^{-\alpha r/2}$ beim Einsetzen in Gl. (95) zu:

$$\begin{aligned}
\frac{\hbar}{i}\,\frac{\partial\psi}{\partial\varphi} &= \frac{\hbar}{i}\,[r \sin\vartheta\,(-\sin\varphi \pm i \cos\varphi)\,e^{-\alpha r/2}] \\
&= \pm\hbar\, r \sin\vartheta\,(\cos\varphi \pm i \sin\varphi) \cdot e^{-\alpha r/2} = \pm\hbar \cdot \psi
\end{aligned} \tag{95a}$$

führen, womit $P_z = +\hbar$ oder $-\hbar$ erhalten wird. Da die Energiegleichung (73) linear ist, sind die Funktionen $(x \pm i\,y)\,e^{-\alpha r/2}$ auch Lösungen der Schrödinger-Gleichung zum Energiewert (77a). Wir erhalten so an Stelle der Lösungen (77) die normierten Funktionen

$2s$-Eigenfunktion:

$$\sqrt{\frac{Z^3}{8\pi\,r_B^3}} \cdot \left(1 - \frac{Z\,r}{2\,r_B}\right) e^{-Z\,r/2\,r_B}; \qquad E_{2s} = -\frac{2\pi^2 Z^2\,m_e\,e_0^4}{h^2} \cdot \frac{1}{2^2};$$
$$P_r = 0; \quad P_z = 0,$$

$2p$-Eigenfunktionen:

$$\sqrt{\frac{Z^5}{64\pi\,r_B^5}}\,(x + i\,y)\cdot e^{-Z\,r/2\,r_B}; \qquad E_{2p} = -\frac{2\pi^2 Z^2\,m_e\,e_0^4}{h^2}\cdot\frac{1}{2^2};$$
$$P_r = \sqrt{2}\,\hbar; \quad P_z = +\hbar,$$

$$\sqrt{\frac{Z^5}{32\pi\,r_B^5}}\,z\cdot e^{-Z\,r/2\,r_B}; \qquad E_{2p} = -\frac{2\pi^2 Z^2\,m_e\,e_0^4}{h^2}\cdot\frac{1}{2^2};$$
$$P_r = \sqrt{2}\,\hbar; \quad P_z = 0,$$

$$\sqrt{\frac{Z^5}{64\pi\,r_B^5}}\,(x - i\,y)\cdot e^{-Z\,r/2\,r_B}; \qquad E_{2p} = -\frac{2\pi^2 Z^2\,m_e\,e_0^4}{h^2}\cdot\frac{1}{2^2};$$
$$P_r = \sqrt{2}\,\hbar; \quad P_z = -\hbar. \tag{96}$$

Die Normierung der komplexen Funktionen geschieht dabei nach der Bedingung

$$\int \psi_{2p}^* \cdot \psi_{2p}\,dv = \int\limits_0^\infty \frac{Z^5}{64\pi\,r_B^5}\,(x - i\,y)\,(x + i\,y)\,e^{-Zr/r_B}\,4\pi\,r^2\,dr$$

$$= \frac{Z^5}{64\pi\,r_B^5}\int\limits_0^\infty (x^2 + y^2)\cdot e^{-Zr/r_B}\,4\pi\,r^2\,dr = 1, \tag{96a}$$

wo ψ_{2p}^* die zu ψ_{2p} konjugierte komplexe Eigenfunktion ist. Im Falle komplexer Eigenfunktionen gewinnt übrigens die Orthogonalitätsbeziehung (67c) die Gestalt

$$\int \psi_n^* \cdot \psi_m\,dx = 0 \quad \text{bzw.} \quad \int \psi_n^* \cdot \psi_m\,dv = 0, \tag{96b}$$

wenn die Integration wie hier über den ganzen Raum zu erstrecken ist. Man kann Gl. (96b), insbesondere bei reellem Energieeigenwert, ganz ähnlich wie Gl. (67c) beweisen; die Eigenwerte sind hier als Energien physikalischer Systeme natürlich reell.

§ 143. Operatoren und ihre Matrixdarstellungen[1]

Es lassen sich an Hand der Gln. (96) und der Differentialoperationen D_x, D_y und D_z einige allgemeine und für die Wellen- bzw. Quantenmechanik grundsätzlich wichtige Betrachtungen anstellen, die hier wiedergegeben werden sollen. Nennen wir einmal die drei $2p$-Eigenfunktionen in Gl. (96) der Reihe nach ξ, η und ζ, dann ergibt sich unter

---

[1] Dieser Paragraph ist für ein erstes Studium entbehrlich.

Beachtung von Gl. (93) bei Anwendung der Operation D_x auf diese Funktionen

$$D_x(\xi) = \hbar\, i \left(\sin\varphi \cdot \frac{\partial}{\partial\vartheta} + \frac{\cos\vartheta}{\sin\vartheta}\cos\varphi\,\frac{\partial}{\partial\varphi}\right) \times$$

$$\times \left[\sqrt{\frac{Z^5}{64\pi\, r_B^5}} \cdot r \sin\vartheta\,(\cos\varphi + i \sin\varphi) \cdot e^{-Z\,r/2\,r_B}\right]$$

$$= -\hbar\sqrt{\frac{Z^5}{64\pi\, r_B^5}}\, r \cos\vartheta \cdot e^{-Z\,r/2\,r_B} = -\frac{\hbar}{\sqrt{2}} \cdot \eta, \qquad (97)$$

$$D_x(\eta) = \hbar\, i \left(\sin\varphi \frac{\partial}{\partial\vartheta} + \frac{\cos\vartheta}{\sin\vartheta}\cos\varphi\,\frac{\partial}{\partial\varphi}\right) \left[\sqrt{\frac{Z^5}{32\pi\, r_B^5}}\, r \cos\vartheta\, e^{-Z\,r/2\,r_B}\right]$$

$$= -\hbar\sqrt{\frac{Z^5}{32\pi\, r_B^5}}\, r \sin\vartheta\, i \sin\varphi \cdot e^{-Z\,r/2\,r_B} = \frac{\hbar}{\sqrt{2}}\,(-\xi + \zeta),$$

$$D_x(\zeta) = \hbar\, i \left(\sin\varphi \frac{\partial}{\partial\vartheta} + \frac{\cos\vartheta}{\sin\vartheta}\cos\varphi\,\frac{\partial}{\partial\varphi}\right) \times$$

$$\times \left[\sqrt{\frac{Z^5}{64\pi\, r_B^5}}\, r \sin\vartheta\,(\cos\varphi - i \sin\varphi)\, e^{-Z\,r/2\,r_B}\right]$$

$$= \hbar\sqrt{\frac{Z^5}{64\pi\, r_B^5}}\, r \cos\vartheta \cdot e^{-Z\,r/2\,r_B} = \frac{\hbar}{\sqrt{2}}\,\eta.$$

Ebenso findet man die Relationen:

$$D_y(\xi) = -\frac{\hbar}{\sqrt{2}}\, i\,\eta; \quad D_y(\eta) = \frac{\hbar}{\sqrt{2}}\, i\,(\xi + \zeta); \quad D_y(\zeta) = -\frac{\hbar}{\sqrt{2}}\, i\,\eta$$

und

$$D_z(\xi) = \hbar \cdot \xi; \qquad D_z(\eta) = 0 \cdot \eta; \qquad D_z(\zeta) = -\hbar \cdot \zeta. \qquad (97\,\mathrm{a})$$

Geht man z. B. von $D_y(\xi) = -\dfrac{\hbar}{\sqrt{2}}\, i\,\eta$ aus und wendet auf das Resultat die Operation D_x an, so findet man wegen $D_x(\eta) = +\dfrac{\hbar}{\sqrt{2}}\,(-\xi + \zeta)$ das Ergebnis:

$$D_x\big(D_y(\xi)\big) = +\frac{\hbar^2}{2}\, i\,(\xi - \zeta);$$

in der gleichen Weise folgt

$$D_y\big(D_x(\xi)\big) = -\frac{\hbar^2}{2}\, i\,(\xi + \zeta).$$

Die Subtraktion dieser beiden, in verschiedener Weise gebildeten Produkte ergibt die Vertauschungsrelation:

$$D_x\big(D_y(\xi)\big) - D_y\big(D_x(\xi)\big) = \hbar^2\, i\,\xi = \hbar\, i\, D_z(\xi),$$

d. i. die erste der Vertauschungsrelationen (85) für die Funktion ξ. Entsprechend gewinnt man die gleiche Relation für die Funktionen η und ζ. Ebenso lassen sich die restlichen Vertauschungsrelationen (85) bestätigen.

Man kann den Gln. (97) und (97a) die Deutung einer „Abbildung" geben, derart, daß die Größen ξ, η und ζ durch die Abbildungen in neue Größen übergehen. Diese Abbildungen verhalten sich wegen der

Linearität der in D_x, D_y und D_z enthaltenen Differentialoperationen ähnlich wie die linearen Transformationen der Punkte oder Vektoren eines dreidimensionalen Raumes mit den Koordinaten oder Komponenten ξ, η, ζ. Derartige Transformationen werden in der analytischen Geometrie durch lineare Gleichungen folgender Form dargestellt, wenn wir zur Unterscheidung dem Bildpunkt die Koordinaten ξ', η' und ζ' geben:

$$\left.\begin{aligned} \xi' &= a_{11}\,\xi + a_{12}\,\eta + a_{13}\,\zeta, \\ \eta' &= a_{21}\,\xi + a_{22}\,\eta + a_{23}\,\zeta, \\ \zeta' &= a_{31}\,\xi + a_{32}\,\eta + a_{33}\,\zeta. \end{aligned}\right\} \tag{98}$$

Dieses Gleichungssystem wird oft symbolisch durch

$$\mathfrak{x}' = \mathfrak{A} \cdot \mathfrak{x} \tag{98a}$$

abgekürzt, wo $\mathfrak{x}'$ und $\mathfrak{x}$ die „Vektoren" mit den Komponenten (ξ', η', ζ') bzw. (ξ, η, ζ) sind und $\mathfrak{A}$ eine Abkürzung für das Koeffizientenschema der a_{ik} von Gl. (98). Die „Multiplikation" von $\mathfrak{A}$ mit $\mathfrak{x}$ ist nach der in Gl. (98) gegebenen Definition zu verstehen. Das Koeffizientenschema der a_{ik} besitzt für unsere durch die Operationen D_x, D_y und D_z gegebenen „Abbildungen" die Gestalt

$$\left.\begin{aligned} &D_x\colon && D_y\colon \\ \xi' &= 0\cdot\xi - \frac{\hbar}{\sqrt{2}}\cdot\eta + 0\cdot\zeta & \xi' &= 0\cdot\xi + \frac{\hbar}{\sqrt{2}}\,i\,\eta + 0\cdot\zeta \\ \eta' &= -\frac{\hbar}{\sqrt{2}}\,\xi + 0\cdot\eta + \frac{\hbar}{\sqrt{2}}\cdot\zeta & \eta' &= -\frac{\hbar}{\sqrt{2}}\,i\,\xi + 0\cdot\eta - \frac{\hbar}{\sqrt{2}}\,i\cdot\zeta \\ \zeta' &= 0\cdot\xi + \frac{\hbar}{\sqrt{2}}\cdot\eta + 0\cdot\zeta & \zeta' &= 0\cdot\xi + \frac{\hbar}{\sqrt{2}}\,i\,\eta + 0\cdot\zeta \\ &D_z\colon \\ \xi' &= \hbar\,\xi + 0\cdot\eta + 0\cdot\zeta \\ \eta' &= 0\,\xi + 0\cdot\eta + 0\cdot\zeta \\ \zeta' &= 0\,\xi + 0\cdot\eta - \hbar\cdot\zeta. \end{aligned}\right\} \tag{99}$$

Das erste Koeffizientenschema besagt, daß bei Anwendung der Operation D_x etwa auf die einfache Größe ξ ($\xi = 1$) ein Abbild in der Richtung η von der Größe $-\hbar/\sqrt{2}$ entsteht, was genau der ersten Gl. (97) entspricht usw. Man kann, wie wir das oben bereits ausgeführt haben, zwei Abbildungen hintereinanderschalten, indem wir aus ξ', η', ζ' durch eine neue Transformation die Größen ξ'', η'', ζ'' herleiten.

$$\left.\begin{aligned} \xi'' &= a_{11}'\,\xi' + a_{12}'\,\eta' + a_{13}'\,\zeta' = (a_{11}'\,a_{11} + a_{12}'\,a_{21} + a_{13}'\,a_{31})\,\xi + \\ &\quad + (a_{11}'\,a_{12} + a_{12}'\,a_{22} + a_{13}'\,a_{32})\,\eta + (a_{11}'\,a_{13} + a_{12}'\,a_{23} + a_{13}'\,a_{33})\,\zeta, \\ \eta'' &= a_{21}'\,\xi' + a_{22}'\,\eta' + a_{23}'\,\zeta' = (a_{21}'\,a_{11} + a_{22}'\,a_{21} + a_{23}'\,a_{31})\,\xi + \\ &\quad + (a_{21}'\,a_{12} + a_{22}'\,a_{22} + a_{23}'\,a_{32})\,\eta + (a_{21}'\,a_{13} + a_{22}'\,a_{23} + a_{23}'\,a_{33})\,\zeta, \\ \zeta'' &= a_{31}'\,\xi' + a_{32}'\,\eta' + a_{33}'\,\zeta' = (a_{31}'\,a_{11} + a_{32}'\,a_{21} + a_{33}'\,a_{31})\,\xi + \\ &\quad + (a_{31}'\,a_{12} + a_{32}'\,a_{22} + a_{33}'\,a_{32})\,\eta + (a_{31}'\,a_{13} + a_{32}'\,a_{23} + a_{33}'\,a_{33})\,\zeta. \end{aligned}\right\} \tag{100}$$

Diese durch Hintereinanderschalten erhaltene Transformation läßt sich also direkt aus den ursprünglichen Größen ξ, η, ζ gewinnen mit einem Koeffizientenschema, das in der angegebenen Weise aus den Koeffizientenschemata der ersten beiden Transformationen hergeleitet werden kann. Man nennt das Koeffizientenschema bekanntlich eine Matrix und die Zusammensetzung eine Matrizenmultiplikation. Der Nichtvertauschbarkeit der Operationen D_x und D_y entspricht dann die Nichtvertauschbarkeit der zugeordneten Matrizen; in unserem Beispiel resultiert bei der Matrizenmultiplikation der den Operationen D_x, D_y zugeordneten Matrizen:

$$D_x \cdot D_y \sim$$

$$\begin{pmatrix} 0 & -\dfrac{\hbar}{\sqrt{2}} & 0 \\ -\dfrac{\hbar}{\sqrt{2}} & 0 & \dfrac{\hbar}{\sqrt{2}} \\ 0 & \dfrac{\hbar}{\sqrt{2}} & 0 \end{pmatrix} \cdot \begin{pmatrix} 0 & +\dfrac{\hbar}{\sqrt{2}}i & 0 \\ -\dfrac{\hbar}{\sqrt{2}}i & 0 & -\dfrac{\hbar}{\sqrt{2}}i \\ 0 & +\dfrac{\hbar}{\sqrt{2}}i & 0 \end{pmatrix} = \begin{pmatrix} \dfrac{\hbar^2}{2}\cdot i & 0 & \dfrac{\hbar^2}{2}\cdot i \\ 0 & 0 & 0 \\ -\dfrac{\hbar^2}{2}\cdot i & 0 & -\dfrac{\hbar^2}{2}i \end{pmatrix} \quad (101)$$

Ändert man die Reihenfolge der Faktoren, dann entsteht

$$D_y \cdot D_x \sim$$

$$\begin{pmatrix} 0 & +\dfrac{\hbar}{\sqrt{2}}i & 0 \\ -\dfrac{\hbar}{\sqrt{2}}i & 0 & -\dfrac{\hbar}{\sqrt{2}}i \\ 0 & +\dfrac{\hbar}{\sqrt{2}}i & 0 \end{pmatrix} \cdot \begin{pmatrix} 0 & -\dfrac{\hbar}{\sqrt{2}} & 0 \\ -\dfrac{\hbar}{\sqrt{2}} & 0 & \dfrac{\hbar}{\sqrt{2}} \\ 0 & \dfrac{\hbar}{\sqrt{2}} & 0 \end{pmatrix} = \begin{pmatrix} -\dfrac{\hbar^2}{2}\cdot i & 0 & +\dfrac{\hbar^2}{2}\cdot i \\ 0 & 0 & 0 \\ -\dfrac{\hbar^2}{2}i & 0 & +\dfrac{\hbar^2}{2}\cdot i \end{pmatrix} \quad (101\,\text{a})$$

Die Matrix, welche die Transformation $D_x D_y$ repräsentiert, unterscheidet sich demnach von der Matrix, die das umgekehrte Produkt $D_y D_x$ darstellt. Die Subtraktion der Matrizen liefert

$$(D_x D_y - D_y D_x) \sim \begin{pmatrix} \hbar^2 i & 0 & 0 \\ 0 & 0 & 0 \\ 0 & 0 & -\hbar^2 i \end{pmatrix} = i\,\hbar \begin{pmatrix} 1\cdot\hbar & 0 & 0 \\ 0 & 0 & 0 \\ 0 & 0 & -1\cdot\hbar \end{pmatrix} \quad (101\,\text{b})$$

Da die letzte Matrix der Operation D_z entspricht, ist diese letzte Beziehung die Matrizendarstellung der ersten Gl. (85), nämlich der Beziehung $D_x D_y - D_y D_x = i\,\hbar D_z$. In demselben Sinne erfüllen unsere Matrizen auch die anderen Gln. (85).

Anstatt die Wellengleichung zu lösen und zu zeigen, daß die Lösungen gewisse Drehimpulswerte und Komponenten des Drehimpulses repräsentieren, kann man auch versuchen, die Vertauschungsrelationen (85) durch Matrizen, die nicht notwendig dreidimensional sein müssen, darzustellen. Diese Matrizen können, wenn sie wie die obige Matrix für die Operation D_z auf Diagonalform gebracht werden, offensichtlich direkt die möglichen Werte für die Drehimpulskomponenten angeben, denn den

Gln. (95) entsprechen in unserer Matrizensprache die Gleichungen

$$D_z(\xi) = P_{z_1} \cdot \xi, \qquad D_z(\eta) = P_{z_2} \cdot \eta, \qquad D_z(\zeta) = P_{z_2} \cdot \zeta, \qquad (102)$$

wo die P_{zi} die jeweiligen Komponenten des Drehimpulses, also reine Zahlen sind. Die Gln. (102) verlangen, daß D_z offenbar die Gestalt:

$$D_z \sim \begin{pmatrix} P_{z_1} & 0 & 0 \\ 0 & P_{z_2} & 0 \\ 0 & 0 & P_{z_3} \end{pmatrix} \qquad (102\,a)$$

besitzt, also auf Diagonalform gebracht ist.

Bei einer derartigen Diskussion der Vertauschungsrelationen zeigt sich rein mathematisch, daß eine Repräsentation durch 1reihige, 2reihige, 3reihige, allgemein n-reihige Matrizen im wesentlichen jeweils nur in einer Weise möglich ist, wobei nur die *einen* Drehimpulsoperator darstellende Matrix auf Diagonalform gebracht sein kann, wohingegen die anderen nicht gleichzeitig auf Diagonalform zu bringen sind, was nach den eben gemachten Ausführungen so viel bedeutet, daß etwa nur die z-Komponente des Drehimpulses einen festen Wert besitzen kann, während dahingegen die übrigen Komponenten gleichzeitig keine fest definierten Werte besitzen.

Daß hier nur eine Komponente D_i sich auf Diagonalform befinden kann, liegt an der Nichtvertauschbarkeit der Produktbildung $D_x D_y$ usw. gemäß Gl. (85). Wenn nämlich zwei Operatoren durch Matrizen repräsentiert werden, die beide auf Diagonalform gebracht sind, wobei die Diagonalwerte der einen Matrix λ_i und die der anderen μ_i genannt sein mögen, dann ist das Produkt nach den Regeln der Matrizenmultiplikation wieder eine Diagonalmatrix mit den Diagonalwerten $\lambda_i \mu_i$ oder $\mu_i \lambda_i$ je nach der Reihenfolge der Produktbildung. Wegen der Kommutativität der gewöhnlichen Multiplikation sind diese Diagonalmatrizen also vertauschbar, und diese Vertauschbarkeit gilt dann auch für eine Matrixdarstellung, bei der die Matrizen sich nicht auf Diagonalform befinden. Dieser Satz, daß nämlich gleichzeitig auf Diagonalform zu bringende Matrizen vertauschbar sind, läßt sich bei den hier interessierenden Fällen auch umkehren, und er bildet im Hinblick auf die Bemerkungen zu Gln. (102) und (102a) die Grundlage dafür, daß nur solche Größen der atomaren Systeme gleichzeitig feste Werte besitzen, welche durch Differentialoperationen repräsentiert werden, die miteinander vertauschbar sind. Darauf wurde schon oben hingewiesen, ohne daß dies Kriterium für die Möglichkeit der simultanen Ermittlung atomarer Größen auf S. 346 schon näher diskutiert werden konnte. Prinzipiell läßt sich die Begründung auch an der früheren Stelle in der analogen Weise, wie es hier angedeutet wurde, durchführen, wobei freilich gelegentlich auch mit Matrizen mit unendlich vielen Zeilen und Spalten operiert werden muß. Ein Eingehen darauf ist aber hier nicht nötig.

Man kann dann weiter allgemein von den Matrizen, welche den Relationen (85) genügen, zeigen, daß bei Repräsentation durch n-reihige

Matrizen die eine jeweils auf Diagonalform gebrachte Matrix — etwa diejenige, welche die Operation D_z darstellt — Zahlen enthält, die sich von Reihe zu Reihe um den Wert $\hbar$ unterscheiden und insgesamt von $+\dfrac{n-1}{2}\hbar$ bis zu $-\dfrac{n-1}{2}\hbar$ über alle Zahlen fortlaufen, während die Matrix, welche der Operation $D_x^2 + D_y^2 + D_z^2$ zugeordnet ist, die — weil ja mit allen D vertauschbar (S. 349) — zugleich mit D_z auf Diagonalform gebracht werden kann, in der Diagonale nur konstante Werte, nämlich $\dfrac{n-1}{2}\cdot\dfrac{n+1}{2}\hbar^2$ enthält. So gelangt man zu den halbzahligen und ganzzahligen Komponenten des Drehimpulses, die schon bei den Gln. (89) und (90) genannt waren. Es sei hier auf eine Wiedergabe des — im übrigen nicht allzu schwierigen Beweises — verzichtet; es mag aber aus unseren Ausführungen ersichtlich werden, daß es manchmal nützlich (und einfacher) ist, die Ergebnisse über atomare Größen mit Hilfe der Matrizenmethode, d. h. der sog. Matrizenmechanik, zu gewinnen.

Bei unseren Drehimpulsen erhalten wir halbzahlige Werte der z-Komponente ($\tfrac{1}{2}\hbar$, $\tfrac{3}{2}\hbar$ usw.) nur, wenn der Spin berücksichtigt werden muß, der normale Bahndrehimpuls (z-Komponente) ist immer ein ganzzahliges Multiplum von $\hbar$. Es liegt dies daran, daß die entsprechenden Wellenfunktionen stets einen Faktor $\cos m\,\varphi \pm i \sin m\,\varphi$ mit *ganzzahligem m* enthalten, weil zu verlangen ist, daß bei Änderung des Drehwinkels um 2π der Faktor $\cos m\varphi \pm i \sin m\,\varphi$ wegen der Eindeutigkeit der Funktion ψ im Raume in sich übergeht, was ganzzahliges m bedingt. Die Gl. (95) ergibt dann stets ein ganzzahliges Vielfaches von $\hbar$ als Wert der z-Komponente des Bahndrehimpulses. Der Spin wird übrigens aus unseren Überlegungen erst dann automatisch gewonnen, wenn man die an Gl. (55) anschließenden, auf dem Boden der Relativitätstheorie stehenden Betrachtungen streng weiterverfolgt. Die Matrizenrechnung liefert ganz- *und* halbzahlige Drehimpulse auf Grund der Vertauschungsrelationen (85) allein; wir erkennen hieran sogar eine gewisse Überlegenheit der Matrizenmethode, weil bei dieser nicht auf die Relativitätstheorie Bezug genommen werden muß, um die Möglichkeit halbzahliger Drehimpulse aufzuzeigen.

Eine allgemeine Eigenschaft der hier benutzten Matrizen sei noch hervorgehoben, sie sind hermitesch, d. h., für das Koeffizientenschema der a_{ik} in Gl. (98) gilt stets $a_{ik} = \bar{a}_{ki}$, wo der Querstrich den Übergang zum konjugiert komplexen Zahlwert andeutet. Die hermitesche Natur eines Systems von Matrizen geht nämlich beim (unitären) Transformieren nicht verloren; bringt man eine Matrix durch (unitäre) Transformation auf Diagonalform, so gilt $a_{ii} = \bar{a}_{ii}$, d. h., a_{ii} ist reell, was zu verlangen ist, weil die a_{ii} ja mögliche Zahlwerte für die durch die Matrix repräsentierte physikalische Größe sind. Von einem solchen Zahlwert verlangen wir aber, daß er reell ist, weil ihm sonst keine physikalische Bedeutung zukommen würde.

Es seien zum Schluß dieser Betrachtungen noch einige Repräsentationen für unsere D_i von anderer Dimensionszahl der Matrizen' als $n = 3$ angegeben. Man kann sich leicht davon überzeugen daß die unten angegebenen Matrizen den Vertauschungsrelationen (85) genügen und daß $D_x^2 + D_y^2 + D_z^2$ auf Diagonalform gebracht ist, wobei der Zahlwert der unter sich gleichen Elemente der Diagonale sich entsprechend Gl. (89) und (90) ergibt.

$$D_x \sim 0; \quad D_y \sim 0; \quad D_z \sim 0; \quad D_x^2 + D_y^2 + D_z^2 \sim 0, \quad (102\,\mathrm{b})$$

$$D_x \sim \begin{pmatrix} 0 & \dfrac{1}{2}\hbar \\ \dfrac{1}{2}\hbar & 0 \end{pmatrix}; \quad D_y \sim \begin{pmatrix} 0 & -\dfrac{i}{2}\hbar \\ \dfrac{i}{2}\hbar & 0 \end{pmatrix}; \quad D_z \sim \begin{pmatrix} \dfrac{1}{2}\hbar & 0 \\ 0 & -\dfrac{1}{2}\hbar \end{pmatrix};$$

$$(D_x^2 + D_y^2 + D_z^2) \sim \begin{pmatrix} \dfrac{3}{4}\hbar^2 & 0 \\ 0 & \dfrac{3}{4}\hbar^2 \end{pmatrix},$$

$$D_x \sim \begin{pmatrix} 0 & \dfrac{\hbar}{2}\sqrt{3} & 0 & 0 \\ \dfrac{\hbar}{2}\sqrt{3} & 0 & \hbar & 0 \\ 0 & \hbar & 0 & \dfrac{\hbar}{2}\sqrt{3} \\ 0 & 0 & \dfrac{\hbar}{2}\sqrt{3} & 0 \end{pmatrix};$$

$$D_y \sim \begin{pmatrix} 0 & -i\dfrac{\hbar}{2}\sqrt{3} & 0 & 0 \\ i\dfrac{\hbar}{2}\sqrt{3} & 0 & -i\hbar & 0 \\ 0 & i\hbar & 0 & -i\dfrac{\hbar}{2}\sqrt{3} \\ 0 & 0 & i\dfrac{\hbar}{2}\sqrt{3} & 0 \end{pmatrix};$$

$$D_z \sim \begin{pmatrix} \dfrac{3}{2}\hbar & 0 & 0 & 0 \\ 0 & \dfrac{1}{2}\hbar & 0 & 0 \\ 0 & 0 & -\dfrac{1}{2}\hbar & 0 \\ 0 & 0 & 0 & -\dfrac{3}{2}\hbar \end{pmatrix};$$

$$(D_x^2 + D_y^2 + D_z^2) \sim \begin{pmatrix} \hbar^2\dfrac{15}{4} & 0 & 0 & 0 \\ 0 & \hbar^2\dfrac{15}{4} & 0 & 0 \\ 0 & 0 & \hbar^2\dfrac{15}{4} & 0 \\ 0 & 0 & 0 & \hbar^2\dfrac{15}{4} \end{pmatrix}$$

Die erste Darstellung entspricht den drehimpulsfreien $^1S_0$-Zuständen von S. 351 bzw. 302, die zweite mit den Drehimpulskomponenten $\pm\frac{1}{2}\hbar$ entspricht dem Elektron mit bloßem Spin oder der inneren Quantenzahl $j = \frac{1}{2}$, während die letzte Darstellung der inneren Quantenzahl $j = \frac{3}{2}$ entspricht, d. h. ebenfalls einem Elektronenzustand mit Spin.

D. Näherungsverfahren

§ 144. Zweielektronenprobleme. Störungsrechnung und Heliumgrundzustand. Wellenfunktionen mit Spin

Die Deutung des Aufbaus des periodischen Systems der Elemente kann von dem jetzt gewonnenen Standpunkt genauso durchgeführt werden wie in § 133, ja wir haben damals bereits einige erst jetzt erhaltene Erkenntnisse, wie die der Existenz von Zuständen mit dem Drehimpuls Null, als „Korrekturen" eingebaut, damit wir nicht jetzt alle damaligen Überlegungen in korrigierter Form wiederholen müssen. Natürlich muß man nun an Stelle des Ausdrucks Elektronenbahn den Ausdruck Elektronenzustand oder w-Funktion verwenden, da von einer definierten Bahn nicht mehr die Rede ist. Man verwendet jedoch auch bei wellenmechanischen Betrachtungen gelegentlich das Wort s-Bahn oder p-Bahn usw., um nicht auf jede Anschaulichkeit zu verzichten, jedoch muß man sich dabei bewußt bleiben, daß eine solche scharfe Fassung des atomaren Geschehens wegen der Unschärferelationen nicht möglich ist.

Weil neben der Energie eines Atoms auch sein Drehimpuls definiert ist und man mit einer gewissen Annäherung auch von konstanten Drehimpulsen der Einzelelektronen reden kann, darf man diese Drehimpulse ebenso zusammensetzen, wie dies schon in § 134 geschehen ist.

Wir haben noch die Aufgabe, ein Mehrelektronenproblem wellenmechanisch zu behandeln, schon weil die Fragen der chemischen Bindung mit Mehrelektronenproblemen zusammenhängen. Im einfachsten Falle handelt es sich um Zweielektronenprobleme, bei denen wir dann auch die Bedeutung des Pauli-Verbotes vom wellenmechanischen Standpunkt beleuchten können. Als ein naheliegendes Beispiel betrachten wir das Heliumatom, bei dem wir zugleich das schon auf S. 310 erwähnte Heliumproblem mit den jetzt bereitgestellten Methoden zu lösen vermögen. Nach der klassischen Mechanik wäre die Energie der beiden Elektronen eines im Koordinatenursprung festgehaltenen Kernes durch

$$\frac{p_{x_1}^2 + p_{y_1}^2 + p_{z_1}^2}{2m_e} + \frac{p_{x_2}^2 + p_{y_2}^2 + p_{z_2}^2}{2m_e} - \frac{Z\,e_0^2}{\sqrt{x_1^2 + y_1^2 + z_1^2}} -$$

$$- \frac{Z\,e_0^2}{\sqrt{x_2^2 + y_2^2 + z_2^2}} + \frac{e_0^2}{r_{12}} = E_{\text{ges}}. \tag{103}$$

gegeben, wo p_{x_1} usw. die Impulskomponenten des Elektrons „1" und p_{x_2} usw. die entsprechenden Komponenten des Elektrons „2" sind; ebenso sind x_1, y_1, z_1 und x_2, y_2, z_2 die Koordinaten dieser Elektronen, während r_{12} ihren gegenseitigen Abstand $r_{12} = \sqrt{(x_1 - x_2)^2 + (y_1 - y_2)^2 + (z_1 - z_2)^2}$ bedeutet (Abb. 69). Als potentielle Energie haben wir wie beim Wasserstoffatom die elektrostatische Wechselwirkungsenergie des Kernes mit einem jeden der beiden Elektronen [wobei wir die Kernladungszahl nicht auf $Z = 2$ beschränkt haben, um auch helium*ähnliche* Atome zu erfassen (wie Li$^+$, Be^{++})] und außerdem das elektrostatische Abstoßungspotential der beiden Elektronen. Beim Übergang zur Wellengleichung sind nach S. 339 die Impulskomponenten p_{x_1} usw. durch die Differentialoperation $\frac{\hbar}{i} \cdot \frac{\partial}{\partial x_1} \psi$ zu ersetzen usw. und entsprechend p_{x_2} durch $\frac{\hbar}{i} \frac{\partial \psi}{\partial x_2}$, wodurch

$$-\frac{\hbar^2}{2m_e}\left(\frac{\partial^2 \psi}{\partial x_1^2}+\frac{\partial^2 \psi}{\partial y_1^2}+\frac{\partial^2 \psi}{\partial z_1^2}\right)-\frac{\hbar^2}{2m_e}\left(\frac{\partial^2 \psi}{\partial x_2^2}+\frac{\partial^2 \psi}{\partial y_2^2}+\frac{\partial^2 \psi}{\partial z_2^2}\right)-$$

$$-\frac{Z e_0^2}{r_1}\psi-\frac{Z e_0^2}{r_2}\psi+\frac{e_0^2}{r_{12}}\psi = E_{\text{ges.}}\,\psi \qquad (104)$$

mit $r_i = \sqrt{x_i^2 + y_i^2 + z_i^2}$ als Wellengleichung entsteht (vgl. Abb. 69). Die Funktion ψ ist dabei eine Funktion der Koordinaten x_1, y_1, z_1 und x_2, y_2, z_2.

Bedenken wir, daß beim Einelektronenproblem die ψ-Funktion die Bedeutung einer Wahrscheinlichkeitsamplitude hatte, derart, daß $|\psi|^2 dv$ die Wahrscheinlichkeit dafür ergab, das Teilchen im Volumen dv anzutreffen, so werden wir jetzt $|\psi|^2 dv_1 \cdot dv_2$ als Wahrscheinlichkeit dafür ansprechen, das erste Elektron im Volumen dv_1 und das zweite im Volumen dv_2 anzutreffen. Wäre die Wahrscheinlichkeit dafür, das Elektron „2" im Volumen dv_2 anzutreffen, unabhängig davon, wo sich das Elektron „1" befindet, und um-

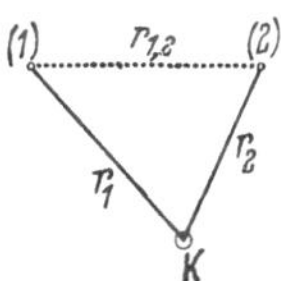

Abb. 69. Elektronenabstände des atomaren Zweielektronensystems (He-ähnliche Atome)

gekehrt, so würde man nach dem Prinzip der Multiplikation der Wahrscheinlichkeiten unabhängiger Ereignisse erwarten, daß diese Wahrscheinlichkeit durch das Produkt

$$|\psi_{\text{He}}(x_1, y_1, z_1; x_2, y_2, z_2)|^2 dv_1 dv_2$$

$$= |\psi_{\text{H}}(x_1, y_1, z_1)|^2 \cdot |\psi_{\text{H}}(x_2, y_2, z_2)|^2 dv_1 dv_2 \qquad (105)$$

gegeben wird, wo ψ_{H} die nur von den Koordinaten *eines* Elektrons abhängige Eigenfunktion eines wasserstoffähnlichen Atoms ist. Dementsprechend könnten wir als Lösung von Gl. (104) die Funktion $\psi_{\text{He}} = \psi_{\text{H}}(1) \cdot \psi_{\text{H}}(2)$ erwarten. Da jedoch die Elektronen einander abstoßen, wird die Wahrscheinlichkeit, das eine Elektron in der Nähe des anderen zu treffen, geringer sein, als es z. B. auf der Gegenseite des Kernes, aber sonst im gleichen Abstand vom Kern anzutreffen. Immerhin kann unser Produktansatz eine mehr oder weniger gute Näherung für die exakte Lösung sein.

Um diese Vermutung zu prüfen, gehen wir zur Behandlung des einfachsten Falles, nämlich des heliumähnlichen Atoms im Grundzustande von dem Ansatz

$$\psi_{\text{He}}(x_1, y_1, z_1; x_2, y_2, z_2) \equiv \psi(1, 2) = \psi(1) \cdot \psi(2)$$

$$= \sqrt{\frac{Z^3}{\pi r_B^3}}\, e^{-\frac{Z}{r_B}\sqrt{x_1^2 + y_1^2 + z_1^2}} \cdot \sqrt{\frac{Z^3}{\pi r_B^3}}\, e^{-\frac{Z}{r_B}\sqrt{x_2^2 + y_2^2 + z_2^2}} \qquad (105a)$$

aus, in dem wir für beide ψ_{H}-Funktionen die in Gl. (75) wiedergegebene Lösung für den Grundzustand des wasserstoffähnlichen Atoms einsetzen; außerdem wollen wir $E_{\text{ges.}}$ in Gl. (104) durch $E_{\text{H}}(1) + E_{\text{H}}(2) +$

$+ \Delta E$ ersetzen, wo $E_{\mathrm{H}}(1) = E_{\mathrm{H}}(2) = Z^2\,\varepsilon_{\mathrm{H}} = -Z^2 \cdot 13{,}59\,\mathrm{eV}$ die Energie eines einzelnen Elektrons im Falle eines wasserstoffähnlichen Atoms ist. Beim Einsetzen in Gl. (104) finden wir so:

$$-\frac{\hbar^2}{2\,m_e}\left(\frac{\partial^2\psi(1)}{\partial x_1^2} + \frac{\partial^2\psi(1)}{\partial y_1^2} + \frac{\partial^2\psi(1)}{\partial z_1^2}\right) \cdot \psi(2) -$$

$$-\frac{\hbar^2}{2\,m_e}\left(\frac{\partial^2\psi(2)}{\partial x_2^2} + \frac{\partial^2\psi(2)}{\partial y_2^2} + \frac{\partial^2\psi(2)}{\partial z_2^2}\right) \cdot \psi(1) -$$

$$-\frac{Z\,e_0^2}{r_1}\psi(1)\cdot\psi(2) - Z^2\varepsilon_{\mathrm{H}}\,\psi(1)\,\psi(2) -$$

$$-\frac{Z\,e_0^2}{r_2}\psi(2)\,\psi(1) - Z^2\,\varepsilon_{\mathrm{H}}\,\psi(2)\,\psi(1) = \left(\Delta E - \frac{e_0^2}{r_{12}}\right)\psi(1)\cdot\psi(2), \qquad (104\mathrm{a})$$

wenn wir $\dfrac{\partial^2\psi(1,2)}{\partial\psi_1^2}$ durch $\dfrac{\partial^2[\psi(1)\cdot\psi(2)]}{\partial x_1^2} = \psi(2)\cdot\dfrac{\partial^2\psi(1)}{\partial x_1^2}$ usw. ersetzen, weil $\psi(2)$ von x_1 nicht abhängig und infolgedessen bei der Differentiation wie eine Konstante behandelt werden kann usw. Die einfach unterstrichenen Glieder von Gl. (104a) sind die mit $\psi(2)$ multiplizierten Einzelglieder der Wellengleichung für das wasserstoffähnliche Atom, sie verschwinden deshalb wegen der Gültigkeit von Gl. (71) für $\psi(1)$ mit $E_{\mathrm{H}}(1) = Z^2\,\varepsilon_{\mathrm{H}}$. Aus demselben Grunde verschwinden aber auch die doppelt unterstrichenen Glieder, so daß die Wellengleichung (104) durch den Ansatz (105a) mit $\Delta E = 0$ befriedigt würde, wenn nicht das Glied mit e_0^2/r_{12} in Gl. (104) vorhanden wäre, welches ja gerade bedingt, daß das zweite Elektron bevorzugt in größerer Entfernung vom ersten angetroffen wird. also aussagt, daß die Aufenthaltswahrscheinlichkeiten der Elektronen nicht unabhängig voneinander sind. Wenn also auf der rechten Seite von Gl. (104a) Null und nicht $(\Delta E - e_0^2/r_{12})\,\psi(1)\cdot\psi(2)$ stünde, wäre die Lösung bereits gefunden. Aus einer Näherungslösung läßt sich aber nach einem einfachen Prinzip die richtige Lösung bzw. zunächst der richtige Energiewert der Lösung finden.

Wir erörtern dieses Prinzip an der einfachen, nur von einer Koordinate abhängenden Wellengleichung und erwähnen hier nur, daß die Methodik, die als Störungsmethode bezeichnet wird, mit dem gleichen Resultat auch auf allgemeinere Fälle übertragen werden kann. Wir nehmen dazu an, daß wir eine Lösung $\psi_0(x)$ der Wellengleichung:

$$-\frac{\hbar^2}{2m}\frac{d^2\psi_0(x)}{dx^2} + E_{\mathrm{pot.}_0}(x)\cdot\psi_0(x) - E_0\cdot\psi_0(x) = 0 \qquad (106)$$

zum Energiewert E_0 besitzen, und versuchen, eine Lösung $\psi(x)$ der „gestörten" Gleichung zu erhalten, die einen Energiewert $E_0 + \Delta E$ bei einer potentiellen Energie $E_{\mathrm{pot.}_0}(x) + \Delta E_{\mathrm{pot.}}(x)$ aufweist. Die Randbedingung für $\psi(x)$ sei ebenso wie bei $\psi_0(x)$ das Verschwinden im Unendlichen. Wir bringen die gestörte Gleichung auf die gleiche Form wie Gl. (104a):

$$-\frac{\hbar^2}{2m}\frac{d^2\psi(x)}{dx^2} + E_{\mathrm{pot.}_0}(x)\cdot\psi(x) - E_0\cdot\psi(x)$$

$$= \left(\Delta E - \Delta E_{\mathrm{pot.}}(x)\right)\psi(x). \qquad (106\mathrm{a})$$

Multiplizieren wir die Gl. (106a) mit $\psi_0(x)$ und integrieren zwischen $-\infty$ und $+\infty$, so entsteht wegen

$$\int\limits_{-\infty}^{+\infty} \psi_0(x)\,\frac{d^2\psi(x)}{\partial x^2}\,dx = -\int\limits_{-\infty}^{+\infty} \frac{d\psi_0(x)}{dx} \cdot \frac{d\psi(x)}{dx} \cdot dx$$

$$= \int\limits_{-\infty}^{+\infty} \frac{d^2\psi_0\,d(x)}{dx^2} \cdot \psi(x)\,dx, \tag{107}$$

wo die bei partieller Integration auftretenden ausintegrierten Teile wegen des Verschwindens von $\psi(x)$ und $\psi_0(x)$ für $x \to \infty$ fortfallen, die Gleichung:

$$\int\limits_{-\infty}^{+\infty} \left[-\frac{\hbar^2}{2m}\,\frac{d^2\psi_0(x)}{dx^2} + E_{\text{pot.}_0}(x) \cdot \psi_0(x) - E_0\,\psi_0(x) \right] \psi(x)\,dx$$

$$= \int\limits_{-\infty}^{+\infty} [\Delta E - \Delta E_{\text{pot.}}(x)]\,\psi(x) \cdot \psi_0(x)\,dx. \tag{108}$$

Weil die eckige Klammer unter dem Integralzeichen auf der linken Seite wegen Gl. (106) verschwindet, ergibt sich:

$$\left.\begin{aligned}
&\int\limits_{-\infty}^{+\infty} [\Delta E - \Delta E_{\text{pot.}}(x)]\,\psi(x)\,\psi_0(x)\,dx = 0 \\[4pt]
\text{oder}\qquad & \\[2pt]
&\Delta E \int\limits_{-\infty}^{+\infty} \psi(x) \cdot \psi_0(x)\,dx = \int\limits_{-\infty}^{+\infty} \Delta E_{\text{pot.}}(x)\,\psi(x) \cdot \psi_0(x)\,dx.
\end{aligned}\right\} \tag{108a}$$

Wenn die Störung $\Delta E_{\text{pot.}(x)}$ nicht groß und außerdem der Energiewert nicht entartet ist, wird sich $\psi(x)$ stetig an $\psi_0(x)$ anschließen; deshalb können wir in der letzten Gleichung $\psi(x)$ näherungsweise durch $\psi_0(x)$ ersetzen, wodurch bei normiertem $\psi_0(x)$ entsteht:

$$\Delta E = \int\limits_{-\infty}^{+\infty} \Delta E_{\text{pot.}(x)}\,\psi_0^2\,dx. \tag{108b}$$

Bei komplexem $\psi_0(x)$ ist hier ψ_0^2 unter dem Integral durch $\psi_0^* \cdot \psi_0 = |\psi_0|^2$ zu ersetzen.

Die Anwendung dieser Störungsmethode auf Gl. (104a) liefert:

$$\Delta E = \int \frac{e_0^2}{r_{12}}\,\psi^2(1) \cdot \psi^2(2)\,dv_1\,dv_2 = \frac{Z^6\,e_0^2}{\pi^2\,r_B^6} \int \frac{1}{r_{12}}\,e^{-\frac{2Z r_1}{r_B}} \cdot e^{-\frac{2Z r_2}{r_B}}\,dv_1\,dv_2. \tag{109}$$

Wir wollen das verbleibende Integral nicht explizit berechnen, sondern nur seine Größe abschätzen. Da das Integral über $\psi^2(1) \cdot \psi^2(2)$ wegen der Normierung den Wert 1 ergibt, wird ΔE in Gl. (109) den Wert $e_0^2/\bar{r}_{12}$ besitzen, wo $\bar{r}_{12}$ ein Mittelwert des gegenseitigen Abstandes der Elektronen ist. Der Abstand der Elektronen vom Kern im ungestörten

Falle ist nun für den Grundzustand eines wasserstoffähnlichen Atoms nach den Bemerkungen zu Gl. (76) gleich r_B/Z, weshalb der Wert von ΔE von der Größenordnung $Z\,e_0^2/r_B$ sein wird. Nun ist nach Gl. (2a) $e_0^2/2r_B$ gleich dem Betrage der Wasserstoffenergie. $\varepsilon_H = 13{,}59\,\text{eV}$, so daß $\Delta E = Z \cdot |\varepsilon_H| \cdot \delta$ sein wird, wo δ eine reine Zahl von der Größenordnung 1 ist. Die Auswertung des Integrals liefert $\delta = \frac{5}{4}$, so daß sich die Energie eines heliumähnlichen Atoms im Grundzustand zu

$$E_{He} = -Z^2\,|\varepsilon_H| - Z^2\,|\varepsilon_H| + \tfrac{5}{4}Z\,|\varepsilon_H| = (-2Z^2 + \tfrac{5}{4}Z)\,|\varepsilon_H| \qquad (110)$$

ergibt, d. h. speziell beim Helium mit $Z = 2$ zu

$$E_{He} = -74{,}75\,\text{eV} \quad (\text{exp. Wert} = -78{,}82\,\text{eV}) \qquad (110a)$$

ergibt. Der berechnete Energiewert ist jetzt dem Betrage nach zu klein, weil die Ausrechnung des Integrals von einer gleichmäßigen Mittelung des reziproken Abstandes $1/r_{12}$ ausging, während in Wirklichkeit das zweite Elektron sich bevorzugt auf der anderen Seite des Kernes aufhält als das erste Elektron. Der bei Gl. (31) berechnete Wert von E_{He} ging von der Vorstellung aus, daß sich die beiden Elektronen des Heliums stets genau auf entgegengesetzten Seiten des Kernes befänden. Diese scharfe Lokalisierung der Elektronen widerspricht der Ungenauigkeitsrelation, deshalb ist der damals ermittelte Wert dem Betrage nach zu hoch. Der experimentelle Wert liegt ziemlich genau in der Mitte zwischen dem bei Gl. (31) und dem jetzt berechneten Wert.

Wir haben soeben gesehen, daß die Funktion, welche das Verhalten der beiden Elektronen des Heliumatoms im Grundzustande beschreibt, genau durch $\psi_{He}(1, 2) = \psi_H(1) \cdot \psi_H(2)$ gegeben würde, wenn keine Beeinflussung oder Störung der beiden Elektronen aufeinander bestünde; je kleiner die Störung, um so besser ist die Annäherung durch den Produktansatz. Dieses Ergebnis gilt in entsprechender Weise für andere Störungen. Wir haben z. B. schon in § 135 festgestellt, daß der Elektronenspin energetisch nur geringe Effekte bzw. Störungen bedingt, so daß wir unter Einführung einer Koordinate σ, die den inneren Freiheitsgrad des Spins erfassen soll, als Eigenfunktion eines Elektrons mit Spin mit guter Annäherung setzen können

$$\psi(x, y, z;\, \sigma) = \psi(x, y, z) \cdot \alpha(\sigma), \qquad (111)$$

wo jetzt $\alpha(\sigma)$ eine Funktion ist, welche die Abhängigkeit der Wellenfunktion vom Spin bzw. seiner Orientierung zum Bahndrehimpuls beschreibt. Wir können uns dabei diese Abhängigkeit von der Spinkoordinate, die ja einen inneren Drehimpuls des Elektrons erfassen soll, ähnlich denken wie die Abhängigkeit bei den Drehimpulsen in den Gln. (93), (94) und (94a), in denen *nur* die Abhängigkeit der Funktion von den die Drehung beschreibenden Winkeln ϑ und φ für die Endresultate maßgebend war. Die Funktion, welche die Abhängigkeit von r beschrieb, trat in den Endformeln sozusagen nur als „konstanter" Faktor auf. Auf die analytische Form der Funktion $\alpha(\sigma)$ brauchen und können wir hier nicht eingehen.[1] Weil für das einzelne Elektron der Spin nur zwei Orientierungen besitzt, bleibt in diesem Falle $\alpha(\sigma)$ auf zwei Funktionen der Spinkoordinate σ beschränkt, die wir einfach mit $\alpha^+(\sigma)$ und $\alpha^-(\sigma)$ bezeichnen wollen. Diese Funktionen sind also den von den Winkeln abhängigen Funktionen $\cos\vartheta$; $\sin\vartheta(\cos\varphi + i\sin\varphi)$ und $\sin\vartheta(\cos\varphi - i\sin\varphi)$, die bei den Funktionen (77) auftreten, wenn man dort gemäß Gl. (92) die Drehwinkel ϑ und φ einführt, in Parallele zu setzen. Dort waren es drei verschiedene Funktionen, die zu drei Werten $+\hbar$, 0 und $-\hbar$ für die z-Komponente des Bahndrehimpulses führten, während wir jetzt wegen der beiden Möglichkeiten $+\frac{1}{2}\hbar$ und $-\frac{1}{2}\hbar$ für den Spindrehimpuls eines Elektrons in der z-Richtung auch nur zwei Funktionen zur Darstellung der beiden Einstellungsmöglichkeiten des Spins benötigen.

Die Wellengleichung (104) für die beiden Elektronen des Heliumatoms geht in sich über, wenn man die Koordinaten der Teilchen „1“ und „2“ miteinander vertauscht; deshalb muß auch die Lösung ψ der Wellengleichung eine Lösung bleiben, wenn man in ihr dieselbe Vertauschung vornimmt. Die gleichen Schlüsse, die wir auf S. 334 im Anschluß an Gl. (65) vornahmen, wo es sich um die Vertauschung von rechts mit links handelte, ergeben, daß die Lösung der Wellengleichung bei Vertauschung der Koordinaten der Teilchen „1“ und „2“ entweder ungeändert bleibt (symmetrische Lösung) oder das Vorzeichen ändert (antisymmetrische Lösung):

$$\psi_{\text{He}}(1,2) - \psi_{\text{He}}(2,1) \quad \text{oder} \quad \psi_{\text{He}}(1,2) = -\psi_{\text{He}}(2,1). \tag{112}$$

Wir bestätigen sofort, daß die in Gl. (105a) gegebene Näherungslösung eine symmetrische Lösung ist.

Die Überlegung, die hier für unsere Wellenfunktion gegeben wurde, die der Gl. (104) genügte, in welcher der energetische Anteil des Spins nicht mit aufgenommen war, muß ebenso gelten für die von Ortskoordinaten *und* Spinkoordinaten abhängige Wellenfunktion, die einer um die energetische Spinwirkung erweiterten Wellengleichung genügt, denn aus Gründen der physikalischen Symmetrie darf sich diese erweiterte Wellengleichung nicht ändern, wenn man die Elektronenbezeichnung „1“ und „2“ vertauscht. Diese Aussage können wir machen, ohne diese um die Spinwirkung erweiterte Wellengleichung anzuschreiben oder überhaupt zu kennen.

Kombinieren wir die Symmetriebedingung (112) mit der allgemeinen Produktdarstellung (111), dann kann die Lösung der um den Spin erweiterten Wellengleichung für das Heliumatom im Grundzustand auf die Form

$$\psi_{\text{He}}(x_1, y_1, z_1, \sigma_1; x_2, y_2, z_2, \sigma_2) = \psi_{\text{H}}(1) \cdot \psi_{\text{H}}(2) \cdot A(\sigma_1; \sigma_2) \tag{113}$$

gebracht werden, wo auch die für zwei Elektronen maßgebende Spinfunktion A gegenüber einer Vertauschung von „1“ mit „2“ symmetrisch

---

[1] Es genügt i. allg. eine matrizenmechanische Beschreibung nach § 143.

oder antisymmetrisch sein muß. Indem wir für A ebenfalls einen Produktansatz aus den Spinfunktionen $\alpha(\sigma_1)$ und $\alpha(\sigma_2)$ wählen, erhalten wir für A entweder

oder

$$A(\sigma_1;\sigma_2) = \alpha^+(\sigma_1) \cdot \alpha^+(\sigma_2) = \alpha^+(\sigma_2) \cdot \alpha^+(\sigma_1) \left.\right\}$$

$$A(\sigma_1;\sigma_2) = \alpha^-(\sigma_1) \cdot \alpha^-(\sigma_2) = \alpha^-(\sigma_2) \cdot \alpha^-(\sigma_1) \left.\right\}$$

oder

$$A(\sigma_1;\sigma_2) = N\{\alpha^+(\sigma_1) \cdot \alpha^-(\sigma_2) + \alpha^+(\sigma_2) \cdot \alpha^-(\sigma_1)\} \qquad (113\,\text{a})$$

$$= N\{\alpha^+(\sigma_2) \cdot \alpha^-(\sigma_1) + \alpha^+(\sigma_1) \cdot \alpha^-(\sigma_2)\}$$

oder

$$A(\sigma_1;\sigma_2) = N\{\alpha^+(\sigma_1) \cdot \alpha^-(\sigma_2) - \alpha^+(\sigma_2) \cdot \alpha^-(\sigma_1)\}$$

$$= -N\{\alpha^+(\sigma_2) \cdot \alpha^-(\sigma_1) - \alpha^+(\sigma_1) \cdot \alpha^-(\sigma_2)\}.$$

Die Faktoren N sind Normierungsfaktoren. Die ersten drei Funktionen sind gegenüber den Vertauschungen von „1" mit „2" symmetrisch, die letzte Funktion ist dagegen antisymmetrisch gegenüber dieser Vertauschung. Daß hier vier Möglichkeiten für die Spinfunktion auftreten, rührt daher, daß für jedes Elektron zwei Spinorientierungen vorhanden sind und mithin für zwei Elektronen durch Kombination dieser Möglichkeiten insgesamt $2 \cdot 2 = 4$ Möglichkeiten erhalten werden, die sich gemäß Gl. (113a) in drei symmetrische und eine antisymmetrische Kombination aufgliedern. Hier entsprechen die ersten drei Möglichkeiten (symmetrische Kombination) dem Gesamtspinmoment $\sqrt{2}\hbar$, wobei wir ebenso wie bei den Bahndrehimpulsen der $2p$-Elektronen die drei möglichen z-Komponenten $+\hbar$, 0 und $-\hbar$ erhalten, während die vierte (antisymmetrische Kombination) Möglichkeit dem resultierenden Spin Null und mithin der z-Komponente Null entspricht. Bei den ersten drei Kombinationen (113a) stehen die Spins der beiden Heliumelektronen in irgendeiner Raumrichtung zueinander parallel, bei der letzten Kombination sind sie in jedem Falle antiparallel zueinander.

Eine antisymmetrische Spinfunktion mit zwei parallelen Spins müßte abgesehen von einer Normierung in Analogie zu Gl. (113a) offensichtlich $\{\alpha^+(\sigma_1) \cdot \alpha^+(\sigma_2) - \alpha^+(\sigma_2) \cdot \alpha^+(\sigma_1)\}$ oder $\{\alpha^-(\sigma_1) \cdot \alpha^-(\sigma_2) - \alpha^-(\sigma_2) \cdot \alpha^-(\sigma_1)\}$ lauten; beide Funktionen verschwinden aber identisch, so daß durch sie kein physikalisch realer Zustand von zwei tatsächlich existierenden Elektronen beschrieben wird.

Da die nur von x_i, y_i und z_i abhängende Funktion $\psi_H(1) \cdot \psi_H(2)$ in Gl. (113) für den Grundzustand des Heliums symmetrisch gegenüber der Vertauschung von „1" mit „2" ist, wird im vorliegenden Falle der gesamte Symmetriecharakter der Wellenfunktion (113) durch die Spinfunktion A festgelegt. Das Pauli-Verbot, welches hier aussagt, daß bei gleichen Quantenzahlen der beiden Elektronen $n_1 = n_2 = 1$; $l_1 = l_2 = 0$; $m_1 = m_2 = 0$ die Spins verschieden sein müssen, läßt sich jetzt so aussprechen, daß nur die in Ortsfunktion *und* Spinfunktion insgesamt antisymmetrische Wellenfunktion in der Natur bei Elektronen realisiert ist. Bei zwei Elektronen, die in allen vier Quantenzahlen übereinstimmen, würde man bei der Antisymmetrisierung, wie eben schon ausgeführt wurde, identisch verschwindende Wellenfunktionen erhalten.

Diese Formulierung des Pauli-Verbotes läßt sich auch auf andere Fälle von Elektronenproblemen übertragen. Es besteht mithin betreffs der Elektronen die Einschränkung, daß von den nach Gl. (112) rein mathematisch existierenden *beiden* Möglichkeiten für die von Ort *und* Spin abhängige Lösung der Wellengleichung *eine* Möglichkeit in der Natur nicht realisiert ist. Wir erhalten somit entsprechend der letzten Kombination der Gl. (113a) nur den einen, nämlich den im Spin antisymmetrischen Singulettzustand als Grundzustand des Heliums bzw. eines heliumähnlichen Atoms.

§ 145. Angeregter Heliumzustand. Singulett-Triplett-System der Heliumterme. Coulomb- und Austauschenergie

Die eben angestellten Betrachtungen modifizieren sich ein wenig, wenn die beiden Elektronen sich in einer der Quantenzahlen n, l oder m unterscheiden, weil dann nämlich die nur von den Ortskoordinaten abhängigen Anteile in Gl. (113) nicht von vornherein symmetrisch oder antisymmetrisch sind. Nehmen wir einmal den einfachen Fall eines angeregten Helium- (oder heliumähnlichen) Atoms, bei dem ein Elektron ein $1s$-Elektron und ein zweites ein $2s$-Elektron ist, dann lautet die zu Gl. (105a) analoge Gleichung jetzt:

$$\psi_{\mathrm{He}}(1,2) = \psi_{\mathrm{He}}(x_1, y_1, z_1; x_2, y_2, z_2)$$

$$= \sqrt{\frac{Z^3}{\pi r_B^3}}\, e^{-\frac{Z r_1}{r_B}} \cdot \sqrt{\frac{Z^3}{8\pi r_B^3}} \left(1 - \frac{Z r_2}{2 r_B}\right) e^{-\frac{Z r_2}{2 r_B}} = \psi_{\mathrm{H},1s}(1) \cdot \psi_{\mathrm{H},2s}(2). \quad (114)$$

Diese Funktion ist noch nicht symmetrisch oder antisymmetrisch gegen eine Vertauschung der Teilchen „1" und „2". Wir gelangen zu Funktionen mit der gewünschten Symmetrie, wenn wir bilden:

$$\left.\begin{aligned}
\psi_{\mathrm{He,\,symm.}}(1,2) &= \frac{\psi_{\mathrm{H},1,s}(1)\cdot\psi_{\mathrm{H},2,s}(2) + \psi_{\mathrm{H},1,s}(2)\cdot\psi_{\mathrm{H},2,s}(1)}{\sqrt{2}}, \\
\psi_{\mathrm{He,\,antisymm.}}(1,2) &= \frac{\psi_{\mathrm{H},1,s}(1)\cdot\psi_{\mathrm{H},2,s}(2) - \psi_{\mathrm{H},1,s}(2)\cdot\psi_{\mathrm{H},2,s}(1)}{\sqrt{2}}.
\end{aligned}\right\} \quad (114a)$$

Der Nenner $\sqrt{2}$ sorgt für die Normierung[1], denn beim Quadrieren und Integrieren von $\psi_{\mathrm{symm.}}$ bzw. $\psi_{\mathrm{antisymm.}}$ treten zunächst Integrale über $\psi_{\mathrm{H},1s}^2(1)$ multipliziert mit einem Integral über $\psi_{\mathrm{H}2,s}^2(2)$ auf, die wegen der Normierung von $\psi_{\mathrm{H},1,s}$ usw. den Wert 1 ergeben; das gleiche Resultat wird aus demselben Grunde beim Integrieren des Quadrates des zweiten Termes erhalten, während das Integral über das gemischte Glied $\psi_{\mathrm{H},1,s}(1)\cdot\psi_{\mathrm{H},2,s}(2)\cdot\psi_{\mathrm{H},1,s}(2)\cdot\psi_{\mathrm{H},2,s}(1)$ wegen der Orthogonalität der $1,s$- und $2,s$-Funktionen verschwindet. Somit gibt der quadrierte

---

[1] Deshalb wird auch N in Gl. (113a) mit $1/\sqrt{2}$ angesetzt.

Zähler von Gl. (114a) in beiden Fällen beim Integrieren den Gesamtwert 2, so daß bei Division durch den quadrierten Nenner der für die Normierung von $\psi_{\text{symm.}}$ bzw. $\psi_{\text{antisymm.}}$ erforderliche Wert 1 erhalten wird.

Die betreffs der Orts- *und* Spinkoordinaten insgesamt antisymmetrischen Wellenfunktionen lauten jetzt entweder

$$\psi(x_1, y_1, z_1, \sigma_1; x_2, y_2, z_2, \sigma_2) \equiv {}^{\sigma}\psi_{\text{He, antisymm. I}}(1, 2)$$
$$= \psi_{\text{He, symm.}}(1, 2) \cdot {}^{1}A^{(\sigma_1; \sigma_2)}_{\text{antisymm.}}$$

oder

$$ {}^{\sigma}\psi_{\text{He, antisymm. II}}(1, 2) = \psi_{\text{He, antisymm.}}(1, 2) \cdot {}^{3}A^{(\sigma_1; \sigma_2)}_{\text{symm.}} . \qquad (114\,\text{b})$$

Dabei bedeutet ${}^{3}A_{\text{symm.}}$ eine der drei symmetrischen Spinfunktionen der Gl. (113a) und ${}^{1}A^{(\sigma_1; \sigma_2)}_{\text{antisymm.}}$ die antisymmetrische Funktion. Die zweite Wellenfunktion (114b) repräsentiert also ein Triplett, die erste ein Singulett. Da die energetischen Einwirkungen des Spins klein sind, brauchen wir die Einzelfunktionen des Tripletts nicht mehr unter sich zu unterscheiden. Um jetzt eine insgesamt, also bei Vertauschung der Orts- *und* Spinkoordinaten beider Elektronen antisymmetrische Funktion zu erhalten, ist es nötig, die symmetrische Ortsfunktion von Gl. (114a) mit der antisymmetrischen Spinfunktion von Gl. (113a) zu multiplizieren oder die antisymmetrische Ortsfunktion von Gl. (114a) mit dem symmetrischen Triplett von Gl. (113a). Über diese Auswahl, also letzten Endes über das Pauli-Verbot, „steuert" der Spin die Ortsfunktion, die beim Triplett oder Singulett der *Spin*orientierung das Symmetrieverhalten der Elektronen im Raume bestimmt.

Nun führt, wie wir gleich sehen werden, die symmetrische Wellenfunktion von Gl. (114a) zu wesentlich anderen Eigenwerten als die antisymmetrische, so daß dem Triplettsystem auf dem Umwege über die genannte „Steuerung" merklich andere Energien bei sonst gleichen Quantenzahlen zukommen als dem Singulettsystem. Damit ist wellenmechanisch die Lösung des auf S. 310 erwähnten Heliumproblems gegeben. Wir wollen noch kurz die Energien des angeregten Heliums, bei dem *ein* Elektron sich im $2s$-Zustande befindet, ausrechnen. Gl. (104) läßt sich mit dem Ansatz $\psi = \psi_{\text{He, symm.}}$ oder mit dem Ansatz $\psi = \psi_{\text{He, antisymm.}}$ mit den Funktionen von Gl. (114a) näherungsweise zum ungestörten Energiewert $Z^2 \varepsilon_{\text{H}} + \frac{1}{4} Z^2 \varepsilon_{\text{H}}$ lösen. Man erhält eine zu Gl. (104a) analoge Beziehung, in der die linke Seite beim Einsetzen unserer Funktionen aus Gl. (114a) verschwindet, während rechts

$$\left(\varDelta E - \frac{e_0^2}{r_{12}} \right) \psi_{\text{He}}(1, 2) \qquad (115)$$

mit der richtigen Lösung $\psi_{\text{He}}(1, 2)$ stehenbleibt. Das oben dargelegte Störungsverfahren liefert dann für die Energiestörung $\varDelta E$ näherungsweise den Wert:

$$\varDelta E = \int \frac{e_0^2}{r_{12}} \psi_0^2 \, dv_1 \, dv_2, \qquad (115\,\text{a})$$

wo ψ_0 die eine oder die andere der Funktionen von Gl. (114a) ist. Wir finden so:

$$\Delta E_{\substack{\text{symm.}\\ \text{antisymm.}}} = e_0^2 \left[\int \frac{\psi_{\text{H},1,s}^2(1) \cdot \psi_{\text{H},2,s}^2(2)}{2\,r_{12}}\, dv_1\, dv_2 \right. +$$

$$+ \int \frac{\psi_{\text{H},1,s}^2(2) \cdot \psi_{\text{H},2,s}^2(1)}{2\,r_{12}}\, dv_1\, dv_2 \pm$$

$$\left. \pm\, 2 \int \frac{\psi_{\text{H},1,s}(1) \cdot \psi_{\text{H},2,s}(1) \cdot \psi_{\text{H},1,s}(2) \cdot \psi_{\text{H},2,s}(2)}{2\,r_{12}}\, dv_1\, dv_2 \right]. \qquad (115\,\text{b})$$

Da hier die ersten beiden Integrale aus Symmetriegründen den gleichen Wert liefern, erhält man mit den Abkürzungen:

$$C = e_0^2 \int \frac{\psi_{\text{H},1,s}^2(1) \cdot \psi_{\text{H},2,s}^2(2)}{r_{12}}\, dv_1\, dv_2$$

und

$$A = e_0^2 \int \frac{\psi_{\text{H}1s}(1) \cdot \psi_{\text{H}2s}(1) \cdot \psi_{\text{H}1s}(2) \cdot \psi_{\text{H}2s}(2)}{r_{12}}\, dv_1\, dv_2 \qquad (115\,\text{c})$$

die Energiestörung:

$$\Delta E_{\substack{\text{symm.}\\ \text{antisymm.}}} = C \pm A\,, \qquad (116)$$

wo das obere Vorzeichen die Energie des Singulettsystems und das untere die des Triplettsystems angibt. Man nennt aus einem gleich ersichtlich werdenden Grunde die Größen C und A auch gelegentlich die Coulomb-Energie und die Austauschenergie.

Es soll wegen der grundsätzlichen Bedeutung der Gl. (116) das Resultat noch auf einem etwas anderen Wege gewonnen werden. Wir machen für das angeregte heliumähnliche Atom einen reinen Produktansatz ohne vorher eine Symmetriesierung vorzunehmen. Bringen wir Gl. (104a) jetzt mit $E_{\text{ges.}} = Z^2\,\varepsilon_{\text{H}} + \dfrac{Z^2}{4}\,\varepsilon_{\text{H}} + \Delta E$ auf die Form:

$$-\frac{\hbar^2}{2\,m_e}\left(\frac{\partial^2 \psi(1,2)}{\partial x_1^2} + \frac{\partial^2 \psi(1,2)}{\partial y_1^2} + \frac{\partial^2 \psi(1,2)}{\partial z_1^2} \right) -$$

$$-\frac{\hbar^2}{2\,m_e}\left(\frac{\partial^2 \psi(1,2)}{\partial x_2^2} + \frac{\partial^2 \psi(1,2)}{\partial y_2^2} + \frac{\partial^2 \psi(1,2)}{\partial z_2^2} \right) - \frac{Z\,e_0^2}{r_1}\,\psi(1,2) - Z^2\,\varepsilon_{\text{H}}\,\psi(1,2) -$$

$$-\frac{Z\,e_0^2}{r_2}\,\psi(1,2) - \frac{Z^2}{4}\,\varepsilon_{\text{H}}\,\psi(1,2) = \left(\Delta E - \frac{e_0^2}{r_{12}} \right)\psi(1,2), \qquad (117)$$

dann verschwinden die einfach und die zweifach unterstrichenen Glieder offensichtlich wieder [s. Gl. (104a)], wenn man

$$\psi(1,2) = \psi_{\text{H}1,s}(1) \cdot \psi_{\text{H}2,s}(2) = \sqrt{\frac{Z^3}{\pi\, r_B^3}}\, e^{-\frac{Z\,r_1}{r_B}} \cdot \sqrt{\frac{Z^3}{8\pi\, r_B^3}} \left(1 - \frac{Z\,r_2}{2\,r_B} \right) e^{-\frac{Z\,r_2}{2\,r_B}}$$

$$(117\,\text{a})$$

setzt. Die auf S. 362f. entwickelte Störungstheorie verlangt dann:

$$\int \psi(1,2)\left(\Delta E - \frac{e_0^2}{r_{12}} \right) \cdot \psi_{\text{H}1,s}(1) \cdot \psi_{\text{H}2,s}(2)\, dv_1\, dv_2 = 0, \qquad (118)$$

wo $\psi(1,2)$ die exakt richtige Wellenfunktion des angeregten Heliums ist.

Wir stellen sofort fest, daß die linke Seite von Gl. (117) ebenfalls verschwindet, wenn man

$$\psi(1,2) = \psi_{\mathrm{H}1,s}(2) \cdot \psi_{\mathrm{H}2,s}(1) = \sqrt{\frac{Z^3}{\pi\, r_B^3}}\, e^{-\frac{Z\, r_2}{r_B}} \cdot \sqrt{\frac{Z^3}{8\pi\, r_B^3}} \left(1 - \frac{Z\, r_1}{2\, r_B}\right) e^{-\frac{Z\, r_1}{2\, r_B}} \qquad (117\,\mathrm{b})$$

setzt. Es gibt also, da Gl. (117 b) nicht mit Gl. (117 a) identisch ist oder durch bloße Multiplikation aus ihr hervorgeht, zwei linear unabhängige Lösungen der ungestörten Wellengleichung ($\Delta E = 0$ und $e_\mathrm{e}^2/r_{1\,2} = 0$); d. h., der ungestörte Energiewert ist jetzt beim angeregten Helium entartet. Weil Gl. (117 b) durch Austausch von „1" mit „2" aus Gl. (117 a) hervorgeht, nennt man die hier auftretende Entartung auch Austauschentartung. Im Grundzustand des Heliums gibt es keine Austauschentartung, weil die ausgetauschte Funktion mit der ursprünglichen identisch ist ⌊s. Gl. (105a)]. Die Störungstheorie verlangt wegen der Existenz der zweiten ungestörten Lösung (117 b), daß außer Gl. (118) auch

$$\int \psi(1,2) \left(\Delta E - \frac{e_0^2}{r_{12}}\right) \psi_{\mathrm{H}1s}(2) \cdot \psi_{\mathrm{H}2s}(1)\, dv_1\, dv_2 = 0 \qquad (118\,\mathrm{a})$$

gilt. Man weiß nun nicht von vornherein, ob sich die richtige Lösung $\psi(1,2)$ beim Vorliegen der Störung stetig an Gl. (117 a) oder Gl. (117 b) anschließen wird; deshalb setzen wir bei kleiner Störung näherungsweise:

$$\psi(1,2) = \alpha \cdot \psi_{\mathrm{H}1,s}(1) \cdot \psi_{\mathrm{H}2,s}(2) + \beta\, \psi_{\mathrm{H}1,s}(2) \cdot \psi_{\mathrm{H}2,s}(1), \qquad (119)$$

wo α und β vorerst unbekannte Konstante sind.[1] Der Fall $\alpha = 1$; $\beta = 0$ bzw. $\alpha = 0$; $\beta = 1$ würde z. B. besagen, daß sich die richtige Lösung $\psi(1,2)$ stetig an Gl. (117 a) bzw. (117 b) anschließt. Mit dem Ansatz (119) lassen wir die Frage offen, an welche Lösung sich die Funktion anschließt. Da unsere Wellengleichung linear ist, muß mit den Lösungen (117 a) und (117 b) im ungestörten Falle auch die Linearkombination (119) Lösung der ungestörten Gleichung sein. Die Gln. (118) und (118a) erhalten mit dem Ansatz (119), wenn wir noch die Definition der konstanten Größen C und A in Gl. (115c) sowie die Normierung und Orthogonalität der Wasserstofffunktionen berücksichtigen, die Gestalt:

$$\left.\begin{array}{l} \alpha(\Delta E - C) - \beta A \qquad\quad = 0 \\ -\alpha A \qquad\quad + \beta(\Delta E - C) = 0. \end{array}\right\} \qquad (120)$$

Diese linearen Gleichungen für α und β haben nur dann eine von $\alpha = \beta = 0$ verschiedene Lösung, wenn die Determinante der Koeffizienten verschwindet:

$$(\Delta E - C)^2 - A^2 = 0, \qquad (120\,\mathrm{a})$$

woraus

$$\Delta E = C \pm A \qquad (120\,\mathrm{b})$$

---

[1] Unsere Symmetriebetrachtungen lehren, daß in Gl. (119) $\alpha = \pm\beta$ gelten muß, hier sei jedoch von dieser Kenntnis abgesehen.

und somit

$$\alpha = \pm \beta \qquad (120\,\mathrm{c})$$

folgt. Damit gewinnen wir über Gl. (119) wieder die Lösungen (114a) $\psi_{\text{symm.}}$ und $\psi_{\text{antisymm.}}$ und die zugehörigen Energien von Gl. (116).

Der Energieunterschied zwischen den symmetrischen Singulettzuständen und den antisymmetrischen Triplettzuständen ist gleich dem doppelten Wert des Integrals A von Gl. (115c). Der Wert von A liegt in der Größenordnung von $\frac{1}{2}$ eV, so daß der Singulettzustand energetisch etwa 1 eV höher liegt als der Triplettzustand, denn A ist positiv, weil wegen des Nenners r_{12} diejenigen Teile des Integrals stärker ins Gewicht fallen, bei denen der Abstand r_{12} klein ist und bei denen mithin $\psi_{\text{H},2,s}(1)$ und $\psi_{\text{H},2,s}(2)$ gleiche Vorzeichen haben, wobei positive Beiträge zum Integral geliefert werden, denn $\psi_{\text{H},1,s}$ ist durchweg positiv. Die Größe von C und A wollen wir nicht explizit berechnen; es genügt hier festzustellen, daß die Differenz viel größer ist, als man auf Grund magnetischer Spinorientierungen erwarten könnte. Aus diesem Grunde hat man übrigens zeitweise geglaubt, daß es zwei unterschiedliche Heliummodifikationen gäbe, von denen die eine (das sog. Orthohelium) in Triplettzuständen aufträte und die andere (das sog. Parhelium) in Singuletts. Wenn auch diese Vorstellung von zwei Modifikationen nicht zutrifft, werden die Namen Orthohelium und Parhelium auch heute noch für die betreffenden Zustände gebraucht.

Unsere Überlegung betreffs der energetisch niedrigeren Lage der Triplettzustände läßt sich noch verallgemeinern und führt schließlich zu der bereits auf S. 303 erwähnten Hundschen Stabilitätsregel, daß sich bei Mehrelektronensystemen als energetisch stabile Zustände solche mit möglichst großem Spin herausbilden.

§ 146. Variationsverfahren. Ionisierungsenergie heliumartiger Atome. Elektronenaffinität

Die Wellenfunktionen als Lösungen der Schrödinger-Gleichung haben noch eine bemerkenswerte Extremaleigenschaft, die wir wieder am Beispiel einer eindimensionalen atomaren Bewegung näher erörtern wollen, die aber ebenso auch für allgemeinere atomare Vorgänge zutrifft. Diese Extremaleigenschaft kann man direkt zur Ermittlung von Näherungslösungen der Schrödinger-Gleichung benutzen. Multipliziert man die Schrödinger-Gleichung (69) mit $\psi(x)$ — bei komplexem ψ multipliziert man mit ψ^*, dem konjugiert komplexen Wert von ψ — und integriert, dann erhält man:

$$\int \left\{ \left[-\frac{\hbar^2}{2m} \frac{d^2\psi}{dx^2} \right] \psi + E_{\text{pot.}}(x) \cdot \psi \cdot \psi \right\} dx = E_{\text{ges.}} \int \psi \cdot \psi \, dx = E_{\text{ges.}}, \qquad (121)$$

sofern ψ normiert ist und infolgedessen das Integral auf der rechten Seite den Wert 1 erhält. Wir können also die Energie $E_{\text{ges.}}$ durch ein Integral mit der Lösung ψ der Schrödinger-Gleichung darstellen. Setzt man jedoch auf der linken Seite von Gl. (121) für ψ willkürliche, den Randbedingungen genügende und normierte Funktionen ψ ein und berechnet mit diesen das links stehende Integral, so erhält man einen Wert, der von der Wahl der Funktion ψ abhängt und sich i. allg. mehr oder weniger stark von dem tatsächlichen Wert der Energie des atomaren Systems unterscheidet. Es gilt nun der Satz, daß die Lösung ψ der Schrödinger-Gleichung für den Grundzustand des atomaren Systems den Wert der linken Seite von Gl. (121) möglichst klein macht. Diese Extremumsbedingung ist insofern plausibel, als die Funktion ψ die Aufenthaltswahrscheinlichkeit des Elektrons oder eines anderen Teilchens beschreibt und die Extremaleigenschaft also besagt, daß die Teilchen eine solche räumliche Konfiguration einnehmen. die zu einer möglichst niedrigen Energie führt Jede klassisch mechanische Stabilitätsbedingung besagt bekanntlich gleichfalls, daß ein „Energieausdruck" — wie z. B. die potentielle Energie oder bei bewegten Systemen das Lagrangesche Potential — ein Minimum annimmt.

Der Beweis der Extremaleigenschaft der Lösung der Schrödinger-Gleichung läßt sich auf Grund der hier nicht näher zu begründenden Tatsache führen, daß eine den Randbedingungen genügende, aber sonst weitgehend willkürliche Funktion ψ, die nur die bei physikalischen Funktionen gewöhnlich vorhandene Stetigkeits- und Differenzierbarkeitsbedingungen erfüllt, eine Darstellung in Gestalt einer Superposition

$$\psi = \sum_{i=0}^{\infty} c_i \, \psi_i \qquad (122)$$

gestattet, wo die ψ_i die normierten Lösungen der Schrödinger-Gleichung für den Grundzustand und die höher angeregten Zustände sind. Soll auch ψ normiert sein, dann folgt aus

$$1 = \int \psi^2 \, dx = \int (c_0 \, \psi_0 + c_1 \, \psi_1 + \cdots)^2 \, dx$$

$$= c_0^2 \int \psi_0^2 \, dx + c_1^2 \int \psi_1^2 \, dx + 2 c_0 \, c_1 \int \psi_0 \cdot \psi_1 \, dx + \cdots \qquad (123)$$

wegen der Orthogonalität der ψ_i und ihrer Normierung:

$$1 = (c_0^2 + c_1^2 + c_2^2 + \cdots) = \sum_{i=0}^{\infty} c_i^2. \qquad (123\,\mathrm{a})$$

Setzt man Gl. (122) in die linke Seite von Gl. (121) ein, dann folgt bei ausreichender Konvergenz der Reihen wegen

$$-\frac{\hbar^2}{2m} \frac{d^2 \psi_i}{dx^2} + E_{\text{pot.}} \, \psi_i = E_i \, \psi_i \qquad (124)$$

mit den Energieeigenwerten E_i:

$$\int \left(\sum E_i \, c_i \, \psi_i \right) \cdot \sum (c_i \, \psi_i) \, dx = \sum_{i=0}^{\infty} E_i \, c_i^2, \qquad (124\,\mathrm{a})$$

wobei wieder von den Orthogonalitäts- und Normierungseigenschaften der ψ_i Gebrauch gemacht wurde. Wegen Gl. (123a) können wir dann folgende Abschätzung für die linke Seite von Gl. (121) vornehmen, weil E_0 der niedrigste Energiewert und E_1 die kleinste der angeregten Energien ist.

$$\sum E_i c_i^2 \geqq E_0 c_0^2 + E_1 (1 - c_0^2) = E_0 c_0^2 + E_0 (1 - c_0^2) +$$
$$+ (E_1 - E_0)(1 - c_0^2) = E_0 + (E_1 - E_0)(1 - c_0^2). \quad (124\,\mathrm{b})$$

Der niedrigste Wert der Summe wird somit für $c_0 = 1$, $c_1 = c_2 \cdots = 0$ mit dem Wert E_0 erreicht.

In entsprechender Weise läßt sich zeigen, daß der nächste über E_0 gelegene Energiewert der niedrigste Wert ist, den die linke Seite von Gl. (121) erhält, wenn für ψ nur normierte, auf der ersten Eigenfunktion ψ_0 orthogonale Funktionen ψ_1 zur Konkurrenz zugelassen werden. Der dritte Energiewert wird dann durch das Extremum von normierten Funktionen geliefert, die auf ψ_0 und ψ_1 orthogonal sind usw.

Wir wollen diese Extremal- oder Variationsmethode benutzen, um den Grundzustand des Heliums oder heliumähnlicher Atome genauer als mit der einfachen Störungsmethode zu erfassen. Dazu machen wir für ψ einen Ansatz, in dem ein oder mehrere Parameter enthalten sind, so daß bei der Bildung des Integrals der linken Seite von Gl. (121) ein Wert erhalten wird, der noch von dem oder den Parametern abhängt. Es müssen die Parameter schließlich so gewählt werden, daß der betreffende Wert als Funktion dieses oder dieser Parameter möglichst klein wird. Dieser kleinste Wert kann als Näherungswert für die Energie des Heliumgrundzustandes angesehen werden und die mit diesem Parameter gebildete ψ-Funktion als Näherungslösung der Schrödinger-Gleichung.

Um einen Ansatz für die Wellenfunktion zu finden, gehen wir von der sog. ungestörten Lösung der Gl. (105a) aus, in der die „Bewegung" der Elektronen so beschrieben war, als ob sie sich gegenseitig nicht störten, sich also beide in einem Coulomb-Feld der Kernladung Z (bei Helium $Z = 2$) befänden. Wir haben aber schon im Rahmen der Bohrschen Bahntheorie auf S. 294 bei den Gln. (30) und (30a) festgestellt, daß die Kernladung durch die auf der K-Schale umlaufenden Elektronen teilweise abgeschirmt wird, deshalb verwenden wir als Ansatz für die ψ-Funktion des Heliums oder der heliumähnlichen Atome Gl. (105a), in der die Kernladungszahl Z durch eine abgeschirmte oder effektive Kernladungszahl Z^* ersetzt ist, die dann als Parameter in die zu Gl. (121) analoge Beziehung für das Helium einzusetzen ist. Dieses zu einem Minimum zu machende Integral besitzt die Form

$$\int \left[-\frac{\hbar^2}{2m_e} \left(\frac{\partial^2 \psi(1,2)}{\partial x_1^2} + \frac{\partial^2 \psi(1,2)}{\partial y_1^2} + \frac{\partial^2 \psi(1,2)}{\partial z_1^2} \right) - \right.$$
$$-\frac{\hbar^2}{2m_e} \left(\frac{\partial^2 \psi(1,2)}{\partial x_2^2} + \frac{\partial^2 \psi(1,2)}{\partial y_2^2} + \frac{\partial^2 \psi(1,2)}{\partial z_2^2} \right) - \frac{Z e_0^2}{r_1} \psi(1,2) -$$
$$\left. - \frac{Z e_0^2}{r_2} \psi(1,2) + \frac{e_0^2}{r_{12}} \psi(1,2) \right] \psi(1,2)\, dv_1 \cdot dv_2 = \text{Minimum}. \quad (125)$$

Wir setzen:

$$\psi(1,2) = \sqrt{\frac{Z^{*\,3}}{\pi\, r_B^3}}\; e^{-\frac{Z^* r_1}{r_B}} \cdot \sqrt{\frac{Z^{*\,3}}{\pi\, r_B^3}}\; e^{-\frac{Z^* r_2}{r_B}} \equiv \psi(1) \cdot \psi(2). \quad (126)$$

Beachten wir, daß $\psi(1)$ der Gleichung [s. Gln. (71), (73a) und (75)]

$$-\frac{\hbar^2}{2m_e}\left(\frac{\partial^2\psi(1)}{\partial x_1^2}+\frac{\partial^2\psi(1)}{\partial y_1^2}+\frac{\partial^2\psi(1)}{\partial z_1^2}\right)-\frac{Z^*e_0^2}{r_1}\psi(1)=Z^{*2}\varepsilon_H\cdot\psi(1) \tag{127}$$

mit der Wasserstoffenergie ε_H $(=-13{,}59\text{ eV})$ genügt und daß $\psi(2)$ eine analoge Gleichung befriedigt, so entnehmen wir, indem wir Gl. (125) wie folgt umformen:

$$\int\left[-\frac{\hbar^2}{2m_e}\left(\frac{\partial^2\psi(1)}{\partial x_1^2}+\frac{\partial^2\psi(1)}{\partial y_1^2}+\frac{\partial^2\psi(1)}{\partial z_1^2}\right)\psi(2)-\right.$$
$$-\frac{\hbar^2}{2m_e}\left(\frac{\partial^2\psi(2)}{\partial x_2^2}+\frac{\partial^2\psi(2)}{\partial y_2^2}+\frac{\partial^2\psi(2)}{\partial z_2^2}\right)\psi(1)-$$
$$-\frac{Z^*e_0^2}{r_1}\psi(1)\,\psi(2)-\frac{Z^*e_0^2}{r_2}\psi(2)\,\psi(1)-$$
$$-\frac{(Z-Z^*)}{r_1}e_0^2\,\psi(1)\,\psi(2)-\frac{(Z-Z^*)}{r_2}e_0^2\,\psi(1)\cdot\psi(2)+$$
$$\left.+\frac{e_0^2}{r_{12}}\psi(1)\,\psi(2)\right]\psi(1)\,\psi(2)\,dv_1\,dv_2=\text{Minimum} \tag{125a}$$

und die einfach und doppelt unterstrichenen Glieder nach Gl. (127) ersetzen:

$$\int\left[2Z^{*2}\varepsilon_H\,\psi(1)\,\psi(2)-\frac{(Z-Z^*)e_0^2}{r_1}\psi(1)\,\psi(2)-\frac{(Z-Z^*)e_0^2}{r_2}\psi(1)\,\psi(2)+\right.$$
$$\left.+\frac{e_0^2}{r_{12}}\psi(1)\,\psi(2)\right]\psi(1)\,\psi(2)dv_1\,dv_2=\text{Minimum.} \tag{125b}$$

Hier erhält das erste Glied wegen der Normierung von $\psi(1,2)=\psi(1)\cdot\psi(2)$ beim Ausintegrieren den Wert $2Z^{*2}\varepsilon_H$. Das zweite und dritte Glied erhalten je den gleichen Wert, der sich wegen der Normierung von $\psi(2)$ und Gl. (126), also wegen

$$\int\left[\int\frac{\psi^2(1)}{r_1}dv_1\right]\psi^2(2)dv_2=\int_0^\infty\frac{Z^{*3}}{\pi r_B^3}\frac{4\pi r_1^2}{r_1}e^{-\frac{2Z^*r_1}{r_B}}dr_1$$
$$=\frac{Z^*}{r_B}\int_0^\infty u\,e^{-u}\,du=\frac{Z^*}{r_B} \tag{128}$$

mit

$$u=\frac{2Z^*}{r_B}\cdot r_1$$

zu

$$-\frac{(Z-Z^*)Z^*e_0^2}{r_B}=-\frac{2(Z-Z^*)Z^*e_0^2}{2r_B}=+2Z^*(Z-Z^*)\varepsilon_H$$

ergibt, wobei noch der durch Gl. (2a) für $r=r_B$ gegebene Zusammenhang mit der Wasserstoffenergie ε_H beachtet wurde. Das letzte Integral von Gl. (125b) ist das bereits in Gl. (109) diskutierte Integral mit dem Wert $\frac{5}{4}Z^*|\varepsilon_H|=-\frac{5}{4}Z^*\varepsilon_H$ ε_H ist negativ!). Jetzt ist natürlich der Abstand der Elektronen vom Kern in der K-Schale von der Größenordnung r_B/Z^* und nicht von der Größe r_B/Z, weshalb auch bei der Berechnung des Integrals jetzt Z^* an Stelle von Z erhalten wird. Der von Z^* abhängige Energiewert der Gl. (125 b) wird somit als Funktion von Z^*

$$[2Z^{*2} + 4Z^*(Z - Z^*) - \tfrac{5}{4}Z^*]\,\varepsilon_H$$
$$= [-2Z^{*2} + (4Z - \tfrac{5}{4})\,Z^*]\,\varepsilon_H = E_{\text{ges}}(Z^*)\,. \qquad (125\,\text{c})$$

Durch Differentiation finden wir für das Extremum

$$[-4Z^* + (4Z - \tfrac{5}{4})]\,\varepsilon_H = 0 \quad \text{oder} \quad Z^* = Z - \tfrac{5}{16}\,. \qquad (129)$$

Weil ε_H negativ ist, erhalten wir als Extremum ein Minimum. Als Wert ergibt sich:

$$E_{\min} = E_{\text{ges}}(Z - \tfrac{5}{16}) = 2\,(Z - \tfrac{5}{16})^2\varepsilon_H = (2Z^2 - \tfrac{5}{4}Z + \tfrac{50}{256})\,\varepsilon_H$$
$$= -(2Z^2 - \tfrac{5}{4}Z + 0{,}196) \cdot 13{,}59\ \text{eV}\,. \qquad (129\,\text{a})$$

Für Helium ($Z = 2$) findet man so die Gesamtenergie $-5{,}696 \cdot$ $\cdot\,13{,}59 = -77{,}4$ eV, die mit dem experimentellen Wert von $-78{,}8$ eV wesentlich besser übereinstimmt als die früher bei Gl. (110a) und (31) angegebenen Werte.

Gl. (129) zeigt, daß die Kernladung heliumähnlicher Atome in der K-Schale um $^5/_{16}$ durch das zweite Elektron wechselseitig abgeschirmt wird. Bilden wir die Differenz der Energien eines heliumähnlichen Atoms und eines daraus durch Abtrennung eines Elektrons entstehenden wasserstoffähnlichen Atoms nach Gl. (129a) und (73a) bzw. Gl. (8)

$$\left.\begin{aligned}
-E_{\text{He}} &= +13{,}59\ \text{eV}\ (2Z^2 - \tfrac{5}{1}Z + 0{,}196) \\
+E_{\text{H}} &= -13{,}59\ \text{eV}\ (Z^2) \\
\hline
\Delta E_J &= 13{,}59\ \text{eV}\ (Z^2 - \tfrac{5}{4}Z + 0{,}196),
\end{aligned}\right\} \qquad (130)$$

so erhalten wir die zur Ionisierung des heliumähnlichen Atoms erforderliche Energie ΔE_J, die sog. Ionisierungsspannung ΔE_J. Die ersten beiden Terme der Gl. (130) für die Ionisierungsenergie hätten wir übrigens schon aus der über die Störungsrechnung gewonnenen Gl. (110) erhalten können. Gl. (130) stellt im Prinzip die ersten Glieder einer Entwicklung der Ionisierungsenergie nach fallenden Potenzen von Z dar. Speziell für He ($Z = 2$) ergibt sich aus Gl. (130) eine Ionisierungsenergie von 23,0 eV (experimentell 24,46 eV).

Man erhält selbstverständlich noch bessere Resultate, wenn man in unseren Variationsansatz außer der effektiven Kernladungszahl noch andere Parameter aufnimmt, die natürlich so gewählt sein müssen, daß die Funktion $\psi(1, 2)$ bei Vertauschung von „1" mit „2" ebenso wie die in Gl. (126) gegebene Funktion symmetrisch bleibt. Der Ansatz:

$$\psi(1, 2) = N \cdot e^{-\frac{Z^* r_1}{r_B}} \cdot e^{-\frac{Z^* r_2}{r_B}} \times$$
$$\times \left(1 + c_1\,\frac{r_1 + r_2}{r_B} + c_2\left(\frac{r_1 - r_2}{r_B}\right)^2 + c_3\,\frac{r_{12}}{r_B}\right) \qquad (126\,\text{a})$$

mit den weiteren Konstanten c_1, c_2 und c_3 sowie dem Normierungsfaktor N liefert z. B. für die Ionisierungsenergie die Beziehung:

$$E_J = 13{,}59\ \text{eV}\left(Z^2 - \frac{5}{4}Z + 0{,}31488 - \frac{0{,}01752}{Z} + \frac{0{,}00548}{Z^2}\right), \qquad (130\,\text{a})$$

auf deren Herleitung im einzelnen hier verzichtet sei. Sie stellt offensichtlich eine Fortsetzung der nach fallenden Potenzen von Z fortschreitenden Reihe (130) dar. Es ist interessant, Gl. (130 a) für $Z = 1$ anzuwenden, weil man dann für die Ionisierung des H^--Ions den positiven Wert $13{,}59 \cdot 0{,}053\ \text{eV} = 0.72\ \text{eV} = 16{,}5\ \text{kcal/mol}$ erhält, was bedeutet, daß das neutrale H-Atom noch ein Elektron zur Bildung eines Ions mit heliumartiger Edelgasschale zu binden vermag. Diese Bindungsenergie (hier 16,5 kcal/mol) bezeichnet man als die Elektronenaffinität des H-Atoms[1]. Bei den Halogenen ist bekanntlich die gleiche Tendenz zum Übergang in einfach geladene Ionen vorhanden, wobei sich Edelgasschalen vom Typus des Ne, Ar usw. bilden ($E_{\text{Aff}} \approx 3$ bis $4\,\text{eV}$).

E. Molekülbildung

§ 147. Störungs- und Variationsverfahren zur Ermittlung von Molekülzuständen. H_2^+-Ion

Es konnten mit den Methoden der Wellenmechanik die einfachsten Zweielektronenprobleme in durchaus befriedigender Weise behandelt werden, wobei sich auch eine einfache Lösung des Heliumproblems, d. h. der so auffälligen Aufspaltung des Spektrums des Heliums und ähnlicher Atome in zwei stärker getrennte Termsysteme des Ortho- und Parheliumsystems, ergab

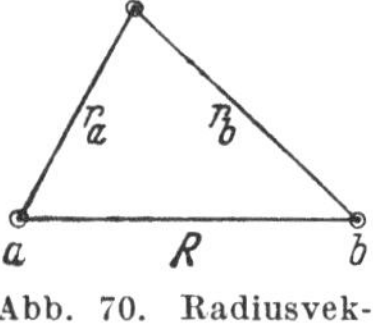
Abb. 70. Radiusvektoren beim H_2^+-Ion

Vom Standpunkt der Bohrschen Bahntheorie war diese Aufspaltung ebenso wie das Verschwinden des Drehimpulses des Wasserstoffs und manches andere elementare Phänomen des inneren Aufbaus der Atome unverstandlich. Wir können deshalb hoffen, daß auch die Fragen, die mit dem Zustandekommen der chemischen Bindung und dem Absättigungsmechanismus der Bindung zusammenhängen, vom Standpunkt der Wellenmechanik eine Klärung erfahren.

Wir betrachten zu diesem Zweck die einfachste Molekülbildung, die durch ein einziges Bindungselektron hervorgerufen wird, nämlich die

---

[1] Aus Gl. (31) hätte man übrigens auch schon auf eine positive Elektronenaffinität E_{Aff} des Wasserstoffs schließen können, denn aus Gl. (31) folgt mit $Z = 1$ eine Bindungsenergie von $2 \cdot (3/4)^2 \cdot 13{,}59\ \text{eV}$ der beiden Elektronen an das Proton; dieser Wert von $18/16 \cdot 13{,}59\ \text{eV}$ liegt um $2/16 \cdot 13{,}59\ \text{eV}$ höher als die Bindungsenergie eines Elektrons am Proton, woraus man auf eine Elektronenaffinität des Wasserstoffs von $1/8 \cdot 13{,}59 = 1{,}70\ \text{eV} = 39\ \text{kcal/mol}$ schließen würde, auf einen Wert freilich, der viel zu hoch ist. Gl. (130 a) liefert dagegen innerhalb der Meßfehlergrenzen praktisch richtige Werte der Ionisierungsenergie und der Elektronenaffinität heliumähnlicher Atome.

Bildung eines H_2^+-Ions, das aus zwei Protonen und einem Elektron besteht. Denken wir uns die beiden Wasserstoffkerne in einem Abstand R festgehalten (Abb. 70), dann besteht die potentielle Energie des Systems aus dem Abstoßungspotential $+e_0^2/R$ der Kerne und den Anziehungspotentialen des Elektrons mit den beiden Kernen $-e_0^2/r_a$ und $-e_0^2/r_b$. Die Schrödinger-Gleichung für das Elektron lautet mit den Abständen r_a und r_b von den jeweiligen Kernen:

$$-\frac{\hbar^2}{2m_e}\left(\frac{\partial^2\psi}{\partial x^2}+\frac{\partial^2\psi}{\partial y^2}+\frac{\partial^2\psi}{\partial z^2}\right)-\frac{e_0^2}{r_a}\psi-\frac{e_0^2}{r_b}\psi+\frac{e_0^2}{R}\psi-E_{\text{ges.}}\psi=0. \quad (131)$$

Befindet sich bei großem Abstand zwischen den Kernen das Elektron am Kern a, dann wird die Aufenthaltswahrscheinlichkeit des Elektrons durch die Wasserstoffeigenfunktion (75) mit $Z = 1$ beschrieben:

$$\psi_a = \sqrt{\frac{1}{\pi r_B^3}}\, e^{-r_a/r_B}. \quad (132)$$

Die Energie des Systems ist dann gleich der Wasserstoffenergie ε_H ($=-13{,}59$ eV). Setzen wir mit einer Störenergie $E_{\text{ges.}} = \varepsilon_H + \varDelta E$, dann gewinnt Gl. (131) die Gestalt, wenn wir noch ähnlich wie in Gl. (104a) umformen:

$$-\frac{\hbar^2}{2m_e}\left(\frac{\partial^2\psi}{\partial x^2}+\frac{\partial^2\psi}{\partial y^2}+\frac{\partial^2\psi}{\partial z^2}\right)-\frac{e_0^2}{r_a}\psi-\varepsilon_H\,\psi=\left(\varDelta E+\frac{e_0^2}{r_b}-\frac{e_0^2}{R}\right)\psi. \quad (131\,a)$$

Verschwände hier die rechte Seite, so wäre die Funktion ψ_a eine Lösung; wir können deshalb unsere für die Störungstheorie von S. 362f. charakteristische Schlußweise wiederholen und feststellen, daß mit der richtigen Lösung ψ

$$\int\psi\left(\varDelta E+\frac{e_0^2}{r_b}-\frac{e_0^2}{R}\right)\psi_a\,dv=0 \quad (133)$$

gelten muß.

Bei großem Abstand zwischen den Kernen kann sich das Elektron aber auch mit $E_{\text{ges}} = \varepsilon_H$ beim Kern b aufhalten; es gibt dann

$$\psi_b = \sqrt{\frac{1}{\pi r_B^3}}\, e^{-r_b/r_B} \quad (132\,a)$$

die Aufenthaltswahrscheinlichkeit des Elektrons an. Schreiben wir jetzt an Stelle Gl. (131a)

$$-\frac{\hbar^2}{2m_e}\left(\frac{\partial^2\psi}{\partial x^2}+\frac{\partial^2\psi}{\partial y^2}+\frac{\partial^2\psi}{\partial z^2}\right)-\frac{e_0^2}{r_b}\psi-\varepsilon_H\,\psi=\left(\varDelta E+\frac{e_0^2}{r_a}-\frac{e_0^2}{R}\right)\psi, \quad (131\,b)$$

so wäre ψ_b eine Lösung der Gleichung, wenn hier die rechte Seite verschwinden würde. Die eben angewandte, für die Störungstheorie maßgebende Schlußweise führt jetzt analog zu Gl. (133) auf die Bedingung

$$\int\psi\left(\varDelta E+\frac{e_0^2}{r_a}-\frac{e_0^2}{R}\right)\psi_b\,dv=0. \quad (133\,a)$$

Weil keineswegs feststeht, ob sich das Elektron bei geringerem gegenseitigen Kernabstand bevorzugt in der Nähe des Kernes a oder b aufhält, werden wir für ψ mit konstantem α und β wieder mit einer gewissen Näherung einen zu Gl. (119) analogen Ansatz:

$$\psi = \alpha\,\psi_a + \beta\,\psi_b \tag{134}$$

machen können, womit die Gln. (133) und (133a), wenn wir noch die Abkürzungen einführen

$$\left.\begin{aligned}
C &= e_0^2 \int \psi_a \frac{1}{r_b}\, \psi_a\, dv = e_0^2 \int \psi_b \frac{1}{r_a}\, \psi_b\, dv \\
A &= e_0^2 \int \psi_b \frac{1}{r_b}\, \psi_a\, dv = e_0^2 \int \psi_a \frac{1}{r_a}\, \psi_b\, dv \\
\delta &= \int \psi_a \cdot \psi_b\, dv,
\end{aligned}\right\} \tag{135}$$

die aus Symmetriegründen teilweise gleich sind, die Gestalt erhalten

und

$$\left.\begin{aligned}
\alpha\left(\Delta E + C - \frac{e_0^2}{R}\right) + \beta\left(\delta\Delta E + A - \delta\frac{e_0^2}{R}\right) &= 0 \\
\alpha\left(\delta\Delta E + A - \delta\frac{e_0^2}{R}\right) + \beta\left(\Delta E + C - \frac{e_0^2}{R}\right) &= 0,
\end{aligned}\right\} \tag{136}$$

wobei noch die Normierung von ψ_a und ψ_b Beachtung fand. Die Gln. (136) haben nur dann von Null verschiedene Lösungen α und β, wenn die Koeffizientendeterminante verschwindet:

$$\left(\Delta E + C - \frac{e_0^2}{R}\right)^2 - \left(\delta\Delta E + A - \delta\frac{e_0^2}{R}\right)^2 = 0. \tag{136a}$$

Hieraus folgt:

$$\Delta E = \frac{e_0^2}{R} - \frac{C \pm A}{1 \pm \delta} \quad\text{und}\quad \alpha = \pm\beta. \tag{137}$$

Wir entnehmen daraus, daß wir wieder wegen der durch die Gln. (132) und (132a) zum Ausdruck kommenden „Austauschentartung" — hier handelt es sich nicht um den Austausch zweier Elektronen, sondern um den Austausch der Zugehörigkeit eines Elektrons zum Kern a oder zum Kern b — zwei Lösungen erhalten, die sich ähnlich wie die Triplett und Singuletterme des Heliums um die doppelte Austauschenergie $2A$ unterscheiden, wenn man von der Größe im Nenner von Gl. (137) absieht.

Die Ausrechnung des Coulomb-Integrals C, des Austauschintegrals A und der Größe δ als Funktion des Kernabstandes R ergibt die Werte:

$$\left.\begin{aligned}
C &= \frac{e_0^2}{R}\left[1 - \left(1 + \frac{R}{r_B}\right)e^{-2R/r_B}\right]; \\
A &= \frac{e_0^2}{R}\left[\frac{R}{r_B} + \left(\frac{R}{r_B}\right)^2\right]e^{-R/r_B}; \quad \delta = \left(1 + \frac{R}{r_B} + \frac{R^2}{3 r_B^2}\right)\cdot e^{-R/r_B}.
\end{aligned}\right\} \tag{137a}$$

Auf die explizite Wiedergabe der rein mathematischen Berechnung der Integrale sei hier verzichtet. Die Störungsenergie von Gl. (137) ergibt sich als Funktion von R somit zu:

$$\Delta E(R) = \frac{e_0^2}{2\,r_B} \left[\frac{\pm\left(1 - \frac{2\,R^2}{3\,r_B^2}\right) + \left(1 + \frac{R}{r_B}\right) e^{-R/r_B}}{e^{R/r_B} \pm \left(1 + \frac{R}{r_B} + \frac{R^2}{3\,r_B^2}\right)} \right] \frac{2\,r_B}{R}$$

$$= |\varepsilon_{\mathrm{H}}|\,\frac{2\,r_B}{R} \left[\frac{\pm\left(1 - \frac{2\,R^2}{3\,r_B^2}\right) + \left(1 + \frac{R}{r_B}\right) e^{-R/r_B}}{e^{R/r_B} \pm \left(1 + \frac{R}{r_B} + \frac{R^2}{3\,r_B^2}\right)} \right]. \qquad (137\,\mathrm{b})$$

Bei großem R verschwindet $\Delta E(R)$ offensichtlich, so daß $\Delta E(R)$ die Energiedifferenz des H_2^+-Ions gegen den Fall unendlich großen Abstandes angibt. Infolgedessen ist $\Delta E(R)$ die Bindungsenergie der Kerne aneinander beim Abstand R. Berechnet man $\Delta E(R)$ für verschiedene R-Werte, so erhält man Kurven der weiter unten in Abb. 72 wiedergegebenen Art (S. 386), von denen die obere dem negativen Vorzeichen im Zähler und Nenner von Gl. (137 b) entspricht und die untere dem positiven Vorzeichen. Nur diese letztere Kurve besitzt bei $R/r_B = 2{,}64$ ($R = 1{,}39_5$ Å) ein Minimum von $-1{,}76$ eV ($= -40{,}5$ kcal/mol), führt also zu einer stabilen Molekel bzw. einem stabilen Ion. Die zugehörige Wellenfunktion (134) ist die symmetrische Wellenfunktion

$$\psi_s = \frac{\psi_a + \psi_b}{\sqrt{2(1 + \delta)}} \qquad (134\,\mathrm{a})$$

(hier dient der Nenner wieder zur Normierung). Diese symmetrische Funktion hat in der Mitte zwischen den Kernen ein Maximum, was besagt, daß sich das Elektron vornehmlich in der Mitte zwischen den Kernen aufhält und infolgedessen durch seine elektrostatische Anziehung die Kerne aneinander bindet.

Wir hätten auf Grund allgemeiner Symmetriebetrachtungen ebenso wie beim Helium auf S. 367 schließen können, daß als Lösung der Schrödinger-Gleichung des H_2^+-Ions nur eine symmetrische oder eine antisymmetrische Lösung in Betracht kommt. Die symmetrische Lösung führt, wie wir eben sahen, zur Bindung, die antisymmetrische zur Abstoßung (vgl. die zweite, höher gelegene Kurve in Abb. 72).

Es ist in ähnlicher Weise wie beim Heliumatom möglich, durch Anwendung eines Variationsansatzes mit einem oder mehreren Parametern das eben erhaltene Ergebnis über den Gleichgewichtsabstand und die Bindungsenergie zu verbessern, denn der eben erhaltene Minimumabstand von etwa 1,4 Å stimmt mit dem experimentellen Wert von 1,07 A noch schlecht überein. Auch liegt die experimentell ermittelte Bindungsenergie von etwa 64 kcal/mol wesentlich über der berechneten von 40,5 kcal/mol. Als einfachsten Variationsansatz benutzen wir wieder eine ψ-Funktion, die sich symmetrisch aus einer Funktion ψ_a und ψ_b zusammensetzt, wo ψ_a eine mit einer effektiven Kernladungszahl gebildete wasserstoffähnliche Wellenfunktion ist, die den Kern a als Zentrum besitzt; entsprechend ist ψ_b mit dem Kern b als Zentrum zu bilden. Da das Elektron sich teils im Kernfelde des Kernes a und teils in dem des Kernes b bewegt, wird die effektive Kernladungszahl vermutlich größer als 1, aber kleiner als 2 sein. Im einzelnen ergibt sich Z^* natürlich aus der Bedingung, daß das die Energie $E_{\text{ges.}}$ darstellende Integral ein Minimum sein soll:

$$\int\left[-\frac{\hbar^2}{2\,m_e}\left(\frac{\partial^2\psi}{\partial x^2}+\frac{\partial^2\psi}{\partial y^2}+\frac{\partial^2\psi}{\partial z^2}\right)-\right.$$
$$\left.-\frac{e_0^2}{r_a}\,\psi-\frac{e_0^2}{r_b}\,\psi+\frac{e_0^2}{R}\,\psi\right]\psi\,dv=\text{Minimum.}\qquad(138)$$

Wir setzen ein:

$$\psi=\frac{\sqrt{\dfrac{Z^{*3}}{\pi\,r_B^3}}\cdot e^{-\frac{Z^*\,r_a}{r_B}}+\sqrt{\dfrac{Z^{*3}}{\pi\,r_B^3}}\cdot e^{-\frac{Z^*\,r_b}{r_B}}}{\sqrt{2(1+\delta)}}\equiv\frac{\psi_a+\psi_b}{\sqrt{2(1+\delta)}}\qquad(139)$$

mit

$$\delta=\int\frac{Z^{*3}}{\pi\,r_B^3}\,e^{-\frac{Z^*(r_a+r_b)}{r_B}}\cdot dv=\int\psi_a\cdot\psi_b\,dv,\qquad(139\,\text{a})$$

wobei zu beachten ist, daß ψ_a und ψ_b in Gl. (139) wegen $Z^*\neq 1$ von ψ_a und ψ_b in Gl. (132) und (132a) verschieden sind. Der Nenner in Gl. (139) sorgt für die Normierung der Wellenfunktion. Beachten wir, daß mit der in Gl. (139) definierten Funktion ψ gilt:

$$-\frac{\hbar^2}{2\,m_e}\left(\frac{\partial^2\psi}{\partial x^2}+\frac{\partial^2\psi}{\partial y^2}+\frac{\partial^2\psi}{\partial z^2}\right)-\frac{Z^*\,e_0^2}{r_a}\,\frac{\psi_a}{\sqrt{2(1+\delta)}}-\frac{Z^*\,e_0^2}{r_b}\,\frac{\psi_b}{\sqrt{2(1+\delta)}}$$
$$=Z^{*2}\,\varepsilon_{\text{H}}\,\psi,\qquad(140)$$

dann läßt sich Gl. (138) umschreiben in:

$$\int\left[\frac{Z^*\,e_0^2}{r_a}\,\frac{\psi_a}{\sqrt{2(1+\delta)}}+\frac{Z^*\,e_0^2}{r_b}\,\frac{\psi_b}{\sqrt{2(1+\delta)}}-\frac{e_0^2}{r_a}\,\frac{\psi_a+\psi_b}{\sqrt{2(1+\delta)}}-\right.$$
$$\left.-\frac{e_0^2}{r_b}\,\frac{\psi_a+\psi_b}{\sqrt{2(1+\delta)}}+Z^{*2}\,\varepsilon_{\text{H}}\,\frac{\psi_a+\psi_b}{\sqrt{2(1+\delta)}}+\frac{e_0^2}{R}\,\frac{\psi_a+\psi_b}{\sqrt{2(1+\delta)}}\right]\psi\,dv$$
$$=\text{Minimum.}\qquad(138\,\text{a})$$

Setzen wir

$$\left.\begin{aligned}e_0^2\int\psi_b\cdot\frac{1}{Z^*\,r_a}\cdot\psi_b\,dv&=e_0^2\int\psi_a\frac{1}{Z^*\,r_b}\,\psi_a\,dv=C^*,\\[2mm]e_0^2\int\psi_a\cdot\frac{1}{Z^*\,r_b}\cdot\psi_b\,dv&=e_0^2\int\psi_a\frac{1}{Z^*\,r_a}\,\psi_b\,dv=A^*\end{aligned}\right\}\qquad(139\,\text{b})$$

und beachten

$$e_0^2\int\frac{\psi_a^2}{r_a}\,dv=\frac{Z^{*3}}{\pi\,r_B^3}\,4\pi\,e_0^2\int_0^\infty r_a\cdot e^{-\frac{2Z^*\,r_a}{r_B}}\,dr_a=\frac{Z^*\,e_0^2}{r_B}\int_0^\infty u\,e^{-u}\,du$$
$$=\frac{Z^*}{r_B}\cdot e_0^2=-2Z^*\,\varepsilon_{\text{H}}=e_0^2\int\frac{\psi_b^2}{r_b}\,dv\ \left(\text{wo }u=\frac{2Z^*\,r_a}{r_B}\right),\qquad(138\,\text{b})$$

so erhalten wir wegen Gl. (139) und (139a) aus Gl. (138a)

$$-\frac{2Z^{*2}\,\varepsilon_\mathrm{H}}{(1+\delta)} + \frac{Z^{*2}\,A^*}{(1+\delta)} + \frac{2Z^*\,\varepsilon_\mathrm{H}}{(1+\delta)} - \frac{2A^*\,Z^*}{(1+\delta)} - \frac{C^*\,Z^*}{(1+\delta)} + Z^{*2}\,\varepsilon_\mathrm{H} + \frac{e_0^2}{R}$$
$$= \text{Minimum.} \quad (138\,\mathrm{c})$$

Die Größen C^* und A^* in Gl. (139b) werden aus den Größen C und A von Gl. (137a) erhalten, indem man dort an Stelle R überall Z^*R einsetzt, weil die Definitionen in den Gln. (139b) mit denen von Gl. (135) bis auf den Umstand übereinstimmen, daß in Gl. (139b) $Z^*\,r_a$ bzw. $Z^*\,r_b$ an Stelle von r_a und r_b gesetzt ist. Wir finden infolgedessen:

$$C^* = \frac{e_0^2}{r_B}\,\frac{r_B}{Z^*R}\left[1 - \left(1 + \frac{Z^*R}{r_B}\right)e^{-\frac{2Z^*R}{r_B}}\right]$$
$$= -2\varepsilon_\mathrm{H}\left\{\frac{r_B}{Z^*R}\left[1 - \left(1 + \frac{Z^*R}{r_B}\right)e^{-\frac{2Z^*R}{r_B}}\right]\right\} \quad (139\,\mathrm{c})$$

und

$$A^* = -2\varepsilon_\mathrm{H}\left\{\frac{r_B}{Z^*R}\left[\left(\frac{Z^*R}{r_B}\right) + \left(\frac{Z^*R}{r_B}\right)^2\right]e^{-\frac{Z^*R}{r_B}}\right\}$$

sowie

$$\delta = \left[1 + \left(\frac{Z^*R}{r_B}\right) + \frac{(Z^*R)^2}{3r_B^2}\right]e^{-\frac{Z^*R}{r_B}}.$$

Kürzen wir hier die in den $\{\ \}$ zusammengefaßten Ausdrücke von C^* und A^* mit C_1 und A_1 ab, so gewinnen wir aus Gl. (138c)

$$\left[-\frac{2}{1+\delta} - \frac{2A_1}{1+\delta} + 1\right]Z^{*2}\,\varepsilon_\mathrm{H} +$$
$$+ \left[\frac{2}{1+\delta} + \frac{4A_1}{(1+\delta)} + \frac{2C_1}{(1+\delta)} - \frac{2r_B}{Z^*R}\right]Z^*\,\varepsilon_\mathrm{H} = \text{Minimum.} \quad (139\,\mathrm{d})$$

Die Ausdrücke in den eckigen Klammern von Gl. (139d) sind Funktionen von Z^*R/r_B. Wir suchen nun, um die Bindung der beiden Kerne durch das Elektron zu erfassen, denjenigen R-Wert *und* den Z^*-Wert, für den der Ausdruck (139d) ein Minimum von Z^* und R wird; der betreffende R-Wert ist dann der Gleichgewichtsabstand der Kerne, d. h., er entspricht dem Minimum der Potentialkurve (vgl. Abb. 72). Wir erhalten nun das gleiche Extremum, wenn wir zunächst denjenigen Z^*-Wert suchen, der bei konstantem Z^*R/r_B — also nicht bei konstantem R — das Minimum der linken Seite von Gl. (139d) liefert, und dann durch Variation von Z^*R/r_B das Extremum als Funktion von Z^*R/r_B bestimmen, wodurch wegen der Kenntnis von Z^* auch der Extremalwert von R gefunden ist. Bei konstantem Z^*R/r_B sind die Klammerausdrücke in Gl. (139d), wie schon eben angedeutet wurde, konstant, so daß wir dann mit

$$\left.\begin{aligned} F &= \left[-\frac{2}{1+\delta} - \frac{2A_1}{1+\delta} + 1\right] \\[2mm] \text{und}\qquad G &= \left[\frac{2}{1+\delta} + \frac{4A_1}{1+\delta} + \frac{2C_1}{(1+\delta)} - \frac{2r_B}{Z^*R}\right] \end{aligned}\right\} \quad (141)$$

für Gl. (139d) schreiben können:

$$F Z^{*2} \varepsilon_H + G Z^* \varepsilon_H = E_{ges.}(Z^*) \quad \text{für} \quad \frac{Z^* R}{r_B} = \text{const.} \tag{142}$$

Die Differentiation nach Z^* ergibt dann die Extremalbedingung:

$$2 F Z^* \varepsilon_H + G \varepsilon_H = 0 \quad \text{oder} \quad Z^* = - \frac{G}{2F}, \tag{143}$$

womit das Extremum erhalten wird:

$$- \frac{G^2}{4F} \varepsilon_H = E_{ges.}(Z^*). \tag{142a}$$

Da F i. allg. negativ und ε_H ebenfalls negativ ist, erhält man offenbar als Extremum ein Minimum.

Die folgende Tabelle zeigt die Durchführung des Variationsverfahrens und die Ermittlung des Gleichgewichtsabstandes R sowie der Bindungsenergie des H_2^+-Ions. Die erste Spalte der Tabelle gibt den Wert der zunächst konstant zu denkenden Größe $x = Z^* R/r_B$ an; die nächsten Spalten enthalten die nach Gl. (139c) nur von x abhängigen Größen:

$$\left. \begin{aligned} & C_1 = \frac{1}{x} [1 - (1 + x) e^{-2x}]; \quad A_1 = (1 + x) e^{-x} \\[2mm] & \delta = \left(1 + x + \frac{x^2}{3}\right) e^{-x}. \end{aligned} \right\} \tag{144}$$

und

Tabelle 17

Bestimmung der effektiven Kernladungszahl Z^* beim Gleichgewichtsabstand des H_2^+-Ions

$x = Z^* R/r_B$	C_1	A_1	δ	$-F$	$+G$	$Z^* = -G/2F$	$-G^2/4F \cdot \varepsilon_H$ (in eV)
2,0000	0,4725	0,4060	0,5865	0,7724	1,8799	$1,217_0$	$-15,546$
2,5000	0,3906	0,2873	0,4584	0,7654	1,8951	$1,238_0$	$-15,942$
3,0000	0,3300	0,1992	0,3485	0,7785	1,8966	$1,218_1$	$-15,699$

Die dann folgenden beiden Spalten geben die durch Gl. (141) definierten Größen $-F$ und G wieder, worauf dann nach Gl. (143) und (142a) die beiden letzten Spalten den jeweiligen für das Extremum charakteristischen Wert der effektiven Kernladungszahl Z^* und den Extremwert der Energie angeben. Man erkennt, daß das absolute Extremum in der Nähe von $x = 2,5$ angenommen wird; durch Interpolation findet man:

$$x_{extr.} = 2,512_0, \quad Z^*_{extr.} = 1,237_8 \quad \text{und} \quad E_{extr.} = -15,947 \text{ eV}.$$

Da die Energie für große Kernabstände R gleich der Wasserstoffenergie ε_H von $-13,59$ eV ist, ergibt sich durch Differenzbildung gegen $E_{extr.}$ eine Bindungsenergie von $15,947 - 13,590 = 2,35_7$ eV (oder 54,4 kcal/mol), ein Wert, der dem experimentellen Wert von 64 kcal/mol schon sehr viel näher kommt als der nach der Störungstheorie auf S. 379

bestimmte Wert von 40,5 kcal/mol. Aus $x_{\text{extr.}} = Z^*_{\text{extr.}} \cdot R/r_B = 2,5120$ und $Z^*_{\text{extr.}} = 1,237_8$ finden wir sofort als Gleichgewichtsabstand $R/r_B = 2,029_5$ oder

$$R_{\text{Gleichgew.}} = R_{\text{min.}} = 1,07_4 \text{ Å}$$

in praktisch völliger Übereinstimmung mit dem experimentell ermittelten Gleichgewichtsabstand von 1,07 Å.

Natürlich kann man auch für jeden von $R = R_{\text{Gleichgew.}} = R_{\text{min.}}$ verschiedenen Kernabstand das Extremum der linken Seite von Gl. (139d) und damit die Energie als Funktion des Abstandes, d. h. die gesamte Potentialkurve des H$_2$-Ions, ermitteln. Wir wollen von der Wiedergabe der diesbezüglichen Rechnung hier absehen, da sich nichts Neues dabei ergibt. Außerdem läßt sich die Berechnung des Energiewertes wesentlich verbessern, wenn außer der effektiven Kernladungszahl noch andere Parameter eingeführt werden. Wir wollen auch auf diese Verfeinerung unserer Betrachtungen nicht näher eingehen; es mag hier die Bemerkung genügen, daß bereits bei geschickter Wahl nur eines weiteren Parameters die Bindungsenergie schon auf 1 % genau berechnet werden kann.

§ 148. Übertragung auf die H$_2$-Molekel. Austauschreaktionen

Die Überlegungen des letzten Paragraphen lassen sich sinngemäß auf andere Molekülbindungsprobleme übertragen. Der nächst einfachste Fall ist der des H$_2$-Moleküls, bei dem die Bindung durch zwei Elektronen besorgt wird. Die Schrödinger-Gleichung dieses Problems lautet, weil man wieder die kinetischen Energien der beiden Elektronen wie beim Helium durch zweite Differentialquotienten nach x_1 usw. ersetzen muß und die potentielle Energie sich aus den Wechselwirkungen der Elektronen mit den Kernen und der Kerne sowie der Elektronen unter sich zusammensetzt:

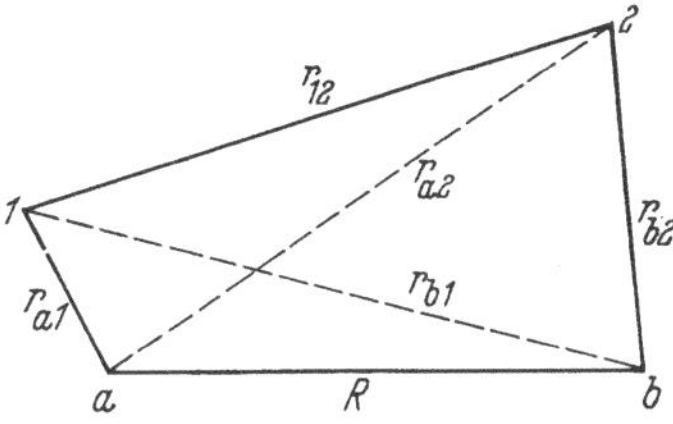

Abb. 71
Radiusvektoren in der H$_2$-Molekel

$$-\frac{\hbar^2}{2m_e}\left(\frac{\partial^2 \psi}{\partial x_1^2} + \frac{\partial^2 \psi}{\partial y_1^2} + \frac{\partial^2 \psi}{\partial z_1^2}\right) - \frac{\hbar^2}{2m_e}\left(\frac{\partial^2 \psi}{\partial x_2^2} + \frac{\partial^2 \psi}{\partial y_2^2} + \frac{\partial^2 \psi}{\partial z_2^2}\right) -$$

$$- \frac{e_0^2}{r_{a,1}}\psi - \frac{e_0^2}{r_{b,2}}\psi - \frac{e_0^2}{r_{a,2}}\psi - \frac{e_0^2}{r_{b,1}}\psi + \frac{e_0^2}{R}\psi + \frac{e_0^2}{r_{1,2}}\psi = E_{\text{ges.}} \cdot \psi. \quad (145)$$

Hier sind r_{a1} und r_{b2} die Abstände der Elektronen „1" und „2" von den Kernen a und b (s. Abb. 71), r_{b1} und r_{a2} sind die Abstände der Elektronen von dem jeweils anderen Kern, während $r_{1,2}$ der wechselseitige Abstand der Elektronen voneinander und R der Abstand der Kerne ist. Bei großem Abstand der Kerne verschwinden die unterstrichenen Glieder der Gl. (145), wenn sich dann das Elektron „1" in der Nähe des Kernes a und das Elektron ‚2‘ in der Nähe des Kernes b befindet. In diesem Falle wird offensichtlich die Aufenthaltswahrscheinlichkeit der Elektronen ‚1‘ und ‚2‘ in der Nähe der Kerne durch das Produkt der aus den entsprechenden Wasserstoffunktionen folgenden Aufenthaltswahrscheinlichkeiten der Einzelelektronen beschrieben. Infolgedessen kann man in diesem Falle als Lösung der Gl. (145) die Funktion

$$\psi_0(1,2) = \psi_{\mathrm{H}}(1,a) \cdot \psi_{\mathrm{H}}(2,b) = \sqrt{\frac{1}{\pi\, r_B^3}}\; e^{-r_{a,1}/r_B} \cdot \sqrt{\frac{1}{\pi\, r_B^3}} \cdot e^{-r_{b,2}/r_B} \quad (146)$$

verwenden. Man stellt sofort fest, daß die Funktion (146) die linke Seite der wie folgt umgeschriebenen Gl. (145) zum Verschwinden bringt, wobei $E_{\mathrm{ges.}} = 2\,\varepsilon_{\mathrm{H}} + \Delta E$ gesetzt ist:

$$\left.\begin{aligned}
&-\frac{\hbar^2}{2\,m_e}\left(\frac{\partial^2 \psi(1,2)}{\partial x_1^2} + \frac{\partial^2 \psi(1,2)}{\partial y_1^2} + \frac{\partial^2 \psi(1,2)}{\partial z_1^2}\right) - \\
&-\frac{\hbar^2}{2\,m_e}\left(\frac{\partial^2 \psi(1,2)}{\partial x_2^2} + \frac{\partial^2 \psi(1,2)}{\partial y_2^2} + \frac{\partial^2 \psi(1,2)}{\partial z_2^2}\right) - \\
&-\frac{e_0^2}{r_{a\,1}}\,\psi(1,2) - \frac{e_0^2}{r_{b,2}}\,\psi(1,2) - 2\,\varepsilon_{\mathrm{H}}\,\psi(1,2) = \Delta E\,\psi(1,2) + \\
&+\frac{e_0^2}{r_{a,2}}\,\psi(1,2) + \frac{e_0^2}{r_{b,1}}\,\psi(1,2) - \frac{e_0^2}{R}\,\psi(1,2) - \frac{e_0^2}{r_{1,2}}\,\psi(1,2).
\end{aligned}\right\} \quad (145\,\mathrm{a})$$

Unsere Störungstheorie von S. 362, die wir beim H_2^+-Ion bereits benutzten, ergibt dann die Bedingung:

$$\int \psi_0(1,2)\left[\Delta E + \frac{e_0^2}{r_{a,2}} + \frac{e_0^2}{r_{b,1}} - \frac{e_0^2}{R} - \frac{e_0^2}{r_{1,2}}\right]\psi(1,2)\,dv_1\,dv_2 = 0. \quad (147)$$

Wir hätten aber ebenso mit dem ausgetauschten Ausgangszustand beginnen können, bei dem sich das Elektron ‚1‘ am Kern b und das Elektron ‚2‘ am Kern a befindet, in diesem Falle wäre als ψ-Funktion des Ausgangs an Stelle von Gl. (146) zu setzen:

$$^{(A)}\psi_0(1,2) = \psi_{\mathrm{H}}(1,b) \cdot \psi_{\mathrm{H}}(2,a) = \sqrt{\frac{1}{\pi\, r_B^3}} \cdot e^{-r_{b,1}/r_B} \cdot \sqrt{\frac{1}{\pi\, r_B^3}}\; e^{-r_{a,2}/r_B}. \quad (146\,\mathrm{a})$$

Die analogen Überlegungen, die uns vorhin zu Gl. (147) führten, ergeben die weitere Bedingungsgleichung:

$$\int {}^{(A)}\psi_0(1,2)\cdot\left[\Delta E + \frac{e_0^2}{r_{b,2}} + \frac{e_0^2}{r_{a,1}} - \frac{e_0^2}{R} - \frac{e_0^2}{r_{1,2}}\right]\psi(1,2)\,dv_1\,dv_2 = 0. \quad (147\,\mathrm{a})$$

In Gl. (147) und ebenso in Gl. (147a) ist die Integration über alle Konfigurationen der Elektronen ‚1‘ und ‚2‘ im Raume zu erstrecken; dabei ist $\psi(1,2)$ die unbekannte exakte Lösung der Gl. (145) für den Grundzustand der H_2-Molekel. Da beide Näherungslösungen (146) und (146a), die wieder verschieden sind, als Ausgang in Betracht zu ziehen sind, wird die exakte Lösung sich analog Gl. (134) stetig an die Linear-kombination

$$\alpha \, \psi_0(1, 2) + \beta \, {}^{(A)}\psi_0(1, 2) \tag{148}$$

anschließen, wo α und β noch geeignet zu bestimmen sind. Setzt man Gl. (148) für die Funktion $\psi(1, 2)$ in die Gln. (147) und (147a) ein, so gelangt man wieder zu den Gln. (136) für α und β mit der Lösung (137)

$$\Delta E(R) = \frac{e_0^2}{R} - \frac{C \pm A}{1 \pm \delta} \qquad \alpha = \pm \beta, \tag{149}$$

nur daß jetzt das Coulomb-Integral und das Austauschintegral sowie der δ-Wert entsprechend Gl. (147) und (147a) definiert werden durch:

$$\left.\begin{aligned}
C &= \int \psi_{\mathrm{H}}(1, a) \cdot \psi_{\mathrm{H}}(2, b) \left[\frac{e_0^2}{r_{a, 2}} + \frac{e_0^2}{r_{b, 1}} - \frac{e_0^2}{r_{1, 2}} \right] \psi_{\mathrm{H}}(1, a) \cdot \psi_{\mathrm{H}}(2, b)\, dv_1 dv_2 \\
A &= \int \psi_{\mathrm{H}}(1, a) \cdot \psi_{\mathrm{H}}(2, b) \left[\frac{e_0^2}{r_{a, 2}} + \frac{e_0^2}{r_{b, 1}} - \frac{e_0^2}{r_{1, 2}} \right] \psi_{\mathrm{H}}(2, a) \cdot \psi_{\mathrm{H}}(1, b)\, dv_1 dv_2 \\
\delta &= \int \psi_{\mathrm{H}}(1, a) \cdot \psi_{\mathrm{H}}(2, b) \cdot \psi_{\mathrm{H}}(2, a) \cdot \psi_{\mathrm{H}}(1, b)\, dv_1\, dv_2 .
\end{aligned}\right\} \tag{150}$$

Es ist dabei jedoch noch zu beachten, daß das Integral

$$\int \psi_{\mathrm{H}}(2, a) \cdot \psi_{\mathrm{H}}(1, b) \left[\frac{e_0^2}{r_{a, 1}} + \frac{e_0^2}{r_{b, 2}} - \frac{e_0^2}{r_{1, 2}} \right] \psi_{\mathrm{H}}(2, a)\, \psi_{\mathrm{H}}(1, b)\, dv_1 dv_2 \tag{150a}$$

ebenfalls den Wert C besitzt und daß auch das zweite Integral in Gl. (150) seinen Wert nicht ändert, wenn man den Klammerausdruck in der Mitte durch den in Gl. (150a) enthaltenen Klammerausdruck $\left[\dfrac{e_0^2}{r_{a, 1}} + \dfrac{e_0^2}{r_{b, 2}} + \dfrac{e_0^2}{r_{1, 2}} \right]$ ersetzt.

Es zeigt sich wieder wie beim H_2^+-Ion, daß $\Delta E(R)$ in Gl. (149) die potentielle Energie der beiden Wasserstoffatome im Abstand R dar-stellt, denn wir hatten oben schon bemerkt, daß die Funktion $\psi_{\mathrm{H}}(1, a) \cdot \psi_{\mathrm{H}}(2, b)$ für große R die exakte Lösung der Schrödinger-Gleichung (145) ist, so daß also für $R \to \infty$ die Größe $\Delta E \to 0$ strebt. Es sei hier auf eine Berechnung des Coulomb-Integrals, des Austausch-integrals und der Größe δ in Gl. (150) verzichtet. Das Ergebnis der Berechnung und das Einsetzen dieser Größen in Gl. (149) ergibt den in Abb. 72 wiedergegebenen Potentialverlauf; hier entspricht die Poten-tialkurve mit Minimum, also mit einem definierten Gleichgewichts-abstand, wieder dem Fall $\alpha = \beta$, so daß die normierte angenäherte Lösung der Schrödinger-Gleichung lautet:

$$\left.\begin{aligned}
{}^0\psi(1, 2) &= \frac{\psi_0(1, 2) + {}^{(A)}\psi_0(1, 2)}{\sqrt{2(1 + \delta)}} \\
&= \frac{\psi_{\mathrm{H}}(1, a) \cdot \psi_{\mathrm{H}}(2, b) + \psi_{\mathrm{H}}(1, b)\, \psi_{\mathrm{H}}(2, a)}{\sqrt{2(1 + \delta)}} .
\end{aligned}\right\} \tag{148a}$$

Die antisymmetrische Kombination $\alpha = -\beta$ führt zu dem Abstoßungs-ast in Abb. 72. Soweit ist das Ergebnis für die H_2-Molekel dem bei dem H_2^+-Ion erhaltenen völlig analog. Jetzt beim H_2-Molekül kann man betreffs der Elektronenspins noch eine Aussage machen. welche das Ergebnis wesentlich präzisiert. Zwar besitzt auch beim H_2^+-Ion das Elektron einen Spin, dieser hat aber auf die Energie des Ions keinen Einfluß — oder keinen nennenswerten Einfluß —, bei der H_2-Molekel wirkt jedoch die gegenseitige Orientierung der Spins der beiden Elektronen wieder als Steuerorgan. Die Lösung (148a) hat wieder die Eigenschaft, daß die dort dargestellte Wellenfunktion bei Vertauschung der Elektronen ‚1' und ‚2' in sich übergeht, dies verlangt aber nach den

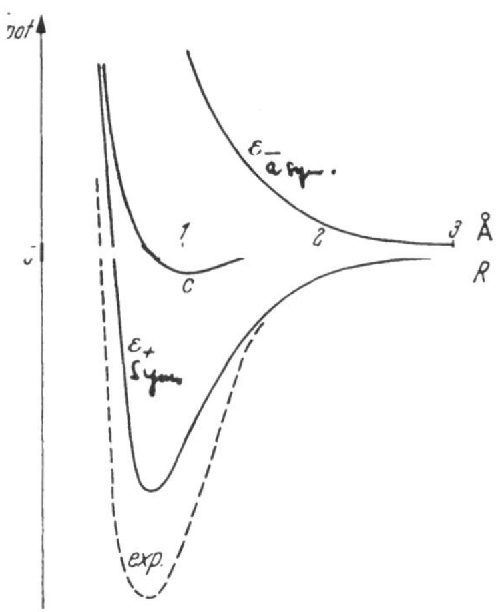

Abb. 72. Potentialkurven für symmetrische (ε_+) und antisymmetrische (ε_-) Elektronenverteilung der H_2-Molekel nach der Störungstheorie im Vergleich zur experimentell ermittelten Potentialkurve. C = Coulombenergie

Überlegungen, die wir auf S. 368f. für das angeregte Heliumatom angestellt haben, daß die Elektronenspins antisymmetrisch bzw. antiparallel sind. Wir haben also für den bindenden Zustand der H_2-Molekel einen resultierenden Spin 0 der beiden Elektronen und damit ein Singulett. während der abstoßende Zustand, der durch $\alpha = -\beta$. d. h. ein Minuszeichen an Stelle der Pluszeichen in GL (148a), gekennzeichnet ist als antisymmetrischer Zustand der Elektronenbahnen" einen symmetrischen oder parallelen Spin der beiden Elektronen verlangt. Dieser symmetrische Spinzustand der Elektronen führt wieder zu einem Triblettzustand so daß der Abstoßungsast in Abb. 72 als Elektronentriplettzustand bezeichnet wird. Wir sehen jedenfalls, daß hier ähnlich wie beim angeregten Helium die Abstoßung (obere Kurve in Abb. 72) oder die Anziehung (untere Kurve in Abb. 72) bei der H_2-Molekel von der Orientierung der Elektronenspins abhängt bzw. von dieser gesteuert wird.

Diese Steuerung durch den Spin gibt zugleich die Erklärung für den Absättigungsmechanismus der chemischen Bindung. Würde man nämlich ein drittes H-Atom im Grundzustand an eine H_2-Molekel heranführen, dann wäre es offenbar unmöglich, daß sich der Spin des Elektrons des dritten Atoms antiparallel zu den *beiden* Spins der Elektronen der H_2-Molekel einstellen konnte: er muß vielmehr mit einem Spin parallel stehen, was bedeutet, daß das dritte Atom nur mit einem der H-Atome der H_2-Molekel eine Bindung eingehen kann, das andere H-Atom dann aber abstoßen muß. Man spricht deshalb oft von der Spinabsättigung der chemischen Bindung. Um das dritte H-Atom an die bereits gebildete H_2-Molekel heranzuführen, muß man wegen der Unmöglichkeit, den dritten Spin antisymmetrisch oder antiparallel zu den beiden anderen Spins einzustellen, im Einklang mit dem Pauli-Verbot das Elektron *eines* Atoms in den angeregten $2s$-Zustand heben.

wobei jedoch so viel Energie zusätzlich benötigt wird, daß keine mit Energie*gewinn* verbundene stabile Molekülbildung zwischen den drei H-Atomen mehr möglich ist.

Der eben erwähnte Vorgang, nämlich die Anziehung bzw. Bindungsbildung des dritten Atoms mit einem der H-Atome der H_2-Molekel und die Abstoßung mit dem anderen H-Atom der H_2-Molekel, bildet das Grundprinzip der sog. Austauschreaktionen, wie im Falle des Wasserstoffs von Reaktionen wie

$$H + D_2 = HD + D \qquad (151)$$

usw. Hier mußten wir die H-Atome z. T. durch Deuteriumatome ersetzen, damit bei der chemischen Reaktion ein Unterschied zwischen Ausgangs- und Endzustand erhalten wird. Da jedoch auch das D-Atom nur ein Elektron besitzt, ist vom Standpunkte der Elektronentheorie der Bindung der Verlauf bzw. der Mechanismus der Reaktion (151) der gleiche wie bei drei H-Atomen. Auch bei anderen Atomen mit mehr als einem Elektron kann man Austauschreaktionen vom Typ der Gl. (151) aufstellen, die vom Standpunkt des Zustandekommens der chemischen Bindung durch die Elektronen ebenso oder doch ganz entsprechend zu verstehen sind, was hier nur beiläufig erwähnt werden mag.

Die in Abb. 72 erhaltenen Ergebnisse über die Bindungsfestigkeit der H-Atome in der H_2-Molekel und den Gleichgewichtsabstand sind noch relativ fehlerhaft, insofern mit unserer Störungsmethode nur etwa 60% des experimentellen Bindungswertes erhalten werden und der Gleichgewichtsabstand merklich zu hoch herauskommt. Dieser Mangel läßt sich in derselben Weise wie beim H_2^+-Ion beheben, indem man auf die Variationsmethode zurückgreift und unter Verwendung eines oder mehrerer Parameter zur Darstellung der Wellenfunktion $\psi(1,2)$ den Wert der Energie der Elektronenkonfiguration durch geeignete Wahl dieser Parameter möglichst klein zu machen sucht.

Es ist bei der H_2-Molekel erst durch Hinzuziehung einer großen Zahl von Parametern (über 10 Parameter bis zu 14 Parametern) gelungen, eine praktisch völlige Übereinstimmung mit den experimentellen Werten der Bindungsenergie und des Gleichgewichtsabstandes (Abweichung kleiner als 1%) zu erzielen. Hier liegen die Verhältnisse in der Praxis offensichtlich weit ungünstiger als beim H_2^+-Ion, wo eine geschickte Wahl von zwei Parametern bereits eine ausreichende Übereinstimmung mit dem Experiment erzielen läßt.

§ 149. Verallgemeinerungen. Bindungen vom σ- und π-Typus. Hybridisierung und Mesomerie

Prüfen wir die letzten Ausführungen auf den tieferen Grund für das Zustandekommen der chemischen Bindung, so erkennen wir, daß bei allen bisher behandelten Bindungen die Wellenfunktion ein kleines Maximum in der Mitte zwischen den beiden an der Bindung beteiligten Kernen besaß, so daß die Aufenthaltswahrscheinlichkeit des oder der Elektronen hier ein wenig größer ist als an anderen Raumstellen und

mithin die Anziehung zwischen den Elektronen und Kernen die Abstoßung zwischen den Kernen und zwischen den Elektronen unter sich
überwiegt. Die Abstoßung, die wir eben im antisymmetrischen Falle sowohl beim H_2^+-Ion als auch bei der H_2-Molekel erhielten, kam gerade deshalb heraus, weil die Aufenthaltswahrscheinlichkeit in diesem Zwischengebiet gleich Null war und mithin der durchschnittliche Abstand zwischen
den Elektronen und Kernen so groß wurde, daß die Abstoßung zwischen
den Kernen und Elektronen unter sich nicht mehr zu kompensieren
war. Der energetische Unterschied zwischen dem symmetrischen (bindenden) Fall und dem antisymmetrischen (nichtbindenden) Fall wird im
wesentlichen durch die Größe A des Austauschintegrals bzw. der sog.
Austauschenergie bestimmt. Man stellt nun sofort fest, daß das Austauschintegral A nur dann merkliche Werte hat, wenn die wasserstoffähnlichen ψ_H-Funktionen mit dem Zentrum im Kern a sich mit denen,
die ihr Zentrum im Kern b haben, merklich überlappen. Dieses Überlappen der Eigenfunktionen ψ ist für das Zustandekommen der Bindung
charakteristisch.

Es lassen sich darum auch in anderen Fällen, bei denen die Elektronenhülle der an der Bindung beteiligten Atome nicht so einfach wie
beim Wasserstoff gebaut ist, analoge Betrachtungen wie hier beim
Wasserstoff über die Bindung anstellen. Dabei spielt die Überlappung
nur bei den Elektronen der äußersten Schale eine Rolle, denn zu einem
Überlappen der weiter innen gelegenen Elektronen käme es nur, wenn
die Kerne sich gegenseitig so weit nähern würden, daß die äußeren
Elektronen bereits den Abstoßungsast der bindenden Kurve — s. den
linken Teil der Abb. 72 — erreichen, der sehr steil ansteigt und damit
alle von den inneren Elektronen ausgehenden bindenden Wirkungen
überkompensieren würde. Deshalb werden die äußeren Elektronen, die
am Zustandekommen der chemischen Bindung oder der Valenz in erster
Linie beteiligt sind, gelegentlich auch Valenzelektronen genannt.

Es gilt auch in diesen allgemeineren Fällen, daß die Aufenthaltswahrscheinlichkeit oder die ψ-Funktion eines Valenzelektrons in erster
Näherung durch die lineare Überlagerung der Atomfunktionen der an
der Bindung beteiligten Kerne oder Atome erzeugt wird wie bei Gl. (134)
oder Gl. (148). Dabei ist unter Umständen die eine ψ-Funktion eine $2s$-,
$2p$- oder auch eine $3s$-Funktion usw., während die andere eine einfache
$1s$-Funktion sein kann. Wenn so die ψ-Funktionen der Atome nicht
mehr wie beim Wasserstoff symmetrisch sind, dann wird die Linearkombination i. allg. auch nicht mehr symmetrisch sein, d. h., die Größen α und β, die in Gl. (134) und (148) dem Betrage nach einander gleich
waren, sind dann dem Betrage nach voneinander verschieden. Freilich
werden im bindenden Falle i. allg. beide das gleiche Vorzeichen besitzen,
so daß die Aufenthaltswahrscheinlichkeit der Elektronen noch im wesentlichen irgendwo zwischen den Kernen ein Maximum hat, wenn dieses
auch nicht mehr exakt in der Mitte zwischen den an der Bindung beteiligten Kernen bzw. Atomen liegt. Es kommt dazu, daß man oft
— ja genaugenommen schon bei der H_2-Molekel, wo nur die Gewichte
wieder gleichmäßig verteilt sind — mit ψ-Funktionen rechnen muß, bei

denen beide Elektronen zu *einem* Kern gehören. Man erhält solche ψ-Funktionen bereits, wenn man zwei Funktionen vom Typ der Funktion (134) miteinander multipliziert. Durch Verallgemeinerung gewinnt man so Funktionen der Gestalt:

$$\psi(1,2) = \alpha\,\psi(1,a)\cdot {}^*\psi(2,b) + \beta\,\psi(2,a)\cdot {}^*\psi(1,b) +$$
$$+ \gamma\,\psi(1,a)\cdot {}^{**}\psi(2,a) + \delta\,{}^*\psi(1,b)\cdot \overline{\psi}(2,b), \qquad (152)$$

wo ψ, ${}^*\psi$, ${}^{**}\psi$ und $\overline{\psi}$ Atom-ψ-Funktionen von verschiedenem Typus sein können (z. B. $1s$-, $2p$-Funktionen usw.). Die mit den Faktoren γ und δ versehenen Funktionen sind diejenigen, bei denen beide Valenzelektronen zum Kern a oder zum Kern b gehören. Wenn im Valenzzustande z. B. γ sehr groß im Verhältnis zu allen anderen Faktoren α, β und δ ist, dann befinden sich bei der Molekülbildung beide Elektronen praktisch am Kern a, und der Kern b hat sein Valenzelektron abgegeben. Die Bindung besteht dann einfach in der elektrostatischen Anziehung des negativ aufgeladenen Atoms a, das ja ein Elektron aufgenommen hat, und des positiv aufgeladenen Atoms b, das sein Valenzelektron abgegeben hat. In diesem Falle spricht man von einer polaren Bindung eines Anions an ein Kation, während der beim Wasserstoff vorliegende Fall der Bindung als unpolare oder homöopolare Bindung bezeichnet wird. Wenn bei der Wasserstoffmolekel H_2 gelegentlich von polaren Zuständen gesprochen wird, heißt dies, daß Glieder vom Typus der letzten beiden Glieder der Gl. (152) für die ψ-Funktion des Wasserstoffs Verwendung finden, wobei freilich die Koeffizienten γ und δ gleich groß sind, so daß im Endeffekt kein Atom der Molekel gegen das andere positiv oder negativ aufgeladen ist. Wir erkennen an Hand der Gl. (152), daß polare und unpolare Bindung lediglich Grenzfälle darstellen, die im einen oder anderen praktischen Falle mehr oder weniger gut realisiert sind.

Wenn das eine an der Bindung beteiligte Atom $2p$-Elektronen besitzt, wie z. B. das N-Atom, dann wird sich bei einer Bindung mit einem Wasserstoffatom eine merkliche Überlappung des $2p$-Elektronenzustandes des Valenzelektrons des Stickstoffs mit dem s-Elektron des H-Atoms nur dort ausbilden, wo die ψ-Funktion des $2p$-Elektrons besonders große Werte hat. Dies ist nach Gl. (77) z. B. in der x-Raumrichtung der Fall. Ein zweites p-Elektron des Stickstoffs, dessen ψ-Atomeigenfunktion etwa in der y-Richtung große Werte aufweist, kann dann ein weiteres H-Atom binden, d. h., diese ψ-Funktion kann sich mit der eines zweiten H-Atoms überlappen und so zu einer Bindung führen. Die beiden H-Atome bilden dann mit dem N-Atom einen rechten Winkel. Das dritte p-Elektron des Stickstoffs kann dann in analoger Weise ein drittes H-Atom wieder in der zu den vorigen Raumrichtungen dritten senkrechten Richtung binden. Damit die dazu erforderlichen symmetrischen Überlagerungen der p-Funktionen des N-Atoms mit den s-Funktionen des jeweils zu bindenden H-Atoms zustande kommen können, müssen die Spins der $2p$-Elektronen und des zugehörigen H-Atoms wieder antiparallel stehen. Außerdem ist zu verlangen, daß die H-Atome sich untereinander nicht binden, weil die so zuerst gebildete NH_3-Molekel dann leicht eine H_2-Molekel abspalten könnte. Diese Forderung wird am besten so erfüllt, daß die Spins der drei H-Atome parallel sind, sie können sich dann gerade mit den Spins der drei p-Valenzelektronen des Stickstoffs, die ja nach S. 304 unter sich ebenfalls parallel sind, antiparallel stellen. Wir sehen, daß damit die Möglichkeit zur Bildung einer stabilen NH_3-Molekel besteht, deren Valenzwinkel H—N—H in erster Näherung 90° betragen. Durch die abstoßende Wirkung zwischen den drei H-Atomen vergrößert sich dieser Winkel noch ein wenig. Wir verstehen jedenfalls, daß in dieser Weise eine Molekel mit definierten Valenzwinkeln entsteht.

Wir können diese Bindungsfragen hier nicht mehr an weiteren Beispielen genauer verfolgen, wollen dafür aber noch einige mehr prinzipielle Fragen anschneiden. Bei der Überlagerung der ψ-Funktionen zweier von verschiedenen Atomen herrührenden Valenzelektronen entstand in den obigen Beispielen eine resultierende Wellenfunktion vom Typ der Gl. (152), die rotationssymmetrisch um die Valenzachse verlief; man nennt Bindungen dieses Typs σ-Bindungen. Daneben gibt es

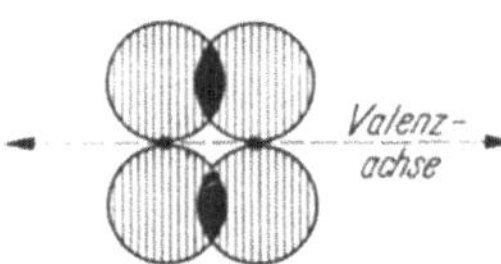

Abb. 73. Überlappung der p-Elektronenverteilungen beim Zustandekommen einer π-Bindung (s. Abb. 68)

Bindungen, die nicht mehr um die Valenzrichtung rotationssymmetrisch angeordnete Wellenfunktionen besitzen. Sie entstehen vornehmlich, wenn zwei p-Elektronen seitlich aneinanderkommen und sich derart seitlich überlappen, daß oberhalb und unterhalb der Valenzrichtung große Werte des Betrages der Wellenfunktion resultieren, während in den dazu senkrechten Richtungen die Wellenfunktion verschwindet (s. Abb. 73). In diesen Fällen spricht man von einer π-Bindung. Diese Bindung tritt neben der σ-Bindung bei den Doppelbindungen der organischen Chemie auf. Mit der fehlenden Rotationssymmetrie der π-Bindung hängt die Aufhebung der sog. freien Drehbarkeit beim Übergang zur Doppelbindung C=C aufs engste zusammen.

Bei der Kohlenstoffbindung tritt noch eine andere für Bindungsphänomene oft charakteristische Besonderheit auf. Bislang haben wir bei der Linearkombination vom Typ der Gl. (152) oder der Gln. (134) und (148) stets die gewöhnlichen ψ-Funktionen der äußersten Elektronen der an der Bindung beteiligten Atome verwendet. Manchmal empfiehlt es sich jedoch, auch solche ψ-Funktionen bei der Linearkombination vom Typ der Gl. (152) zu verwenden, die im freien Atom nicht besetzt sind. Dies ist der Fall, wenn auf diesem Wege eine höhere Bindungsenergie gewonnen werden kann als beim Verzicht auf diese zusätzlichen ψ-Funktionen, denn maßgebend ist ja nach den Überlegungen von S. 371 f., daß stets eine solche Elektronenverteilung zu finden ist, die ein Extremum der Energie liefert. Der Kohlenstoff hat (vgl. S. 302 f.) in der L-Schale $2s$-Elektronen mit einander entgegengesetztem Spin und zwei p-Elektronen mit zueinander parallelem Spin. Entsprechende Überlegungen wie eben bei der Bildung der NH_3-Molekel würden jetzt Bindungen der beiden $2p$-Elektronen an zwei Wasserstoffatome ge-

statten, während die beiden $2s$-Elektronen zu keiner Bindung befähigt
wären, denn sie binden sich durch ihre Spin-Antiparallelstellung gewissermaßen selbst. Es besteht aber die Möglichkeit, eins der $2s$-Elek-
tronen anzuregen und auf die dritte $2p$-Bahn zu heben: es können sich
dann die Spins aller vier Elektronen der L-Schale zueinander parallel
stellen, ohne daß das Pauli-Verbot verletzt wird. In diesem Falle kann
das Kohlenstoffatom vier Wasserstoffatome binden, und durch diese
zusätzliche Bindung von zwei weiteren H-Atomen wird so viel Energie
gewonnen, daß der zur Hebung eines $2s$-Elektrons zu einem $2p$-Elektron
erforderliche Energieaufwand überkompensiert und auf diesem Wege
ein Extremum der Gesamtenergie erhalten wird.

Bei der Bindungsbildung der vier H-Atome an ein C-Atom geht man
aber nicht von dem $2s$-Elektron des C-Atoms, das man mit einem
$1s$-Elektron eines der vier H-Atome „überlappt", und dann der Reihe
nach von den drei weiteren $2p$-Elektronen des C-Atoms aus, die man
ihrerseits mit den $1s$-Elektronen der restlichen drei H-Atome „überlappt". Man macht vielmehr vorerst die ψ-Funktionen der vier Elektronen der L-Schale des C-Atoms durch Überlagerung bzw. Linearkombination unter sich gleichwertig und gewinnt so schließlich eine
noch größere Energie als bei Vermeidung dieser Gleichwertigmachung.
Diese Linearkombinationen gewinnen im Falle des Kohlenstoffs übrigens
folgende Gestalt, wenn wir mit $\psi_{2,s}$, ψ_{2,p_x}, ψ_{2,p_y} und ψ_{2,p_z} die Wellenfunktionen des $2s$- und der $2p$-Zustände bezeichnen, die ihre größten
Werte in der x-Richtung, y-Richtung bzw. z-Richtung annehmen:

$$\left.\begin{aligned}
\psi_{\mathrm{I}} &= \tfrac{1}{2}\big[\psi_{2,s} + \psi_{2,p_x} + \psi_{2,p_y} + \psi_{2,p_z}\big] \\
\psi_{\mathrm{II}} &= \tfrac{1}{2}\big[\psi_{2,s} + \psi_{2,p_x} - \psi_{2,p_y} - \psi_{2,p_z}\big] \\
\psi_{\mathrm{III}} &= \tfrac{1}{2}\big[\psi_{2,s} - \psi_{2,p_x} + \psi_{2,p_y} - \psi_{2,p_z}\big] \\
\psi_{\mathrm{IV}} &= \tfrac{1}{2}\big[\psi_{2,s} - \psi_{2,p_x} - \psi_{2,p_y} + \psi_{2,p_z}\big].
\end{aligned}\right\} \tag{153}$$

Diese Wellenfunktionen ψ_{I} bis ψ_{IV} bringt man dann mit den $1s$-Wellen-
funktionen der vier H-Atome zur Erzielung einer CH_4-Molekel zur
Überlappung. Man erkennt übrigens leicht, daß die vier Funktionen ψ_{I}
bis ψ_{IV} wegen des Faktors $\tfrac{1}{2}$ normiert und außerdem aufeinander orthogonal sind, weil die Funktionen $\psi_{2,s}$, ψ_{2,p_x} usw. bereits diese Eigenschaft
haben. Die Funktionen ψ_{I} bis ψ_{IV} haben übrigens, wovon man sich
leicht überzeugen kann, besonders große Werte in Raumrichtungen,
die untereinander so ausgerichtet sind wie die Richtungen vom Schwerpunkt zu den Ecken eines Tetraeders. Infolgedessen betätigen sich die
Valenzen des vierwertigen Kohlenstoffs in diesen Tetraederrichtungen,
denn man erhält offenbar besonders günstige Überlappungen und somit
große Werte des Austauschintegrals wenn sich die an den Kohlenstoff
bindenden Atome in den Tetraederrichtungen annähern bzw. anlagern.

Diese Zusammenfassung und energetische Anhebung der Atomeigen-
funktionen des Grundzustandes zu einer oder mehreren ψ-Funktionen
der Valenzbetätigung pflegt man als *Hybridisierung* zu bezeichnen, ein

Vorgang, der, wie oben bereits erwähnt wurde, in der Theorie der chemischen Bindung eine erhebliche Rolle spielt. Dies ist insbesondere bei den verschiedenen Typen der Kohlenstoffbindung der Fall, wobei die Art der Hybridisierung im Falle einer Doppelbindung und einer Dreifachbindung von der in Gl. (153) gegebenen merklich abweicht, schon deshalb, weil dann die vier Valenzen nicht mehr in vier *verschiedene* Raumrichtungen weisen. Auf die Wiedergabe weiterer hierher gehöriger Einzelheiten mag an dieser Stelle verzichtet werden.

Im Rahmen der allgemeinen theoretischen Grundlagen der chemischen Bindung soll hier noch ein anderes wichtiges Phänomen, die *Resonanz*, erwähnt werden. Bislang konnten die Elektronen, welche die chemische Bindung bewirken, noch insofern lokalisiert werden, als sie sich im wesentlichen zwischen den beiden jeweils beteiligten Atomen oder Kernen aufhielten. Hat man nun eine Molekel mit Einfach- und Mehrfachbindungen vor sich — wie z. B. die Benzolmolekel —, dann würde man zwischen einigen Atomen eine größere Anzahl von Elektronen zu lokalisieren haben als zwischen anderen Atomen, wenn man nach der Vorstellung der klassischen „Strichvalenz" zwischen den ersteren eine Mehrfachbindung anzunehmen hat. Dieser Lokalisierung entspricht — gleichgültig, ob man bei den an der Bindung beteiligten Atomen mit einer Hybridisierung rechnen muß oder nicht — eine bestimmte Wellenfunktion bzw. ein Ansatz für diese Funktion als Annäherung an die Wirklichkeit. Es kann aber durchaus sein, daß auch eine andere Verteilung der Einfach- und Mehrfachbindungen mit der Gesamtmolekel verträglich ist und damit eine von der ersten Lokalisierung abweichende Lokalisierung der Elektronen.

Ein einfaches Beispiel bildet die Elektronenverteilung in der Benzolmolekel, die wir zunächst entsprechend dem Strichvalenzbild der klassischen Bindungstheorie in den zwei möglichen Formen anschreiben,

$$
\begin{array}{ccc}
& 1 & \\
6 & & 2 \\
5 & & 3 \\
& 4 &
\end{array}
\qquad
\begin{array}{ccc}
& 1 & \\
6 & & 2 \\
5 & & 3 \\
& 4 &
\end{array}
$$

bei denen die Doppelbindungen einmal zwischen den C-Atomen 1 u. 2 sowie 3 u. 4 und 5 u. 6 und im anderen Falle zwischen den C-Atomen 2 u. 3 sowie 4 u. 5 und 6 u. 1 lokalisiert sind. Für die beiden Elektronen, welche die doppelte Bindung zwischen einem Kohlenstoffpaar herstellen — es handelt sich dabei um eine Bindung, die von zwei $2p$-Elektronen bewirkt wird —, kann man eine Wellenfunktion vom Typ der Funktion (152) ansetzen, wobei man mit guter Näherung sogar $\gamma = \delta = 0$ wählen kann. Bezeichnen wir jetzt mit $\psi_{1,2}$ usw. diese Wellenfunktionen, wobei wir jetzt die Kerne, die in Gl. (152) mit a und b bezeichnet waren, mit den Indizes $1, 2$ usw. kennzeichnen wollen, dann läßt sich die Doppelbindungskonfiguration der linken bzw. der rechten Benzolformel durch das Produkt

$$
\psi_l = \psi_{1,2} \cdot \psi_{3,4} \cdot \psi_{5,6} \quad \text{bzw.} \quad \psi_r = \psi_{2,3} \cdot \psi_{4,5} \cdot \psi_{6,1} \tag{154}
$$

darstellen. Aus Symmetriegründen sind die Energien, die man etwa gemäß der bei unserem Variationsprinzip benutzten Formel aus der linken oder der rechten Konfiguration des Benzolrings entnimmt, einander gleich. Setzt man dann als Wellenfunktion der Doppelbindungskonfiguration die Linearkombination

$$\psi = \alpha\,\psi_l + \beta\,\psi_r \tag{154a}$$

an, und sucht die Werte von α und β wieder so zu bestimmen, daß ein extremaler Energiewert für die Gesamtmolekel resultiert, dann findet man wie bei Gl. (149) und anderen früheren Problemen aus Symmetriegründen wieder $\alpha = \beta$ für die festeste Bindung der Gesamtbenzolmolekel. Infolgedessen ist weder das linke Strichvalenzbild der Benzolmolekel noch das rechte Bild korrekt. Richtig ist vielmehr eine Überlagerung beider Bilder, so daß damit die Lokalisierung der Doppelbindung zwischen den Kohlenstoffatomen 1 u. 2 usw. *oder* zwischen den Kohlenstoffatomen 2 u. 3 usw. entfällt, wir haben vielmehr gleichzeitig die Doppelbindung zwischen den Kohlenstoffatomen 1 u. 2 *und* zwischen den Atomen 2 u. 3. Man spricht in diesem und ähnlich gelagerten Fällen von einer *Mesomerie* der linken und rechten Valenzstrukturform des Benzols. Diese Mesomerie führt, wie wir eben betont haben, zu einer Verfestigung der Bindung. Die Verfestigung der Gesamtbindung durch die Mesomerie beträgt beim Benzol etwa 34 kcal/mol (142 kJ/mol). Die Mesomerie ist außerdem der Grund für das Fehlen von zwei isomeren o-Disubstitutionsprodukten des Benzols, die man nach den älteren Formeln gemäß

erwarten würde, je nachdem sich zwischen den beiden substituierten Cl-Atomen eine Doppelbindung befände oder nicht.

Wenn auch die Mesomerie bei vielen Bindungsproblemen eine entscheidende Rolle spielt, müssen wir uns hier ein näheres Eingehen auf andere Beispiele versagen. Es mag jedoch der Vollständigkeit wegen noch erwähnt werden, daß neben den beiden oben erwähnten, sog. Kekulé-Strukturen bei einer exakten Betrachtung der Mesomerie des Benzols auch noch die folgenden Lokalisierungen der Doppelbindungen berücksichtigt werden mussen:

(Dewar-Strukturen)

Die Überlagerung der allen fünf Strukturen entsprechenden Wellenfunktionen als eines vollständigen Satzes ,,linear unabhängiger Strukturen'' ergibt dann ein korrektes Bild der Gesamtmesomerie im Falle des Benzols. Freilich sind die Koeffizienten, mit denen die zuerst angegebenen Kekulé-Strukturen in *die* Linearkombination eingehen, welche den stabilsten Energiewert der Molekel kennzeichnet, weit größer als die Koeffizienten, mit denen die Dewar-Strukturen zu berücksichtigen sind. Deshalb macht man nur einen relativ geringen Fehler, wenn man bei einer Behandlung der Mesomerie beim Benzol von der Berücksichtigung der Dewar-Strukturen absieht.

F. Kristallgitter. Aggregate. Dipole

§ 150. Zwischenmolekulare Kraftwirkungen.
Van der Waalssche Kristallgitter und Ionengitter.
Bestimmung von Koordinationszahlen

Freie Einzelmoleküle, die wir bei der Molekülbildung bislang ausschließlich betrachtet haben, lagern sich bekanntlich durch die Wirkungen der zwischenmolekularen Kraftwirkungen zusammen und bilden feste und flüssige Stoffe. Hier bestehen betreffs des Zusammenhaltes verschiedene Möglichkeiten.

a) Zunächst können die Elektronenkonfigurationen der einen Festkörper bildenden Molekeln auch beim Zusammentritt der Molekeln zum Festkörper im wesentlichen unverändert bleiben. Die Wechselwirkungen der Molekeln aufeinander beruhen dann auf den van der Waalsschen Kräften und den rein elektrischen Kräften, die dadurch auftreten, daß der Schwerpunkt der negativen Ladungen der die Bindung verursachenden Elektronen gelegentlich nicht mehr mit dem Schwerpunkt der positiven Kerne oder der Atomrümpfe zusammenfällt, wodurch die Molekel elektrisch zu einem Dipol mit einem mehr oder weniger großen permanenten Dipolmoment wird. Dabei versteht man unter dem Dipolmoment einen vom Schwerpunkt der negativen Ladung zum Schwerpunkt der positiven Ladung weisenden Vektor von der Größe des Produktes Ladung mal Abstand der Schwerpunkte. Ein solcher Dipol besitzt in seiner Umgebung ein elektrisches Feld, dessen Feldstärke in größerer Entfernung vom Dipol proportional $1/r^3$ abnimmt, wobei die Stärke des Feldes bei gegebener Orientierung zur Dipolachsrichtung dem Dipolmoment μ proportional ist. Die elektrostatische Anziehungs- oder Abstoßungskraft des Dipols auf eine elektrische Punktladung ist deshalb ebenfalls proportional $1/r^3$. Die Kraftwirkung auf einen zweiten Dipol erhält man daraus durch Differenzbildung für zwei benachbarte entgegengesetzte Punktladungen, d. h., sie ergibt sich durch Differentiation proportional $1/r^4$. Das zugehörige Kraftpotential der beiden Dipole variiert demnach — wie man durch Integration erkennt — proportional $1/r^3$; der Proportionalitätsfaktor wird hier außer durch die Orientierung durch das Produkt der beiden Dipolmomente gegeben.

Die reinen van der Waalsschen Anziehungskräfte, die beim Fehlen permanenter Dipolmomente der Molekeln allein übrigbleiben, bestehen prinzipiell in Dipol-Dipol-Wechselwirkungen temporärer Dipole. Betrachtet man nämlich die momentane Lage eines Elektrons in einem Atom oder einer Molekel, so wird durch die Momentankonfiguration ein gewisses Dipolmoment gegeben, das freilich im zeitlichen Mittel verschwindet, wenn die Molekel kein permanentes Dipolmoment besitzt. Zwei derartige Atome oder Molekeln würden so je nach der momentanen Konfiguration dieser Dipole anziehende und abstoßende Wirkungen mit einem Kraftpotential aufeinander ausüben, das zwar mit $1/r^3$ variiert, aber im zeitlichen Mittel verschwindet. Dieses Verschwinden der Kraftwirkungen im Mittel gilt aber nur in erster Näherung, in höherer Näherung beeinflussen sich die Wellenfunktionen der Elektronen der benachbarten Atome bzw. Molekeln derart, daß *die* gegenseitigen Konfigurationen der momentanen Dipole überwiegen, bei denen eine Anziehung resultiert. Dieses Überwiegen tritt um so mehr hervor, je näher die Molekeln aneinanderkommen, um so mehr also die Wirkung des momentanen Dipols einer Molekel auf die Elektronenverteilung der anderen störend eingreifen kann. Deshalb variiert das Anziehungspotential in einem solchen Falle schließlich mit dem Quadrat von $1/r^3$, d. h. mit $1/r^6$. Es ist vielleicht auch ohne nähere Begründung plausibel, daß der Proportionalitätsfaktor die Polarisierbarkeiten α_1 und α_2 der Atome und der Molekeln als Faktoren enthält, weil diese Polarisierbarkeiten bekanntlich angeben, wie leicht sich in einem Atom oder einer Molekel unter dem Einfluß äußerer Felder Dipolmomente (sog. induzierte Dipolmomente) ausbilden. Deshalb besitzt das reine van der Waalssche Anziehungspotential die Gestalt:

$$E_{\text{pot.}}(r) = -\,\text{Const}\cdot\frac{\alpha_1\,\alpha_2}{r^6} \quad \text{oder} \quad E_{\text{pot.}}(r) = -\,\text{Const}\cdot\frac{\alpha^2}{r^6} \qquad (155)$$

(bei gleichen aufeinander einwirkenden Partikeln). Die noch verbleibende Konstante hat aus Dimensionsgründen die Dimension einer Energie; eine für die Bewegung der Elektronen besonders charakteristische Energie ist die Ionisierungsenergie, und die nähere Durchrechnung der Störungstheorie zeigt, daß mit den Ionisierungsenergien J_1 und J_2 der Teilchen näherungsweise

$$E_{\text{pot.}}(r) = -\,\frac{3\,\alpha_1\,\alpha_2\cdot J_1 J_2}{2\,(J_1+J_2)\,r^6} \quad \text{oder} \quad E_{\text{pot.}}(r) = -\,\frac{3}{4}\,\frac{\alpha^2 J}{r^6}$$

$$\text{(bei gleichen Partikeln)} \qquad (155\,\text{a})$$

gilt [1]

Bei großer Annäherung der Partikeln überwiegen schließlich die auf dem Austauschphänomen beruhenden Abstoßungskräfte, denn wenn die Partikeln keine chemischen Valenzen mehr absättigen können, was hier angenommen wird, bleiben ja nur die Abstoßungseffekte (s. Abb. 72) der Austauschintegrale übrig. Weil nun gemäß Gl. (137a) die Austauschenergie — oder das Austauschintegral — im wesentlichen mit $e^{-\text{const}\cdot r}$

---

[1] Bei größeren Abständen, als sie gewöhnlich vorliegen, variiert das Wechselwirkungspotential übrigens mit $1/r^7$ anstatt mit $1/r^6$. Dieser Effekt beruht auf der endlichen Ausbreitungsgeschwindigkeit elektromagnetischer Felder.

variiert, sehen wir, daß bei genügend großer Entfernung das langsamer mit wachsendem r abnehmende van der Waalssche Anziehungskraftpotential übrigbleibt. Irgendwo erhält man wieder durch die Zusammenfassung der abstoßenden und der anziehenden Teile des Potentials einen Gleichgewichtspunkt (Potentialminimum), auf den sich die Teilchen auch im Festkörper einstellen.

Es wird sich dann stets derjenige Kristall als stabiler Festkörper ausbilden, bei dem die Gesamtenergie des Kristalls möglichst niedrig ist, d. h. bei dessen Bildung aus den freien Molekeln möglichst viel Energie frei wird. Diese Stabilitätsbedingung ist freilich nur am absoluten Nullpunkt der Temperatur exakt richtig; bei höherer Temperatur wird der Kristall mit der niedrigsten freien Enthalpie G stabil sein. Oft ist aber bis zum Schmelzpunkt der Unterschied zwischen Energie bzw. Enthalpie und freier Enthalpie so gering, daß der bei $T = 0\ °K$ stabile Kristall bis zum Schmelzpunkt stabil bleibt. Bei kugelförmig gebauten Molekeln, d. h. solchen, deren Wechselwirkungspotential mit anderen gleichartigen Molekeln nur vom Abstand, nicht aber von der Orientierung abhängt, wird sich ein Kristallgitter ausbilden, in dem die Atome oder Molekeln möglichst dicht gepackt sind, weil auf diesem Wege zugleich möglichst viel Energie gewonnen wird. Die dichteste derartige Packung ist die sog. dichteste Kugelpackung, die sich mit dem schon auf S. 49 erwähnten flachenzentrierten kubischen Gitter als identisch erweist. Deshalb begegnet man diesem Gittertyp sehr oft bei Kristallen, deren Atome oder Molekeln durch van der Waalssche Kräfte vom Typ der in Gl. (155a) beschriebenen Art zusammengehalten werden. Die Zahl der nächsten Nachbarn einer beliebig herausgegriffenen Molekel ist in diesem Falle gleich 12; man bezeichnet diese Zahl als Koordinationszahl des Gitters. Besitzen die das Gitter bildenden Molekeln eine von der Kugelform stark abweichende Gestalt, d. h. sind die zwischenmolekularen Kräfte stark richtungsabhängig, dann werden auch Kristalle mit nichtkubischer Elementarzelle stabil; es sei jedoch hier auf die Wiedergabe von Einzelbeispielen verzichtet.

Auch beim Vorliegen von permanenten Dipolmomenten beobachtet man vielfach Kräfte, deren Potential mit der reziproken sechsten Potenz von r variiert, obwohl nach den Betrachtungen von S. 394 die Dipol-Dipol-Potentiale mit der reziproken dritten Potenz von r variieren. Es liegt dies daran, daß — wenigstens im Gasraum — durch die Rotation der Molekeln infolge der Temperaturbewegung anziehende und abstoßende Konfigurationen in erster Näherung gleich oft vorkommen und somit kein mit $1/r^3$ variierender Effekt übrigbleibt. Erst in zweiter Näherung überwiegen die anziehenden Konfigurationen über die abstoßenden, so daß schließlich ein mit $1/r^6$ variierendes Potential resultiert, dessen absolute Größe aber noch von der Temperatur im Gasraum abhängt, weil mit steigender Temperatur die Rotationsverteilung über die anziehenden und abstoßenden Dipol-Dipol-Konfigurationen immer gleichmäßiger wird, womit der Anziehungseffekt allmählich verschwindet. Bei größeren permanenten Dipolmomenten ist der durch die Dipol-Dipol-Attraktion hervorgerufene Effekt oft merklich größer als der reine van der Waalssche Effekt. Das elektrische Feld eines Dipols kann zwar gleichfalls induzierende bzw. polarisierende Wirkungen auf Nachbarmolekeln ausüben, die zu Attraktionspotentialen Anlaß geben, die gleichfalls mit $1/r^6$ variieren; die Größe dieser sog. Induktionskräfte ist aber meist klein gegenüber den van der Waalsschen Kräften.

Im Kristallgitter wird infolge der mehr oder weniger gleichmäßigen Verteilung der Dipolachsen über alle Richtungen ebenfalls nur ein Restbetrag der Dipol-Dipol-Attraktion für die Gesamtenergie übrigbleiben. Immerhin ist dieser Betrag nach dem eben Erwähnten im Vergleich zu den van der Waalsschen Effekten oft noch so groß, daß wir verstehen, warum die Kristalle aus Molekeln mit großem permanentem Dipolmoment oft unvergleichlich höhere Sublimationswarmen zur Zerstörung des gesamten Gitters aufweisen als Kristalle aus vergleichbar großen, aber dipollosen Molekeln.

b) Neben diesen van der Waalsschen Kristallen gibt es solche, bei denen die Bausteine ebenfalls definierte Elektronenkonfigurationen besitzen, wobei aber gewisse Partikel positiv und andere negativ aufgeladen sind. Der Kristall ist dann ein sog. Ionenkristall. Man erhält Ionenkristalle vornehmlich bei Partikelpaaren. von denen eine Partikel ein (oder mehrere) leicht abspaltbares Außenelektron besitzt, während die zweite Partikel eine Elektronenaffinität (s. S. 376) aufweist. Beispiele dieses Typs von Festkörpern sind die Alkalihalogenidkristalle, bei denen das in der äußersten Schale des Alkaliatoms befindliche s-Elektron praktisch völlig zum Halogenatom übertritt und von diesem aufgenommen wird. Der Kristall wird dann durch die elektrostatischen Kraftwirkungen der Kationen und Anionen, die als Bausteine des Kristalls fungieren, zusammengehalten. Diese Kräfte sind in großem Abstand der Ionen reine Coulomb-Kräfte: bei geringem Abstand wirken naturlich ähnlich wie bei den van der Waalsschen Kristallen außerdem wieder Abstoßungskräfte.

Im fertigen Kristallgitter bilden die Anionen und die Kationen für sich oft wieder eine derartige dichteste Kugelpackung, wie sie oben bei den van der Waalsschen Gittern erwähnt worden war. Der gesamte Kristall besteht dann aus zwei solchen ineinandergestellten Gittern oder Packungen. Man erhält z. B. das sog. Zinkblendegitter (ZnS-Gitter), wenn man, wie in Abb. 74 gezeigt ist, zwei flächenzentrierte kubische Gitter so ineinanderstellt, daß das eine

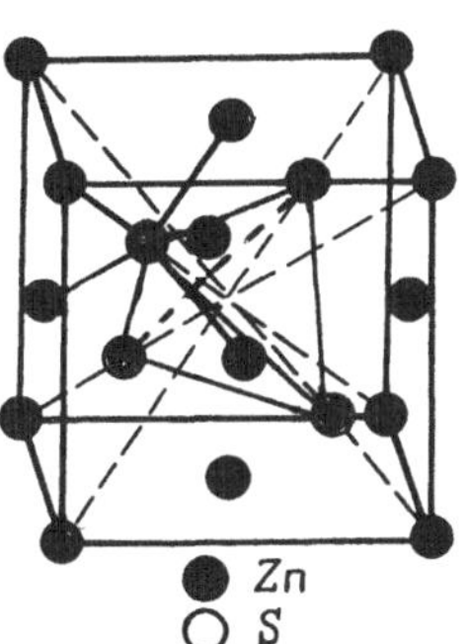

Abb. 74. Gittertyp der Zinkblende (ZnS-Typ, Koordinationszahl 4)

um $\frac{1}{4}$ der Raumdiagonale der Elementarzelle gegen das andere parallel versetzt ist. Verschiebt man dagegen das zweite Gitter parallel zum ersten so, daß es um eine halbe Kantenlänge der Elementarzelle gegen das erste versetzt ist, dann erhält man das in Abb. 75 dargestellte NaCl-Gitter. Man erkennt leicht, daß im ZnS-Gitter jedes Zn^{++}-Ion von vier S^{--}-Ionen als nächsten Nachbarn umgeben ist und umgekehrt, während im NaCl-Gitter jedes Na^{+}-Ion von sechs Cl^{-}-Ionen als nächsten

Nachbarn umgeben ist und ebenso umgekehrt jedes Cl⁻-Ion von sechs Na⁺-Ionen. Man nennt deshalb diese Ionengitter auch oft Koordinationsgitter mit der Koordinationszahl 4 bzw. 6. Es gibt daneben auch noch andere Gitter mit den gleichen Koordinationszahlen; in Abb. 76 ist das sog. Wurtzitgitter gezeigt, in dem die Verbindung ZnS ebenfalls kristalli-

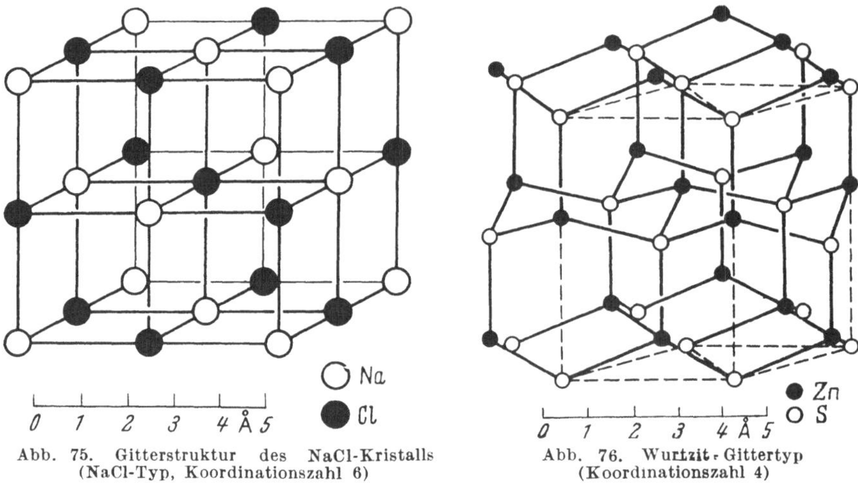

Abb. 75. Gitterstruktur des NaCl-Kristalls (NaCl-Typ, Koordinationszahl 6)

Abb. 76. Wurtzit-Gittertyp (Koordinationszahl 4)

siert. Auch dieses Gitter hat die Koordinatenzahl 4, besitzt aber nicht die kubische Struktur des ZnS-Gitters von Abb. 74. Ein weiterer wichtiger Gittertyp wird erhalten, wenn man zwei einfache Würfelgitter so ineinandersetzt, daß das eine um eine halbe Diagonallänge gegen das andere parallel verschoben ist. Dieses in Abb. 77 wiedergegebene Gitter besitzt die Koordinationszahl 8; es wird als CsCl-Gitter bezeichnet, weil CsCl bei nicht zu hohen Temperaturen in diesem Gitter kristallisiert.

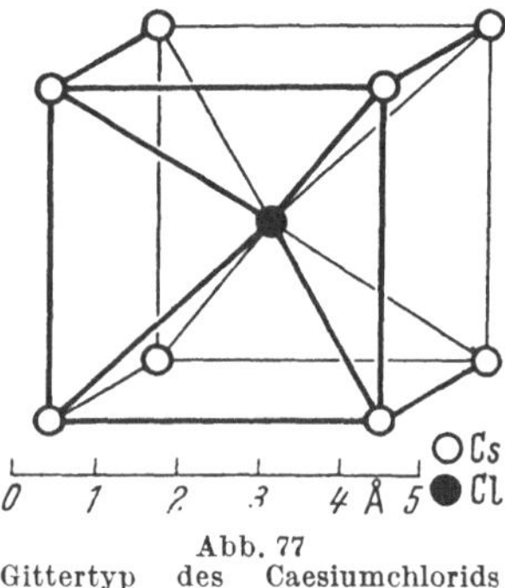

Abb. 77
Gittertyp des Caesiumchlorids (CsCl-Typ, Koordinationszahl 8)

Es erhebt sich auch jetzt wieder die Frage, warum einmal ein Ionenkristall mit einer Koordinationszahl 4, ein anderes Mal aber ein solcher mit einer Koordinationszahl 6 oder 8 vorkommt. Die Antwort darauf kann nur darin bestehen, daß Gitter mit der einen oder anderen Koordinationszahl beim Zusammentritt der Ionen einen besonders hohen Energiegewinn gestatten. Um die Energie eines Ionengitters von vorgegebenem

Typus zu ermitteln, kann man sich zunächst darauf beschränken, die rein elektrostatischen Potentiale über die Wechselwirkung zwischen je zwei Ionen aufzusummieren. Zählt man die Ionen eines Gitters irgendwie ab, so handelt es sich also um die Ermittlung der Summe

$$S = \frac{1}{2} e_0^2 \sum_{i,j} \frac{z_i z_j}{r_{ij}}. \tag{156}$$

Hier sind z_i und z_j die Ladungszahlen des i-ten und j-ten Ions, wobei die Ionen sowohl gleiche als auch verschiedene Ladungsvorzeichen haben können, e_0 ist die Elementarladung, und r_{ij} ist der gegenseitige Abstand der beiden Ionen. Die Summation ist über alle i und j zu erstrecken; der Faktor $\frac{1}{2}$ sorgt dafür, daß jedes Paar nur einmal gezählt wird. Ohne auf die Einzelheiten der zweckmäßigen Durchführung der Summation in Gl. (156) einzugehen, dürfte klar sein, daß die Summation je Mol der Verbindung durch einen Ausdruck der Form

$$S = N_L \cdot \frac{n_e^2 \cdot e_0^2}{r} \; \alpha_G \qquad (156\,a)$$

gegeben wird, in der n_e die Wertigkeit, N_L die Loschmidtsche Zahl und r der Abstand unmittelbar benachbarter Kationen-Anionen ist; α_G ist eine für den jeweiligen Gittertyp charakteristische Zahl, die durch die Aufsummierung erhalten wird, sie ist von der Größenordnung 1 und wird als Madelungsche Zahl des Gitters bezeichnet. Bei ihrer Berechnung sieht man von Oberflächeneffekten ab.

In Tab. 18 sind die Werte der Madelungschen Zahlen für die oben genannten wichtigsten Gittertypen zusammengestellt. Aus diesen Zahlen würde man entnehmen, daß der CsCl-Gittertyp der stabilste ist, insofern seine Madelungsche Zahl die größte unter den aufgeführten Zahlen ist. Die Summe in Gl. (156a) hängt jedoch auch noch vom Abstand r ab, der seinerseits wieder durch den Gittertyp bestimmt wird. Außerdem sind in Gl. (156a) die Abstoßungskräfte noch unberücksichtigt gelassen.

Tabelle 18. *Madelungsche Zahlen der einfachsten Koordinationsgitter*

Gittertyp	Koordinations-zahl	Madelungsche Zahl $\varkappa_G$
Zinkblende	4	$1{,}638_1$
Wurtzit	4	$1{,}641$
Kochsalz	6	$1{,}7476$
Caesiumchlorid . . .	8	$1{,}7627$

Diese Abstoßungskräfte werden vielfach so berücksichtigt, daß man den Ionen bestimmte Radien zuschreibt derart, daß eine stärkere Annäherung als bis auf diesen Radienabstand nicht möglich sein soll. In Wirklichkeit liegen die Verhältnisse so, daß bei stärkerer Annäherung durch die Abstoßungswirkung die potentielle Energie des Systems derart stark zunimmt, daß sich aus energetischen Gründen diese Annäherung praktisch verbietet. Wenn die Verhältnisse so sind, kann sich beim Vorliegen bestimmter Radienverhältnisse von Kation und Anion bei einem gegebenen Gittertyp kein kleinerer Abstand r mehr herstellen als ein gewisser Grenzwert, so daß unter Umständen ein anderer Gittertyp, bei dem diese Grenze günstiger liegt, trotz kleinerer Madelungscher Zahl stabiler wird.

Rechnen wir einmal mit Ionen von definiertem Ionenradius, dann erkennen wir, daß bei einem Gitter vom Kochsalztyp, bei dem im ebenen Schnitt ein positives Ion von vier negativen Ionen umgeben ist und umgekehrt, die äußerste Annäherung der einen Ionenart an die andere durch die in Abb. 78 gezeigte Konfiguration gegeben ist, bei der sich die äußeren Ionen gerade berühren. Man entnimmt aus der Abb. 78, daß diese Grenze gerade erreicht wird, wenn der Ionenradius des inneren Ions — gleichgültig, ob dies ein Kation oder ein Anion ist — zu dem der anderen Ionen im Verhältnis $r_i/r_a = \left(\sqrt{2} - 1\right) : 1 = 0,414 : 1$ steht.

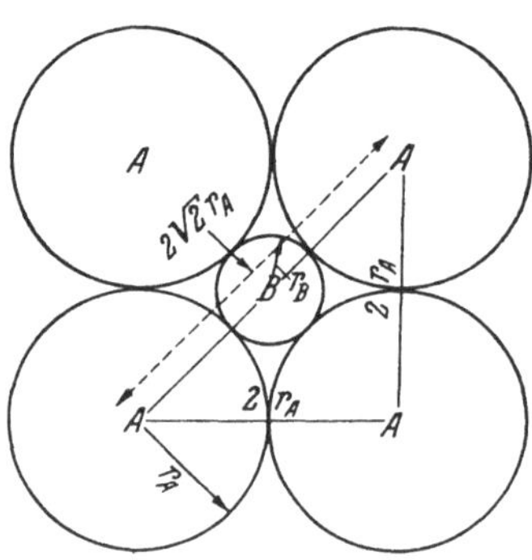

Abb. 78. Zur Stabilität von Ionengittern. Ebener Schnitt durch eine Gitterzelle (Elementarzelle) eines Gitters vom Kochsalztyp. 6 Nachbarn (räumlich) in der Umgebung eines Zentralions B, d. s. 4 Nachbarn im ebenen Schnitt. Die Abbildung zeigt den Grenzfall $r_B = \left(\sqrt{2} - 1\right) r_A$

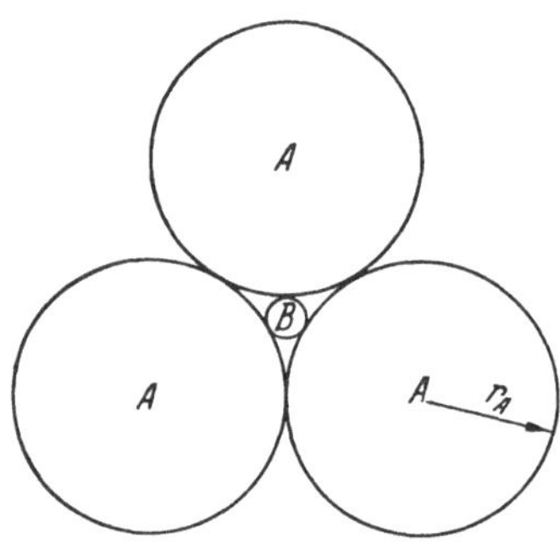

Abb. 79. Kleineres Grenzverhältnis r_B/r_A bei 4 räumlichen bzw. 3 Nachbarn im ebenen Schnitt

Geht man jetzt bei gleichem Radius der Außenionen zu Verbindungen mit kleinerem Radius des Innenions über, dann bleibt bei Erhaltung des Kochsalzgittertyps der Abstand r in Gl. (156a) ungeändert. Man kann aber bei Gittern vom Typ des ZnS-Gitters mit der Koordinationszahl 4 und nur drei nächsten Nachbarn im ebenen Schnitt oder bei ebener Projektion offenbar zu kleineren Abständen r kommen, wenn der Radius der Innenionen unter das Verhältnis $0,414 : 1$ absinkt, wie man aus der Abb. 79 ohne Schwierigkeit entnimmt. Dadurch kann das durch die kleinere Madelungsche Zahl bewirkte Energiedefizit in diesen Fällen durch einen kleineren möglichen Abstand r beim Gitter mit der Koordinationszahl 4 überkompensiert werden. So kommt es, daß wir bei Ionenradienverhältnissen r_i/r_a unterhalb von $\left(\sqrt{2} - 1\right) : 1$ Ionenkristalle als stabile Kristalle antreffen, deren Gitter die Koordinationszahl 4 besitzt; oberhalb dieses Verhältnisses sind dann Gitter vom Kochsalztyp mit einer Koordinationszahl 6 stabil.

Eine analoge Überlegung zeigt, daß oberhalb des Ionenradienverhältnisses von $\left(\sqrt{3} - 1\right) : 1 = 0,732 : 1$ der CsCl-Gittertyp mit der Koordinationszahl 8 stabiler als der Kochsalztyp sein sollte.

Ein Blick auf Tab. 18 lehrt, daß der Unterschied der Madelungschen Zahlen zwischen dem CsCl-Gittertyp und dem NaCl-Typ relativ klein ist im Verhältnis zu dem Unterschied der Madelungschen Zahlen vom NaCl-Typ und dem ZnS-Typ oder dem Wurtzitgitter; infolgedessen wird die Stabilität des Kristallgitters in diesem Bereich der Radienverhältnisse bereits stark von sekundären Effekten beeinflußt. Einmal hängt nämlich die Größe des Gleichgewichtsabstandes zwischen Kation und Anion bei sonst gleichen Verhältnissen noch vom Gittertyp ab. Man kann relativ leicht zeigen, worauf wir hier nicht näher eingehen wollen, daß in einem

CsCl-Gitter der Gleichgewichtsabstand um etwa 3% größer ist als in einem NaCl-Gitter, wodurch alleine schon die größere Madelungsche Zahl des CsCl-Gitters zugunsten des NaCl-Gitters überkompensiert würde. Erst sekundäre Einflüsse, wie große über die elektrostatische Ionenanziehung sich überlagernde van der Waalssche Kräfte, können die Stabilität des CsCl-Gitters bewirken, weil die Koordinationszahl 8 den Einfluß der van der Waalsschen Kräfte, die über die nächste Nachbarschaft nur wenig hinausreichen, stärker hervortreten läßt als die Koordinationszahl 6. Deshalb beobachtet man CsCl-Gittertypen als stabile Ionengitter nur dort, wo oberhalb des Radienverhältnisses 0,732 : 1 die Einzelionen recht groß sind, weil diese auch große van der Waalssche Kraftwirkungen zeigen. Die Stabilität gegenüber dem Kochsalzgittertyp ist jedoch stets gering, so daß oft bei höherer Temperatur ein Übergang des CsCl-Gitters in ein Gitter vom Typ des NaCl erfolgt. Beim CsCl-Kristall selbst findet dieser Übergang z. B. oberhalb 445 °C statt.

Tab. 19 und Tab. 20 zeigen für einige Gitter den Umschlag von einem zum anderen Gittertyp bei Variation des Ionenradienverhältnisses. Wir sehen, daß der Umschlag von Gittern der Koordinationszahl 6 zu 8

Tabelle 19. *Radienverhältnisse und Koordinationszahlen KZ der stabilen Gitter von Verbindungen des Typs MgO*

Kation / Anion	Be r_K/r_A	Be KZ	Mg r_K/r_A	Mg KZ	Ca r_K/r_A	Ca KZ	Sr r_K/r_A	Sr KZ	Ba r_K/r_A	Ba KZ
O	0,27	4	0,59	6	0,80	6	0,96	6	1,07	6
S	0,20	4	0,45	6	0,62	6	0,74	6	0,82	6
Se	0,18	4	0,41	6	0,56	6	0,66	6	0,74	6
Te	0,17	4	0,37	4	0,50	6	0,60	6	0,67	6

Tabelle 20. *Radienverhältnisse und Koordinationszahlen KZ bei einigen Alkalihalogeniden*

Salz	Radien-verhältnis	KZ	Umwandlungs-temperatur	Salz	Radien-verhältnis	KZ	Umwandlungs-temperatur
KF	1,000	6	—	CsF	0,805	6	—
CsCl	0,911	8	445 °C	RbBr	0,760	6	—
RbF	0,892	6	—	CsJ	0,750	8	—
CsBr	0,843	8	—	KCl	0,735	6	—
RbCl	0,825	8	−190 °C				

offensichtlich nur bei großen Ionen erfolgt. Außerdem haben wir in Tabelle 20 die Temperaturen vermerkt, bei denen die Gitter vom NaCl-Typ wieder stabil werden, wenn bei $T = 0$ Gitter vom CsCl-Typ stabil sind. Dagegen ist der Umschlag von Gittern der Koordinationszahl 4 zu solchen der Koordinationszahl 6 beim Überschreiten des Ionenradienverhältnisses 0,414 : 1 relativ scharf (Tab. 19).

Die Ermittlung der Energie einer kristallisierten Verbindung kann prinzipiell über Gl. (156a) erfolgen, wenn man außerdem noch die Ab-

stoßungskräfte berücksichtigt. Dies geschieht der Einfachheit halber so.
daß man die Abstoßung proportional mit $1/r^n$ ansetzt, wo n in der
Größenordnung von 10 liegt. Wir haben freilich auf S. 395 festgestellt.
daß die Abstoßungskräfte mit $e^{-\text{const}\cdot r}$ variieren, jedoch kann man
diese Variation in der Nähe des Gleichgewichtsabstandes durch eine
geeignete Potenz von r darstellen. Weil sich vielfach mit den Potenzen
einfacher rechnen läßt als mit den e-Funktionen, wird dies Verfahren
vorgezogen. Wir setzen also als Gesamtenergie je Mol

$$E_{\text{pot.}}(r) = -\frac{A}{r} + \frac{B}{r^n}, \qquad (157)$$

wo A jetzt als Abkürzung für den Zähler der Gl. (156a) geschrieben ist
und B prinzipiell eine ähnliche Summe über die Abstoßungseffekte darstellt. Hier sind wie üblich bei der potentiellen Energie die Anziehungs-
potentiale negativ und die Abstoßungspotentiale positiv gerechnet. Der
Gleichgewichtsabstand $r_{\text{gl.}}$ ergibt sich aus der Extremiumsbedingung für
das Minimum von $E_{\text{pot.}}(r)$

$$\frac{\partial E_{\text{pot.}}(r)}{\partial r} = +\frac{A}{r^2} - \frac{nB}{r^{n+1}} = 0, \qquad (157\,\text{a})$$

woraus

$$B = \frac{1}{n}\, A\, r_{\text{gl.}}^{n-1} \qquad (157\,\text{b})$$

folgt, was aus Gl. (157) für die potentielle Energie im Gleichgewichtsabstand

$$E_{\text{pot.}}(r_{\text{gl.}}) = -\frac{A}{r_{\text{gl.}}}\left(1 - \frac{1}{n}\right) \qquad (157\,\text{c})$$

ergibt. Die Bindungsenergie können wir demnach aus Gl. (156a) entnehmen, wenn wir nachträglich das Ergebnis noch mit $(1 - 1/n)$ multiplizieren. Der Exponent n kann dabei übrigens aus dem Verhalten der
Kompressibilität des Kristalls entnommen werden, worauf wir hier nicht
eingehen wollen. Der Gleichgewichtsabstand r_{gl} ist der Summe der
„Ionenradien" von Anion und Kation gleichzusetzen, man kann ihn
also nötigenfalls aus einer Tabelle der Ionenradien entnehmen. Um die
Verhältnisse etwa beim NaCl-Kristall abzuschätzen, entnehmen wir den
Abstand aus direkten Gitterabstandsmessungen oder aus dem experimentell ermittelten Molvolumen des Kristalls über die Loschmidtsche
Zahl. Der Abstand $r_{\text{gl.}}$ im NaCl-Kristall ergibt sich zu $2{,}81_4$ Å, so daß
aus Gl. (156a) mit α_G aus Tab. 18 für das NaCl-Gitter als rein elektrostatische Bindungsenergie der Anionen und Kationen aneinander im
NaCl-Kristall folgt:

$$\frac{6{,}024\cdot 10^{23}\cdot 4{,}80^2\cdot 10^{-20}}{4{,}19\cdot 10^{10}\cdot 2{,}81_4\cdot 10^{-8}}\cdot 1{,}7476 = 206\ \text{kcal/mol} \qquad (862\ \text{kJ/mol}) \quad (158)$$

$$(1\ \text{kcal} = 4{,}19\cdot 10^{10}\ \text{erg}).$$

Die Berücksichtigung der Abstoßungskräfte nach Gl. (157c) ergibt dann
mit $n = 8{,}5$ eine Gesamtbindung von 181,8 kcal/mol (761 kJ/mol). Dieser

Wert wird als Gitterenergie W_{Gitter} des Kristalls bezeichnet; er ist noch nicht mit der Energie identisch, die bei der Reaktion $Na_{\text{fest}} + \frac{1}{2}Cl_2 = NaCl_{\text{fest}}$ frei wird. Um die Energie dieser Reaktion zu erhalten, sind im Prinzip nach dem Hessschen Wärmesatz folgende Teilreaktionen zu addieren:

$$Na_{\text{fest}} \quad = Na_{\text{gas}} \quad - L$$

$$Na_{\text{gas}} \quad = Na^{\cdot} + \Theta - W_J$$

$$\tfrac{1}{2}Cl_2 \quad = Cl \quad - \tfrac{1}{2}W_{\text{Diss.}}$$

$$Cl + \Theta \quad = Cl^- \quad + W_{E_{\text{Aff.}}}$$

$$Na^{\cdot} + Cl^- = NaCl_{\text{fest}} + W_{\text{Gitter}}$$

$$Na_{\text{fest}} + \tfrac{1}{2}Cl_2 = NaCl_{\text{fest}} + W_{\text{Gitter}} + W_{E_{\text{Aff.}}} - \tfrac{1}{2}W_{\text{Diss.}} - W_J - L.$$

Die hier noch auftretenden Größen, wie die Elektronenaffinität $W_{E_{\text{Aff}}}$, die Dissoziationswärme $W_{\text{Diss.}}$ der Cl_2-Molekel und die Ionisierungsenergie W_J des Natriums, sind Größen, die wir auch vom theoretisch-molekularen Standpunkt bereits diskutiert haben, wobei freilich der exakten Behandlung in einfacher Weise nur Molekeln, wie der Wasserstoff, zugänglich waren. Auch die Sublimationswärme L ist eine im Prinzip theoretisch erfaßbare Größe, wenn wir auch speziell bei den Metallen, wie hier dem Na, noch keine genaue Vorstellung von der Natur der Bindung der Atome im Kristall haben (s. u.). Mit den experimentell ermittelten Werten: $L = 21{,}8$ kcal/mol, $W_{\text{Diss.}} = 57{,}6$ kcal/mol, $W_{E_{\text{Aff.}}} = 87$ kcal/mol und $W_J = 118{,}5$ kcal/mol findet man so für die Reaktionswärme der letzten Reaktion bei $T = 0$:

$$Na_{\text{fest}} + \tfrac{1}{2}Cl_2 = NaCl_{\text{fest}} + (181{,}8 + 87 - 118{,}5 - 28{,}8 - 21{,}8)\,\text{kcal/mol}$$

$$Na_{\text{fest}} + \tfrac{1}{2}Cl_2 = NaCl_{\text{fest}} + 99{,}7\,\text{kcal/mol} \quad (417{,}3\,\text{kJ/mol})$$

praktisch identisch mit dem experimentellen Wert von 99 kcal/mol.

Wir könnten auch versuchen, die Bildung gasförmiger polarer NaCl-Molekeln zu bestimmen, indem wir die Bindungsenergie eines gasförmigen Na-Ions und eines Cl^--Ions einfach nach dem Coulombschen Gesetz berechnen. Jedoch müssen in diesem Falle auch die Polarisationswirkungen der Molekeln berücksichtigt werden, weil das Na-Ion die Ladungswolke des Cl^--Ions durch sein elektrisches Feld stark deformieren wird und umgekehrt. Diese polarisierende Wirkung beeinflußt das Resultat relativ stark; vernachlässigen wir die Polarisationseffekte, dann erhält man Fehler von über 10 kcal/mol. Beim Kristall war es statthaft, die Polarisation außer acht zu lassen, weil hier jedes Na-Ion auf allen Seiten von Cl^--Ionen umgeben ist und umgekehrt, so daß die Polarisationseffekte, die vom rechten Nachbarn bewirkt werden, durch die Polarisationseffekte des linken Nachbarn wieder aufgehoben werden usw.

§ 151. Metalle. Freie Elektronen in Metallen. Valenzgitter

Bei den eben erwähnten Kristallgittern, den van der Waalsschen
Gittern und den Ionengittern, waren die Elektronen, welche die Bindung
zu den Nachbarmolekeln oder Nachbaratomen und Ionen bewirkten
noch bei bestimmten Partikeln lokalisiert. Bei den van der Waalsschen
Kristallen gehörten die Elektronen zu definierten Molekeln, bei den
Ionenkristallen befanden sich die Bindungselektronen immerhin noch
bei definierten Teilchen, nämlich den Anionen; es war lediglich nicht
möglich, zu sagen, auf welches der Nachbaranionen das Elektron eines
Zentralkations übergegangen war. Für die energetischen und sonstigen
makroskopischen Phänomene war die Zuordnung der Valenzelektronen
eines bestimmten Kations zu einem bestimmten Anion auch nicht
erforderlich; es genügte zu wissen, daß die Anionen die Valenzelektronen aufgenommen hatten.

Wenn nun keine Anionen vorhanden sind, welche leicht abspaltbare
Valenzelektronen eines anderen Atoms aufnehmen können, dann kann
der Fall eintreten, daß beim Zusammentritt derartiger Atome die
Valenzelektronen überhaupt nicht mehr lokalisiert werden können, daß
sie vielmehr allen Atomen gemeinsam angehören. Dieser Fall liegt vor,
wenn z. B. Na-Atome oder sonstige Metallatome einen Kristall bilden.
Für die Energie des Gesamtkristalls ist es dann günstiger — es kommt
ja nach den Ausführungen von S. 371 f. immer nur darauf an, eine Elektronenverteilung zu finden, die einen extremalen Wert der Gesamtenergie ergibt —, daß die Valenzelektronen gar nicht mehr lokalisiert
sind, also zu bestimmten Kernen oder Atomrumpfen gehören, sondern
mehr oder weniger frei durch den gesamten Kristall hindurchlaufen.
Der Kristall bildet dann ein periodisches Potential, in dem sich die
Elektronen in *verschiedenen* Quantenzuständen (entsprechend der Schrödinger-Gleichung) bewegen, damit dem Pauli-Verbot genügt wird.
Die Aufenthaltswahrscheinlichkeit der Elektronen ist dabei im ganzen
Kristall praktisch gleichmäßig groß. Mit dem Vorhandensein dieser
„freien" Elektronen hängt die gute elektrische Leitfähigkeit und die
gute Wärmeleitfähigkeit der Metalle eng zusammen. Die Energien der
„freien" Elektronen sind dabei über gewisse Energiebereiche fast kontinuierlich verteilt, während andere Energiebereiche für sie verboten sind.
Man nennt diese Energiebereiche darum auch erlaubte und verbotene
Energiebänder

Die Existenz der verbotenen und erlaubten Bereiche kann man
direkt aus der Schrödinger-Gleichung mit periodischem Potential ableiten. Betrachten wir der Einfachheit halber eine nur von einer Koordinate x abhängige ψ-Funktion, die der Schrödinger-Gleichung

$$\frac{\hbar^2}{2m_e}\,\frac{d^2\psi}{dx^2} + [E_{\text{ges.}} - E_{\text{pot.}}(x)]\,\psi = 0 \tag{159}$$

genügt, in der $E_{\text{pot.}}$ mit einer gewissen Grundperiode l periodisch ist,
dann gilt unabhängig von speziellen Randbedingungen, daß bei jedem
Energiewert $E_{\text{ges.}}$ die Lösung $\psi(x)$ aus zwei linear unabhängigen Funda-

mentallösungen $\psi_1(x)$ und $\psi_2(x)$ gemäß $\psi(x) = \alpha\,\psi_1(x) + \beta\,\psi_2(x)$ mit konstantem α und β linear superponiert werden kann. Die Superposition kann so vorgenommen werden, daß an einer vorgegebenen Stelle $\psi(x)$ einen gegebenen Wert und eine gegebene Ableitung besitzt. Es seien nun die unabhängigen Fundamentallösungen so ausgesucht, daß bei der beliebig gewählten Stelle $x = 0$ gilt:

$$\left.\begin{aligned}\psi_1(0) &= 1 \qquad \psi_1'(0) = 0 \\ \psi_2(0) &= 0 \qquad \psi_2'(0) = 1\end{aligned}\right\} \tag{160}$$

Bei gegebenem Energiewert $E_{\text{ges.}}$ sei nun an der Stelle $x = l$

$$\left.\begin{aligned}\psi_1(l) &= A \qquad \psi_1'(l) = B \\ \psi_2(l) &= C \qquad \psi_2'(l) = D\end{aligned}\right\} \tag{160a}$$

dann folgt wegen der Periodizität von $E_{\text{pot.}}(x)$ mit der Periodenlänge l

$$\psi_1(x + l) = A\,\psi_1(x) + B\,\psi_2(x) \quad\text{und}\quad \psi_2(x + l) = C\,\psi_1(x) + D\,\psi_2(x), \tag{160b}$$

wie man durch Einsetzen von Gl. (160) und durch Differenzieren an Hand von Gl. (160a) sofort feststellen kann. Für die Funktion $\psi(x) = \alpha\,\psi_1(x) + \beta\,\psi_2(x)$ entnehmen wir aus Gl. (160b)

$$\begin{aligned}\psi(x + l) &= \alpha\,\psi_1(x + l) + \beta\,\psi_2(x + l) \\ &= (\alpha A + \beta C)\,\psi_1(x) + (\alpha B + \beta D)\,\psi_2(x). \end{aligned} \tag{161}$$

Es gibt nun spezielle Kombinationen (α, β), bei denen $\psi(x + l) = \varrho \cdot \psi(x) = \varrho(\alpha\,\psi_1 + \beta\,\psi_2)$ gilt, wo ϱ eine konstante Zahl ist; man hat dazu offenbar nur zu setzen:

$$\left.\begin{aligned}\alpha A + \beta C = \varrho \cdot \alpha \quad\text{oder}\quad (A - \varrho)\,\alpha + C\,\beta &= 0 \\ \alpha B + \beta D = \varrho \cdot \beta \qquad\qquad B \cdot \alpha + (D - \varrho)\,\beta &= 0\end{aligned}\right\} \tag{162}$$

Dieses Gleichungssystem hat nur dann Lösungen für (α, β), die von $\alpha = 0$, $\beta = 0$ verschieden sind, wenn die Koeffizientendeterminante verschwindet:

$$\begin{vmatrix} (A - \varrho) & C \\ B & (D - \varrho) \end{vmatrix} = \varrho^2 - (A + D)\,\varrho + (AD - BC) = 0. \tag{162a}$$

Bei gegebenem $E_{\text{ges.}}$ erhält man somit zwei ϱ-Werte ϱ_{I} und ϱ_{II} und mit diesen zwei Lösungen ψ_{I} und ψ_{II}, welche die Eigenschaft

$$\psi_{\text{I}}(x + l) = \varrho_{\text{I}} \cdot \psi_{\text{I}}(x) \quad\text{und}\quad \psi_{\text{II}}(x + l) = \varrho_{\text{II}}\,\psi_{\text{II}}(x) \tag{163}$$

haben.

Es läßt sich nun leicht zeigen, daß stets $\varrho_{\text{I}} \cdot \varrho_{\text{II}} = 1$ gelten muß, denn setzen wir die Lösungen ψ_{I} und ψ_{II} in Gl. (159) ein

$$\left.\begin{aligned}\frac{\hbar^2}{2m_e}\,\frac{d^2\psi_{\text{I}}}{dx^2} + [E_{\text{ges.}} - E_{\text{pot.}}(x)]\,\psi_{\text{I}} &= 0 \\ \frac{\hbar^2}{2m_e}\,\frac{d^2\psi_{\text{II}}}{dx^2} + [E_{\text{ges.}} - E_{\text{pot.}}(x)]\,\psi_{\text{II}} &= 0\end{aligned}\right\} \tag{159a}$$

und multiplizieren die erste Gleichung mit $\psi_{II}(x)$, die zweite mit $\psi_I(x)$ und subtrahieren, dann entsteht:

$$\frac{\hbar^2}{2m_e}(\psi_I'\,\psi_{II} - \psi_I\,\psi_{II}')' = 0 \quad \text{oder} \quad \psi_I'\,\psi_{II} - \psi_I\,\psi_{II}' = \text{const.} \tag{159b}$$

Da sich nun auch ψ_I' mit ϱ_I und ψ_{II}' mit ϱ_{II} multipliziert, wenn x um eine Periode l zunimmt, wird sich $\psi_I' \cdot \psi_{II}$ mit $\varrho_I \cdot \varrho_{II}$ multiplizieren, wenn man x um l vergrößert; ebenso verändert sich auch $\psi_I \cdot \psi_{II}'$, so daß die linke Seite der zweiten Gl. (159b) sich beim Fortschreiten um l mit $\varrho_I \cdot \varrho_{II}$ multipliziert. Wenn aber nach Maßgabe der rechten Seite der Wert von $\psi_I'\,\psi_{II} - \psi_I\,\psi_{II}'$ konstant sein soll, dann verlangt dies $\varrho_I \cdot \varrho_{II} = 1$.

Die Lösungen von Gl. (162a) sind also, weil A, B, C und D reell sind, entweder konjugiert komplex vom absoluten Betrage 1, oder beide $= +1$ bzw. beide $= -1$, oder reell und vom Betrage 1 verschieden. Der letzte Fall würde nun besagen, daß die Aufenthaltswahrscheinlichkeit mit wachsendem x von Periode zu Periode stark zu- oder abnimmt, was physikalisch bedeutet, daß die Elektronen sich in einer Ecke des Kristalls anhäufen würden, was offenbar sinnlos ist. Es ist infolgedessen zu fordern, daß ϱ_I und ϱ_{II} dem Betrage nach gleich 1 sind, d. h. entweder konjugiert komplex oder $+1$ bzw. -1 sind. Weil der Wert von ϱ durch die Energie E_{ges} bestimmt wird und ϱ stetig von $E_{\text{ges.}}$ abhängt, gibt es Bereiche von $E_{\text{ges.}}$ mit reellen von ± 1 verschiedenen ϱ-Werten, das sind die verbotenen Bereiche, und dazwischen solche mit konjugiert komplexem ϱ vom Betrage 1 einschließlich der Grenzen $+1$. Diese letzteren Bereiche sind die erlaubten Energiebänder, denn die Aufenthaltswahrscheinlichkeit ist in diesem Falle wegen $|\varrho| = 1$ im ganzen Kristallbereich im Durchschnitt jeder Elementarzelle gleich groß, womit eine physikalisch sinnvolle ,,Randbedingung'' erfüllt ist.

Die komplexe Größe ϱ hängt eng mit der Wellenzahl des ,,freien'' Elektrons im Kristall zusammen, denn die Lösungen $\psi_I(x)$ und $\psi_{II}(x)$ lassen sich offensichtlich auf die Form

$$\psi_I(x) = p_I(x)\,e^{+ikx} \quad \text{und} \quad \psi_{II}(x) = p_{II}(x)\,e^{-ikx} \tag{163a}$$

bringen, wobei k so zu wählen ist, daß $e^{+ikl} = \varrho_I$ und $e^{-ikl} = \varrho_{II} = 1/\varrho_I$ ist, d. h.

$$k = -\frac{i}{l}\ln\varrho_I. \tag{164}$$

$p_I(x)$ und $p_{II}(x)$ sind zwei mit l periodische Funktionen, die noch von der Form der potentiellen Energie $E_{\text{pot.}}(x)$ in Gl. (159) abhängen. Nach S. 318 ist k die auf 2π bezogene Wellenzahl, und wir können auch hier den Impuls des ,,freien Teilchens'' über Gl. (49) ermitteln:

$$\text{Impuls} = \frac{m_e}{\hbar}\,\frac{dE_{\text{ges.}}}{dk}. \tag{165}$$

Der Impuls verschwindet übrigens an den Stellen, an denen die Gleichung $E - E_{\text{ges.}}(k) = 0$ eine doppelt zählende Wurzel hat, denn für die Doppelwurzel ist ja gerade das einfache Verschwinden der Ableitung $dE_{\text{ges.}}/dk$ charakteristisch. Als Funktion von ϱ besitzt

$E - E_{\text{ges.}}(\varrho) = 0$ offenbar Doppelwurzeln, wenn $\varrho = \pm 1$ ist, weil dann $\varrho_{\text{I}} = \varrho_{\text{II}} = 1/\varrho_{\text{I}}$ gilt. Wegen des eindeutigen Zusammenhangs zwischen ϱ und k nach Gl. (164) sind damit auch die Doppelwurzeln der genannten Gleichung als Funktion von k gefunden, so daß also in den Fällen, in denen die Lösung der Schrödinger-Gleichung mit der Periode l halbperiodisch ($\varrho = -1$) oder vollperiodisch ($\varrho = +1$) ist, eine Lösung mit verschwindendem Impuls darstellt. In diesen Fällen kann man sich vorstellen, daß das Elektron dauernd zwischen den Wänden der Elementarperiode hin- und herläuft, während es sonst mit einem endlichen Impuls über den ganzen Kristall fortlaufen kann. Der Zusammenhang zwischen Impuls und $E_{\text{ges.}}$ ist jetzt nicht mehr der des völlig freien Teilchens $E_{\text{ges.}} - E_{\text{ges.}_0} = \dfrac{p^2}{2 m_e}$, er wird vielmehr durch die Natur des periodischen Potentials $E_{\text{pot.}}(x)$ bestimmt. Deshalb ist die Bezeichnung „freie Metallelektronen" nur mit Einschränkungen zu verstehen. Man kann ebenso auch von den gebundenen Elektronen vom s-, p- usw. Typus ausgehen und die erlaubten Energiebänder durch starke Aufspaltung infolge Austauschwirkung aus s-Elektronen, p-Elektronen usw. -Zuständen gewinnen. Es sei an dieser Stelle auf eine nähere Diskussion dieser Einzelheiten verzichtet.

Neben der metallischen Bindung, bei der die Elektronen mehr oder weniger gleichmäßig auch in der einzelnen Elementarzelle verteilt waren, gibt es noch Bindungen im Kristall, bei denen zwar ebenso wie beim Metall die Valenzelektronen nicht mehr lokalisiert werden können, bei denen aber die Valenzelektronen ihre überwiegende Aufenthaltswahrscheinlichkeit in der Nähe der Valenzrichtungen zwischen den Atomen haben, die den Kristall aufbauen. In großer Entfernung von diesen Verbindungswegen zwischen den Atomen sinkt die Aufenthaltswahrscheinlichkeit der Elektronen stark ab. Derartige *Valenzkristalle* findet man vor allem bei Atomen und kristallisierenden Verbindungen von Atomen, die im Durchschnitt vier Valenzelektronen mitbringen, wie beim Kohlenstoff, wenn er vierwertig (oder vierbindig) im Diamantgitter kristallisiert, oder beim AlP, wo der eine Partner über drei und der andere über fünf Valenzelektronen verfügt.

Bei nur drei Valenzelektronen erhält man in diesen Fällen oft nur auf gewisse Flächen beschränkte kettenartige Verzweigungen der Orte, in denen sich die Valenzelektronen im wesentlichen aufhalten; man spricht dann von *Schichtengittern* (As, Sb, Bi), während z. B. im Falle des Diamantgitters die genannten Verzweigungen tetraederartig in den ganzen Raum ausgehen. Es gibt außer diesen räumlichen Valenzgittern und den Schichtengittern auch noch mehr oder weniger lineare Verkettungen, die sog. *Fadengitter* bilden (Se, Te) und die bei Atomen mit zweifacher Valenzbetätigung beobachtet werden.

Die hier und im vorigen Paragraphen aufgeführten Gittertypen stellen wiederum Grenzfälle dar, insofern es Gitter gibt, die sich nicht einwandfrei unter einen dieser Fälle subsumieren. Immerhin lassen sich sehr viele Kristalle ohne große Willkür hier einordnen, und es wird mit den Festkörpertypen: van der Waals-Kristalle, Ionenkristalle,

Metallkristalle und Valenzkristalle ein weiter Erfahrungsbereich über-
deckt. Manche Eigenschaften hängen eindeutig mit dem Festkörper-
zustand zusammen, wie z. B. die typischen Metalleigenschaften. Ein
freies Cu-Atom läßt noch keine extreme elektrische Leitfähigkeit erkennen, die Leitfähigkeit entsteht erst durch das Auftreten der „freien
Elektronen" im Festkörperzustande. Ähnlich verhält es sich mit den
Eigenschaften der Halbleiter, deren Besonderheiten übrigens durch
definierte Beimengungen und die oben besprochenen Energiebänder
bedingt werden. Es ist hier nicht der Platz, auf die hiermit zusammenhängenden Phänomene im einzelnen einzugehen.

Die Stärke der Bindung läßt sich bei den Metallen und den Valenzgittern ungleich schwerer bestimmen als bei den Ionengittern; dagegen
ist es relativ leicht, wenigstens bei den typischen Gittern, den Struktur-
charakter der stabilen Kristalle im Falle der Valenzbindung zu verstehen. Der Kohlenstoff im Diamant ist typisch vierwertig (oder vierbindig), seine Valenzelektronen konzentrieren sich deshalb um vier
Raumrichtungen, die tetraederartig von jedem C-Atom des Gitters in
dem Raum ausstrahlen. Deshalb wird das Gitter des Diamanten ein
solches mit einer Koordinationszahl 4 sein, in dem jedes C-Atom von
vier nächsten Nachbarn umgeben ist. Das Diamantgitter ist deshalb
mit dem des ZnS identisch, wenn man in diesem die Zn^{++}- und S^{--}-
Ionen durch C-Atome ersetzt (vgl. auch Abb. 74). Die Bindungsenergie
eines Diamantgitters mit N_L Kohlenstoffatomen entspricht etwa dem
$2N_L$-fachen der Bindungsenergie C—C im Gitter, denn von jedem
C-Atom des Gitters gehen vier Bindungen aus, was aber bei N_L Atomen, wenn man von den Randatomen absieht, $\frac{1}{2} \cdot 4 N_L = 2 N_L$ Bindungen ausmacht. Weil durch jeden „Valenzstrich" im Gitter zwei
Atome verbunden werden, mußte hier noch der Faktor $\frac{1}{2}$ eingesetzt
werden. Da die Valenzbindung praktisch nicht über die unmittelbaren
Nachbarn hinausgreift, wird die Gesamtbedingung demnach in der Tat
durch das $2N_L$-fache der C—C-Einfachbindung im Kristall gegeben;
diese Größe wäre dann mit der Sublimationswärme des Diamantgitters
zu identifizieren, eine Größe, die auch heute nur mit mäßiger Genauigkeit angegeben werden kann.

Bei Metallen, bei denen die lokalisierte Valenzrichtung entfällt, beobachtet man meist Gitter mit extrem hohen Koordinationszahlen wie 12
oder 8, weil dadurch die gesamte Bindungsenergie wieder sehr groß wird.
Mit diesen großen Koordinationszahlen hängt die hohe Dichte zusammen,
die bei Metallen beobachtet wird. Die Energie der Bindung und damit
die Sublimationswärme des Gesamtkristalls läßt sich hier nur über die
Lösung der Schrödinger-Gleichung der Elektronen zwischen den zugehörigen Atomrümpfen lösen, wenn man nachträglich noch, um das
Pauli-Verbot zu erfüllen, die freien Elektronen auf die verschiedenen
Quantenzustände im energetisch tiefsten freien Energieband verteilt.
Man erkennt, daß hier die pauschalen Kräfte zwischen den Atomen
von ganz anderer Art sein werden als die Zentralkräfte zwischen den
Anionen und Kationen des Ionenkristalls; von weiteren ins einzelne
gehenden quantitativen Angaben sei hier abgesehen.

§ 152. Dipolmolekeln. Induzierte und permanente Dipole

Die Behandlung der Eigenschaften der zusammenhängenden Materie und der Gase bei höheren Temperaturen vom atomtheoretischen Standpunkt geschieht prinzipiell mit den schon im § 96 und § 97 behandelten statistischen Methoden. Es sei an dieser Stelle deshalb nur noch ein Beispiel über die Ermittlung einer mit Bindungsproblemen zusammenhängenden atomaren Eigenschaft berichtet, die zu temperaturabhängigen makroskopischen Phänomenen führt.

Wir hatten bereits auf S. 394 darauf hingewiesen, daß bei verschiedenen Molekeln mit polarer Struktur oder teilweise polarer Struktur, dazu gehören schon Molekeln wie N_2O, CO, NO, H_2O usw., der Schwerpunkt der positiven Ladungen nicht mit dem der negativen Ladungen zusammenfällt, so daß die Molekeln über ein permanentes Dipolmoment verfügen. Dieses gibt Anlaß zu makroskopisch meßbaren elektrischen Eigenschaften, aus deren experimenteller Bestimmung man umgekehrt Aussagen über das permanente Dipolmoment usw., also über molekulare Eigenschaften, machen kann. Wir müssen speziell bei den Dipolmomenten freilich zwischen permanenten Momenten und solchen unterscheiden, die durch äußere elektrische Felder induziert werden. Betrachten wir deshalb, um diese beiden Dipole und ihre Wirkungen zu unterscheiden, zunächst einmal den Fall einer Molekel ohne permanentes Dipolmoment.

Bringt man eine solche Molekel, wie z. B. ein Edelgas oder eine Methanmolekel, in ein elektrisches Feld der Größe $\mathfrak{E}$, dann wird in der Molekel ein Dipolmoment in Richtung des Feldes von der Größe:

$$\mu_{\text{ind.}} = \alpha \cdot \mathfrak{E} \tag{166}$$

induziert. Die Größe α wird dabei als die Polarisierbarkeit der Molekel bezeichnet. Bei komplizierter gebauten Molekeln kann α innerhalb der Molekel auch richtungsabhängig sein, eine Komplikation, auf die hier nicht eingegangen werden soll.

Das Bohrsche Bahnmodell läßt erkennen, daß α mit der dritten Potenz des durchschnittlichen Abstandes der Elektronen vom Kern zunimmt. Denkt man nämlich im einfachsten Falle an nur ein auf einer Kreisbahn um einen einfach geladenen Kern umlaufendes Elektron, dann wird modellmäßig die Elektronenbahn so in Richtung des Feldes verschoben, daß ihr Mittelpunkt nicht

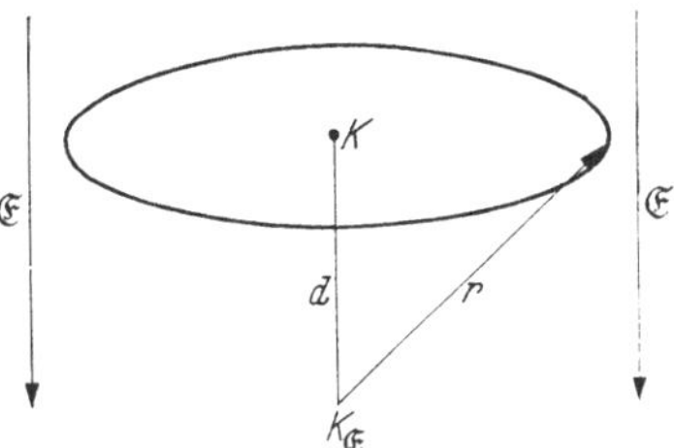

Abb. 80. Zum Beweis der Proportionalität der Polarisierbarkeit mit der dritten Potenz des Abstandes der Elektronen vom Kern

mehr mit dem Kern zusammenfällt (Abb. 80). Die Coulombsche Kraftkomponente der Anziehung zwischen Kern und Elektronenbahn in Richtung des Feldes wird dann durch $\dfrac{e_0^2}{r^2} \cdot \dfrac{d}{r} = \dfrac{e_0 \cdot e_0 \cdot d}{r^3}$ gegeben, wo $e_0 \cdot d$ nach Definition das induzierte Dipolmoment ist. Diese Kraftkomponente muß nun im Gleichgewicht der Anziehung $e_0 \cdot \mathfrak{E}$ zwischen

Ladung und Feldstärke — bei festgehaltenem Kern — gleich sein, was

$$\frac{e_0 \cdot \mu_{\text{ind.}}}{r^3} = e_0 \cdot \mathfrak{E} \quad \text{oder} \quad \mu_{\text{ind.}} = r^3 \cdot \mathfrak{E} \tag{167}$$

verlangt. Der Vergleich mit Gl. (166) führt dann direkt zu $\alpha = r^3$. Die wellenmechanische Rechnung, die ja die Bahn durch eine i. allg. weiter nach außen ausgedehnte Verteilung ersetzt, führt zu einer ähnlichen Formel vom Typus $\alpha = \text{const} \cdot r^3$, so daß jedenfalls α von der Größe des Atomvolumens v_{Atom} wird; auf eine genauere Diskussion sei hier verzichtet.

Mit der Zahl ^1N der Teilchen je Volumeneinheit erhalten wir somit aus Gl. (166) für die gesamte Polarisation $\mathfrak{P}$ der Volumeneinheit:

$$\mathfrak{P} = {}^1N \, \mu_{\text{ind.}} = {}^1N \, \alpha \, \mathfrak{E}, \tag{166a}$$

wenn jedes Atom oder jede Molekel gleichmäßig polarisiert ist. Da nun nach der Elektrizitätslehre die Polarisation $\mathfrak{P}$ der Volumeneinheit mit der elektrischen Induktion (Verschiebung) $\mathfrak{D}$ und mit der Dielektrizitätskonstanten ε gemäß:

$$\mathfrak{D} = \mathfrak{E} + 4\pi \, \mathfrak{P} \quad \text{oder} \quad \varepsilon \, \mathfrak{E} = \mathfrak{E} + 4\pi \, \mathfrak{P} \tag{168}$$

zusammenhängt, folgt unter Berücksichtigung von Gl. (166a)

$$\varepsilon = 1 + 4\pi \, {}^1N \, \alpha \quad \text{oder} \quad \frac{\varepsilon - 1}{3} = \frac{4\pi}{3} \, {}^1N \cdot \alpha. \tag{168a}$$

Der gemeinsame Nenner 3 in der zweiten Gl. (168a) ist im Hinblick auf Gl. (170a) bereits hinzugefügt worden; an dieser Stelle ist er nicht erforderlich. Wegen $^1N = N_L / V_{\text{mol.}} = N_L \cdot \varrho / M$, wo ϱ die spezifische Masse und M die Molmasse ist, folgt weiter

$$\frac{\varepsilon - 1}{3} \, \frac{M}{\varrho} = \frac{4\pi}{3} \, N_L \cdot \alpha = 2{,}52 \cdot 10^{24} \cdot \alpha. \tag{168b}$$

Aus dieser sog. *Clausius-Mosottischen* Formel folgt wiederum, daß α von der Größenordnung des Atom- oder Molekülvolumens von $10^{-24} \, \text{cm}^3$ ist. Man braucht zur Ermittlung von α nach Gl. (168b) nur die Dielektrizitätskonstante ε zu messen, um über die Dichte und die Molmasse direkt α bestimmen zu können.

Die Gl. (168b) ist jedoch nur mit zwei Einschränkungen gültig. Erstens darf die Dichte nur sehr klein sein, so daß $\varepsilon \approx 1$ ist (Gase), und die Molekeln dürfen nicht bereits von vornherein ein permanentes Dipolmoment besitzen; es darf also das Dipolmoment lediglich durch das *elektrische Feld* induziert sein.

Im Falle höherer Dichten muß man bedenken, daß das an einer bestimmten Molekel angreifende Feld im Innern der Materie nicht nur von dem äußeren elektrischen Feld $\mathfrak{E}$ herrührt, vielmehr auch von dem Polarisationszustand der Nachbarmolekeln. So ist dann in Erweiterung von Gl. (166) mit einer inneren Feldstärke $\mathfrak{F}$ zu setzen

$$\mu_{\text{ind.}} = \alpha \cdot \mathfrak{F} = \alpha(\mathfrak{E} + \beta\,\mathfrak{P}), \tag{166b}$$

indem man den Einfluß der polarisierten Nachbarmolekeln der Polarisation $\mathfrak{P}$ proportional ansetzt. Es läßt sich für β ein Wert von $\beta = 4\pi/3$ theoretisch begründen, worauf wir hier nicht näher eingehen wollen; es genügt zu wissen, daß β von der Größenordnung 1 ist. Aus Gl. (166a) folgt dann

$$\mathfrak{P} = {}^{1}N\alpha(\mathfrak{E} + \beta\,\mathfrak{P}) = {}^{1}N\alpha\left(\mathfrak{E} + \beta\,\frac{\varepsilon - 1}{4\pi}\,\mathfrak{E}\right), \tag{169}$$

wenn man noch den Zusammenhang zwischen $\mathfrak{P}$ und $\mathfrak{E}$ nach Gl. (168) beachtet. Nochmalige Berücksichtigung von Gl. (168) liefert

$$\mathfrak{D} = \varepsilon\,\mathfrak{E} = \mathfrak{E} + 4\pi\,{}^{1}N\alpha\left(1 + \beta\,\frac{\varepsilon - 1}{4\pi}\right)\mathfrak{E} \tag{170}$$

oder $\dfrac{\varepsilon - 1}{4\pi - \beta + \beta\,\varepsilon} = {}^{1}N\alpha$, und bei $\beta = \dfrac{4\pi}{3}$ speziell

$$\frac{\varepsilon - 1}{\varepsilon + 2} = \frac{4\pi}{3}\,{}^{1}N\alpha\,. \tag{170a}$$

Die obige Clausius-Mosottische Formel wird dann zu:

$$\mathfrak{P}_M \equiv \frac{\varepsilon - 1}{\varepsilon + 2}\,\frac{M}{\varrho} = \frac{4\pi}{3}\,N_L\alpha = 2{,}52 \cdot 10^{24} \cdot \alpha\,. \tag{171}$$

Führt man hier noch an Stelle der Dielektrizitätskonstanten ε nach MAXWELL den Brechungsindex n ein, setzt also $n^2 = \varepsilon$, so wird aus Gl. (171)

$$\mathfrak{R}_M \equiv \frac{n^2 - 1}{n^2 + 2}\,\frac{M}{\varrho} = \frac{4\pi}{3}\,N_L \cdot \alpha = 2{,}52 \cdot 10^{24} \cdot \alpha\,. \tag{172}$$

Man nennt die oben eingeführten Abkürzungen $\mathfrak{P}_M$ und $\mathfrak{R}_M$ die Molpolarisation und die Molrefraktion. Beide Größen sollten nach MAXWELL miteinander identisch sein; dies kann jedoch nur zutreffen, wenn die Dielektrizitätskonstante ε bei derselben Frequenz gemessen wird, die das Licht bei der Messung des Brechungsindex n aufweist. Diese letzte Bedingung ist in den seltensten Fällen erfüllt. Selbst wenn man die Molrefraktionen auf unendlich lange optische Wellen hin extrapoliert, unterscheiden sich $\mathfrak{P}_M$ und $\mathfrak{R}_M$ oft beträchtlich. Dies ist in erster Linie dann der Fall, wenn die Molekeln permanente Dipole tragen, also ohne Feld bereits eine elektrische Polarität aufweisen. Diese Dipole können sich, wenn ein elektrisches Feld angelegt wird, mehr oder weniger vollständig in die Feldrichtung einstellen, was zu einer zusätzlichen Polarisation der Volumeneinheit, der sog. *Richtungs- oder Orientierungspolarisation*, neben der induzierten Polarisation führt. Bei stärkerer Temperaturbewegung wird die Einstellung der permanenten Dipole in die Feldrichtung unvollständiger, sie ist also temperaturabhängig. Es vermögen aber die Dipole in ihrer Einstellung zum äußeren Felde dem raschen Wechsel optischer Felder nicht zu folgen, so daß die Richtungspolarisation nur bei langsam frequenten Wechselfeldern ins Gewicht fallen kann.

Daher muß die Richtungspolarisation bei $\mathfrak{P}_M$ (Messung erfolgt mit Frequenzen von 10^5 bis 10^6 Herz) aber nicht bei $\mathfrak{R}_M$ berücksichtigt werden, weshalb sich $\mathfrak{P}_M$ und $\mathfrak{R}_M$ i. allg. wesentlich unterscheiden, stärker jedenfalls, als man dies nach Maßgabe der *optischen* Frequenzabhängigkeit *allein* erwarten würde. Wichtig ist es nun, daß die Größe der Molrefraktion $\mathfrak{R}_M$ bei Ionenverbindungen additiv aus gewissen, den Einzelionen zuzuschreibenden Inkrementen zusammengesetzt werden kann, bei unpolaren Verbindungen (organische Molekeln) aus Inkrementen, die den verschiedenen Bindungen zukommen. Es besagt diese Additivität, daß sich die Polarisierbarkeiten der beiden Ionen im Kristall praktisch nicht gegenseitig beeinflussen, und daß ähnlich in der *organischen Molekel* die Polarisierbarkeit durch *die* Elektronen bedingt wird, welche die einzelne Bindung herstellen und die sich auch nur unwesentlich gegenseitig beeinflussen. Aus dem gleichen Grunde sind in Mischungen zweier Komponenten die Molrefraktionen — und in diesem Falle oft auch die Molpolarisationen — einfach additiv; es gilt mit den Molenbrüchen x also $\mathfrak{R}_{\mathrm{Misch}} = x_1\,\mathfrak{R}_M + x_2\,\mathfrak{R}_{M_2}$. Selbstverständlich ist darauf zu achten, daß die bei der Zusammensetzung der Inkremente verwendeten Inkrementwerte der zur Messung benutzten optischen Frequenz entsprechen.

Es gelingt somit, durch Messung des makroskopischen Brechungsindex n die Polarisierbarkeit α der Einzelatome oder Einzelmolekeln zu messen. Unter Umständen können aus der Größe der Molrefraktion wesentliche Schlüsse bezüglich der Konstitution der Molekel gezogen werden, so daß die Bestimmung von $\mathfrak{R}_M$ z. B. bei isomeren organischen Molekeln zur Konstitutionsentscheidung zwischen mehreren Möglichkeiten herangezogen werden kann, denn der gemessene $\mathfrak{R}_M$-Wert ist i. allg. nur mit der Summe derjenigen Inkremente identisch oder nahezu gleich, die sich bei Zugrundelegung *einer* der möglichen Konstitutionsformeln ergibt.

So berechnet man z. B. für die Verbindung CH_3CH_2OH die Molrefraktion $2 \cdot 2{,}418 + 6 \cdot 1{,}100 + 1 \cdot 1{,}525 = 12{,}961\ \mathrm{cm}^3$ und für die isomere Verbindung CH_3OCH_3 die Molrefraktion $2 \cdot 2{,}418 + 6 \cdot 1{,}100 + 1 \cdot 1{,}643 = 13{,}079\ \mathrm{cm}^3$, wenn man die für die Frequenz der Natrium D-Linie maßgeblichen Inkremente verwendet und die Inkrementwerte für die (C)—O—(H)-Bindung bzw. die (C)—O—(C)-Bindung usw. einsetzt. Der Unterschied ist immerhin so groß, daß er genügt, um eine Entscheidung zwischen den Isomeren zu treffen (wenn auch in diesem Fall selbstverständlich besser andere Methoden herangezogen werden können).

§ 153. Langevinsche Formel
Orientierungseffekte und Strukturformeln organischer Molekeln

Die bereits erwähnte temperaturabhängige Orientierung der permanenten Dipole läßt sich in folgender Weise erfassen: Die Energie eines Dipols vom Moment $\mu = e \cdot l$ im homogenen elektrischen Felde der Feldstärke F ist gleich

$$-\mu \cdot F \cdot \cos\vartheta, \qquad\qquad (173)$$

wenn ϑ gemäß Abb. 81 den Winkel zwischen Feldrichtung und Dipolrichtung angibt. Man erhält Gl. (173), wenn man die Beziehung $e \cdot \varphi$ für die potentielle Energie einer Ladung e in einem elektrischen Felde vom Potential $\varphi(x\,y\,z)$ für die beiden Ladungen des Dipols hinschreibt und beachtet, daß die Feldstärke $\mathfrak{F}$ (Betrag von $\mathfrak{F} = F$) gleich dem negativen Gradienten des Potentials ist:

$$\text{Energie} = -e\,\varphi(x\,y\,z) + e\,\varphi(x+dx,\,y+dy,\,z+dz)$$
$$= -e\,\varphi(x\,y\,z) + e\,\varphi(x\,y\,z) + e(d\chi \cdot \operatorname{grad}\varphi) = -\mu F \cos\vartheta,$$

wo noch $|d\chi| \cdot e = \mu$ gesetzt wurde.

Nach dem Boltzmannschen e-Satz [S. 31 und 105, Gl. (II, 98)] ist demnach die Häufigkeit, mit der eine Molekel eine bestimmte Richtung mit dem Winkel ϑ zur Feldrichtung einnimmt, proportional dem Ausdruck

$$e^{\dfrac{\mu F \cos\vartheta}{kT}}. \tag{174}$$

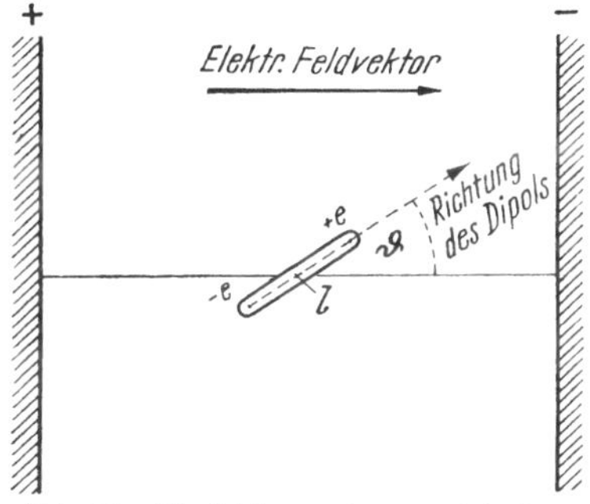

Abb. 81. Einrichtung eines molekularen Dipols im elektrischen Feld

Wenn nun der Proportionalitätsfaktor mit a bezeichnet wird, so ist die Wahrscheinlichkeit für das Antreffen einer Dipolorientierung in einem Raumwinkel $d\omega$

$$a \cdot e^{\dfrac{\mu F}{kT}\cos\vartheta}\,d\omega. \tag{174a}$$

Weil weiter der Winkelbereich im Raume von der Größe $d\omega = 2\pi \cdot \sin\vartheta\,d\vartheta$ sämtliche Raumrichtungen zwischen ϑ und $\vartheta + d\vartheta$ umfaßt, so gilt, wenn man noch beachtet, daß ϑ zwischen 0 und π variieren kann,

$$1 = 2\pi a \int_0^\pi e^{\dfrac{\mu F}{kT}\cos\vartheta} \sin\vartheta\,d\vartheta, \tag{175}$$

da ja die Wahrscheinlichkeit, daß eine Einzelmolekel in eine beliebige Richtung zeigt, gleich der Gewißheit (Wahrscheinlichkeit 1) sein muß. Damit kann a als bekannt angesehen werden.

Der Mittelwert von $\mu \cdot \cos\vartheta$, der Komponente des Dipolmomentes in der Feldrichtung, ist jetzt

$$\overline{\mu \cdot \cos\vartheta} = \int_0^\pi \mu \cdot \cos\vartheta\, 2\pi a\, e^{\dfrac{\mu F}{kT}\cos\vartheta} \sin\vartheta\,d\vartheta$$
$$= \dfrac{\mu\, 2\pi a \displaystyle\int_0^\pi \cos\vartheta\, e^{\dfrac{\mu F}{kT}\cos\vartheta} \sin\vartheta\,d\vartheta}{2\pi a \displaystyle\int_0^\pi e^{\dfrac{\mu F}{kT}\cos\vartheta} \sin\vartheta\,d\vartheta}, \tag{176}$$

wobei in der letzten Gleichung einfach zum Schluß noch durch 1 gemäß Gl. (175) dividiert wurde, um den Faktor a herauszuheben. Gl. (176) ist nach der gleichen Überlegung gewonnen, die oben zu Gl. (II, 99) führte; es wurde hier nur integriert, anstatt wie in Gl. (II, 99) über alle diskreten Möglichkeiten zu summieren, weil die Möglichkeiten jetzt ja eine stetige Mannigfaltigkeit bilden. Führen wir in dem letzten Integral $\dfrac{\mu F \cos \vartheta}{k T}$ als neue Variable x ein, so erhalten wir schließlich

$$\overline{\mu \cos \vartheta} = \mu \, \frac{k T}{\mu F} \, \frac{\int\limits_{-\mu F/k T}^{+\mu F/k T} x \, e^x \, dx}{\int\limits_{-\mu F/k T}^{+\mu F/k T} e^x \, dx} = \mu \, \frac{k T}{\mu F} \left\{ \frac{\left(e^{\frac{\mu F}{k T}} + e^{-\frac{\mu F}{k T}} \right) \frac{\mu F}{k T}}{\left(e^{\frac{\mu F}{k T}} - e^{-\frac{\mu F}{k T}} \right)} - 1 \right\}$$

$$= \mu \left\{ \coth \left(\frac{\mu F}{k T} \right) - \frac{k T}{\mu F} \right\} = \mu \cdot L \left(\frac{\mu F}{k T} \right). \tag{177}$$

Man bezeichnet die Funktion $L(x) = \coth x - \dfrac{1}{x}$ als Langevinsche Funktion, weil LANGEVIN diese Funktion in ähnlichem Zusammenhang bei der Behandlung des temperaturabhängigen Paramagnetismus zum ersten Male eingeführt hat. Bei relativ kleinen x-Werten ergibt die Entwicklung des $\coth x$ in eine Reihe als erste Glieder $\coth x = \dfrac{1}{x} + \dfrac{x}{3}$, so daß dann $L(x) \approx \dfrac{x}{3}$ gesetzt werden kann. Hiermit erhält man:

$$\overline{\mu \cos \vartheta} \approx \frac{\mu^2}{3 k T} \cdot F \tag{178}$$

als Wert der durchschnittlichen Komponente des Dipolmomentes einer Einzelmolekel in der Feldrichtung.

Die Polarisation je Volumeneinheit ist also, soweit sie von der Einorientierung der Molekeln mit permanentem Dipolmoment in die Feldrichtung herrührt:

$$\mathfrak{P}_{\text{Orientierung}} = {}^1N \, \frac{\mu^2}{3 k T} \cdot \mathfrak{F}. \tag{179}$$

Die gesamte Polarisation ist also unter Hinzunahme der induzierten Momente gemäß Gl. (166 b)

$$\mathfrak{P} = {}^1N \left(\alpha + \frac{\mu^2}{3 k T} \right) \cdot \mathfrak{F}. \tag{179a}$$

Die gleichen Schlüsse, die von Gl. (166 a) zu Gl. (171) führten, liefern jetzt von Gl. (179a) ausgehend, weil ja nur α durch $\alpha + \dfrac{\mu^2}{3 k T}$ zu ersetzen ist:

$$\mathfrak{P}_M = \frac{\varepsilon - 1}{\varepsilon + 2} \, \frac{M}{\varrho} = \frac{4 \pi}{3} \, N_L \left(\alpha + \frac{\mu^2}{3 k T} \right) = 2{,}52 \cdot 10^{24} \left(\alpha + \frac{\mu^2}{3 k T} \right) \tag{180}$$

Die Messung der Dielektrizitätskonstanten bei zwei Temperaturen gestattet nun die Bestimmung der beiden Größen α und μ nach Gl. (180). Oder man bestimmt α aus der Molrefraktion $\mathfrak{R}_M$, die noch auf lange

Wellen vor der Auswertung nach Gl. (172) zu extrapolieren ist, und kann dann μ aus Gl. (180) aus *einer* ε-Messung bei *einer* Temperatur entnehmen.

Ohne uns weiter in meßtechnische Einzelheiten zu verlieren, sei bemerkt, daß als Ergebnis für molekulare Dipolmomente Werte in der Größenordnung von 10^{-18} elektrostatischen Einheiten erhalten werden. Diese Größenordnung ergibt sich daraus, daß die Ladungen von der Ordnung 10^{-10} elektrische Einheiten (Elementarladung) sind und die Abstände in den Molekeln von der Größe 10^{-8} cm, womit bei der Produktbildung von Ladung mal Abstand eben Werte in der Größe von 10^{-18} erhalten werden. Man kann nun für einzelne molekulare Gruppen, z. B. für die CO-Gruppe, die CN-Gruppe, die CH_3-Gruppe usw., Werte der diesen Gruppen entsprechenden partiellen Dipolmomente angeben, die man vektoriell addieren kann, um das Gesamtdipolmoment der Molekel zu erhalten.

Die symmetrisch gebaute Benzolmolekel besitzt z. B. kein endliches Dipolmoment, wohl aber die Molekel C_6H_5Cl. Da das Dipolmoment der letztgenannten Molekel $1,7 \cdot 10^{-18}$ Einheiten beträgt, schreibt man der C—Cl-Gruppe ein partielles Moment von $1,5 \cdot 10^{-18}$ elektrostatischen Einheiten (1,5 Debye) zu, indem man einen nur relativ kleinen Betrag für die verschwundene C—H-Bindung in Ansatz bringt. Für die drei Dichlorbenzole

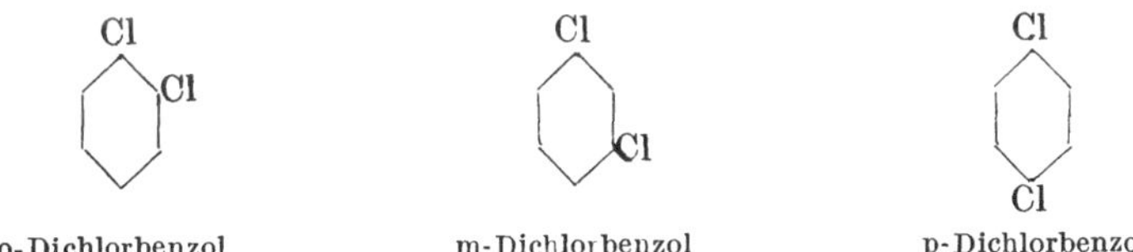

o-Dichlorbenzol
m-Dichlorbenzol
p-Dichlorbenzol

wird das Gesamtdipolmoment der Molekeln — wenigstens näherungsweise — erhalten, wenn man zwei Vektoren von 1,5 Debye Länge mit einem Winkel von 60°, 120° und 180° vektoriell addiert. Man erhält

$$\mu^2 = 1,5^2 + 1,5^2 - 2 \cdot 1,5 \cdot 1,5 \cos(180 - \beta) \text{ mit } \beta = 60°, 120° \text{ und } 180°,$$

also

$$\mu_{\text{ortho}} = 1,5 \cdot \sqrt{3} = 2,6 \text{ Debye}; \mu_{\text{meta}} = 1,5 \text{ Debye und } \mu_{\text{para}} = 0 \text{ Debye},$$

ein Ergebnis, das mit der Erfahrung von 2,3; 1,5 und 0 Debye befriedigend übereinstimmt. Man sieht, daß man die Ermittlung der Dipolmomente zur Konstitutionsbestimmung von organischen Molekeln in solchen und ähnlichen Fällen mit Nutzen verwenden kann.

Zum Schluß sei nur kurz vermerkt, daß die Größen von permanentem Dipolmoment μ und Polarisierbarkeit α oft entgegengesetzt sind; zu relativ großen μ-Werten gehören kleine α-Werte und umgekehrt. Dies Verhalten ist insofern verständlich, als bei großer Polarisierbarkeit α die Molekel ja der Anziehung des positiven und negativen Ladungsschwerpunktes weitgehend nachgeben kann, womit dann eine Annäherung dieser Schwerpunkte und mithin ein kleines permanentes

Dipolmoment erwartet werden muß. Bei kleiner Polarisierbarkeit kann natürlich der Anziehung der Ladungsschwerpunkte nicht so leicht nachgegeben werden, so daß dann höhere permanente Dipolmomente μ resultieren können.

G. Ausblick auf den Kernbau und die Kernchemie

§ 154. Atomkerne

Bislang hatten wir im wesentlichen nur vom Verhalten der Elektronen — meist sogar nur der äußeren Elektronen — und ihrem Einfluß auf die physikalisch-chemischen Eigenschaften der Atome oder Molekeln gesprochen; der Kern galt lediglich als mehr oder weniger punktförmige Quelle des Coulombschen Kraftfeldes, in dem sich die Elektronen bewegen. Für eine oberflächliche Betrachtung mag dieser Standpunkt genügen. Wir dürfen aber nicht vergessen, daß die Elektronen im Verhältnis zum Kern nur eine verschwindend kleine Masse besitzen, so daß im Hinblick auf die grundlegende Beziehung der Relativitätstheorie, daß Masse m und Energie E äquivalente Größen sind, die gemäß $E = m\,c^2$ ineinander umgerechnet werden, die Energie eines Atoms fast ausschließlich im Kern konzentriert ist. Wenn wir das Wesen der Materie und die Art, wie Energie letztlich Materie bildet oder sich in diese umwandelt, näher erörtern wollen, dann bleibt keine andere Möglichkeit, als die einer genaueren Diskussion der Kerne und ihrer Eigenschaften; hier mögen jedoch einige Hinweise genügen.

Um die Ladung der Kerne als ganzzahlige Vielfache der Elementarladung $+e_0$ und die Massen der Kerne als fast ganzzahlige Vielfache einer Grundmasse zu verstehen, liegt es nahe, die Kerne selbst wieder als aus gewissen Elementarteilchen zusammengesetzt anzusehen. Es erhebt sich dann die Frage nach den Kräften, welche die Elementarteilchen auf dem engen Raume des Kernes entgegen den dann sehr großen Coulombschen Abstoßungskräften zusammenhalten. Weil die mit diesen Kräften verbundene Wechselwirkungsenergie wieder gemäß der Relation $E = m\,c^2$ einer Masse äquivalent ist, kann man jedenfalls verstehen, warum die Kernmassen nicht exakt ganze Vielfache einer Grund- oder Elementarmasse sind. Die Natur dieser Kräfte ist jedoch nicht unproblematisch, und es ist z. Z. nicht möglich, über sie viel mehr als rein formale Angaben zu machen. Man kann dann versuchen, mit geeigneten Annahmen über die Kräfte formal Bindungsenergien von Elementarteilchen in Kernen auf der Grundlage der Quanten- oder Wellenmechanik auszurechnen und die ihnen äquivalenten Masseneffekte zu bestimmen.

Dabei ist die früher einmal diskutierte Vorstellung der Existenz von Elektronen im Kern, welche durch die Aussendung von Elektronen beim radioaktiven β-Zerfall nahegelegt wurde, heute nicht mehr vertretbar, weil die Lokalisierung derart kleiner Massen wie der Elektronenmasse im Kern zu hohe kinetische Energien ergibt, die durch Bindungskräfte nicht zu kompensieren sind. Bereits nach den Streuversuchen RUTHERFORDS und seiner Schüler kommt nämlich den Atomkernen eine ungefähre Ausdehnung von der Größenordnung 10^{-13} bis 10^{-12} cm zu, weil Stoßvorgänge, bei denen α-Teilchen sich einem Kern bis auf diese Entfernung nähern, zeigen, daß hier nicht mehr das Coulombsche Abstoßungsgesetz gelten kann. Lokalisiert man ein Elektron nun in einem derartigen Bereich, so ergibt sich für dieses bereits nach der Ungenauigkeitsrelation von S. 322 ein Impuls von 10^{-14} bis 10^{-15} g · cm · sec^{-1}. Diesem Impuls entspricht bei der Masse des Elektrons von etwa $9 \cdot 10^{-28}$ g nach Gl. (49 b) eine Energie von $3 \cdot 10^{-4}$ bis $3 \cdot 10^{-5}$ erg, was der Größenordnung nach dem etwa 100fachen der Ruhenergie $m_0 \cdot c^2$ des Elektrons gleichkommt. Wenn die Bindungsenergie der Elektronen im Kern diese Impulsenergie bzw. kinetische Energie zu kompensieren vermöchte, dann müßte man bei Zerfallprozessen, d. h. bei radioaktiven Vorgängen, bei denen Elektronen ausgeschleudert werden, wenigstens gelegentlich Zerfallsenergien dieser Größenordnung beobachten. Weil aber selbst beim α-Zerfall die zu beobachtenden Energien diese Größe nicht ganz erreichen und die beim β-Zerfall auftretenden Energien zehn- bis hundertmal kleiner sind, ist die Anwesenheit von Elektronen im Kern als Folge der Ungenauigkeitsrelation auszuschließen. Deshalb geht die heutige Auffassung dahin, daß die Elektronen, die beim β-Zerfall beobachtet werden, erst im Augenblick des Zerfalls erzeugt werden. Der Kern selbst soll dann aus Teilchen zusammengesetzt sein, die teils eine einfache positive elektrische Ladung tragen, und z. T. elektrisch neutral sind. Beide Teilchensorten, die positiven *Protonen* und die neutralen *Neutronen*, besitzen annähernd die gleiche Masse, die fast 2000 mal so groß ist wie die des Elektrons, so daß sich für diese Kernbausteine nicht die oben beim Elektron aus der Ungenauigkeitsrelation gefolgerten Schwierigkeiten für ihre Anwesenheit im Kern ergeben.

Die Protonen mit einer Ruhmasse, die 1836,12 Elektronen-Ruhmassen gleichkommt, und die Neutronen, deren Masse 1838,65 Elektronen-Ruhmassen entspricht, sind auch im freien Zustande beobachtet worden. Dabei ist das Proton als Wasserstoffkern ein stabiles Teilchen, während das um 2,53 Elektronenmassen schwerere Neutron gegen den Zerfall in ein Elektron und ein Proton instabil ist, denn die Reaktion

$$\begin{smallmatrix}0\\1\end{smallmatrix}n \rightarrow \begin{smallmatrix}1\\1\end{smallmatrix}p + \begin{smallmatrix}-1\\0\end{smallmatrix}e$$

ist exotherm mit einer Wärmetönung, die der Ruhmasse von 1,53 Elektronen entspricht (≈ 0.78 Mill. eV). Hier bedeuten die links oben an die Symbole für das Neutron (n) und das Proton (p) sowie das Elektron (e) geschriebenen Zahlen die jeweils vorhandenen Ladungseinheiten und die links unten angegebenen Zahlen die abgerundeten Masseneinheiten mit der Protonenmasse $= 1$ ($\approx$ Neutronenmasse). Die Summen dieser Zahlen auf beiden Seiten der Gleichung sind gleich. Wegen der Instabilität des Neutrons kann es als freies Teilchen nur beobachtet werden, wenn es neu erzeugt wird, wie z. B. durch den Beschuß von

Beryllium mit α-Teilchen gemäß der Reaktion

$$_{9}^{4}\mathrm{Be} + _{4}^{2}\mathrm{He} = _{12}^{6}\mathrm{C} + _{1}^{0}n\,.$$

Die so neu erzeugten Neutronen zerfallen — wenn sie nicht durch Stoß mit anderen Kernen weiterreagieren — mit einer Halbwertzeit von etwa $^{1}/_{4}$ Stunde in ein Proton und ein Elektron. Es ist deshalb nicht einfach zu verstehen, warum bei einer Zusammensetzung schwerer Kerne aus Z Protonen ($Z = $ Ordnungszahl) und $A - Z$ Neutronen ($A = $ abgerundete Atommasse) nicht alle diese Kerne in kurzer Zeit „radioaktiv" durch Umwandlung der Neutronen in Protonen unter Aussendung von Elektronen zerfallen.

Man umgeht diese Schwierigkeit unter der Annahme, daß dieser oder doch ein ähnlicher Prozeß dauernd stattfindet, wobei das oder die zu den ursprünglichen Neutronen benachbarten Protonen unter Aufnahme einer negativen Ladung in Neutronen übergehen. Durch diesen ständigen Austausch der den Kern aufbauenden Teilchen zwischen ihrem Zustand als Neutron und als Proton sollen die Teilchen insgesamt zusammengehalten werden. Der Austausch vermittelt also die Kräfte, welche den Kern entgegen der Coulombschen Abstoßung der Protonen zusammenhalten. Der Austauschprozeß soll dabei nicht eigentlich über normale Elektronen erfolgen, sondern über mittelschwere Teilchen, die π-*Mesonen*, welche rund eine 300 mal so große Masse wie die Elektronen besitzen und deren Lokalisierung auf einem Raum von der Größe des Kernes nicht die Schwierigkeiten wegen der Unschärferelation mit sich bringt wie die Lokalisierung der Elektronen. Es sollen dabei die Mesonen trotzdem nicht reell gebildet werden und von einem anderen Kernteilchen reell aufgenommen werden, weil dieser Vorgang wegen der großen Ruhmasse der Mesonen und der damit verbundenen hohen Energie wieder vom energetischen Standpunkt Schwierigkeiten macht. Es genügt vielmehr das virtuelle Vorhandensein der π-Mesonen, um die Bindung durch den Austausch zu bewerkstelligen.

Man erkennt schon ohne nähere Diskussion die Schwierigkeiten dieser Vorstellungen und die Lückenhaftigkeit unseres Wissens über die Natur der bindenden Kernkräfte. Immerhin sind π-Mesonen im freien Zustande, in dem sie nur eine mittlere Lebensdauer von etwa 10^{-8} sec besitzen, beobachtet worden; ihre Existenz endet durch einen radioaktiven Zerfallsprozeß, bei dem Elektronen gebildet werden. Durch diesen Nachweis erhalten die Betrachtungen über die Bindungskräfte eine gewisse experimentelle Stütze. In Anbetracht dieser Situation sei an dieser Stelle auf die Wiedergabe weiterer hierauf bezüglicher Einzelheiten verzichtet.

Die Größe der Bindungsenergien, mit der im Kerne Neutronen und Protonen aneinander gebunden sind, läßt sich aus den Massen der Kerne rein experimentell ermitteln. Die Masse eines Heliumkerns beträgt z. B. 4,002 relative Atommasseneinheiten, wogegen dem Proton und Neutron die Massen 1,0076 und 1,0090 zukommen; mithin besitzen zwei Protonen und zwei Neutronen, die den Heliumkern aufbauen, im getrennten

Zustande die relative Masse $4{,}033_2$, so daß durch die Bindung ein Massendefekt von **0 031** relativen Atommasseneinheiten auftritt. Bei Bildung eines g-Atoms Helium aus je zwei Protonen und zwei Neutronen wird demnach eine Energie von

$$0{,}031 \cdot (3 \cdot 10^{10})^2 \text{ erg}$$

$$\text{oder} \quad \frac{0{,}031 \cdot 9 \cdot 10^{20}}{4{,}19 \cdot 10^7} = 0{,}67 \cdot 10^{12} \text{ cal/g-Atom} \quad (2{,}71 \cdot 10^{12} \text{ J/g-Atom})$$

frei. Der vierte Teil dieser Energie entspricht mit gewisser Annäherung der durchschnittlichen Bindungsenergie eines Kernbestandteils, Proton oder Neutron, in einem Kern. Im einzelnen treten bei diesen Bindungen natürlich mehr oder weniger große Schwankungen auf, jedoch kann man manchmal mit Vorteil von dem erwähnten Mittelwert für die Bindung im Kern Gebrauch machen.

Bei den leichteren Atomkernen bis etwa zum relativen Atomgewicht 40 ist die Zahl der Neutronen der Zahl der Protonen im Kern fast gleich, vielfach sogar exakt gleich. Bei den schwereren Kernen überwiegt die Neutronenzahl derart, daß bei den schwersten Kernen die Neutronenzahl um über 50% höher ist als die Protonenzahl. Man führt dies darauf zurück, daß die Coulombsche Abstoßung der Protonen untereinander zu stark anwachsen würde, wenn nicht durch die überschüssige Einlagerung von Neutronen ihr durchschnittlicher Abstand vergrößert würde. Trotzdem nimmt bei den schwereren Kernen die durchschnittliche Bindung je Kernbestandteil wieder ab, und so kommt es, daß schließlich Reaktionen vom Typus

$$_{238}^{92}\text{U} \rightarrow {}_{234}^{90}\text{Th} + {}_{4}^{2}\text{He}$$

von links nach rechts exotherm verlaufen. Diese Reaktion wird als radioaktiver Zerfall des Mutterkerns Uran in einen Tochterkern Thorium unter Aussendung eines α-Teilchens (doppelt positiv geladenes He-Atom, d. h. He-Kern) bezeichnet. In vielen Fällen wird bei dem radioaktiven Zerfallsprozeß nicht ein Tochterkern im Grundzustande gebildet, sondern er bleibt kurzfristig in einem angeregten Zustande, der dann ähnlich wie ein angeregter Atomzustand unter Lichtausstrahlung in den Grundzustand des betreffenden Kernes übergeht, wobei freilich die Wellenlänge dieser Lichtstrahlung wesentlich kleiner als normale Licht- oder Röntgenstrahlung zu sein pflegt (sog. radioaktive γ-Strahlung). In vielen Fällen ist die Energie der γ-Strahlung relativ klein gegen die Wärmetönung des gesamten radioaktiven Prozesses, so daß die Wärmetönung des Vorgangs sehr genau aus der gesamten Massenänderung des stabilen Ausgangskerns gegen die Summe der Massen von stabilem Tochterkern und α-Teilchen entnommen werden kann.

Oft geht nach einem α-Zerfall, bei dem sich die Ordnungszahl des Mutterkerns um zwei Einheiten verringert hat, der Tochterkern durch einen β-Zerfall, d. h. unter Aussendung eines Elektrons, wieder in ein Element über, dessen Ordnungszahl um eine Einheit höher liegt als die des ersten Tochterkerns. Der Vorgang besteht nach den Ausführungen von S. 417 darin, daß ein Neutron des Tochterkerns sich in ein Proton umwandelt und dabei ein Elektron (β-Teilchen, genauer β^--Teilchen) aussendet.

Zwischen der Energie der von einem radioaktiven Kern ausgesandten α-Strahlung und der β-Strahlung besteht abgesehen von der Energiegröße, die bei α-Prozessen i. allg. wesentlich höher liegt, der prinzipielle Unterschied, daß die α-Strahlungsenergie einem festen Wert entspricht, nämlich der Wärmetönung der entsprechenden Kernreaktion, während die β-Strahlungsenergie bei einem bestimmten radioaktiven Vorgang recht unterschiedlich ist. Man beobachtet bei einem gegebenen β-Prozeß ein *kontinuierliches* Energiespektrum der ausgesandten Elektronen, das bei einem definierten Energiemaximum als oberem Grenzwert abbricht. Diese Maximalenergie entspricht gemäß der Energie-Masse-Beziehung $E = m \cdot c^2$ gerade der Massenbilanz, nämlich der Differenz der Massen zwischen dem Ausgangskern einerseits und dem resultierenden Kern plus Elektron andererseits, also der „Wärmetönung" der Kern-β-Reaktion. Es erhebt sich deshalb die Frage, ob hier bei den β-Prozessen vielleicht die grundlegenden Sätze wie der Impuls- und Energiesatz verletzt seien, wenn bei einem β-Zerfall das Elektron (β-Teilchen) mit einer geringeren Energie als der maximalen fortgeschleudert wird. Weil man dieser Konsequenz aus dem Wege gehen wollte, hat man ein zunächst hypothetisches Teilchen, das sog. Neutrino, das gleichzeitig mit dem Elektron beim β-Prozeß entstehen sollte, für die Diskrepanz mit dem Energie- und Impulssatz verantwortlich gemacht. Besitzt das β-Elektron eine relativ hohe Energie, dann kommt dem Neutrino eine nur geringe Energie zu und umgekehrt. Ein Neutrino soll nun keine Ladung und keine — wenigstens keine im Vergleich zum Elektron nennenswerte — Masse besitzen, wohl aber ein mit einem Spin verbundenes magnetisches Moment. Wegen der verschwindenden Masse muß es sich mit Lichtgeschwindigkeit bewegen, um überhaupt Energie zu besitzen. Wegen aller dieser Eigenschaften hat das Neutrino keine ins Gewicht fallende Wechselwirkung mit anderer Materie und ist infolgedessen nur sehr schwer nachweisbar. Deshalb konnte dieses — zunächst hypothetische — Teilchen erst in der letzten Zeit mit einiger Sicherheit aufgefunden werden.

Unsere Kenntnisse über das Verhalten der Atomkerne wurde außerdem durch die sog. künstliche Radioaktivität erweitert. Die künstliche Radioaktivität tritt in Erscheinung, wenn stabile Atomkerne mit schnell bewegten Protonen, α-Teilchen, γ-Quanten oder Neutronen beschossen werden, die in den stabilen Kern eindringen und entweder durch ihre hohe kinetische Energie oder ihre Ladung den neu entstandenen Kern instabil werden lassen, der deshalb in der Folge radioaktiv zerfällt. Hierbei treten z. T. neue — oft nur sehr kurze Zeit beobachtbare — Teilchen auf, wozu schon die *Positronen* gehören, das sind positiv geladene Elektronen, die nach kurzer Zeit durch Vereinigung mit einem gewöhnlichen Elektron zerstrahlen. Sehr schwere Kerne wie die jenseits des Urans im periodischen System stehenden, künstlich durch Kernreaktionen erzeugten Elemente oder Kerne zerfallen z. T. nicht mehr

in gewöhnlicher radioaktiver Reaktion in ein α-Teilchen und einen
Restkern, sondern in zwei von Fall zu Fall verschiedene, aber annähernd
gleich große Kerne, wobei gleichzeitig zwei bis drei Neutronen zusätzlich frei werden.

Daß in der Natur radioaktive Elemente — wie z. B. Radium
selbst — angetroffen werden, liegt daran, daß diese stets aus einigen
schweren, langsam zerfallenden radioaktiven Elementen oder Kernen
nachgebildet werden. Das Uran hat eine relativ lange Halbwerts-
zeit von mehreren Milliarden Jahren, so daß heute auf der Erde noch
große Mengen des einst vorhandenen Urans existieren, aus dem durch
radioaktiven Zerfall Radium und andere Elemente der Uranzerfallsreihe
nachgeliefert werden. Das Radium zerfällt dagegen so schnell, daß
heute nicht ein einziges Radiumatom mehr vorhanden wäre, selbst wenn
die Erde zu Beginn (d. h. vor einigen Milliarden Jahren) nur aus Radium
bestanden hätte. Ähnlich verhält es sich bei den jenseits des Urans stehenden Elementen des periodischen Systems; sie zerfallen i. allg. ebenfalls so
rasch, daß die jemals vorhandenen Mengen bis heute total zerfallen sind
und diese Elemente jetzt nur künstlich durch geeignete Kernreaktionen
hergestellt werden können.

Wie schon oben betont wurde, ist unsere Kenntnis über die Kräfte,
die den Kern im Normalfall zusammenhalten, noch recht lückenhaft,
obwohl sehr viel experimentelles Material zusammengetragen wurde
und wir experimentell sehr viele Kernreaktionen beherrschen. Bei diesen
Reaktionen wurden in den letzten Jahren viele z. T. nur recht kurz-
lebige Teilchen aufgefunden, die als Elementarteilchen angesprochen
werden, die aber das Gesamtbild im Augenblick recht kompliziert ge-
stalten.

Eine elegante Methode, den Aufbau der Materie zu verstehen, wäre
sicherlich die, daß wenigstens die sog. Elementarteilchen als stationäre
Quantenzustände der Energie betrachtet werden. Versucht man diesem
Gedanken nachzugehen, dann begegnet man jeweils charakteristischen
Schwierigkeiten, wenn man in Längendimensionen von der Größenordnung 10^{-13} cm vorstößt, wenn man also z. B. die auf S. 328 erwähnten Diracschen Wellengleichungen, die jetzt benutzt werden müssen,
weil im Gebiete der Kerne relativistische Effekte maßgebend werden,
auf Probleme anwendet, deren Potentiale in Dimensionen von 10^{-13} cm
starken Änderungen unterliegen. Es gewinnt den Anschein, als ob hier
eine neue Naturkonstante von der Dimension einer Länge eine ähnliche
Rolle für die Kernphysik spielt wie seinerzeit die Plancksche Konstante h
für die Theorie der äußeren Atomhülle. Wir können z. Z. nur die Existenz einer solchen Länge, die von der Größenordnung 10^{-13} cm sein
dürfte, als neue Naturkonstante vermuten; wir wissen aber noch nicht
genau, in welcher Weise diese elementare Länge in die Naturgesetze,
also z. B. in die Diracschen Gleichungen, einzubauen ist. Diesbezüglich
hat die zukünftige Forschung das Wort.

Tabelle A. **Periodisches System der chemischen Elemente**

Magerer Druck: Nichtmetalle; halbfetter Druck: Metalle der Hauptgruppen; fetter Druck: Metalle der Nebengruppen

Periode	I. Familie		II. Familie		III. Familie		IV. Familie		V. Familie		VI. Familie		VII. Familie		VIII. Familie	
	Hauptgruppe	Nebengruppe	Hauptgruppe	Nebengruppe	Hauptgruppe	Nebengruppe	Hauptgruppe	Nebengruppe	Hauptgruppe	Nebengruppe	Hauptgruppe	Nebengruppe	Hauptgruppe	Nebengruppe	Hauptgruppe	Nebengruppe
	$^{1,008}_{1}$H												$\left(^{1,008}_{1}\text{H}\right)$		$^{4,00}_{2}$He	
1. kleine Periode	$^{6,94}_{3}$Li		$^{9,02}_{4}$Be		$^{10,8}_{5}$B		$^{12,0}_{6}$C		$^{14,0}_{7}$N		$^{16,0}_{8}$O		$^{19,0}_{9}$F		$^{20,2}_{10}$Ne	
2. kleine Periode	$^{23,0}_{11}$Na		$^{24,3}_{12}$Mg		$^{27,0}_{13}$Al		$^{28,1}_{14}$Si		$^{31,0}_{15}$P		$^{32,1}_{16}$S		$^{35,5}_{17}$Cl		$^{39,9}_{18}$Ar	
1. große Periode	$^{39,1}_{19}$K		$^{40,1}_{20}$Ca			$^{45,1}_{21}$Sc		$^{47,9}_{22}$Ti		$^{50,9}_{23}$V		$^{52,0}_{24}$Cr		$^{54,9}_{25}$Mn		$^{55,8}_{26}$Fe $^{58,9}_{27}$Co $^{58,7}_{28}$Ni
		$^{63,6}_{29}$Cu		$^{65,4}_{30}$Zn	$^{69,7}_{31}$Ga		$^{72,6}_{32}$Ge		$^{74,9}_{33}$As		$^{79,0}_{34}$Se		$^{79,0}_{35}$Br		$^{83,7}_{36}$Kr	
2. große Periode	$^{85,5}_{37}$Rb		$^{87,6}_{38}$Sr			$^{88,9}_{39}$Y		$^{91,2}_{40}$Zr		$^{92,9}_{41}$Nb		$^{96,0}_{42}$Mo		$^{101}_{43}$Tc		$^{101,7}_{44}$Ru $^{102,9}_{45}$Rh $^{106,7}_{46}$Pd
		$^{107,9}_{47}$Ag		$^{112,4}_{48}$Cd	$^{114,8}_{49}$In		$^{118,7}_{50}$Sn		$^{121,8}_{51}$Sb		$^{127,6}_{52}$Te		$^{126,9}_{53}$J		$^{131,3}_{54}$Xe	
3. große Periode	$^{132,9}_{55}$Cs		$^{137,4}_{56}$Ba			$^{138,9}_{57}$La		$^{178,6}_{72}$Hf		$^{180,9}_{73}$Ta		$^{183,9}_{74}$W		$^{186,3}_{75}$Re		$^{190,2}_{76}$Os $^{193,1}_{77}$Ir $^{195,2}_{78}$Pt
		$^{197,2}_{79}$Au		$^{200,6}_{80}$Hg	$^{204,4}_{81}$Tl		$^{207,2}_{82}$Pb		$^{209,0}_{83}$Bi		$^{210}_{84}$Po		$^{211}_{85}$At		$^{222}_{86}$Rn	
4. große Periode	$^{223}_{87}$Fr		$^{226,0}_{88}$Ra			$^{227}_{89}$Ac											

Lanthanide: $^{140,1}_{58}$Ce, $^{140,9}_{59}$Pr, $^{144,3}_{60}$Nd, $_{61}$Pm, $^{150,4}_{62}$Sm, $^{152,0}_{63}$Eu, $^{156,9}_{64}$Gd, $^{159,2}_{65}$Tb, $^{162,5}_{66}$Dy, $^{164,9}_{67}$Ho, $^{167,2}_{68}$Er, $^{169,4}_{69}$Tm, $^{173,0}_{70}$Yb, $^{175,0}_{71}$Lu

Aktinide: $^{232,1}_{90}$Th, $^{231}_{91}$Pa, $^{238,1}_{92}$U, $^{239}_{93}$Np, $^{241}_{94}$Pu, $^{242}_{95}$Am, $^{247}_{96}$Cm, $^{249}_{97}$Bk, $^{251}_{98}$Cf, $^{254}_{99}$E, $^{253}_{100}$Fm, $^{256}_{101}$Mv, $_{102}$No, $_{103}$Lw

Tabelle B. *Maßeinheiten der Energie*

	Absolutes Maß	Elektrisches Maß abs.		Wärmemaß	Mechanisches Maß		
	Erg	Joule-Wattsekunde	Kilowattstunde	g-Calorie	Literatmosphäre	Kilogramm-meter	Pferdekraft-stunde
1 Grammkalorie (15°) . .	$4{,}1854 \cdot 10^7$	4,185	$1{,}1626 \cdot 10^{-6}$	1	0,04131	0,4268	$1{,}579 \cdot 10^{-6}$
1 Erg	1	$1{,}00000 \cdot 10^{-7}$	$0{,}02778 \cdot 10^{-12}$	$0{,}02389 \cdot 10^{-6}$	$987 \cdot 10^{-12}$	$1{,}0197 \cdot 10^{-8}$	$0{,}0378 \cdot 10^{-12}$
1 Joule abs.	$1{,}000 \cdot 10^7$	1	$0{,}278 \cdot 10^{-6}$	0,2389	0,00987	0,10197	$0{,}378 \cdot 10^{-6}$
1 Kilowattstunde . . .	$36{,}0 \cdot 10^{12}$	$3{,}6 \cdot 10^6$	1	$0{,}8601 \cdot 10^6$	35532	$0{,}367 \cdot 10^6$	1,36
1 Literatmosphäre . . .	$1013{,}3 \cdot 10^6$	101,3	$28{,}1 \cdot 10^{-6}$	24,21	1	10,333	$38{,}3 \cdot 10^{-6}$
1 Kilogrammeter	$98{,}0665 \cdot 10^6$	9,80665	$2{,}72 \cdot 10^{-6}$	2,3431	0,09678	1	$3{,}70 \cdot 10^{-6}$
1 Pferdekraftstunde . .	$26{,}5 \cdot 10^{12}$	$2{,}65 \cdot 10^6$	0,7355	$0{,}6326 \cdot 10^6$	26131	$0{,}270 \cdot 10^6$	1
Gaskonstante R	$83{,}14 \cdot 10^6$	8,314	$2{,}310 \cdot 10^{-6}$	1,9865	$0{,}08205_5$	0,8478	—

Tabelle C. *Normalentropie S°_{298} (Entropie bei 25 °C und $p = 1\,atm$) und Bildungswärme $W_{p\,298}$ der wichtigsten anorganischen und organischen Stoffe*

(Bildungswärme der im normalen Zustand vorliegenden Elemente gleich Null gesetzt)

Stoff	$W_{p\,298}$ kcal/mol (kJ/mol)	S°_{298} cal/grad mol (J/grad mol)	Stoff	$W_{p\,298}$ kcal/mol (kJ/mol)	S°_{298} cal/grad mol (J/grad mol)	Stoff	$W_{p\,298}$ kcal/mol (kJ/mol)	S°_{298} cal/grad mol (J/grad mol)
H	$-52{,}1\ (-218{,}0)$	27,39 (114,6)	J	$-25{,}5\ (-106{,}7)$	43,18 (180,7)	C_2H_6	$+20{,}2\ (+\ 84{,}7)$	54,9 (229,5)
H_2	$0{,}0\ \ (0{,}0)$	31,23 (130,7)	$J_{2\,gas}$	$-14{,}9\ (-\ 62{,}3)$	62,28 (260,6)	$C_6H_{6\,gas}$	$-19{,}8\ (-\ 82{,}9)$	64,3 (269,2)
O	$-59{,}2\ (-247{,}7)$	38,48 (161,0)	SO_2	$+71{,}0\ (+297{,}1)$	59,40 (248,5)	COS	$+32{,}8\ (+137{,}2)$	55,34 (231,5)
O_2	$0{,}0\ \ (0{,}0)$	49,02 (205,1)	$SO_{3\,gas}$	$+94{,}5\ (+395{,}4)$	61,01 (255,3)	CaO	$+141{,}8\ (+635{,}1)$	9,5 (39,7)
$H_2O_{g\,as}$	$+57{,}80\ (+241{,}8)$	45,11 (188,7)	N_2	$0{,}0\ \ (0{,}0)$	45,72 (191,3)	$CaCO_3$	$+288{,}2\ (+1206)$	22,2 (92,9)
F	$-18{,}3\ (-\ 76{,}6)$	37,93 (158,7)	NH_3	$+11{,}0_4\ (+\ 46{,}19)$	46,03 (192,6)	Fe	$0{,}0\ \ (0{,}0)$	6,5 (27,2)
F_2	$0{,}0\ \ (0{,}0)$	48,51 (203,0)	NO	$-21{,}6\ (-\ 90{,}4)$	50,35 (210,7)	FeO	$+63{,}8\ (266{,}9)$	14,2 (59,4)
Cl	$-29{,}0\ (-121{,}3)$	39,76 (166,4)	N_2O	$-19{,}5\ (-\ 81{,}6)$	52,58 (220,0)	F_2O_3	$196{,}5\ (822{,}2)$	20,9 (87,4)
Cl_2	$0{,}0\ \ (0{,}0)$	53,31 (223,0)	CO	$+26{,}4\ (+110{,}5)$	47,31 (197,9)	Fe_3O_4	$266{,}8\ (1116)$	35,0 (146,4)
HCl_{gas}	$+22{,}1\ (+\ 92{,}4)$	44,66 (186,9)	CO_2	$+94{,}0_5\ (+393{,}5)$	51,07 (213,7)	Ag	$0{,}0\ \ (0{,}0)$	$10{,}20_3$ (42,69)
Br	$-26{,}7\ (-111{,}7)$	41,81 (174,9)	CH_4	$+17{,}9\ (+\ 74{,}9)$	44,50 (186,2)	AgCl	30,14 (126,1)	22,96 (96,07)
$Br_{2\,gas}$	$-\ 7{,}34\ (-\ 30{,}71)$	58,67 (245,5)	C_2H_2	$-54{,}2\ (-226{,}8)$	47,99 (200,8)			
HBr_{gas}	$+\ 8{,}66\ (+\ 36{,}23)$	47,48 (198,7)	C_2H_4	$-12{,}5\ (-\ 52{,}3)$	52,47 (219,5)			

Sachverzeichnis